Springer-Lehrbuch

W. Steinhilper · R. Röper

Maschinen- und Konstruktionselemente 3

Elastische Elemente, Federn
Achsen und Wellen
Dichtungstechnik
Reibung, Schmierung, Lagerungen

Erste Auflage

Mit 275 Abbildungen und 43 Tabellen

Springer-Verlag
Berlin Heidelberg New York
London Paris Tokyo
Hong Kong Barcelona
Budapest

Dr.-Ing. Waldemar Steinhilper
o. Professor, Lehrstuhl für Maschinenelemente und Getriebetechnik,
Universität Kaiserslautern

Dr.-Ing. Rudolf Röper
o. Professor, Lehrstuhl für Maschinenelemente,
Universität Dortmund.

ISBN 3-540-57429-8 1. Aufl. Springer-Verlag Berlin Heidelberg New York

Die Deutsche Bibliothek - CIP-Einheitsaufnahme

Steinhilper, Waldemar: Maschinen- und Konstruktionselemente / W. Steinhilper ;
R. Röper. - Berlin ; Heidelberg ; New York ; London ; Paris ; Tokyo ; Hong Kong ;
Barcelona ; Budapest : Springer.
(Springer-Lehrbuch)
3. Elastische Elemente, Federn, Achsen und Wellen ; Dichtungstechnik ; Reibung,
Schmierung, Lagerungen : mit 25 Tabellen. - 1. Aufl. – 1994
ISBN 3–540–57429–8

NE: Röper, Rudolf

Dieses Werk ist urheberrechtlich geschützt. Die dadurch begründeten Rechte, insbesondere die der Übersetzung, des Nachdrucks, des Vortrags, der Entnahme von Abbildungen und Tabellen, der Funksendung, der Mikroverfilmung oder der Vervielfältigung auf anderen Wegen und der Speicherung in Datenverarbeitungsanlagen bleiben, auch bei nur auszugsweiser Verwertung, vorbehalten. Eine Vervielfältigung dieses Werkes oder von Teilen dieses Werkes ist auch im Einzelfall nur in den Grenzen der gesetzlichen Bestimmungen des Urheberrechtsgesetzes der Bundesrepublik Deutschland vom 9. September 1965 in der jeweils geltenden Fassung zulässig. Sie ist grundsätzlich vergütungspflichtig. Zuwiderhandlungen unterliegen den Strafbestimmungen des Urheberrechtsgesetzes.

© Springer-Verlag Berlin Heidelberg 1986, 1991, 1993, and 1994.
Printed in Germany

Die Wiedergabe von Gebrauchsnamen, Handelsnamen, Warenbezeichnungen usw. in diesem Werk berechtigt auch ohne besondere Kennzeichnung nicht zu der Annahme, daß solche Namen im Sinne der Warenzeichen- und Markenschutz-Gesetzgebung als frei zu betrachten wären und daher von jedermann benutzt werden dürften.

Sollte in diesem Werk direkt oder indirekt auf Gesetze, Vorschriften oder Richtlinien (z.B. DIN, VDI, VDE) Bezug genommen oder aus ihnen zitiert worden sein, so kann der Verlag keine Gewähr für Richtigkeit, Vollständigkeit oder Aktualität übernehmen. Es empfiehlt sich, gegebenenfalls für die eigenen Arbeiten die vollständigen Vorschriften oder Richtlinien in der jeweils gültigen Fassung hinzuzuziehen.

Typesetting: Thomson Press (India) Ltd, New Delhi
Printing: Saladruck, Berlin; Bookbinding: Lüderitz & Bauer, Berlin
SPIN: 10004616   62/3020/5 4 3 2 1 0 – Gedruckt auf säurefreiem Papier

Vorwort

Im vorliegenden dritten Band dieses Werkes werden die physikalischen/mechanischen und werkstoffkundlichen Grundlagen für elastische Elemente, Federn, Achsen, Wellen, Dichtungen, Reibungs- und Schmierungsprobleme sowie Lagerungen vorgestellt. Aus den sich ergebenden Funktions- und Wirkprinzipien werden, zum Teil auch unter Beachtung technologischer und wirtschaftlicher Gesichtspunkte, Kriterien für die Gestaltung und den Einsatz dieser Maschinen- und Konstruktionselemente erarbeitet.

Bei den Federn werden neben den metallischen Ausführungen mit linearer und nichtlinearer Federkennlinie auch Gummifedern und Gas- sowie Flüssigkeitsfedern besprochen. Von besonderem Interesse dürfte dabei die generalisierte Betrachtung der Blattfedern sein.

Bei den Achsen und Wellen wird die festigkeits- und die steifigkeits- oder verformungsgerechte Gestaltung in den Vordergrund gestellt, wobei auch statisch unbestimmte, d.h. mehrfach gelagerte Wellen und Hohlwellen berücksichtigt werden.

Im Kapitel Dichtungen werden vornehmlich die Berührungsdichtungen für Dichtflächen ohne und mit Relativbewegung besprochen. Bei den Radial-Wellendichtringen werden die neuesten Erkenntnisse bezüglich der physikalischen Wirk- und Funktionsprinzipien zusammengestellt, und es wird gezeigt, wie der im Dichtspalt erzeugte und für eine lange Lebensdauer notwendige hydrodynamische Schmierfilm durch eine „Schleppströmung" und eine „Druckströmung" aufgebaut wird.

Im letzten Kapitel wird nach einer Einführung in die Problematik der Reibung und der Schmierung ganz ausführlich auf das Maschinenelement „Schmierstoff" eingegangen, weil es bei allen tribologischen Wirkstellen eines technischen Systems von größter Bedeutung für die Lebensdauer ist und in anderen Lehrbüchern für das Fachgebiet „Maschinen- und Konstruktionselemente" nicht oder nur sehr wenig beachtet wird. Im Abschnitt Wälzlager wird die Berechnung, besonders hinsichtlich der Lebens- oder Gebrauchsdauer, sehr ausführlich und auch unter Berücksichtigung der Modifikationen nach ISO gezeigt. Dabei werden die Variation der Überlebenswahrscheinlichkeit, die Sauberkeit im Schmierspalt und die Viskosität des Schmierstoffes berücksichtigt. Im Abschnitt Gleitlager werden aufbauend auf den physikalischen Grundlagen die Wirk- und Funktionsprinzipien der hydrostatisch und der hydrodynamisch arbeitenden Lager gezeigt und daraus Gestaltungsrichtlinien für die Konstruktion und den Betrieb dieser Lager einschließlich der

Schmierstoffversorgung zusammengestellt. Da bei den Gleitlagern das tribologische Zusammenspiel der Komponenten Gleitlagerschale, Lagerstützkörper, Welle und Schmierstoffversorgung von großer Bedeutung ist, werden in vielen Beispielen die dabei wichtigen Fragen der Konstruktion und der Werkstoffauswahl sehr ausführlich besprochen.

Die Verfasser bedanken sich bei ihren Mitarbeitern für die Unterstützung bei der Reinschrift des Textes und der Anfertigung der Bilder. Besonderer Dank gilt den Herren Dr. Britz für die Mitabeit im Kapitel 9 und Dr. Hennerici für die Mitarbeit im Kapitel 10.

Den Mitarbeitern des Verlages, die in bewährter Weise zur guten Gestaltung und Ausstattung dieses Bandes beigetragen haben, möchten wir an dieser Stelle ebenfalls Dank sagen.

Kaiserslautern, Dortmund, im Frühjahr 1994   W. Steinhilper, R. Röper

Inhaltsverzeichnis

7	**Elastische Elemente, Federn**	1
7.1	Federkennlinie, Federrate, Federarbeit und -dämpfung	2
7.2	Federwerkstoffe	6
7.3	Zusammenschaltung von Federn	8
7.3.1	Parallelschaltung	8
7.3.2	Hintereinanderschaltung	9
7.3.3	Mischschaltung	11
7.4	Beanspruchung von Federn	11
7.4.1	Zug-/druckbeanspruchte Federn	12
7.4.1.1	Stabfedern	12
7.4.1.2	Ringfedern	14
7.4.2	Torsionsbeanspruchte Federn	18
7.4.2.1	Drehstabfedern	18
7.4.2.2	Schraubenfedern	22
7.4.3	Biegebeanspruchte Federn	41
7.4.3.1	Einfache und geschichtete Blattfedern	41
7.4.3.2	Gewundene Biegefedern	54
7.4.3.3	Tellerfedern	59
7.5	Gummifedern	68
7.5.1	Gestaltung von Gummifedern	68
7.5.2	Beanspruchung von Gummifedern	70
7.5.3	Werkstoffkennwerte	72
7.5.4	Berechnung von Gummifedern	74
7.5.5	Anwendung von Gummifedern	74
7.6	Gas- und Flüssigkeitsfedern	76
7.6.1	Gas- bzw. Luftfedern	76
7.6.2	Flüssigkeitsfedern	79
7.6.3	Gas-Flüssigkeitsfedern	81
7.7	Berechnungsbeispiele	83
7.8	Schrifttum	91

8	**Achsen und Wellen**	95
8.1	Begriffsbeschreibung	95
8.2	Bemessung auf Tragfähigkeit	100
8.2.1	Beanspruchungsarten	100
8.2.1.1	Beanspruchung durch Querkräfte	100
8.2.1.2	Beanspruchung durch Biegung	101
8.2.1.3	Beanspruchung durch Torsion	101
8.2.2	Dimensionierung	102
8.2.2.1	Dimensionierung der Achsen	102
8.2.2.2	Dimensionierung der Wellen	103
8.3	Bemessung auf Verformung	106
8.3.1	Durchbiegung	107
8.3.1.1	Einfache Grundfälle	107
8.3.1.2	Wellen mit veränderlichem Querschnitt	110
8.3.1.3	Vollständige Berechnung	117
8.3.1.4	Richtwerte	119
8.3.2	Verdrehung	119
8.3.2.1	Richtwerte	120
8.4	Dynamisches Verhalten der Wellen	120
8.4.1	Biegeschwingungen	120
8.4.2	Drehschwingungen	124
8.5	Ausführung der Achsen und Wellen	125
8.5.1	Normung	125
8.5.2	Werkstoffe und Fertigung	126
8.5.3	Gestaltung der Wellen	127
8.5.3.1	Wellengestaltung für gute Tragfähigkeit	127
8.5.3.2	Wellengestaltung für kleine Verformungen	128
8.5.3.3	Dreifach gelagerte Wellen	130
8.5.3.4	Hohlwellen	131
8.5.4	Flexible Wellen	132
8.5.5	Gelenkwellen	133
8.6	Berechnungsbeispiel	134
8.6.1	Biegeverformung einer Getriebewelle	134
8.7	Schrifttum	141
9	**Dichtungstechnik**	144
9.1	Zweck und Einteilung der Dichtungen	144
9.1.1	Abzudichtendes Medium	146
9.1.2	Konstruktion der abzudichtenden Bauteile	146
9.1.3	Güte der Dichtflächen	147
9.1.4	Konstruktion des Dichtungselementes	147
9.1.5	Dichtungswerkstoff	147

9.2	Berührungsdichtungen für Dichtflächen ohne Relativbewegung	148
9.2.1	Gliederung der Dichtungen	148
9.2.1.1	Unlösbare Dichtungen	148
9.2.1.2	Lösbare Berührungsdichtungen	150
9.2.2	Dichtungswerkstoffe	154
9.2.3	Dichtungsfunktion	156
9.2.3.1	Vorverformung	157
9.2.3.2	Betriebskraft der Dichtung	160
9.2.3.3	Einbauschraubenkraft	162
9.2.3.4	Abdichtung von Heißleitungen	163
9.2.4	Flachdichtungen	164
9.2.4.1	Flachdichtungen aus Weichstoffen	164
9.2.5	Metallische Dichtungen (Formdichtungen)	170
9.2.6	Selbsttätige Dichtungen	172
9.2.6.1	Selbstverstärkende Weichstoffdichtungen	176
9.2.7	Muffendichtungen	182
9.3	Berührungsdichtungen für Dichtflächen mit Relativbewegung	182
9.3.1	Packungsstopfbuchsen	184
9.3.2	Formdichtungen für Längs- und Drehbewegungen	188
9.3.2.1	Nutringe	191
9.3.2.2	Manschetten und Packungen	193
9.3.2.3	Kompaktdichtungen	195
9.3.2.4	Ringdichtungen	196
9.3.2.5	Radial- Wellendichtungen	198
9.3.2.6	Dichtungen für Hydraulikgelenke und -drehdurchführungen	217
9.3.3	Axial wirkende Dichtungen	217
9.3.3.1	Axialdichtscheiben	218
9.3.3.2	Gleitringdichtungen	219
9.4	Schrifttum	221
10	**Reibung, Schmierung, Lagerungen**	224
10.1	Reibung	225
10.1.1	Reibungsarten	225
10.1.2	Reibungszustände	226
10.1.3	Übergangskriterien	229
10.1.4	Reibungszahlen, Reibmoment	232
10.2	Schmierung	238
10.2.1	Grundlagen der Schmierung	238
10.2.2	Schmierstoffe	239
10.2.2.1	Schmieröle	240

10.2.2.2	Schmierfette	243
10.2.2.3	Festschmierstoffe	245
10.2.3	Viskosität von Schmierstoffen	247
10.2.3.1	Temperaturabhängigkeit der Viskosität	249
10.2.3.2	Druckabhängigkeit der Viskosität	252
10.2.3.3	Zustandsgleichung der Schmierstoffe	254
10.2.4	Dichte von Schmierstoffen	254
10.2.5	Spezifische Wärme und Wärmeleitkoeffizient von Schmierstoffen	255
10.2.6	Schmierstoffklassifikation	256
10.2.6.1	Klassifikation der Schmieröle	256
10.2.6.2	Klassifikation der Schmierfette	259
10.2.7	Physikalisches Wirkprinzip bei der Schmierung	259
10.2.7.1	Hydrostatische Schmierung	260
10.2.7.2	Hydrodynamische Schmierung	260
10.2.7.3	Elastohydrodynamische Schmierung	261
10.3	Lagerung von Wellen	262
10.3.1	Anordnung von Lagern	263
10.3.1.1	Festlager-Loslager-Anordnung	263
10.3.1.2	Stützlager-Anordnung	264
10.3.1.3	Schwimmende Lager-Anordnung	265
10.3.1.4	Lageranordnung mit elastisch verspannten Stüzlagern	266
10.3.2	Belastungsfall	267
10.4	Wälzlager	268
10.4.1	Eigenschaften von Wälzlagern	268
10.4.2	Bauformen und Bezeichnungen	268
10.4.2.1	Radiallager	270
10.4.2.2	Axiallager	276
10.4.2.3	Das Wälzlagerbezeichnungssystem nach DIN 623	278
10.4.3	Kraftfluß und Belastungsfälle	280
10.4.4	Die Gestaltung von Wälzlagerungen	282
10.4.4.1	Wälzlageranordnungen	282
10.4.4.2	Radiale Lagerbefestigungen	286
10.4.4.3	Axiale Lagerbefestigungen	288
10.4.4.4	Anstellen von Lagern	289
10.4.4.5	Wälzlagerabdichtungen	290
10.4.4.5.1	Abdichtung bei Fettschmierung	291
10.4.4.5.2	Abdichtung bei Ölschmierung	291
10.4.5	Montage, Schmierung und Wartung von Wälzlagern	293
10.4.5.1	Ein- und Ausbau	293
10.4.5.2	Schmierung und Wartung	295
10.4.5.2.1	Fettschmierung	295
10.4.5.2.2	Ölschmierung	296
10.4.6	Tragfähigkeit, Lebens- oder Gebrauchsdauer	297

10.4.6.1	Begriffsdefinitionen	297
10.4.6.2	Tragzahlen und Berechnung der äquivalenten Lagerbelastung	299
10.4.6.3	Lagerdimensionierung nach der statischen Tragfähigkeit	300
10.4.6.4	Lagerdimensionierung nach der nominellen Lebensdauer	301
10.4.6.5	Lagerdimensionierung nach der modifizierten Lebensdauer	304
10.4.6.6	Lastkollektive, mittlere Drehzahlen	307
10.4.7	Zulässige Drehzahlen	309
10.4.8	Werkstoffe	311
10.4.8.1	Werkstoffe für Lagerringe und Wälzkörper	311
10.4.8.2	Werkstoffe für Lagerkäfige	312
10.5	Gleitlager	313
10.5.1	Hydrostatisch arbeitende Gleitlager	313
10.5.1.1	Spaltströmung viskoser Flüssigkeiten	314
10.5.1.2	Schmierfilm zwischen kreisförmigen Platten	315
10.5.1.3	Hydrostatisch arbeitende Axiallager (Spurlager)	318
10.5.1.4	Hydrostatisch arbeitende Radial- oder Querlager	324
10.5.1.5	Hydrostatische Anhebevorrichtung	330
10.5.1.6	Schmierstoffversorgungssysteme	331
10.5.2	Hydrodynamisch arbeitende Gleitlager	333
10.5.2.1	Hydrodynamische Theorie	333
10.5.2.2	Vereinfachungen und Annahmen in der Gleitlagertechnik	335
10.5.2.3	Reynoldssche Gleichung für die Druckverteilung	339
10.5.2.4	Keil- oder Gleitschuhlager unter stationärer Belastung	340
10.5.2.5	Radialgleitlager unter stationärer Belastung	348
10.5.2.5.1	Unendlich breite Radialgleitlager ($B/D > 1,5$)	351
10.5.2.5.2	Sehr schmale Radialgleitlager ($B/D < 1/4$)	356
10.5.2.5.3	Endlich breite Radialgleitlager	358
10.5.2.6	Radialgleitlager unter instationärer Belastung	368
10.5.2.6.1	Gleichung für die Druckverteilung	368
10.5.2.6.2	Kinematik der Lagerkomponenten	369
10.5.2.6.3	Grundlösungen und ihre Bedeutung	371
10.5.2.6.4	Ergebnisse der numerischen Auswertung	371
10.5.2.6.5	Zusammenbruch der Tragfähigkeit, Halbfrequenzwirbel	374
10.5.2.6.6	Verlagerungswinkel, Lastwinkel, Verlagerungsdiagramm	375
10.5.2.6.7	Feder- und Dämpfungseigenschaften des Schmierfilms	378
10.5.3	Gleitlagerwerkstoffe	380
10.5.3.1	Allgemeine und physikalisch-mechanische Eigenschaften	381
10.5.3.2	Aufbau von Gleitlagern	382
10.5.3.3	Charakteristische Eigenschaften der metallischen Lagerwerkstoffe	382
10.5.3.4	Charakteristische Eigenschaften von thermo- plastischen Kunststoffen als Gleitlagerwerkstoffe	389
10.5.3.5	Werkstoffe und Ausführungsformen für Gleitlager mit besonderen Anforderungen	391

10.5.4	Gestaltung von Gleitlagern	393
10.5.4.1	Gestaltung von hydrostatisch arbeitenden Gleitlagern	394
10.5.4.2	Gestaltung von hydrodynamisch arbeitenden Gleitlagern	395
10.5.4.2.1	Radialgleitlager (Querlager)	396
10.5.4.2.2	Axialgleitlager (Längslager)	411
10.5.4.2.3	Radial-Axial-Gleitlager	421
10.6	Schrifttum	421

Sachverzeichnis 428

7 Elastische Elemente, Federn

Elastische Elemente – in der Praxis Federn genannt – sind Bauteile, bei denen durch eine zweckdienliche Gestaltung die Elastizität des Werkstoffes besonders ausgenutzt wird. Sie lassen sich auch bei wiederholter stationärer und dynamischer Belastung sehr stark elastisch verformen. Als technische Systeme erfüllen sie die bereits im Abschnitt 1.2.1.1 (Band I) genannten drei Funktionen Speicherung, Transport (Leitung!) und Wandlung.

Die Konstruktionselemente Federn erfüllen üblicherweise je nach Gestaltung, Anordnung und Elastizität sowie Dämpfungsfähigkeit des zu ihrer Herstellung verwendeten Werkstoffes folgende Funktionen mehr oder weniger gut:
1. Speicherung von potentieller Energie (z.B. bei Türschließern, Federmotoren, mechanischen Uhren!);
2. Kraftschluß von Bauteilen (z.B. bei elastischen Kupplungen, Bremsen, Ventilen, Bügelstromabnehmern von Lokomotiven und Straßenbahnen!), auch mit Kraftmessung und Kraftbegrenzung (z.B. Federwaagen und Sicherheits- oder Rutschkupplungen!) und einer Kräfteaufteilung (z.B. bei parallelgeschalteten Federn!);
3. Dämpfung von Stößen und Schwingungen und Wandlung der Stoßenergie in Wärmeenergie (z.B. bei Fahrzeugfedern, Stoßdämpfern, Puffern, elastischen Lagerungen von technischen Systemen!);
4. Aufnahme von Formänderungen anderer Bauteile (z.B. bei thermischen Längenänderungen, mechanischen Verformungen!).

Da sich diese vier Funktionen mechanisch, hydraulisch bzw. pneumatisch oder magnetisch bzw. elektromagnetisch verwirklichen lassen (Ähnlichkeit physikalischer Effekte [54]!), gibt es schon durch diese unterschiedlichen physikalischen Wirkprinzipien eine Vielzahl technischer Federn. Im folgenden sollen ausschließlich mechanische und pneumatische sowie hydraulische Federn behandelt werden.

Nach der Beanspruchung des Federwerkstoffes werden zug-, druck-, biege-, schub- und torsionsbeanspruchte Federn unterschieden [10, 26, 29, 37, 48, 55, 57, 64]. Entsprechend der äußeren Form oder Gestalt (Wirkfläche!) können die Federn in Zug-, Biege- und Drehstabfedern, Blattfedern, Schraubenfedern, Schenkelfedern, Spiralfedern, Zylinderfedern, Kegelfedern, Ringfedern und Tellerfedern unterteilt werden. Hinsichtlich des Federwerkstoffes wird ferner zwischen metallischen und nichtmetallischen Federn unterschieden, wobei die letzteren vornehmlich als Gummifedern, Holzfedern und Gasfedern bekannt sind.

7.1 Federkennlinie, Federrate, Federarbeit und -dämpfung

Die Federkennlinie gibt die Abhängigkeit der äußeren Belastung (Federkraft F oder Federdrehmoment T!) von der Federung (Federweg s oder Verdrehwinkel φ im Bogenmaß!) an. Die Steigung der Kennlinie wird nach DIN 2089 Federrate genannt. In der Praxis wird dafür häufig auch der Begriff Federsteifigkeit benutzt. Es gilt somit:

$$c = \frac{dF}{ds} = \tan \alpha \quad \text{bei Translation,} \tag{7.1}$$

$$c = \frac{dT}{d\varphi} = \tan \alpha \quad \text{bei Rotation,} \tag{7.2}$$

wenn α der Steigungswinkel der Federkennlinie ist.

In Bild 7.1 sind drei charakteristische Federkennlinien dargestellt. Bei der linearen Federkennlinie sind der Steigungswinkel α und damit auch die Federrate konstant. Federn mit dieser Kennlinie werden auch Hookesche Federn genannt, weil bei ihnen das Federverhalten allein auf der elastischen Wirkung des Federwerkstoffes (Hookesches Gesetz!) beruht. Die Federrate c kann bei ihnen auch als Quotient aus der maximalen äußeren Federbelastung und der maximalen Federung angegeben werden ($c = F_{max}/s_{max}$ bzw. $c = T_{max}/\varphi_{max}$!). Liegt eine progressive Federkennlinie vor, so handelt es sich um eine Feder, die mit zunehmender Belastung steifer wird. Der Steigungswinkel α und die Federrate c werden somit mit zunehmender Federkraft F bzw. zunehmendem Federdrehmoment T größer. Eine degressive Federkennlinie charakterisiert demgegenüber eine Feder, die mit zunehmender äußerer Belastung weicher wird. Der Steigungswinkel α und die Federrate c nehmen also mit zunehmender äußerer Belastung ab. Grundsätzlich gilt also, daß steife oder harte Federn eine steile und elastische oder weiche Federn eine flache Kennlinie haben.

Die elastische Federarbeit W ist diejenige Energie, die in einer Feder beim Einwirken einer äußeren Belastung als potentielle Energie gespeichert wird. Diese

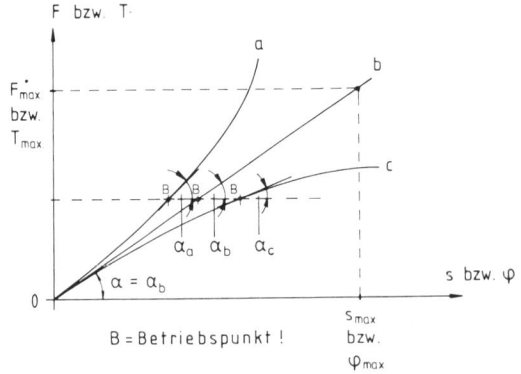

Bild 7.1. Federdiagramm oder Federcharakteristik;
a) progressive Federkennlinie;
b) lineare oder Hookesche Kennlinie;
c) degressive Federkennlinie

elastische Formänderungsarbeit W bzw. dieses Arbeitsvermögen einer Feder wird in folgender Weise ermittelt:

$$W = \int_0^{s_{max}} F \cdot ds = W_{el} \tag{7.3}$$

$$W = \int_0^{\varphi_{max}} T \cdot d\varphi = W_{el}. \tag{7.4}$$

Bei Federn mit linearer Kennlinie wird somit zwischen dem unbelasteten Zustand und der maximalen äußeren Belastung folgende elastische Federarbeit (Formänderungsarbeit!) gespeichert:

$$W = \frac{1}{2} \cdot F_{max} \cdot s_{max} = \frac{1}{2} \cdot c \cdot s_{max}^2 = \frac{F_{max}^2}{2c} = W_{el} \tag{7.5}$$

$$W = \frac{1}{2} \cdot T_{max} \cdot \varphi_{max} = \frac{1}{2} \cdot c \cdot \varphi_{max}^2 = \frac{T_{max}^2}{2c} = W_{el}. \tag{7.6}$$

Ein anschauliches Maß für diese elastische Federarbeit ist im Federdiagramm die Fläche zwischen der Federkennlinie und der Abszisse bis zur maximalen Federung.

Wird eine Feder wiederholt dynamisch belastet, so ist bei genügender Dämpfungsfähigkeit des Federwerkstoffes (Werkstoffdämpfung!) die Kennlinie der Feder für die Belastung und die Entlastung unterschiedlich. Die von diesen beiden Kennlinien umschlossene Fläche ist ein Maß für die Dämpfungsarbeit W_D (Dissipationsenergie!) der Feder während eines Lastspiels. Der Quotient dieser Dämpfungsarbeit W_D und der elastischen Federarbeit W, die zwischen der Mittellage und der Umkehrlage, d.h. über der Verformungsamplitude, als potentielle Energie gespeichert wird, ist der Dämpfungsfaktor ψ. Es gilt somit:

$$\psi = \frac{W_D}{W} = \frac{W_D}{W_{el}}. \tag{7.7}$$

Bei metallischen Federn liegt der Dämpfungsfaktor im Bereich $0 < \psi < 0{,}4$ und bei Gummifedern im Bereich $0{,}5 < \psi < 3$. Gemäß Bild 7.2 entspricht für eine durch ein Drehmoment dynamisch belastete Feder mit linearer statischer und dynamischer Kennlinie die elastische Federarbeit W der Dreiecksfläche mit der Federungsamplitude als Grundlinie und dem dynamischen Drehmoment T_f an der Stelle der maximalen Federungsamplitude als Höhe [17].

Für eine Feder mit progressiver statischer Kennlinie (z.B. bei einer drehelastischen Kupplung!) können W_D und W gemäß Bild 7.3 ermittelt werden. Die dynamische Federrate c_{dyn} ist die Neigung der gestrichelten mittleren dynamischen Kennlinie im „Arbeitspunkt" A, der die Flächengleichheit der elastischen Formänderungsarbeiten W_1 und W_2 charakterisiert [17].

Bei strenger Gültigkeit des Hookeschen Gesetzes wird die elastische Federarbeit oder Formänderungsarbeit eines Volumenelementes dV bei einem einachsigen

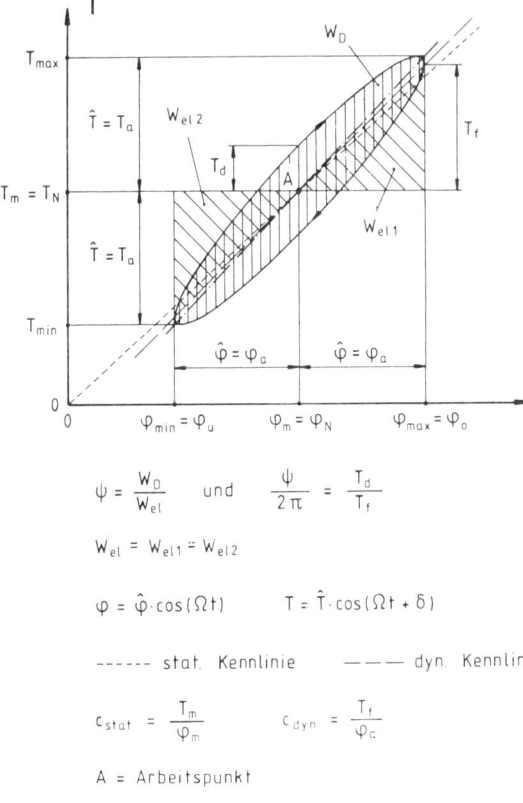

Bild 7.2. Dynamisch belastete Drehfeder (z.B. drehelastische Kupplung!) mit linearer statischer und dynamischer Kennlinie sowie Dämpfung ($W_{el} = W$)

Spannungszustand (Normalspannung!) mit Hilfe der Beziehung

$$dW = \frac{1}{2}\frac{\sigma^2}{E}dV \tag{7.8}$$

und bei reiner Schub- oder Torsionsbeanspruchung mittels der Beziehung

$$dW = \frac{1}{2}\frac{\tau^2}{G}dV \tag{7.9}$$

ermittelt. Durch Einführen eines Nutzungsgrades η_A gemäß DIN 5485, der die Nutzung des Federwerkstoffvolumens V in Abhängigkeit von der Gestalt der Feder und der Belastungsart kennzeichnet, wird die elastische Federarbeit W jeder Feder auch in folgender Weise ermittelt:

$$W = \eta_A \cdot V \cdot \frac{\sigma^2}{2E} \tag{7.10}$$

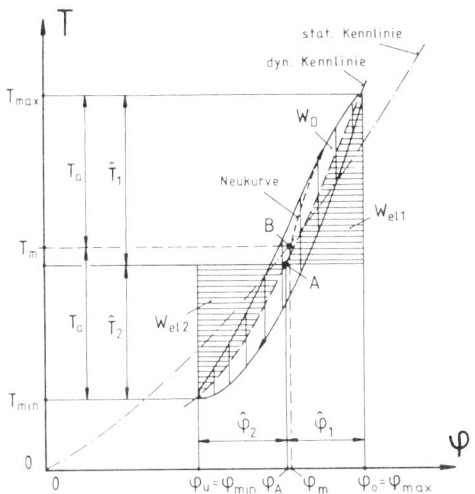

A = „Arbeitspunkt" auf der dyn. Kennlinie

$W_{el1} = W_{el2}$; $\hat{T}_1 \neq \hat{T}_2$; $\hat{\varphi}_1 \neq \hat{\varphi}_2$

Erregung mit $T = T_m + T_a \cdot \cos \Omega t$

B = Betriebspunkt auf der stat. Kennlinie

(nichtlinear - viskoelastischer Werkstoff !)

Bild 7.3. Dynamisch belastete Drehfeder (z.B. drehelastische Kupplung!) mit progressiver statischer Kennlinie und Dämpfung ($W_{el} = W$)

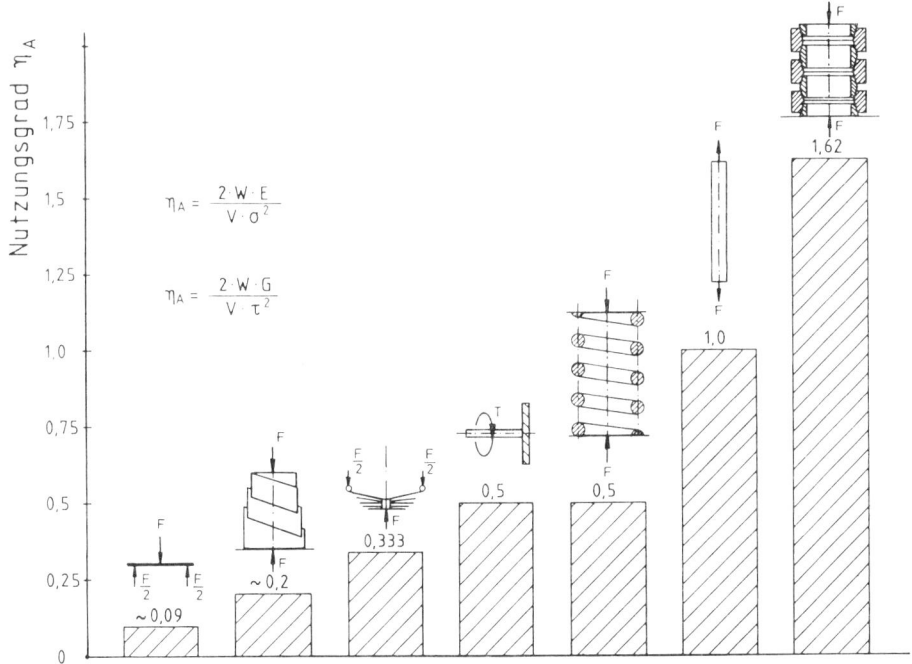

Bild 7.4. Nutzungsgrad oder Art-Nutzwert η_A für unterschiedliche Federarten

$$W = \eta_A \cdot V \cdot \frac{\tau^2}{2G} \qquad (7.11)$$

Der Nutzungsgrad η_A ist ein für die Gestalt der Feder charakteristischer Wert, der angibt, wie gleichmäßig das Werkstoffvolumen der Feder durch die inneren Kräfte oder Spannungen beansprucht wird. Er ist dann am größten, wenn die Feder als Bauteil gleicher Festigkeit ausgeführt wird (Bild 7.4).

Neben diesem Nutzungsgrad η_A oder Art-Nutzwert wird in der Literatur [13, 48, 50] auch noch der Volumennutzwert η_V angegeben, der das Verhältnis der Federarbeit W zum Federvolumen V ist ($\eta_V = W/V!$). Zwischen dem Nutzungsgrad η_A und dem Volumennutzwert η gilt somit die Verknüpfung

$$\frac{\eta_A}{\eta_V} = \frac{2E}{\sigma^2} \quad \text{bzw.} \quad \frac{2G}{\tau^2}. \qquad (7.12)$$

7.2 Federwerkstoffe

Es werden metallische und nichtmetallische Federwerkstoffe eingesetzt. Als metallische Werkstoffe werden Stähle (z.B. warmgewalzte Stähle nach DIN 17221, kaltgewalzte Stähle nach DIN 17222, kaltgezogene runde Federstahldrähte nach DIN 17223, nichtrostende Stähle nach DIN 17224, warmfeste Stähle nach DIN 17225, Federstahldraht rund, patentiert und federhart gezogen nach DIN 2076 bzw. Federstahldraht rund und gewalzt nach DIN 2077, gerippter gewalzter Federstahl für Blattfedern nach DIN 1570 und warmgewalzter Federstahl für Blattfedern nach DIN 4620) und Nichteisenmetalle (z.B. Kupfer-Zink-Legierungen (Messing!) nach DIN 17660, Kupfer-Zinn-Legierungen (Bronze!) nach DIN 17662, Kupfer-Nickel-Zink-Legierungen (Neusilber!) nach DIN 17663, Nickel-Beryllium-Legierungen nach DIN 17741 und Kupfer-Beryllium-Legierungen nach DIN 17682) verwendet.

Bei den nichtmetallischen Werkstoffen handelt es sich vornehmlich um Gummi (Kautschuk!), Buna, Perbunan, Kunststoffe, Hölzer (Eschenholz, Weißbuchenholz, Akazienholz!), Gläser und fluide Stoffe (Flüssigkeiten, Gase!).

Für die wichtigsten kaltgewalzten Federwerkstoffe (DIN 17222) und die warmfesten Federstähle (DIN 17225) sind die Zugfestigkeit, die Streckgrenze und die Kriechgrenze in Tabelle 7.1 zusammengestellt. Die Werte für den Elastizitätsmodul E und den Schubmodul G sind für unterschiedliche metallische und nichtmetallische Federwerkstoffe in Tabelle 7.2 angegeben.

Für hochbeanspruchte Federn mit großen Querschnitten eignen sich die legierten Chrom-Vanadium- und Chrom-Molybdän-Vanadium-Stähle, die eine gute Durchvergütbarkeit, gute Oxidationsbeständigkeit und relativ hohe plastische Dehnbarkeit aufweisen.

Für den vornehmlich für Torsionsfedern (Rundstabfedern!) verwendeten Stahl 50 CrV 4 sind für unterschiedliche Oberflächenzustände, Belastungsfälle und Durchmesser die in der Praxis zulässigen Torsionsspannungen $\tau_{t,zul}$ in Tabelle 7.3 zusammengestellt.

7.2 Federwerkstoffe

Tabelle 7.1. Festigkeitskenngrößen (Zugfestigkeit R_m, Streckgrenze R_e und Kriechgrenze!) und Elastizitätsmodul E für Federwerkstoffe bei unterschiedlichen Temperaturen;
a) für kaltgewalzte Federwerkstoffe nach DIN 17222;
b) für warmfeste Federwerkstoffe nach DIN 17225

a)

Qualitätsstähle					Edelstähle				
Stahlsorte	Behandlungszustand[1]				Stahlsorte	Behandlungszustand[1]			
	G	H + A				G	H + A		
	Härte HB 30	R_e N/mm²	R_m N/mm²	A_5 %		Härte HB 30	R_e N/mm²	R_m N/mm²	A_5 %
C 53	190				CK 53	190	1030	1175	7
C 60	200	1030	1175	6	CK 60	200	1175	1275	7
C 67	210				CK 67	210	1275	1370	6
C 75	215				MK 75	210	1470	1570	6
M 75	210	1080	1175	6	MK 101[2]	220	1665	1765	5
M 85	215				71 Si 7[2]	240	1765	1865	4
55 Si 7	235	1470	1570	6	66 Si 7	240	1665	1765	5
65 Si 7	240	1570	1665	5	67 SiCr 5	240	1765	1865	4
60 SiMn 5	240				50 CrV 4	235	1570	1665	5
					58 CrV 4	235	1765	1865	4

[1] G = weichgeglüht, H + A = gehärtet und angelassen. Es sind jeweils die Mindesthärten und -festigkeitswerte angegeben.
[2] für höchstbeanspruchte Zugfedern im Uhren- und Triebwerksbau geeignet.

b)

Stahlsorte	R_m N/mm²	Streckgrenze R_e in N/mm² bei °C					Kriechgrenze in N/mm² bei °C			
		20	100	200	300	400	400	450	500	550
67 SiCr 5	1470	1080	1080	980	880					
50 CrV 4	1325	980	980	980	880					
45 CrMoV 6 7	1370	1030	1030	930	830	685	490	310		
30 WCrV 17 9	1370	1080	1080	980	880	735	540	410	295	
65 WMo 34 8	1370	1080	1080	980	880	785	590	460	345	195
X 12 CrNi 17 7[1]										
kaltgewalzt	1175									
kaltgezogen	1570									

Stahlsorte	Elastizitätsmodul E in N/mm² bei °C							
	20	100	200	300	400	450	500	550
67 SiCr 5	206000	202100	196200	189300				
50 CrV 4	206000	202100	196000	189300				
45 CrMoV 6 7	206000	202100	196000	189300	177560	170700		
30 WCrV 17 9	206000	202100	196000	189300	178050	171700	167750	
65 WMo 34 8	206000	202100	196000	189300	180500	175600	171700	166770
X 12 CrNi 17 7	176600	171700	164800	157950				

[1] nichtrostender Stahl bis etwa 300 °C nur für geringe Beanspruchungen

Tabelle 7.2. Elastizitätsmodul E und Gleit- oder Schubmodul G in N/mm² für unterschiedliche Federwerkstoffe

Federwerkstoff		E-Modul[1] N/mm²	G-Modul[1] N/mm²
Federstahldraht A, B, C, II, FD, VD nach DIN 17223		206000	81400
Warmgewalzte Stähle nach DIN 17221		200000	78500
Kaltgewalzte Stähle nach DIN 17222		206000	78500
Nichtrostende Stähle nach DIN 17224		197000	71600
Zinnbronze (CuSn), Messing (CuZn) nach DIN 17682		109900	41200
Kupfer-Beryllium (CuBe), Neusilber (CuNi) nach DIN 17682		132400	50000
Holz[2]	Buche, Eiche, Esche	~ 13000	~ 600
	Fichte, Tanne	~ 10000	~ 500
	Kiefer, Lärche	~ 10000	~ 500
Glas	Technisches Glas	~ 63000	~ 25000
	Duran-Glas, Quarz-Glas	~ 72000	~ 27000
	Supremax-Glas	~ 100000	~ 30000

[1] Die Zahlenwerte gelten für eine Betriebstemperatur von 20 °C.
[2] Die Zahlenwerte gelten nur für die Faserrichtung; senkrecht zur Faserrichtung sind die Werte sehr viel kleiner (Anisotropie!).

Tabelle 7.3. Zulässige Torsionsspannungen in N/mm² für Rundstabfedern aus 50 CrV 4 oder 51 Cr Mo 4

Oberflächenzustand	Belastungsfall	$\tau_{t,zul}$ in N/mm² für d in mm				
		20	30	40	50	60
geschliffen	wechselnd	200	190	180	140	90
	schwellend	400	380	360	280	180
verdichtet	wechselnd	300	290	260	250	190
	schwellend	600	580	520	500	380

7.3 Zusammenschaltung von Federn

Federn können parallel, hintereinander oder in Kombination geschaltet sein.

7.3.1 Parallelschaltung

Bei Parallelschaltung sind die Federn so eingebaut, daß die äußere Belastung F sich anteilmäßig auf die einzelnen Federn mit den Federraten c_i aufteilt, aber die Federungen s_i der einzelnen Federn gleich groß sind. Für die in Bild 7.5 gezeigte Federanordnung und -belastung gilt somit:

$$\text{Federkraft: } F = \sum_{1}^{n} F_i = F_1 + F_2 + F_3 \tag{7.13}$$

$$\text{Federweg: } s = s_i = s_1 = s_2 = s_3 \tag{7.14}$$

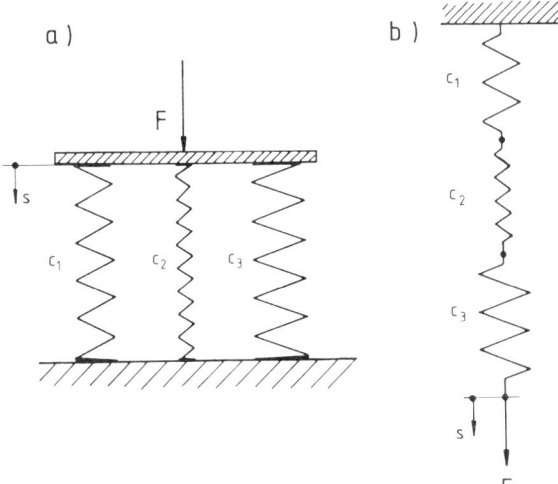

Bild 7.5. Zusammenschaltung von Federn; a) Parallelschaltung; b) Hintereinanderschaltung

Werden diese n Federn durch eine gleichwertige Ersatzfeder mit der Federrate c und der gleichen äußeren Belastung F ersetzt, so sind zur Gewährleistung gleicher Federeigenschaften folgende Bedingungen zu erfüllen:

Ersatzfeder: $F = c \cdot s$ (7.15)

Einzelfedern: $F_i = c_i \cdot s$ (7.16)

$$F = \sum_1^n F_i = s \cdot \sum_1^n c_i$$

Ergebnis: $c = \sum_1^n c_i = c_1 + c_2 + c_3$ (7.17)

Die Federrate der Ersatzfeder ist die Summe der Federraten der Einzelfedern.

7.3.2 Hintereinanderschaltung

Bei Hintereinanderschaltung werden die Federn so miteinander gekoppelt, daß die äußere Belastung F an jeder einzelnen Feder angreift und die Federwege s_i der einzelnen Federn entsprechend ihrer Federraten c_i dann ungleich groß sind. Für die in Bild 7.5 dargestellte Federanordnung und -belastung läßt sich folgendes angeben:

Federkraft: $F = F_i = F_1 = F_2 = F_3$ (7.18)

Federweg: $s = \sum_1^n s_i = s_1 + s_2 + s_3$ (7.19)

Werden diese n Federn durch eine gleichwertige Ersatzfeder mit der Federrate c und der gleichen äußeren Belastung F ersetzt, so sind zur Gewährleistung gleicher Federeigenschaften folgende Bedingungen zu erfüllen:

Ersatzfeder: $\quad F = c \cdot s = c \cdot \sum_{1}^{n} s_i \quad$ (7.20)

Einzelfedern: $\quad F = c_i \cdot s_i \quad$ (7.21)

Ergebnis: $\quad s = \sum_{1}^{n} s_i = \dfrac{F}{c} = F \cdot \sum_{1}^{n} \dfrac{1}{c_i} \quad$ (7.22)

$$\dfrac{1}{c} = \sum_{1}^{n} \dfrac{1}{c_i} = \dfrac{1}{c_1} + \dfrac{1}{c_2} + \dfrac{1}{c_3}$$

Der Reziprokwert der Federrate der Ersatzfeder ist die Summe der Reziprokwerte der Federraten der Einzelfedern.

Bezüglich der Gleichungen (7.17) bzw. (7.22) ist zu beachten, daß sie wegen der Analogie der Bauelemente Feder (Speicher für mechanische Energie!) und Kondensator (Speicher für elektrische Energie!) den Gleichungen für die Kapazität C von mehreren parallel bzw. hintereinander geschalteten Kondensatoren der Einzelkapazität C_i entsprechen.

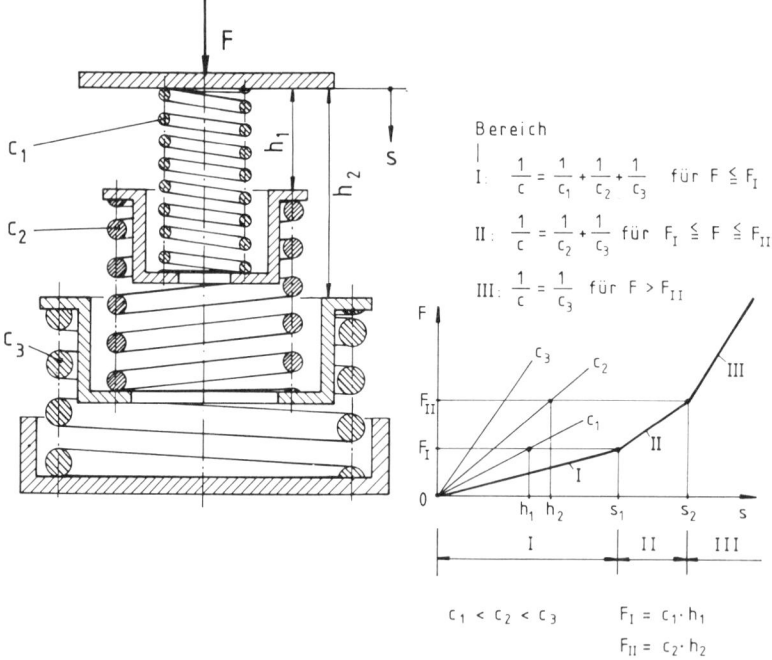

Bild 7.6. Federsatz aus drei hintereinander geschalteten Federn unterschiedlicher Federrate (geknickte Federkennlinie!)

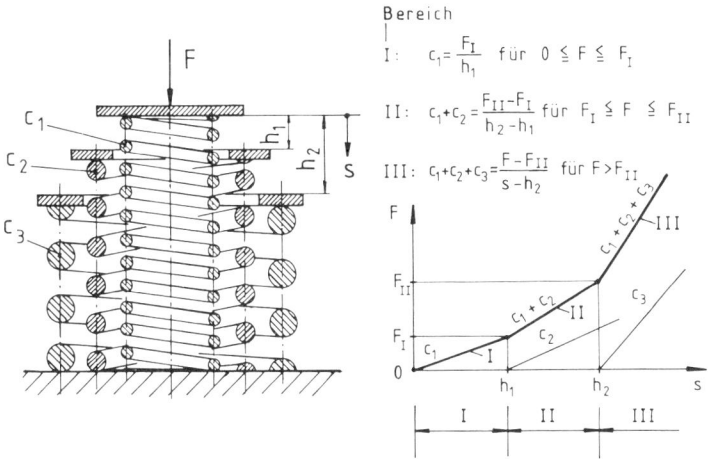

Bild 7.7. Federsatz aus drei parallel geschalteten Federn unterschiedlicher Federrate (geknickte Federkennlinie!)

7.3.3 Mischschaltung

Bei einer Mischschaltung werden beispielsweise mehrere Federn parallel- und hintereinander geschaltet (z.B. Tellerfedersäule mit paketweise wechselsinnig angeordneten Tellerfedern!). Es gibt aber auch Federsysteme, bei denen unterschiedliche Federn in Abhängigkeit vom Federweg kombiniert werden. Federsysteme dieser Art werden durch wiederholtes Berechnen der einzelnen Ersatzfedern erfaßt.

Bei dem in Bild 7.6 gezeigten Federsystem mit drei hintereinander geschalteten und durch eine Druckkraft beanspruchten Federn ist zu beachten, daß bei einer Federkraft $0 < F \leq F_I$ ($F_I = c_1 \cdot h_1$) alle drei Federn, bei einer Federkraft $F_I < F \leq F_{II}$ ($F_{II} = c_2 \cdot h_2$) die Federn 2 und 3 und bei einer Federkraft $F > F_{II}$ nur die Feder 3 das Federungsverhalten bewirken. Die Federcharakteristik dieser Gesamtfeder ist somit ein geknickter Linienzug mit progressiver Tendenz.

Bei dem in Bild 7.7 gezeigten Federsystem mit drei parallel geschalteten und durch eine Druckkraft beanspruchten Federn tragen im Federungsbereich $0 < s \leq h_1$ nur die Feder 1, im Federungsbereich $h_1 < s \leq h_2$ die Federn 1 und 2 und im Federungsbereich $s > h_2$ alle drei Federn. Die Federcharakteristik ist auch in diesem Fall ein geknickter Linienzug mit progressiver Tendenz.

7.4 Beanspruchung von Federn

Federn werden je nach ihrer Gestalt und äußeren Belastung unterschiedlich beansprucht.

7.4.1 Zug-/druckbeanspruchte Federn

Es sind Federn, bei denen der Federwerkstoff gleichmäßig durch Normalspannungen beansprucht wird. Sie werden deshalb vornehmlich zur Aufnahme großer Kräfte eingesetzt und kommen in der Praxis als Stab- und als Ringfedern vor.

7.4.1.1 Stabfedern

Ein Stab vom Querschnitt A und der Länge l, der gemäß Bild 7.8 durch eine Zug- bzw. Druckkraft F belastet wird, erfährt eine Zug- bzw. Druckbeanspruchung der Größe $\sigma = F/A$ und eine Dehnung bzw. Stauchung der Größe $\varepsilon = \sigma/E$. Die Längenänderung Δl, d.h. der Federweg s im elastischen Bereich, beträgt somit

$$\Delta l = s = \frac{F \cdot l}{E \cdot A}, \tag{7.23}$$

wenn E der Elastizitätsmodul des Federwerkstoffes ist.

Unter Berücksichtigung der linearen Federkennlinie ergeben sich folgende Federkenngrößen:

Federrate: $\quad c = \dfrac{A \cdot E}{l}$ \hfill (7.24)

Federarbeit: $\quad W = \dfrac{1}{2} \dfrac{F^2 \cdot l}{E \cdot A} = \eta_A \cdot V \cdot \dfrac{\sigma^2}{2E}$ \hfill (7.25)

Federvolumen: $V = A \cdot l$ \hfill (7.26)

Nutzungsgrad: $\eta_A = 1{,}0$ \hfill (7.27)

Anwendung

Metallische Zugstabfedern werden in der Praxis wegen ihrer großen Steifigkeit, d.h. großen Federrate, nur sehr selten angewendet. Nichtmetallische Druckstabfedern

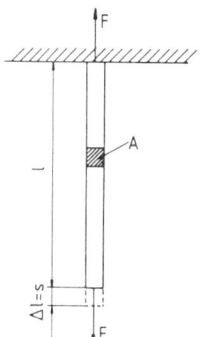

Bild 7.8. Stabfeder mit dem Querschnitt A und der Länge l unter einer Zugkraft F

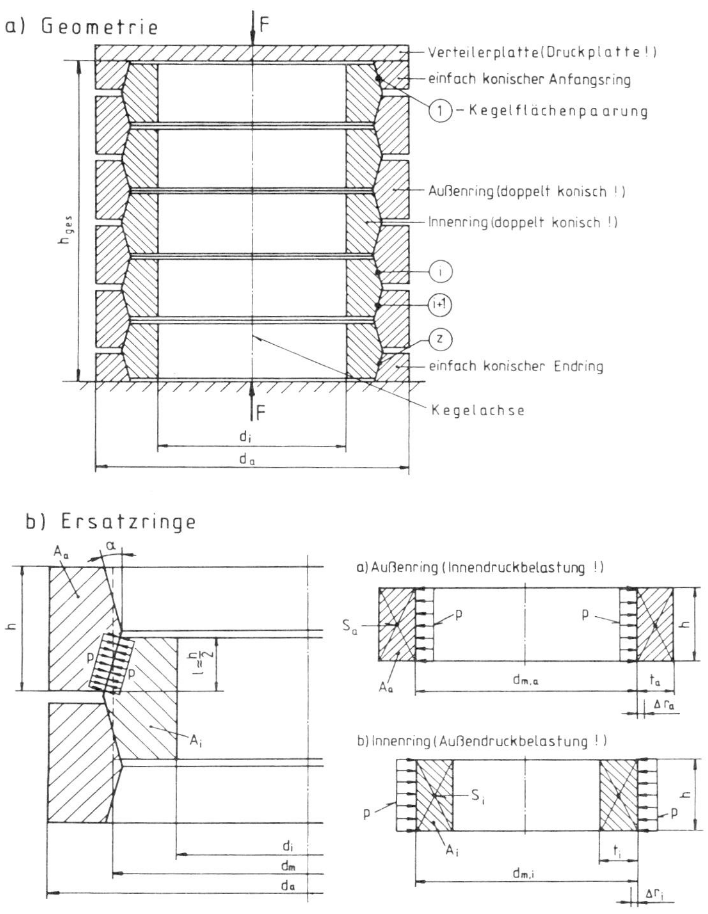

7.4 Beanspruchung von Federn 13

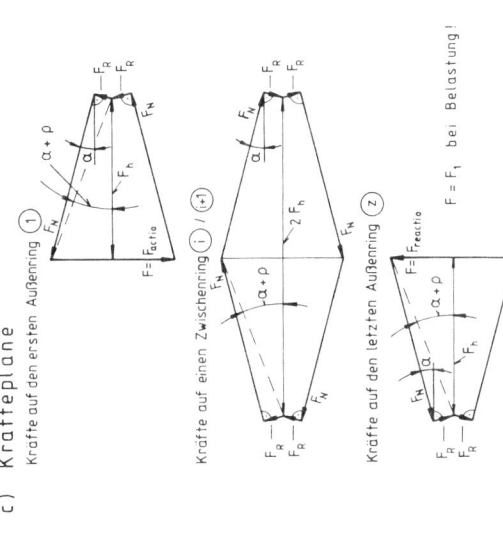

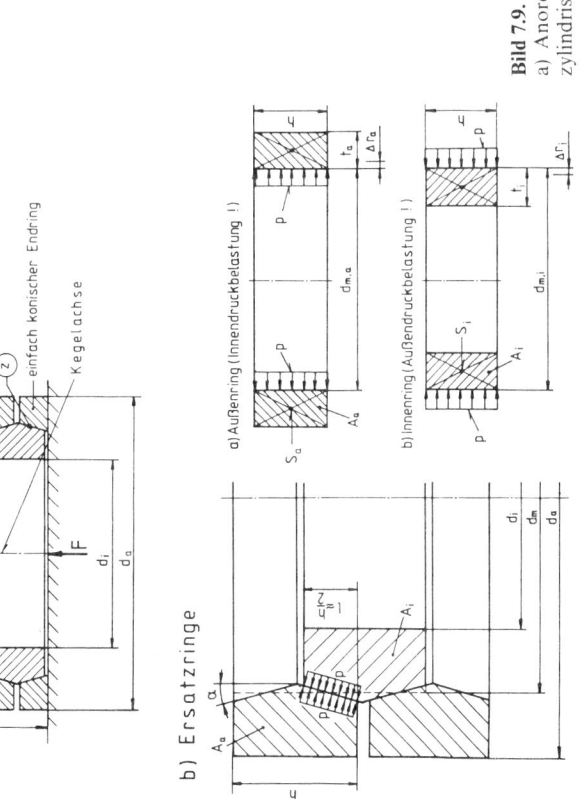

Bild 7.9. Ringfeder mit Innen- und Außenringen in Hintereinanderschaltung: a) Anordnung der einzelnen Ringe; b) Ersatz der konischen Ringe durch zylindrische Ringe; c) Kräftegleichgewicht an den unterschiedlichen Ringen

finden als Puffer oder als Schwingungselemente bei der elastischen Lagerung von Aggregaten (aktive und passive Entstörung von technischen Systemen [22, 33, 67, 71]!) Anwendung.

7.4.1.2 Ringfedern

Bei Ringfedern, die aus mehreren hintereinander geschalteten, doppelkegelig geformten Innen- und Außenringen bestehen, die sich in Kegelflächen berühren und in Richtung der Kegelachse belastet werden (Bild 7.9), wird die in axialer Richtung wirkende Federkraft F in größere, normal zu den Kegelmantelflächen gerichtete Kräfte F_N umgesetzt (Kraftverstärkung!). Diese dehnen die Außenringe und stauchen die Innenringe. Durch die Dehnung und die Stauchung der gepaarten Ringe schieben sich diese in axialer Richtung ineinander. Dadurch entstehen die Federung und infolge der in den Kegelflächen wirkenden Reibkräfte $F_R = \mu \cdot F_N$ die Dämpfungs- oder Reibungsarbeit W_D. Die bei Belastung der Feder gespeicherte oder aufgenommene elastische Federarbeit W_1 ist somit größer als die bei Entlastung der Feder wieder abgegebene elastische Federarbeit W_2 (Bild 7.10). Wird z.B. ein halber Kegelwinkel von $\alpha = 14°$ und ein Reibungskoeffizient von $\mu = 0,16$ (Reibungswinkel $\rho = 9°$!) zugrunde gelegt, so ergibt sich für die durch Reibung in Wärme umgesetzte Dämpfungsarbeit $W_D \simeq \frac{2}{3} \cdot W_1$. Für das Verhältnis der Federkräfte bei Belastung (F_1!) und bei Entlastung (F_2!) läßt sich folgende Beziehung ableiten [18, 57]:

$$\frac{F_1}{F_2} = \frac{\tan(\alpha + \rho)}{\tan(\alpha - \rho)} \qquad (7.28)$$

mit α = halber Kegelwinkel
und ρ = Reibungswinkel = arctan μ.

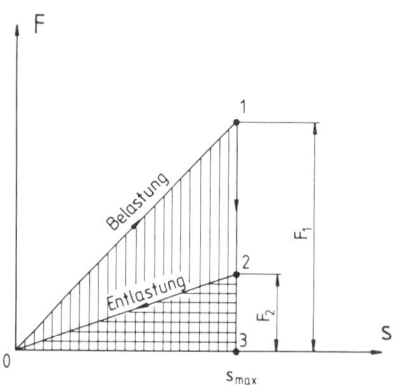

Fläche 0 1 3: Gespeicherte oder aufgenommene Federarbeit W_1 ;
Fläche 0 2 3: Abgegebene Federarbeit W_2 ;
Fläche 0 1 2: Dämpfungsarbeit $W_D = W_1 - W_2$.

Bild 7.10. Federdiagramm oder Federcharakteristik einer Ringfeder; F_1 = maximale Federkraft bei Belastung; F_2 = maximale Federkraft bei Entlastung; s_{max} = maximaler Federweg

Der bei Belastung in den Außen- und den Innenringen vorliegende Spannungszustand ist dreidimensional, weil durch die Federkraft Tangential-, Radial- und Axialspannungen induziert werden. Die Innendruckbelastung an den Innenflächen der Außenringe führt zu Tangentialspannungen (Zugspannungen!) sowie Radial- und Axialspannungen (Druckspannungen!). Die Innenringe mit der Außendruckbelastung an der Außenfläche unterliegen Tangential-, Radial- und Axialspannungen, die alle Druckspannungen sind.

Da die doppeltkonischen Ringe und die beiden einfachkonischen Ringe (am Federanfang und -ende!) als dünnwandige zylindrische Ringe aufgefaßt werden können (Radienverhältnis $\leq 1,2$!), läßt sich die Vergleichsspannung des räumlichen Spannungszustandes in guter Näherung durch die Tangentialspannung gemäß der „Kesselformel" für dünnwandige Rohre oder Behälter ermitteln. Sie hat die Größe [37]

$$\sigma = \frac{p \cdot d_m}{2 \cdot t} = \frac{p \cdot r_m}{t}, \qquad (7.29)$$

wenn $d_m = 2 r_m$ der mittlere Durchmesser für die Füge- oder Preßfläche ($d_m = d_{m,i} = 2 r_{m,i}$ = mittlerer Außendurchmesser für die Innenringe und $d_m = d_{m,a} = 2 r_{m,a}$ = mittlerer Innendurchmesser für die Außenringe!) und t die Wanddicke der Ringe (t_i = Wanddicke der Innenringe und t_a = Wanddicke der Außenringe!) sind (Bild 7.9). Mit der Flächenpressung p in den Kontaktflächen der Federringe

$$p = \frac{F_h}{\frac{1}{2} \cdot \pi \cdot d_m \cdot \frac{h}{2}} = \frac{4 F_1}{2 \cdot \tan(\alpha + \rho) \cdot \pi \cdot d_m \cdot h} \qquad (7.30)$$

und der Querschnittsfläche $A_{a,i}$ eines Rings

$$A_{a,i} = h \cdot t_{a,i} \qquad (7.31)$$

ergeben sich bei Belastung (Federkraft F_1!) folgende Tangentialspannungen beim Außenring:

$$\sigma_a = \frac{F_1}{\pi \cdot A_a \cdot \tan(\alpha + \rho)} \quad \text{(Zugspannung!)} \qquad (7.32)$$

Innenring:

$$\sigma_i = \frac{F_1}{\pi \cdot A_i \cdot \tan(\alpha + \rho)} \quad \text{(Druckspannung!)} \qquad (7.33)$$

Für den Gesamtfederweg s einer Ringfedersäule mit z Kegelflächenpaarungen, d.h. z Federelementen, ergibt sich wegen deren Hintereinanderschaltung der Wert $s = z \cdot s_0$, wenn s_0 der Federweg einer einzelnen Paarung ist. Dieser Federweg s_0 resultiert aus der radialen Aufweitung Δr_a des Außenringes an seiner Innenfläche und der radialen Stauchung Δr_i des Innenringes an seiner Außenfläche. Die radiale Aufweitung und die radiale Stauchung lassen sich nach den Ergebnissen der Preßverbindungen (Abschnitt 5.2.4.2!) wie folgt ermitteln:

$$\Delta r_a = \frac{\sigma_a \cdot r_{m,a}}{E_a} \quad \text{mit} \quad \frac{\sigma_a}{E_a} = \varepsilon_a = \frac{\Delta r_a}{r_{m,a}} \qquad (7.34)$$

16   7 Elastische Elemente, Federn

$$\Delta r_i = \frac{\sigma_i \cdot r_{m,i}}{E_i} \quad \text{mit} \quad \frac{\sigma_i}{E_i} = \varepsilon_i = \frac{\Delta r_i}{r_{m,i}} \tag{7.35}$$

In diesen Gleichungen sind E_a und E_i die Elastizitätsmoduli des Werkstoffes für den Außen- und den Innenring. In der Folge gilt jedoch $E_a = E_i = E$.

Durch diese Radienänderungen Δr_a und Δr_i können sich die Ringe entlang der Konusfläche ineinander schieben. Der axiale Verschiebeweg entspricht dem Federweg s_0 einer einzelnen Konusflächenpaarung, d.h. eines einzelnen Federelementes, und er hat die Größe

$$s_0 = \frac{\Delta r_a}{\tan \alpha} + \frac{\Delta r_i}{\tan \alpha}$$

$$s_0 = \frac{r_{m,a} \cdot \sigma_a + r_{m,i} \cdot \sigma_i}{E \cdot \tan \alpha}. \tag{7.36}$$

Unter Berücksichtigung dieser Ergebnisse lassen sich folgende wichtige Federkenngrößen ermitteln:

Federkraft
bei Belastung:
$$F_1 = \pi \cdot A_a \cdot \sigma_a \cdot \tan(\alpha + \rho)$$
$$F_1 = \pi \cdot A_i \cdot \sigma_i \cdot \tan(\alpha + \rho) \tag{7.37}$$

bei Entlastung:
$$F_2 = \pi \cdot A_a \cdot \sigma_a \cdot \tan(\alpha - \rho)$$
$$F_2 = \pi \cdot A_i \cdot \sigma_i \cdot \tan(\alpha - \rho) \tag{7.38}$$

Federweg:
$$s = z \cdot \frac{r_{m,a} \cdot \sigma_a + r_{m,i} \cdot \sigma_i}{E \cdot \tan \alpha} \tag{7.39}$$

Federvolumen:
$$V = 2\pi \cdot \frac{z}{2} \cdot (A_a \cdot r_{m,a} + A_i \cdot r_{m,i}) \tag{7.40}$$

$$V = V_a + V_i \tag{7.41}$$

Federarbeit
bei Belastung:
$$W_1 = \eta_A \cdot \frac{\sigma_a^2 \cdot V_a + \sigma_i^2 \cdot V_i}{2E} \tag{7.42}$$

bei Entlastung:
$$W_2 = W_1 \cdot \frac{\tan(\alpha - \rho)}{\tan(\alpha + \rho)} \tag{7.43}$$

Nutzungsgrad:
$$\eta_A = \frac{\tan(\alpha + \rho)}{\tan \alpha} \tag{7.44}$$

Anwendung

Ringfedern werden bei großen und/oder stoßartigen Belastungen eingesetzt, deren Stoßenergie gedämpft werden soll. Typische Einsatzfälle sind somit die Federn bei Puffern für Waggons (Bild 7.11), Prell- und Rammböcken im Eisenbahnwesen, zur

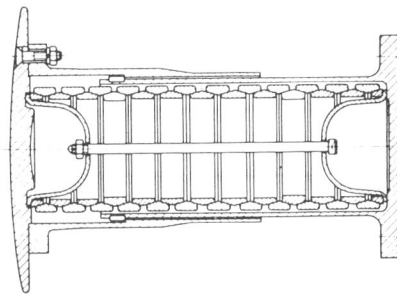

Bild 7.11. Ringfedern für Prell- und Rammböcke sowie für Waggonpuffer

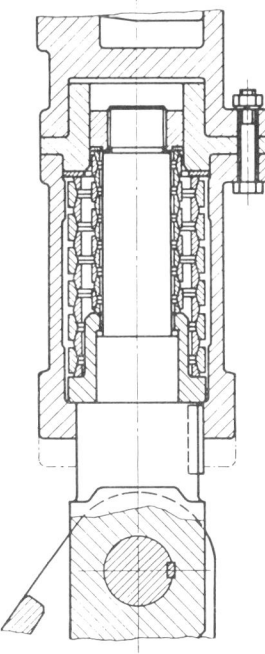

Bild 7.12. Ringfedern zur elastischen Aufhängung eines schweren Hebezeuggeschirrs nach Ringfeder, Krefeld

elastischen Abstützung schwerer Aggregate und zur elastischen Aufhängung schwerer Hebezeuggeschirre (Bild 7.12). Zur Vergrößerung der Dämpfungsarbeit, d.h. zur Verringerung der bei Entlastung der Ringfeder wieder abgegebenen Federkraft F_2, werden sehr oft einige Innenringe geschlitzt. Diese bringen dann bis zu ihrem Umfangsschließen zusätzlich eine weichere Federcharakteristik (größere Federwege bei gleicher Federkraft!).

7.4.2 Torsionsbeanspruchte Federn

Sie zählen zu den im Maschinen- und Fahrzeugbau sehr häufig eingesetzten Federn und lassen sich bezüglich ihrer Gestalt in gerade (Drehstabfedern!) und schraubenförmig gewundene (Schraubenfedern!) unterteilen.

7.4.2.1 Drehstabfedern

Sie haben in der Regel einen Kreis- oder einen Rechteckquerschnitt und können besonders im letzten Fall aus einem oder mehreren Profilen (hohl, massiv oder geschichtet!) hergestellt sein. Die Federenden sind zur formschlüssigen Einspannung bzw. Halterung in einer Haltenuß bzw. zur Einleitung des Drehmomentes über einen Hebelarm verdickt ausgeführt (Kerbwirkung!) und nach DIN 2091 angeflächt bzw. mit einem Vier- oder Sechskant oder einer Kerbverzahnung versehen. Bei kreisrunden Drehstabfedern mit verdickten und angeflächten Federenden werden nach DIN 2091 in der Praxis die in Bild 7.13 angegebenen Größenverhältnisse empfohlen.

Bei einer äußeren Belastung durch das Drehmoment T wird die Drehstabfeder auf Torsion beansprucht. Ist die äußere Belastung eine über einen Hebelarm R exzentrisch angreifende Kraft F, so wird die Drehstabfeder, wenn keine Querabstützung erfolgt, auf Torsion, Biegung und Schub beansprucht.

Bei reiner Torsionsbeanspruchung gilt gemäß Gleichung 3.40 (Band I!) für die Verdrillung des Drehstabes (Verdrehwinkel in rad!) die Beziehung

$$\hat{\varphi} = \frac{T \cdot l}{G \cdot I_t}, \qquad (7.45)$$

wenn T das Torsionsmoment, l die freie Länge des Drehstabes, G der Schubmodul des Federwerkstoffes und I_t das Flächenträgheitsmoment gegen Torsion sind.

Zwischen den Gleichungen (7.45) und (7.23) besteht eine Analogie (Translation $\cong$ Rotation!), über die bei Beachtung der analogen physikalischen Größen (T $\cong$ F; l $\cong$ l; G $\cong$ E; $I_t \cong$ A; $\varphi \cong$ s; $\tau_t \cong \sigma$!) auch auf die anderen Federkenngrößen der Drehstabfeder geschlossen werden kann. Für sie gelten dann folgende Beziehungen:

Federrate: $$c = \frac{I_t \cdot G}{l} \qquad (7.46)$$

7.4 Beanspruchung von Federn

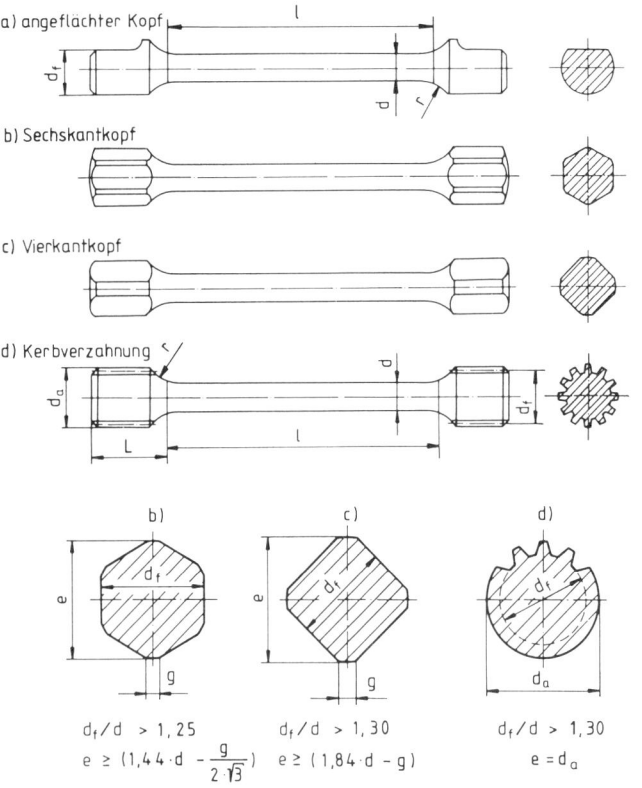

Bild 7.13. Kreisrunde Drehstabfedern mit verdickten und angeflächten Federenden nach DIN 2091

$$\text{Federarbeit:} \quad W = \frac{1}{2} \frac{T^2 \cdot l}{G \cdot I_t} = \eta_A \cdot V \cdot \frac{\tau_t^2}{2G} \tag{7.47}$$

$$\text{Federvolumen:} \quad V = A \cdot l \tag{7.48}$$

$$\text{Nutzungsgrad:} \quad \eta_A = 0{,}5 \quad \text{(für kreisrunden Vollquerschnitt!)} \tag{7.49}$$

Das bei einer vorgegebenen zulässigen Torsionsspannung $\tau_{t,zul}$ maximal zulässige Drehmoment T_{zul} beträgt für eine Drehstabfeder
mit kreisrundem Vollquerschnitt

$$T_{zul} = \frac{\pi d^3}{16} \cdot \tau_{t,zul}, \tag{7.50}$$

mit kreisrundem Hohlquerschnitt

$$T_{zul} = \frac{\pi (d_a^4 - d_i^4)}{16\, d_a} \cdot \tau_{t,zul}. \tag{7.51}$$

Für Drehstabfedern mit kreisrundem Hohlquerschnitt (Außendurchmesser d_a; Innendurchmesser d_i) ergibt sich für den Nutzungsgrad η_A der Wert

$$\eta_A = \frac{1 + (d_i/d_a)^2}{2}, \tag{7.52}$$

der die Grenzwerte $\eta_A = 0{,}5$ für den Vollquerschnitt und $\eta_A \cong 1$ für ein sehr dünnes Rohr mit $d_i \cong d_a$ beinhaltet.

Für einfache Drehstabfedern mit über die Länge gleichbleibendem, rechteckigem Querschnitt und für geschichtete Drehstabfedern sind nach [13, 15, 30] die in Bild 7.14 zusammengestellten Federkenngrößen gültig. Bei aus mehreren Einzelfedern (Rundstäbe oder Flachstäbe!) geschichteten Drehstabfedern ist bei gleicher Verdrehlänge die Federrate sehr viel niedriger als bei einer Vollstabfeder gleichen Querschnitts. Derartige Federn können daher, wenn gleiche Federraten wie bei einer Drehstabfeder mit kreisrundem Vollquerschnitt verwirklicht werden sollen, in ihrer Verdrehlänge kürzer ausgeführt werden [13, 30].

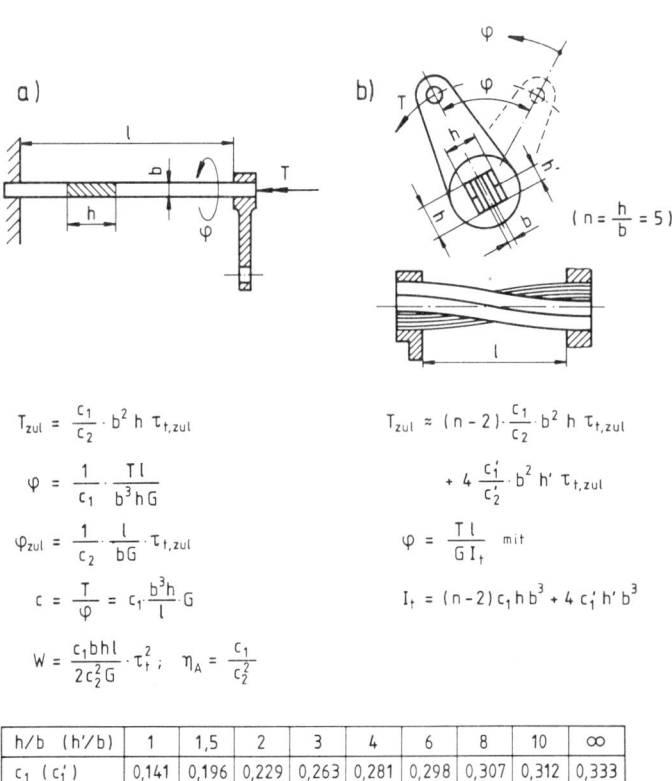

Bild 7.14. Federkenngrößen für Drehstabfedern mit rechteckigem Querschnitt nach [13]; a) einfache Drehstabfeder; b) gebündelte Mehrblatt-Drehstabfeder (äußere Blätter sind geteilt, d.h. $h' = h/2$!)

Drehstabfedern lassen sich ferner sehr hoch beanspruchen, wenn sie eine sehr gute Oberflächenqualität aufweisen (z.B. durch Schälen, Schleifen, Polieren oder Kugelstrahlen!) und/oder durch Vorsetzen, d.h. Kaltverformung über die Streckgrenze hinaus, ein Eigenspannungszustand vor der Betriebsbeanspruchung induziert wird (Autofrettage!), der im Bereich der größten Torsionsbeanspruchung, d.h. in den Randfasern, die im Betrieb auftretenden Torsionsspannungen teilweise abbaut. Es ist ferner anzustreben, die Federoberfläche gegen Verschleiß und Korrosion dauerhaft zu schützen. Bei Vergütungsfestigkeiten von $R_m = 1700$ bis $1850\,\text{N/mm}^2$ können z.B. ohne Vorsetzen in den Randfasern Torsionsspannungen von $\tau_{t,zul} \leqq 750\,\text{N/mm}^2$ und mit Vorsetzen von $\tau_{t,zul} \leqq 1000\,\text{N/mm}^2$ (Steigerung $\cong$ 30 %!) zugelassen werden.

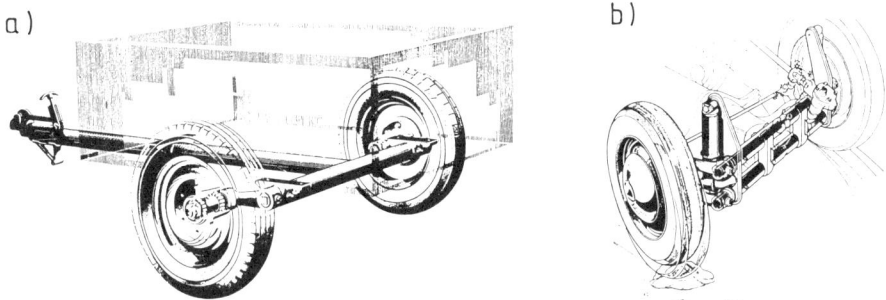

Bild 7.15. Drehstabfederung eines einachsigen PKW-Anhängers mit mittig eingespanntem Drehstab (a) und einer PKW-Achse mit zwei übereinander liegenden, mittig eingespannten Drehstäben (b)

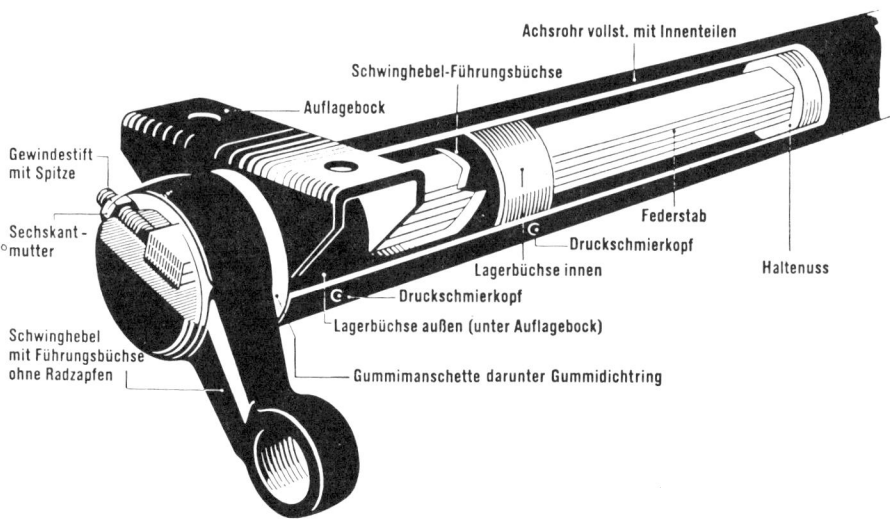

Bild 7.16. Konstruktive Gestaltung der Drehstabfedereinspannung bei einem PKW-Anhänger nach [73] (Drehstabfeder = Flachstabbündel!)

22 7 Elastische Elemente, Federn

Anwendung

Drehstabfedern werden vornehmlich im Fahrzeugbau bei Achskonstruktionen (Radaufhängung und -federung!) und bei der Lagerung von Heckladetüren eingesetzt. In Bild 7.15 ist die Drehstabfederung eines einachsigen PKW-Anhängers mit mittig eingespanntem Drehstab dargestellt. Die konstruktive Gestaltung der Drehstabeinspannung ist im Detail in Bild 7.16 dargestellt. Ein praktischer Anwendungsfall der Drehstabfeder im Maschinenbau ist der Drehmomentschlüssel zum kontrollierten Anziehen von Schraubenverbindungen.

7.4.2.2 Schraubenfedern

Schraubenfedern sind mit einem Steigungswinkel α_w um einen Dorn schraubenförmig gewickelte Drehstabfedern und werden vornehmlich auf Torsion beansprucht. Sie können als Schraubendruckfedern (DIN 2089, T 1) für Druckkräfte oder als Schraubenzugfedern (DIN 2089, T 2) für Zugkräfte verwendet werden.

Werden gemäß Bild 7.17 der Federdrahtdurchmesser mit d, der mittlere Windungsdurchmesser mit D_m und der lichte Abstand mit a bezeichnet, so ist der Steigungswinkel α_w auf dem mittleren Wickelzylinder bei konstanter Steigung durch die Beziehung

$$\tan \alpha_w = \frac{a + d}{\pi \cdot D_m} \tag{7.53}$$

zu ermitteln.

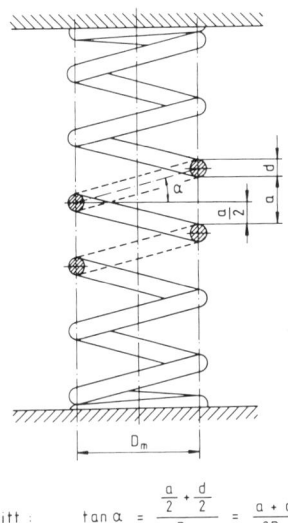

Achsschnitt: $\tan \alpha = \dfrac{\frac{a}{2} + \frac{d}{2}}{D_m} = \dfrac{a + d}{2 D_m}$

Wickelzylinder: $\tan \alpha_w = \dfrac{a + d}{\pi\, D_m}$

Bild 7.17. Steigungswinkel α im Achsschnitt und Steigungswinkel α_w auf dem mittleren Wickelzylinder bei einer Schraubenfeder

Der Steigungswinkel α im Achsschnitt, der für die Berechnung der Federdrahtbeanspruchung von Bedeutung ist, ergibt sich aus

$$\tan \alpha = \frac{a + d}{2 D_m}. \tag{7.54}$$

Wird eine Schraubenfeder zentral in Achsrichtung durch eine Kraft F belastet, so ergeben sich für den Federdraht mit dem Durchmesser d im Abstand $D_m/2$ von der Achse folgende Beanspruchungen:

1. Torsionsbeanspruchung durch das Drehmoment

$$T = F \cdot \frac{D_m}{2} \cdot \cos \alpha \cong F \cdot \frac{D_m}{2} \tag{7.55}$$

2. Biegebeanspruchung durch das Biegemoment

$$M_b = F \cdot \frac{D_m}{2} \cdot \sin \alpha \; (\to 0 \text{ für } \alpha \to 0!) \tag{7.56}$$

3. Scher- oder Schubbeanspruchung durch die Querkraft

$$F_Q = F \cdot \cos \alpha \cong F \tag{7.57}$$

4. Normalbeanspruchung durch die Längskraft

$$F_L = F \cdot \sin \alpha \; (\to 0 \text{ für } \alpha \to 0!) \tag{7.58}$$

Ist der Steigungswinkel α klein, so können die Biegebeanspruchung und die Normalbeanspruchung gegenüber der Torsions- und der Scherbeanspruchung vernachlässigt werden. Da die Drehstabfeder ein langer oder „schlanker" Stab ist, können ferner nach den Erkenntnissen der Mechanik [24, 25, 53] die Schubspannungen gegenüber den Torsionsspannungen in erster Näherung vernachlässigt werden.

Für die theoretische maximale Torsionsspannung τ_t oder die ideelle Torsionsspannung τ_i nach DIN 2089, T 1 und T 2 im Federdraht (ohne Berücksichtigung der Drahtkrümmung!) ergibt sich somit folgende Beziehung:

$$\tau_t = \tau_i = \frac{T}{W_t} = \frac{F \cdot \frac{D_m}{2}}{\frac{\pi \cdot d^3}{16}} = \frac{8 \cdot F \cdot D_m}{\pi \cdot d^3}. \tag{7.59}$$

Diese theoretische maximale Torsionsspannung ist eine ideelle oder fiktive Spannung und wird gemäß Bild 7.18 an allen Stellen des Federdrahtumfanges als gleich groß angenommen. Die Verteilung der wirklichen Torsionsspannung über den Federdrahtumfang ist aber wegen der Drahtkrümmung und der Schubbeanspruchung ungleichmäßig und an der Drahtinnenseite größer als an der Drahtaußenseite. Berücksichtigt man diese Spannungserhöhung an der Drahtinnenseite durch einen Faktor k nach DIN 2089, T 1 und T 2, so kann für die reale maximale Torsionsspannung $\tau_{t,max}$ oder die größte Torsionsspannung τ_k nach DIN 2089, T 1

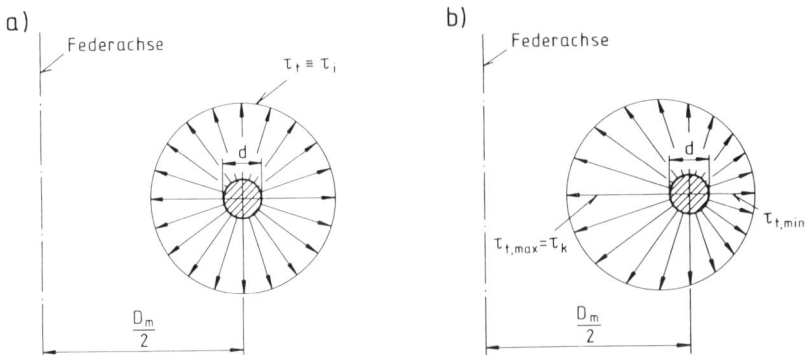

Bild 7.18. Verteilung der Torsionsspannung am Federdrahtumfang bei einer Schraubenfeder; a) theoretische maximale Torsionsspannung (ideelle oder fiktive Spannung, gleichmäßig verteilt!); b) realer Torsionsspannungsverlauf mit Maximalwert an der Drahtinnenseite und Minimalwert an der Drahtaußenseite

und T 2 folgender Wert ermittelt werden:

$$\tau_{t,max} = \tau_k = k \cdot \tau_t = \frac{8 \cdot k \cdot F \cdot D_m}{\pi \cdot d^3} \tag{7.60}$$

$$\text{mit } k = 1 + \frac{5}{4} \cdot \frac{1}{w} + \frac{7}{8} \cdot \frac{1}{w^2} + \frac{1}{w^3} \tag{7.61}$$

$$\text{und } w = \frac{D_m}{d} = \text{Wickelverhältnis}.$$

Dieser Korrekturfaktor k liegt für Wickelverhältnisse w = 5 bis 13 im Bereich k = 1,3 bis 1,1.

Für eine zulässige Torsionsbeanspruchung $\tau_{t,zul}$ wird bei bekanntem mittlerem Windungsdurchmesser D_m und vorgegebener Belastung F der erforderliche Federdrahtdurchmesser d in folgender Weise ermittelt:

$$d = \sqrt[3]{\frac{8 \cdot k \cdot F \cdot D_m}{\pi \cdot \tau_{t,zul}}}. \tag{7.62}$$

Der axiale Federweg s wird aus dem Verdrehwinkel φ des gestreckten Federdrahtes vom Durchmesser d und der federnden Länge $L_f = \pi \cdot D_m \cdot i_f$ (i_f = Anzahl der federnden Windungen; L_f = federnde Länge bei Vernachlässigung der Steigung!) in folgender Weise ermittelt:

$$s = \hat{\varphi} \cdot \frac{D_m}{2} = \frac{T \cdot L_f}{G \cdot I_t} \cdot \frac{D_m}{2} = \frac{F \cdot D_m^2 \cdot L_f}{4 \cdot G \cdot I_t} \tag{7.63}$$

$$s = \frac{F \cdot \pi \cdot i_f \cdot D_m^3}{4 \cdot G \cdot I_t}. \tag{7.64}$$

Bei kreisrundem Vollquerschnitt des Federdrahtes (Drahtdurchmesser d und Flächenträgheitsmoment gegen Torsion $I_t = \pi d^4/32$!) hat der Federweg s die Größe

$$s = \frac{8 \cdot F \cdot i_f \cdot D_m^3}{G \cdot d^4}. \qquad (7.65)$$

Da für Schraubenfedern mit konstantem Federdraht- und Windungsdurchmesser die Gültigkeit des Hookeschen Gesetzes (lineare Federkennlinie!) als gesichert anzusehen ist, ergibt sich aus der Beziehung $F = c \cdot s$ (keine Vorspannung!) für die Federrate c der Wert

$$c = \frac{G \cdot d^4}{8 \cdot D_m^3 \cdot i_f}. \qquad (7.66)$$

Die in der belasteten Feder gespeicherte elastische Energie hat die Größe

$$W = \frac{1}{2} F \cdot s = \frac{1}{2} c \cdot s^2 = \eta_A \cdot \frac{\tau_t^2 \cdot V}{2 \cdot G}. \qquad (7.67)$$

In dieser Gleichung sind:

Nutzungsgrad $\quad \eta_A = \frac{1}{2}$ (bei kreisrundem Vollquerschnitt des Federdrahtes!), $\qquad (7.68)$

Federvolumen $\quad V = \frac{\pi d^2}{4} \cdot \pi \cdot D_m \cdot i_f, \qquad (7.69)$

Torsionsspannung $\quad \tau_t = \frac{\tau_{t,max}}{k}. \qquad (7.70)$

Die Anzahl der federnden Windungen i_f ist für die nach unterschiedlichen Verfahren hergestellten und an den Endwindungen unterschiedlich ausgeführten Druckfedern und für die Zugfedern mit angebogenen Ösen oder eingeschraubten Laschen bzw. Gewindestopfen bei der Berechnung der Federungseigenschaften in unterschiedlicher Weise aus der Gesamtwindungszahl i_g zu ermitteln.

Zylindrische Schraubendruckfedern

Sie gibt es in der kaltgeformten und der warmgeformten Ausführung.

Die *kaltgeformten Schraubendruckfedern* nach DIN 2095 werden aus gezogenen runden Drähten kalt gewickelt und nach der Kaltformgebung zum Abbau der Eigenspannungen einem Spannungsarmglühen unterzogen. Sie können bis zu Drahtdurchmessern von d = 17 mm hergestellt werden. Die Federenden sind so gestaltet, daß bei jeder Federstellung ein möglichst axiales Einfedern erreicht wird (Bild 7.19). Um exakt rechtwinklig zur Federachse stehende Auflageflächen zu gewährleisten, werden die Federenden angelegt und plangeschliffen. In allen übrigen Fällen sind die Federenden nur angelegt (Verringerung der Steigung!) oder unbearbeitet belassen.

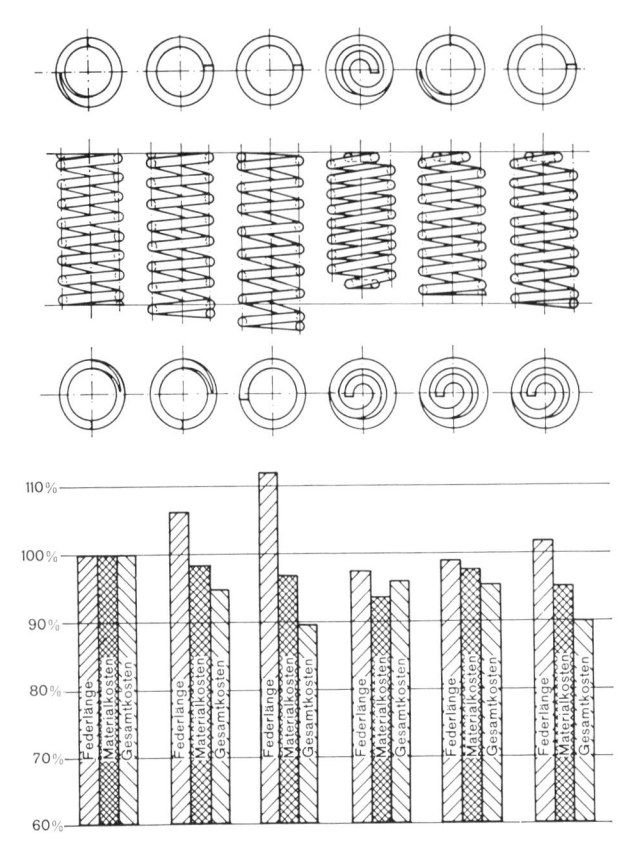

Bild 7.19. Federenden von kaltgeformten Schraubendruckfedern und ihre Auswirkung auf die Federlänge und die Herstellungskosten nach [73]

Bei Drahtdurchmessern d < 1 mm oder bei Wickelverhältnissen w = D_m/d > 15 wird zur Einsparung von Fertigungskosten fast immer auf das Anschleifen der Federenden verzichtet.

Zur Vermeidung einer einseitigen Belastung der Schraubendruckfedern müssen die Federenden einander gegenüber liegen, d.h. um 180° versetzt sein. Hieraus ergibt sich, daß die Gesamtwindungszahl ein ungerades Vielfaches einer halben Windung sein muß (z.B. i_g = 5,5; 6,5; 7,5; ....).

Ferner ist die Anzahl der federnden Windungen i_f wegen des Anliegens der Anfangs- und der Endwindung am Federkörper um zwei Windungen kleiner als die Gesamtwindungszahl i_g [10]. Es gilt also:

$$i_f = i_g - 2 \quad \text{bzw.} \quad i_g = i_f + 2 \tag{7.71}$$

Die *warmgeformten Schraubendruckfedern* nach DIN 2096, T 1, werden aus warmgewalzten oder warmgewalzten und geschliffenen Stäben mit 8 mm ≦ d ≦ 60 mm hergestellt und nach der Warmformgebung vergütet (Bild 7.20). Bei Federdrahtdurchmessern im Bereich 8 mm ≦ d ≦ 14 mm werden die Federenden meist nur

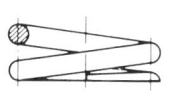

Form 1:
Enden angelegt
und plangeschliffen

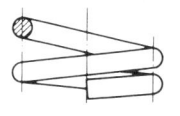

Form 2:
Enden angelegt und
unbearbeitet

Form 3:
Enden geschmiedet,
angelegt und plan-
geschliffen

Bild 7.20. Ausführungsformen der Federenden bei warmgeformten Schraubendruckfedern (DIN 2096, T 1)

angelegt und aus dem Vollen geschliffen, und bei Federdrahtdurchmessern d > 14 mm werden die Federenden angelegt, geschmiedet und geschliffen. Bei unbearbeiteten Federenden (z.B. in der Großserienfertigung!) müssen zur genauen axialen Einleitung der Federkraft am Anfang und am Ende einer Feder Steigungsteller vorgesehen werden (DIN 2096, T 2).

Die Anzahl der federnden oder wirksamen Windungen i_f ist wegen der Verminderung der Steigung über 3/4 der Anfangs- und der Endwindung einer Feder, wobei die Stabenden auf d/4 spanend abgearbeitet sein müssen, um 1,5 Windungen kleiner als die Gesamtwindungszahl i_g [10]. Es gilt somit die Beziehung

$$i_f = i_g - 1{,}5 \quad \text{bzw.} \quad i_g = i_f + 1{,}5. \tag{7.72}$$

Die Berechnung der zylindrischen Schraubendruckfedern ist in der DIN 2089, T 1, für ruhende bzw. selten wechselnde und für schwingende Belastung sehr ausführlich dargestellt. An dieser Stelle soll daher zusätzlich zu den bereits abgeleiteten Gleichungen (7.59) bis (7.72) nur auf das theoretische Druckfederdiagramm und auf das Knicken der Schraubendruckfedern eingegangen werden.

Druckfederdiagramm

Im theoretischen Druckfederdiagramm gemäß Bild 7.21 (DIN 2095 und DIN 2096, T 1) sind die Federkräfte F_i über den unterschiedlichen Federwegen s_i aufgetragen (linearer Zusammenhang!). Parallel zur Ordinate ist gegenläufig zu den Federwegen s_i die Länge L_i der Schraubendruckfeder angegeben. Der Federweg s_i und die Federlänge L_i bei der entsprechenden Federkraft F_i ergänzen sich zur Länge L_o der unbelasteten Feder (F = 0!). Die theoretisch maximale Federkraft $F_{c,th}$ ist diejenige Federkraft, die der Federlänge L_c (Blocklänge der Feder!) bei aneinander liegenden Windungen entspricht. Durch sie würde auch die maximale Federung s_c zustandekommen. Die in der Praxis zugelassene größte Federkraft F_n ist diejenige Federkraft, die zwischen den einzelnen Federwindungen noch einen Mindestabstand zuläßt. Die Summe dieser Mindestabstände zwischen den federnden Windungen hat für kaltgeformte Schraubendruckfedern gemäß DIN 2095 die Größe

$$S_a = x \cdot d \cdot i_f = L_n - L_c, \tag{7.73}$$

28   7 Elastische Elemente, Federn

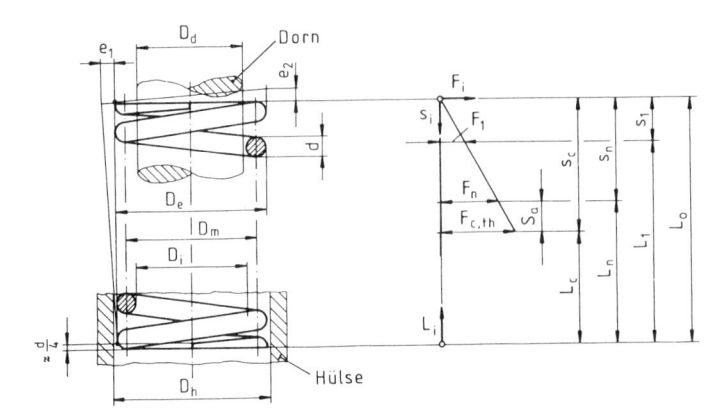

Bild 7.21. Federdiagramm einer Schraubendruckfeder nach DIN 2095 und DIN 2096, T 1

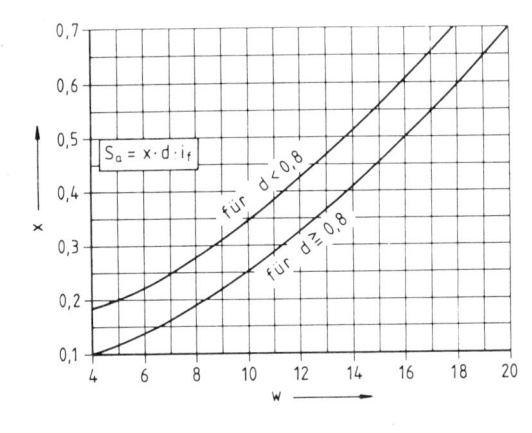

Bild 7.22. Wert x in Abhängigkeit vom Wickelverhältnis $w = \dfrac{D_m}{d}$ nach DIN 2095

wenn d der Federdrahtdurchmesser, i_f die Zahl der federnden Windungen und x ein Faktor in Abhängigkeit vom Wickelverhältnis w gemäß Bild 7.22 sind.

Für warmgeformte Schraubendruckfedern gemäß DIN 2096, T 1, soll der Mindestsicherheitsabstand der Windungen in der Summe

$$S_a \geq 0{,}02 \cdot D_e \cdot i_f \tag{7.74}$$

betragen. Hierin ist D_e der äußere Windungsdurchmesser ($D_e = D_m + d$!). Der lichte Abstand je Windung soll also mindestens 2% des äußeren Windungsdurchmessers betragen.

Die Blocklänge L_c läßt sich für kaltgeformte Schraubendruckfedern gemäß DIN 2095 in folgender Weise ermitteln bei
angelegten und angeschliffenen Federenden:

$$L_c \leq i_g \cdot d_{max} \tag{7.75}$$

angelegten, aber nicht angeschliffenen Federenden:

$$L_c \leq (i_g + 1) \cdot d_{max}. \tag{7.76}$$

Der Durchmesser d_{max} ist das Nennmaß N des Federdrahtdurchmessers d, vermehrt um das obere Abmaß A_0.

Für warmgeformte Schraubendruckfedern gemäß DIN 2096, T 1, hat die Blocklänge L_c folgende Größe bei
angelegten und plangeschliffenen sowie geschmiedeten, angelegten und plangeschliffenen Federenden:

$$L_c = (i_g - 0{,}3) \cdot d_{max} \tag{7.77}$$

angelegten und unbearbeiteten Federenden:

$$L_c = (i_g + 1{,}1) \cdot d_{max}. \tag{7.78}$$

Ausknicken von Schraubendruckfedern

Werden Schraubendruckfedern außermittig belastet, und sind sie von einer gewissen Schlankheit, d.h., ist die Federlänge L_0 der unbelasteten Feder im Vergleich zum mittleren Windungsdurchmesser D_m groß, so bewegen sie sich nicht nur in Richtung der Federachse, sondern sie verbiegen sich auch quer dazu, d.h., sie knicken aus. Bei dieser Belastung müssen sie daher so dimensioniert und so geführt oder „eingespannt" werden, daß sie knicksicher sind. Nach DIN 2089, T 1, sind Schraubendruckfedern, deren Enden sich nur in axialer Richtung bewegen, dann als knicksicher anzusehen, wenn die in Bild 7.23 über dem mit dem Lagerungsbeiwert v gewichteten Schlankheitsfaktor L_0/D_m dargestellte relative Federung, d.h. der auf die Federlänge L_0 der unbelasteten Feder bezogene axiale Federweg s, nicht überschritten wird. Der knicksichere Arbeitsbereich der Federn liegt also unterhalb und der knickgefährdete Arbeitsbereich oberhalb der in Bild 7.23 dargestellten Kurve. Im unteren Teil von Bild 7.23 ist die Zuordnung des Lagerungsbeiwertes v zu der Lagerungsart axial belasteter Schraubendruckfedern angegeben. Groß [26], Niepage [49] und Wahl [68] haben in Anlehnung an die Eulerschen Knickfälle bezüglich der Lagerung und „Einspannung" der Federenden genauere Untersuchungen durchgeführt und diese durch einen Korrekturfaktor v erfaßt. Nach Wahl [68] kann für Schraubendruckfedern mit kreisrundem Drahtquerschnitt bei statischer Belastung die Knickgefahr durch den kritischen Federweg s_K (Knickfederweg!) abgeschätzt werden, der in der Praxis nicht überschritten werden darf. Dieser läßt sich aus der Geometrie der Feder (mittlerer Windungsdurchmesser D_m, Länge L_0 der unbelasteten Feder!), den werkstoffspezifischen Größen des Federwerkstoffes (Elastizitätsmodul E und Schubmodul G!) und der Art der Lagerung oder „Einspannung" (Korrekturfaktor v!) nach folgender Beziehung ermitteln:

$$\frac{s_K}{L_0} = \frac{1}{2 \cdot (1 - G/E)} \cdot \left[1 - \sqrt{1 - 2\pi^2 \cdot \frac{1 - G/E}{1 + 2G/E} \cdot \left(\frac{D_m}{v \cdot L_0}\right)^2} \right] \tag{7.79}$$

In Bild 7.24 ist für Schraubendruckfedern aus Stahl diese bezogene kritische

30 7 Elastische Elemente, Federn

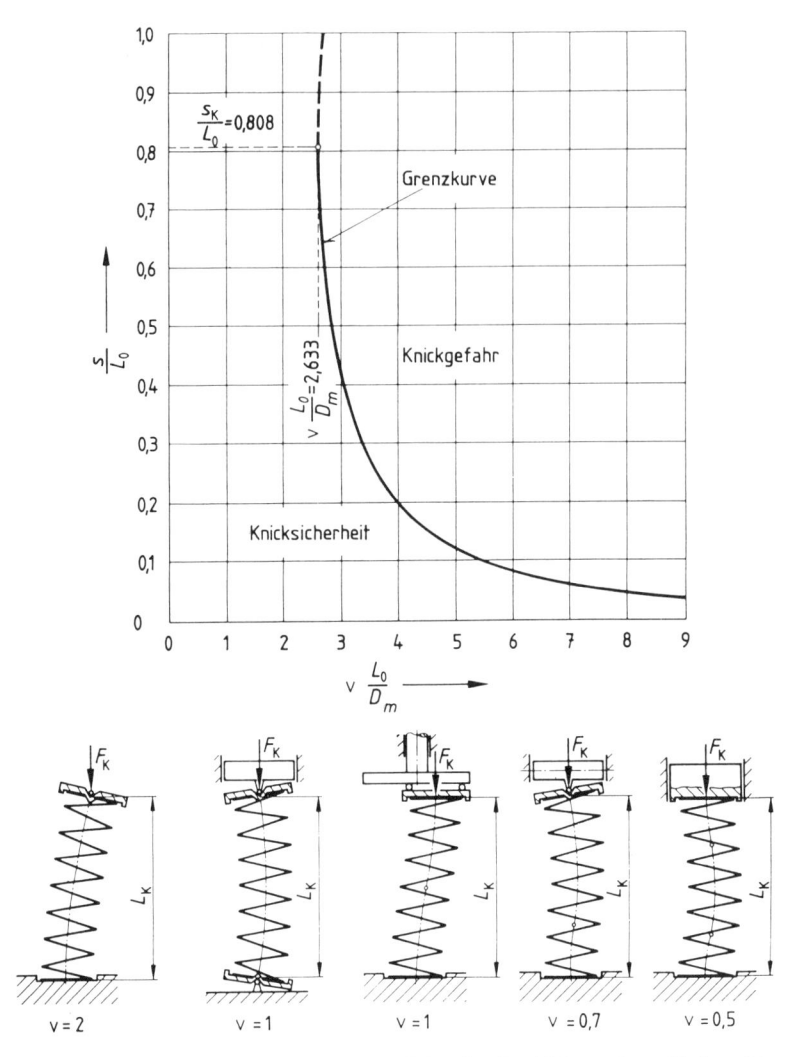

Bild 7.23. Grenzen der Knicksicherheit von Schraubendruckfedern, deren Enden sich nur in axialer Richtung bewegen

Knickfederung s_K/L_0 über dem Schlankheitsfaktor L_0/D_m für die unterschiedlichen Korrekturfaktoren $v = 0,5$; 0,66 und 1 graphisch dargestellt. In Bild 7.24 ist ferner die Zuordnung zwischen Korrekturfaktor (Lagerungsbeiwert) v und Lagerungsart der Federenden ersichtlich.

Bei nicht knicksicheren Federn kann konstruktiv durch Zwangsführung der Federenden in Hülsen oder über Führungszapfen eine ausreichende Knicksicherheit erreicht werden, die allerdings zu Reibung führt und einen Reibverschleiß bewirkt. Um den Reibverschleiß klein zu halten, werden sehr oft Teilfedern

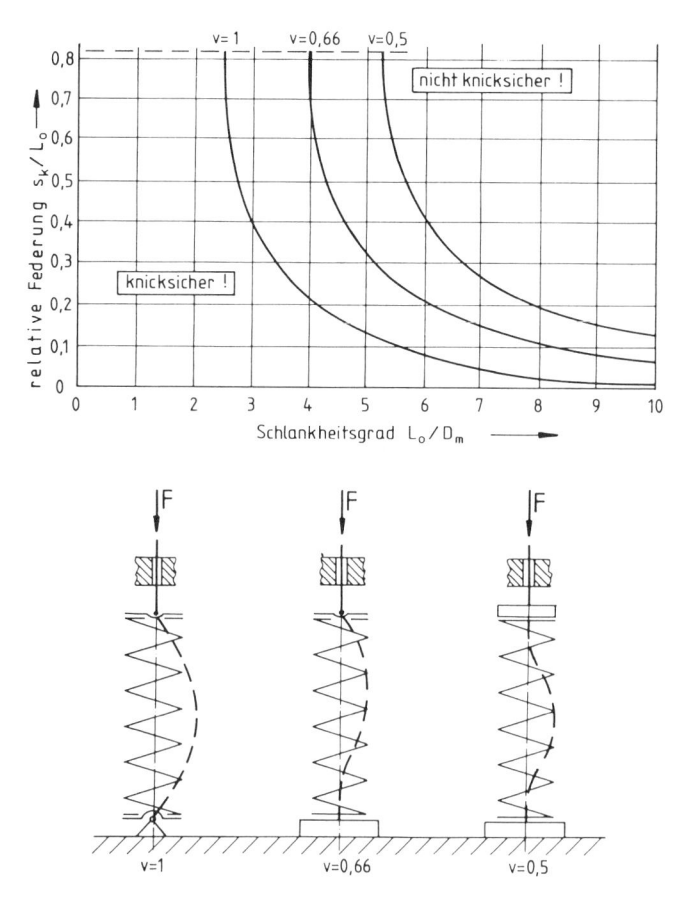

Bild 7.24. Knicksicherheit und Korrekturfaktoren v (Lagerungsbeiwerte) für die unterschiedliche Art der Abstützung der Federenden bei Stahlschraubenfedern und statischer Belastung nach Wahl [68]

(mehrere kürzere Federn in Hintereinanderschaltung!) mit geführten Zwischentellern vorgesehen.

Zylindrische Schraubenzugfedern

Sie gibt es in der kaltgeformten und der warmgeformten Ausführung.

Die *kaltgeformten Schraubenzugfedern* nach DIN 2097 werden aus patentiert gezogenen bzw. vergüteten Federdrähten bis zu 17 mm Durchmesser kalt gewickelt. Bei ihnen sind im Regelfall die Windungen mit einer gewissen Pressung aneinandergewickelt, so daß die Feder eine innere Vorspannkraft F_0 aufweist. Das Ein- und Ausleiten der Federkraft erfolgt gemäß Bild 7.25 (DIN 2097) über angebogene Ösen, eingerollte Haken oder Gewindebolzen, eingeschraubte Gewindestopfen und eingeschraubte Laschen. Bei den angebogenen Ösen ist die Anzahl der federnden

32 7 Elastische Elemente, Federn

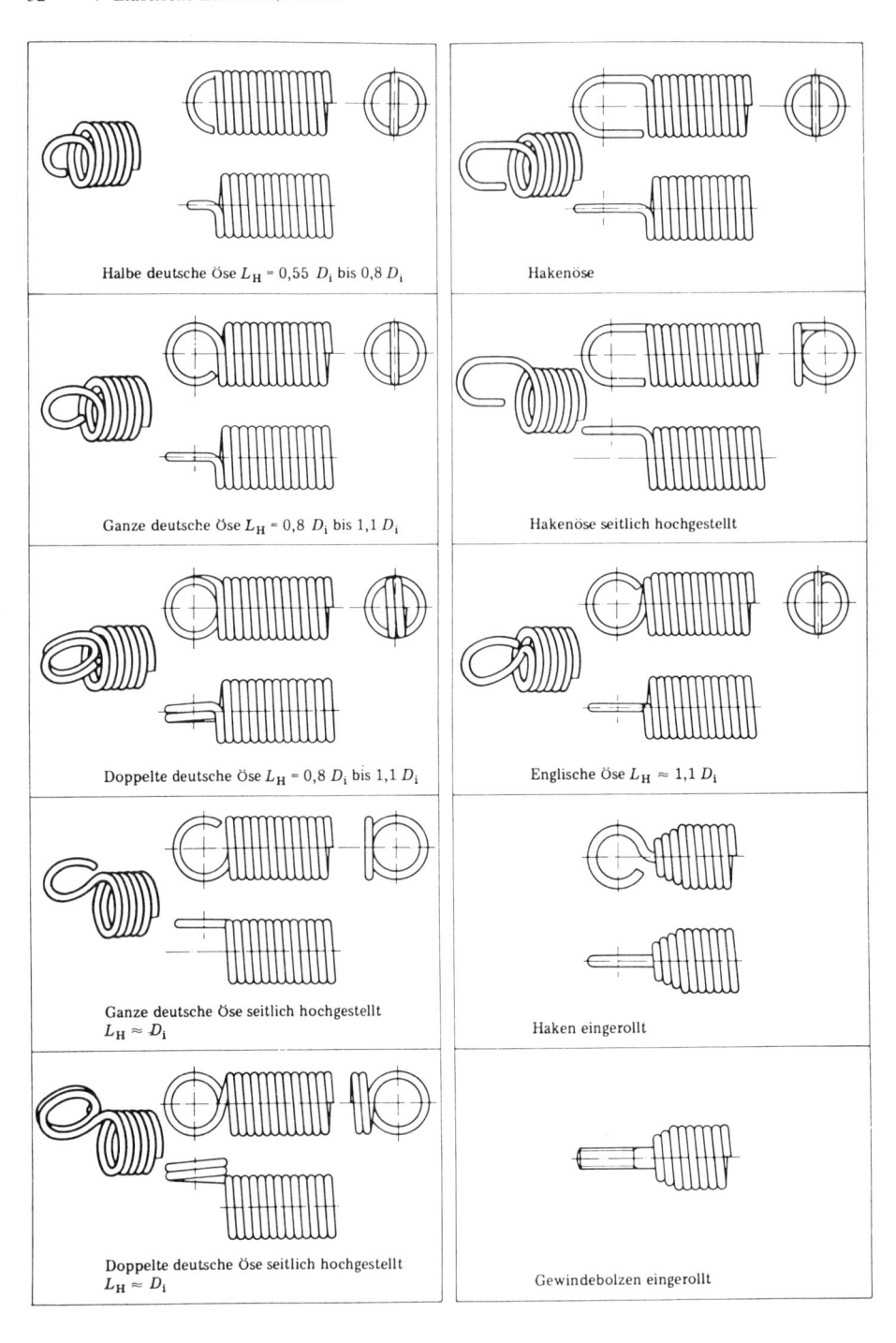

Halbe deutsche Öse $L_H = 0{,}55\ D_i$ bis $0{,}8\ D_i$	Hakenöse
Ganze deutsche Öse $L_H = 0{,}8\ D_i$ bis $1{,}1\ D_i$	Hakenöse seitlich hochgestellt
Doppelte deutsche Öse $L_H = 0{,}8\ D_i$ bis $1{,}1\ D_i$	Englische Öse $L_H \approx 1{,}1\ D_i$
Ganze deutsche Öse seitlich hochgestellt $L_H \approx D_i$	Haken eingerollt
Doppelte deutsche Öse seitlich hochgestellt $L_H \approx D_i$	Gewindebolzen eingerollt

Gewindestopfen eingeschraubt
Anzahl der eingeschraubten Windungen 2 bis 4

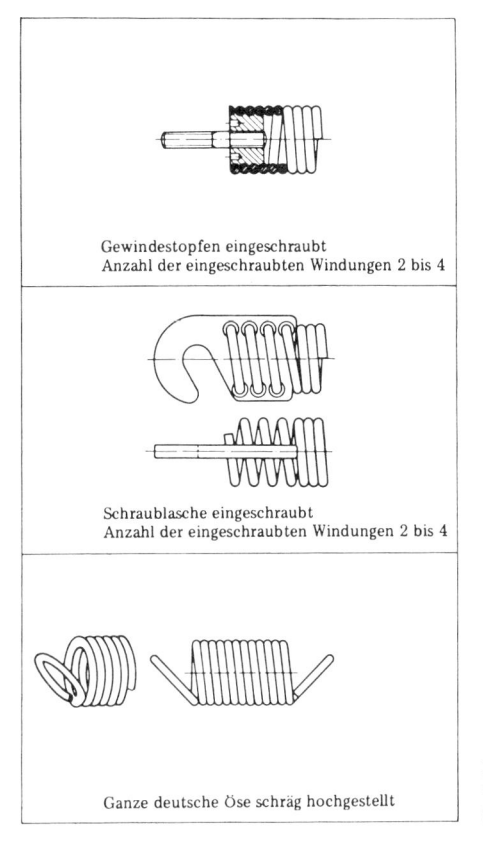

Schraublasche eingeschraubt
Anzahl der eingeschraubten Windungen 2 bis 4

Ganze deutsche Öse schräg hochgestellt

Bild 7.25. Möglichkeiten der konstruktiven Gestaltung der Federenden bei kaltgeformten Schraubenzugfedern nach DIN 2097

Windungen i_f gleich der Gesamtwindungszahl i_g. Bei den eingerollten Haken und Gewindebolzen sowie den eingeschraubten Gewindestopfen und Laschen ist die Anzahl i_f der federnden Windungen um die Anzahl i_s der durch das Einrollen oder Einschrauben von Endstücken an der Feder gehinderten Windungen kleiner als die Gesamtwindungszahl i_g. Es gilt also folgende Beziehung:

$$i_f = i_g - i_s \quad \text{bzw.} \quad i_g = i_f + i_s. \tag{7.80}$$

Die *warmgeformten Schraubenzugfedern* sind in der Praxis sehr selten. Ihr Drahtdurchmesser d ist gemäß DIN 2097 größer 17 mm, bzw. bei starker Beanspruchung des Federdrahtes wird schon ab d = 10 mm warmgeformt. Sie werden aus gewalzten, nicht vergüteten Stäben warm gewickelt und anschließend vergütet. Sie lassen sich nicht mit einer inneren Vorspannung herstellen, weil durch das der Warmformgebung anschließende Vergüten des Federwerkstoffes die beim Wickeln eingebrachte Vorspannung wieder abgebaut und sogar ein kleines Spiel zwischen den Windungen erzeugt wird. Für den Zusammenhang von Gesamtwindungszahl i_g und

34   7 Elastische Elemente, Federn

Anzahl i_f der federnden Windungen gelten die gleichen Beziehungen wie bei den kaltgeformten Schraubenzugfedern.

Zugfederdiagramm

Die Federkennlinie im theoretischen Zugfederdiagramm gemäß Bild 7.26 (DIN 2089, T 2 und DIN 2097) beginnt bei den kaltgeformten Zugfedern an der Ordinate bei der inneren Vorspannkraft F_0 und steigt mit zunehmendem axialem Federweg s linear an. Die Federrate c ist somit der Quotient aus der Federkraftdifferenz $F_i - F_0$ und dem zur Federkraft F_i gehörenden Federweg s_i. Die Federlänge L_i setzt sich aus der Länge L_K des unbelasteten Federkörpers mit eingewundener Vorspannung, den beiden Ösenlängen L_H (Abstand der Ösen-Innenkante vom Federkörper!) und dem Federweg s_i zusammen. Es gilt also die Beziehung

$$L_i = L_K + 2 L_H + s_i. \tag{7.81}$$

Die Federkörperlänge L_K ist dabei die Länge des unbelasteten Federkörpers mit eingewundener Vorspannung ohne Ösen bei anliegenden Federwindungen. Sie kann aus dem Federdrahtdurchmesser d und der Gesamtanzahl i_g der Federwindungen in folgender Weise ermittelt werden:

$$L_K = (i_g + 1) \cdot d \tag{7.82}$$

Für die Schraubenzugfedern können die bei den Schraubendruckfedern abgeleiteten Beziehungen direkt übernommen werden, wenn anstelle der Federkraft F_i die Differenzfederkraft zur Federvorspannkraft F_0, d.h. $\Delta F = F_i - F_0$, eingesetzt wird.

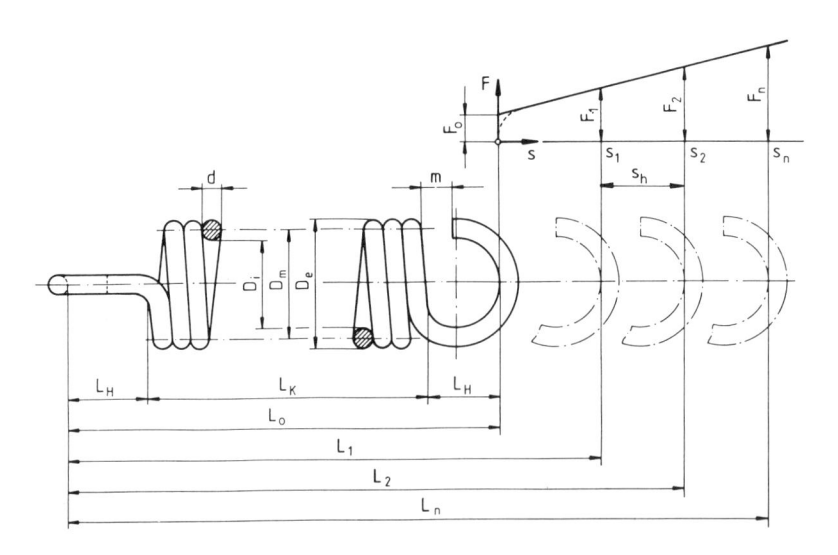

Bild 7.26. Federdiagramm einer Schraubenzugfeder nach DIN 2089, T 2 und DIN 2097

Zulässige Torsionsspannungen

Nach DIN 2089, T 1 and T 2, werden hinsichtlich der Belastungsart ruhende oder stationäre (Lastspielzahl N ≤ 10!), selten wechselnde (gelegentliche Laständerungen in größeren Zeitabständen mit einer Lastspielzahl N < 10 000!) und schwingende (Laständerungen mit einer Lastspielzahl N ≥ 10 000!) Belastungen unterschieden.

1. Ruhende oder selten wechselnde Belastung

Bei ruhender bzw. selten wechselnder Beanspruchung können folgende theoretische maximale Torsionsspannungen (ohne Berücksichtigung des Faktors k für die Spannungserhöhung an der Drahtinnenseite!) zugelassen werden bei kaltgeformten Schraubendruckfedern:

$$\tau_{t,zul} = \tau_{i,zul} \simeq 0{,}56 \cdot R_m \qquad (7.83)$$

kaltgeformten Schraubenzugfedern:

$$\tau_{t,zul} = \tau_{i,zul} \simeq 0{,}45 \cdot R_m \qquad (7.84)$$

Für kaltgeformte Schraubendruckfedern aus patentiert-gezogenem Federstahldraht der Klassen A, B, C und II nach DIN 17223, T 1, aus vergütetem Federstahldraht oder vergütetem Ventilfederdraht nach DIN 17223, T 2, und aus nichtrostendem kaltgezogenem Federstahldraht (z.B. X 12 Cr Ni 18 8 und X 12 Cr Ni 17 7) nach DIN 17224 sind die zulässigen Werte für die theoretische maximale Torsionsspannung $\tau_{t,zul} = \tau_{i,zul}$ gemäß DIN 2089, T 1, in Bild 7.27 in Abhängigkeit vom Federdrahtdurchmesser d graphisch dargestellt.

Bei warmgeformten Schraubendruckfedern aus Qualitätsstahl und aus Edelstahl nach DIN 17221 sind die Werte für $\tau_{t,zul} = \tau_{i,zul}$ aus Bild 7.28 zu entnehmen. Bei kaltgeformten Schraubenzugfedern sind für die gleichen Federwerkstoffe die zulässigen Werte für die theoretische maximale Torsionsspannung im Federdraht gemäß DIN 2089, T 2, in Bild 7.29 zusammengestellt.

Aus diesen Bildern ist ersichtlich, daß die zulässige Beanspruchung mit zunehmendem Federdrahtdurchmesser d sehr stark abnimmt. Bei warmgeformten Schraubenzugfedern wird nach DIN 2089, T 2, empfohlen, bei Vernachlässigung des Faktors k eine zulässige Torsionsspannung von $\tau_{t,zul} = \tau_{i,zul} = 600 \text{ N/mm}^2$ nicht zu überschreiten.

2. Schwingende Belastung

Bei der Dimensionierung von Schraubendruckfedern für schwingende Belastung wird unterschieden zwischen Federn mit unbegrenzter Lebensdauer (Lastspielzahl $N \geq 10^7$; Dauerschwingfestigkeit!) und Federn mit begrenzter Lebensdauer (Lastspielzahl $N < 10^7$; Zeitschwingfestigkeit!). Die schwingende Belastung ist dabei eine Schwellbelastung, z.B. zwischen der Federvorspannkraft (Einbauzustand!) und der maximalen Betriebskraft der Feder oder allgemein zwischen zwei Federkräften F_1, F_2, die die Federwege s_1, s_2 bewirken. Ist $F_2 > F_1$, so wird die Differenz zwischen den vorhandenen Torsionsspannungen $\tau_{t,max,2} = \tau_{k,2}$ und $\tau_{t,max,1} = \tau_{k,1}$ unter Berücksichtigung des Einflusses der Drahtkrümmung als Hubspannung τ_{kh}

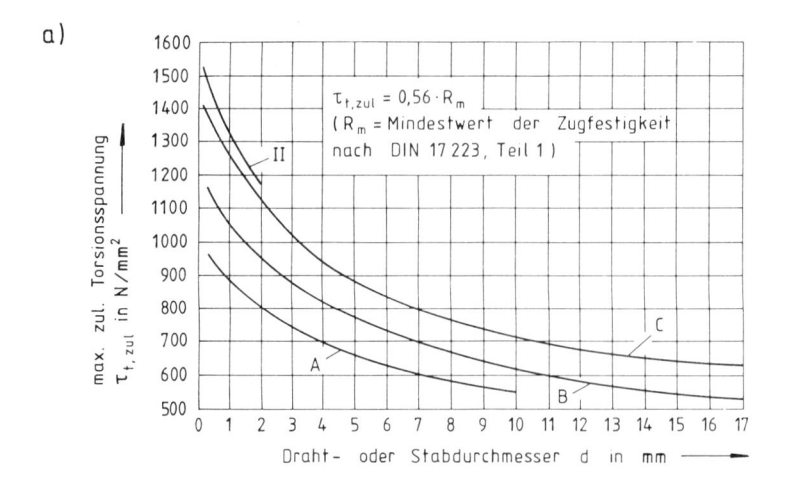

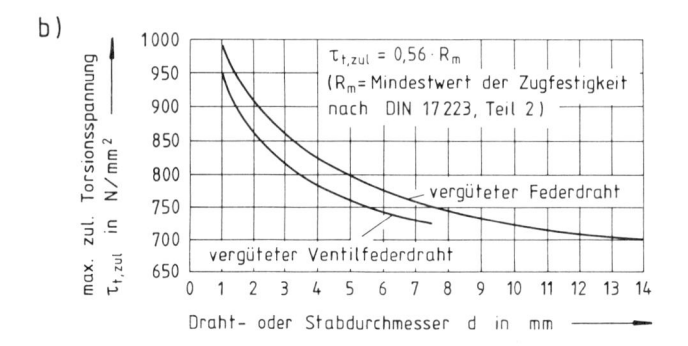

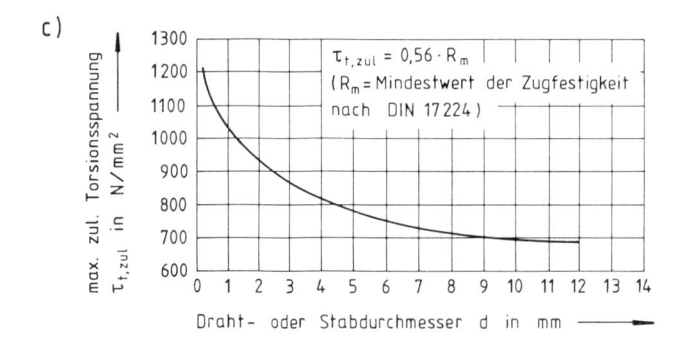

Bild 7.27. Maximal zulässige Torsionsspannung bei Blocklänge für kaltgeformte Schraubendruckfedern nach DIN 2089, T 1; a) aus patentiert-gezogenem Federstahldraht der Klassen A, B, C und II nach DIN 17223, T 1; b) aus vergütetem Federdraht oder vergütetem Ventilfederdraht nach DIN 17223, T 2; c) aus nichtrostendem, kaltgezogenem Federstahldraht nach DIN 17224

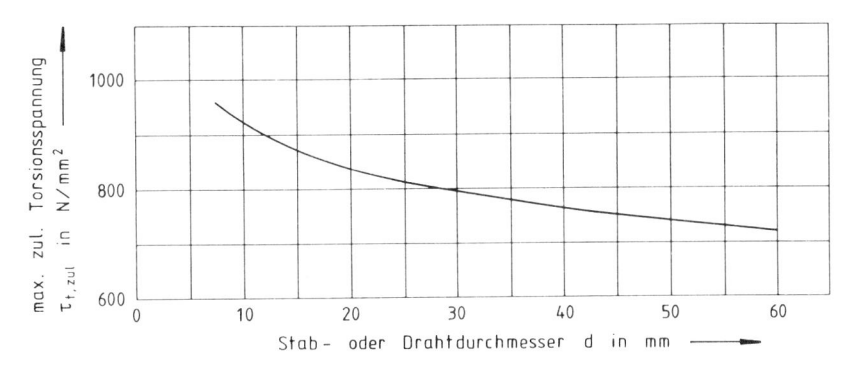

Bild 7.28. Maximal zulässige Torsionsspannung nach DIN 2089, T 1 bei Blocklänge für warmgeformte Schraubendruckfedern aus Edelstahl nach DIN 17221

bezeichnet. Sie hat also die Größe

$$\tau_{kh} = \tau_{t,max,2} - \tau_{t,max,1} = \tau_{k,2} - \tau_{k,1} \leq \tau_{kH} \tag{7.85}$$

und darf die zulässige Dauerhubfestigkeit τ_{kH} nicht überschreiten. Die Werte dieser Dauerhubfestigkeit τ_{kH} sind für die unterschiedlichen Federstähle in DIN 2089, T 1, den Dauerfestigkeitsschaubildern in Abhängigkeit von der Unterspannung τ_{kU} ($\tau_{kU} = \tau_{k,1}$!) und für verschiedene Federdrahtdurchmesser d zu entnehmen (Bilder 7.30 und 7.31).

Für die Dimensionierung von Schraubenzugfedern unter schwingender Belastung lassen sich wegen des starken Einflusses der Ösen, Haken und eingeschraubten Gewindestopfen keine genauen Dauerfestigkeitswerte wie bei den Schraubendruckfedern angeben. In DIN 2089, T 2, wird aus diesem Grunde empfohlen, Schraubenzugfedern bei schwingender Belastung nicht einzusetzen.

Sonderformen von Schraubenfedern

Neben den zylindrischen Schraubenfedern aus Federdraht mit kreisrundem Querschnitt gibt es solche aus Federdraht mit quadratischem oder rechteckförmigem Querschnitt. Da sie aus Gründen einer schwierigeren Herstellung und einer schlechteren Werkstoffausnutzung in der Praxis nur selten eingesetzt werden, wird an dieser Stelle auf ihre Berechnung verzichtet. Die dazu erforderlichen Beziehungen sind der Spezialliteratur [12, 26, 29, 39, 45, 56, 65] zu entnehmen.

Sollen mit Schraubenfedern progressive Kennlinien verwirklicht werden, so kann dies auf folgende vier Arten erfolgen:
1. Ineinanderstellen (Parallelschaltung!) von verschieden langen zylindrischen Schraubenfedern;
2. Wickeln der Schraubenfeder aus Federdraht konstanten Durchmessers mit unterschiedlicher Steigung, aber konstantem mittlerem Windungsdurchmesser;
3. Wickeln der Schraubenfeder aus Federdraht mit konisch zu den Federenden

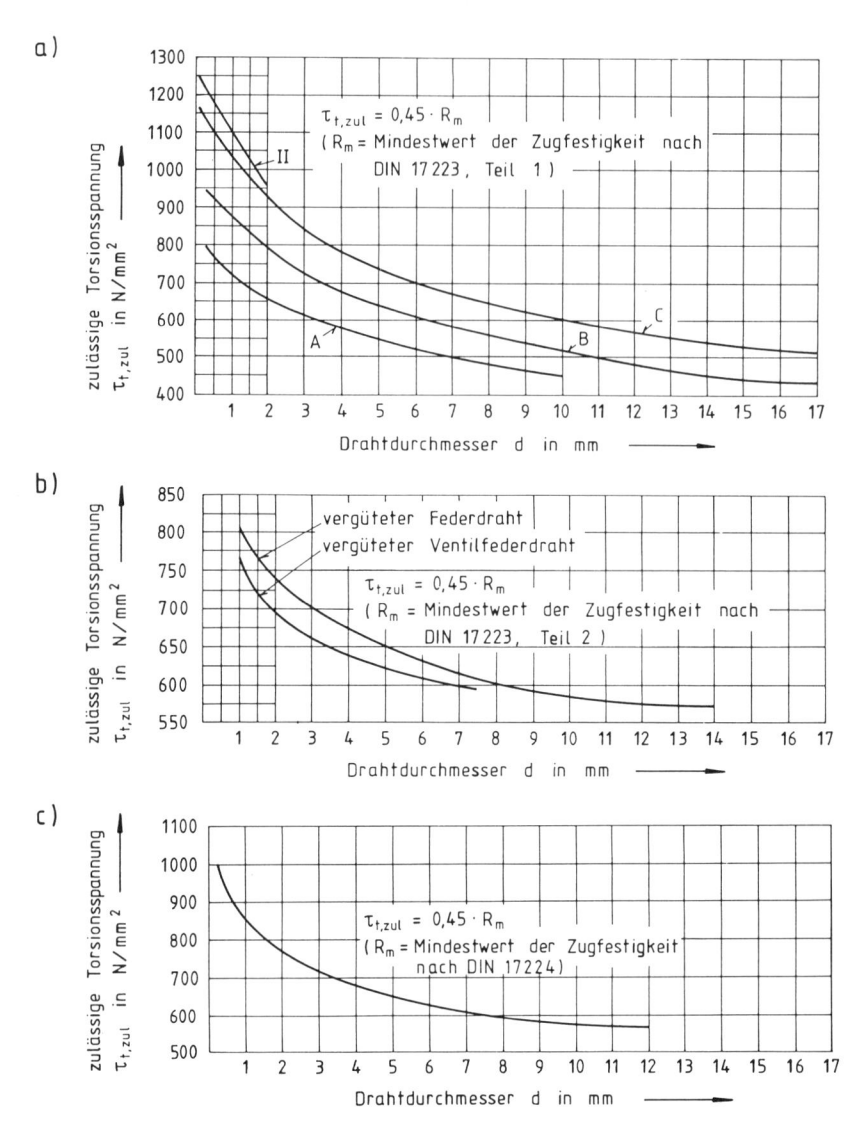

Bild 7.29. Zulässige Torsionsspannung nach DIN 2089, T 2 für kaltgeformte Schraubenzugfedern; a) aus patentiert-gezogenem Federstahldraht der Klassen A, B, C und II nach DIN 17223, T 1; b) aus vergütetem Federdraht oder vergütetem Ventilfederdraht nach DIN 17223, T 2; c) aus nichtrostendem, kaltgezogenem Federstahldraht nach DIN 17224

sich verjüngendem oder größer werdendem Durchmesser bei konstanter Steigung und konstantem äußerem Windungsdurchmesser;
4. Wickeln der Schraubenfeder aus Federdraht mit konstantem Querschnitt (kreisrund oder rechteckig!) bei konstanter Steigung, aber unterschiedlichem mittlerem Windungsdurchmesser (z.B. kegelige Schraubenfedern!).

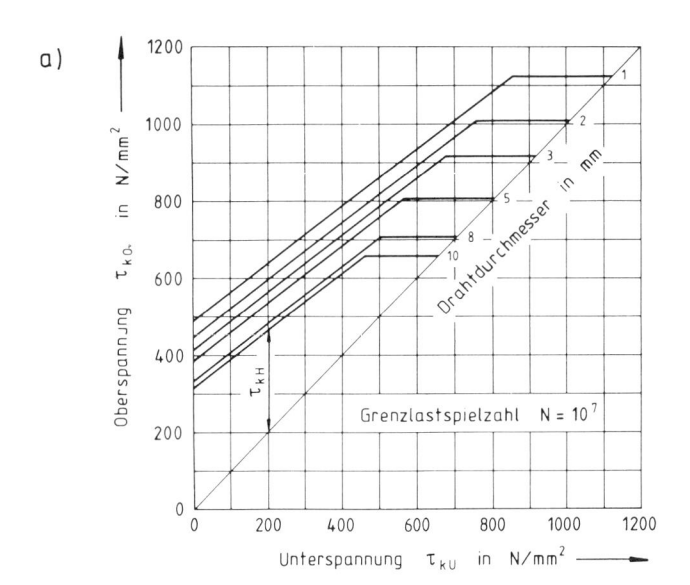

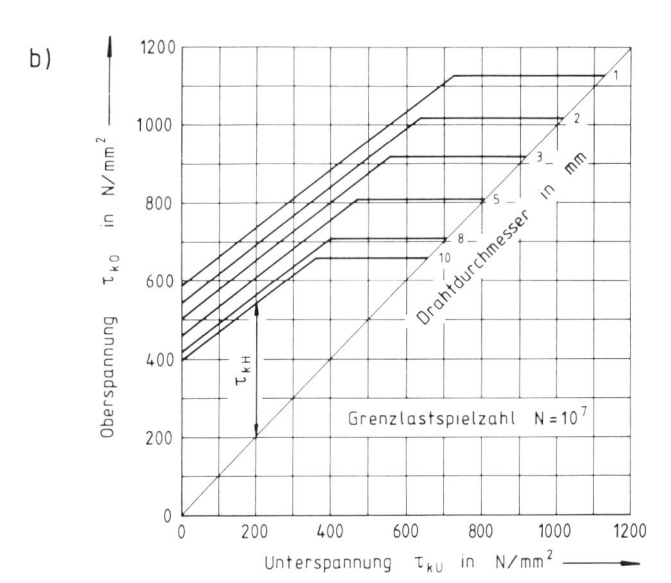

Bild 7.30. Dauerfestigkeitsschaubild nach DIN 2089, T 1 für kaltgeformte Schraubendruckfedern aus patentiert-gezogenem Federstahldraht der Klassen C und D nach DIN 17223, T 1;
a) nicht kugelgestrahlt; b) kugelgestrahlt

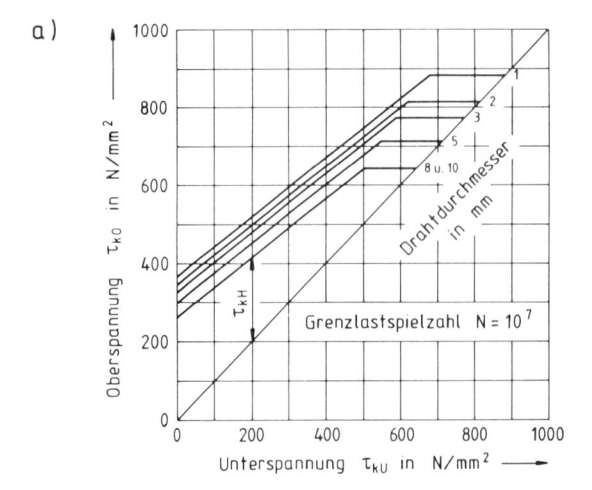

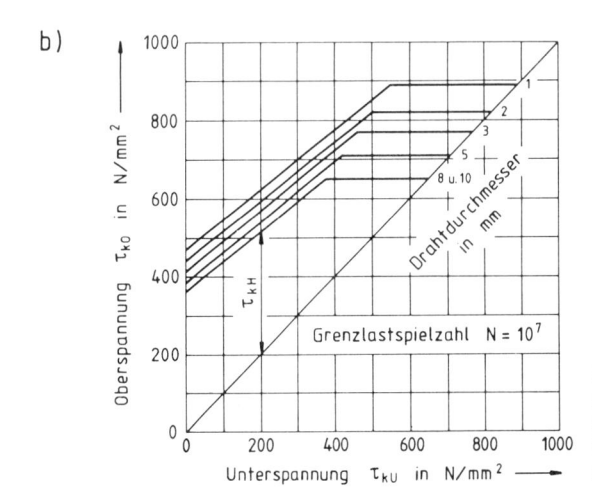

Bild 7.31. Dauerfestigkeitsschaubild nach DIN 2089, T 1 für kaltgeformte Schraubendruckfedern aus vergütetem Federdraht nach DIN 17223, T 2; a) nicht kugelgestrahlt; b) kugelgestrahlt

Bei Schraubenfedern mit nichtkonstantem Federdrahtdurchmesser bzw. mit unterschiedlicher Steigung legen sich die Windungen mit dem kleinsten Federdrahtdurchmesser bzw. mit der kleinsten Steigung zuerst an. Die Anzahl der federnden Windungen wird dadurch laufend kleiner. Die Folge davon ist das Ansteigen der Federrate. Im Prinzip können derartige Federn als Hintereinanderschaltung von einzelnen Federn mit unterschiedlichem Drahtdurchmesser bzw. mit unterschiedlicher Steigung aufgefaßt werden [65].

Auf die Berechnung dieser Federn wird in diesem Rahmen verzichtet. Die dafür erforderlichen Grundlagen sind in [12, 31, 39 45, 65] zusammengestellt.

Anwendung

Ihre vielgestaltigen Formen, große Anpassungsfähigkeit, große Variationsmöglichkeit bei den Bauabmessungen und den Werkstoffen, ihre Verwendung als Zug- und als Druckfedern sowie die Möglichkeit, durch Parallel- und/oder Reihenschaltung jedes Federverhalten, d.h. jede Federcharakteristik zu realisieren, führen dazu, daß die Schraubenfedern die im Maschinen- und Fahrzeugbau am häufigsten verwendeten Federn sind. Schraubenfedern werden als Spannfedern, Rückholfedern bei Backenbremsen und bei Druckzylindern, Achsfedern bei Fahrzeugen, Ventilfedern in Motoren und in Armaturen, in Industriestoßdämpfern, bei elastischen Lagerungen, im Werkzeugmaschinenbau, in der Fördertechnik und in der Feinwerktechnik sowie in vielen anderen Bereichen der Technik vielseitig eingesetzt.

7.4.3 Biegebeanspruchte Federn

Biegebeanspruchte Federn werden als Stäbe, Platten und Scheiben ausgeführt. Die am häufigsten angewendeten Biegefedern sind die Biegestabfedern, die Platten- oder Blattfedern, die Scheibenbiegefedern (z.B. Tellerfedern!) und die gewundenen Biegefedern (z.B. für Uhren, Schenkelfedern für Scharniere oder Klappen!).

7.4.3.1 *Einfache und geschichtete Blattfedern*

Die einfachen Biegeblattfedern gibt es gemäß Bild 7.32 in unterschiedlicher Lagerung bzw. Einspannung an den Federenden und mit gleichbleibendem oder

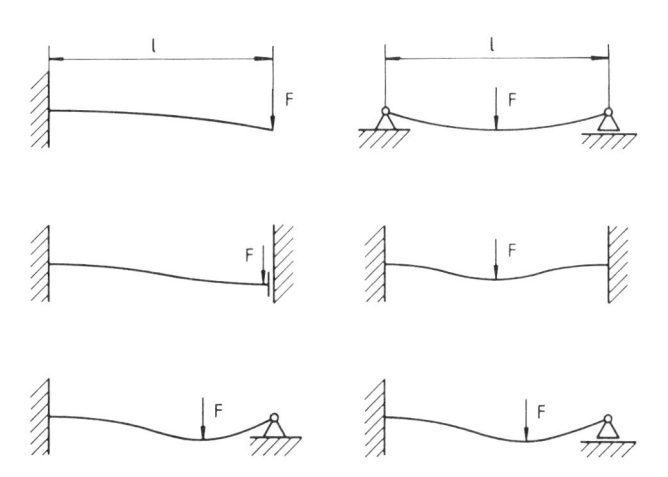

Bild 7.32. Unterschiedliche Lagerungen bzw. Einspannungen von Blattfedern

a)

b)

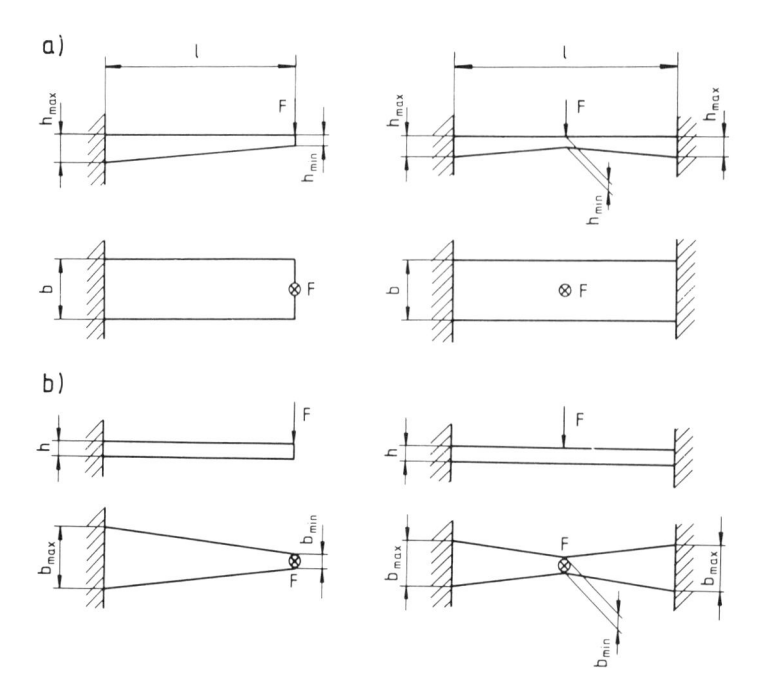

c) Maximale Biegebeanspruchung der Feder

$$\sigma_b = \frac{M_b}{W_{äq}} = \frac{6 \cdot F \cdot l}{b_{max} \cdot h_{max}^2}$$

Maximaler Federweg:

$$s = \frac{4 \cdot F \cdot l^3}{E \cdot b_{max} \cdot h_{max}^3} \cdot q_1$$

Größter Neigungswinkel α des Federblattes:

$$\tan \alpha = \frac{6 \cdot F \cdot l^2}{E \cdot b_{max} \cdot h_{max}^3} \cdot q_2$$

Federarbeit:

$$W = \frac{1}{2} \cdot F \cdot s = \frac{2 \cdot F^2 \cdot l^3}{E \cdot b_{max} \cdot h_{max}^3} \cdot q_1$$

Nutzungsgrad:

$$\eta_A = \frac{4}{9} \cdot \frac{q_1}{\left(1 + \frac{b_{min}}{b_{max}}\right) \cdot \left(1 + \frac{h_{min}}{h_{max}}\right)}$$

Werte für q_1/q_2 bei Blattfedern:

		$\frac{b_{min}}{b_{max}}$					
		1.0	0.8	0.6	0.4	0.2	0
$\frac{h_{min}}{h_{max}}$	1.0	1,00/1,00	1,05/1,07	1,12/1,17	1,20/1,30	1,31/1,49	1,50/2,00
	0,8	1,18/1,25	1,25/1,35	1,34/1,46	1,45/1,67	1,61/1,98	1,88/2,81
	0,6	1,46/1,67	1,55/1,83	1,67/2,04	1,82/2,34	2,06/2,84	2,50/4,44
	0,4	1,89/2,50	2,04/2,78	2,24/3,14	2,50/3,75	2,90/4,79	3,75/8,75
	0,2	2,87/500	3,16/5,72	3,54/6,75	4,09/8,40	5,00/11,67	7,50/30,00

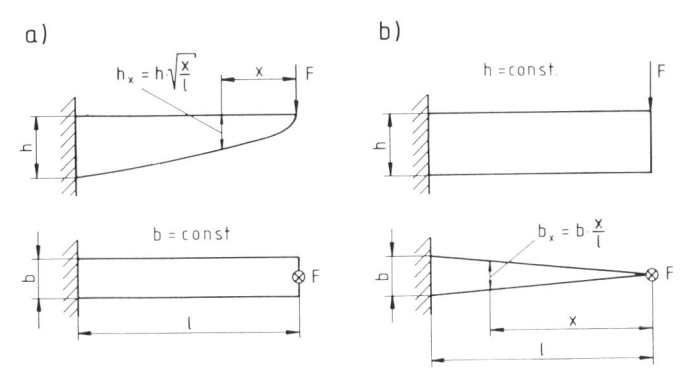

Bild 7.34. Biegefedern gleicher Festigkeit; a) mit parabolisch größer werdender Dicke h; b) mit linear größer werdender Breite b.

mit veränderlichem Querschnitt entlang der Federlänge. Der veränderliche Querschnitt kann bei gleichbleibender Breite b durch eine Änderung der Dicke h (Rechteckfeder mit variabler Dicke!) bzw. bei gleichbleibender Dicke h durch eine Änderung der Breite b (Dreieck- oder Trapezfeder gleicher Dicke!) verwirklicht werden (Bild 7.33).

Bei Biegefedern mit gleichbleibender Querschnittsfläche ist die Werkstoffausnutzung ungünstig. Bei einseitig eingespannten Rechteckfedern konstanter Breite und Dicke ist der Nutzungsgrad nur $\eta_A = 1/9$, und bei einseitig eingespannten Dreieckfedern konstanter Dicke beträgt $\eta_A = 1/3$. Für einseitig eingespannte Trapezfedern konstanter Dicke liegt der Nutzungsgrad nach [13, 16, 30] je nach dem Verhältnis der kleinsten zur größten Federblattbreite im Bereich $1/9 \leqq \eta_A \leqq 1/3$.

Aus diesem Grund werden Blattfedern meist so dimensioniert, daß die maximale Biegespannung über die gesamte Federlänge gleich groß ist. Nach Schlottmann [57], Hütte [31] und Dubbel [13] gilt, daß eine einseitig eingespannte Biegefeder gleicher Festigkeit bei konstanter Federblattbreite b eine in Längsrichtung vom Kraftangriffspunkt zur Einspannstelle hin parabolisch größer werdende Dicke h und bei konstanter Dicke eine vom Kraftangriffspunkt zur Einspannstelle hin linear größer werdende Breite b haben muß (Bild 7.34). Da parabolisch dicker werdende Federblätter in ihrer Herstellung sehr teuer sind, werden sie in der Praxis nicht oder nur sehr selten eingesetzt. Dreieck- und Trapezfedern finden dagegen sehr häufig Verwendung.

Bild 7.33. Blattfedern mit veränderlichem Querschnitt; a) bei konstanter Breite b und veränderlicher Dicke h; b) bei konstanter Dicke h und veränderlicher Breite b; c) Berechnungsgleichungen

Berechnung

Die Berechnung der einfachen Blattfedern kann mit den bekannten Gesetzmäßigkeiten der Mechanik durchgeführt werden. Die Durchbiegung, die Gleichung der Biegelinie und der Neigungswinkel an den Trägerenden von statisch bestimmten und statisch unbestimmten Trägern mit konstantem Querschnitt sind für alle in der Praxis auftretenden Belastungsfälle und Lagerungs- oder Einspannverhältnisse analytisch bereits berechnet und tabellarisch zusammengefaßt [13, 30, 53], so daß auf sie jederzeit zurückgegriffen werden kann. Die für die Dimensionierung von Blattfedern wichtigsten Belastungs-und Lagerungsfälle lassen sich alle auf den Fall des einseitig eingespannten Biegeträgers zurückführen

i	Lagerungsfall	Dimensionslose Größen				
		α	β	$\frac{\beta}{\alpha}$	$\frac{\beta}{2\alpha^2}$	$\frac{1}{\beta}$
1	 (einseitig eingespannt, Länge l, Last F am Ende)	1	$\frac{1}{3}$	$\frac{1}{3}$	$\frac{1}{6}$	3
1a	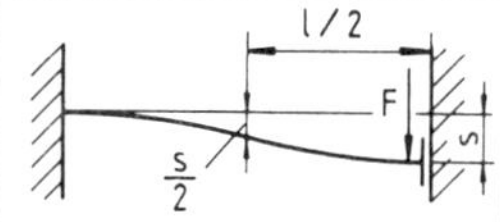 (einseitig eingespannt, Last F in $l/2$)	$\frac{1}{2}$	$\frac{1}{12}$	$\frac{1}{6}$	$\frac{1}{6}$	12
2	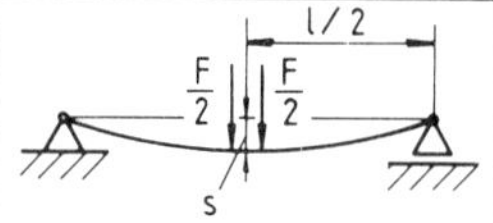 (beidseitig gelagert, Last $F/2 + F/2$ in $l/2$)	$\frac{1}{4}$	$\frac{1}{48}$	$\frac{1}{12}$	$\frac{1}{6}$	48
3	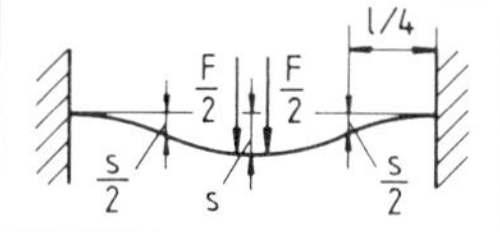 (beidseitig eingespannt, Last $F/2 + F/2$ in $l/4$)	$\frac{1}{8}$	$\frac{1}{192}$	$\frac{1}{24}$	$\frac{1}{6}$	192
Multiplikator		$\frac{1}{2}$	$\frac{1}{4}$	$\frac{1}{2}$	1	4

Biegespannung:

$$\alpha = \frac{\sigma_b}{\frac{F \cdot l \cdot e}{I_{aq}}}$$

Federweg oder Federung:

$$\beta = \frac{s}{\frac{F \cdot l^3}{E \cdot I_{aq}}} \quad ; \quad \frac{\beta}{\alpha} = \frac{s}{\frac{\sigma_b \cdot l^2}{E \cdot e}}$$

Federarbeit:

$$\frac{\beta}{2\alpha^2} = \frac{W}{\frac{\sigma_b^2 W_{aq} \cdot l}{E \cdot e}}$$

Federrate:

$$\frac{1}{\beta} = \frac{c}{\frac{E \cdot I_{aq}}{l^3}}$$

Bild 7.35. Generalisierte Behandlung von Biegeträgern bei Belastung durch eine Einzellast F

7.4 Beanspruchung von Federn   45

und generalisiert behandeln. In den Bildern 7.35 und 7.36 sind für unterschiedliche Lagerungs- oder Einspannverhältnisse die bei der Belastung durch eine Einzelkraft F oder eine Streckenlast q für die generalisierte Betrachtung erforderlichen Faktoren α (dimensionslose maximale Biegespannung!) und β (dimensionslose maximale Durchbiegung!) sowie deren Verknüpfungen zusammengestellt. Es zeigt sich, daß bei Belastung durch eine Einzelkraft F diese einzelnen Faktoren α bzw. β für die betrachteten Lagerungsfälle 1 bis 4 mit steigender Zahl durch den konstanten Multiplikator (Stufensprung!) 1/2 bzw. 1/4 als geometrische Reihe aufgebaut werden können. Diese Multiplikatoren lassen sich aus der freien Biegelänge des Trägers und der dazu gehörenden Belastung ermitteln. Die Faktoren α und β sowie deren Verknüpfungen haben folgende mechanische Bedeutung:

Maximale Biegespannung:

$$\sigma_b = \frac{M_b}{W_{äq}} = \alpha \cdot \frac{F \cdot l}{W_{äq}} \rightarrow \alpha = \frac{\sigma_b}{\frac{F \cdot l}{W_{äq}}} = \frac{\sigma_b}{\frac{F \cdot l \cdot e}{I_{äq}}} \qquad (7.86)$$

Maximale Durchbiegung (Federweg):

$$s = \beta \cdot \frac{F \cdot l^3}{E \cdot I_{äq}} \rightarrow \beta = \frac{s}{\frac{F \cdot l^3}{E \cdot I_{äq}}} \qquad (7.87)$$

i	Lagerungsfall	Dimensionslose Größen				
		α	β	$\frac{\beta}{\alpha}$	$\frac{\beta}{2\alpha^2}$	$\frac{1}{\beta}$
1	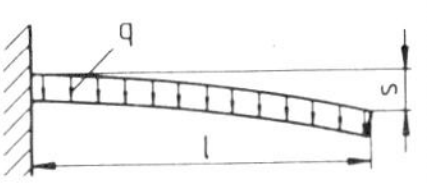	$\frac{1}{2} = \frac{1}{2} \cdot 1$	$\frac{1}{8} = \frac{3}{8} \cdot \frac{1}{3}$	$\frac{1}{4} = \frac{3}{4} \cdot \frac{1}{3}$	$\frac{1}{10} = \frac{3}{5} \cdot \frac{1}{6}$	$8 = \frac{8}{3} \cdot 3$
1a	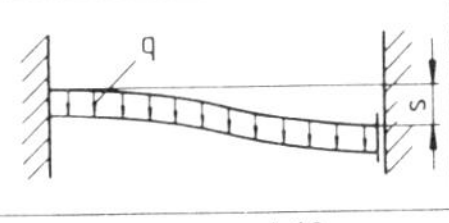	$\frac{1}{3} = \frac{2}{3} \cdot \frac{1}{2}$	$\frac{1}{24} = \frac{1}{2} \cdot \frac{1}{12}$	$\frac{1}{8} = \frac{3}{4} \cdot \frac{1}{6}$	$\frac{1}{10} = \frac{3}{5} \cdot \frac{1}{6}$	$24 = 2 \cdot 12$
2	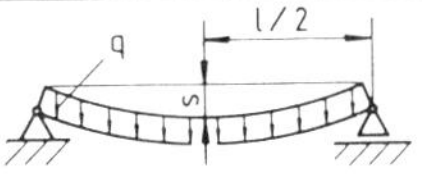	$\frac{1}{8} = \frac{1}{2} \cdot \frac{1}{4}$	$\frac{1}{76,8} = \frac{5}{8} \cdot \frac{1}{48}$	$\frac{1}{9,6} = \frac{5}{4} \cdot \frac{1}{12}$	$\frac{3}{8} = \frac{9}{4} \cdot \frac{1}{6}$	$76,8 = \frac{8}{5} \cdot 48$
3	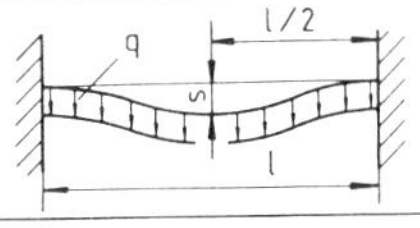	$\frac{1}{12} = \frac{2}{3} \cdot \frac{1}{8}$	$\frac{1}{384} = \frac{1}{2} \cdot \frac{1}{192}$	$\frac{1}{32} = \frac{3}{4} \cdot \frac{1}{24}$	$\frac{1}{10} = \frac{3}{5} \cdot \frac{1}{6}$	$384 = 2 \cdot 192$

Bild 7.36. Generalisierte Behandlung von Biegeträgern bei Belastung durch eine Streckenlast q = F/l

$$s = \frac{\beta}{\alpha} \cdot \frac{\sigma_b \cdot l^2}{E \cdot e} \rightarrow \frac{\beta}{\alpha} = \frac{s}{\frac{\sigma_b \cdot l^2}{E \cdot e}} \quad (7.88)$$

Federarbeit:

$$W = \frac{1}{2} F \cdot s$$

$$W = \frac{1}{2} \frac{\beta}{\alpha^2} \cdot \frac{\sigma_b^2 \cdot W_{äq} \cdot l}{E \cdot e} \rightarrow \frac{1}{2} \frac{\beta}{\alpha^2} = \frac{W}{\frac{\sigma_b^2 \cdot W_{äq} \cdot l}{E \cdot e}} \quad (7.89)$$

Federrate:

$$c = \frac{F}{s}$$

$$c = \frac{1}{\beta} \cdot \frac{E \cdot I_{äq}}{l^3} \rightarrow \frac{1}{\beta} = \frac{c}{\frac{E \cdot I_{äq}}{l^3}} \quad (7.90)$$

In diesen Gleichungen sind:
M_b = Biegemoment;
F = Belastung;
l = Biegeträgerlänge;
$W_{äq}$ = äquatoriales Widerstandsmoment gegen Biegung;
$I_{äq}$ = äquatoriales Flächenträgheitsmoment gegen Biegung;
e = maximaler Randfaserabstand von der neutralen Faser.

Eine analytische Untersuchung der drei wichtigsten Lagerungs- oder Einspannfälle (1. einseitig eingespannter Biegeträger; 2. beidseitig gelenkig gelagerter Biegeträger; 3. beidseitig eingespannter Biegeträger!) ergibt, daß für den Fall gleicher Querschnittsabmessungen b und h, gleicher Belastung F und gleicher zulässiger Biegebeanspruchung σ_b gemäß Tabelle 7.4 der beidseitig gelenkig gelagerte Bie-

Tabelle 7.4. Das Verhältnis der Trägerlängen, der Durchbiegungen und der Federraten von Biegeträgern gleicher Querschnittsabmessungen b und h, gleicher Belastung F und gleicher Biegespannung σ_b

i	Lagerungsfall	Trägerlängen l_i/l_1	Durchbiegungen s_i/s_1	Federraten c_i/c_1
1	einseitig eingespannt	1	1	1
2	beidseitig gelenkig gelagert	4	4	0,25
3	beidseitig eingespannt	8	8	0,125

Tabelle 7.5. Das Verhältnis der Trägerlängen und der Biegespannungen von Biegeträgern gleicher Querschnittsabmessungen b und h, gleicher Belastung F, gleicher Durchbiegung s und gleicher Federrate c

i	Lagerungsfall	Trägerlängen l_i/l_1	Biegespannungen σ_{bi}/σ_{b1}
1	einseitig eingespannt	1	1
2	beidseitig gelenkig gelagert	$2,52 = \sqrt[3]{16}$	$0,63 = 1/\sqrt[3]{16}$
3	beidseitig eingespannt	4	0,5

geträger viermal und der beidseitig eingespannte Biegeträger achtmal so lang sein darf wie der einseitig eingespannte Biegeträger. In gleicher Weise verhalten sich die Durchbiegungen oder die Federwege s und in reziproker Weise die Federraten c. Für den Fall gleicher Querschnittsabmessungen b und h, gleicher Belastung F und gleicher Durchbiegung s oder gleicher Federrate c ergeben sich die in Tabelle 7.5 zusammengestellten Ergebnisse. Bei beidseitig gelenkiger Lagerung bzw. bei beidseitiger Einspannung des Biegeträgers kann die Biegeträgerlänge um den Faktor 2,52 bzw. 4 größer sein als die beim einseitig eingespannten Biegeträger. Die Biegebeanspruchungen σ_b haben eine gegenläufige Tendenz. Die Faktoren sind hierbei 0,63 bzw. 0,5.

Werden gleich lange und gleich breite Biegeträger unter der Voraussetzung gleicher Belastung F und gleicher Biegebeanspruchung σ_b miteinander verglichen, so ergeben sich für die Trägerdicke (Gesamtdicke!) $h = z \cdot h_{i,z}$ in bezug auf die Trägerdicke $h_{1,1}$ beim einseitig eingespannten, einschichtigen Biegeträger sowie für die Verhältnisse der Durchbiegungen oder der Federwege die in Tabelle 7.6 zusammengestellten Ergebnisse. Hierzu ist anzumerken, daß bei den lamellierten oder geschichteten Biegeträgern, d.h. den Biegeträgern, die aus mehreren Lagen lose geschichtet sind, die Reibung zwischen den Schichten vernachlässigt ist. Die Ergebnisse sind so zu deuten, daß z.B. beim vierschichtigen, einseitig eingespannten Biegeträger die Dicke einer Schicht nur halb so groß ist wie die Dicke des einschichtigen, einseitig eingespannten Biegeträgers. Seine Gesamtdicke ist somit nur doppelt so groß wie die Dicke des einschichtigen, einseitig eingespannten Biegeträgers. Die Durchbiegung des vierschichtigen, einseitig eingespannten Biegeträgers ist doppelt so groß wie die Durchbiegung des einschichtigen, einseitig eingespannten Biegeträgers. Der einschichtige, beidseitig gelenkig gelagerte Biegeträger kann nur halb so dick sein wie der einschichtige, einseitig eingespannte Biegeträger. Seine Durchbiegung beträgt ebenfalls nur die Hälfte des einschichtigen, einseitig eingespannten Biegeträgers.

Für den Fall gleicher Länge und gleicher Breite des Biegeträgers lassen sich unter der Voraussetzung gleicher Belastung F und gleicher Durchbiegung s bzw. gleicher Federrate c für einseitig eingespannte, beidseitig gelenkig gelagerte und beidseitig eingespannte Biegeträger in 1-, 2-, 4-, 6-, 8- und 10-schichtiger Ausführung die in Tabelle 7.7 zusammengestellten Dicken für die einzelnen Schichten in

48 7 Elastische Elemente, Federn

Tabelle 7.6. Vergleich von gleich langen und gleich breiten Biegeträgern mit Rechteckquerschnitt hinsichtlich der Dicke einer Einzelschicht, der Gesamtdicke und der Durchbiegung bei unterschiedlicher Lagerung i und Zahl z der Schichten unter der Voraussetzung gleicher Belastung F und gleicher Biegespannung σ_b

- i = Lagerungsfall des Biegeträgers.
- z = Zahl der Schichten beim lamellierten Biegeträger.
- $h_{i,z}$ = Gesamtdicke eines Biegeträgers, der nach dem Lagerungsfall i gelagert ist und aus z Schichten besteht.
- $h_{i,1}$ = Dicke einer Schicht eines Biegeträgers, der nach dem Lagerungsfall i gelagert ist und aus z Schichten besteht.
- $s_{i,z}$ = s = Durchbiegung eines Biegeträgers, der nach dem Lagerungsfall i gelagert ist und aus z Schichten besteht.
- $s_{1,1}$ = Durchbiegung des einseitig eingespannten, einschichtigen Biegeträgers ($i=1$, $z=1$).

i,z	Lagerungsfall i und Schichtung z	Relative Dicke der Einzelschichten $\dfrac{h_{i,z}}{h_{1,1}}$	Relative Gesamtdicke des Trägers $\dfrac{h}{h_{1,1}}$	Relative Durchbiegung $\dfrac{s}{s_{1,1}}$
1,1		1	1	1
1,2		$\dfrac{1}{\sqrt{2}}$	$2\dfrac{1}{\sqrt{2}}=\sqrt{2}$	$\sqrt{2}$
1,3		$\dfrac{1}{\sqrt{3}}$	$3\dfrac{1}{\sqrt{3}}=\sqrt{3}$	$\sqrt{3}$
1,4		$\dfrac{1}{\sqrt{4}}=\dfrac{1}{2}$	$4\dfrac{1}{2}=2$	2
2,1		$\dfrac{1}{\sqrt{4}}=\dfrac{1}{2}$	$\dfrac{1}{2}$	$\dfrac{1}{2}$
2,2		$\dfrac{1}{\sqrt{8}}=\dfrac{1}{2\sqrt{2}}$	$2\dfrac{1}{2\sqrt{2}}=\dfrac{1}{\sqrt{2}}$	$\dfrac{1}{\sqrt{2}}$
2,3		$\dfrac{1}{\sqrt{12}}=\dfrac{1}{2\sqrt{3}}$	$3\dfrac{1}{2\sqrt{3}}=\dfrac{\sqrt{3}}{2}$	$\dfrac{\sqrt{3}}{2}$
2,4		$\dfrac{1}{\sqrt{16}}=\dfrac{1}{4}$	$4\dfrac{1}{4}=1$	1
3,1		$\dfrac{1}{\sqrt{8}}=\dfrac{1}{2\sqrt{2}}$	$\dfrac{1}{2\sqrt{2}}=\dfrac{\sqrt{2}}{4}$	$\dfrac{\sqrt{2}}{4}$
3,2		$\dfrac{1}{\sqrt{16}}=\dfrac{1}{4}$	$2\dfrac{1}{4}=\dfrac{1}{2}$	$\dfrac{1}{2}$
3,3		$\dfrac{1}{\sqrt{24}}=\dfrac{1}{2\sqrt{6}}$	$3\dfrac{1}{2\sqrt{6}}=\dfrac{\sqrt{3}}{2\sqrt{2}}$	$\dfrac{\sqrt{3}}{2\sqrt{2}}$
3,4		$\dfrac{1}{\sqrt{32}}=\dfrac{1}{4\sqrt{2}}$	$4\dfrac{1}{4\sqrt{2}}=\dfrac{1}{\sqrt{2}}$	$\dfrac{1}{\sqrt{2}}$

7.4 Beanspruchung von Federn

Tabelle 7.7. Vergleich von gleich langen und gleich breiten Biegeträgern mit Rechteckquerschnitt hinsichtlich der Dicke einer Einzelschicht bei unterschiedlicher Lagerung i und Zahl z der Schichten unter der Voraussetzung gleicher Belastung F und gleicher Durchbiegung s bzw. gleicher Federrate c

Relative Dicke $h_{i,z}/h_{1,1}$ der Einzelschichten eines Biegeträgers (Bezug auf den einseitig eingespannten einschichtigen Biegeträger!)

Lagerungsfall i	i = 1	i = 2	i = 3
Zahl z der Schichten 1	$\frac{1}{\sqrt[3]{1}} = 1$	$\frac{1}{\sqrt[3]{16}}$	$\frac{1}{\sqrt[3]{64}} = \frac{1}{4}$
2	$\frac{1}{\sqrt[3]{2}}$	$\frac{1}{\sqrt[3]{32}}$	$\frac{1}{\sqrt[3]{128}}$
4	$\frac{1}{\sqrt[3]{4}}$	$\frac{1}{\sqrt[3]{64}} = \frac{1}{4}$	$\frac{1}{\sqrt[3]{256}}$
6	$\frac{1}{\sqrt[3]{6}}$	$\frac{1}{\sqrt[3]{96}}$	$\frac{1}{\sqrt[3]{384}}$
8	$\frac{1}{\sqrt[3]{8}} = 2$	$\frac{1}{\sqrt[3]{128}}$	$\frac{1}{\sqrt[3]{512}} = \frac{1}{8}$
10	$\frac{1}{\sqrt[3]{10}}$	$\frac{1}{\sqrt[3]{160}}$	$\frac{1}{\sqrt[3]{640}}$

$h_{i,z}$ = Dicke einer Schicht eines Biegeträgers, der nach dem Lagerungsfall i gelagert ist und aus z Schichten besteht;

$h_{1,1}$ = Dicke des einseitig eingespannten, einschichtigen Biegeträgers (Lagerungsfall i = 1, Zahl der Schichten z = 1!).

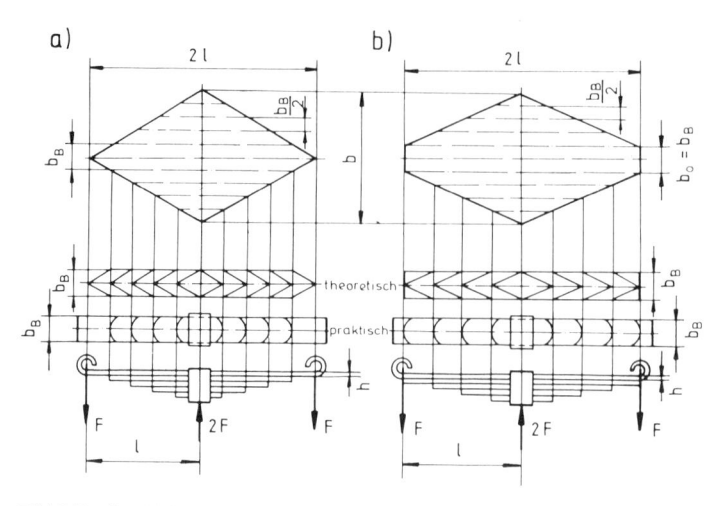

Bild 7.37. Geschichtete Blattfeder; a) aus einer Dreieck-Einblattfeder; b) aus einer Trapez-Einblattfeder

bezug auf die Dicke des einseitig eingespannten, einschichtigen Biegeträgers ermitteln. Bei z.B. vier Schichten, d.h. für $z = 4$, ist die Dicke einer einzelnen Schicht im Fall der beidseitigen Einspannung (Lagerungsfall $i = 3$!) der $\sqrt[3]{256}$-te Teil der Dicke des einseitig eingespannten, einschichtigen Biegeträgers. Bei beidseitig gelenkiger Lagerung (Lagerungsfall $i = 2$!) eines vierschichtigen Biegeträgers beträgt die Dicke einer einzelnen Schicht ein Viertel der Dicke des einseitig eingespannten, einschichtigen Biegeträgers.

Einschichtige Biegeträger, d.h. einschichtige oder aus einem Blatt bestehende Blattfedern, haben im Bereich der elastischen Beanspruchung (Hookescher Bereich!), wie aus den Beziehungen für die maximale Durchbiegung ersichtlich ist, eine lineare Federcharakteristik.

Die geschichteten Blattfedern, die aus Gründen eines günstigeren Einbauvolumens vor allem in Fahrzeugen zur Aufnahme großer Kräfte eingebaut werden, entstehen gemäß Bild 7.37 aus der Dreieck- bzw. der Trapezfeder (Einblattfeder!) durch Übereinanderschichtung einzelner – herausgeschnitten gedachter – gleich breiter Streifen (Breite b_B!). Ihre Berechnung ist bei Vernachlässigung der Reibung in den Berührflächen der einzelnen Federblätter identisch mit der Berechnung der Dreieck- bzw. Trapezfeder (Einblattfeder!) der Breite b (Dreieckfeder!) bzw. b und $b_O = b_B$ (Trapezfeder!).

Die Reibung und der als Folge davon auftretende Reibverschleiß (Reibkorrosion!) sind von der Schmierung und der Oberflächenbeschaffenheit der einzelnen Federblätter abhängig. Durch Kunststoff-Zwischenlagen (Bild 7.38) oder durch eine besondere Oberflächenbehandlung (z.B. Phosphatieren oder Kunststoffbeschichten!) lassen sich die Reibung und der Verschleiß verringern. Grundsätzlich gilt, daß durch die Reibung zwischen den einzelnen Federblättern eine etwas

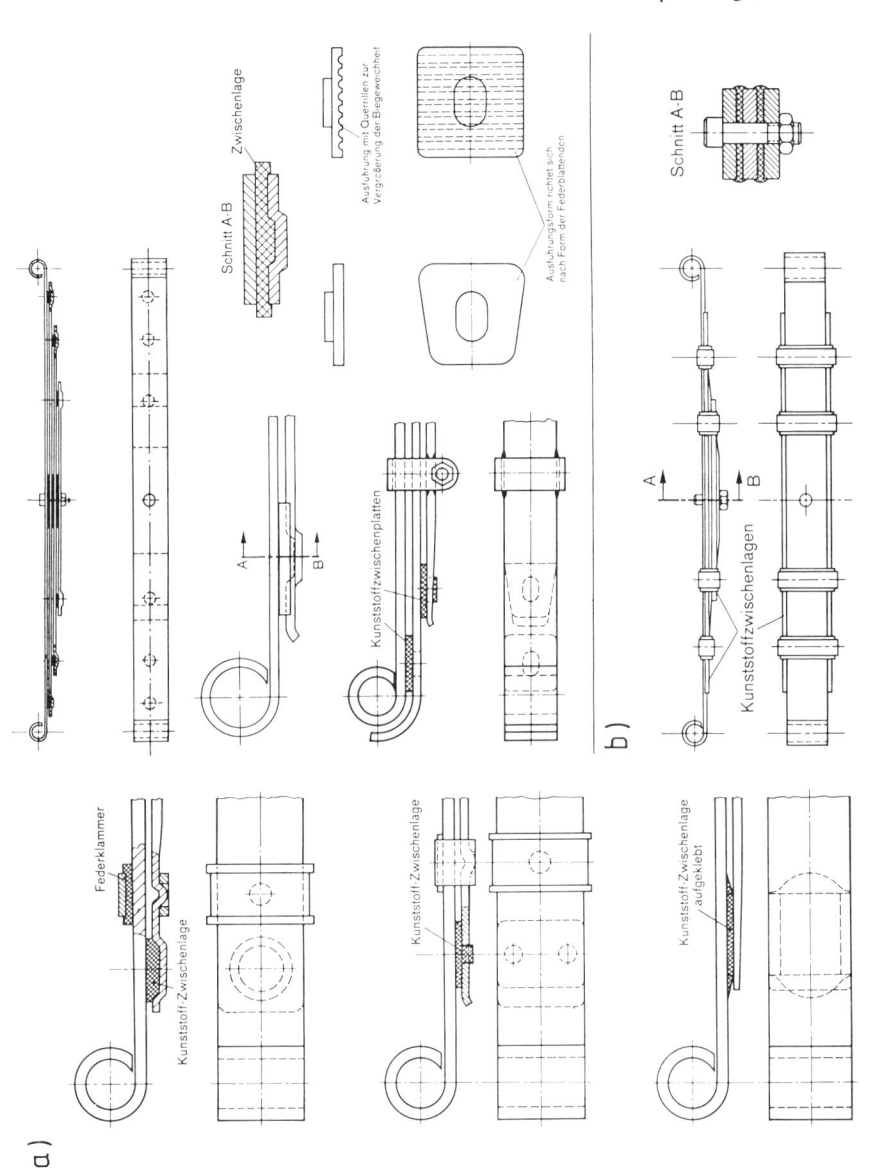

Bild 7.38. Blattfedern mit Kunststoff-Zwischenlagen [73]: a) abschnittsweise für leichte und schwere Weitspaltfedern; b) durchgehend

größere Belastung (Steigerung bis zu 15%!) aufgenommen werden kann, aber die Dauerschwingfestigkeit erheblich herabgesetzt wird.

Bezüglich der speziellen Berechnung und der dynamischen Festigkeitseigenschaften von einfachen und geschichteten Blattfedern sei an dieser Stelle auf das Schrifttum [10, 26, 48, 56, 57, 63, 73] verwiesen. Grundsätzlich ist bei der Berechnung von Blattfedern zu beachten, daß, wenn die Federblattdicke h sehr klein wird gegenüber der Breite b des Federblattes (z.B. h/b < 1/15!), die Theorie der Biegung gerader Stäbe (Biegesteifigkeit des Stabes: $E \cdot b \cdot h^3/12$!) durch die Theorie der Plattendurchbiegung (Biegesteifigkeit der Platte: $E \cdot h^3/[12 \cdot (1 - v^2)]$!) zu ersetzen ist. Für gelochte Blattfedern unterschiedlicher Gestalt, wie sie in der Feinwerktechnik verwendet werden, hat Seitz [61] bei statischer und dynamischer Beanspruchung zahlreiche rechnerische und versuchstechnische Ergebnisse angegeben.

Nach [73] können bei geschichteten Blattfedern progressive Federcharakteristiken durch folgende Maßnahmen erzielt werden:
1. Abstützung eines Federendes oder beider Federenden so, daß sich beim Einfedern die wirksame Federlänge stetig oder in Stufen ändert;
2. Anordnung der einzelnen Federblätter in der Weise, daß sich beim Einfedern die Zahl der wirksamen Federblätter vergrößert.

Beide Maßnahmen sind mit einer einzigen geschichteten Blattfeder und durch Kombinieren von zwei geschichteten Blattfedern (Hauptfeder und Zusatzfeder!) zu verwirklichen. In Bild 7.39 sind nach [73] drei Blattfederkonstruktionen mit progressiver Federcharakteristik zusammengestellt.

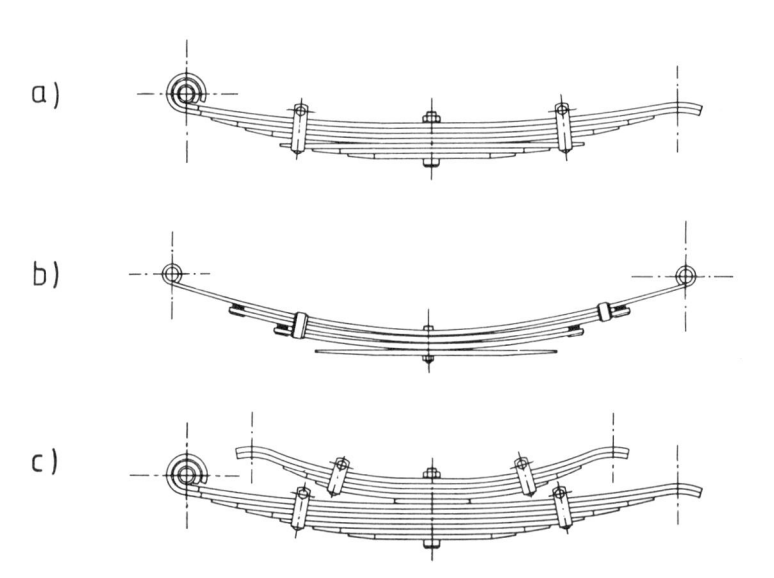

Bild 7.39. Geschichtete Blattfedern mit progressiver Federkennlinie [73]; a) mit Spalt; b) mit Unterfeder; c) mit Oberfeder

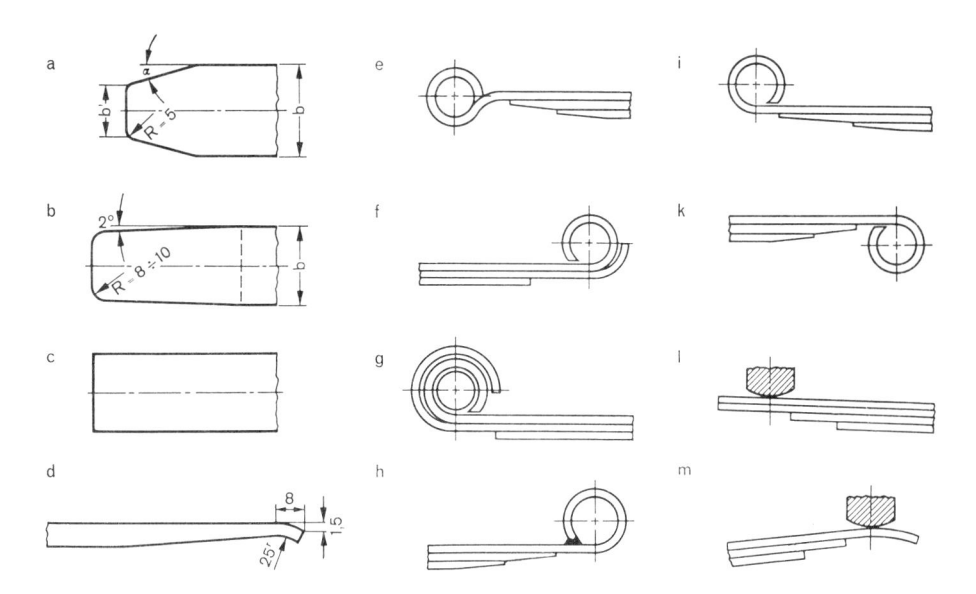

Bild 7.40. Gestaltung von Federblattenden [73]; a, b, c: Federblattenden in der Draufsicht; 1: gerade Enden; e, f, g, i, k: angerollte Ösen; h: angerollte Öse, verschweißt; d, m: kurvenförmig abgebogen Enden

Gestaltung

Bei der konstruktiven Gestaltung der Enden der Federblätter ist zu beachten, daß sie das Weiterleiten der Kräfte und die beim Ein- oder Ausfedern auftretende Abstandsänderung zwischen den Federenden gewährleisten müssen. Für die Lastübernahme werden die Federenden gemäß Bild 7.40 geradlinig bzw. leicht abgebogen (Schlittenkurve!) oder zu einer Öse gerollt ausgeführt. Die Abstandsänderung der Federenden wird in der Weise berücksichtigt, daß mindestens ein Federende in einem Federgehänge oder in einer Lasche verschiebbar aufgehängt bzw. über ein Gleitlager (Gleitkurve oder Gleitschuh!) verschiebbar abgestützt wird. Zur Dämpfung von Körperschall werden die Federenden meistens über Gummielemente abgestützt. Für die konstruktive Ausführung der Federenden der zweiten Lage der Federblätter gibt es gemäß Bild 7.41 [73] sehr viele Möglichkeiten.

Anwendung

Neben den bereits in der Einleitung zu diesem Abschnitt angegebenen Anwendungsfällen werden Blattfedern als Rast- oder Andrückfedern bei Schiebern, Ankern und Klinken in Gesperren, als Kontaktfedern in Schaltern, zur Abfederung von Straßen- und Schienenfahrzeugen sowie als Flachformfeder oder Drahtformfeder in vielfältigen Formen in der Feinwerktechnik eingesetzt.

54   7 Elastische Elemente, Federn

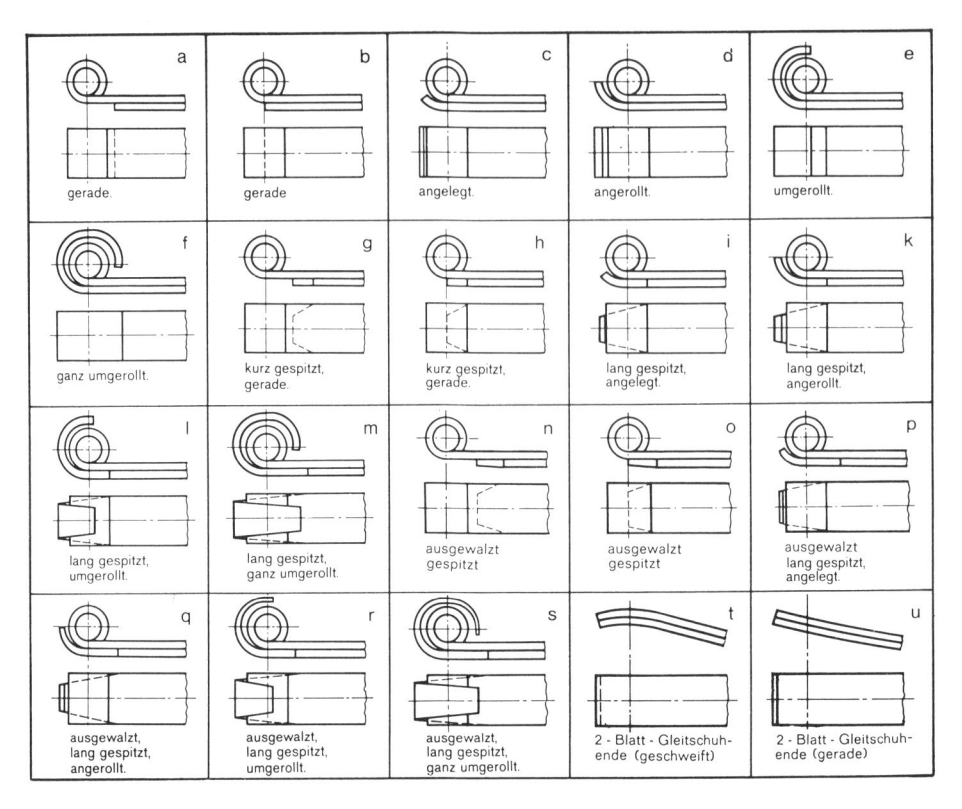

Bild 7.41. Gestaltung der Federenden der zweiten Lage bei geschichteten Blattfedern [73]

7.4.3.2 Gewundene Biegefedern

Sie gibt es als Spiralfedern, Rollfedern und Schraubenbiegefedern, die auch Schenkelfedern genannt werden. Sie sind in der Lage, Drehmomente aufzunehmen und somit Rückstellmomente zu erzeugen.

Die *Spiralfedern* sind gemäß Bild 7.42 aus Flach- oder Rundmaterial in der Ebene nach einer Archimedischen Spirale in konstantem Windungsabstand a gewundene Biegefedern. Sie gibt es hinsichtlich des Windungszwischenraumes in zwei Ausführungsformen. Bei den Spiralfedern mit Windungszwischenraum werden nur wenige Windungen vorgesehen. Sie arbeiten bis zu maximalen Verdrehwinkeln von $\alpha_{max} = 20°$ reibungsfrei und werden daher vornehmlich als Rückstellfedern für Zeiger in elektrischen Meßgeräten verwendet (DIN 43801!). Die Spiralfedern ohne Windungszwischenraum arbeiten zwischen zwei koaxialen Zylindern (Federkern und Federgehäuse!) und erlauben sehr große Verdrehwinkel, da sie beim Spannen sehr eng, d.h. Windung auf Windung, über den Federkern gewickelt werden können. Diese Federn werden wegen ihres großen Energiespeichervermögens als Triebfedern für mechanische Uhren, Laufwerke und Spielzeuge verwendet.

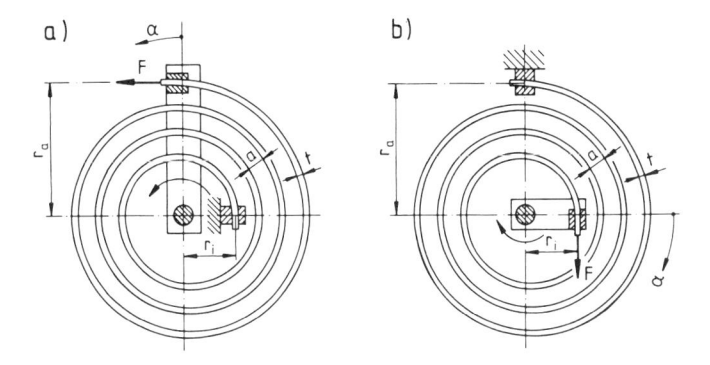

Bild 7.42. Spiralfedern (Archimedische Spirale!); a) mit Windungszwischenraum a, fester Einspannung und Außenbetätigung; b) mit Windungszwischenraum a, fester Einspannung und Innenbetätigung

Die *Rollfedern* arbeiten gemäß Bild 7.43 mit zwei achsparallelen Federtrommeln in der Weise, daß für die Erzeugung des Drehmomentes das Federband von der Vorrats- auf die Abtriebstrommel aufgewickelt und gespannt wird [29, 36]. Durch die Tendenz der Feder, die ursprüngliche Form wieder anzunehmen, d.h. sich wieder auf die Vorratstrommel zurückzuwickeln, wird an der Abtriebstrommel das Rückstellmoment erzeugt. Von der Krümmungsrichtung des Federbandes her gesehen, werden zwei Bauarten unterschieden. Es sind dies Rollfedern mit gleichsinniger und Rollfedern mit gegensinniger Krümmung des Federbandes auf den beiden Trommeln. Bei Rollfedern mit gegensinniger Krümmung des Federbandes ist das Rückstellmoment an der Abtriebstrommel größer als bei Rollfedern mit gleichsinniger Krümmung.

Die *Schraubenbiegefedern*, d.h. die schraubenförmig gewundenen Biegefedern oder die Schenkelfedern, werden in einem Wickelverhältnis $w = 4$ bis 15 in der Form einer Schraubenlinie auf einen zylindrischen Dorn gewickelt und die beiden Drahtenden gemäß Bild 7.44 um die Achse des Wickeldorns gegeneinander verdreht. Sie werden als Scharnierfedern zum Anpressen oder zum Rückziehen von Hebeln, Stempeln, Klinken, Deckeln oder Bügeln eingesetzt. In den meisten Einsatzfällen werden die Schenkelfederenden zur Gewährleistung einer gleichmäßigen Biegebeanspruchung des Federdrahtes fest eingespannt.

Berechnung

Die gewundenen Biegefedern werden auf Biegung beansprucht, und zwar in der Weise, daß bei einer Beanspruchung im Windungssinne an den inneren Fasern Druckspannungen und an den äußeren Fasern Zugspannungen auftreten. Die auf der Zugseite auftretende größte Biegespannung wird bei bekanntem Drehmoment T und bei bekannter Federgeometrie unter Vernachlässigung der Reibung zwischen den Windungen (nur Federn mit Windungszwischenraum!) und unter der

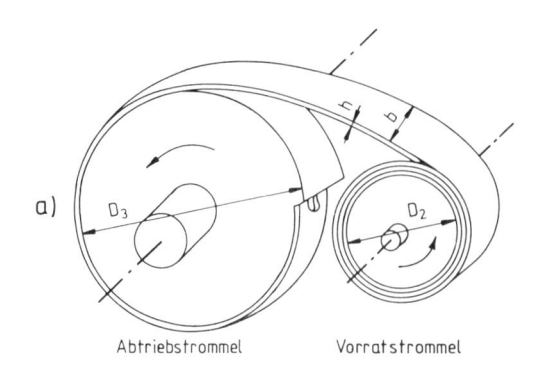

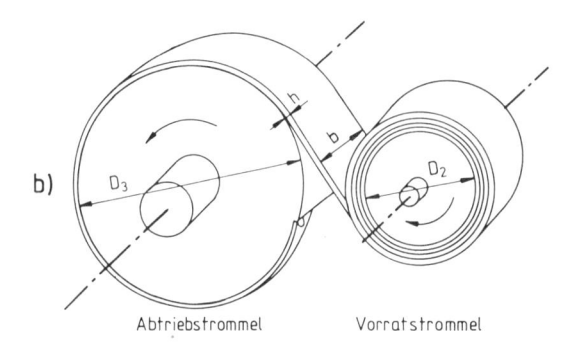

Bild 7.43. Rollfedern mit zwei achsparallelen Federtrommeln; a) Federband mit gleichsinniger Krümmung über den Federtrommeln; b) Federband mit gegensinniger Krümmung über den Federtrommeln

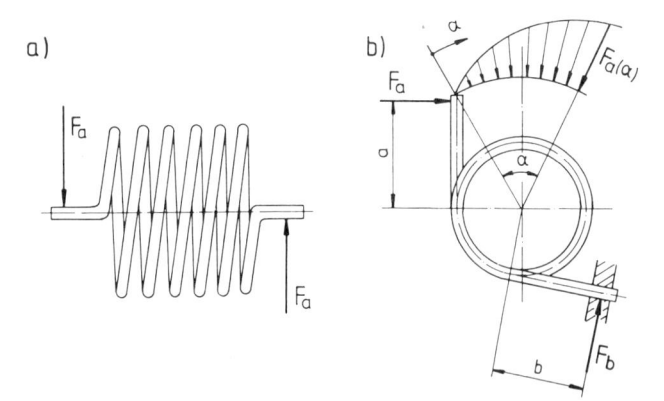

Bild 7.44. Schraubenbiegefedern; a) in Normalausführung; b) in der Ausführung als Schenkelfeder

7.4 Beanspruchung von Federn

Annahme fester Einspannung an beiden Federenden in folgender Weise ermittelt [29, 63]:

$$\sigma_{b,max} = \frac{T}{W_{äq}} \qquad (7.91)$$

mit $W_{äq} = \frac{b \cdot t^2}{6}$ bei einer Feder mit dem Rechteckquerschnitt $A = b \cdot t$

bzw. $W_{äq} = \frac{\pi \cdot d^3}{32}$ bei einer Feder mit kreisrundem Federdraht vom Durchmesser d.

Für den Verdrehwinkel α gilt die Beziehung

$$\hat{\alpha} = \frac{T \cdot l}{E \cdot I_{äq}} \qquad (7.92)$$

mit $I_{äq}$ = Flächenträgheitsmoment gegen Biegung,

d.h. $I_{äq} = \frac{b \cdot t^3}{12}$ bei einer Feder mit dem Rechteckquerschnitt $A = b \cdot t$

bzw. $I_{äq} = \frac{\pi \cdot d^4}{64}$ bei einer Feder mit kreisrundem Federdraht vom Durchmesser d,

E = Elastizitätsmodul des Federwerkstoffes und l = Federlänge.

Die Federlänge l kann bei Spiralfedern aus der Zahl i_f der federnden Windungen, dem Innenradius r_i der Feder (Federkerndurchmesser!), dem Windungszwischenraum a und der Federblattdicke t näherungsweise nach folgender Beziehung [29] ermittelt werden:

$$l \simeq 2\pi \cdot i_f \cdot \left[r_i + \frac{i_f}{2}(t+a) \right]. \qquad (7.93)$$

Bei gewundenen Schenkelfedern gilt für die Federlänge l die Beziehung

$$l = \pi \cdot D_m \cdot i_f, \qquad (7.94)$$

wenn D_m der mittlere Windungsdurchmesser und i_f die Zahl der federnden Windungen ist.

Ist der Werkstoff bereits vorgegeben, und liegt somit die maximal zulässige Werkstoffbeanspruchung $\sigma_{b,zul}$ fest, so darf folgender maximaler Verdrehwinkel α_{zul} nicht überschritten werden:

$$\hat{\alpha}_{zul} = \frac{2 \cdot l \cdot \sigma_{b,zul}}{t \cdot E} \quad \text{bei Spiralfedern mit einem Rechteckquerschnitt}$$
$$A = b \cdot t; \qquad (7.95)$$

$$\hat{\alpha}_{zul} = \frac{2 \cdot l \cdot \sigma_{b,zul}}{d \cdot E} \quad \text{bei Schenkelfedern mit einem Drahtdurchmesser d.}$$
$$\qquad (7.96)$$

Für die Federrate gegen Verdrehung gelten folgende Werte:

$$c_t = \frac{E \cdot I_{äq}}{l}, \qquad (7.97)$$

7 Elastische Elemente, Federn

d.h. $c_t = \dfrac{b \cdot t^3 \cdot E}{12 \cdot l}$ bei Spiralfedern mit einem Rechteckquerschnitt $A = b \cdot t$;

$c_t = \dfrac{\pi \cdot d^4 \cdot E}{64 \cdot l}$ bei Schenkelfedern mit einem Drahtdurchmesser d.

Die in der Feder gespeicherte elastische Energie W hat bei Vernachlässigung der Reibung zwischen den Windungen die Größe

$$W = \frac{1}{2} \cdot T \cdot \hat{\alpha} = \eta_A \cdot \frac{\sigma_b^2 \cdot V}{2E}, \qquad (7.98)$$

wenn V das Federvolumen und η_A der Nutzungsgrad der Feder sind.
Bei Spiralfedern mit einem Rechteckquerschnitt hat der Nutzungsgrad den Wert $\eta_A = \frac{1}{3}$, und bei Schenkelfedern mit einem Drahtdurchmesser d hat der Nutzungsgrad den Wert $\eta_A = \frac{1}{4}$.

Bei der maximal zulässigen Beanspruchung dieser gewundenen Federn ist analog zu den Schraubenfedern der Einfluß der Federkrümmung durch einen Faktor k zu berücksichtigen, der der Spannungserhöhung an der Innenseite des Federbandes oder des Federdrahtes Rechnung trägt. Dieser Faktor k ist aus Bild 7.45 in Abhängigkeit vom Wickelverhältnis D_m/t bzw. D_m/d zu entnehmen, wenn D_m der mittlere Windungsdurchmesser und t die Dicke der Feder bzw. d der Durchmesser des Federdrahtes ist [31].

Anwendung

Die Spiralfedern und die Rollfedern werden vornehmlich als Aufzugs- oder Triebfedern in mechanischen Uhren, Laufwerken und Spielzeugen sowie als Rückstell-

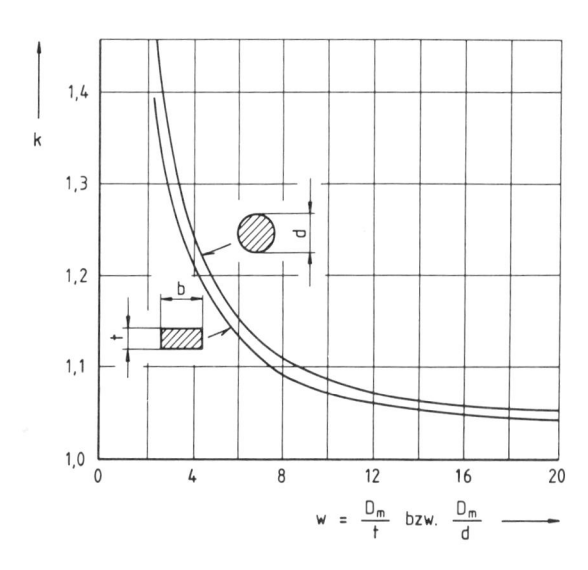

Bild 7.45. Spannungsüberhöhungsfaktor k für die Biegebeanspruchung von gewundenen Biegefedern

$w = \dfrac{D_m}{t}$ bzw. $\dfrac{D_m}{d}$

federn in elektrischen Meßgeräten eingesetzt. Die Schraubenbiegefedern oder Schenkelfedern finden als Scharnierfedern zum Anpressen und Rückziehen von Hebeln, Stempeln, Klinken, Deckeln oder Bügeln („Mausefallenfedern"!) Anwendung.

7.4.3.3 Tellerfedern

Tellerfedern sind gemäß Bild 7.46 in Achsrichtung belastbare Kreisringscheiben (Teller!) mit meist rechteckförmigem – selten trapezförmigem – radialem Querschnitt, die in axialer Richtung um die Höhe h_o kegel-oder tellerförmig gestülpt oder geschirmt sind. Sie können in unterschiedlicher Weise zu Federsäulen geschichtet werden (Bild 7.49) und werden vornehmlich zur Aufnahme großer Kräfte bei kleinen Federwegen und/oder zur Verwirklichung spezieller Federkennlinien eingesetzt (DIN 2092!). Beim Schichten der einzelnen Federteller zu einer Federsäule wird die Innenführung durch einen Bolzen gegenüber der Außenführung durch eine Hülse bevorzugt. Es wird ferner angestrebt, die Krafteinleitung an den Auflageflächen der Federsäule über den Außenrand der Teller vorzunehmen.

Bei Tellerfedern werden nach DIN 2093 hinsichtlich der Ausführung drei Gruppen unterschieden:

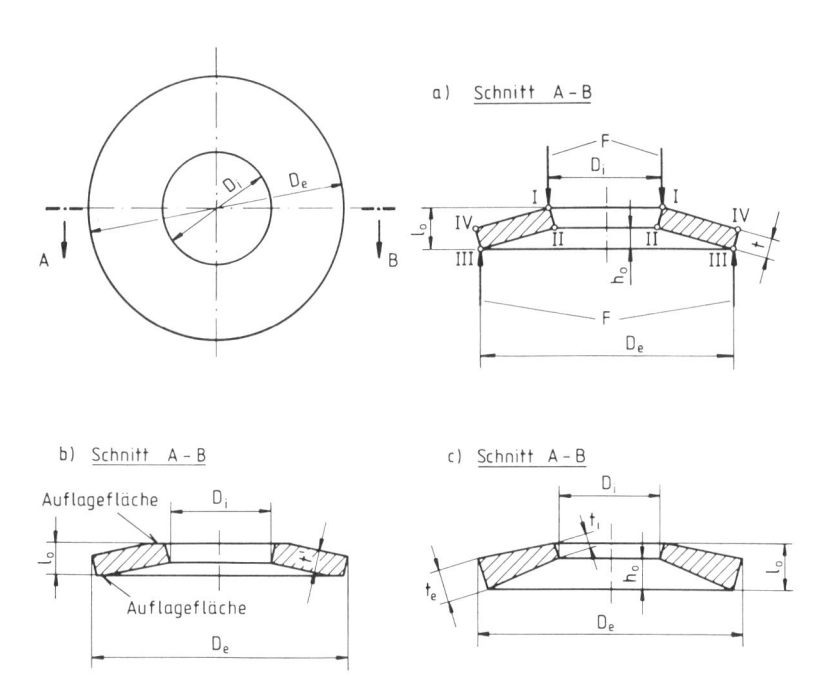

Bild 7.46. Tellerfeder mit rechteckförmigem bzw. trapezförmigem radialem Querschnitt; a) Rechteckquerschnitt (Teller der Gruppe 1 und 2!); b) Rechteckquerschnitt mit Auflagefläche (Teller der Gruppe 3!); c) Trapezquerschnitt

Gruppe 1

Kaltgeformte, d.h. gestanzte und anschließend nicht mehr spanabhebend bearbeitete Teller der Nenndicke $t \leqq 1$ mm. Die Kanten sind nicht abgerundet.

Gruppe 2

Kaltgeformte und anschließend am Innen- und Außendurchmesser spanabhebend bearbeitete Teller mit innen und außen abgerundeten Kanten und einer Nenndicke $1\,\text{mm} < t \leqq 6\,\text{mm}$.

Gruppe 3

Warmgeformte und anschließend allseitig spanabhebend bearbeitete Teller mit Auflageflächen und innen sowie außen abgerundeten Kanten und einer auf $t' = 0{,}94 \cdot t$ reduzierten Tellerdicke zur Erzielung der gleichen Federkennlinie wie bei Tellern der Gruppe 2. Die Nenndicke liegt im Bereich $6\,\text{mm} < t \leqq 14\,\text{mm}$. Der Außendurchmesser D_e ist mit h 12 und der Innendurchmesser D_i mit H 12 toleriert.

In der DIN 2093 werden ferner drei Reihen von Tellern unterschieden. Für Reihe A gilt $D_e/t \simeq 18$ sowie $h_o/t \simeq 0{,}4$, für Reihe B gilt $D_e/t \simeq 28$ sowie $h_o/t \simeq 0{,}75$, und für Reihe C gilt $D_e/t \simeq 40$ sowie $h_o/t \simeq 1{,}3$. Federteller der Reihe A sind somit die steifsten und Federteller der Reihe C die elastischsten Teller.

Der Außendurchmesser D_e für Stahlfederteller erstreckt sich über die drei Gruppen hinweg von $D_e = 8$ mm bis $D_e = 250$ mm, und die maximale Normbelastung in axialer Richtung bis zu einer zulässigen axialen Verformung von $s = 0{,}75 \cdot h_o$ liegt im Bereich $39\,\text{N} \leqq F_{max} \leqq 249\,\text{kN}$.

Die Einleitung der axialen Kraft auf den einzelnen Federteller erfolgt über die Kreisperipherie I und III. Unter dieser axialen Kraft wird die Tellerunterseite gedehnt und die Telleroberseite gestaucht. An den Stellen II und III werden somit in Umfangsrichtung Zugspannungen und an den Stellen I und IV in Umfangsrichtung Druckspannungen bewirkt. Nach Schlottmann [57] resultiert die Beanspruchung eines Federtellers aus zwei sich überlagernden Biegespannungen, die durch die Krümmungsänderung des Kegelmantels und die Drehung der Querschnitte um den Stülpmittelpunkt induziert werden. Da der Anteil dieser beiden Spannungen an der Gesamtbeanspruchung mit zunehmender Verformung des Federtellers stark variiert, haben Tellerfedern im Regelfall gekrümmte und von der Geometrie eines Einzeltellers sowie der Art der Schichtung der Teller in der Federsäule stark abhängige Federkennlinien. Mittels Tellerfedern können je nach den konstruktiven Anforderungen linear, progressiv, degressiv und abschnittsweise sogar konstant oder negativ verlaufende Kennlinien verwirklicht werden (Bild 7.48).

Berechnung

Die Berechnung der Einzeltellerfedern mit üblicher Krafteinleitung ohne Auflageflächen erfolgt nach den von Almen und László aufgestellten Näherungsgleichungen [2, 26, 58, 59, 72]. Es können hiernach folgende Größen berechnet werden:

Federkraft des Einzeltellers:

$$F = k \cdot \frac{t^4}{K_1 \cdot D_e^2} \cdot \frac{s}{t}\left[\left(\frac{h_0}{t} - \frac{s}{t}\right) \cdot \left(\frac{h_0}{t} - \frac{s}{2t}\right) + 1\right] \quad (7.99)$$

Federkraft des Einzeltellers im plattgedrückten Zustand:

$$F_c = k \cdot \frac{t^3 \cdot h_0}{K_1 \cdot D_e^2} \quad \text{(Federweg } s = h_0\text{!)} \quad (7.100)$$

Federrate:

$$c = k \cdot \frac{t^3}{K_1 \cdot D_e^2}\left[\left(\frac{h_0}{t}\right)^2 - 3\frac{h_0}{t}\cdot\frac{s}{t} + \frac{3}{2}\left(\frac{s}{t}\right)^2 + 1\right] \quad (7.101)$$

Federarbeit:

$$W = \frac{k}{2} \cdot \frac{t^5}{K_1 \cdot D_e^2}\left(\frac{s}{t}\right)^2\left[\left(\frac{h_0}{t} - \frac{s}{2t}\right)^2 + 1\right] \quad (7.102)$$

Rechnerische Spannungen an den Stellen I bis IV
Stelle I (Druckspannung):

$$\sigma_I = k \cdot \frac{t^2}{K_1 \cdot D_e^2} \cdot \frac{s}{t}\left[-K_2\left(\frac{h_0}{t} - \frac{s}{2t}\right) - K_3\right] \quad (7.103)$$

Stelle II (Zugspannung):

$$\sigma_{II} = k \cdot \frac{t^2}{K_1 \cdot D_e^2} \cdot \frac{s}{t}\left[-K_2\left(\frac{h_0}{t} - \frac{s}{2t}\right) + K_3\right] \quad (7.104)$$

Stelle III (Zugspannung):

$$\sigma_{III} = k \cdot \frac{t^2}{K_1 \cdot D_e^2} \cdot \frac{s}{t} \cdot \frac{1}{\delta}\left[(2K_3 - K_2) \cdot \left(\frac{h_0}{t} - \frac{s}{2t}\right) + K_3\right] \quad (7.105)$$

Stelle IV (Druckspannung):

$$\sigma_{IV} = k \cdot \frac{t^2}{K_1 \cdot D_e^2} \cdot \frac{s}{t} \cdot \frac{1}{\delta}\left[(2K_3 - K_2) \cdot \left(\frac{h_0}{t} - \frac{s}{2t}\right) - K_3\right] \quad (7.106)$$

In diesen Gleichungen sind:

$k = \dfrac{4E}{1 - \nu^2}$ = Steifigkeitsfaktor;

E = Elastizitätsmodul des Federwerkstoffes;
ν = Querkontraktionzahl des Federwerkstoffes;
t = Dicke des Einzeltellers;
D_e = Außendurchmesser;
D_i = Innendurchmesser;
$\delta = D_e/D_i$ = Durchmesserverhältnis;
s = Federweg des Einzeltellers;
h_0 = Stülphöhe = theoretischer Federweg des Einzeltellers bis zur Planlage;

62   7 Elastische Elemente, Federn

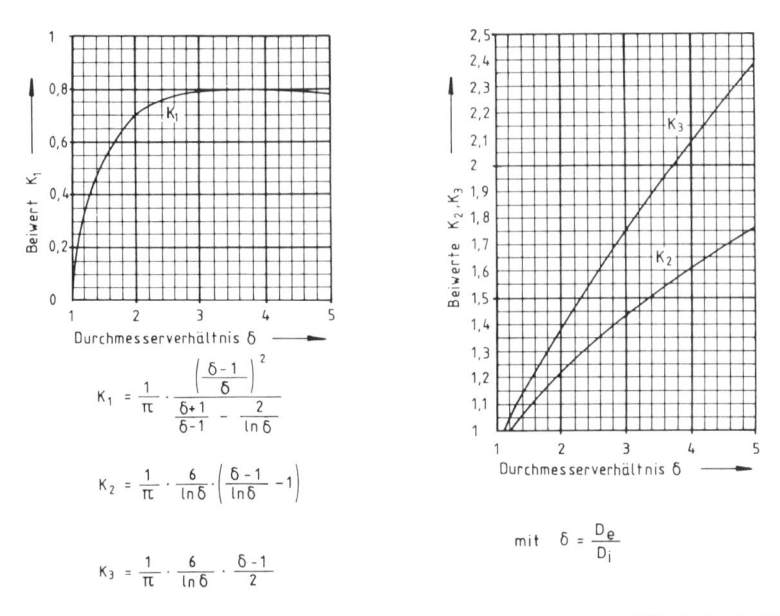

$$K_1 = \frac{1}{\pi} \cdot \frac{\left(\frac{\delta-1}{\delta}\right)^2}{\frac{\delta+1}{\delta-1} - \frac{2}{\ln\delta}}$$

$$K_2 = \frac{1}{\pi} \cdot \frac{6}{\ln\delta} \cdot \left(\frac{\delta-1}{\ln\delta} - 1\right)$$

$$K_3 = \frac{1}{\pi} \cdot \frac{6}{\ln\delta} \cdot \frac{\delta-1}{2}$$

mit $\delta = \frac{D_e}{D_i}$

Bild 7.47. Beiwerte K_1 bis K_3 in Abhängigkeit vom Durchmesserverhältnis $\delta = D_e/D_i$

K_1 bis K_3 = Beiwerte in Abhängigkeit vom Durchmesserverhältnis δ gemäß Bild 7.47 (DIN 2092).

Die Berechnung von Einzeltellerfedern mit Krafteinleitung über einen verkürzten Hebelarm, d.h. mit Auflageflächen, ist der einschlägigen Literatur [8, 11, 41, 46, 47] zu entnehmen.

Federkennlinie

Die Federkennlinie einer Einzeltellerfeder ist im allgemeinen nicht linear. Ihr nach den zuvor angegebenen Gleichungen berechneter Verlauf ist nach DIN 2093 in Bild 7.48 in Abhängigkeit von s/h_0 mit h_0/t als Kurvenparameter dargestellt und wird mit zunehmenden Werten für h_0/t degressiver. Da nach DIN 2093 der axiale Federweg $s \leq 0{,}75\,h_0$ sein soll, gelten die Kennlinien eigentlich nur für diesen Bereich. Für $s > 0{,}75\,h_0$ tritt ein Abwälzen der Einzeltellerfeder auf ihrer Unterlage bzw. bei Schichtung der Teller aufeinander auf, was eine Verkürzung der Hebelarme bewirkt. Die praktische Kennlinie weicht dadurch zunehmend von der errechneten Kennlinie ab.

Werden mehrere Einzeltellerfedern zu einer Federsäule geschichtet, so muß die Reibkraft zwischen ihnen berücksichtigt werden. Diese ist von der Oberflächenbeschaffenheit der Einzeltellerfeder, vom Schmierzustand, von der Anzahl der Einzeltellerfedern und deren Schichtung oder Anordnung in der Federsäule abhängig. Durch eine geeignete Obsrflächenbehandlung der gepaarten Elemente (z.B. mit Gleitlack!) kann die Reibung stark herabgesetzt werden.

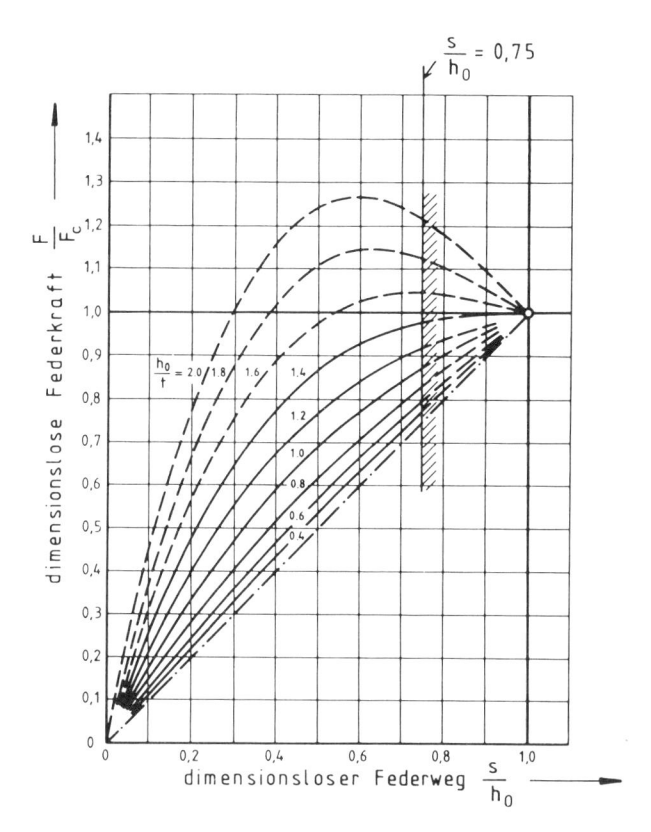

Bild 7.48. Federkennlinie einer Einzeltellerfeder in Abhängigkeit von s/h_o und h_o/t nach DIN 2093

Für Federsäulen aus einem einzelnen Federpaket mit n gleichsinnig geschichteten Einzeltellerfedern, aus i wechselsinnig geschichteten Einzeltellerfedern und aus i wechselsinnig geschichteten Federpaketen mit je n gleichsinnig angeordneten Einzeltellerfedern sind die Werte für die Gesamtfederkraft F_{ges} und den Gesamtfederweg s_{ges} in Tabelle 7.8 zusammengestellt. Darüber hinaus sind Federsäulen mit Einzeltellerfedern unterschiedlicher Dicke t möglich. Hierbei ist zu berücksichtigen, daß die dünnsten Federn am stärksten durchfedern und sich zuerst plattdrücken. Ist dies der Fall, so fallen sie als Federelement aus und ergeben in der Federkennlinie einen Knick.

Da zwischen der Federsäule und dem inneren Führungsbolzen bzw. der äußeren Führungshülse, zwischen den Endtellern der Federsäule und den Auflageflächen und zwischen den Einzeltellerfedern untereinander Reibung auftritt, sind die Belastungs- und die Entlastungsfederkennlinie unterschiedlich. Die zwischen den beiden Kennlinien liegende Fläche ist ein Maß für die Dämpfungsarbeit W_D, die mit zunehmender Anzahl n der gleichsinnig geschichteten Einzeltellerfedern in einem Paket größer wird. Tellerfedersäulen mit wechselsinnig angeordneten Einzelteller-

64   7 Elastische Elemente, Federn

Tabelle 7.8. Tellerfedersäulen aus Federpaketen mit i wechselsinnig geschichteten Einzeltellerfedern, n gleichsinnig geschichteten Einzeltellerfedern und paketweise wechselsinnig geschichteten Einzeltellerfedern

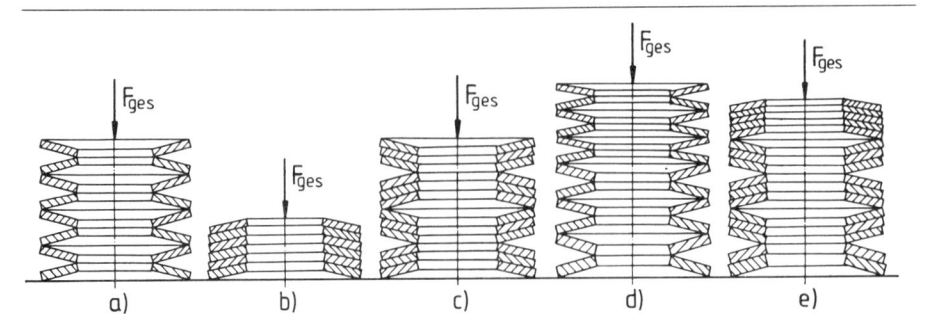

a) Wechselsinnige Anordnung gleichdicker Einzeltellerfedern (Hintereinanderschaltung!);
b) Gleichsinnige Anordnung gleichdicker Einzeltellerfedern (Parallelschaltung!);
c) Paketweise (Anzahl n!) wechselsinnige (Anzahl i!) Anordnung gleichdicker Einzeltellerfedern (Hintereinander - und Parallelschaltung!);
d) Wechselsinnige Anordnung verschieden dicker Einzeltellerfedern (Hintereinanderschaltung!);
e) Paketweise (Anzahl n!) wechselsinnige (Anzahl i!) Anordnung paketweise verschieden dicker Einzeltellerfedern (Hintereinander - und Parallelschaltung!).

Tellerfedersäule der Ausführung	a)	b)	c)	d)	e)
Gesamtfederkraft F_{ges}	F	$n \cdot F$	$n \cdot F$	F	$\Sigma(n \cdot F)$
Gesamtfederweg s_{ges}	$i \cdot s$	s	$i \cdot s$	$\Sigma(i \cdot s)$	$\Sigma(i \cdot s)$

F = Kraft für eine einzelne Tellerfeder;
n = Anzahl der gleichsinnig zu einem Federpaket geschichteten Einzelfederteller (Parallelschaltung!);
i = Anzahl der wechselsinnig hintereinander geschalteten Einzeltellerfedern oder Federpakete (Hintereinanderschaltung!).

federn weisen eine geringe und Tellerfedersäulen mit gleichsinnig angeordneten Einzeltellerfedern eine große Dämpfungsarbeit auf. Einzelheiten zur Abschätzung der Reib- und Dämpfungsverhältnisse sind im Buch von Decker [10] angegeben. Schlottmann [57] gibt vereinfacht einen Federkraftverlust von 2 bis 3% je Schicht (Anzahl n!) eines Einzelpaketes an. Die Federkraft und die Federung sind wegen dieser Reibungseinflüsse somit ungleichmäßig über die Länge der Federsäule verteilt.

Die für die einzelnen Kombinationsmöglichkeiten von Einzeltellerfedern zutreffenden Federkennlinien sind nach DIN 2092 in Bild 7.49 zusammengestellt. Es

7.4 Beanspruchung von Federn   65

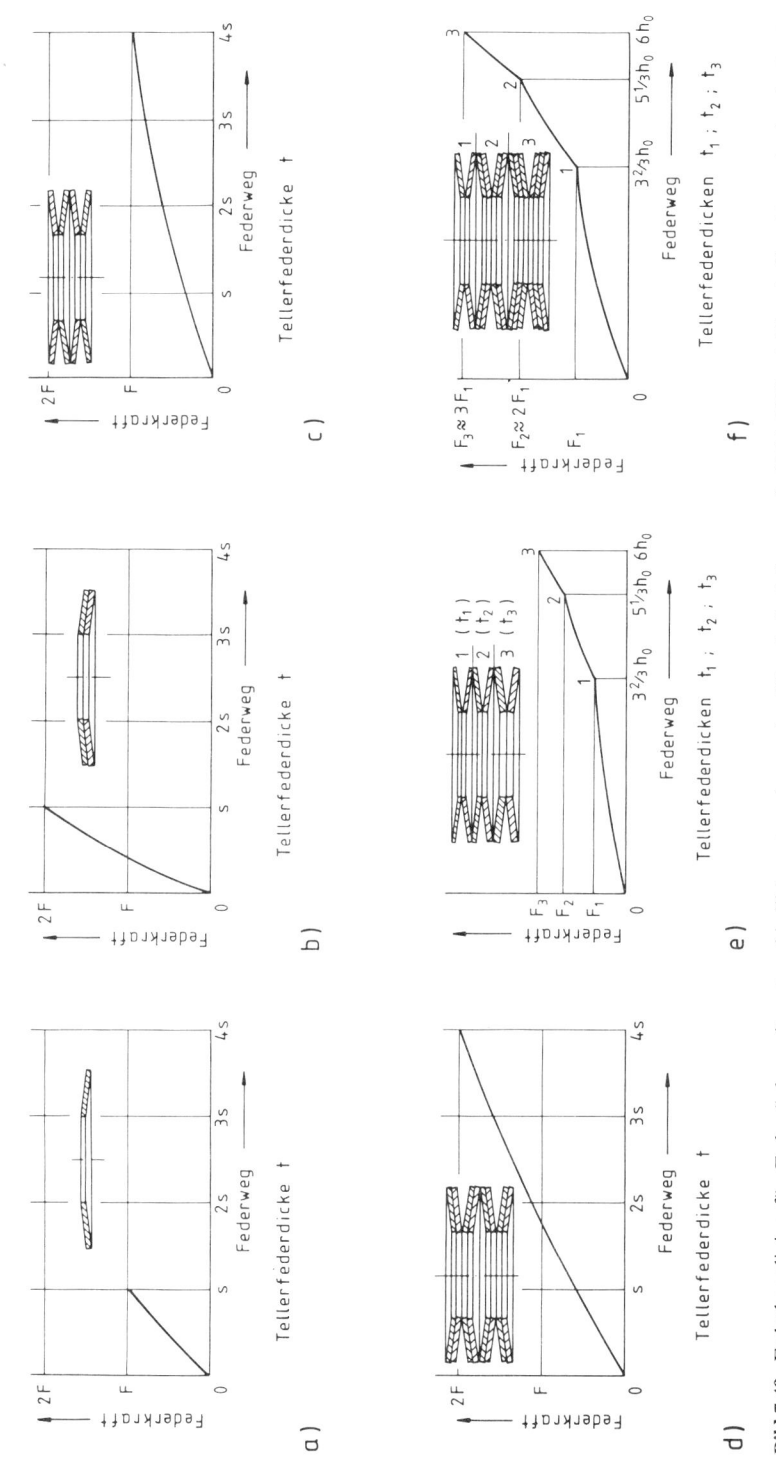

Bild 7.49. Federkennlinien für Federsäulen mit unterschiedlicher Anordnung der Einzeltellerfedern nach DIN 2092: a) Einzelteller; b) zwei Einzelteller in gleichsinniger Schichtung; c) vier Einzelteller in wechselsinniger Schichtung; d) vier wechselsinnig geschichtete Federpakete aus zwei gleichsinnig geschichteten Einzeltellerfedern; e) analog c), nur unterschiedlich dicke Einzelteller; f) analog d), nur unterschiedliche Anzahl von Einzeltellern in den Federpaketen und unterschiedliche Dicke der Einzelteller in den unterschiedlichen Federpaketen

zeigt sich, daß bei gleichsinnig geschichteten Einzeltellerfedern bei gleichem Federweg die Federkraft der Anzahl der Einzeltellerfedern proportional ist. Bei wechselsinniger Schichtung von Einzeltellerfedern ist bei gleicher Federkraft der Federweg der Anzahl der Einzeltellerfedern proportional. Bei wechselsinniger Schichtung von i Federpaketen aus n gleichsinnig geschichteten Einzeltellerfedern wird die Federkraft mit der Anzahl n der Einzeltellerfedern je Federpaket und der Federweg mit der Anzahl i der Federpakete größer. Bei der Schichtung unterschiedlich dicker Einzeltellerfedern oder von i Federpaketen unterschiedlicher Anzahl n_i gleich dicker Einzeltellerfedern ist sogar die Verwirklichung von geknickten progressiven Federkennlinien möglich.

Werkstoffe

Als Werkstoffe zur Herstellung von Tellerfedern werden Edelstähle nach DIN 17221 und DIN 17222 (CK- und MK-Stähle jedoch nur für Tellerfedern der Gruppe 1!), nichtrostender Federstahl nach DIN 17224, warmfester Federstahl nach DIN 17225, Kupfer-Knetlegierungen (Federbronze!) nach DIN 1777 und Kunststoffe [69] verwendet. Um gute Dauerfestigkeitswerte bei geringer Relaxation zu gewährleisten, muß die Härte der Tellerfedern innerhalb der Grenzwerte 42 bis 52 HRC liegen. Die Wärmebehandlung jeder Tellerfeder muß ferner so durchgeführt werden, daß sich nach Belasten mit der doppelten Federkraft bei $s \simeq 0{,}75\,h_0$ die Bauhöhe l_0 der Feder nicht über die in DIN 2093 angegebene zulässige Abweichung hinaus ändert. Sind die Tellerfedern vornehmlich einer Schwingbeanspruchung ausgesetzt, so wird meistens eine Oberflächenverfestigung durch Kugelstrahlen vorgenommen. Zur Vermeidung von Korrosion wird ein Brünieren, Phosphatieren oder das Aufbringen einer metallischen Schutzschicht (z.B. Zink oder Cadmium!) empfohlen.

Zulässige Beanspruchungen

Bei statisch (Lastspielzahl $N < 10$!) und selten wechselnd (Lastspielzahl $10 \leq N \leq 10^4$!) beanspruchten Tellerfedern aus Stahl darf die Spannung an der Stelle I (obere Innenperipherie!) nach DIN 2093 folgende Richtwerte nicht überschreiten:

$$\sigma_I \leq 2000 \div 2400\,\text{N/mm}^2 \text{ bei } s \simeq 0{,}75\,h_0$$

$$\sigma_I \leq 2600 \div 3000\,\text{N/mm}^2 \text{ bei } s = h_0$$

Bei dynamisch beanspruchten Tellerfedern sind die Zeitfestigkeitswerte ($10^4 < N < 2 \cdot 10^6$!) bzw. die Dauerfestigkeitswerte ($N \geq 2 \cdot 10^6$!) nach DIN 2093 gemäß Bild 7.50 zu beachten. Die Differenz der Oberspannung σ_O und der Unterspannung σ_U ist die Hubspannung σ_H, die von der vorhandenen Wechselspannung an der Stelle I nicht überschritten werden darf.

Anwendung

Tellerfedern finden in der Technik zunehmend Verwendung als Spannelemente für Schnitt- und Stanzwerkzeuge, Vorrichtungen, Hebel, Stangen, Pratzen und Bügel,

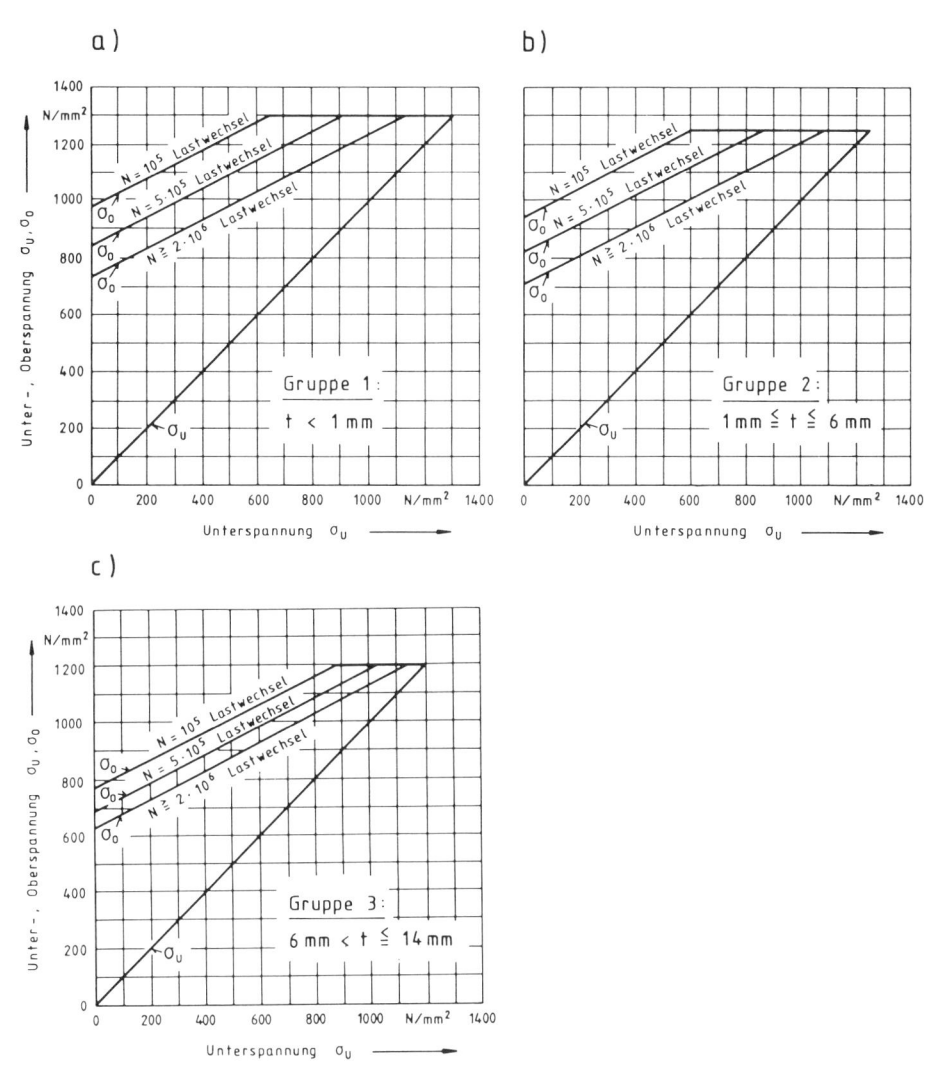

Bild 7.50. Zeit- und Dauerfestigkeitswerte für dynamisch beanspruchte Tellerfedern nach DIN 2093: a) Tellerfedern der Gruppe 1 mit $t<1\,\text{mm}$; b) Tellerfedern der Gruppe 2 mit $1\,\text{mm} \leq t \leq 6\,\text{mm}$; c) Tellerfedern der Gruppe 3 mit $6\,\text{mm} < t \leq 14\,\text{mm}$.

als Ventilfedern sowie als Federelemente für Straßen- und Schienenfahrzeuge, zur elastischen Lagerung von schweren Fundamenten und Maschinen, zum Anpressen der Reibkörper bei Reibungskupplungen (meistens Tellerfedern mit vom Innenrand ausgehenden Schlitzen!), zum Ausgleich von Spiel und Fertigungstoleranzen bei Axiallagern (ideal ist dabei eine horizontale Federkennlinie!) und zur Sicherung von Schraubenmuttern.

7.5 Gummifedern

Zu den Gummifedern werden elastische Elemente aus natürlichem oder synthetischem Kautschuk sowie anderen makromolekularen Werkstoffen (Hochpolymere!) gezählt [13, 22] (Tabelle 7.9). Gummifedern haben im Gegensatz zu Stahlfedern eine kleine Federrate, d.h. eine geringe Steifigkeit bzw. eine sehr hohe Elastizität. Sie lassen sich je nach dem Elastizitätsmodul E und dem Schubmodul G, die beide hauptsächlich von der Härte des Werkstoffes abhängen, und der konstruktiven Gestaltung bis zu mehreren hundert Prozent dehnen. Während sich die metallischen Werkstoffe nur im Hookeschen Bereich elastisch verhalten, sind die hochpolymeren Werkstoffe noch weit in den nichtlinearen Verformungsbereich hinein als gut reversibel verformbar anzusehen (Formänderungsrest nur 2 bis 5%!). Außer diesem guten Federungsverhalten haben Gummifedern eine gute, allerdings stark temperaturabhängige Dämpfung und eine sehr gute elektrische sowie wärmetechnische Isolierfähigkeit. Durch dauernde Einwirkung von atmosphärischen Einflüssen (z.B. Gase, Dämpfe, Wärme, Licht, Strahlung!) altern diese Werkstoffe, d.h. synthetischer Gummi erhärtet und Naturgummi erweicht! Gummi neigt ferner bei andauernder Belastung zum Kriechen, das aber je nach der Werkstoffqualität schon nach einigen Tagen beendet sein kann [13]. Unter schwingender Belastung kann während der ersten $0,5 \cdot 10^6$ Schwingspielzahlen (Lastwechselzahlen!) zusätzlich zum Kriechen noch ein Setzen auftreten [13]. Fließen und Setzen können je nach der Belastung in der Summe 10 bis 20% der elastischen Verformung betragen und sind daher bei der konstruktiven Gestaltung der Federelemente zu berücksichtigen. Grundsätzlich gilt, daß Fließ- und Setzerscheinungen bei Naturkautschukmischungen weniger ausgeprägt sind als bei Kunstkautschukmischungen. Öl, Benzin und Benzol lassen Naturkautschuke sehr stark aufquellen, was zu einer Gefügelockerung und Verminderung der Festigkeit führt. Das Aufquellen kann aber durch besondere Mischungsbestandteile (z.B. Ruß, Zinkoxid, Schwefel!) verbessert werden. Das gleiche gilt für die Alterungsbeständigkeit.

Von großer Bedeutung – besonders für die Herstellung von Gummifedern – ist die Bindungsfähigkeit und -festigkeit von Gummi und anderen makromolekularen Werkstoffen an andere Werkstoffe, insbesondere an Metalle (z.B. Stahl, Gußeisen, Messing, Bronze, Leichtmetall!). Die unlösbare Haftverbindung mit Metallen wird durch Vulkanisieren unter Druck und bei erhöhter Temperatur erreicht.

7.5.1 Gestaltung von Gummifedern

Nach Göbel [22, 23] lassen sich Gummifedern hinsichtlich ihrer konstruktiv-technologischen Gestaltung in folgende vier Gruppen unterteilen (Bild 7.51):
1. ungebundene, d.h. frei geformte kompakte Gummifedern;
2. gebundene Gummifedern, bei denen der Gummikörper – das eigentliche Federelement – fest an parallelen Metallflächen anvulkanisiert ist (Gummi-Metall-Federelement!);

7.5 Gummifedern

Tabelle 7.9. Auswahlschema für Elastomere

Eigenschaften \ Elastomere	NR	SBR	EPDM	IIR	CR	AU	NBR	ACM	VMQ	FMQ	FPM
Ölbeständigkeit	○	○	○	○	◐	●	●	●	●	●	●
Ozon- und Alterungsbeständigkeit	◐	◐	●	●	●	●	◐	●	●	●	●
Thermische Beständigkeit in °C	70	100	140	140	100	90	110	130	200	200	200
Elastizität	●	◐	●	○	●	●	◐	○	○	◐	○
Mechanische Festigkeit	●	●	●	◐	●	●	●	◐	○	○	●
Druckverformungsrest	●	●	●	◐	●	●	●	◐	●	●	●
Verarbeitung	●	●	◐	○	●	◐	●	◐	○	○	○
Vulkanisationszeit	●	●	●	○	●	○	●	◐	○	○	○
Preisfaktor	1÷2	1÷2	1÷2	2÷3	2÷3	4÷6	1÷3	5÷7	10÷14	120	30÷40

Eigenschaften: schlecht ○   mittel ◐   gut ●

Elastomere:
- NR   = Naturkautschuk;
- SBR = Styrol-Butadien-Kautschuk (BUNA);
- EPDM = Äthylen-Propylen-Kautschuk;
- IIR = Butyl-Kautschuk;
- CR   = Chloropren-Kautschuk (Neopren, Baypren);
- AU   = Polyurethan-Kautschuk.
- NBR = Nitrilkautschuk (Perbunan);
- ACM = Akrylat-Kautschuk;
- VMQ = Silikonkautschuk;
- FMQ = Fluorsilikon-Kautschuk;
- FPM = Fluorkautschuk (Viton, Technoflon);

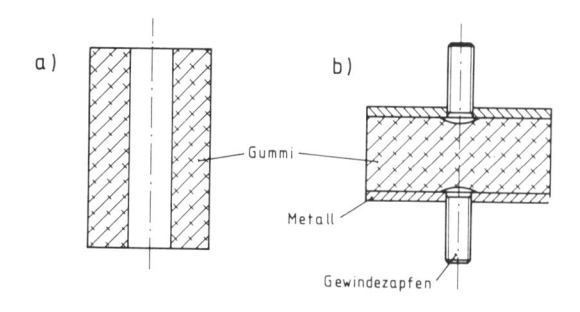

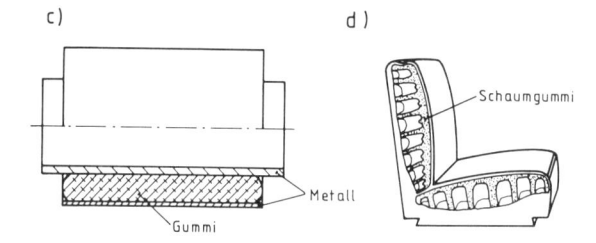

Bild 7.51. Konstruktiv-technologische Gestaltung von Gummifedern; a) ungebundene Gummifeder (reine Gummifeder!); b) gebundene Gummifeder (Gummi-Metall-Verbindung!); c) gefügte Gummifeder (Silentblock-Gummifeder!); d) Schaumgummi- bzw. Moosgummi-Federn (z.B. Gummipolster!)

3. gefügte Gummifedern, bei denen der Gummikörper fest in ein Metallgehäuse hineingepreßt ist (z.B. Silentblöcke oder Silentbuchsen!);
4. Schaumgummi- bzw. Moosgummi-Federn (z.B. Gummipolster!).

Nach der Form der Gummikörper werden gemäß Tabelle 7.10 folgende Gummifedern unterschieden:
1. Scheibenfedern in der Form eines Zylinders, Prismas, Quaders oder einer Scheibe bzw. Platte mit kreisrundem oder rechteckförmigem Querschnitt;
2. Hülsenfedern in der Form eines Hohlzylinders oder Hohlquaders.

7.5.2 Beanspruchung von Gummifedern

Druckbeanspruchte Gummifedern werden vornehmlich zur Aufnahme großer Lasten eingesetzt, wenn gleichzeitig eine große Steifigkeit oder eine hohe Federrate in der Lastrichtung gefordert wird. Durch Einvulkanisieren von Metallplatten parallel zur Druckfläche wird eine Behinderung der Querdehnung und damit eine starke Erhöhung der Steifigkeit in Belastungsrichtung erzielt, ohne daß die Schubsteifigkeit quer zur Lastrichtung merklich geändert wird. Diese Querdehnungsbehinderung wird durch einen Formfaktor k [13, 22] erfaßt, der das Verhältnis der belasteten Gummifläche zur freien Gummioberfläche ist. Für einen in axialer Richtung durch eine Druckkraft belasteten kreiszylindrischen Gummipuffer ist dieser Formfaktor k das Verhältnis der stirnseitigen Kreisfläche zur Zylinder-

7.5 Gummifedern 71

Tabelle 7.10. Wichtige Bauformen von Gummifedern und ihre Berechnungsgrundlagen [22]

Federart	Federform, Belastung	Berechnungsgleichungen	Bemerkungen
Scheibenfeder unter Parallelschub	Schubspannungsverteilung	$s = \dfrac{F t}{l b G}$ $\tau_{am} = F/(l b)$ $s_{zul} = t \cdot \gamma_{zul}$; $\eta_A = 1$ falls $l > t$ $F_{zul} = b l G \gamma_{zul}$ (b = Breite!)	Federkennlinie annähernd linear im Bereich $s/t = \tan\gamma = \gamma \leq 0{,}36$ ($\gamma \leq 20°$). An den Kanten I bis IV ist $\tau_a = 0$. Im Mittelbereich ist $\tau_a = \tau_{am}$ (mittlere Schubspannung!). Bei I und III treten zusätzlich Zugspannungen und bei II und IV zusätzlich Druckspannungen auf.
Hülsenfeder unter Axialschub		$s = \dfrac{F \ln(d_a/d_i)}{2\pi l G}$ $\tau_{ami} = \dfrac{F}{\pi d_i l}$; $\tau_{ama} = \dfrac{F}{\pi d_a l}$ $s_{zul} = \dfrac{d_i}{2} \ln\dfrac{d_a}{d_i} \gamma_{zul}$; $\eta_A = 1$ $F_{zul} = \pi d_i l G \gamma_{zul}$	Federkennlinie annähernd linear im Bereich $\gamma_{mi} = \dfrac{\tau_{mi}}{G} \leq 0{,}36$ ($\gamma_{mi} \leq 20°$). Falls Gummilänge l mit dem Reziprokwert von d_a abnimmt, d.h. $l_i d_i = l_a d_a$, gilt $\tau_{mi} = \tau_{ma}$ und $$s = \dfrac{F(d_a - d_i)}{2\pi d_i l_i G} \quad ; \quad \eta_A = 1$$ (Hülsenfeder gleicher Festigkeit!)
Scheibenfeder unter Drehschub		$\varphi = \dfrac{24\, T\, t_a}{\pi G (d_a^4 - d_i^3 d_a)}$ $\tau_t = \dfrac{d_a}{2 t_a} G \varphi = \varphi \dfrac{d_i}{2 t_i}$ $\varphi_{zul} = \dfrac{2 t_a}{d_a} \gamma_{zul}$, $\eta_A = 1$ $T_{zul} = \dfrac{\pi G (d_a^3 - d_i^3)}{12} \gamma_{zul}$	Federkennlinie annähernd linear für $\varphi \leq \dfrac{2 t_a}{d_a} \gamma_{zul}$ ($\gamma_{zul} = 20°$). Falls $t_i = t$ ist, gilt $\varphi = \dfrac{32 T t}{\pi (d_a^4 - d_i^4) G}$
Hülsenfeder unter Drehschub		$\varphi = \dfrac{T}{\pi l G}\left(\dfrac{1}{d_i^2} - \dfrac{1}{d_a^2}\right)$ $\tau_{ti} = \dfrac{2T}{\pi d_i^2 l}$; $\tau_{ta} = \dfrac{2T}{\pi d_a^2 l}$ $\varphi_{zul} = \dfrac{(d_a^2 - d_i^2)}{2 d_a^2} \gamma_{zul}$ $T_{zul} = \dfrac{\pi G d_i^2 l}{2} \gamma_{zul}$	Federkennlinie annähernd linear mit dem Reziprokwert von d^2 abnimmt, d.h. $l_i d_i^2 = l_a d_a^2$, gilt $\tau_{ti} = \tau_{ta}$, $\eta_A = 1$ und $$\varphi = \dfrac{2T}{\pi l_i d_i^2 G} \ln\dfrac{d_a}{d_i}, \quad \varphi_{zul} = \ln\dfrac{d_a}{d_i} \gamma_{zul}$$
Gummipuffer unter Drucklast		$s = \dfrac{4 F h}{E_{rech} \pi d^2}$ $F_{zul} = \dfrac{\pi d^2}{4} \sigma_{zul}$ Formfaktor $k = \dfrac{\pi d^2/4}{\pi d h} = \dfrac{d}{4h}$	Formfaktor k und Shore-A-Härte legen den rechnerischen E-Modul E_{rech} gemäß Bild 7.53 fest. Bei Dauerbelastung $s \leq 0{,}1 h$, sonst Kriechen!

mantelfläche. Um ein Kriechen zu vermeiden, sollte bei Dauerbelastung von druckbeanspruchten Gummifedern eine Dehnung ε größer 10% nicht auftreten.

Zugbeanspruchte Gummifedern sind ungebundene Gummifedern und werden nur zur elastischen Abfederung oder Schwingungsisolierung kleiner Massen eingesetzt, die in Zugelementen (Seilen, Ringen, Schlaufen oder Laschen!) aufgehängt werden. Sie eignen sich sehr gut zur Geräuschisolierung, weil meist keine Übertragung von Körperschall erfolgt.

Schubbeanspruchte Gummifedern sind gebundene Gummifedern und werden vornehmlich bei mittleren Belastungen eingesetzt, wenn große Federwege oder große Verdrehungen vorliegen, d.h. niedrige Eigenschwingungszahlen angestrebt werden. Zur Vermeidung von größeren zusätzlichen Biegespannungen an den schubbeanspruchten Metallflächen muß das Dicken-Längen-Verhältnis des Gummikörpers $t/l \ll 1$ sein. Zur Unterdrückung von Zugspannungen (Zugbiegespannungen!) wird bei den Gummikörpern sehr oft eine Druckvorspannung aufgebracht. Wichtig ist bei schubbeanspruchten Gummifedern eine gleichmäßige Verteilung der Schubbeanspruchung über das Gummivolumen. Die Schubverformung oder die Gleitung γ sollte nicht größer als 20° sein ($\tan \gamma < 0.36$!).

7.5.3 Werkstoffkennwerte

Die unterschiedlichen Gummiqualitäten werden in der Praxis nach DIN 53505 durch die Shore-A-Härte in einer Skala von 0 bis 100 Shore A charakterisiert, die nahezu mit der nach der amerikanischen Gütevorschrift ASTM D 674-49T übereinstimmt. Die Shore-A-Härte drückt den Widerstand aus, den ein Kegelstumpf ($D = 1{,}25$ mm; $d = 0{,}79$ mm; $\alpha = 35°$!) beim Eindringen in den Gummiwerkstoff erfährt. Die zur Herstellung von Gummifedern geeigneten Qualitäten haben eine Härte von 32 bis 80 Shore A.

Der Schubmodul G ist ein reiner Werkstoffkennwert und von der Geometrie des Gummikörpers unabhängig. Er nimmt gemäß Bild 7.52 mit größer werdender

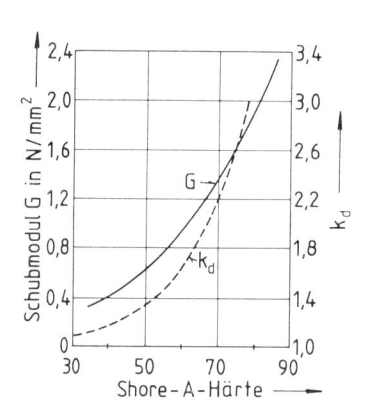

Bild 7.52. Schubmodul G und dynamischer Überhöhungsfaktor k_d in Abhängigkeit von der Shore-A-Härte

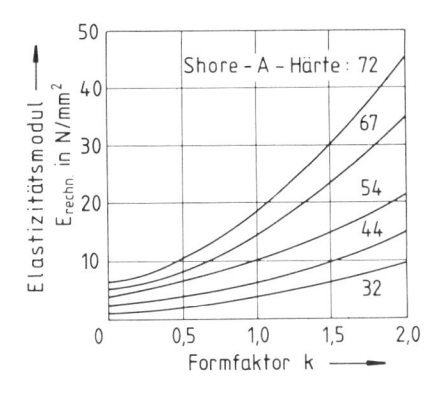

Bild 7.53. Elastizitätsmodul E in Abhängigkeit vom Formfaktor k und der Shore-A-Härte

Shore-Härte zu, wird aber durch die Fließ- und Setzvorgänge nicht beeinflußt [13]. Es kommt nur zu Parallelverschiebungen der Kennlinien in Verformungsrichtung.

Die Querkontraktionszahl v hat für Gummi den Wert $v = 0,5$, d.h., Gummi ist wie ideale Flüssigkeiten vollkommen volumenelastisch und inkompressibel.

Der nach elastizitätstheoretischen Beziehung [53] $E = 2(1 + v) G$ für den Elastizitätsmodul berechenbare Wert $E = 3 G$ ist für die Dimensionierung von Gummifedern weitgehend unbrauchbar, da z.B. bei Druckbelastung die Querdehnung an den zur Kraftübertragung anvulkanisierten Metallplatten stark behindert wird. Der Elastizitätsmodul E ist somit keine reine werkstoffspezifische Kenngröße, sondern ein rechnerischer Wert (E_{rechn}!), der gemäß Bild 7.53 [13, 22, 57, 64] von der Gummiqualität, d.h. der Shore-Härte und der Geometrie der Gummikörper, d.h. dem Formfaktor k, abhängig ist. Bei Gültigkeit des linearen Hookeschen Verformungsgesetzes (Dehnung $\varepsilon \leq 10\%$!) ist dieser rechnerische E-Modul für die Praxis gut brauchbar, und bei Gültigkeit eines nichtlinearen Verformungsgesetzes (Dehnung $\varepsilon > 10\%$!) ist eine zusätzliche Abhängigkeit der Größen E und G von der Dehnung ε bzw. der Gleitung γ zu berücksichtigen, die aber nicht oder nur selten in quantifizierbarer Form vorliegt.

Gummi und andere hochpolymere Werkstoffe haben eine sehr gute Dämpfung, die aber keine konstante Größe ist, sondern von der Qualität (Shore-Härte!), der Temperatur, der Verformungsgeschwindigkeit und -beschleunigung, der Geometrie der Feder und der Art der Beanspruchung abhängt. Die prozentuale Dämpfung, die angibt, wie groß die in der Gummifeder absorbierte Energie im Vergleich zur in die Gummifeder eingeleiteten Energie ist, liegt im Bereich von 5 bis 30%. Da die Dämpfungskräfte ganz allgemein in höherer Potenz von der Geschwindigkeit abhängen und nur in einem schmalen Frequenzbereich in erster Näherung als geschwindigkeitsproportional angenommen werden können, sind bei sehr elastischen Gummiqualitäten mit Shore-Härten < 54 Shore A schon bei Schwingfrequenzen im Bereich $25\,Hz \leq f \leq 50\,Hz$ bis zu 20% höhere Werte für den E- und den G-Modul zu ermitteln als diese, die bei konstanter oder zügiger Belastung vorliegen. Bei weniger elastischen Gummiqualitäten mit Shore-Härten ≥ 54 Shore

A kann die Vergrößerung der E- und G-Modulwerte bei 40 bis 60% liegen. Bei dynamischer Belastung muß deshalb die dynamische Federrate c_{dyn} berücksichtigt werden, die größer ist als die statische Federrate $c_{stat} = c$. Der dynamische Überhöhungsfaktor $k_d = c_{dyn}/c$ ist in Bild 7.52 in Abhängigkeit von der Shore-Härte angegeben [13]. Er liegt für die in Betracht kommenden Härtequalitäten von 32 bis 72 Shore A im Bereich $1,1 < k_d < 2,3$. Bei dynamischer Belastung ist eine Gummifeder also härter oder steifer als bei statischer oder zügig sich ändernder Belastung. In diesem Zusammenhang sei ferner darauf hingewiesen, daß neue, d.h. noch nicht belastete Gummifedern im allgemeinen steifer sind als bereits dynamisch belastete Federn.

7.5.4 Berechnung von Gummifedern

Bezüglich der Berechnung von unterschiedlich geformten Gummifedern werden in der Literatur sehr viele Gleichungen [10, 13, 19, 22, 43, 55, 57, 64] angegeben, die alle auf den bekannten Hookeschen Beziehungen $\sigma = \varepsilon \cdot E$ und $\tau = \gamma \cdot G$ aufbauen. In diesem Rahmen soll unter Bezugnahme auf die von Göbel [22] und im Dubbel [13] für einzelne Bauformen zusammengestellten Berechnungsgrundlagen eine tabellarische Übersicht genügen (Tabelle 7.10).

Für die spezielle Berechnung und Gestaltung von elastischen Lagerungen mit Gummifedern oder Gummi-Metall-Elementen bzw. Gummipuffern sei auf die Arbeiten von Benz [4], de Gruben [27], Jörn und Lang [33], Malter und Jentzsch [42], Lipinski [38] und Waas [67] verwiesen.

7.5.5 Anwendung von Gummifedern

Gummifedern haben in der Technik eine sehr große Verbreitung gefunden. Sie dienen der Verminderung von Schwingungen, Erschütterungen und Geräuschen [21, 40, 44, 62, 66, 71]. Bei Kraft- und Arbeitsmaschinen werden sie vornehmlich zur aktiven Schwingungsentstörung der Umgebung verwendet [4, 23, 27, 67]. Bei Präzisionswerkzeugmaschinen, Waagen, Meßgeräten, Instrumenten und empfindlichen feinwerktechnischen Systemen werden sie zur passiven Schwingungsisolierung eingesetzt [22, 23, 66, 71].

Im Fahrzeugbau werden Motoren durch schub- und druckbeanspruchte Gummifedern elastisch gelagert [4, 27, 67]. Ferner werden durch eine Vielzahl von unterschiedlich geformten Gummifedern vom Triebwerk und von der Karosserie ausgehende Schwingungen und Geräusche vom Fahrgastraum ferngehalten. Speziell bei Schienenfahrzeugen [22] werden zur Verringerung von Stößen und Geräuschen auch gummibereifte Eisenbahnräder und gummigefederte Schienenräder [32] (Bild 7.54!) sowie Drehgestelle mit Gummifedern [35] (Bild 7.55!) eingesetzt.

Im Maschinen- und Apparatebau finden Gummifedern Anwendung zur elastischen oder federnden Lagerung von Teilen (z.B. Schwingsiebe, Förderrinnen!), als

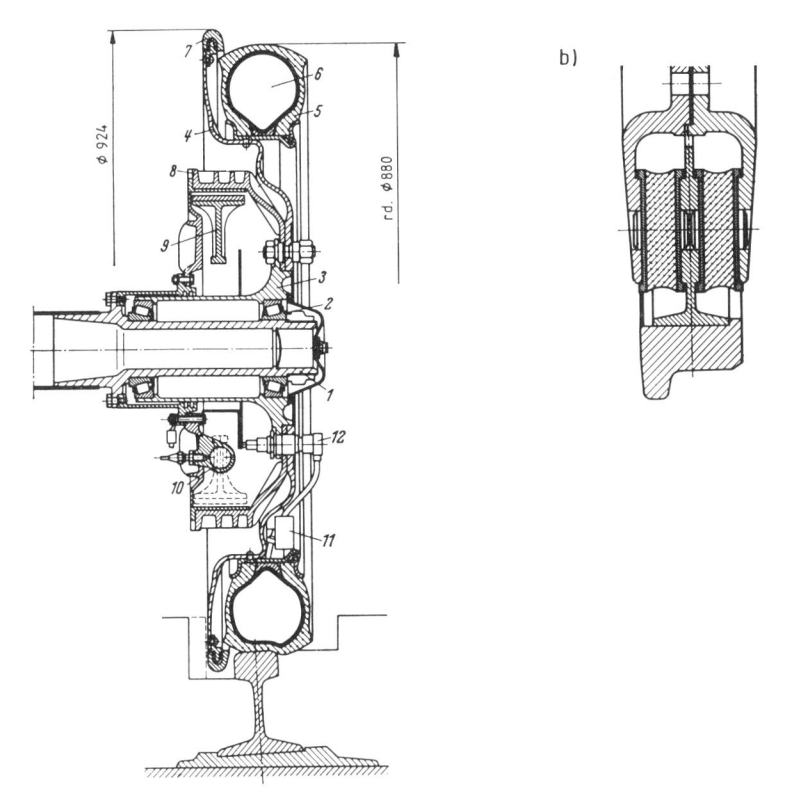

Bild 7.54. Schienenräder nach Göbel [22]; a) gummibereift; b) gummigefedert. 1 Achse; 2 Kegelrollenlager; 3 Nabe; 4 Radscheibe; 5 Luftreifen; 6 Luftkammer; 7 Spurkranz; 8 Bremstrommel; 9 Bremsbacke; 10 Radbremszylinder; 11 Manometer; 12 Kontaktvorrichtung

Bild 7.55. Straßenbahndrehgestell mit Gummifedern nach Göbel [22]; a = Achsfeder aus Paketen von Gummischeibenfedern; b = Abfederung des Wiegebalgens mit Paketen von Gummischeibenfedern

Kupplungen [17, 22, 52] zur drehelastischen Verbindung von Kraft- und Arbeitsmaschinen und zum Ausgleich von Fluchtungsfehlern (Längs-, Quer- und Winkelversatz zwischen Primär- und Sekundärwelle!), als Gummikissen anstelle einer Matrize zum Schneiden, Prägen und Umformen von Blechen sowie als Auswerferfedern bei Stanz-, Preß- und Ziehwerkzeugen [22, 28, 51].

7.6 Gas- und Flüssigkeitsfedern

Gas- und Flüssigkeitsfedern sind Kompressionsfedern, deren elastisches Verhalten nicht in der elastischen Verformung, sondern in der Kompressibilität oder Zusammendrückbarkeit des Fluids bei Drucksteigerung begründet ist. Der Grad der Zusammendrückbarkeit ist bei Gasen sehr viel größer als bei Flüssigkeiten [1, 6, 13, 14, 30].

Der isotherme Kompressibilitätskoeffizient κ einer Flüssigkeit hat nach [20] die Dimension eines reziproken Druckes und ist in folgender Weise definiert:

$$\kappa = -\frac{1}{V} \cdot \left(\frac{dV}{dp}\right)_T. \tag{7.107}$$

Dabei sind V das Volumen, p der Druck, T die absolute Temperatur und dV/dp die Volumen-/Druckänderung (negativer Wert!). Bei Wasser hat der Kompressibilitätskoeffizient den Wert $\kappa \simeq 5 \cdot 10^{-5}$ 1/bar, und bei Hydrauliköl gilt in erster Näherung ein Wert $\kappa \simeq 6 \cdot 10^{-5}$ 1/bar.

Bei Gasen gilt für den isothermen Kompressibilitätskoeffizienten in analoger Weise die Beziehung

$$\kappa = -\frac{1}{v} \cdot \left(\frac{dv}{dp}\right)_T. \tag{7.108}$$

Der Begriff Kompressibilität ist bei Gasen eine dimensionslose Kenngröße und bedeutet die „Abweichung" von der Zustandsgleichung für ideale Gase. Sie hat nach [13, 30] die Größe.

$$K = \frac{p \cdot v}{R \cdot T}. \tag{7.109}$$

In den angegebenen Gleichungen sind p der absolute Druck, v das spezifische Volumen, T die absolute Temperatur des Gases und R die spezifische Gaskonstante. Zahlenwerte für κ und K sind in [6, 13, 30, 34] für die in Frage kommenden Flüssigkeiten und Gase in Abhängigkeit vom Druck und von der Temperatur angegeben.

7.6.1 Gas- bzw. Luftfedern

Als Gas wird in der Praxis meistens Luft verwendet, die in einem druckfesten Zylinder durch einen Kolben oder in einem leicht zusammendrückbaren Balg (Gummi oder Metall!) luftdicht eingeschlossen ist (Bild 7.56).
Die Federcharakteristik einer Luftfeder ist stark progressiv, und die Federrate ist durch die polytrope Zustandsgleichung

$$p \cdot v^n = \text{const} \tag{7.110}$$

festgelegt, wenn n der Polytropenexponent in der Zustandsgleichung ist. Bei hochfrequenten Belastungen (Fahrzeugfederungen!) ist in guter Annäherung von einer

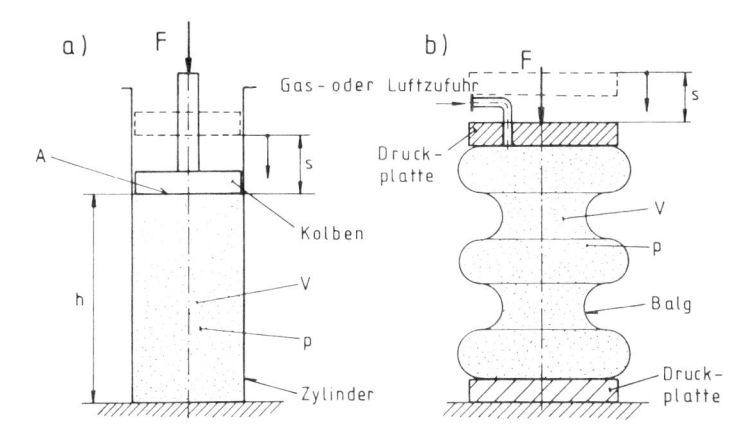

Bild 7.56. Gas- bzw. Luftfedern; a) Kolbenfeder; b) Balgfeder; p = Druck; F = Federkraft; V = Volumen; s = Federweg; A = Wirkfläche; h = Höhe der Luft- oder Gassäule

adiabaten Zustandsänderung mit n = 1,4 und bei niedrigfrequenten Belastungen von einer isothermen Zustandsänderung mit n = 1,0 auszugehen.
Werden die Steifigkeit des Balges und die Reibung des Kolbens im Zylinder vernachlässigt, ist die Wirkfläche A konstant und sind p_0 der Druck bzw. V_0 das Volumen im Ausgangszustand, so lassen sich aus der polytropen Zustandsgleichung für Gase folgende Beziehungen ableiten:

$$\frac{p}{p_0} = \left(\frac{v_0}{v}\right)^n = \left(\frac{V_0}{V}\right)^n \tag{7.111}$$

$$\frac{dp}{dv} = -\frac{n \cdot p}{v} \quad \text{bzw.} \quad \frac{dp}{dV} = -\frac{n \cdot p}{V} \tag{7.112}$$

Mit diesen Ausdrücken lassen sich nunmehr für die Federkraft, die Federrate, den Federweg und die Federarbeit folgende Beziehungen angeben:

Federkraft:

$$dF = A \cdot dp$$

$$F = A \cdot (p - p_0) = A \cdot p_0 \cdot \left(\frac{p}{p_0} - 1\right)$$

$$F = A \cdot p_0 \cdot \left[\left(\frac{V_0}{V}\right)^n - 1\right]$$

$$F = A \cdot p_0 \cdot \left[\frac{1}{\left(1 - \frac{s}{h}\right)^n} - 1\right] \tag{7.113}$$

mit $V_0 = A \cdot h$ und $V = A \cdot (h - s)$ und s = Federweg.

Federrate:

$$c = \frac{dF}{ds} = \frac{A \cdot dp}{-\frac{dV}{A}} = -\frac{A^2 \cdot dp}{dV} = \frac{n \cdot p \cdot A^2}{V} \tag{7.114}$$

bzw. $\quad c = \frac{A^2}{\kappa \cdot V} \tag{7.115}$

Federweg:

$$s = \frac{V_0 - V}{A} = \frac{V_0 \cdot \left(1 - \frac{V}{V_0}\right)}{A} = h \cdot \left[1 - \left(\frac{p_0}{p}\right)^{\frac{1}{n}}\right] \tag{7.116}$$

bzw. $\quad ds = -\frac{dV}{A} = -\frac{dV}{dp} \cdot \frac{dp}{A} = V \cdot \kappa \cdot \frac{dp}{A} \quad$ und $\quad s = \frac{V \cdot \kappa}{A} \cdot p \tag{7.117}$

Federarbeit (Volumenänderungsarbeit!):

$$W = -\int_{V_0}^{V} p \cdot dV = -\int_{V_0}^{V} p_0 \cdot \left(\frac{V_0}{V}\right)^n \cdot dV$$

$$W = -p_0 \cdot V_0^n \cdot \frac{V_0^{1-n}}{1-n} \cdot \left[\left(\frac{V}{V_0}\right)^{1-n} - 1\right]$$

$$W = \frac{p_0 \cdot V_0}{n-1} \cdot \left[\left(\frac{V}{V_0}\right)^{1-n} - 1\right]$$

$$W = \frac{p_0 \cdot V_0}{n-1} \cdot \left[\left(\frac{p}{p_0}\right)^{\frac{n-1}{n}} - 1\right] \tag{7.118}$$

Speziell für eine isotherme Zustandsänderung ($n = 1$!) ergibt sich für die elastische Federarbeit der Wert

$$W = p_0 \cdot V_0 \cdot \ln \frac{V_0}{V} = p_0 \cdot V_0 \cdot \ln \left(\frac{p}{p_0}\right)^{\frac{1}{n}} . \tag{7.119}$$

Die Federrate c ist bei isobarem Zustand (Druck p und äußere Belastung F sind konstant!) von der Temperatur abhängig. Sind T_1 und T_2 zwei unterschiedliche absolute Temperaturen, so gilt folgende Verknüpfung für die Federraten $c_1 = c(T_1)$ und $c_2 = c(T_2)$:

$$\frac{c_1}{c_2} = \frac{T_2}{T_1} \tag{7.120}$$

Wird die Temperatur T größer ($T_2 > T_1$!), so wird die Federrate c kleiner ($c_2 < c_1$!), d.h., die Gas- bzw. Luftfeder wird weicher oder elastischer.

Anwendung

Gasfedern sind relativ weiche Federn und haben einen relativ großen Federweg. Sie eignen sich daher vorzüglich zur tiefen schwingungstechnischen Abstimmung eines Systems auf die Erregerfrequenz der Belastung (Anpassung der Eigenfrequenz und des Federwegs!). Hierbei sind der Druck und das Volumen des Gases von Bedeutung. Nachteilig bei den Gasfedern ist deren großer Platzbedarf für die Feder und der eventuell erforderliche zusätzliche Aufwand zur Gasversorgung (z.B. Kompressor, Behälter, Trockner, Filter, Steuerung!). Sie werden vornehmlich im Fahrzeugbau [60, 70] zum öffnen von Klappen, Hauben, Deckeln, Türen und Luken, zum Verstellen von Sitzen, Rückenlehnen und Kabinen sowie zur Abfederung von Aufbauten – vornehmlich bei Lastkraftwagen und Omnibussen – verwendet. Im Gerätebau dienen Gasfedern meist zur Höhen- und Neigungsverstellung von Geräten zur ergonomisch günstigeren Bedienung und Handhabung. Im Maschinenbau sind die Luftfeder-Kupplung von Vulkan (Herne/WanneEickel) mit druckluftgefüllten Gummibälgen, die Airflex-Kupplung von Binder (Villingen) sowie die Luftreifen-Kupplung von Kauermann (Düsseldorf) mit aufblasbaren elastischen Gummireifen besonders bekannt.

7.6.2 Flüssigkeitsfedern

Als Flüssigkeiten dienen vornehmlich Öle (Hydrauliköle!) und vereinzelt auch Kohlenwasserstoffe oder sogar Wasser. Die Flüssigikeit soll gut kompressibel sein,

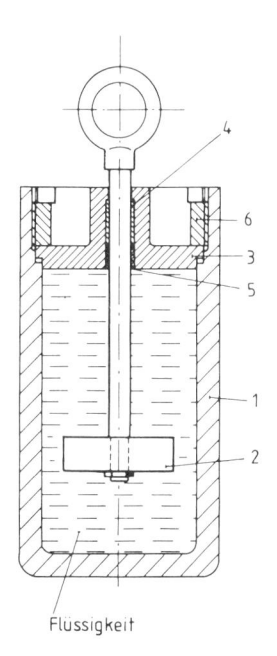

Bild 7.57. Flüssigkeitsfeder ohne innere Niveauregulierung; 1 Zylinder; 2 Kolben; 3 Zylinderdeckel; 4 Führungsbüchse; 5 Dichtung; 6 Ringmutter

rostverhindernd wirken (evtl. durch Zusatz von Rostinhibitoren!) und zur Gewährleistung einer besseren Abdichtung der Kolbendurchführung eine nicht zu niedrige Viskosität aufweisen. Ferner wird eine gute Schmierfähigkeit erwartet. So sind z.B. Mineralöle bezüglich der Viskosität und der Schmierfähigkeit günstiger, aber bezüglich der Kompressibilität ungünstiger als Silikonöle. Silikonöle besitzen ferner eine schwächere Abhängigkeit der Viskosität von der Temperatur als Mineralöle. Dies bedeutet wiederum eine weniger starke Abhängigkeit der Federrate von der Temperatur.

Der prinzipielle Aufbau einer Flüssigkeitsfeder ist in Bild 7.57 dargestellt. Danach bestehen Flüssigkeitsfedern aus einem Zylinder 1, einem Kolben 2, einem Zylinderdeckel 3 mit einer Führungsbüchse 4 sowie einer Dichtung 5 und einer Ringmutter 6. Für eine Ölfeder mit innerer Niveauregelung hat Bittel [6] die in Bild 7.58 dargestellte Konstruktion vorgeschlagen. Hierbei arbeitet der Kolben 1 der Feder im Pumpenzylinder 3, der über eine Bohrung mit dem relativ großen Arbeitsraum 2 verbunden ist. Der Ringraum 4 ist ein Reserveraum und dient zur Aufnahme von Lecköl und zum Einpumpen von Frischöl in den Arbeitsraum 2.

Bittel [5, 6, 7], Behles [3] und Johnson [34] haben die zur Dimensionierung von Öl- und Flüssigkeitsfedern wichtigen theoretischen Beziehungen und konstruktiven Details bereits angegeben, so daß in diesem Rahmen eine Zusammenstellung der wichtigsten Größen ausreicht (siehe auch 7.6.1!):

Federkraft: $F = A \cdot p$ (7.121)

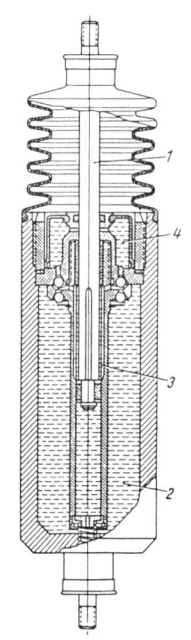

Bild 7.58. Ölfeder mit innerer Niveauregelung [6]. 1 Kolben; 2 Arbeitsraum; 3 Pumpenzylinder; 4 Reserveraum

Federrate: $\quad c = \dfrac{F}{s} = \dfrac{A^2}{\kappa \cdot V}$ \hfill (7.122)

Federweg: $\quad s = \dfrac{\Delta V}{A} = \dfrac{V \cdot \kappa}{A} \cdot p$ \hfill (7.123)

Federarbeit: $\quad W = \tfrac{1}{2} F \cdot s = \dfrac{V \cdot \kappa}{2} \cdot p^2$ \hfill (7.124)

In diesen Gleichungen bedeuten A die Kolbenquerschnittsfläche, V das Flüssigkeitsvolumen, p der Flüssigkeitsdruck und κ der Kompressibilitätskoeffizient. Beim Vergleich der volumenspezifischen Arbeitsaufnahme von Flüssigkeitsfedern und metallischen Federn ist bei Flüssigkeitsfedern das Volumen der Flüssigkeit und das Volumen des Zylinders oder Federgehäuses unterhalb der Abdichtung des Kolbens zu berücksichtigen. Die auf die Federmasse bezogene Federarbeit ist somit wegen der Gesamtmasse (Flüssigkeitsmasse und Masse des Zylinders!) bei Flüssigkeitsfedern größer als bei metallischen Federn.

Bei der Gesamtvolumenänderung einer Flüssigkeitsfeder sind die Änderungen des Flüssigkeitsvolumens und des Gehäusevolumens zu berücksichtigen. Das Flüssigkeitsvolumen wird bei Belastung kleiner, und das Gehäusevolumen wird größer. Das Verhältnis von Flüssigkeitszusammendrückung zu Gehäusedehnung wird mit zunehmendem Flüssigkeitsdruck linear größer [6].

Für die Abdichtung der Kolbendurchführung werden reibungsarme Dichtungswerkstoffe (z.B. Polyamid, Nylon, Teflon!) verwendet. Die Konstruktion der Dichtung muß ferner so ausgeführt sein, daß die Reibkräfte mit zunehmender Federbelastung, d.h. mit zunehmendem Flüssigkeitsdruck, annähernd konstant bleiben. Da die Reibkräfte nicht sehr groß sind und sie die einzigen Verluste bewirken, fallen bei Flüssigkeitsfedern die Be- und die Entlastungskennlinie nahezu zusammen. Flüssigkeitsfedern werden ähnlich wie Gas- oder Luftfedern zur Gewährleistung eines hohen Wirkungsgrades sehr häufig so betrieben, daß die Flüssigkeit schon im unbelasteten Zustand unter einem Vordruck p_0 steht. In diesem Fall ist in der Gleichung (7.121) für die Federkraft der Druck p durch die Druckdifferenz $p - p_0$ zu ersetzen.

Anwendung

Flüssigkeitsfedern werden wegen der großen Federkräfte, des geringen Bauvolumens und der kleinen Masse vornehmlich in Werkzeugmaschinen, vor allem in Pressen und Stanzen, zur Aufnahme von Stößen eingesetzt.

7.6.3 Gas-Flüssigkeitsfedern

Gas-Flüssigkeitsfedern – sogenannte hydropneumatische Federn – werden in der Praxis fast ausschließlich als Luft-Ölfedern oder Stickstoff-Ölfedern eingesetzt, und zwar in der Weise, daß eine Gas- und eine Ölfeder in Reihe geschaltet sind

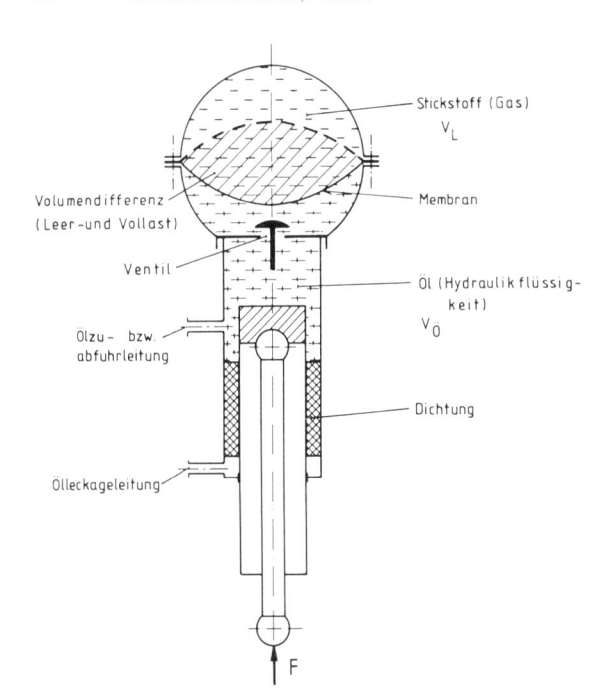

Bild 7.59. Schematische Darstellung der Stickstoff-Ölfeder des Personenwagens Citroen DS 19 (hydropneumatische Feder!); V_L = Volumen der Gasfeder; $V_{\ddot{O}}$ = Volumen der Ölfeder

[5, 6, 9, 57]. Die Gasfeder übernimmt dabei die eigentliche Federung und die Ölfeder die Dämpfung und die Abdichtung des Federsystems. In Bild 7.59 ist der schematische Aufbau der Stickstoff-Ölfeder des Personenwagens Citroen DS 19 dargestellt, bei der das Öl von dem Gas (Stickstoff!) durch eine Membran getrennt ist, wodurch verhindert wird, daß der Stickstoff über die Ölrückleitung entweicht. Das Gesamtvolumen der Feder setzt sich aus dem Stickstoff- und dem Ölvolumen zusammen. Die Stickstoffmenge ist konstant, die Ölmenge hingegen regelbar. Durch Nach- und Abpumpen von Öl wird der Federkolben immer in seiner Lage gehalten. Es gibt aber auch hydropneumatische Federungen mit selbsttätiger Niveauregelung [9]. Ist das Öl drucklos, so hat das Gas die größte Ausdehnung. In diesem Zustand legt sich die Membran zu ihrer Abstützung an eine Stützwand, die mit Drosselbohrungen zur Verwirklichung einer gewünschten Dämpfung versehen ist.

Anwendung

Gas-Flüssigkeitsfedern werden vornehmlich im Fahrzeugbau zur Abfederung und Niveauregulierung von Aufbauten verwendet.

7.7 Berechnungsbeispiele

1. Beispiel (Drehstabfeder)

Eine Drehstabfeder aus dem Werkstoff 50 CrV 4 (Zugfestigkeit $R_m = 1500 \text{ N/mm}^2$, Schubmodul $G = 80\,000 \text{ N/mm}^2$ und zulässige Torsionsspannung $\tau_{t,zul} = 180 \text{ N/mm}^2$ für wechselnde Beanspruchung) hat die wirksame Länge $l = 800 \text{ mm}$ und ist als Hohlzylinder mit dem Außendurchmesser $d_a = 40 \text{ mm}$ und dem Innendurchmesser $d_i = 30 \text{ mm}$ ausgeführt. Die Beanspruchung erfolgt durch ein wechselndes Torsionsmoment der Größe $T = \pm 900 \text{ Nm}$.

Wie groß sind die Verdrillung (Verdrehwinkel!), die Federrate, die auftretende Torsionsbeanspruchung und die bei der Verdrehung auftretende Federarbeit?

1. Verdrillung oder Verdrehwinkel nach Gl. (7.45):

$$\hat{\varphi} = \frac{T \cdot l}{G \cdot I_t} \quad \text{mit} \quad I_t = \frac{\pi}{32} \cdot (d_a^4 - d_i^4)$$

$$\hat{\varphi} = \frac{900000 \cdot 800 \cdot 32}{80000 \cdot \pi \cdot (40^4 - 30^4)} \text{ rad} = 0{,}052385 \text{ rad}$$

$$\varphi = 3{,}000°$$

2. Federrate nach Gl. (7.46):

$$c = \frac{I_t \cdot G}{l} \quad \text{mit} \quad I_t = \frac{\pi}{32} \cdot (d_a^4 - d_i^4)$$

$$c = \frac{\pi \cdot (40^4 - 30^4) \cdot 80000}{32 \cdot 800} \frac{\text{Nmm}}{\text{rad}}$$

$$c = 17180585 \frac{\text{Nmm}}{\text{rad}} \simeq 17180{,}6 \frac{\text{Nm}}{\text{rad}}$$

3. Torsionsbeanspruchung nach Gl. (7.51):

$$\tau_t = \frac{16 \cdot T \cdot d_a}{\pi \cdot (d_a^4 - d_i^4)} = \frac{16 \cdot 900000 \cdot 40}{\pi \cdot (40^4 - 30^4)} \frac{\text{N}}{\text{mm}^2}$$

$$\tau_t = 104{,}77 \frac{\text{N}}{\text{mm}^2} < \tau_{t,zul} = 180 \frac{\text{N}}{\text{mm}^2}$$

4. Federarbeit nach Gl. (7.47):

$$W = \frac{1}{2} \cdot \frac{T^2 \cdot l}{G \cdot I_t} \quad \text{mit} \quad I_t = \frac{\pi}{32} \cdot (d_a^4 - d_i^4)$$

$$W = \frac{1}{2} \cdot \frac{900000^2 \cdot 800 \cdot 32}{80000 \cdot \pi \cdot (40^4 - 30^4)} \text{ Nmm}$$

$$W = 23573{,}12 \text{ Nmm} \simeq 23{,}57 \text{ Nm}$$

84   7 Elastische Elemente, Federn

2. Beispiel (Schraubendruckfeder)

Eine kaltgeformte Schraubendruckfeder aus vergütetem Federdraht nach DIN 17223, T 2 (Bild 7.31!) mit dem Schubmodul $G = 83000$ N/mm^2 wird durch einen Nockentrieb dynamisch beansprucht. Die Feder soll eine praktisch unbegrenzte Lebensdauer (Lastspielzahl $N \geq 10^7$!) bei der Belastung durch die Federkräfte $F_2 = 700$ N und $F_1 = 350$ N und bei einem Federhub $h = s_2 - s_1 = 18$ mm haben. Sie soll ferner in einem zylindrischen Einbauraum mit dem lichten Durchmesser $D = 50$ mm und der Länge $L = 100$ mm untergebracht werden können.

Welche Federgeometrie (Drahtdurchmesser d, mittlerer Windungsdurchmesser D_m, Gesamtzahl i_g der Windungen, Zahl i_f der federnden Windungen, Blocklänge L_c der Feder, Länge $L_{2,1}$ der durch die Federkräfte $F_{2,1}$ belasteten Feder, Länge L_0 der unbelasteten Feder!) ist erforderlich, und wie groß sind die auftretenden Beanspruchungen?

1. Federweg s_1 bei der Federkraft F_1 nach Bild 7.21:

$$\frac{s_1}{F_1} = \frac{s_2 - s_1}{F_2 - F_1} = \frac{h}{F_2 - F_1}$$

$$s_1 = \frac{h \cdot F_1}{F_2 - F_1} = \frac{18 \cdot 350}{700 - 350} \text{ mm} = 18 \text{ mm}$$

2. Federweg s_2 bei der Federkraft F_2 nach Bild 7.21:

$$s_2 = s_1 + h = 18 + 18 \text{ mm} = 36 \text{ mm}$$

3. Federdrahtdurchmesser d nach Gl. (7.62):

Zur ersten näherungsweisen Berechnung wird nach Bild 7.31 für die zulässige Dauerhubfestigkeit ein Wert $\tau_{kH} = 300$ N/mm^2 und für den Korrekturfaktor k nach Gl. (7.61) ein Wert $k = 1,2$, d.h. ein Wickelverhältnis $w = D_m/d = 7$ angenommen. Aus den Daten für den Einbauraum der Feder wird ferner ein mittlerer Windungsdurchmesser der Feder von $D_m = 42$ mm festgelegt.

$$d = \sqrt[3]{\frac{8 \cdot k \cdot (F_2 - F_1) \cdot D_m}{\pi \cdot \tau_{KH}}}$$

$$d = \sqrt[3]{\frac{8 \cdot 1,2 \cdot (700 - 350) \cdot 42}{\pi \cdot 300}} \text{ mm} = 5,31 \text{ mm}$$

Endgültige Festlegung:
Federdrahtdurchmesser $d = 6$ mm
Mittlerer Windungsdurchmesser $D_m = 42$ mm
Kontrolle: Die angenommenen Werte für $w = D_m/d = 42/6 = 7$ und $k = 1,2$ sind somit erfüllt!

4. Anzahl der federnden Windungen nach Gl. (7.65):

$$i_f = \frac{s_2 \cdot G \cdot d^4}{8 \cdot F_2 \cdot D_m^3} = \frac{36 \cdot 83000 \cdot 6^4}{8 \cdot 700 \cdot 42^3} = 9,33$$

$i_f = 9,5$ (gewählt!)

5. Gesamtzahl der Windungen nach Gl. (7.71):

$$i_g = i_f + 2 = 9,5 + 2 = 11,5$$

6. Summe der Mindestabstände zwischen den federnden Windungen bei größter Belastung nach Gl. (7.73):

$$S_a = x \cdot d \cdot i_f$$

mit x = 0,125 nach Bild 7.22 für d = 6 mm
$S_a = 0,125 \cdot 6 \cdot 9,5$ mm = 7,125 mm
$S_a = 7,5$ mm (gewählt!)

7. Blocklänge bei angelegten und plangeschliffenen Windungen nach Gl. (7.75):

$$L_c = i_g \cdot d \quad (d = d_{max}!)$$

$$L_c = 11,5 \cdot 6 \text{ mm} = 69,0 \text{ mm}$$

8. Länge der Feder bei der größten Federkraft F_2 nach Gl. (7.73):

$$L_2 = L_c + S_a = 69,0 + 7,5 \text{ mm} = 76,5 \text{ mm}$$

9. Länge der Feder bei der kleinsten Federkraft F_1 nach Bild 7.21:

$$L_1 = L_2 + (s_2 - s_1) = L_2 + h = 76,5 + 18 \text{ mm}$$

$$L_1 = 94,5 \text{ mm}$$

10. Länge der unbelasteten Feder nach Bild 7.21:

$$L_0 = L_1 + s_1 = 94,5 + 18 \text{ mm} = 112,5 \text{ mm}$$

11. Federrate der Feder nach Gl. (7.66):

$$c = \frac{G \cdot d^4}{8 \cdot D_m^3 \cdot i_f} = \frac{83000 \cdot 6^4}{8 \cdot 42^3 \cdot 9,5} \frac{N}{mm}$$

$$c = 19,10 \frac{N}{mm}$$

12. Vorhandene Torsionsspannung im Federdraht nach Gl. (7.60)

a) bei der Blocklänge der Feder (aufsitzende Windungen!):

$$\tau_{t,max} = \tau_k = \frac{8 \cdot k \cdot F_{c,th} \cdot D_m}{\pi \cdot d^3}$$

mit $F_{c,th} = \frac{F_2}{s_2} \cdot (s_2 + S_a)$ nach Bild 7.21

$$F_{c,th} = \frac{700}{36} \cdot (36 + 7,5) \text{ N} = 845,83 \text{ N}$$

$$\tau_{t,max} = \tau_k = \frac{8 \cdot 1,2 \cdot 845,83 \cdot 42}{\pi \cdot 6^3} \frac{N}{mm^2}$$

$$\tau_{t,max} = \tau_k = 502,57 \frac{N}{mm^2}$$

b) bei der größten Federkraft F_2:

$$\tau_{t,max,2} = \tau_{k,2} = \frac{8 \cdot k \cdot F_2 \cdot D_m}{\pi \cdot d^3}$$

$$= \frac{8 \cdot 1{,}2 \cdot 700 \cdot 42}{\pi \cdot 6^3} \frac{N}{mm^2}$$

$$\tau_{t,max,2} = \tau_{k,2} = 415{,}92 \frac{N}{mm^2}$$

c) bei der kleinsten Federkraft F_1:

$$\tau_{t,max,1} = \tau_{k,1} = \frac{8 \cdot k \cdot F_1 \cdot D_m}{\pi \cdot d^3}$$

$$= \frac{8 \cdot 1{,}2 \cdot 350 \cdot 42}{\pi \cdot 6^3} \frac{N}{mm^2}$$

$$\tau_{t,max,1} = \tau_{k,1} = 207{,}96 \frac{N}{mm^2}$$

13. Auftretende Hubspannung nach Gl. (7.85):

$$\tau_{kh} = \tau_{k,2} - \tau_{k,1} = 415{,}92 - 207{,}96 \frac{N}{mm^2}$$

$$\tau_{kh} = 207{,}96 \frac{N}{mm^2}$$

14. Festigkeitsnachweis für die gewählte Feder:

$$\tau_{kh} \simeq 208 \frac{N}{mm^2} < \tau_{kH} \text{ (Forderung!)}$$

Mit $\tau_{kH} \simeq 330 \frac{N}{mm^2}$ für $d = 6$ mm und $\tau_{k,1} = \tau_{k,U} = 207{,}96 \frac{N}{mm^2}$ nach Bild 7.31 (vergüteter Federdraht nach DIN 17223, T 2!) ist die obige Forderung erfüllt. Die Feder ist somit ausreichend dimensioniert!

3. Beispiel (geschichtete Blattfeder)

Eine geschichtete Blattfeder gemäß Bild 7.37a (Ersatzfeder = Dreieck-Einblattfeder!) zur elastischen Abstützung der Achse eines PKW-Anhängers hat $z = 5$ einzelne Federblätter der Breite $b_B = 50$ mm und der Dicke $h = 6$ mm. Die Feder wird bei voll beladenem Anhänger mit $G_2 = 2 F_2 = 3250$ N belastet. Der Elastizitätsmodul des Federwerkstoffes ist $E = 210\,000$ N/mm², die zulässige Biegebeanspruchung beträgt $\sigma_{b,zul} = 600$ N/mm², und der Reibungskoeffizient zwischen den einzelnen Federblättern kann in erster Näherung vernachlässigt werden ($\mu \simeq 0$!). Die Gesamtlänge der Feder beträgt $2l = 800$ mm.

Wie groß sind die größte Biegebeanspruchung, der maximale Federweg, die Federrate, der größte Neigungswinkel und die Federarbeit bei maximaler Belastung der Feder?

1. Maximale Biegebeanspruchung nach Bild 7.33:

$$\sigma_b = \frac{M_b}{W_{äq}} = \frac{6 \cdot F_2 \cdot l}{b_{max} \cdot h_{max}^2} = \frac{6 \cdot 1625 \cdot 400}{5 \cdot 50 \cdot 6^2} \frac{N}{mm^2}$$

$$\sigma_b = 433{,}33 \frac{N}{mm^2} < \sigma_{b,zul} = 600 \frac{N}{mm^2}$$

($b_{max} = z \cdot b_B = 5 \cdot 50 \text{ mm} = 250 \text{ mm}!$)

2. Maximaler Federweg nach Bild 7.33:

$$s_2 = \frac{4 \cdot F_2 \cdot l^3}{E \cdot b_{max} \cdot h_{max}^2} \cdot q_1 = \frac{4 \cdot 1625 \cdot 400^3}{210000 \cdot 5 \cdot 50 \cdot 6^3} \cdot 1{,}31 \text{ mm}$$

$$s_2 = 48{,}06 \text{ mm}$$

($q_1 = 1{,}31$ aus Tabelle in Bild 7.33!)

3. Federrate nach Gl. (7.21):

$$c = \frac{F_2}{s_2} = \frac{1625}{48{,}06} \frac{N}{mm} = 33{,}81 \frac{N}{mm}$$

4. Größter Neigungswinkel der Feder nach Bild 7.33:

$$\tan \alpha = \frac{6 \cdot F_2 \cdot l^2}{E \cdot b_{max} \cdot h_{max}^3} \cdot q_2$$

$$= \frac{6 \cdot 1625 \cdot 400^2}{210000 \cdot 5 \cdot 50 \cdot 6^3} \cdot 1{,}49$$

$$\tan \alpha = 0{,}2050; \quad \alpha = 11{,}58°$$

($q_2 = 1{,}49$ aus Tabelle in Bild 7.33!)

5. Federarbeit nach Bild 7.33:

$$W = \frac{1}{2} \cdot F_2 \cdot s_2 = \frac{1}{2} \cdot 1625 \cdot 48{,}06 \text{ Nmm}$$

$W = 39048{,}75 \text{ Nmm} \simeq 39{,}05 \text{ Nm}$
bzw.

$$W = \frac{2 \cdot F_2^2 \cdot l^3}{E \cdot b_{max} \cdot h_{max}^3} \cdot q_1 = \frac{2 \cdot 1625^2 \cdot 400^3}{210000 \cdot 5 \cdot 50 \cdot 6^3} \cdot 1{,}31 \text{ Nmm}$$

$W = 39045{,}9 \text{ Nmm} \simeq 39{,}05 \text{ Nm}$

88   7 Elastische Elemente, Federn

4. Beispiel (Tellerfedern)

Zur elastischen Abfederung eines Kranhakens werden drei Tellerfedersäulen (Anordnung unter 120°!) mit je i = 22 wechselsinnig geschichteten Federtellern vorgesehen. Das Eigengewicht des auf das Federsystem wirkenden Kranhakens ist $F_e = 500$ N. Der unter der größten Hakenzugkraft auftretende Federweg darf den Wert $s_{max} = 15$ mm nicht überschreiten. Es sind die Länge der Federsäulen beim ungespannten und gespannten Zustand, die maximale Zugkraft am Kranhaken, die Beanspruchung an der Innenperipherie (Stelle I!) und an der Außenperipherie (Stelle III!) der Federteller und die Federrate eines Federtellers sowie des gesamten Federsystems zu ermitteln, wenn für einen Federteller folgende geometrischen Größen gelten:

Außendurchmesser: $\quad D_e = 90$ mm
Innendurchmesser: $\quad D_i = 46$ mm
Dicke des Federtellers: $\quad t = 5$ mm
Gesamthöhe des Federtellers: $l_0 = 7$ mm
Federweg des Federtellers
bis zur Planlage: $\quad h_0 = 2$ mm.

1. Länge der Federsäulen im ungespannten Zustand:

$$L_0 = i \cdot l_0 = 22 \cdot 7 \text{ mm} = 154 \text{ mm}$$

2. Länge der Federsäulen im gespannten Zustand bei größtem Federweg:

$$L_{min} = L_0 - s_{max} = 154 - 15 \text{ mm} = 139 \text{ mm}$$

3. Maximale Zugkraft F_{max} am Kranhaken für den größten Federweg $s_{max} = 15$ mm:
Maximaler Federweg eines Federtellers bei maximaler Federung der Federsäulen von $s_{max} = 15$ mm:

$$s_i = \frac{s_{max}}{i} \quad \text{(Hintereinanderschaltung!)}$$

$$s_i = \frac{15}{22} \text{ mm} = 0{,}6818 \text{ mm}$$

Maximale Federkraft für einen Federteller nach Gl. (7.99):

$$F_i = k \cdot \frac{t^4}{K_1 \cdot D_e^2} \cdot \frac{s_i}{t} \cdot \left[\left(\frac{h_o}{t} - \frac{s_i}{t} \right) \cdot \left(\frac{h_o}{t} - \frac{s_i}{2t} \right) + 1 \right]$$

Dabei sind:

$$k = \frac{4 \cdot E}{1 - \nu^2} = \frac{4 \cdot 210000}{1 - 0{,}3^2} \frac{\text{N}}{\text{mm}^2}$$

$$k = 923076{,}92 \frac{\text{N}}{\text{mm}^2}$$

$$K_1 = 0{,}6852 \text{ für } \delta = \frac{D_e}{D_i} = \frac{90}{46} = 1{,}9565 \text{ nach Bild 7.47}$$

7.7 Berechnungsbeispiele 89

$$F_i = 923076{,}92 \cdot \frac{5^4}{0{,}6852 \cdot 90^2} \cdot \frac{0{,}6818}{5} \cdot \left[\left(\frac{2}{5} - \frac{0{,}6818}{5}\right) \cdot \left(\frac{2}{5} - \frac{0{,}6818}{2 \cdot 5}\right) + 1 \right] N$$

$$F_i = 15414{,}31\ N$$

$$F_i = F_S \text{ (Federkraft für einen Federteller = Federsäulenkraft!)}$$

Maximale Zugkraft am Kranhaken:

$$F_{max} + F_e = 3 \cdot F_S$$

$$F_{max} = 3 \cdot F_S - F_e$$

$$= 46242{,}93 - 500\ N$$

$$F_{max} = 45742{,}93\ N$$

4. Druckspannung im Federteller an der Innenperipherie (Stelle I!) nach Gl. (7.103):

$$\sigma_I = k \cdot \frac{t^2}{K_1 \cdot D_e^2} \cdot \frac{s_i}{t} \cdot \left[-K_2 \cdot \left(\frac{h_o}{t} - \frac{s_i}{2 \cdot t}\right) - K_3 \right]$$

Dabei sind:

$$k = \frac{4 \cdot E}{1 - \nu^2} = \frac{4 \cdot 210000}{1 - 0{,}3^2}\ \frac{N}{mm^2} = 923076{,}92\ \frac{N}{mm^2}$$

$$\left.\begin{array}{l} K_1 = 0{,}6852 \\ K_2 = 1{,}2098 \\ K_3 = 1{,}3609 \end{array}\right\} \text{ für } \delta = \frac{D_e}{D_i} = \frac{90}{46} = 1{,}9565 \text{ nach Bild 7.47}$$

$$\sigma_I = 923076{,}92 \cdot \frac{5^2}{0{,}6852 \cdot 90^2} \cdot \frac{0{,}6818}{5}$$

$$\times \left[-1{,}2098 \cdot \left(\frac{2}{5} - \frac{0{,}6818}{2 \cdot 5}\right) - 1{,}3609 \right] \frac{N}{mm^2}$$

$$\sigma_I = -999{,}20\ \frac{N}{mm^2} \text{ (Druckspannung!)}$$

5. Zugspannung im Federteller an der Außenperipherie (Stelle III!) nach Gl. (7.105);

$$\sigma_{III} = k \cdot \frac{t^2}{K_1 \cdot D_e^2} \cdot \frac{s_i}{t} \cdot \frac{1}{\delta} \cdot \left[(2 \cdot K_3 - K_2) \cdot \left(\frac{h_o}{t} - \frac{s_i}{2 \cdot t}\right) + K_3 \right]$$

Dabei sind:

$$k = \frac{4 \cdot E}{1 - \nu^2} = \frac{4 \cdot 210000}{1 - 0{,}3^2}\ \frac{N}{mm^2} = 923076{,}92\ \frac{N}{mm^2}$$

$$\left.\begin{array}{l} K_1 = 0{,}6852 \\ K_2 = 1{,}2098 \\ K_3 = 1{,}3609 \end{array}\right\} \text{ für } \delta = \frac{D_e}{D_i} = \frac{90}{46} = 1{,}9565 \text{ nach Bild 7.47}$$

$$\sigma_{III} = 923076{,}92 \cdot \frac{5^2}{0{,}6852 \cdot 90^2} \cdot \frac{0{,}6818}{5} \cdot \frac{1}{1{,}9565}$$

$$\times \left[(2 \cdot 1{,}3609 - 1{,}2098) \cdot \left(\frac{2}{5} - \frac{0{,}6818}{2 \cdot 5} \right) + 1{,}3609 \right] \frac{N}{mm^2}$$

$$\sigma_{III} = 539{,}77 \frac{N}{mm^2} \quad (Zugspannung!)$$

6. Federrate eines einzelnen Federtellers nach Gl. (7.101):

$$c_i = k \cdot \frac{t^3}{K_1 \cdot D_e^2} \cdot \left[\left(\frac{h_o}{t} \right)^2 - 3 \cdot \frac{h_o}{t} \cdot \frac{s_i}{t} + \frac{3}{2} \left(\frac{s_i}{t} \right)^2 + 1 \right]$$

Dabei sind:

$$k = \frac{4 \cdot E}{1 - v^2} = \frac{4 \cdot 210000}{1 - 0{,}3^2} \frac{N}{mm^2} = 923076{,}92 \frac{N}{mm^2}$$

$$K_1 = 0{,}6852 \text{ für } \delta = \frac{D_e}{D_i} = \frac{90}{46} = 1{,}9565 \text{ nach Bild 7.47}$$

$$c_i = 923076{,}92 \cdot \frac{5^3}{0{,}6852 \cdot 90^2} \cdot \left[\left(\frac{2}{5} \right)^2 - 3 \cdot \frac{2}{5} \cdot \frac{0{,}6818}{5} + \frac{3}{2} \cdot \left(\frac{0{,}6818}{5} \right)^2 + 1 \right] \frac{N}{mm}$$

$$c_i = 21293{,}92 \frac{N}{mm}$$

7. Federrate des gesamten Federsystems:
Federrate einer Federsäule aus $i = 22$ hintereinander geschalteten Federtellern nach Gl. (7.22):

$$\frac{1}{c_S} = \sum_1^i \frac{1}{c_i} = i \cdot \frac{1}{c_i} = \frac{22}{21293{,}91} \frac{mm}{N}$$

$$c_S = 967{,}91 \frac{N}{mm}$$

Federrate des gesamten Federsystems aus drei parallel geschalteten Federsäulen nach Gl. (7.17):

$$c_{ges} = 3 \cdot c_S = 3 \cdot 967{,}91 \frac{N}{mm} = 2903{,}73 \frac{N}{mm}$$

5. *Beispiel (Gummifeder)*

Eine Hülsenfeder unter Axialschub nach Tabelle 7.10 mit dem Innendurchmesser $d_i = 30$ mm, dem Außendurchmesser $d_a = 90$ mm und der Länge $l = 80$ mm besteht aus Gummi der Shore-A-Härte 67.

Wie groß sind der zulässige Federweg, die maximale Tragfähigkeit und die größte mittlere Schubbeanspruchung an der Innenperipherie der Feder, wenn die Gleitung γ den Wert $\gamma = 0,15$ nicht überschreiten darf?

1. Zulässiger Federweg nach Tabelle 7.10:

$$s_{zul} = \frac{d_i}{2} \cdot \ln(d_a/d_i) \cdot \gamma_{zul}$$

$$= \frac{30}{2} \cdot \ln(90/30) \cdot 0,15 \, \text{mm}$$

$$s_{zul} = 2,472 \, \text{mm} \simeq 2,5 \, \text{mm}$$

2. Maximale Tragfähigkeit nach Tabelle 7.10:

$$F_{max} = \frac{2\pi \cdot l \cdot G \cdot s_{zul}}{\ln(d_a/d_i)}$$

mit $G = 1,25 \, \dfrac{N}{mm^2}$ für 67 Shore A nach Bild 7.52

$$F_{max} = \frac{2\pi \cdot 80 \cdot 1,25 \cdot 2,472}{\ln(90/30)} \, N = 1413,7 \, N$$

bzw.

$$F_{max} = \pi \cdot d_i \cdot l \cdot G \cdot \gamma_{zul}$$

$$F_{max} = \pi \cdot 30 \cdot 80 \cdot 1,25 \cdot 0,15 \, N = 1413,7 \, N$$

3. Größte mittlere Schubbeanspruchung an der Innenperipherie nach Tabelle 7.10:

$$\tau_{ami} = \frac{F}{\pi \cdot d_i \cdot l} = \frac{1413,7}{\pi \cdot 30 \cdot 80} \, \frac{N}{mm^2}$$

$$\tau_{ami} = 0,187 \, \frac{N}{mm^2} \simeq 0,2 \, \frac{N}{mm^2}$$

$$\tau_{ami} < \tau_{am,zul} = 0,4 \div 0,5 \, \frac{N}{mm^2}$$

7.8 Schrifttum

1. Albring, W.: Angewandte Strömungslehre. 6. Aufl. Berlin: Akademie Verlag 1990
2. Almen, J. O.; László, A.: The Uniform–Section Disk Spring. Trans. ASME 58 (1936), RP-58-10, p. 305–314
3. Behles, F.: Zur Berechnung von Luftfedern. Automobiltechnische Zeitschrift (ATZ) 63 (1961), H. 9, S. 311–314
4. Benz, W.: Elastische Lagerung auf geneigt angeordneten Gummipuffern. Motortechnische Zeitschrift (MTZ) 28 (1967); Nr. 1, S. 28–34

5. Bittel, K.: Die Federkennlinie der Balg–Luftfeder. Automobiltechnische Zeitschrift (ATZ) 61 (1959); H. 7, S. 199–202
6. Bittel, K.: Zur Dimensionierung von Ölfedern. Automobiltechnische Zeitschrift (ATZ) 62 (1960); H. 7, S. 183–191
7. Bittel, K.: Kombination der Flüssigkeitsfeder mit einer Korrekturfeder. Automobiltechnische Zeitschrift (ATZ) 69 (1967); H. 4, S. 109–111
8. Bühl, P.: Zur Berechnung von Tellerfedern mit Auflageflächen. Draht 17 (1966), Nr. 10, S. 753–757
9. Buschmann, H.; Koeßler, P.: Handbuch der Kraftfahrzeugtechnik. Bd. 2. München: Wilhelm Heyne 1976
10. Decker, K.-H.: Maschinenelemente. Gestaltung und Berechnung. 10. Aufl. München, Wien: Hanser 1990
11. Dennecke, K.: Eigenschaften und Berechnungsmöglichkeiten für Tellerfedern. Maschinenbautechnik 16 (1967), H. 4, S. 177–180
12. DIN-Taschenbuch 29: Normen über Federn. 7. Aufl. Berlin, Köln: Beuth Verlag 1991
13. Dubbel, H.; Beitz, W. (Hrsg); Küttner, K. H. (Hrsg.): Dubbel, Taschenbuch für den Maschinenbau. 17. Aufl. Berlin, Heidelberg, New York: Springer 1990
14. Dubs, H.: Angewandte Hydraulik. Zürich: Rascher Verlag 1947
15. von Estorff, H.-E.: Technische Daten Fahrzeugfedern. Teil 1, Drehfedern. Werdohl: Stahlwerke Brüninghaus 1973
16. von Estorff, H.-E.: Einheitsparabelfedern für Kraftfahrzeug-Anhänger. Information Nr. 2. Werdohl: Stahlwerke Brüninghaus 1973
17. Faust, W.: Die Dämpfung und die dynamische Drehsteifigkeit bei hochelastischen Kupplungen. VDI-Ber. Nr. 73 (1963), S. 13–15
18. Friedrichs, J.: Uerdinger Ringfeder (R). Draht 15 (1964), Nr. 8, S. 539–542
19. Gamer, U.: Genaue Berechnung der Gummi-Torsionsfeder. Forschg. Ing.-Wesen 39 (1973), Nr. 1, S. 13–16
20. Gerthsen, Chr.; Kneser, H. O.; Vogel, H.: Physik. 16. Aufl. Berlin: Springer 1992
21. Göbel, E. F.: Konstruktive Anwendung von Gummifedern bei der Bekämpfung des Betriebslärms. Lärmbekämpfung 1(1957), H. 3/4, S. 66–72
22. Göbel, E. F.: Gummifedern. Berechnung and Gestaltung. 3. Aufl. Berlin, Heidelberg, New York: Springer 1969
23. Göbel, E. F.: Gummifedern als moderne Konstruktionselemente. Konstruktion 22 (1970), H. 10, S. 402–406
24. Göldner, H.: Lehrbuch Höhere Festigkeitslehre. Bd. 1. 3. Aufl. Weinheim: Physik Verlag 1991
25. Göldner, H.; Holzweißig, F.: Leitfaden der Technischen Mechanik. 11. Aufl. Leipzig: VEB Fachbuchverlag 1990
26. Groß, S.: Berechnung und Gestaltung von Metallfedern. 3. Aufl. Berlin, Göttingen, Heidelberg: Springer 1960
27. de Gruben, K.: Eigenfrequenzen federnd gelagerter Maschinen. Z. VDI 86 (1942), Nr. 41/42, S. 633–637
28. Hilbert, H. L.: Stanzereitechnik. Bd. 1 Schneidende Werkzeuge und Bd. 2 Umformende Werkzeuge. München: Hanser 1954 und 1956
29. Hildebrandt, S.: Feinmechanische Bauelemente. 3. Aufl. Berlin: VEB Verlag Technik 1975
30. Hütte: Die Grundlagen der Ingenieurwissenschaften. Hrsg. H. Czichos. 29. Aufl. Berlin: Springer 1990
31. Hütte: Des Ingenieurs Taschenbuch. Maschinenbau Teil A (IIA). 28. Aufl. Berlin: Wilhelm Ernst u. Sohn 1955
32. Jörn, R.: Gummigefederte Räder für Schienenfahrzeuge. Z. VDI 99 (1957), Nr. 22, S. 1049–1059
33. Jörn, R.; Lang, G.: Gummi-Metall-Elemente zur elastischen Lagerung von Motoren. Motortechnische Zeitschrift (MTZ) 29 (1968), Nr. 6, S. 252–258
34. Johnson, L. L.: The Hydraulic Spring. Machine Design 32 (1960), Nr. 11, p. 114–117
35. Kayserling, U.: Uber die Abfederung der Drehgestelle von hochbelasteten Leichtbauwagen. Leichtbau der Verkehrsfahrzeuge 8 (1964), Nr. 1, S. 31–37
36. Keitel, H.: Die Rollfeder – ein federndes Maschinenelement mit horizontaler Kennlinie. Draht 15 (1964), Nr. 8, S. 534–538
37. Köhler, G.; Rögnitz, H.: Maschinenteile. Teil 1. 8.Aufl. Stuttgart: Teubner 1992
38. Lipinski, J.: Fundamente und Tragkonstruktionen für Maschinen. Wiesbaden: Bauverlag 1972
39. Löper, B.: Nicht-zylindrische Schraubenfedern im Automobilbau und deren Berechnung. Automobiltechnische Zeitschrift (ATZ) 76 (1974), Nr. 12, S. 385–390.
40. Lürenbaum, K.: Beitrag zur Dynamik der gefederten Maschinengründung. Z. VDI 98 (1956), Nr. 18, S. 976–980

41. Lutz, O.: Zur Berechnung der Tellerfeder. Konstruktion 12 (1960), H. 2, S. 57–59
42. Malter, G.; Jentzsch, J.: Zur Abhängigkeit des E- bzw. des G-Moduls von der Beanspruchung. Plaste und Kautschuk 22 (1975), H. 1, S. 30–32
43. Malter, G.; Jentzsch, J.: Gummifedern als Konstruktionselement. Maschinenbautechnik 25 (1976), Teil I, H. 3, S. 109–112 und 121; Teil II, H. 5, S. 225–228
44. Mayer, E.: Abwehr mechanischer Schwingungen durch elastische Aufstellung der Maschinen (Schwingungisolierung). Werkstatt und Betrieb 94 (1961), H. 4, S. 203–212.
45. Mehner, G.: Berechnungsunterlagen für Kegelstumpf-, Tonnen- und Taillenfedern. Maschinenbautechnik 16 (1967), H. 8, S. 401–407
46. Muhr, K. H.; Niepage, P.: Zur Berechnung von Tellerfedern mit rechteckigem Querschnitt und Auflageflächen. Konstruktion 18 (1966), H. 1, S. 24–27
47. Muhr, K. H.; Niepage, P.: Eine Methode zur schnellen und einfachen Berechnung von Tellerfedern mit Auflageflächen. Konstruktion 19 (1967), H. 3, S. 109–111
48. Niemann, G.; Winter, H.: Maschinenelemente. Band I, 2. Aufl. Berlin, Heidelberg, New York: Springer 1981
49. Niepage, P.: Beitrag zur Frage des Ausknickens axial belasteter Schraubendruckfedern. Konstruktion 23 (1971), H. 1, S. 19–24
50. Niepage, P.; Muhr, K. H.: Nutzwerte der Tellerfedern im Vergleich mit anderen Federarten. Konstruktion 19 (1967), H. 4, S. 126–133
51. Oehler, G.; Kaiser, F.: Schnitt-, Stanz- und Ziehwerkzeuge. 5. Aufl. Berlin, Heidelberg, New York: Springer 1966
52. Pinnekamp, W.; Jörn, R.: Neue Drehfederelemente aus Gummi für elastische Kupplungen. Motortechnische Zeitschrift (MTZ) 25 (1964), Nr. 4, S. 130–135
53. Pöschl, Th.: Lehrbuch der Technischen Mechanik. Bd. 2: Elementare Festigkeitslehre. Berlin, Göttingen, Heidelberg: Springer 1952
54. Rodenacker, W. G.: Methodisches Konstruieren. 4. Aufl. Berlin, Heidelberg, New York: Springer 1991
55. Roloff, H.; Matek, W.: Maschinenelemente. 12. Aufl. Braunschweig: Vieweg 1992
56. Scheuermann, G.: Verbindungselemente. 6. Aufl. Leipzig: VEB Fachbuchverlag 1976
57. Schlottmann, D.: Maschinenelemente, Grundlagen. 2. Aufl. Berlin: VEB Verlag Technik 1977
58. Schremmer, G.: Dynamische Festigkeit von Tellerfedern. Konstruktion 17 (1965), H. 12, S. 473–479
59. Schremmer, G.: Die geschlitzte Tellerfeder. Konstruktion 24 (1972), H. 6, S. 226–229
60. Schulze, F.: Die Luftfederung im Omnibus- und Nutzfahrzeugbau. Leichtbau der Verkehrsfahrzeuge 14 (1970), H. 3, S. 110–116
61. Seitz, H.: Statische und dynamische Untersuchungen an Blattfedern mit verschiedener Formgebung insbesondere an Federn der Feinwerktechnik. Diss. TH Karlsruhe 1963
62. Stolte, E.: Körperschalldämmung im Maschinenbau. Konstruktion 8 (1956), H. 2, S. 60–65
63. Thomas, K.: Berechnung gekrümmter Biegefedern. Z. VDI 101 (1959), Nr. 8, S. 301–308
64. Tochtermann, W.; Bodenstein, F.: Konstruktionselemente des Maschinenbaues. Teil 1. Berlin, Heidelberg, New York: Springer 1979
65. Ulbricht, J.: Progressive Schraubendruckfeder mit veränderlichem Drahtdurchmesser für den Kraftfahrzeugbau. Automobiltechnische Zeitschrift (ATZ) 71 (1969), H. 6, S. 198–201
66. VDI-Richtlinie 2062. Schwingungsisolierung. Bl. 1: Begriffe und Methoden; Bl. 2: Isolierelemente. Berlin: Beuth Jan. 1976
67. Waas, H.: Federnde Lagerung von Kolbenmaschinen. Z. VDI 81 (1937), Nr. 26, S. 763–769
68. Wahl, A.: Mechanical Springs. 2. Aufl. New York: McGraw–Hill 1963
69. Walz, K.: Tellerfedern aus Kunststoff. KEM 6 (1969), Nr. 1, S. 58, 61–63
70. Weber, G.; Zoeppritz, H. P.: Entwicklungsstand der Luftfederung unter besonderer Berücksichtigung der Rollbalg–Luftfederelemente und ihrer Anwendung. Automobiltechnische Zeitschrift (ATZ) 60 (1958), H. 10, S. 265–269
71. Weidenhammer, F.; Heidenhain, H.; Benz, G.: Abschirmung mechanischer Schwingungen durch federnde Fundamente. Frequenz 12 (1958), Nr. 4, S. 108–114
72. Wernitz, H.: Die Tellerfeder. Konstruktion 6 (1954), H. 10, S. 361–376
73. Fahrgestellfedern. Tragfedern für Straßenfahrzeuge und ihre Berechnung. Merkblatt 394 der Beratungsstelle für Stahlverwendung, Düsseldorf 1974
74. DIN 1570, Februar 1979. Warmgewalzter gerippter Federstahl; Maße, Gewichte, zulässige Abweichungen, statische Werte
75. DIN 1777, Januar 1986. Federbänder aus Kupfer–Knetlegierungen; Technische Lieferbedingungen
76. DIN 2076, Dezember 1984. Runder Federdraht; Maße, Gewichte, zulässige Abweichungen

77. DIN 2077, Februar 1979. Federstahl, rund, warmgewalzt; Maße, zulässige Maß- und Formabweichungen
78. DIN 2088, November 1992. Zylindrische Schraubenfedern aus runden Drähten und Stäben; Kaltgeformte Drehfedern (Schenkelfedern); Berechnung und Konstruktion
79. DIN 2089, T 1, Dezember 1984. Zylindrische Schraubendruckfedern aus runden Drähten und Stäben; Berechnung und Konstruktion
80. DIN 2089, T 2, Entw., November 1992. Zylindrische Schraubenfedern aus runden Drähten und Stäben; Zugfedern; Berechnung und Konstruktion
81. DIN 2090, Januar 1971. Zylindrische Schraubendruckfedern aus Flachstahl; Berechnung
82. DIN 2091, Juni 1981. Drehstabfedern mit rundem Querschnitt; Berechnung und Konstruktion
83. DIN 2092, Januar 1992. Tellerfedern; Berechnung
84. DIN 2093, Januar 1992. Tellerfedern; Maße, Qualitätsanforderungen
85. DIN 2094, März 1981. Blattfedern für Straßenfahrzeuge; Anforderungen
86. DIN 2095, Mai 1973. Zylindrische Schraubenfedern aus runden Drähten; Gütevorschriften für kaltgeformte Druckfedern.
87. DIN 2096, T 1, November 1981. Zylindrische Schraubendruckfedern aus runden Drähten und Stäben; Güteanforderungen bei warmgeformten Druckfedern
88. DIN 2096, T 2, Januar 1979. Zylindrische Schraubendruckfedern aus runden Stäben; Güteanforderungen für Großserienfertigung
89. DIN 2096, T 2, Entw., Dezember 1988. Schraubendruckfedern aus runden Drähten und Stäben; Güteanforderungen für Großserienfertigung
90. DIN 2097, Mai 1973. Zylindrische Schraubenfedern aus runden Drähten; Gütevorschriften für kaltgeformte Zugfedern
91. DIN 2098, T 1, Oktober 1968. Zylindrische Schraubenfedern aus runden Drähten; Baugrößen für kaltgeformte Druckfedern ab 0,5 mm Drahtdurchmesser
92. DIN 2098, T 2, August 1970. Zylindrische Schraubenfedern aus runden Drähten; Baugrößen für kaltgeformte Druckfedern unter 0,5 mm Drahtdurchmesser
93. DIN 2099, T 1, November 1973. Zylindrische Schraubenfedern aus runden Drähten und Stäben; Angaben für Druckfedern, Vordruck
94. DIN 2099, T 2, November 1973. Zylindrische Schraubenfedern aus runden Drähten; Angaben für Zugfedern, Vordruck
95. DIN 4620, November 1992. Federstahl, warmgewalzt, mit gerundeten Schmalseiten für Blattfedern; Maße, Grenzabmaße, Gewichte, statische Werte
96. DIN 5485, August 1986. Benennungsgrundsätze für physikalische Größen; Wortzusammensetzungen mit Eigenschafts- und Grundwörtern
97. DIN 17221, Dezember 1988. Warmgewalzte Stähle für vergütbare Federn; Technische Lieferbedingungen
98. DIN 17222, August 1979. Kaltgewalzte Stahlbänder für Federn; Technische Lieferbedingungen
99. DIN 17223, T 1, Dezember 1984. Runder Federstahldraht; Patentiert-gezogener Federdraht aus unlegierten Stählen; Technische Lieferbedingungen
100. DIN 17223, T 2, September 1990. Runder Federstahldraht; Ölschlußvergüteter Federstahldraht aus unlegierten und legierten Stählen; Technische Lieferbedingungen
101. DIN 17224, Februar 1982. Federdraht und Federband aus nichtrostenden Stählen; Technische Lieferbedingungen
102. DIN 17225, April 1955. Warmfeste Stähle für Federn; Güteeigenschaften. (Zurückgezogen; in der Übergangsphase noch verwendbar!)
103. DIN 17660, Dezember 1983. Kupfer-Knetlegierungen; Kupfer-Zink-Legierungen (Messing, Sondermessing); Zusammensetzung
104. DIN 17662, Dezember 1983. Kupfer-Knetlegierungen; Kupfer-Zinn-Legierungen (Zinnbronze); Zusammensetzung
105. DIN 17663, Dezember 1983. Kupfer-Knetlegierungen; Kupfer-Nickel-Zink-Legierungen (Neusilber); Zusammensetzung
106. DIN 17682, August 1979. Runde Federdrähte aus Kupfer-Knetlegierungen; Festigkeitseigenschaften, Technische Lieferbedingungen
107. DIN 17741, Februar 1983. Niedriglegierte Nickel-Knetlegierungen; Zusammensetzung
108. DIN 43801, T 1, August 1976. Spiralfedern; Maße
109. DIN 53505, Juni 1987. Prüfung von Kautschuk, Elastomeren und Kunststoffen; Härteprüfung nach Shore A und Shore D
110. DIN ISO 2162, Juni 1976. Technische Zeichnungen; Darstellung von Federn
111. ASTM D674-49T. Long-time creep and stress-relaxation of plastics

8 Achsen und Wellen

Achsen und Wellen sind Maschinenelemente mit den Hauptaufgaben „Stützen" und „Leiten". Sie dienen zur Lagerung drehender Maschinenteile wie Räder, Rollen, Zahnräder, Scheiben, auch schwingender Teile in Gelenkgetrieben, übernehmen die dort eingeleiteten Kräfte und Momente und leiten diese an die Abstützstellen weiter.

8.1 Begriffsbeschreibung

Achsen

Achsen dienen zur Aufnahme ruhender, drehender und schwingender Maschinenteile wie Rollen, Seiltrommeln und Umlenkscheiben sowie, in der meist verbreiteten Anwendung, zur Abstützung der Fahrgestelle von Fahrzeugen und Fahrwerken auf den Laufrädern. Kurze Achsen bezeichnet man auch als Bolzen (Abschnitt 5.1.2!). Identisch ist oftmals die Bezeichnung Zapfen, doch gilt dieser Begriff auch für die Enden der Achsen und der Wellen, die in den Lagern laufen.

Die Hauptfunktion der Achsen ist das „Stützen"; sie werden hierbei nur durch Querkräfte und Biegemomente belastet. Die Achsen können mit dem Tragrahmen oder mit den Laufrädern fest verbunden sein, was nicht nur konstruktiv, sondern auch für den Beanspruchungszustand bedeutsam ist. Es wird folgende Unterscheidung vorgenommen:

1. Feststehende Achsen

Auf diesen drehen sich Maschinenteile. Kennzeichnend für sie ist die nur kurze Stützweite der Rollen- bzw. der Radlager (Bilder 8.1 und 8.2). Die Lager erhalten durch Kippmomente von den Seitenkräften her eine starke Zusatzbelastung. Die Achsen selbst werden nur ruhend, allenfalls schwellend durch Schub aus Querkräften und durch Biegung beansprucht. Ihre Form ist daher völlig frei gestaltbar, sie haben z.B. Kreis-oder Kreisringquerschnitt, sind Kasten- und I-Profile oder sind nur noch Zapfen, die an Sonderprofilen (Bild 8.3) oder sogar direkt am Fahrzeugkasten angesetzt sind (z.B. Kfz-Achse!).

2. Umlaufende Achsen

Sie drehen sich selbst in den Lagern (Bild 8.4) und weisen daher Kreis- oder Kreisringquerschnitt auf. Als Fahrzeugachsen erfordern sie, da sie durchlaufend sind, eine relativ große Bodenfreiheit des Fahrzeuges.

96   8 Achsen und Wellen

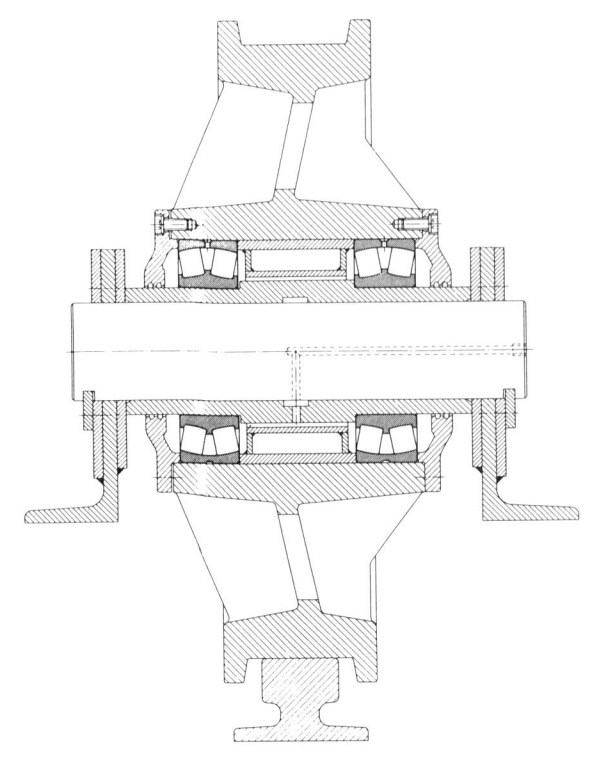

Bild 8.1. Kranlaufrad auf feststehender Achse [18]

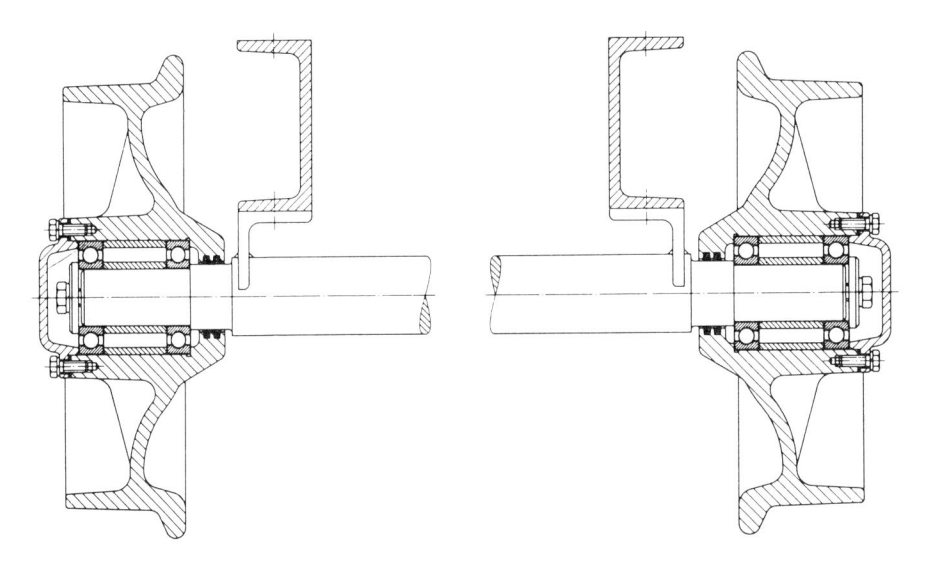

Bild 8.2. Feststehende Achse für einen Plattformwagen [18]

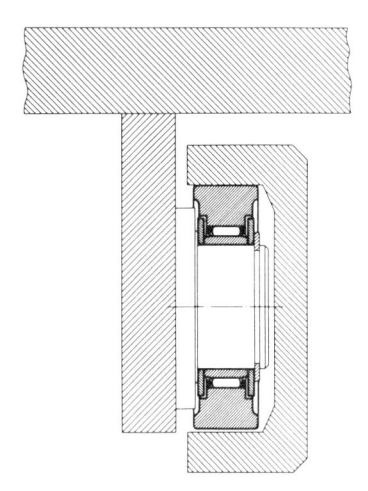

Bild 8.3. Stützrolle auf festem Zapfen [18]

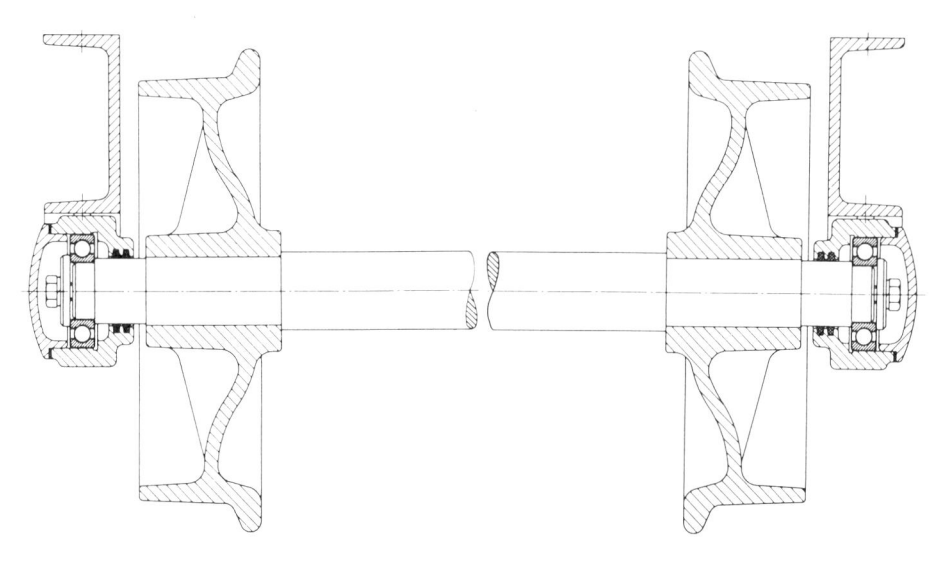

Bild 8.4. Umlaufende Achse für einen Transportwagen [18]

Vorteilhaft sind die günstige Übertragung der Seitenkräfte durch die große Lagerstützweite und die Möglichkeit, die Achssätze als vormontierte Einheiten einzubauen. Da sich die Achse unter den raumfesten Kräften durchdreht, d.h. jede Faser nacheinander die Zug- und die Druckzone durchläuft, erfährt sie eine Beanspruchung durch Wechselbiegung (sog. Umlaufbiegung!).

Wellen
Wellen sind immer umlaufende Maschinenteile mit der Hauptaufgabe „Leiten = Drehmomentübertragung". Zur Einleitung oder Abnahme des Drehmomentes

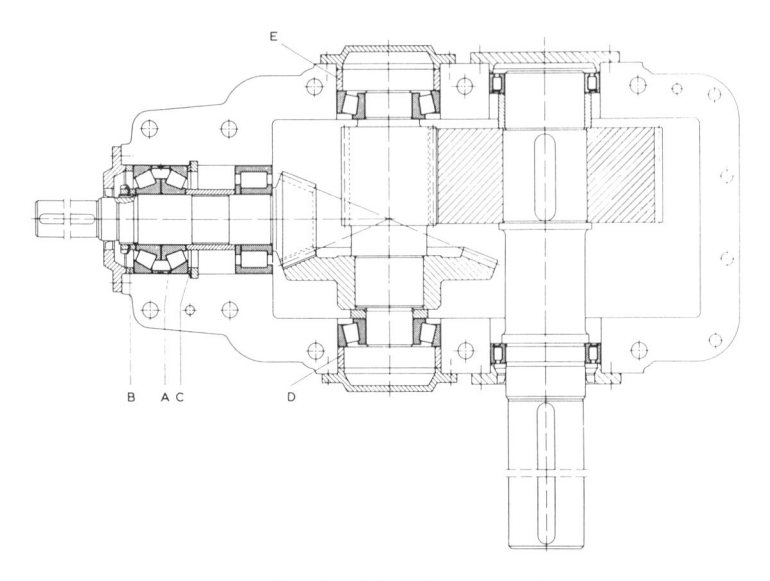

Bild 8.5. Wellen im zweistufigen Getriebe [18]; A ÷ E = Distanzringe bzw. Distanzbuchsen

dienen die mit ihnen (dreh-)fest verbundenen Konstruktionselemente der Antriebstechnik wie Zahnräder, Schnecken, Schneckenräder, Riemenscheiben, Kettenräder, Treibscheiben und -räder sowie Kupplungen (Bild 8.5).

Rotoren und Laufräder von Kraft- und Arbeitsmaschinen können in gleicher Weise drehfest auf Wellen aufgezogen sein. Bei Großmaschinen findet man häufig auch die Zapfenlösung, bei der kurze Wellenstücke an die Rotoren angesetzt sind, d.h. die Welle als eigenständiges Element nicht mehr existiert (Bild 8.6).

Das aus der Leistungsübertragung herrührende Moment (Torsions- oder Drehmoment!) beansprucht die Wellen auf Verdrehung. Es ist meist konstant anzunehmen, es können jedoch auch dynamische Anteile aus Laststößen, Anlaufvorgängen und/oder einer ungleichförmigen Momentaufnahme bzw. -abgabe (z.B. bei Kolbenmaschinen!) überlagert sein. Die „Stützfunktion" der Welle ist meist beachtlich, denn die Übertragungselemente belasten die Wellen durch funktionsbedingte Umfangs-, Radial- oder Axialkräfte und auch durch das Eigengewicht auf Biegung. Diese ist, analog zu den umlaufenden Achsen, umlaufend, und die daraus herrührende Materialanstrengung ist häufig vorherrschend. Solches zwingt den Konstrukteur, die Berechnung auf Tragfähigkeit sorgfältig aus den Querkraft- und den Biegemomentverläufen zu entwickeln, um daraus die gefährdeten Querschnitte und an diesen dann die Gesamtanstrengung (Vergleichsspannung!) zu ermitteln.

Häufig sind bei Wellen neben der Gesamtanstrengung die Verformungen (Durchbiegungen und Verdrehungen!) von großer Bedeutung. Die Durchbiegungen dürfen bestimmte Grenzwerte nicht überschreiten – man beachte die Spaltweite z.B. in Elektromaschinen – und in Lagern (Gleitlager sowie speziell Rollen- und Nadellager!) sowie an Zahneingriffsstellen müssen die Neigungswinkel klein bleiben. Die

8.1 Begriffsbeschreibung 99

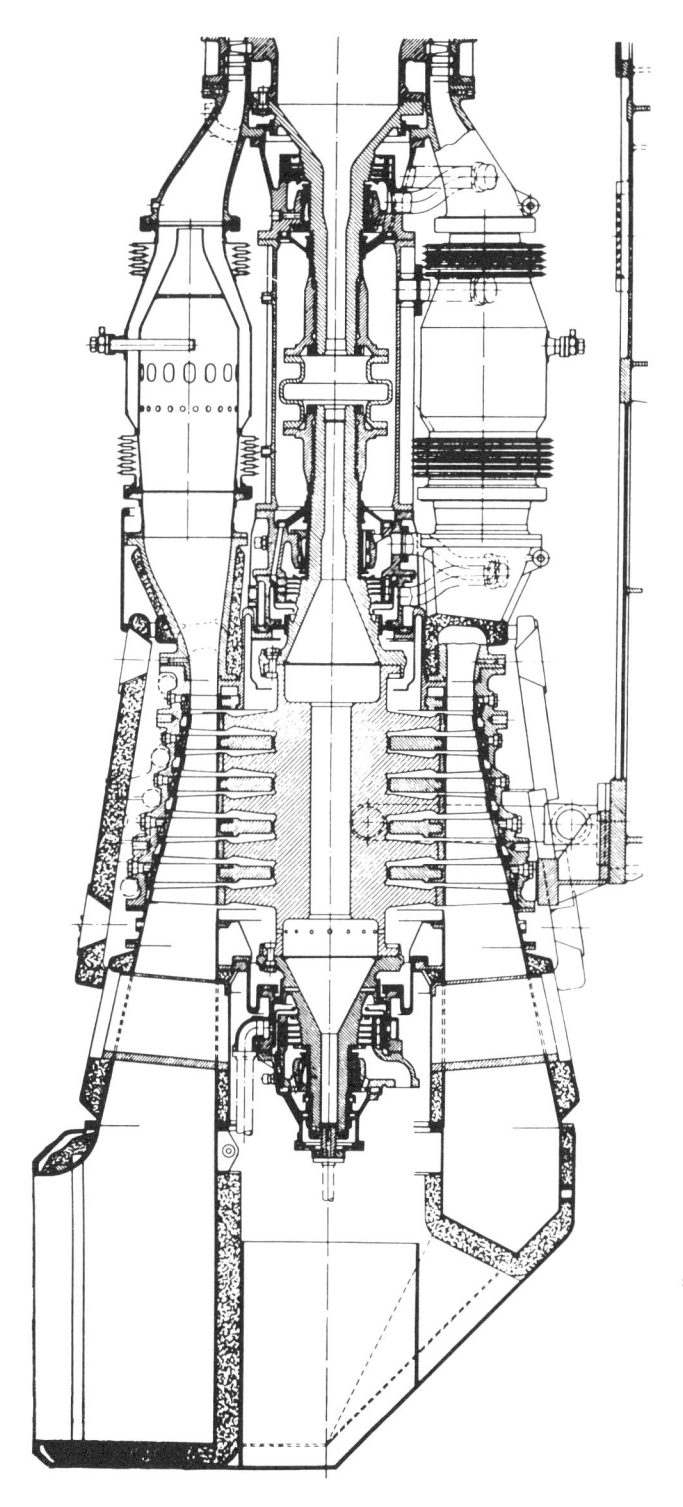

Bild 8.6. Wellenausführung in einer Gasturbine (Flanschbauweise)

Durchbiegungen bestimmen ferner auch die biegekritischen Drehzahlen. Bei langen Fahrwerkswellen, Steuerwellen usw. kann auch deren Verdrehsteifigkeit eine Rolle spielen, d.h. der Verdrehwinkel und die torsionskritischen Drehzahlen bzw. Torsionseigenfrequenzen [1, 2, 3, 12, 15, 16].

Sonderausführungen von Wellen für ortsveränderliche Lage von An- und Abtrieb sind Gelenkwellen, drehsteife Wellen mit eingefügten Kreuz- und Kardangelenken, und biegsame Wellen, d.h. enggewickelte Schraubenfedern im flexiblen Schutzschlauch.

8.2 Bemessung auf Tragfähigkeit

Zur Berechnung auf Tragfähigkeit (*festigkeitsgerechte Bemessung!*) ist die möglichst exakte Kenntnis der belastenden Kräfte und Momente hinsichtlich Wirkart, Wirkrichtung, Größe, zeitlichem Verlauf und Wirkort Voraussetzung. Es sei empfohlen, vor der eigentlichen Festigkeitsrechnung das vollständige statische System zu erstellen, d.h. Lagerreaktionen, Quer- und Axialkraftverläufe sowie die Verläufe von Biege- und Torsionsmomenten in zwei zueinander senkrechten Koordinatenrichtungen, d.h. in der Vertikal- und in der Horizontalebene, einzeln und dann anschließend zusammengesetzt zu ermitteln.

Die Berechnungsverfahren sind in Kap. 3, Band I, ausführlich zusammengestellt und werden als bekannt vorausgesetzt. Hier werden deshalb nur noch Hinweise zum Gültigkeitsbereich und zum Rechnungsablauf sowie auf spezifische Daten gegeben.

8.2.1 Beanspruchungsarten

Die Beanspruchung der Achsen und Wellen erfolgt durch Querkräfte, Biege- und Torsionsmomente. Die zugehörigen Spannungen werden überhöht durch den Einfluß der Formdiskontinuitäten oder Querschnittsunstetigkeiten (Kerbspannungen!). Um eine sichere Dimensionierung zu gewährleisten, ist es angeraten, konstruktiv die einfachen Lastfälle zu verwirklichen. Exzentrischer Lastangriff und nichtsymmetrische Formen haben nämlich schiefe Biegung, überlagerte Torsion, kurz, unübersichtliche Anstrengungsverhältnisse zur Folge und erhöhen somit die Bruchgefahr.

8.2.1.1 Beanspruchung durch Querkräfte

Die Beanspruchung durch Querkräfte ist nur bei sehr kurzen Achsen und Wellen beachtenswert, d.h. bei Bolzen und Zapfen, und zwar praktisch nur unterhalb eines Längen/Durchmesserverhältnisses $\frac{l}{d} \leq 5$. Durch die Querkraft F_Q erfährt das Bauteil nach den Gln. (3.45) bis (3.49) im Querschnitt A_S folgende Schubbeanspruchung:

$$\tau_{a,max} = v \cdot \frac{F_Q}{A_S} \leqq \tau_{a,zul}$$

v = Anstrengungsverhältnis wegen der nichtlinearen Schubspannungsverteilung,
$v = \frac{3}{2}$ für Rechteckquerschnitt,
$v = \frac{4}{3}$ für Kreisquerschnitt,
$v = 2$ für Kreisringquerschnitt.

8.2.1.2 Beanspruchung durch Biegung

Nach der Theorie der elastischen Biegung (mit linearer Spannungsverteilung über dem Biegequerschnitt!) herrscht am Querschnittsrand nach Gl. (3.27) die maximale Biegespannung

$$|\sigma_{b,max}| = |\frac{M_b}{I_{äq}} \cdot y_{max}| = \frac{M_b}{W_{äq}} \leqq \sigma_{b,zul}$$

y_{max} = Abstand der entferntesten Randfaser von der neutralen Faser,
$I_{äq}$ = äquatoriales Flächenträgheitsmoment,
$W_{äq} = I_{äq}/y_{max}$ = äquatoriales Widerstandsmoment gegen Biegung.

Die Flächenträgheitsmomente einfacher Profilformen können den Profiltabellen (z.B. [3,8] oder Tabelle 3.2!) entnommen werden. Bei zusammengesetzten Profilen werden sie mit Hilfe des Steinerschen Satzes ermittelt.

Es ist an dieser Stelle besonders anzumerken, daß hierbei ein in einer Hauptträgheitsachse dse Profils wirkendes Moment vorausgesetzt wird. Anderenfalls liegt schiefe Biegung vor!

8.2.1.3 Beanspruchung durch Torsion

Bei den in der Technik weit überwiegend verwendeten Kreis- und Kreisringquerschnitten der Wellen bleiben bei der Verdrehbeanspruchung die Querschnitte unverwölbt (Theorie von Saint-Venant!). Das Torsionsmoment bewirkt dann nach Gl. (3.37) im Querschnitt Torsionsspannungen mit linearer Verteilung und dem Höchstwert am Rande

$$\tau_{t,max} = \frac{T}{I_t} \cdot \frac{d}{2} = \frac{T}{W_t}.$$

$y_{max} = \dfrac{d}{2}$ = größter Randfaserabstand der Welle mit dem Außendurchmesser d,

I_t = Torsionsträgheitsmoment,
$W_t = I_t/\frac{d}{2}$ = Torsionswiderstandsmoment.

Die Spannungen in den nichtrunden Profilwellen sind bei gleicher Querschnittsfläche größer als bei kreisrunden Wellen. Die Berechnung erfolgt identisch zur oben angegebenen Gleichung mit dem Torsionswiderstandsmoment W_t, das für eine Reihe von einfachen Querschnittsformen (z.B. Rechteck, Dreieck usw.) aus Tabellen (z.B. [3, 8] oder Tab. 3.2!) entnommen werden kann. Bei genuteten Wellen überwiegt der Einfluß der Kerbspannungen!

8.2.2 Dimensionierung

Die Auslegung von Achsen und Wellen erfolgt in zwei Schritten. Ehe die konstruktive Gestaltung vorgenommen wird, erfolgt eine Vordimensionierung, um die ungefähre Größe des Bauteils zu ermitteln sowie Raumverhältnisse, Lagerungsmöglichkeiten und Herstellungsfragen zu klären. Dies erfolgt unter der Annahme, daß der wahrscheinlich wichtigste Belastungsfall allein wirksam sei, und mit so niedrigen Werten der zulässigen Spannungen, daß Überhöhungen aus überlagerten Lastfällen und von Kerbspannungen pauschal abgedeckt sind. Erst nach der von weiteren konstruktiven Überlegungen getragenen, endgültigen Festlegung der Form der Achse oder der Welle erfolgt eine Nachrechnung des vollständigen Beanspruchungsfalles und damit der Nachweis der hinreichenden Festigkeit.

8.2.2.1 Dimensionierung der Achsen

Die erste grobe Überschlagsrechnung erfolgt nur auf Biegung. Dabei werden folgende Festigkeitswerte und Sicherheitsbeiwerte S angenommen
– bei feststehenden Achsen:

$$\sigma_{b,zul} = \sigma_{bSch}/S_f \tag{8.1}$$

σ_{bSch} = Biegeschwellfestigkeit,

S_f = Sicherheitsbeiwert = 3 bis 5.

– bei umlaufenden Achsen:

$$\sigma_{b,zul} = \sigma_{bW}/S_U \tag{8.2}$$

σ_{bW} = Biegewechselfestigkeit,

S_u = Sicherheitsbeiwert = 4 bis 6.

Die erforderlichen Festigkeitswerte sind in Tab. 8.1 und Tab. 8.2 zusammengestellt!

Bei der genaueren Nachrechnung werden an den gefährdeten Querschnitten, das sind die Stellen der höchsten Biegemomente und des wahrscheinlich größten Kerbeinflusses an Übergängen und Querschnittsunstetigkeiten, neben den Nennspannungen die Kerbwirkung, der Größeneinfluß und der Oberflächeneinfluß zusammen mit evtl. überlagerten Spannungen erfaßt. Bei so ermittelten Höchst-

8.2 Bemessung auf Tragfähigkeit   103

Tabelle 8.1. Werte für die Schwell- und die Wechselfestigkeit in N/mm² bei Biegung und Verdrehung

Werkstoff	Biegung		Verdrehung	
DIN 17 100 Baustähle	$\sigma_{b\,Sch}$	$\sigma_{b\,W}$	$\tau_{t\,Sch}$	$\tau_{t\,W}$
St 37	340	200	170	140
St 42	360	220	180	150
St 50	420	260	210	180
St 60	470	300	230	210
St 70	520	340	260	240
DIN 17 200 Vergütungsstähle	$\sigma_{b\,Sch}$	$\sigma_{b\,W}$	$\tau_{t\,Sch}$	$\tau_{t\,W}$
C 22, Ck 22	480	280	250	190
C 35, Ck 35	550	330	300	230
C 45, Ck 45	620	370	340	260
40 Mn 4, 25 CrMo 4, 37 Cr 4, 46 Cr 2	750	440	450	300
41 Cr 4, 34 CrMo 4	820	480	550	330
50 CrMo 4, 34 CrNiMo 6, 36 CrNiMo 4 42 CrMo 4, 50 CrV 4	940	530	630	370
30 CrNiMo 8, 36 CrMoV 4, 32 CrMo 12	1040	600	730	420
DIN 17 210 Einsatzstähle	$\sigma_{b\,Sch}$	$\sigma_{b\,W}$	$\tau_{t\,Sch}$	$\tau_{t\,W}$
C 15, Ck 15	420	280	210	180
15 Cr 3	560	350	280	210
16 MnCr 5	700(840)	420	430	270
15 CrNi 6	900	550	450	300
20 MnCr 5	980	600	490	340
18 CrNi 8, 17 CrNiMo 8	1060	650	550	410

Anmerkung:
Gemäß DIN EN 10027, T1 und T2 wurden im September 1992 neue Bezeichnungssysteme für Stähle eingeführt. Die Baustähle z. B. werden in Zukunft nicht mehr durch die Buchstaben St und eine zweiziffrige Zahl sondern nach DIN EN 10025 durch die Buchstaben Fe und eine dreiziffrige Zahl bezeichnet. Da sich die neuen Bezeichnungen in der Praxis sowohl national als auch international noch nicht durchgesetzt haben, werden in einer Übergangsphase die Werkstoffe in diesem Buch noch mit den alten Bezeichnungen angegeben.
Baustähle: DIN 17100 (alt!) bzw.
                   DIN EN 10025 (neu!)
Vergütungsstähle: DIN 17200 (alt!) bzw.
                   DIN EN 10083, T1 (neu!) und
                   DIN EN 10083, T2 (neu!).

spannungen genügen dann Sicherheitsbeiwerte um $S_K = 1{,}2$ bis $1{,}8$ gegen die zuvor genannten Festigkeitswerte.

8.2.2.2 Dimensionierung der Wellen

Bei Wellen wird in der Vordimensionierung von der Verdrehbeanspruchung ausgegangen. Da die Biegebeanspruchung meist aber in gleicher Größenordnung liegt, wird folgender niedrige Wert für die zulässige Torsionsspannung eingesetzt:

$$\tau_{t,zul} = \tau_{t\,Sch}/S_{Sch}$$

S_{Sch} = Sicherheitsbeiwert = 10 bis 15.

Tabelle 8.2. Zulässige Werte in N/mm² für die Biegeschwell- und wechselspannung bei feststehenden Achsen, die Torsionsspannung bei Wellen und die Biegewechselspannung sowie die Vergleichsspannung bei umlaufenden Achsen und Wellen

Feststeh. Achsen	$\sigma_{b\,Sch.zul}$ [N/mm²]	Wellen $\tau_{t,zul}$
St 37	~75	14
St 42	~85	15
St 50	~105	17,5
St 60	~130	19
St 70	~140	22
C 22	~125	21
C 35	~140	25
C 45	~160	28
40 Mn 4*	~200	38
41 Cr 4*	~225	46
50 CrMo 4*	~250	53
30 CrNiMo 8*	~280	61

Umlaufende Achsen und Wellen	$\sigma_{bW.zul}$ [N/mm²]	$\sigma_{V.zul}$ [N/mm²]
C 15	~55	18
15 Cr 3	~70	23
16 MnCr 5	~95	36
15 CrNi 6	~115	38
20 MnCr 5	~150	41
18 CrNi 8	~165	46

Bei Wellen, die nur durch ein Drehmoment belastet sind, genügt aber eine niedrigere Sicherheit. Hierbei gilt dann:

$$\tau_{t,zul,T} = \tau_{t\,Sch}/S_{Sch,T} \tag{8.3}$$

$S_{Sch,T}$ = Sicherheitsbeiwert = 4 bis 6,
$\tau_{t\,Sch}$ = Torsionsschwellfestigkeit.
(Die Dimensionierung mit diesem Wert ist auch dann hinreichend, wenn dem konstanten Drehmoment dynamische Anteile überlagert sind!)
(Festigkeitswerte siehe Tab. 8.1 und Tab. 8.2!)

Eine verfeinerte Vordimensionierung ist möglich, wenn die Biegemomente und das Drehmoment überschläglich bekannt sind. Mit dem Ansatz nach der GE-Hypothese (Abschnitt 3.2.1.1!) läßt sich die Vergleichsspannung an der höchstbelasteten Stelle in folgender Weise formulieren:

$$\sigma_v = \sqrt{\sigma_b^2 + 3(\alpha_0 \cdot \tau_t)^2} \tag{8.4}$$

Jene Voraussetzung für die Berechnung der Gesamtanstrengung, daß die Spannungen dem gleichen Lastfall entstammen müssen, ist jedoch nicht erfüllt. Wie beschrieben, erfährt die umlaufende Welle durch das Biegemoment eine Wechselbiegung, der zugehörige Festigkeitswert ist also die Biegewechselfestigkeit σ_{bW}. Die Verdrehbeanspruchung ist aber nahezu konstant bzw. schwellend, und der Bezug muß die Torsionsschwellfestigkeit $\tau_{t\,Sch}$ sein. Diese Ungleichheit wird erfaßt durch das Anstrengungsverhältnis $\alpha_0 = \sigma_{bW}/(\sqrt{3} \cdot \tau_{tSch})$, das in Gl. (8.4) gegenüber der Gl. (3.56) zusätzlich eingefügt wurde. Sein Wert liegt bei üblichen Wellenwerkstoffen im Bereich

$$\alpha_0 = 0{,}6 \text{ bis } 0{,}8,$$

so daß in obiger Gleichung $3\alpha_0^2$ den Wert

$$3\alpha_0^2 \simeq 1{,}1 \text{ bis } 1{,}9$$

annimmt.

Mit hinreichender Genauigkeit und Sicherheit läßt sich daher für die Vergleichsspannung die Beziehung

$$\sigma_v = \sqrt{\sigma_b^2 + 2 \cdot \tau_t^2} \tag{8.5}$$

angeben.

Für die üblichen runden Wellen mit dem Außendurchmesser d werden die maximalen Spannungen nach folgenden Formeln ermittelt:

Biegespannung: $\qquad \sigma_b = \dfrac{M_b}{I_{äq}} \cdot \dfrac{d}{2}$

Torsionsspannung: $\qquad \tau_t = \dfrac{T}{I_t} \cdot \dfrac{d}{2}$

bzw. mit
$$I_t = 2\, I_{äq}$$
$$\tau_t = \frac{1}{2} \cdot \frac{T}{I_{äq}} \cdot \frac{d}{2}$$

Werden diese Beziehungen in Gl. (8.5) eingesetzt, so lautet die Vergleichsspannung:

$$\sigma_V = \frac{1}{I_{äq}} \cdot \frac{d}{2} \cdot \sqrt{M_b^2 + \frac{1}{2} \cdot T^2} = \frac{M_V}{I_{äq}} \cdot \frac{d}{2} \tag{8.6}$$

mit dem Vergleichsmoment

$$M_V = \sqrt{M_b^2 + \frac{1}{2} \cdot T^2}. \tag{8.7}$$

Aus der Festigkeitsbedingung

$$\sigma_V \leqq \sigma_{V,zul} \quad \text{(Tab. 8.2!)}$$

und dem Flächenträgheitsmoment

$$I_{äq} = \frac{\pi \cdot d^4}{64}$$

für die Vollwelle ergibt sich für den Wellendurchmesser die Beziehung

$$d \geq \sqrt[3]{\frac{32}{\pi} \cdot \frac{M_V}{\sigma_{V,zul}}}. \tag{8.8}$$

Die Nachrechnung der endgültig gestalteten Welle erfolgt in bekannter Weise unter Berücksichtigung des Kerbeinflusses, des Größeneinflusses, des Oberflächeneinflusses und der Zusammenfassung der Spannungswerte verschiedener Herkunft nach der GE-Hypothese gemäß Gl. (8.5). Bezugsfestigkeitswert dafür ist die Biegewechselfestigkeit σ_{bW}, gegen die eine Sicherheit (gegen Dauerbruch!) von $S_D = 2$ bis 3 einzuhalten ist (Abschnitt 3.7.1!).

8.3 Bemessung auf Verformung

In vielen Fällen sind die Ansprüche an die Führungsgenauigkeit der Wellen vorherrschend. Als Beispiele seien die Verformungen von Werkzeugmaschinenspindeln genannt, die direkt ein Maß für die Werkstückgenauigkeit sind, oder die Anforderungen an den Zahneingriff in schnellaufenden Getrieben hinsichtlich der Lage und der Winkelabweichung. Gleichermaßen sind die Neigungswinkel an den Lagerstellen auf diejenigen kleinen Werte begrenzt, die noch die volle Tragfähigkeit speziell der Rollen- oder Nadellager garantieren. Der Gesichtspunkt der Festigkeit tritt dann völlig zurück, die Dimensionierung erfolgt nach der Nachgiebigkeit (*steifigkeitsgerechte Bemessung!*), die besonders für das dynamische Verhalten der Welle bestimmend ist.

8.3.1 Durchbiegung

Die Führungsgenauigkeit der Wellen ist eine Frage sowohl der Nachgiebigkeit (Federsteifigkeit!) und der Dämpfungseigenschaften der Lager als auch der Wellendurchbiegung bzw. -verkantung, wobei letztere den größten Anteil liefert. Der verhältnismäßig einfache Konturverlauf der üblichen Wellen und ihre im Vergleich zum Durchmesser große Länge erlauben, die einfache lineare Biegetheorie anzuwenden und meist die Last- und Lagerkräfte als punktweise angreifend anzunehmen (diskreter Kraftangriff!).

8.3.1.1 Einfache Grundfälle

Für einen orientierenden Überschlag und für viele glatte Wellen reicht die Berechnung nach dem einfachen Grundfall des Trägers konstanten Querschnitts aus, dessen verschiedene Last- und Lagerfälle in Handbüchern [3, 8] umfangreich tabelliert sind. Die einfache Handhabung, die zur Berechnung der dreifach gelagerten Welle (Fall 3!) fortgeführt wird, soll im folgenden an zwei Beispielen (Fälle 1 und 2!) demonstriert werden.

Fall 1: Welle gleichbleibenden Querschnitts unter der Belastung durch mehrere Kräfte

Die zweifach gelagerte Welle nach Bild 8.7 hat sich unter der Belastung mit mehreren Kräften $F_1, F_2, \ldots$ verformt. Das Superpositionsgesetz, das für elastische Systeme (Gültigkeit des Hookeschen Gesetzes!) gilt, sagt aus, daß die Gesamtverformung die Summe der Einzelverformungen unter je einer Einzelkraft ist und es daher gleich bleibt, in welcher Reihenfolge die Kräfte aufgebracht werden. Die Durchbiegung w_i an einer beliebigen Stelle i ist danach:

$$w_i = w_{i1} + w_{i2} + \cdots = \sum_{k=1}^{n} w_{ik} \tag{8.9}$$

w_{ik} = Teildurchbiegung an der Stelle i infolge der Kraft F_k an der Stelle k.

In der Tabelle 8.3 sind die einfachen Grundfälle verschieden gelagerter Träger der Länge l aufgetragen. Die Meßstelle i liegt jeweils um x_i und die Lasteinleitungsstelle k um x_k vom linken Auflager entfernt. Allgemein läßt sich für die Teildurchbiegung w_{ik} schreiben:

$$w_{ik} = F_k \cdot \eta_{ik} \tag{8.10}$$

η_{ik} = Einflußzahl (= Nachgiebigkeit!).

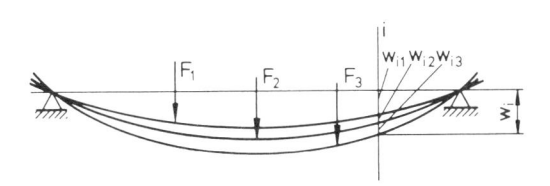

Bild 8.7. Träger auf zwei Stützen mit mehreren Einzellasten

Tabelle 8.3. Einfache Grundfälle verschieden gelagerter Träger

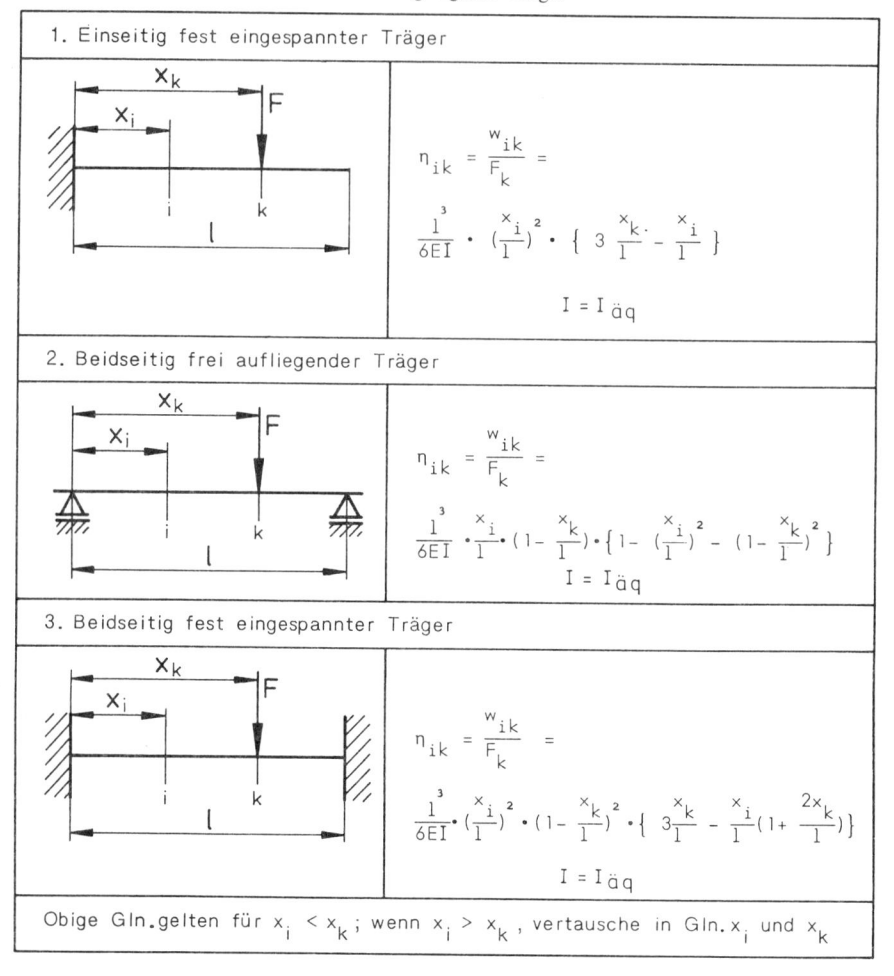

1. Einseitig fest eingespannter Träger	
(Skizze: einseitig eingespannter Träger mit Maßen x_i, x_k, l und Kraft F an Stelle k)	$\eta_{ik} = \dfrac{w_{ik}}{F_k} =$ $\dfrac{l^3}{6EI} \cdot \left(\dfrac{x_i}{l}\right)^2 \cdot \left\{ 3\dfrac{x_k}{l} - \dfrac{x_i}{l} \right\}$ $I = I_{äq}$
2. Beidseitig frei aufliegender Träger	
(Skizze: beidseitig aufliegender Träger mit Maßen x_i, x_k, l und Kraft F an Stelle k)	$\eta_{ik} = \dfrac{w_{ik}}{F_k} =$ $\dfrac{l^3}{6EI} \cdot \dfrac{x_i}{l} \cdot \left(1-\dfrac{x_k}{l}\right) \cdot \left\{ 1 - \left(\dfrac{x_i}{l}\right)^2 - \left(1-\dfrac{x_k}{l}\right)^2 \right\}$ $I = I_{äq}$
3. Beidseitig fest eingespannter Träger	
(Skizze: beidseitig eingespannter Träger mit Maßen x_i, x_k, l und Kraft F an Stelle k)	$\eta_{ik} = \dfrac{w_{ik}}{F_k} =$ $\dfrac{l^3}{6EI} \cdot \left(\dfrac{x_i}{l}\right)^2 \cdot \left(1-\dfrac{x_k}{l}\right)^2 \cdot \left\{ 3\dfrac{x_k}{l} - \dfrac{x_i}{l}\left(1+\dfrac{2x_k}{l}\right) \right\}$ $I = I_{äq}$
Obige Gln. gelten für $x_i < x_k$; wenn $x_i > x_k$, vertausche in Gln. x_i und x_k	

Für die Durchbiegung unter der Kraft F_1 im Bild 8.7 ergibt sich so der Wert

$$w_1 = F_1 \cdot \eta_{11} + F_2 \cdot \eta_{12} + F_3 \cdot \eta_{13}.$$

Auf diese Weise lassen sich für beliebig viele Stellen i die Durchbiegungswerte ermitteln, die, quer zur Wellenachse aufgetragen und verbunden, es erlauben, die Biegelinie zu zeichnen.

Fall 2: Welle mit belastetem überkragendem Ende

Das Schema läßt sich einfach auf den Träger mit überkragendem belastetem Ende anwenden (Bild 8.8). Es wird die Biegelinie für den im Lager A und an der Einleitungsstelle der Kraft F_2 gestützten Träger berechnet, wobei die Auflagekraft F_B im Lager B als Belastung angenommen wird. Dadurch entsteht an der Stelle B

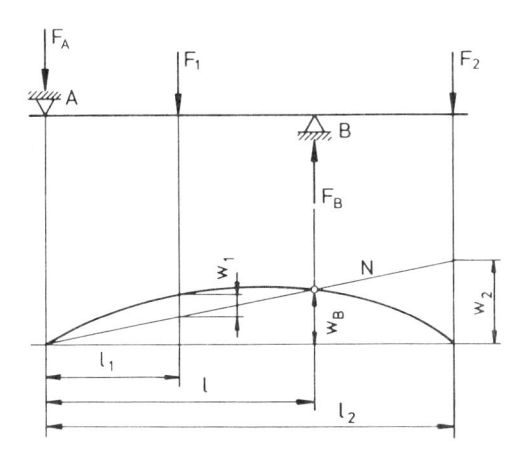

Bild 8.8. Träger auf zwei Stützen mit Kragarm

eine Durchbiegung w_B der Größe

$$w_B = F_1 \cdot \eta_{B1} + F_B \cdot \eta_{BB}.$$

Durch diesen Biegelinienpunkt und den Punkt A ist dann eine neue Nullinie N zu legen, mit der dann über den Strahlensatz einfach die Durchbiegung des freien Endes ermittelt werden kann:

$$w_2 = w_B \cdot \frac{l_2}{l}$$

Fall 3: Dreifach gelagerte Welle

Die formalisierte Schreibweise bietet eine schnelle Lösung für die dreifache Stützung. Wird in Bild 8.9 die Lagerstützkraft F_B als freie Kraft angenommen, d.h. das Lager B entfernt, dann ergibt sich dort eine Durchbiegung unter der Wirkung der äusseren Kräfte F_k und F_B der Größe

$$w_B = \sum_{k=1}^{n} F_k \cdot \eta_{Bk} + F_B \cdot \eta_{BB}.$$

Da für den Lagerpunkt B definitionsgemäß $w_B = 0$ ist, bleibt in der Gleichung für die Durchbiegung w_B die Lagerkraft F_B als einzige Unbekannte übrig. Sie kann in

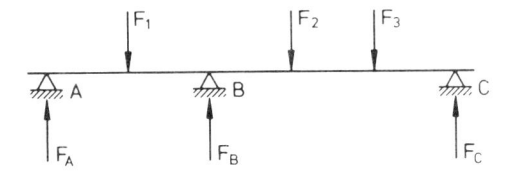

Bild 8.9. Dreifach gestützter Träger (statisch unbestimmte Lagerung!)

folgender Weise ermittelt werden:

$$F_B = -\frac{1}{\eta_{BB}} \cdot \sum_{k=1}^{n} F_k \cdot \eta_{Bk} \qquad (8.11)$$

Physikalisch bedeutet dieser Rechengang, daß zunächst unter Weglassen des Lagers B und seiner Stützkraft F_B die Durchbiegung der Welle an dieser Stelle unter der Wirkung der Lasten berechnet wird und dann eine Einzelkraft F_B an der gleichen Welle am gleichen Ort angesetzt wird, die eine Durchbiegung bewirkt, die der vorigen entgegengesetzt gleich ist.

8.3.1.2 Wellen mit veränderlichem Querschnitt

Ein mit einer Streckenlast q belasteter Träger erfährt eine Durchbiegung mit der örtlichen Durchsenkung w = w(x). Nach der Biegetheorie besteht zwischen den für das Biegeverhalten wichtigen physikalischen Größen folgender Zusammenhang:

Biegewinkel: $\hat{\varphi} = -w'$
Biegemoment: $M = E \cdot I_{äq} \cdot \hat{\varphi}' = -E \cdot I_{äq} \cdot w''$
Querkraft: $Q = M'$
Streckenlast: $q = -Q' = -M''$

Hierbei bedeutet ' die Ableitung nach der Koordinate x in Richtung der Wellenachse.

Diese Gleichungen zeigen, daß der Verlauf der Biegelinie durch viermalige Integration aus der Streckenlast zu gewinnen ist, wobei in einem Schritt die wirksame Geometrie in Form des äquatorialen Flächenträgheitsmomentes $I_{äq}$ in das örtliche Integrationsintervall einzufügen ist. Bekannt sind zeichnerische Lösungsverfahren, nach denen eine grafische Integration der Querkraft- und der Momentenfläche durchgeführt wird (z.B. das Mohrsche Verfahren!).

Hierbei wie auch bei den im folgenden beschriebenen rechnerischen Verfahren ist zu beachten, daß beim Übergang zwischen Wellenabschnitten unterschiedlichen Durchmessers sich die Steifigkeit nicht sprungförmig ändert, sondern in einem Verlauf zunimmt, wie wenn der Wellendurchmesser längs eines 60°-Kegels wächst (Bild 8.10). Die dadurch größere Federung oder Elastizität kann modellhaft in der Weise berücksichtigt werden, daß die Länge l des dünneren Wellenabschnittes um

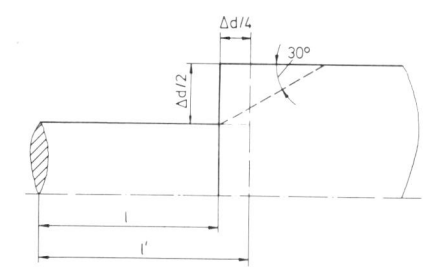

Bild 8.10. Wirksamer Durchmesserübergang an Wellenabsätzen

$\Delta d/4$ verlängert und der Abschnitt mit dem größeren Durchmesser entsprechend verkürzt wird.

Die rechnerischen Verfahren arbeiten nach dem Prinzip, daß sie die Biegelinie schrittweise aufbauen [1, 7, 8, 9, 14]. Dazu wird die Welle in beliebig kurze Teilstücke derart zerlegt, daß innerhalb derselben konstante oder nahezu konstante Verhältnisse vorliegen. Mithin sind die Teilgrenzen immer an den Kraft- oder den Momenteinleitungsstellen und an den Wellenabsätzen zu fixieren. Das zu behandelnde Wellenteilstück wird ferner immer als am vorlaufenden oder davor liegenden, verformten Wellenabschnitt starr eingespannter Träger betrachtet, der durch seine Belastung verformt wird. Die dabei auftretende Teilverformung wird jeweils der bis dorthin vorliegenden Verformung überlagert und liefert derart den Eingangswert für den nächsten Wellenabschnitt.

Dieses sog. Übertragungsverfahren [7, 8, 9, 14, 17] läßt sich für Wellen einfach darstellen, weil die Kräfte diskret angreifen. Die Unterteilung in Wellenabschnitte der Länge Δl ist daher so zu treffen, daß die Kräfte auf einer Abschnittsgrenze angreifen, d.h. die Querkraft Q längs jedes Abschnittes konstant bleibt. Mit den Bezeichnungen des Bildes 8.11 ergeben sich für das zwischen den Grenzen i und i + 1 liegende Wellenstück mit konstantem Trägheitsmoment $I_{äq\,i/i+1}$ und der Länge $\Delta l_{i/i+1}$ folgende Beziehungen:

Querkraft: $\qquad Q_{i+1} = Q_i$ \qquad (8.12)

Moment: $\qquad M_{i+1} = Q_i \cdot \Delta l_{i/i+1} + M_i$ \qquad (8.13)

Teilverformungswinkel: $\Delta\widehat{\varphi}_{i/i+1} = \dfrac{M}{E \cdot I_{äq\,i/i+1}} \cdot \Delta l_{i/i+1}$

Bei nicht zu starker Änderung des Momentenverlaufes längs $\Delta l_{i/i+1}$ ist M in folgender Weise genügend genau zu ermitteln:

$$M = (M_i + M_{i+1})/2 = M_i + \frac{Q_i}{2} \cdot \Delta l_{i/i+1}$$

Biegewinkel: $\varphi_{i+1} = \varphi_i + \Delta\varphi_{i/i+1}$

$$\widehat{\varphi}_{i+1} = \widehat{\varphi}_i + \frac{M_i}{E \cdot I_{äq\,i/i+1}} \cdot \Delta l_{i/i+1} + \frac{Q_i}{2 \cdot E \cdot I_{äq\,i/i+1}} \cdot \Delta l_{i/i+1}^2 \qquad (8.14)$$

Durchbiegung: $w_{i+1} = w_i - \widehat{\varphi}_i \cdot \Delta l_{i/i+1} + w_Q + w_M$

Bei der Belastung durch eine positive Einzelkraft $Q_{i+1} = Q_i$ am Ende i + 1 erfährt ein eingespannter Träger eine positive Durchbiegung der Größe

$$w_Q = \frac{Q_i}{3 \cdot E \cdot I_{äq\,i/i+1}} \cdot \Delta l_{i/i+1}^3.$$

Bei der Belastung durch ein positives konstantes Moment M_{i+1} am Ende i + 1 erfährt ein eingespannter Träger eine negative Durchbiegung

$$w_M = -\frac{M_{i+1}}{2 \cdot E \cdot I_{äq\,i/i+1}} \cdot \Delta l_{i/i+1}^2.$$

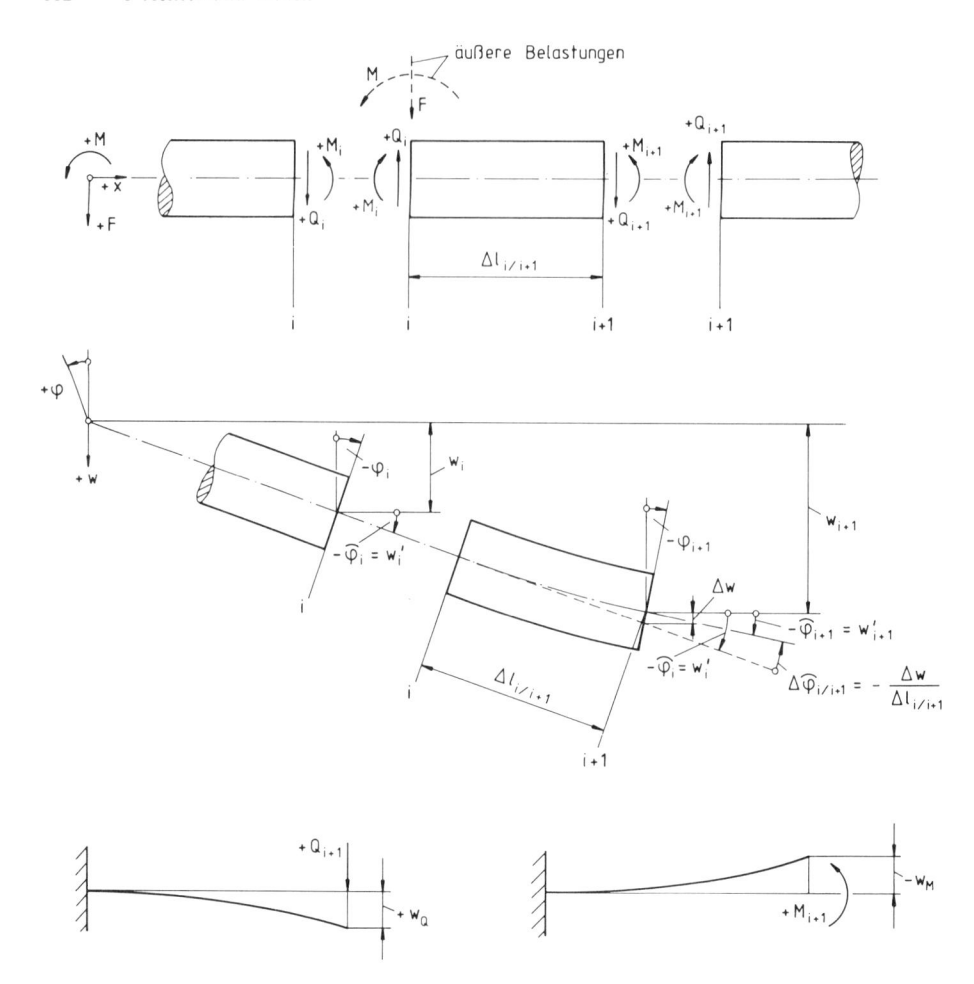

Bild 8.11. Belastungs- und Verformungsverhältnisse an einem Wellenabschnitt $\Delta l_{i/i+1}$ zwischen den Schnitten i und i + 1.

Somit ergibt sich für die Durchbiegung folgender Wert:

$$w_{i+1} = -\frac{Q_i}{6 \cdot E \cdot I_{\text{äq } i/i+1}} \cdot \Delta l_{i/i+1}^3 - \frac{M_i}{2 \cdot E \cdot I_{\text{äq } i/i+1}} \cdot \Delta l_{i/i+1}^2$$
$$- \widehat{\varphi}_i \cdot \Delta l_{i/i+1} + w_i \qquad (8.15)$$

Am Rande bzw. in den Lagern sind immer mindestens zwei Größen bekannt, z.B. an der Stelle i = 0 ist $M_0 = 0$, $w_0 = 0$ usw. Von dort ausgehend ist die Rechnung mit tabellarischer Aufzeichnung der Werte sowie Ergebnisse und einem programmierbaren Taschenrechner einfach durchzuführen.

Besondere Beachtung verlangen die Abschnittsgrenzen, an denen äußere Kräfte F oder Momente M in die Welle eingeleitet werden. Diese müssen hierbei gemäß

8.3 Bemessung auf Verformung

Bild 8.11a mit dem richtigen Vorzeichen angesetzt werden. Beim Übergang vom linken zum rechten Schnittufer für das Element i/i+1 (Bild 8.11a) ändern sich die Querkraft und das Moment.

Um die Schnittkraft und das Schnittmoment am rechten Schnittufer des Elementes i/i+1 formal gleich berechnen zu können (Gln. (8.12) und (8.13)), müssen Q_i durch $Q_i + Q_i^*$ und M_i durch $M_i + M_i^*$ ersetzt werden.

Q_i^* und M_i^* sind dabei die durch die am linken Schnittufer i wirkende äußere Belastung (+ F und/oder + M!) am rechten Schnittufer i+1 hervorgerufenen zusätzlichen Schnittgrößen.

In vollständiger Schreibweise sind daher die Gln. (8.12) bis (8.15) um den jeweiligen Änderungswert $Q_i^*, M_i^*, \varphi_i^*, w_i^*$, zu ergänzen, der durch die neu hinzukommende Größe + F bzw. + M bewirkt wird. In vektorieller From geschrieben bzw. in Matrizenschreibweise ergibt sich somit für einen Wellenabschnitt der Länge $\Delta l = \Delta l_{i/i+1}$ und dem Flächenträgheitsmoment gegen Biegung $I = I_{\text{äq } i/i+1}$ zwischen den Grenzen i und i+1 gemäß [6,7] die Beziehung

$$\begin{vmatrix} Q_{i+1} \\ M_{i+1} \\ \widehat{\varphi}_{i+1} \\ w_{i+1} \\ 1 \end{vmatrix} = \begin{vmatrix} 1 & 0 & 0 & 0 & Q_i^* \\ \Delta l & 1 & 0 & 0 & M_i^* \\ \dfrac{\Delta l^2}{2 \cdot E \cdot I} & \dfrac{\Delta l}{E \cdot I} & 1 & 0 & \widehat{\varphi}_i^* \\ -\dfrac{\Delta l^3}{6 \cdot E \cdot I} & -\dfrac{\Delta l^2}{2 \cdot E \cdot I} & -\Delta l & 1 & w_i^* \\ 0 & 0 & 0 & 0 & 1 \end{vmatrix} \times \begin{vmatrix} Q_i \\ M_i \\ \widehat{\varphi}_i \\ w_i \\ 1 \end{vmatrix} \quad (8.16)$$

d.h. $\psi_{i+1} = N_{i/i+1} \cdot \psi_i$

($\Delta l = \Delta l_{i/i+1}$ und $I = I_{\text{äq } i/i+1}$!)

Der Zustandsvektor ψ_{i+1} am rechten Rand des Wellenabschnittes ist gleich dem Zustandsvektor ψ_i am linken Rand multipliziert mit der sog. Feld- oder Übertragungsmatrix $N_{i/i+1}$, die alle Eigenschaften des Wellenabschnittes von i bis i+1 einschließlich der Wirkung der auf ihrer Grenze neu hinzukommenden Größen Kraft + F und Moment + M enthält. Wird im Übergang zwischen zwei Wellenabschnitten, d.h. an der Schnittstelle i, nichts geändert oder aber eine Kraft + F oder ein Moment + M hinzugefügt, dann gelten folgende Beziehungen:

1. nichts geändert: $\quad Q_i^* = M_i^* = \varphi_i^* = w_i^* = 0$

2. Kraft + F hinzugefügt: $\quad Q_i^* = -F$

$$M_i^* = -F \cdot \Delta l$$

$$\widehat{\varphi}_i^* = -\frac{F}{2 \cdot E \cdot I} \cdot \Delta l^2$$

$$w_i^* = +\frac{F}{6 \cdot E \cdot I} \cdot \Delta l^3$$

114 8 Achsen und Wellen

3. Moment $+ M$ hinzugefügt: $Q_i^* = 0$

$$M_i^* = -M$$

$$\hat{\varphi}_i^* = -\frac{M}{E \cdot I} \cdot \Delta l$$

$$w_i^* = +\frac{M}{2 \cdot E \cdot I} \cdot \Delta l^2$$

($\Delta l = \Delta l_{i/i+1}$ und $I = I_{\text{äq } i/i+1}$!)

Der Zustandsvektor ψ_{i+1} ist wieder Eingang für den folgenden Wellenabschnitt zwischen den Stellen $i+1$ und $i+2$, und demgemäß wird dann

$$\psi_{i+2} = N_{i+1/i+2} \cdot \psi_{i+1} = N_{i+1/i+2} \cdot N_{i/i+1} \cdot \psi_i.$$

Daraus ergibt sich in allgemeiner Formulierung für eine in n Felder bzw. Abschnitte unterteilte Welle:

$$\psi_n = N_{n-1/n} \cdot N_{n-2/n-1} \cdots N_{1/2} \cdot N_{0/1} \cdot \psi_0 = \psi_0 \cdot \prod_{i=0}^{n-1} N_{i/i+1} \quad (8.17)$$

Dieses Verfahren ist universeller, setzt aber einen Rechner mit Matrizen-Software voraus. Für weitere Betrachtungen sei auf das Schrifttum [7, 8, 9, 14, 17] verwiesen. Ein zweites, sehr einfaches Überlagerungsverfahren geht auf die Biegegleichung

$$\frac{1}{\rho} = \frac{d\hat{\varphi}}{dx} = \frac{M}{E \cdot I_{\text{äq}}} \quad (8.18a)$$

zurück, die für längs eins Wellenabschnittes konstante Verhältnisse in folgender Differenzenform geschrieben werden kann:

$$\Delta\hat{\varphi} = \frac{M}{E \cdot I_{\text{äq}}} \cdot \Delta x. \quad (8.18b)$$

Ein durch ein konstantes Moment M belasteter Wellenabschnitt der Länge Δx erfährt somit eine Teilverbiegung um den sehr kleinen Winkel $\Delta\varphi$. Projiziert man gemäß Bild 8.12 die Biegeneigung auf das Ende der Welle mit der Länge 1, so ergibt

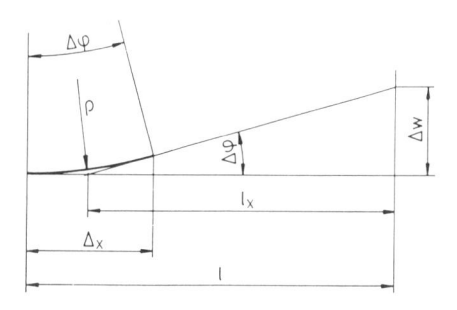

Bild 8.12. Verformung eines Wellenabschnittes

sich dort eine vom betrachteten Abschnitt bewirkte Teildurchbiegung der Größe

$$\Delta w = -\Delta\hat{\varphi}\cdot l_x = -\Delta\hat{\varphi}\cdot(l-\tfrac{1}{2}\Delta x). \tag{8.19}$$

Das nächste angeschlossene Wellenstück liefert seine Teildurchbiegung dazu usw., so daß sich für einen einseitig eingespannten Träger am Wellenende die Gesamtdurchbiegung w als die Summe der Δw-Werte und der Biegewinkel φ als Summe der $\Delta\varphi$-Werte ergeben.

Bild 8.13 zeigt die Anwendung des Verfahrens am einseitig eingespannten und am Ende mit der Kraft F belasteten Träger. Dieser wird in n Abschnitte der jeweiligen Länge $\Delta l_{i/i+1}$, die nicht alle gleich lang sein müssen, unterteilt, und zwar so, daß wieder die Grenzen auf den Absätzen liegen und das Moment $M_{i/i+1}$ im Abschnitt i bis i+1 hinreichend genau als jeweils konstant angenommen werden kann. Dabei ist zu beachten, daß sowohl der Verdrehwinkel φ als auch das Moment M am linken Elementrand im Uhrzeigersinn positiv, am rechten Elementrand im Gegenuhrzeigersinn positiv gezählt werden (Bild 8.11). Unter Beachtung von

$$l_{i/i+1} = l - (\Delta l_{0/1} + \Delta l_{1/2} + \cdots + \tfrac{1}{2}\Delta l_{i/i+1}) \tag{8.20}$$

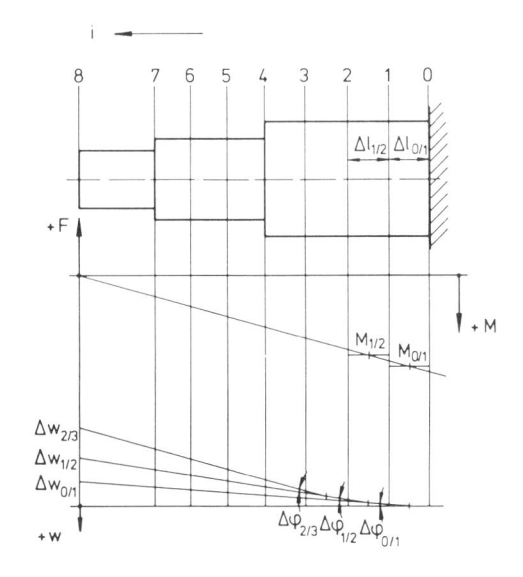

Nr.	Δl	M	I_{aq}	M/I_{aq}	$\Delta l/E$	$\Delta\varphi$	$l_{i/i+1}$	Δw
0/1								
1/2								
2/3								

Bild 8.13. Überlagerungsverfahren zur Ermittlung der Wellendurchbiegung

läßt sich die Berechnung der Teilverbiegung

$$\Delta\widehat{\varphi}_{i/i+1} = \left.\frac{M \cdot \Delta l}{E \cdot I_{äq}}\right|_{i/i+1} \tag{8.21a}$$

und der Teildurchbiegung

$$\Delta w_{i/i+1} = -\Delta\widehat{\varphi}_{i/i+1} \cdot \Delta l_{i/i+1} \tag{8.21b}$$

in einem einfachen Schema durchführen. Diese Ergebnisse werden am Schluß über alle Wellenabschnitte addiert und liefern so für das Wellenende die Gesamtdurchbiegung w und die Gesamtverbiegung (Biegewinkel!) φ:

Durchbiegung: $\quad w = \sum_{i=0}^{n-1} \Delta w_{i/i+1} \tag{8.22a}$

Biegewinkel: $\quad \varphi = \sum_{i=0}^{n-1} \Delta\varphi_{i/i+1} \tag{8.22b}$

Bei einer zweifach gelagerten Welle wird zunächst der Biegemomentenverlauf ermittelt und dann diese an einer günstigen Stelle, z.B. an einem Wellenabsatz oder einer Krafteinleitungsstelle, möglichst nahe der anzunehmend größten Durchbiegung in zwei Teile getrennt. Jeder Teil wird dann nach dem angegebenen Verfahren als ein an der Trennstelle fest eingespannter Träger berechnet. Es ergeben sich für links und rechts die Endwerte φ_L, φ_R und w_L, w_R. Letztere sind wahrscheinlich ungleich groß und liefern zwei Lagerpunkte A', B', in denen die Durchbiegung real Null ist. Ihre Verbindungsgerade N ist die neue Nullinie, deren Abstand von der Biegelinie die tatsächliche Durchbiegung ergibt und deren Winkel gegen φ_L, φ_R die tatsächlichen Wellenbiegewinkel im Lager liefern (Bild 8.14).

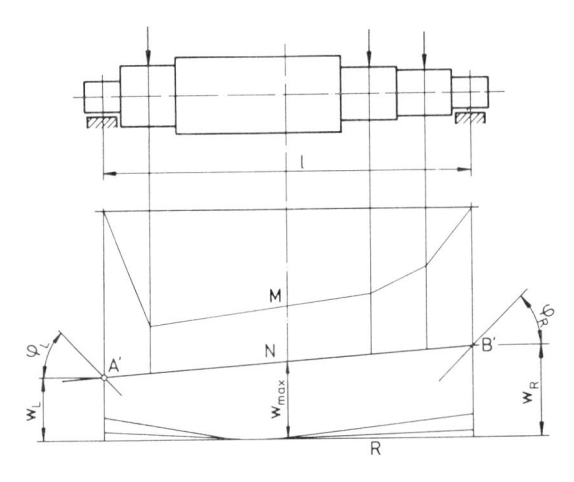

Bild 8.14. Durchbiegung einer zweifach gelagerten Welle

8.3.1.3 Vollständige Berechnung

Die Ermittlung der Durchbiegung im Abschnitt 8.3.1.2 setzte nur die Wirkung des Biegemomentes und die starre Lagerung voraus. Durch die Querkraft erfahren die Wellen zusätzlich aber eine Schubverformung, und bei der Berechnung der Durchbiegung von Werkzeugmaschinenspindeln sind besonders die Federungseigenschaften der Wellenlager von Bedeutung.

Nach dem Hookeschen Gesetz $\tau = G \cdot \gamma$ ruft eine Schubbeanspruchung eine Verzerrung hervor, die sich am Ende eines durch eine konstante Querkraft Q belasteten Wellenabschnittes mit konstantem Querschnitt A und der Länge Δl als Durchsenkung Δw_Q zeigt. Sie hat die Größe

$$\Delta w_Q = \Delta l \cdot \gamma = \Delta l \cdot \frac{Q}{G \cdot A} .^*) \tag{8.23a}$$

Mit der Beziehung zwischen dem Elastizitäts- und dem Gleitmodul über die Poisson-Zahl m

$$G = \frac{m \cdot E}{2(m+1)}$$

$$G = \frac{10 \cdot E}{26} \text{ für } m = \frac{10}{3} \text{ bei Stahl}$$

ergibt sich für die Schubverformung am rechten Elementrand der Ausdruck

$$\Delta w_Q = \frac{26}{10} \cdot \frac{Q}{E \cdot A} \cdot \Delta l. \tag{8.23b}$$

Bei Trägern mit ungleichen Querschnitten wird die Schub-Gesamtverformung wieder nach dem Prinzip der Überlagerung ermittelt. Es gilt somit:

$$w_Q = \frac{26}{10 \cdot E} \cdot \sum_{i=0}^{n-1} \frac{Q_{i/i+1}}{A_{i/i+1}} \cdot \Delta l_{i/i+1}. \tag{8.24}$$

Um den Einfluß der Schubverformung abzuschätzen, sei modellhaft ein eingespannter Träger der Länge l mit der Belastung durch eine Kraft F am Ende betrachtet. An seinem freien Ende liegen dann folgende Verformungen vor:

Biegeverformung: $\quad w_B = \dfrac{F}{3 \cdot E \cdot I_{äq}} \cdot l^3$

Schubverformung: $\quad w_Q = \dfrac{26}{10} \cdot \dfrac{F}{E \cdot A} \cdot l$

---

*) Die ungleiche Schubspannungsverteilung hat keinen Einfluß auf die Verformung, da sich ungleich belastete Zonen nicht frei, sondern wegen des Werkstoffzusammenhaltes nur mit dem gesamten Werkstück verformen können.

118 8 Achsen und Wellen

Das Verhältnis dieser beiden Verformungen hat den Wert

$$\frac{w_Q}{w_B} = \frac{3 \cdot 26}{10} \cdot \frac{I_{äq}}{A \cdot l^2}$$

bzw. für einen Kreisquerschnitt mit $\frac{I_{äq}}{A} = \left(\frac{d}{4}\right)^2$.

$$\frac{w_Q}{w_B} \simeq 0{,}5 \cdot \left(\frac{d}{l}\right)^2.$$

Der Anteil der Schubverformung ist bei kurzen Wellen beachtlich, er geht jedoch mit zunehmender Länge schnell zurück, wie folgende Zusammenstellung zeigt:

w_Q/w_B	50%	20%	10%	5%	3%
l/d	1	1,6	2,2	3,2	4

Die hohen Genauigkeiten, die bei Werkzeugmaschinen gefordert werden müssen, verlangen, daß auch die Wellendurchsenkung infolge der Lagerelastizität berücksichtigt wird. Die beiden Grundfälle a) und b) und ihre Überlagerung c) in Bild 8.15 zeigen, wie die Wellendurchsenkung am überkragenden Ende durch Superposition der lastverformten Welle a) mit der Gesamtdurchsenkung der Lager b) entsteht. Für Wälzlager sind die Lagerfederungen auf Grund der inneren Geometrie berechenbar, doch setzt dieses wegen des hohen Einflusses der Lagervorspannung, der Lagerluft usw. die Kenntnis der Einbaubedingungen voraus. Ferner ist die elastische Bettung zu berücksichtigen. Die Federwege sind daher nicht vernachlässigbar, sie erreichen ohne besondere Vorkehrungen leicht 0,05 bis 0,15 mm bei mittleren Lasten. Selbst bei den sehr starr gestalteten Lagerungen der Werkzeugmaschinen beträgt der durch die Lager bewirkte Anteil ungefähr 25% der Gesamtdurchsenkung der Maschinenspindeln.

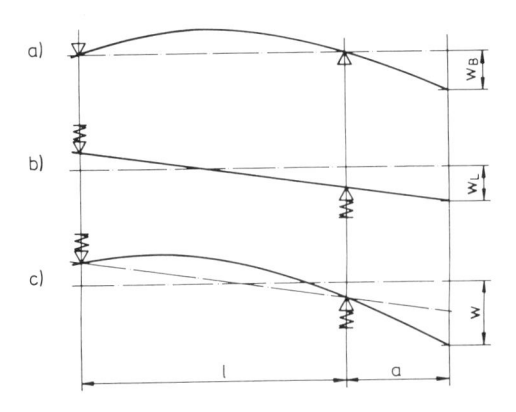

Bild 8.15. Durchsenkung einer elastisch gelagerten Welle

8.3.1.4 Richtwerte

Über die zulässigen Durchbiegungen und Neigungswinkel der Biegelinie einer Welle gibt es nur wenige Richtwerte, da sie von deren allfälliger Funktion und Verwendung abhängen. Bei längeren Wellen der Länge l ohne besondere Führungsaufgaben, z.B. für Transmissionen, Landmaschinen usw. wird mit $(w/l)_{zul} \leq 0{,}5/1000$, im allgemeinen Maschinenbau mit $(w/l)_{zul} \leq 0{,}3/1000$, bei Werkzeugmaschinen mit $(w/l)_{zul} \leq 0{,}2/1000$ bzw. bei den Werkzeugmaschinenspindeln mit einer Starrheit oder Steifigkeit von 250 bis 500 N/μm gerechnet. Bei elektrischen Maschinen ist besonders die Spaltweite s zu beachten. Hier empfiehlt sich für die Durchbiegung w der Richtwert $(w/s)_{zul} \leq 0{,}1$.

Der zulässige Neigungswinkel φ beträgt für einen

Kegelritzeleingriff: $\hat{\varphi}_{zul} \leq 1/1000$, d.h. $\hat{\varphi}_{zul} \leq 3{,}5'$

Stirnradeingriff: $\hat{\varphi}_{zul} \leq 0{,}2/1000$, d.h. $\varphi_{zul} \leq 42''$

An den Stützstellen ist der Neigungswinkel φ von der Lagerart abhängig. Unbedenklich sind große Neigungen bei kurzen, elastischen oder sich selbst einstellenden Gleitlagern, Pendelkugel- und Pendelrollenlagern. Für Ringrillenkugellager ist $\hat{\varphi}_{zul} \leq (0{,}6$ bis $3)\cdot 10^{-3}$, d.h. $\varphi_{zul} \leq 2'$ bis $10'$, und für Rollenlager, die stärker durch Kantenpressung gefährdet sind, ist $\hat{\varphi}_{zul} \leq 0{,}6\cdot 10^{-3}$, d.h. $\varphi_{zul} \leq 2'$.

8.3.2 Verdrehung

Unter der Wirkung eines Drehmomentes T verdrehen sich die Endquerschnitte eines Wellenstückes der Länge l um den Verdrehwinkel φ. Aus der Schiebung $\gamma = \tau/G$ ergibt sich gemäß Bild 3.13 und Gl. (3.40) die Beziehung

$$\hat{\varphi} = \gamma \cdot \frac{1}{r} = \frac{T \cdot l}{G \cdot I_t}.$$

Bei abgesetzten Wellen werden diese in gleichförmig belastete und gestaltete Wellenabschnitte zwischen i und i + 1 zerlegt und die Einzelverdrehungen berechnet, die dann folgende Größe haben:

$$\Delta\hat{\varphi}_{i/i+1} = \frac{T_{i/i+1}}{G} \cdot \frac{\Delta l_{i/i+1}}{I_{t\,i/i+1}}. \tag{8.25a}$$

Gemäß dem Überlagerungsverfahren ergibt sich die Gesamtverdrehung einer Welle zwischen den Stellen 0 und n als Summe der Einzelverdrehungen, d.h., es gilt

$$\hat{\varphi}_{0/n} = \sum_{i=0}^{n-1} \Delta\hat{\varphi}_{i/i+1}, \tag{8.25b}$$

wobei zu berücksichtigen ist, daß die Abschnittsgrenzen wieder sowohl an den Wellenabsätzen als auch an den Einleitungsstellen von Drehmomenten (z.B. Radsitze!) liegen müssen.

Wird ein Drehmoment T zwischen den Grenzen 0 und k durchgeleitet und erfährt die Welle gemäß Gl. (8.25) eine Verdrehung $\hat{\varphi}_{0/k}$, so wird

$$c_D = T/\hat{\varphi}_{0/k} \qquad (8.26)$$

als Drehfederkonstante oder Drehfederrate bezeichnet.

8.3.2.1 Richtwerte

Der zulässige Verdrehwinkel φ richtet sich nach dem Verwendungsweck der Welle. Bei Steuerwellen darf er nur sehr klein sein. Bei Transmissions-, Fahrwerks- und Getriebewellen werden folgende Werte zugelassen:

$\varphi_{zul} = (0{,}25° \text{ bis } 0{,}5°)/1000 \text{ mm, d.h.}$

$\hat{\varphi}_{zul} \simeq (0{,}004 \cdots 0{,}009)/1000 \text{ mm}.$

(Bezug auf 1000 mm Wellenlänge!)

8.4 Dynamisches Verhalten der Wellen

Wellen sind elastische Bauelemente, selbst massebehaftet und mit den Massen der Räder, Scheiben, Ringe usw. besetzt. Sie bilden daher schwingungsfähige Systeme, die sowohl transversale Schwingungen (Biegeschwingungen!) als auch Drehschwingungen ausführen können. Als Erregung dienen die eingeleitete Drehfrequenz sowie aufgeprägte, periodisch veränderliche Kräfte und Momente, die, wenn sie zur Wellen-Eigenfrequenz in Resonanz liegen, zu aufschaukelnden Schwingungen und schließlich zum Bruch der Wellen führen.

Die folgend beschriebenen Verfahren geben nur einen ersten Einblick mit grober Lage-Abschätzung der kritischen Bereiche.

8.4.1 Biegeschwingungen

Für die elementare Erklärung der Biegeschwingung wird in Bild 8.16 der Modellfall einer glatten, masselosen und elastischen Welle mit einer Scheibe betrachtet, deren Gesamtmasse m im Schwerpunkt S konzentriert ist [7]. Dieser liegt um die Exzentrizität e außerhalb des Mittelpunktes M, durch den die Wellenachse bei Stillstand geht. Dieses Masse-Feder-System kann nach allen Richtungen hin schwingen und bei entsprechender Anregung den Scheibenschwerpunkt S eine Rotationsbewegung ausführen lassen, auch ohne daß sich die Welle dreht. Eine solche „Springseilbewegung" kann als die Überlagerung der Ausschläge aus zwei zueinander senkrechten Schwingebenen gedeutet werden, in denen die Masse mit gleicher Frequenz, aber 90° phasenverschoben schwingt (Bild 8.16c). Der resultierende Ausschlagvektor w rotiert dann mit der Erregerkreisfrequenz Ω.

8.4 Dynamisches Verhalten der Wellen   121

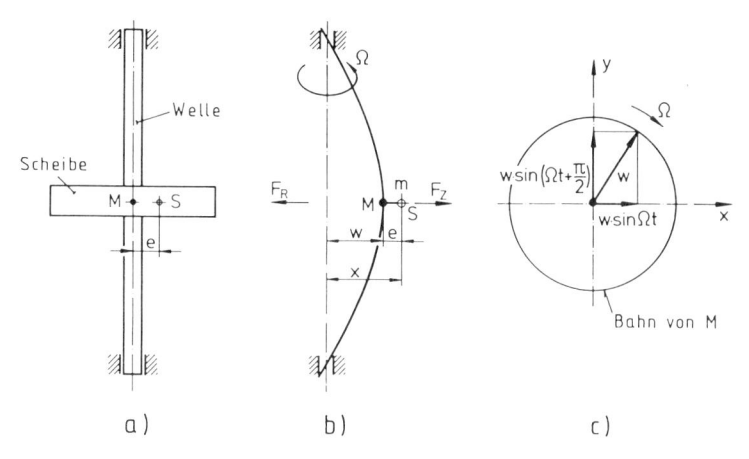

Bild 8.16. Biegeschwingung einer Welle mit Einzelmasse m; a) Welle-Scheibe (Masse m!)-Anordnung; b) Systembild (mechanisches-mathematisches Ersatzmodell!); c) Springseilbewegung (Umlaufbiegung!)

Bei Rotation der Welle liegt diese besondere Anregung durch die Fliehkraft vor. Auf die Masse m wirken dann eine Fliehkraft F_z und, von der elastisch um w ausgebogenen Welle, eine Rückstellkraft F_R, die im Beharrungsfall gleich groß sind:

$$F_R = c_B \cdot w = F_z = (w + e) \cdot m \cdot \Omega^2.$$

Daraus folgt für die Auslenkung:

$$w = \frac{m \cdot \Omega^2}{c_B - m \cdot \Omega^2} \cdot e \qquad (8.27)$$

c_B = Biegefederkonstante oder -rate der Welle für den Ort der Masse m;
Ω = Winkelgeschwindigkeit der Welle.

Die Auslenkung w ist besonders stark von Ω abhängig, und sie wird theoretisch unendlich groß, wenn in Gl. (8.27) $c_B - m \cdot \Omega^2 = 0$ wird. Die dann herrschende Kreisfrequenz wird als „kritische" Frequenz Ω_k bezeichnet. Physikalisch gedeutet ist sie die Kreisfrequenz der Eigenschwingung (Biegeeigenschwingung!) des Systems:

$$\Omega_k = \sqrt{\frac{c_B}{m}}.$$

Eingesetzt ergibt sich aus Gl. (8.27) für die auf die Exzentrizität e bezogene Durchbiegung die Beziehung

$$\frac{w}{e} = \frac{(\Omega/\Omega_k)^2}{1 - (\Omega/\Omega_k)^2} = \frac{1}{(\Omega_k/\Omega)^2 - 1} \qquad (8.28)$$

Die Anregung der Schwingung erfolgt durch den Antrieb der Welle, d.h. durch die mit der Wellendrehzahl $n = \omega/2\pi$ (n in 1/s!) umlaufende Fliehkraft der um e exzentrischen Masse m. Wird daher $\Omega = \omega$ gesetzt, so kann der Verlauf der

Durchbiegung, die gemäß der Voraussetzung schwingend erfolgt, als Funktion der Drehzahl verfolgt werden. Es gilt folgender Zusammenhang:

$$\frac{w}{e} = \frac{(2\pi n/\Omega_k)^2}{1-(2\pi n/\Omega_k)^2} = \frac{1}{(\Omega_k/2\pi n)^2 - 1} \qquad (8.28a)$$

Die Wellendurchbiegung w, bei Stillstand w = 0, wächst mit der Drehzahl auf theoretisch w = ∞ an bei $2\pi n/\Omega_k = 1$ bzw. $n = n_k = \Omega_k/2\pi$, der sogenannten kritischen Drehzahl (biegekritische Drehzahl!).

Bei höherer Drehzahl, d.h. im „überkritischen" Bereich, nimmt w wieder schnell ab, d.h. die Welle zentriert sich selbst, läuft also ruhiger, und die beim Durchfahren des kritischen Drehzahlbereiches auftretenden Erschütterungen verschwinden. Bei sehr hohen Drehzahlen (n = ∞!) wird w = −e, die Welle rotiert dann mit dieser Auslenkung um den in der Drehachse liegenden Schwerpunkt S.

Zur weiteren Betrachtung seien hier die betrachteten Schwingungen dadurch hinreichend definiert, daß in einem Feder-Masse-System ein periodischer Wechsel zwischen den Zuständen höchster potentieller, d.h. in der elastischen Verformung des Federsystems gespeicherter Energie E_{el} und höchster kinetischer Energie E_{kin} des Massesystem stattfindet, wobei die Gesamtenergie E_{ges} konstant bleibt. Die Energiebilanz kann dann in folgender Weise angegeben werden:

$$E_{ges} = E_{kin} + E_{el} = E_{kin,max} = E_{el,max}. \qquad (8.29)$$

Das bedeutet, daß für die Schwingungsberechnung nur die elastische Verformung der Welle unter der Wirkung der Massenkräfte zu ermitteln ist, nicht jedoch die Durchbiegung unter Belastungen wie Zahnkräften, Riemenzug usw.

Die Berechnung einer biegekritischen Frequenz soll an dem schon ziemlich vollständigen Modell in Bild 8.17 gezeigt werden [13]. Die Welle ist mit den beiden konzentrierten Massen m_1 und m_2 sowie mit der verteilten Masse ihres Eigengewichtes belegt. Die Anordnung wird in zwei Grundfälle zerlegt. Die Modelle a und b sind jeweils die elastische, aber masselose Welle, besetzt mit den Scheibenmassen m_1 und m_2. Es wird hierbei davon ausgegangen, daß die Schwingungsform die Biegelinie ist, die sich unter der Wirkung der Massenkraft einstellt und z.B. an der Stelle 1 die Durchbiegung w_1 hat. Ihre reale Große ist nicht wissenswert, sie dient nur als Rechenwert für die Steifigkeit. Dazu wird die Welle an der Stelle 1 mit einer beliebigen Kraft F_1 belastet und nach einem der angegebenen Verfahren die örtliche Durchbiegung w_{11} ermittelt. Das Verhältnis dieser beiden Größen ist die

$$\text{Biegefederkonstante} \quad c_{Bi} = \left(\frac{F}{w_i}\right)_i \text{ (Stelle i!)}, \qquad (8.30)$$

im Beispiel also c_{B1} für die Stelle 1.

Die maximale Federenergie an der Stelle 1 ist damit

$$E_{el,\,max} = \int_0^{w_1} c_{B1} \cdot w \cdot dw = c_{B1} \cdot \frac{w_1^2}{2}. \qquad (8.31)$$

Unter der Annahme einer harmonischen Schwingung mit der Eigenfrequenz Ω sind

8.4 Dynamisches Verhalten der Wellen

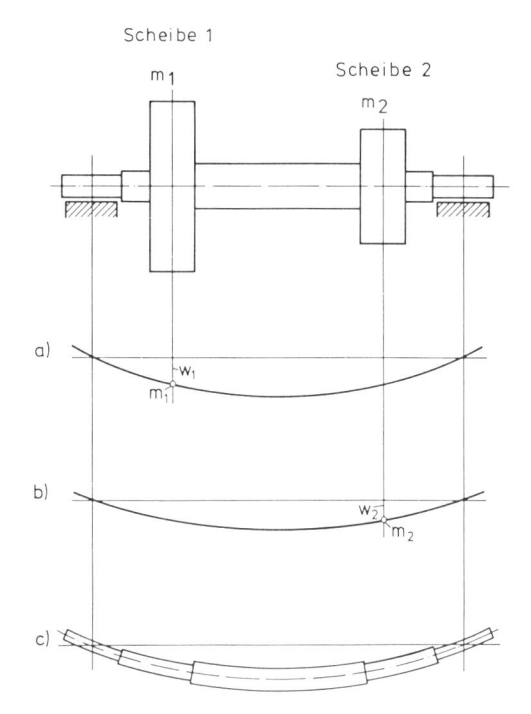

Bild 8.17. Schwingungsberechnung mit Auflösung in Teilsysteme; a) nur diskrete Massenbelegung mit m_1; b) nur diskrete Massenbelegung mit m_2; c) kontinuierliche Massenbelegung (Eigenmasse m_w!)

der Ausschlag

$$w = w_1 \cdot \sin \Omega t$$

und die Geschwindigkeit

$$\dot{w} = dw/dt = w_1 \cdot \Omega \cdot \cos \Omega t$$

$$\dot{w}_{max} = w_1 \cdot \Omega.$$

Damit ergibt sich für die maximale kinetische Energie an der Stelle 1 die Größe

$$E_{kin,max} = \frac{1}{2} m_1 \cdot (w_1 \Omega)^2. \tag{8.32}$$

Eingesetzt in Gl. (8.29) ergibt sich für die Gesamtenergie

$$E_{ges} = E_{kin,max} = \frac{1}{2} m_1 \cdot w_1^2 \cdot \Omega^2 = E_{el,max} = \frac{1}{2} c_{B1} \cdot w_1^2$$

und daraus für die Eigenfrequenz des Systems 1 (Bild 8.17a)

$$\Omega_1 = \sqrt{\frac{c_{B1}}{m_1}}. \tag{8.33}$$

In gleicher Weise wird das zweite System behandelt. Die Berechnung der Eigenschwingungen der massebehafteten Welle ist sehr umfangreich und daher – angesichts ihres Wertes – bei üblichen Ausführungen hinreichend genau zu ersetzen durch die Berechnung der Schwingungen der glatten Welle. Für sie hat die Eigenfrequenz k-ter Ordnung (k = 1, 2, 3, ...!) nach [7] die Größe

$$\Omega_w = k^2 \cdot \pi^2 \cdot \sqrt{\frac{E \cdot I_{äq}}{m_w \cdot l^3}}.$$

Die Grundfrequenz Ω des Systems ergibt sich dann nach Dunkerley [7, 9, 13, 14] zu

$$\frac{1}{\Omega^2} = \frac{1}{\Omega_1^2} + \frac{1}{\Omega_2^2} + \frac{1}{\Omega_w^2}$$

bzw. allgemein

$$\frac{1}{\Omega^2} = \sum_{i=1}^{n} \frac{1}{\Omega_i^2}. \qquad (8.34)$$

Die Zusammenfassung gemäß Gl. (8.34) liefert mit exakten Werten der Einzeleigenfrequenzen einen zu niedrigen Wert für Ω. Andererseits liefert das Rayleigh-Verfahren [13] nach den Gln. (8.31) bis (8.33) etwas zu hohe Werte, so daß sich die Fehler in Gl. (8.34) in etwa aufheben.

Für genaue Rechnungen müssen auch die versteifenden Wirkungen der Kreiselmomente, die Dämpfungseinflüsse usw. berücksichtigt werden. Dazu sei auf das Schrifttum [1, 3, 4, 8, 9] verwiesen.

Üblicherweise liegen die Betriebsdrehzahlen deutlich tiefer als der kritische Drehzahlbereich, doch ist bei Maschinen mit langen Wellen bzw. hohen Drehzahlen, z.B. bei Turbomaschinen, ein überkritischer Betrieb möglich. Der Resonanzbereich muß dann schnell durchfahren werden, damit sich die Schwingung nicht aufschaukelt.

Da die Schwingungsanregung von der Massenexzentrizität herrührt, müssen schnellaufende Wellen mit ihren Scheiben, Rädern usw. immer ausgewuchtet werden, bei längeren Wellen mit mehreren Scheiben sogar immer dynamisch.

8.4.2 Drehschwingungen

Drehschwingungen werden durch periodische Drehmomentschwankungen erregt. Das schwingende System besteht aus den Scheiben usw. mit ihren Massenträgheitsmomenten oder Drehmassen θ_i um die Drehachse und den zwischenliegenden elastischen Wellenstücken, beschrieben durch ihre jeweilige Drehfederkonstante oder -rate c_D. Besteht eine solche Welle aus Abschnitten mit unterschiedlichem Durchmesser, verfährt man gemäß Gln. (8.25) und (8.26) so, daß man die Drehfederkonstanten der Abschnitte $c_{D\,i/i+1}$ bestimmt und die Gesamt-Drehfederkonstante

$$\frac{1}{c_D} = \sum_{i=0}^{n-1} \frac{1}{c_{D\,i/i+1}} \qquad (8.35)$$

bildet. Das einfachste Schwingungssystem besteht aus zwei Drehmassen θ_1, θ_2 mit einem elastischen Zwischenstück der Drehfederkonstanten c_D. Die Kreisfrequenz seiner Eigenschwingung ist

$$\Omega = \sqrt{\frac{c_D}{\theta_g}} \qquad (8.36)$$

mit der Ersatzdrehmasse θ_g nach der Beziehung

$$\frac{1}{\theta_g} = \frac{1}{\theta_1} + \frac{1}{\theta_2}. \qquad (8.36a)$$

Bei umfangreicheren Systemen ist die Anzahl der möglichen Eigenfrequenzen gleich der Anzahl der elastischen Zwischenwellen. Oft sind Vereinfachungen möglich, indem mehrere, dicht beieinander liegende Drehmassen zu einer zusammengefaßt werden [1, 2, 5, 6, 10, 12, 15, 16].

Für Dreimassensysteme ergeben sich aus einer quadratischen Bestimmungsgleichung (Charakteristische Gleichung der Schwingungsgleichung!) die beiden Eigenkreisfrequenzen. Systeme mit mehr als drei Massen und verzweigte Anordnungen werden bevorzugt mit Matrizenverfahren auf Rechnern behandelt [1, 14, 17]. Wegen der vereinfachenden Annahmen ist es angeraten, die kritischen Drehzahlen experimentell an fertigen Konstruktionen oder Modellen zu überprüfen. Gleichzeitig lassen sich dabei Maßnahmen zur Verlagerung der Eigenfrequenz (z.B. durch Änderung der Massen bzw. der Steifigkeiten!), der Amplitudendämpfung (z.B. durch innere und äußere Reibung!) und der Schwingungstilgung (z.B. durch Kopplung mit Zusatzschwinger!) erproben.

8.5 Ausführung der Achsen und Wellen

Die Darstellung war bislang noch sehr allgemein gehalten. Aus der praktischen Ausführung ergeben sich aber bestimmte Richtlinien zur Gestaltung und Bemessung.

8.5.1 Normung

Zum Anschluß von Kupplungen und Übertragungselementen (z.B. Räder, Scheiben!) sind die Ausführungen der Wellenenden z.B. an Motoren, Getrieben usw. genormt. Die wichtigsten DIN-Normen, die hierbei beachtet werden müssen, sind:

DIN 748, T1:   Zylindrische Wellenenden; Abmessungen, Nenndrehmomente.
DIN 748, T3:   Zylindrische Wellenenden für elektrische Maschinen.
DIN 1448, T1: Kegelige Wellenenden mit Außengewinde; Abmessungen.
DIN 1449:   Kegelige Wellenenden mit Innengewinde; Abmessungen.

DIN ISO 14:	Keilwellen-Verbindungen mit geraden Flanken und Innenzentrierung; Maße, Toleranzen, Prüfung.
DIN 5464:	Keilwellen-Verbindungen mit geraden Flanken; Schwere Reihe.
DIN 5472:	Werkzeugmaschinen; Keilwellen- und Keilnabenprofile mit 6 Keilen, Innenzentrierung, Maße.
DIN 5481, T1:	Kerbzahnnaben- und Kerbzahnwellen-Profile (Kerbverzahnungen).
DIN 9611:	Ackerschlepper; Zapfwellen für den Geräteantrieb im Schlepperheck.
DIN 28144:	Wellenende für zweiteilige Rührer, Stahl, emailliert; Maße.
DIN 28154:	Wellenende für Rührer aus unlegiertem und nichtrostendem Stahl, für Gleitringdichtungen; Maße.
DIN 28159:	Wellenende für einteilige Rührer, Stahl, emailliert; Maße.
DIN 32711:	Antriebselemente; Polygonprofile P3G.
DIN 32712:	Antriebselemente; Polygonprofile P4C.
DIN 41591:	Wellenenden für elektrisch-mechanische Bauelemente.
DIN 42948:	Befestigungsflansche für elektrische Maschinen.

Weitere Normen siehe bitte Schrifttum zu Kapitel 8!

8.5.2 Werkstoffe und Fertigung

Die Werkstoffe für übliche Einsatzfälle sind die Baustähle St 42, St 50 und für höhere Beanspruchung St 60. Bei besonderen Ansprüchen, z.B. Oberflächenhärtung oder große Belastung, werden die Vergütungsstähle C 35, 40 Mn 4, 34 Cr 4 usw., im Fahrzeugbau die Einsatzstähle 16 MnCr 5, 18 CrNi 8 angewendet. Die Edelstähle verlangen bei Wechselbeanspruchung wegen ihrer größeren Kerbempfindlichkeit eine sorgfältige Gestaltung. Weiter ist zu beachten, daß die Verformungen vom Elastizitätsmodul E abhängig sind, mithin die Durchbiegung w einer Stahlwelle von der Wahl eines höherfesten Stahles also nicht beeinflußt wird.

Große Maschinenwellen werden meist im Stahlwerk aus Brammen vorgeschmiedet, geglüht und vorgeschruppt geliefert. Das Glühen ist zum Abbau von Spannungen aus Gefügeunregelmäßigkeiten sehr wichtig und wird meistens zweimal durchgeführt bzw. nach jedem Richten wiederholt. Für Turbinenwellen vorgesehene Stücke sind Ausschuß, wenn sie sich nach dem 4. Glühvorgang wieder verworfen haben.

Wellen normaler Abmessungen, bis zu einem Durchmesser von ca. 150 mm, werden aus Rundstahl, DIN 1013, gedreht (bei stärkeren Absätzen evtl. sogar vorgeschmiedet!), feingedreht und, je nach den Ansprüchen, geschliffen, geläppt oder prägepoliert. An besonderen Stellen wird oberflächengehärtet (z.B. Dichtungssitze!) und nachgearbeitet. Für sehr lange Wellen ohne ausgeprägte Strukturierung (z.B. Tranmissionswellen, Wellen für Landmaschinen usw.) wird gezogener oder geschliffener/polierter Rundstahl nach DIN 668 bis 671, DIN 59360 und DIN 59361, in den Qualitäten h 11 bis h 6 aus St 50 bzw. aus Stählen nach DIN 1651 und 1652 verwendet.

8.5.3 Gestaltung der Wellen

Bei der Gestaltung der Wellen treten die in den vorigen Abschnitten genannten Gesichtspunkte der Belastung, Verformung oder Schwingungsgefährdung je nach Einsatzfall verschieden stark hervor. Ganz allgemein gelten zwei Gestaltungsregeln, und zwar die für Montierbarkeit und für Kerbfreiheit. Um die erstgenannte Regel zu erläutern, sei auf Bild 8.5 verwiesen. Die Wellen müssen verschiedene Elemente wie Räder, Ringe, Scheiben und Lager aufnehmen, die sowohl axial durch Bunde usw. als auch zentral durch verschieden gepaßte Wellensitze festgelegt werden. Bei der überwiegend verwendeten Außenlagerung mit Toleranzfeldern k bis n für die Lagerinnenringsitze am Wellenende können nicht z.B. Räder mit ihren H/h-Passungen auf gleichem Durchmesser innen angeordnet werden. Schon gleiche Sitze bei einer Doppellagerung, wie im Bild 8.5 auf der Kegelritzelwelle, bereiten bei der Demontage Schwierigkeiten, obgleich andererseits gleiche Durchmesser und Toleranzfeldlage fertigungstechnisch vorteilhaft sind. Weiter ist zu berücksichtigen, daß die Momentübertragung erfolgen muß. Bei kleineren Raddurchmessern ist kein Raum für Verbindungselemente, Welle und Rad werden daher zweckmäßig aus einem Stück gefertigt.

Insgesamt ergibt sich so das Bild der doppelkegelförmigen, in Absätzen gestuften Welle, die prinzipiell für jedes Element einen Sitz mit eigenem Durchmesser bietet. Mit Rücksicht auf die Montage und die Fertigungskosten sollten die Wellensitze nicht länger als unbedingt erforderlich sein. Wie bei der Kegelritzelwelle kann die Welle dazwischen im Durchmesser reduziert werden. Dort und an anderen Stellen, die nicht Sitze sind, sollte nicht zu fein bearbeitet werden, es genügt die geschruppte, allenfalls grob geschlichtete Oberfläche.

Die zweite Gestaltungsregel lautet, Kerben in den belasteten Zonen zu vermeiden, da die Wellen durch Umlaufbiegung dynamisch belastet und daher kerbempfindlich sind. Wellenabsätze sind daher sorgfältig auszurunden oder durch Entlastungskerben zu entschärfen. Nuten, z.B. für Axialsicherungsringe zum axialen Festlegen von Rädern in Wellenmitte oder zur Wälzlagerbefestigung an den An- und den Abtriebswellen, sind die typischen Ausgangspunkte für Biegedauerbrüche. Sie sind daher möglichst zu vermeiden.

8.5.3.1 Wellengestaltung für gute Tragfähigkeit

Die gleichzeitige Belastung durch Biegung und Wellendrehmoment verlangt, die Welle besonders von Kerbbeanspruchung frei zu halten. Die Abtriebswelle in Bild 8.5 bietet ein gutes Beispiel mit kleinen Durchmesserabsätzen zwischen Rad- und Lagersitzen. Die Kerbbeanspruchung an den Axialbunden ist minimiert, indem das Wellenzwischenstück auf den Durchmesser der benachbarten Sitze zurückgedreht wurde. Im Widerspruch zur guten Gestaltung steht allerdings die Paßfederverbindung für das Rad, deren Kerbwirkungszahl höher ist als ein relativ scharfer Wellenabsatz oder Durchmesserübergang.

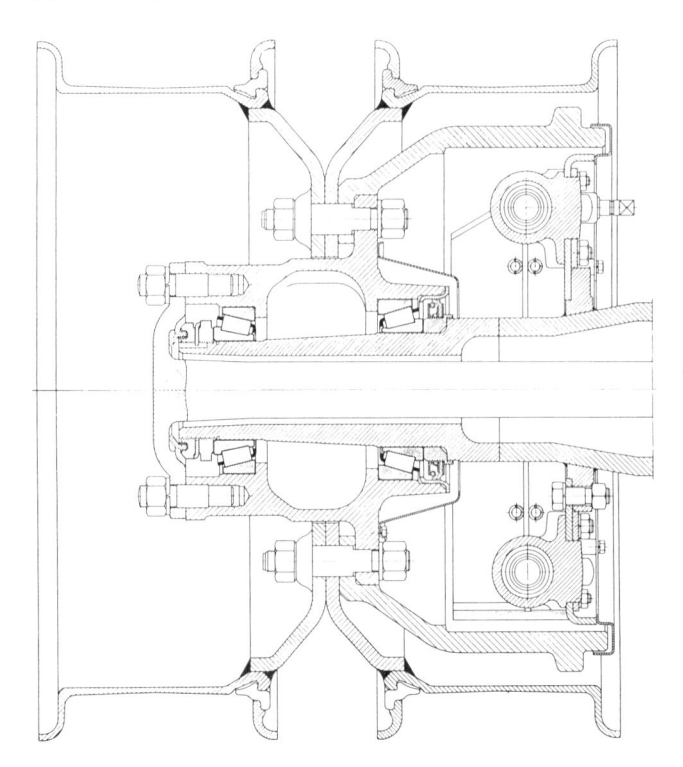

Bild 8.18. Antriebsachse eines LKW [20]

Bei hoher Belastung sowohl durch eine Radlast als auch durch das Drehmoment können dennoch konstruktiv sehr kleine Abmessungen realisiert werden durch Trennung der Funktionen. Bei der Ausführung der LKW-Antriebsachse gemäß Bild 8.18 werden die Radlasten von der hohlen Achse aufgenommen, die zentrale Welle ist dadurch biegelastfrei und wird nur durch das Antriebsdrehmoment beansprucht.

8.5.3.2 Wellengestaltung für kleine Verformungen

Hohe Steifigkeiten der Wellen sind erforderlich, um in Getrieben den Zahneingriff zu sichern, in Werkzeugmaschinen wegen der Werkstückgenauigkeit und um die kritische Drehzahl schnellaufender Spindeln hochzulegen.
Als besonders problematisch gilt der Zahneingriff bei fliegender Lagerung, wie z.B. an den Kegelritzeln. Ritzel und Welle sind üblicherweise aus einem Stück, der Wellendurchmesser schon bei der noch unempfindlichen Geradverzahnung im Bild 8.5 ist relativ dick, bezogen auf den Lagerabstand $l_L/d \simeq 2$. Die höheren Ansprüche an die Eingriffsgüte der Hypoid-Verzahnungen in Kfz-Ausgleichsgetrieben werden

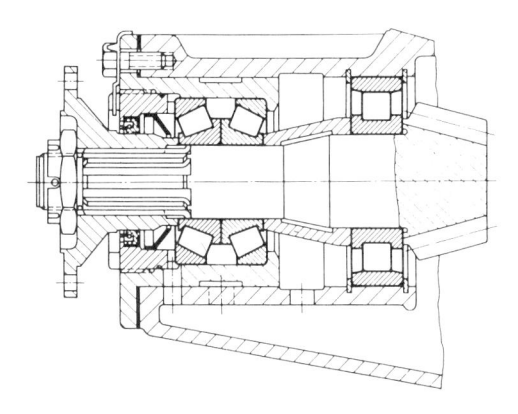

Bild 8.19. Lagerung eines Kegelritzels in einem Kfz-Getriebe [18]

mit noch gedrungeneren Wellenausführungen erfüllt. Hier gilt $l_L/d \simeq 1{,}7$ bis $1{,}5$ (Bild 8.19).

Ein Beispiel für die Gestaltung von Werkzeugmaschinenspindeln ist in Bild 8.20 dargestellt. Die Welle ist im vorderen, die Hauptdurchbiegung bestimmenden Bereich extrem dick gestaltet. Interessant ist die Lösung, jede die Führungsgenauigkeit beeinflussende Zusatzkraft fernzuhalten. Wieder nach dem Prinzip der Trennung der Funktionen wird der Keilriemenzug von einer getrennt gelagerten Hohlwelle aufgenommen, die dann das Drehmoment mittels der Zahnkupplung querkraftfrei in die Hauptspindel leitet. Sehr hohe Anforderungen an die Führungsgenauigkeit werden mit der Spiegelteleskopwelle nach Bild 8.21 erfüllt, denn schon sehr kleine Durchbiegungen wirken sich in der Astronomie als unzulässige Meßfehler aus. Die Welle mit einem Durchmesser von 600 mm am dickeren Ende ist als kegeliges Hohlgußteil ausgeführt und kommt damit dem Biegemomentverlauf entgegen, den die am Festlager eingeleitete Gewichtskraft von Spiegelteleskop und Führungsgabel ($G = g \cdot 5000$ kg!) bewirkt.

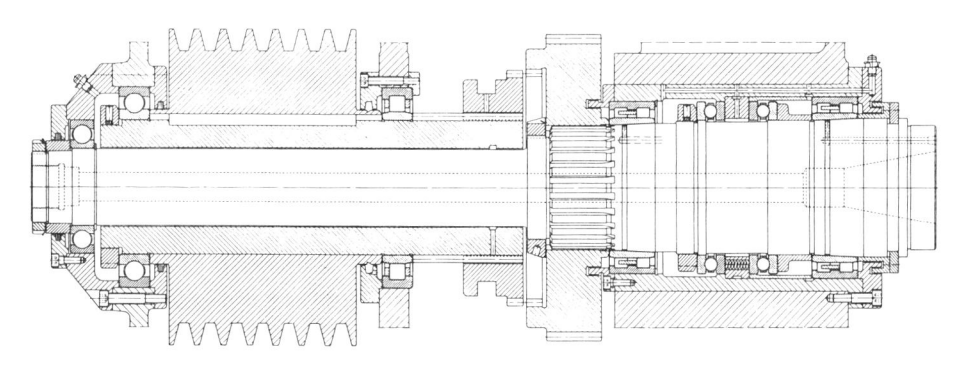

Bild 8.20. Lagerung einer Frässpindel [20]

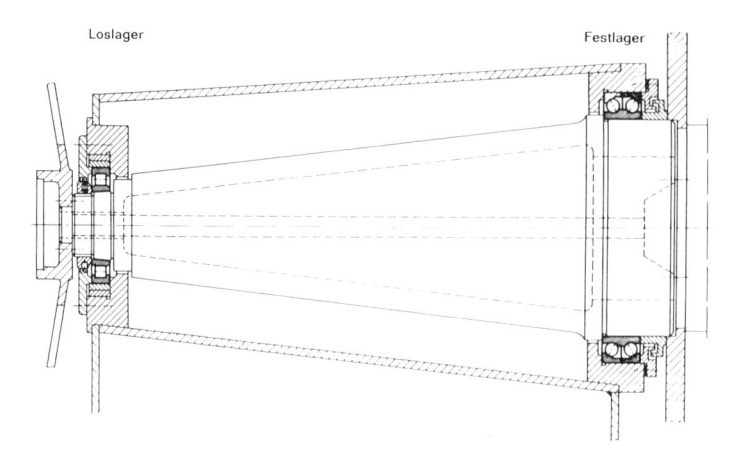

Bild 8.21. Lagerung einer Spiegelteleskopwelle [18]

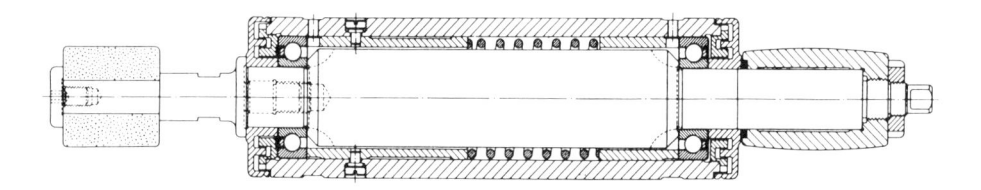

Bild 8.22. Lagerung der Spindel einer Innenschleifmaschine [20]

Innenschleifspindeln wie nach Bild 8.22 laufen mit sehr hohen Drehzahlen bis ca. 30000 1/min. Durch die starre Ausführung mit großem Durchmesser zwischen den Lagern wird die kritische Drehzahl sehr hoch gelegt und damit ein ruhiger Wellenlauf gewährleistet.

8.5.3.3 Dreifach gelagerte Wellen

Werkzeugmaschinenspindeln sind meist Wellen mit überkragendem Ende, an dem im Abstand a vor dem vorderen Lager (Bild 8.15) die Schnittkraft angreift. Ziel der Konstruktion von Werkzeugmaschinen ist größtmögliche Starrheit, doch sind die beiden Verlagerungsanteile gegenläufig. Die Durchsenkung w_B aus der Biegung steigt mit zunehmendem Lagerabstand l, die Durchsenkung w_L aus der Lagerelastizität nimmt dabei ab. Ein Minimum der Gesamtdurchbiegung $w = w_B + w_L$ ergibt sich bei realen Verhältnissen um l/a = 2. Das ist deutlich kürzer, als unter Berücksichtigung der sonstigen konstruktiven Gegebenheiten ausführbar ist.

Obgleich es schwierig ist, Gehäuse und Lagersitze genau fluchtend zu bearbeiten, wird zur dreifachen Lagerung übergegangen. Die Starrheit wird dabei wesentlich von den beiden vorderen Lagern bestimmt, der Einfluß des hinteren Lagers ist vernachlässigbar. Daraus folgt die typische Konstruktion der Werkzeugmaschinenspindeln, die in Bild 8.20 gezeigt wird. Die Welle soll zwischen den beiden vorderen Lagern so kräftig wie möglich ausgeführt sein, der Lagerabstand etwa gemäß l/a = 2 bis 3. Der hintere Wellenabschnitt soll möglichst nachgiebig und auch das hintere Lager weich sein. Dadurch können vom dritten Lager verursachte Nachteile zum größten Teil vermieden werden. Die Starrheit der Spindel wird jedoch nicht wesentlich vermindert.

8.5.3.4 Hohlwellen

Der Widerstand der Wellen gegen Biegung und auch gegen Torsion, das Flächenträgheitsmoment, wächst mit der 4-ten Potenz des Durchmessers d, da nach der Theorie der linearen Spannungsverteilung die Außenfasern den höchsten Tragfähigkeitsanteil haben. Der Innenbereich ist nahezu unbelastet, bringt also nur Gewicht, so daß im Sinne guter Materialausnutzung und damit im Rahmen des Leichtbaues Hohlwellen für beide Beanspruchungsarten gleichermaßen vorteilhaft wären.

Das Flächenträgheitsmoment gegen Biegung für einen Kreisringquerschnitt (Außendurchmesser D, Innendurchmesser d) lautet bekanntlich

$$I_{äq} = \frac{\pi}{64}(D^4 - d^4) = \frac{\pi}{64}D^4 \cdot \left[1 - \left(\frac{d}{D}\right)^4\right] \tag{8.37}$$

und gilt für d = 0 für den Vollquerschnitt. Unter der Belastung durch ein Biegemoment M und bei zulässiger Maximalspannung

$$\sigma_{b,max} \leqq \sigma_{zul}$$

werden der Außendurchmesser der

$$\text{Hohlwelle} \quad D \geqq \frac{1}{\sqrt[3]{1 - \left(\frac{d}{D}\right)^4}} \cdot \sqrt[3]{\frac{32 \cdot M}{\pi \cdot \sigma_{zul}}} \tag{8.38}$$

$$\text{Vollwelle} \quad D_0 \geqq \sqrt[3]{\frac{32 \cdot M}{\pi \cdot \sigma_{zul}}}. \tag{8.39}$$

Der Durchmesser der Hohlwelle ist also um folgendes Verhältnis größer als der Durchmesser der Vollwelle:

132   8 Achsen und Wellen

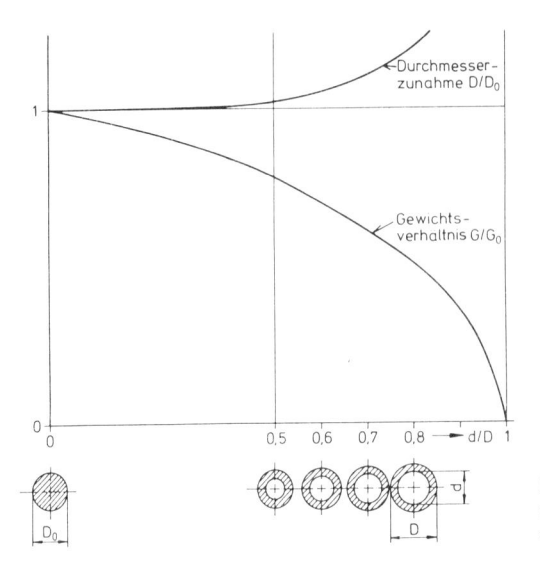

Bild 8.23. Vergleich von Wellen mit Kreis- und Kreisringquerschnitt (Voll- und Hohlwellen!)

$$\frac{D}{D_0} = \frac{1}{\sqrt[3]{1-\left(\frac{d}{D}\right)^4}}. \tag{8.40}$$

Der Hohlwellenquerschnitt

$$A = \frac{\pi}{4}D^2 \cdot \left[1-\left(\frac{d}{D}\right)^2\right] \tag{8.41}$$

und damit das Gewicht nehmen gegenüber dem Vollwellenquerschnitt ab gemäß der Beziehung

$$\frac{A}{A_0} = \left(\frac{D}{D_0}\right)^2 \cdot \left[1-\left(\frac{d}{D}\right)^2\right] = \frac{1-(d/D)^2}{[1-(d/D)^4]^{2/3}}. \tag{8.42}$$

Im Bild 8.23 ist die Entwicklung vom Voll- zum Hohlquerschnitt mit steigendem Innendurchmesser d bei gleicher Wellentragfähigkeit aufgezeichnet. Beispielsweise sinkt das Gewicht G einer Hohlwelle mit $d/D = 0,6$ auf 70% gegenüber dem Gewicht G_0 einer Vollwelle, der erforderliche Außendurchmesser D steigt aber nur um 5% gegenüber dem Durchmesser D_0 der Vollwelle.

Die Ausführung als Hohlwelle birgt jedoch wesentliche Nachteile. Die Fertigung kann nur durch teures Tieflochbohren erfolgen, denn Rohre mit der erforderlichen Wandstärke sowie der Qualität des Innendurchmessers und in den gewünschten Werkstoffen sind nicht marktgängig. Wesentlicher ist die Einschränkung in der Wahl der Verbindungselemente zur Übertragung des Drehmomentes. Paßfedernuten lassen sich in die dünne Wand nicht mehr einbringen, Preßsitze, Ringspannelemente usw. verlieren einen beachtlichen Teil ihrer Wirksamkeit wegen der großen radialen Nachgiebigkeit. Somit bleibt die Ausführung von Hohlwellen auf Sonderfälle beschränkt, z.B. im Flugzeugbau, wo Gewichtseinsparung gegenüber den höheren Kosten vertretbar ist, sonst allenfalls, wenn Wellen konzentrisch geführt werden müssen.

8.5.4 Flexible Wellen

Biegsame Wellen dienen zur Übertragung von Drehbewegungen über größere Entfernungen hauptsächlich bei ortsbeweglichen Werkzeugen, wie Bohrern, Schleifköpfen, Scheren usw., aber auch bei ortsfesten Geräten mit ungünstiger räumlicher Zuordnung der Antriebsstellen. Als Vorteile sind die gleichförmige Übertragung der Drehbewegung, Unempfindlichkeit gegenüber Umweltbedingungen und die weit günstigeren Kosten gegenüber Antriebssträngen mit starren Wellen, Umlenkgetrieben, beweglichen Kupplungen, Lagerungen usw. zu nennen. Bekanntes Anwendungsbeispiel ist der Tachometerantrieb bei Fahrzeugen, doch reicht der Leistungsbereich auch bis zu Leistungen von mehreren kW.

Der Aufbau gliedert sich in Wellenseele, Schutzschlauch und Anschlußelemente. Die Seele besteht aus mehreren (2 bis 12!) übereinander gewickelten, abwechselnd rechts- und linksgewundenen Lagen von Stahldrähten verschiedener Durchmesser und Materialqualitäten. Für den Drehsinn der Welle ist die Windungsrichtung der äußeren Lage, der Decklage, bestimmend. Sie muß sich bei der Drehmomentübertragung zusammenziehen, ist also bei den normal rechtsdrehenden Wellen (Blickrichtung auf die Antriebsseite!) linksgewunden. Der Werkstoff ist vorzugsweise Federstahl, für besondere Einsatzfälle auch nichtrostender Stahl, NE-Metalle und Stahl mit Kunststoffeinlagen. Der Schutzschlauch, aus Stahlband gewunden und auch mit Gummi- oder Kunststoffummantelung, übernimmt Führung und Dichtung und dient als Schmierstoffreservoir. Die Anschlußteile nach DIN 75532 werden durch Löten oder Festpressen mit der Seele verbunden.

Je nach Verwendungszweck als Steuerwelle oder Arbeitswelle ist der Aufbau unterschiedlich. Steuerwellen erlauben nur relativ niedrige Drehzahlen (bis ca. 150 1/min), sind aber sehr torsionssteif, um die exakte Übertragung der Stell- und Meßwerte zu gewährleisten. Der Drehmomentbereich liegt um $T = 1,2$ Nm beim Wellenseelendurchmesser 4 mm und bis $T = 100$ Nm beim Wellenseelendurchmesser 29 mm.

Arbeitswellen sind für mittlere bis hohe Drehzahlen geeignet. Je höher die zu übertragende Drehzahl ist, desto flexibler muß die Wellenseele sein. Hier wird eine Verdrehung bis über 360° unter Last zugelassen. Entsprechend den Drehzahlbereichen gibt es die Ausführungen "hart" (h), "flexibel" (f) und "hochflexibel" (hf) mit z.B. folgenden Drehmoment-/Drehzahldaten T/n (Nm/ 1/min):

∅ 4 mm: h: 0,64/15000   f: 0,30/25000   hf: 0,26/50000
∅ 15 mm: h: 1,2/9000   f: 7/12000   –
∅ 30 mm: –   f: 30/5000   –
(Werksangabe BIAX!)

Der Leistungsbereich der obengenannten Wellen überdeckt 1 bis 15 kW. Bei ordnungsgemäßer Verlegung dieser Wellen ist deren Lebensdauer sehr hoch, die Wellen sind nahezu dauerfest und praktisch wartungsfrei. Als Verlegeregel gilt, den Biegeradius nicht kleiner als 20 × Seelendurchmesser werden zu lassen.

8.5.5 Gelenkwellen

Gelenkwellen dienen zum Übertragen von Drehbewegungen hauptsächlich zwischen Wellen mit nicht fluchtenden Achsen, d.h. solchen mit Parallel- (weniger problematisch!) oder Winkelversatz, wobei sie sehr große Drehmomente übertragen können. Vertrauter Anwendungsfall ist bei Kraftfahrzeugen die Verbindung zwischen Getriebe und Achse. Das Wellenmittelteil ist üblicherweise als Rohr ausgebildet mit angeschlossener Keilwellenverzahnung zum axialen Ausgleich. Als Köpfe sind Einfach-Wellengelenke, Kreuzgelenke (Kardangelenke, für große Drehmomente!) oder Gleichlaufgelenke (für hohe Gleichlaufansprüche, z.B. PKW-Vorderradantrieb!) vorgesehen. Bei Einfach- bzw. Kreuzgelenken entsteht bei um den Winkel α abgewinkeltem Einbau eine periodisch-ungleichförmige Drehbewegung der Abtriebswelle. Einen Gleichlauf zwischen Motor- und Arbeitsmaschinenwelle erhält man daher nur, wenn die beiden an- und abtriebsseitigen Gelenke der Gelenkwelle in bestimmter Anordnung zueinander stehen und je gleichen Ablenkungswinkel α haben. Die Drehbewegung des Wellenmittelstückes ist jedoch ungleichförmig und kann sich als Schwingungsanregung auf die angeschlossene Maschine übertragen. Die Zuordnungen der Wellenteile sind in DIN 808 festgelegt.

8.6 Berechnungsbeispiel

Die Festigkeitsberechnung ist hinsichtlich der Vordimensionierung sehr einfach und als Nachrechnung mit Kerb-, Oberflächen- und Größeneinfluß für die wichtigen Lastfälle bereits in Kap. 3, Band I durchgeführt. Deshalb soll hier nur das Beispiel der Wellenverformung mit dem Übertragungsverfahren (Tabellenrechnung!) vorgestellt werden.

8.6.1 Biegeverformung einer Getriebewelle

Bild 8.24 zeigt die Zwischenwelle eines Zahnradgetriebes für die Betriebsdaten
Übertragungsleistung P = 400 kW
Drehzahl n = 400 1/min.
Die Überschlagsrechnung ergibt mit dem

Wellendrehmoment $\qquad T = \dfrac{P}{\omega} = \dfrac{400 \cdot 10^3 \cdot 30}{\pi \cdot 400}\,\text{Nm} = 9{,}55 \cdot 10^3\,\text{Nm}$

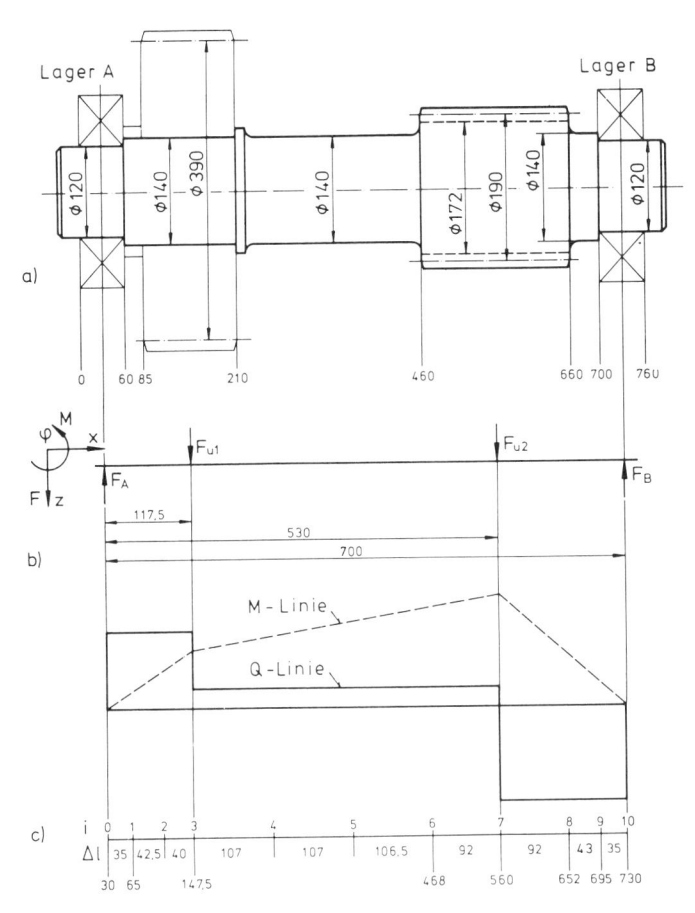

Bild 8.24. Zwischenwelle aus einem Zahnradgetriebe; a) Zwischenwelle; b) statisches Ersatzsystem; c) Schnittgrößenverläufe und Feldvereinbarung

und Torsionswiderstandsmoment $\quad W_t = \dfrac{\pi \cdot d^3}{16} = \dfrac{\pi \cdot 140^3}{16}\,\text{mm}^3 = 0{,}54 \cdot 10^6\,\text{mm}^3$

die Torsionsspannung $\quad \tau_t = \dfrac{T}{W_t} = \dfrac{9{,}55 \cdot 10^6}{0{,}54 \cdot 10^6}\dfrac{\text{N}}{\text{mm}^2} = 17{,}7\,\dfrac{\text{N}}{\text{mm}^2}$.

Dies ist ein sehr niedriger Wert, so daß die konstruktive Auslegung mit Sicherheit auf zulässige Verformung (steifigkeitsgerecht!) und nicht auf Festigkeit (festigkeitsgerecht!) erfolgte.
Der Rechnungsablauf:
1. Schritt: Erstellung des statischen Systems (Bild 8.24b)

- Festlegung des Koordinatensystems.
- Vernachlässigung der Radradialkräfte, da ihr Einfluß auf die Verformung extrem klein ist. Auf die Darstellung des Querkraft- und des Momentverlaufes in Bild 8.24b wird deshalb verzichtet.
- Radumfangskräfte $F_u = \dfrac{2 \cdot T}{d_w}$

$$F_{u1} = \dfrac{2 \cdot 9{,}55 \cdot 10^3}{0{,}390}\,N = 49 \cdot 10^3\,N$$

$$F_{u2} = \dfrac{2 \cdot 9{,}55 \cdot 10^3}{0{,}190}\,N = 100{,}5 \cdot 10^3\,N.$$

- Lagerkräfte (in Lagermitte und in Pfeilrichtung wirkend!)

$$F_A = F_{u1} + F_{u2} - F_B; \quad F_A = 65{,}2 \cdot 10^3\,N$$

$$F_B = \dfrac{x_1 \cdot F_{u1} + F_{u2} \cdot x_2}{l}; \quad F_B = 84{,}3 \cdot 10^3\,N.$$

2. *Schritt:* Berechnung der Schnittkräfte und -momente

a) Bereich $0 \leq x \leq x_1$ mit $x_1 = 117{,}5$ mm

$$\sum F_i = 0: \quad Q - F_A = 0$$
$$\qquad\qquad Q = F_A = 65{,}2 \cdot 10^3\,N$$

$$\sum M_i = 0: \quad M - F_A \cdot x = 0$$
$$\qquad\qquad M = F_A \cdot x = 65{,}2 \cdot 10^3 \cdot x$$
$$\qquad\qquad \underline{x = x_1: M = 7{,}66 \cdot 10^6\,Nmm}$$

b) Bereich $x_1 \leq x \leq x_2$ mit $x_2 = 530$ mm

$$\sum F_i = 0: \quad Q - F_A + F_{u1} = 0$$
$$\qquad\qquad Q = F_A - F_{u1} = 16{,}2 \cdot 10^3\,N$$

$$\sum M_i = 0: \quad M - F_A \cdot x + F_{u1} \cdot (x - x_1) = 0$$
$$\qquad\qquad M = F_A \cdot x_1 + (F_A - F_{u1}) \cdot (x - x_1)$$
$$\qquad\qquad \underline{x = x_2: M = 14{,}34 \cdot 10^6\,Nmm}$$

c) Bereich $x_2 \leq x \leq l$ mit $l = 700$ mm

$$\sum F_i = 0: \quad Q - F_A + F_{u1} + F_{u2} = 0$$
$$\qquad\qquad Q = F_A - F_{u1} - F_{u2} = -84{,}3 \cdot 10^3\,N$$

$$\sum M_i = 0: \quad M - F_A \cdot x + F_{u1} \cdot (x - x_1) + F_{u2} \cdot (x - x_2) = 0$$
$$\qquad\qquad M = F_A \cdot x_1 + (F_A - F_{u1}) \cdot (x_2 - x_1)$$
$$\qquad\qquad\quad + (F_A - F_{u1} - F_{u2}) \cdot (x - x_2)$$
$$\qquad\qquad \underline{x = l: M = 0}$$

3. *Schritt*: Festlegung der Felder

- Feldweitenbereich: Lagermittenabstand: 30 mm bis 730 mm = 700 mm.
- 1. Absatz bei 60 mm: $\Delta d = 140 - 120$ mm $= 20$ mm
  Korrektur: $\dfrac{\Delta d}{4} = 5$ mm
  Feldgrenze: $60 + 5$ mm $= 65$ mm.
- 2. Absatz bei 460 mm: $\Delta d = 172 - 140$ mm $= 32$ mm
  Korrektur: $\dfrac{\Delta d}{4} = 8$ mm
  Feldgrenze: $460 + 8$ mm $= 468$ mm.
- 3. Absatz bei 660 mm: $\Delta d = 140 - 172$ mm $= -32$ mm
  Korrektur: $\dfrac{\Delta d}{4} = -8$ mm
  Feldgrenze: $660 - 8$ mm $= 652$ mm.
- 4. Absatz bei 700 mm: $\Delta d = 120 - 140$ mm $= -20$ mm
  Korrektur: $\dfrac{\Delta d}{4} = -5$ mm
  Feldgrenze: $700 - 5$ mm $= 695$ mm.
- Feldgrenzen in F_u-Wirklinien: $F_{u1} \to 147{,}5$ mm
  $F_{u2} \to 560$ mm.
- Unterteilungen in Felder: 65 mm bis 147,5 mm: 2 Felder
  147,5 mm bis 468 mm: 3 Felder

Damit ist die Welle zwischen $i = 0$ und $i = 10$ in 10 Felder unterteilt (Bild 8.24c).

4. *Schritt:* Aufstellung der Rechentabelle (Tabelle 8.4)

Die Tabelle wird für jedes Feld zweizeilig aufgebaut:
1. Zeile = Nr. – Zeile = Zustandszeile
2. Zeile = Zwischenzeile = Feldzeile

Die Zustandswerte auf der entsprechenden Feldgrenze ($i = 0$ bis 10!) stehen in folgenden Spalten:
Spalte 2 : l_i
     5 : Q_i
     7 : M_i
    10 : $\widehat{\varphi}_i^+$
    14 : w_i^+

Die Feldwerte (Änderungen im Feld $i/i+1$!) stehen in folgenden Spalten:
Spalte 3 : $\Delta l_{i/i+1}$
     4 : $E \cdot I = E \cdot I_{\text{äq } i/i+1}$ ($I = I_{\text{äq } i/i+1}$!)

138 8 Achsen und Wellen

Tabelle 8.4. Rechentabelle für die Biegeverformung einer Getriebewelle gemäß Bild 8.24, die in 10 Abschnitte unterteilt ist (Feldmarkierung durch Index $j \triangleq i/i+1$)

①	②	③	④	⑤	⑥	⑦	⑧	⑨	⑩	⑪	⑫	⑬	⑭
Nr.	l_i in mm	Δl_j in mm	$(EI)_j \cdot 10^{-12}$ in Nmm²	$Q_i \cdot 10^{-3}$ in N	$⑤\cdot\Delta l_j \cdot 10^{-6}$ in Nmm	$M_i = \Sigma ⑥ \cdot 10^{-6}$ in Nmm	$⑦\cdot(\frac{\Delta l}{2EI})_j \cdot 10^6$	$⑦\cdot(\frac{\Delta l}{EI})_j \cdot 10^6$	$\varphi_i^* = \varphi_{i-1}^* + ⑧ + ⑨ \cdot 10^6$ in rad	$⑧\cdot\frac{\Delta l}{3} \cdot 10^4$ in mm	$⑨\cdot\frac{\Delta l}{2} \cdot 10^4$ in mm	$⑩\cdot\Delta l_j \cdot 10^4$ in mm	$w_i^* = w_{i-1}^* + ⑪ + ⑫ + ⑬ \cdot 10^4$ in mm
0	30					0			0			0	0
1	65	35	2,14	65,2	2,28	2,28	18,64	0	18,64	2,17	0	0	−2,17
2	107,5	42,5	3,96	65,2	2,77	5,05	14,86	24,5	58,00	2,11	5,21	7,92	−17,41
3	147,5	40	3,96	65,2	2,61	7,66*	13,18	51,0	122,18	1,76	10,20	23,20	−52,57
4	254,5	107	3,96	16,2	1,73	9,39	23,37	207,0	352,55	8,34	110,75	130,73	−302,39
5	361,5	107	3,96	16,2	1,73	11,12	23,37	253,7	629,62	8,34	135,73	377,23	−823,69
6	468	106,5	3,96	16,2	1,73	12,85	23,26	299,1	951,98	8,26	159,27	670,55	−1661,77
7	560	92	9,02	16,2	1,49	14,34*	7,60	131,1	1090,68	2,33	60,31	875,82	−2600,23
8	652	92	9,02	−84,3	−7,76	6,58	−39,57	146,3	1197,41	−12,13	67,30	1003,43	−3658,83
9	695	43	3,96	−84,3	−3,62	2,96	−19,65	71,4	1249,16	−2,82	15,35	514,89	−4186,25
10	730	35	2,14	−84,3	−2,95	0*	−24,12	48,4	1273,44	−2,81	8,47	437,21	−4629,12

5. *Schritt:* Berechnung der erforderlichen mechanischen Größen

$\Delta l_{i/i+1} = l_{i+1} - l_i$ (Spalte 3!)

$M_{i+1} = Q_i \cdot \Delta l_{i/i+1} + M_i$ (Spalten 6 and 7!)

$\widehat{\varphi}_{i+1}^+ = \dfrac{Q_i}{2 \cdot E \cdot I} \cdot \Delta l_{i/i+1}^2 + \dfrac{M_i}{E \cdot I} \cdot \Delta l_{i/i+1} + \widehat{\varphi}_i^+$ (Spalten 8, 9 und 10!)

$w_{i+1}^+ = -\dfrac{Q_i}{6 \cdot E \cdot I} \cdot \Delta l_{i/i+1}^3 - \dfrac{M_i}{2 \cdot E \cdot I} \cdot \Delta l_{i/i+1}^2 - \widehat{\varphi}_i^+ \cdot \Delta l_{i/i+1} + w_i^+$ (Spalten 11, 12, 13, und 14!)

Die Feldveränderungen werden also zu den Zustandsgrößen aufsummiert. Für z.B. die Spalten 6 und 7 gilt somit folgendes:

Allgemein: $\quad M_{i+1} = Q_i \cdot \Delta l_{i/i+1} + M_i$

Speziell: $\quad M_3 = Q_2 \cdot \Delta l_{2/3} + M_2$

$\qquad\qquad M_3 = 2{,}61 \cdot 10^6 + 5{,}05 \cdot 10^6$ Nmm

$\qquad\qquad M_3 = 7{,}66 \cdot 10^6$ Nmm.

Anmerkungen:

1) Die in Tabelle 8.4 mit einem Stern (*) versehenen Werte für das Biegemoment wurden im 2. Schritt bereits berechnet und dienen zur Kontrolle.
2) Da der Anfangswinkel $\widehat{\varphi}_0$ und die Anfangsdurchbiegung w_0 unbekannt sind, liefert diese Rechnung nur die Differenzwerte bzw. Bezugswerte $\widehat{\varphi}^+ = \widehat{\varphi} - \widehat{\varphi}_0$ und $w^+ = w + w_\varphi$.

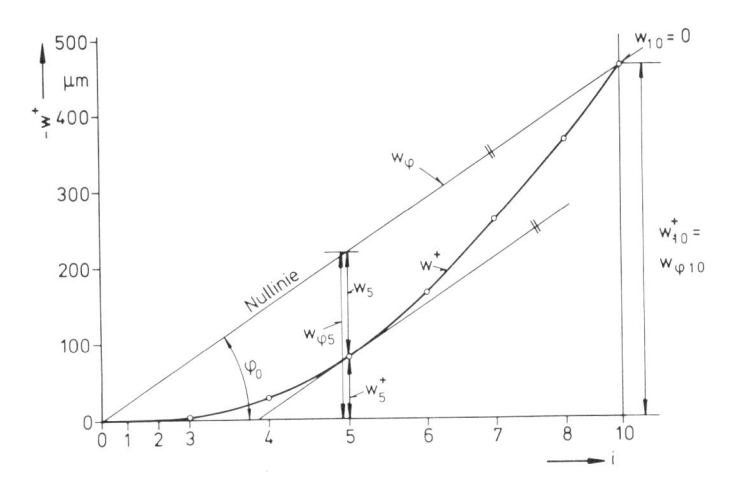

Bild 8.25. Durchbiegung der Zwischenwelle

6. *Schritt:* Auswertung der Rechenergebnisse

- Aufzeichnen der Biegewerte $w^+ = f(l_i)$ in Bild 8.25. Ergebnis ist die fortlaufende Biegung ab $\hat{\varphi}_0^+ = 0 \; w_0^+ = 0$ (Anfangswerte der Rechnung!).
- Ziehen einer Nullinie (w_φ – Linie!) vom Punkt $w_0^+ = 0$ (Stelle i = 0!) bis zum Punkt w_{10}^+ (Stelle i = 10!).
- Berechnung des Anfangsbiegewinkels

$$\tan \hat{\varphi}_0 \simeq \hat{\varphi}_0 = \frac{w_{10}^+}{\Delta l_{0/10}} = \frac{-0,46291 \text{ mm}}{700 \text{ mm}}$$

$$\hat{\varphi}_0 = -6,61 \cdot 10^{-4} \text{ rad}$$

$$\hat{\varphi}_0 = -2,3'.$$

- Berechnung des realen Neigungswinkels

$$\hat{\varphi} = \hat{\varphi}_0 + \varphi_i^+ \; (\varphi_i^+ \text{ aus Spalte 10!})$$

z.B. i = 10: $\hat{\varphi}_{10} = -6,61 \cdot 10^{-4} + 12,734 \cdot 10^{-4}$ rad

$$\hat{\varphi}_{10} = 6,124 \cdot 10^{-4} \text{ rad}$$

$$\hat{\varphi}_{10} = 2,1'$$

- Ermittlung der Stelle der maximalen Durchbiegung w

Durch Ziehen einer Parallelen zur Nullinie an die Biegelinie $w^+ = f(l_i)$ ergibt sich im Berührpunkt (Parallele = Tangente!) die Stelle der größten Durchbiegung. Ergebnis: Ungefähr bei i = 5.

- Berechnung der realen Durchbiegung

$$w_i = w_i^+ - w_{\varphi i} \text{ mit } w_{\varphi i} = w_{10}^+ \cdot \frac{\Delta l_{0/i}}{\Delta l_{0/10}}$$

z.B. an der Stelle i = 5 (maximale Durchbiegung!)

$$w_5 = w_5^+ - w_{\varphi 5} \text{ mit } w_{\varphi 5} = -0,46291 \cdot \frac{331,5}{700} \text{ mm}$$

$$w_{\varphi 5} = -0,2192 \text{ mm}$$

und $w_5^+ = -0,08237$ mm

$w_5 = -0,08237 - (-0,2192)$ mm $= +0,13683$ mm

$w_5 \simeq +0,137$ mm $= +137 \mu$m.

Dieser Durchbiegung bei einer Stützweite $l_{0/10} = 700$ mm (Entfernung der beiden Lagermitten!) würde bei einer Stützweite von 1000 mm eine Durchbiegung von ungefähr 200 μm = 0,2 mm entsprechen.

- Berechnung der Durchsenkung und der Schrägstellung des Ritzels in den Grenzen i = 6 und i = 8

Durchbiegung an der Grenze 6: $w_6 = +123{,}5\,\mu m$
Grenze 8: $w_8 = +45{,}4\,\mu m$

Differenzdurchbiegung: $\Delta w = w_8 - w_6 = -78{,}1\,\mu m$

Differenzlänge: $\Delta l_{6/8} = l_8 - l_6$
$= 652 - 468\text{ mm} = 184\text{ mm}.$

Schrägstellung des Ritzels:

$$\hat{\varphi}_m = \frac{-\Delta w}{\Delta l_{6/8}} = \frac{78{,}1 \cdot 10^{-3}}{184}\text{ rad}$$

$\hat{\varphi}_m = 0{,}424 \cdot 10^{-3}\text{ rad}$

$\varphi_m = 1{,}46' \simeq 1{,}5'.$

8.7 Schrifttum

1. Biezeno, C. B. und Grammel, R.: Technische Dynamik. Erster Band: Grundlagen und einzelne Maschinenteile. Zweiter Band: Dampfturbinen und Brennkraftmaschinen. Berlin, Göttingen, Heidelberg: Springer 1953
2. BICERA: A Handbook of Torsional Vibration. Compiled by E. J. Nestorides. Cambridge: University Press 1958. (British Internal Combustion Engine Research Association)
3. Dubbel, H.; Beitz, W. (Hrsg.); Küttner, K. H. (Hrsg.): Taschenbuch für den Maschinenbau. 17. Auflage. Berlin, Heidelberg, New York: Springer 1990
4. Gasch, R. und Pfützner, H.: Rotordynamik. Berlin, Heidelberg, New York: Springer 1975
5. Haug, K.: Die Drehschwingungen in Kolbenmaschinen. Berlin, Göttingen, Heidelberg: Springer 1952
6. Holzer, H.: Die Berechnung der Drehschwingungen. Berlin: Springer 1921
7. Holzweißig, F. und Dresig, H.: Lehrbuch der Maschinendynamik. 3. Aufl. Leipzig: VEB Fachbuchverlag 1992
8. Hütte: Die Grundlagen der Ingenieurwissenschaften. Hrsg. H. Czichos. 29. Aufl. Berlin: Springer 1990
9. Krämer, E.: Maschinendynamik. Berlin, Heidelberg, New York, Tokyo: Springer 1984
10. Schrön, H.: Die Dynamik der Verbrennungskraftmaschinen. Berlin: Springer 1941
11. SEW-Eurodrive: Handbuch der Antriebstechnik. München, Wien: Carl Hanser 1980
12. Strunz, L.: Die Drehschwingungen in Kolbenmaschinen; Ihre Berechnung und Beherrschung. Berlin: R. C. Schmidt 1938
13. Temple, G. and Bickley, W. G.: Rayleigh's principle and its application to engineering. New York: Dover Publications 1956
14. Waller, H. und Krings, W.: Matrizenmethode in der Maschinen-und Bauwerksdynamik. Mannheim, Wien, Zürich: BI-Wissenschaftsverlag 1975
15. Wydler, H.: Drehschwingungen in Kolbenmaschinenanlagen und das Gesetz ihres Ausgleiches. Berlin: Springer 1922
16. Zipperer, L.: Technische Schwingungslehre. Bd. I: Allgemeine Schwingungsgleichungen; Einfache Schwinger. Bd II: Torsionsschwingungen in Maschinenanlagen. Berlin: W. de Gruyter & Co 1953 und 1955 (Sammlung Göschen)
17. Zurmühl, R.: Praktische Mathematik für Ingenieure und Physiker. 5. Aufl. Berlin, Göttingen, Heidelberg: Springer 1965
18. Die Gestaltung von Wälzlagerungen. FAG Kugelfischer Georg Schäfer & Co., PF 1260, 97401 Schweinfurt
19. Einbaubeispiele für INA-Wälzlager. Industriewerk Schaeffler, INA-Wälzlager, PF 1220, 91072 Herzogenaurach

20. SKF-Lagerungsbeispiele. SKF-Kugellagerfabriken GmbH, PF 1260, 97401 Schweinfurt
21. DIN 668, Oktober 1981. Blanker Rundstahl; Maße, zulässige Abweichungen nach ISO Toleranzfeld h11
22. DIN 669, Oktober 1981. Blanke Stahlwellen; Maße, zulässige Abweichungen nach ISO Toleranzfeld h9
23. DIN 670, Oktober 1981. Blanker Rundstahl; Maße, zulässige Abweichungen nach ISO Toleranzfeld h8
24. DIN 671, Oktober 1981. Blanker Rundstahl; Maße, zulässige Abweichungen nach ISO Toleranzfeld h9
25. DIN 748, T 1, Januar 1970. Zylindrische Wellenenden; Abmessungen, Nenndrehmomente
26. DIN 748, T 3, Juli 1975. Zylindrische Wellenenden für elektrische Maschinen
27. DIN 808, August 1984. Werkzeugmaschinen; Wellengelenke; Baugrößen, Anschlußmaße, Beanspruchbarkeit, Einbau
28. DIN 1013, T 1, November 1976. Stabstahl; Warmgewalzter Rundstahl für allgemeine Verwendung, Maße, zulässige Maß-und Formabweichungen
29. DIN 1013, T 2, November 1976. Stabstahl; Warmgewalzter Rundstahl für besondere Verwendung, Maße, zulässige Maß- und Formabweichungen
30. DIN 1448, T 1, Januar 1970. Kegelige Wellenenden mit Außengewinde; Abmessungen
31. DIN 1449, Januar 1970. Kegelige Wellenenden mit Innengewinde; Abmessungen
32. DIN 1651, April 1988. Automatenstähle; Technische Lieferbedingungen
33. DIN 1652, T1, November 1990. Blankstahl; Technische Lieferbedingungen; Allgemeines
34. DIN 1652, T 2, November 1990. Blankstahl; Technische Lieferbedingungen; Allgemeine Baustähle
35. DIN 1652, T 3, November 1990. Blankstahl; Technische Lieferbedingungen; Blankstahl aus Einsatzstählen
36. DIN 1652, T 4, November 1990. Blankstahl; Technische Lieferbedingungen; Blankstahl aus Vergütungsstählen
37. DIN 5464, September 1965. Keilwellen-Verbindungen mit geraden Flanken; Schwere Reihe
38. DIN 5466, T 1, Entw., September 1988. Tragfähigkeitsberechnung von Zahn- und Keilwellenverbindungen; Grundlagen
39. DIN 5472, Dezember 1980. Werkzeugmaschinen; Keilwellen- und Keilnaben- Profile mit 6 Keilen, Innenzentrierung, Maße
40. DIN 5481, T 1, Januar 1952. Kerbzahnnaben- und Kerbzahnwellen-Profile (Kerb-Verzahnungen)
41. DIN 9611, Februar 1974. Ackerschlepper; Zapfwellen für den Geräteantrieb am Schlepperheck
42. DIN 17100, Januar 1980. Allgemeine Baustähle; Gütenorm. (Zurückgezogen; in der Übergangsphase noch verwendbar!) Neuer Entwurf für DIN 17100 vom Dezember 1987 mit Bezug auf die Europäische Norm EN 10025
43. DIN 17200, Dezember 1969. Vergütungsstähle; Gütevorschriften. (Zurückgezogen; in der Übergangs phase noch verwendbar!) Neuer Entwurf für DIN 17200 vom März 1988 mit Bezug auf die Europäische Norm EN 10083
44. DIN 17210, September 1986. Einsatzstähle; Technische Lieferbedingungen
45. DIN 28144, Mai 1982. Wellende für zweiteilige Rührer, Stahl, emailliert; Maße
46. DIN 28154, Oktober 1983. Wellende für Rührer aus unlegiertem und nichtrostendem Stahl, für Gleitringdichtungen; Maße
47. DIN 28159, Oktober 1983. Wellende für einteilige Rührer, Stahl, emailliert; Maße
48. DIN 32711, März 1979. Antriebselemente; Polygonprofile P3G
49. DIN 32712, März 1979. Antriebselemente; Polygonprofile P4C
50. DIN 41591, September 1976. Wellenenden für elektrisch-mechanische Bauelemente
51. DIN 42948, November 1965. Befestigungsflansche für elektrische Maschinen
52. DIN 59360, Oktober 1981. Geschliffen-polierter blanker Rundstahl; Maße, zulässige Abweichungen nach ISO-Toleranzfeld h7
53. DIN 59361, Oktober 1981. Geschliffen-polierter blanker Rundstahl; Maße, zulässige Abweichungen nach ISO-Toleranzfeld h6
54. DIN 75532, T 1, Juni 1976. Übertragung von Drehbewegungen; Formen der Anschlüsse an Getrieben, Zwischengetrieben, biegsamen Wellen und Geräten
55. DIN 75532, T 2, April 1979. Übertragung von Drehbewegungen, Biegsame Wellen
56. DIN ISO 14, Dezember 1986. Keilwellen-Verbindungen mit geraden Flanken und Innenzentrierung; Maße, Toleranzen, Prüfung; identisch mit ISO 14, Ausgabe 1982
57. DIN ISO 6519, Oktober 1989. Kegelige Wellenenden und Nabeninnenkegel für Diesel-Einspritzpumpen; identisch mit ISO 6519, Ausgabe 1980

58. DIN ISO 7467, Oktober 1989. Nutzkraftwagen und Omnibusse; Zylindrische Wellenenden und Naben mit zylindrischer Innenbohrung für Generatoren; identisch mit ISO 7467, Ausgabe 1987
59. DIN EN 10025, Januar 1991. Warmgewalzte Erzeugnisse aus unlegierten Baustählen; Technische Lieferbedingungen
60. DIN EN 10027, T 1, September 1992. Bezeichnungssysteme für Stähle. Teil 1: Kurznamen, Hauptsymbole
61. DIN EN 10027, T 2, September 1992. Bezeichnungssysteme für Stähle. Teil 2: Nummernsystem
62. DIN EN 10083, T 1, Oktober 1991. Vergütungsstähle; Technische Lieferbedingungen für Edelstähle
63. DIN EN 10083, T 2, Oktober 1991. Vergütungsstähle; Technische Lieferbedingungen für unlegierte Qualitätsstähle

9 Dichtungstechnik

Die Dichtungstechnik spielt im Maschinen-, Apparate- und Gerätebau im Zuge der Leistungssteigerung (Druck- und/oder Temperaturerhöhung!) und der Einsparung von Energie (Vermeidung von Leckverlusten!) eine zunehmend größere Rolle.

9.1 Zweck und Einteilung der Dichtungen

Die Aufgabe der Dichtung ist es, zwei funktionsmäßig verschiedene Räume so zu trennen, daß kein Stofftransport zwischen ihnen stattfinden kann oder dieser zumindest in zulässigen Grenzen liegt (zulässige Leckmengenrate!).

Die Dichtung kann sowohl abstrakt als auch konkret verstanden werden. Die abstrakte Formulierung beschreibt die Wirkung, die Trennung zweier Räume voneinander durch hinreichend aneinander angepaßte Flächen; konkret wird darunter ein besonderes Element verstanden, das aufgrund seines speziellen Werkstoffes oder seiner speziellen Form befähigt ist, jene Anpassung und damit Trennung vorzunehmen, die anders nicht erreichbar wäre.

Falls keine Druckunterschiede zwischen den Räumen auftreten, kann nur die kinetische Energie einen Stofftransport bewirken. Dieser Fall ist verhältnismäßig selten und meist auch leicht zu beherrschen. Im Normalfall sind jedoch Druckunterschiede vorhanden, die aus der Funktion des technischen Systems herrühren. Es ist daher aus Gründen des Betriebes, der Sicherheit und der Wirtschaftlichkeit nötig, einen bestimmten Grad der Abdichtung zu erreichen.

Dies läßt sich grundsätzlich nur dadurch verwirklichen, daß die Trennflächen vollständig aneinander angeglichen werden, zumindest auf einer geschlossenen „Dichtlinie". Diese Anpassung muß aber auch dann noch vorhanden sein, wenn während des Betriebes elastische und/oder plastische Formänderungen der gepaarten Elemente auftreten. Eine Dichtung darf mithin nicht als isoliertes Element einer Verbindung betrachtet werden, sondern stets als Funktionselement im Zusammenwirken mit anderen Elementen. Deshalb haben die Angaben über die Eignung von Dichtungsstoffen für bestimmte Temperaturen oder Drücke für sich allein nur wenig Bedeutung und dürfen nur so verstanden werden, daß die Dichtung innerhalb des genannten Bereiches eingesetzt werden darf. Die Angaben sind allein nicht hinreichend, denn weiter muß noch eine Reihe nichtgenannter Bedingungen eingehalten werden. Solche Bedingungen ergeben sich sowohl aus der Dichtungsbauart als auch vor allem aus der Konstruktion bzw. Gestaltung der Elemente der abzudichtenden Bauteile.

Die Einteilung der Dichtungen kann nach verschiedenen Gesichtspunkten erfolgen (Bild 9.1). Übergeordnetes Unterscheidungsmerkmal ist nach diesem Schema, ob berührende oder berührungsfreie Dichtungen vorliegen, d.h., ob die Spalte durch Kontakt geschlossen sind, oder ob sich zwischen den Dichtflächen noch ein in gewissen Grenzen durchlässiger Spalt befindet. Das zweite Ordnungs- oder Unterscheidungsmerkmal beschreibt die Relativbewegung der Dichtflächen.

Dichtungen
Dichtfläche mit Dichtkontakt
   * ohne Relativbewegung
      + Maschinenteile fest
         – Schweißdichtungen, Lötdichtungen
         – Dichtpasten, -kitte
         – Muffendichtungen
         – Flach- u. Formdichtungen
           (Weichstoff, Metall-Weichstoff, Metall)
      + Maschinenteile bewegt
         – Elastische Formteildichtungen
           (Stulpen, Bälge, Membranen)
   * mit Relativbewegung
      + Plastisch verformbare Dichtungen
         – Stopfbuchsen
      + Formbeständige Dichtungen
         o für Längsbewegung
           – Kolbenringe
           – O-Ringe
           – Nutringe
           – Manschetten (Dach-, Topf-, Hut-)
           – Abstreifer
         o für Drehbewegungen
           – Filzringe
           – Radialdichtringe
           – Gleitringdichtungen
Dichtflächen berührungsfrei
   * ohne Relativbewegung
      – Spaltdichtung (z.B. Kolbenschieber-Ventile)
   * mit Relativbewegung
      – Spaltdichtung
      – Labyrinthdichtung
      – Flüssigkeitsgesperrte Dichtungen
         (Kammerdichtung, Rückfördergewinde)
      – Schleuderscheibe

Bild 9.1. Übersicht über die Dichtfälle [14, 21, 22]

Grundsätzlich sind hierbei zwei Fälle zu unterscheiden:
1. Die Räume sind normalerweise getrennt (z.B. Abdichtung einer Flanschverbindung nach außen!) oder nur gelegentlich miteinander verbunden (z.B. Ventile!), die Dichtflächen führen keine Relativbewegung aus. Dieses wird als ruhende oder statische Abdichtung bezeichnet.
2. Die Räume sind durch ein sich drehendes oder längsbewegendes Maschinenelement so miteinander verbunden (z.B. Wellen oder Stangen!), daß eine Relativbewegung der Dichtflächen vorliegt. Dies sei als bewegte oder dynamische Abdichtung definiert.

Während sich also im ersten Fall gegeneinander abzudichtende Flächen nicht relativ zueinander verschieben, bewegen sie sich im zweiten Fall mit z.T. sehr hoher Geschwindigkeit gegeneinander. Wichtig ist hier der Hinweis auf die Dichtfläche, denn ihre Bewegung, und nicht die Bewegung der abgedichteten Teile an sich, ist das entscheidende Ordnungsprinzip. Dichtungsausführungen mit sehr hoher Formnachgiebigkeit, wie z.B. Membranen oder Bälge, erlauben eine teilweise sehr hohe Beweglichkeit innerhalb der Konstruktion, die eigentliche Dichtung ist jedoch statisch.

Eine einwandfreie Dichtung läßt sich nur erreichen unter Beachtung aller maßgebenden Einflüsse, die sich z.T. gegenseitig bedingen.

9.1.1 Abzudichtendes Medium

Die Medien müssen entsprechend ihrer physikalischen und chemischen Eigenschaften berücksichtigt werden. Physikalische Eigenschaften sind: Aggregatzustand (flüssig oder gasförmig!), Druck, Temperatur, Zähigkeit und Benetzungsfähigkeit. Die wichtigsten chemischen Eigenschaften sind: Azidität und Aggressivität. Der letzte Begriff muß im allgemeinsten Sinne als Verträglichkeit mit dem Dichtmaterial verstanden werden.

Er ist bei der Vielzahl der Produkte schwierig zu erfassen, da bestimmte Medien das Dichtungsmaterial anlösen, chemisch umwandeln, verhärten usw. können.

9.1.2 Konstruktion der abzudichtenden Bauteile

Die Konstruktion der Bauteile folgt im wesentlichen den Ansprüchen aus den Betriebsbedingungen, wie Druck und Temperatur, und damit der Festigkeit oder der Verformung. Diese allgemeine Berücksichtigung ist für die Dichtstelle noch nicht hinreichend. Um eine sichere Abdichtung zu gewährleisten, müssen die Flächenpressungen in der Dichtfläche möglichst gleichmäßig verteilt und in allen Punkten genügend hoch sein. Allgemein sind unnachgiebige Trennflächen oder annähernd gleiche Durchbiegung vorauszusetzen. Geringe Steifigkeit, zu große Schraubenabstände oder willkürlicher Schraubenanzug (unbekannte Schraubenvorspannkraft!), z.T. auch weitere betriebsbedingte Kräfte und Momente bewirken unter Umständen starke Verformungen der Dichtfläche. Sehr schwierig zu beherrschen sind ungleichförmige Erwärmungen im Dichtungsbereich und demzufolge örtlich verschiedene Dehnungen und Verformungen. Die Folge sind partiell unzureichende Pressungen und allmähliches Durchsickern des abzudichtenden Mediums.

9.1.3 Güte der Dichtflächen

An die Güte der Dichtflächen werden, je nach Größe der Relativbewegung, verschieden hohe Ansprüche gestellt. Bei bewegten Dichtstellen sollen die Oberflächen möglichst glatt und gleichmäßig sein, damit in jeder Stellung eine optimale Anpassung erfolgen kann. Das Material ist insofern wichtig, als gute Gleiteigenschaften und eine hinreichende Verschleißfestigkeit verlangt werden. Wellenabdichtungen bereiten hier oftmals Schwierigkeiten, weil gummielastische Dichtwerkstoffe Schmutz- und Abriebpartikelchen einbetten können, die bei unzureichender Härte der Oberfläche Rillen oder Riefen einschleifen.

Bei statischen Dichtungen müssen die Dichtflächen nicht von vornherein glatt und eben sein, da sie durch Verformung aneinander angepaßt werden. Eine gewisse Rauhigkeit ist sogar erwünscht, um den Reibschluß zwischen den Dichtflächen zu verbessern. Hier muß allerdings auf die Bearbeitungsrichtung (Riefenbildung!) geachtet werden. Die Flächen von Flanschdichtungen z.B. sollen immer nur gedreht werden, da so die Bearbeitungsriefen gleichmäßig quer zur Wirkrichtung des Innendruckes liegen. Gefräste Flanschflächen würden das Dichtungsmaterial an jenen Stellen schlechter halten, wo die Bearbeitungsriefen radial nach außen weisen.

9.1.4 Konstruktion des Dichtungselementes

Die Konstruktion des Dichtungselementes wird wesentlich beeinflußt durch die Unterscheidung, ob die Dichtung im „Hauptschluß" oder im „Nebenschluß" wirkt. Im ersten Falle ist die Dichtung zugleich abdichtendes Element und kraftübertragendes Glied, d.h., auch Betriebskräfte werden durch die Dichtstelle durchgeleitet und beeinflussen wesentlich das Betriebsverhalten der Dichtung. Die Dichtung im Nebenschluß überträgt keine Verbindungskräfte, sondern übernimmt nur die Abdichtungsfunktion, eventuell mit selbstverstärkendem Effekt durch den Druck des abzudichtenden Mediums. Weiter ist zu beachten, ob Flächen- oder Linienberührung erzeugt werden soll.

9.1.5 Dichtungswerkstoff

Universaldichtstoffe sind angesichts der Vielfalt der Abdichtfälle nicht existent. Die Materialien, die für Dichtungen in Frage kommen, unterscheiden sich hinsichtlich Kompressibilität, Fließverhalten, Elastizität, Alterungsbeständigkeit, Druck und

Temperaturstandfestigkeit usw. Wichtige Fragen sind ferner die innere Durchlässigkeit des Werkstoffes und seine chemische Beständigkeit gegenüber dem abzudichtenden Medium.

9.2 Berührungsdichtungen für Dichtflächen ohne Relativbewegung

Die maximale Ebenheit von Bauteilen bei sehr feinem Polieren beträgt etwa 0,1 µm, d.h., eine damit erreichbare minimale Spalthöhe zwischen zwei so bearbeiteten Flächen liegt immer in der Größe der freien Weglänge von Gasmolekülen bei Normaldruck (z.B. Wasserstoff H_2: $T = 3 \cdot 10^{-4}$ mm = 0,3 µm). Dichtflächen lassen sich daher mit bekannten Methoden nicht in einer solchen Genauigkeit herstellen, daß ohne eine Anpressung Dichtheit eintritt. Nur mit sehr feiner Bearbeitung (z.B. bei gegenseitigem Einschleifen!) könnten metallische Flächen eine hinreichende Dichtwirkung bieten. Im Normalfall ist die Oberflächenqualität in Form von Welligkeit, Verkantung und Rauhigkeit derart, daß ein zusätzliches leichtverformbares Element, die sog. Dichtung, in fester oder pastöser Form, den Spalt zwischen den Dichtflächen schließen muß.

9.2.1 Einteilung der Dichtungen

Die Dichtungen sind entweder lösbar oder unlösbar, dazwischen liegt die Gruppe der Dichtmassen bzw. Dichtkitte (Bild 9.2). Wann lösbare oder unlösbare Dichtverbindungen anzuwenden sind, entscheiden die betrieblichen Anforderungen. Allgemein ist zu sagen, daß die unlösbaren Verbindungen als Stoffschlußverbindungen den höchsten Dichtigkeitsgrad haben. Sie sind trotz ihrer Bezeichnung in vielen Fällen beschränkt lösbar.

9.2.1.1 Unlösbare Dichtungen

Die einfachste unlösbare Dichtung ist die Schweißverbindung (Stoffschluß!) zwischen Rohren mit Durchleitung der Rohrkräfte. Diese wird regelmäßig nicht als Dichtverbindung aufgefaßt, sondern nur als Verbindung schlechthin mit der Dichtwirkung als Nebenfunktion. Wie das Beispiel der Ölpipelines zeigt, wird aber im Hinblick auf die Dichtung an die Güte der Schweißnaht ein besonderer Qualitätsanspruch gestellt.

Für heißgehende Leitungen mit hohem Innendruck, typisch in der Kraftwerkstechnik, werden vielfach Schweißverbindungen ohne Durchleitung von Verbindungskräften, d.h. Dichtungen im Nebenschluß, angewendet (Bild 9.3). Die Rohrkräfte werden dabei durch Flanschschrauben, Klammern usw. aufgenommen. Die Dichtung besteht aus an den Flanschen befestigten Formelementen, die an ihrem Kopf miteinander durch eine reine Dichtschweißung verbunden sind. Solche Dichtungen

Ruhende Dichtungen

Unlösbare Dichtungen
  * Stoffschlußdichtung
    o Schweißdichtung
    o Lötdichtung
  * Formschlußdichtung
    o Preßsitz
    o Verformungsdichtung (Walzdichtung, Kegelringverschraubung)
    o Schneidendichtung (Schneidringverschraubung)
Lösbare Dichtungen
  * Dichtpressung erzeugt durch äußere Kräfte
    + „dichtungslose" Dichtung
      o Flächen-, Kegeldichtung
      o Dichtungspaste, -kitt
    + mit Dichtungselement
      o Flachdichtung
        − Weichstoffdichtung
        − Metall-Weichstoffdichtung
      o Formdichtung
        − Profildichtung (Spießkant-, Ring-Joint-, Runddraht-,
              Doppelkegeldichtung)
        − Kammprofildichtung
      o Muffendichtung
        − elastische Muffendichtung
        − stopfbuchsähnliche Dichtung
  * Dichtpressung erzeugt durch Innendruck
    + Dichtungselement selbsttätig
      o Weichstoffdichtung
        − O-Ring
        − Profilring
      o Hartstoffdichtung
        − Deltaring
        − Linsenring
    + Dichtung mit Anpreßelement
      o Hartstoffdichtung
        − Uhde-Bredtschneider-Dichtung

Bild 9.2. Einteilung der Dichtungen bei ruhenden Dichtflächen [21]

lassen sich durch das Abschleifen der Schweißraupen beschränkt lösen; sie können dann mehrfach wiederverwendet werden. Lötverbindungen (Stoffschluß!) werden nur als Muffenverbindungen ausgeführt. Ihre Herstellungsgesichtspunkte sind ähnlich wie bei der einfachen Schweißverbindung, d.h., die Ausführung der Lötverbindung erfolgt hauptsächlich unter dem Gesichtspunkt der Dichtigkeit und nicht unter dem Gesichtspunkt der Festigkeit.

Nicht lösbar sind die Walzverbindungen, die z.B. bei Wärmeaustauschern zum Einsetzen der Rohre in die Böden verwendet werden. Die Rohre erhalten an der

150   9 Dichtungstechnik

schlecht!   gut!

Ausführungsformen

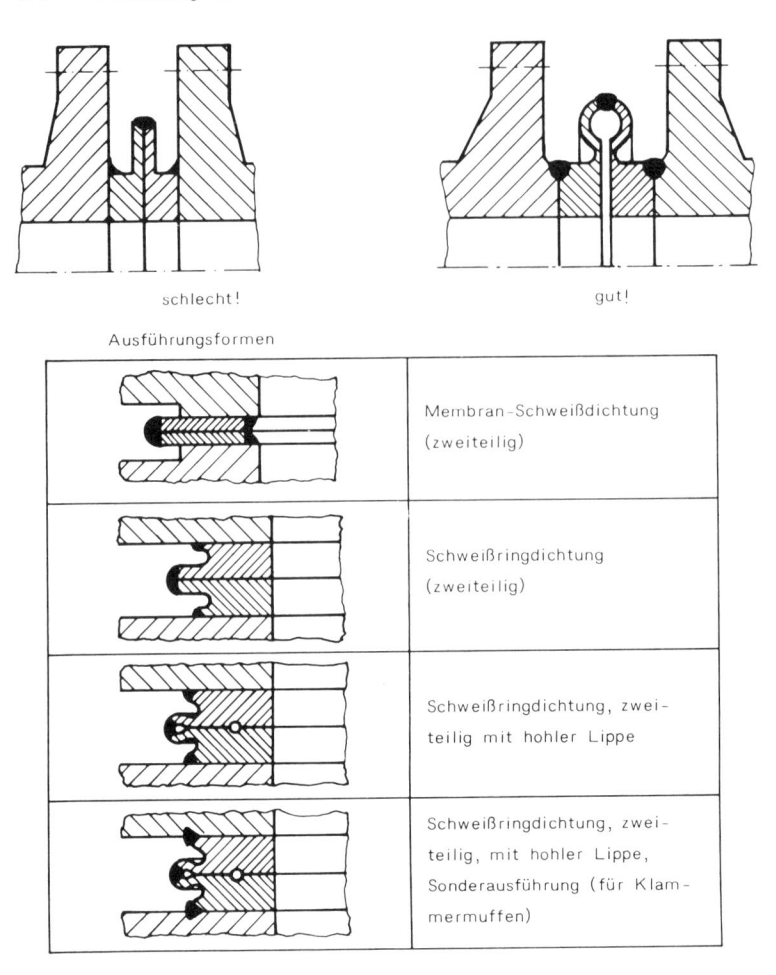

	Membran-Schweißdichtung (zweiteilig)
	Schweißringdichtung (zweiteilig)
	Schweißringdichtung, zweiteilig mit hohler Lippe
	Schweißringdichtung, zweiteilig, mit hohler Lippe, Sonderausführung (für Klammermuffen)

Bild 9.3. Schweißdichtungen in unterschiedlichen Ausführungsformen

Dichtstelle durch das innenangreifende Walzwerkzeug eine starke radiale, plastische Verformung, die eine gute Haltbarkeit gegenüber den Längskräften und auch eine Dichtigkeit bis zu mittleren Drücken gewährleistet. Das Verfahren wird ferner angewendet, um Rohre mit sogenannten Aufwalzflanschen zu versehen.

9.2.1.2 Lösbare Berührungsdichtungen

Die Funktion der Berührungsdichtung beruht auf der Dichtpressung, d.h. dem gegenseitigen Anpressen der Dichtflächen. Hiernach können zwei Gruppen unterschieden werden. Die Dichtpressung entsteht durch Kräfte oder einen Druck:

1. Äußere Kräfte, z.B. Schraubenkräfte der Flanschverbindung. Man bezeichnet diese Dichtungen als Flach- und Formdichtungen.
2. Betriebsdruck. Dieser erzeugt durch Verformung oder Verschiebung des Dichtelementes die Dichtpressung an der druckabgewandten Seite. Diese Dichtungen werden als selbsttätige Dichtungen bezeichnet.

Die sogenannten „dichtungslosen" Verbindungen in Form aufgeschliffener Dichtflächen oder Dichtleisten erfordern eine hohe Oberflächenqualität, denn die Anpassung der Dichtflächen erfolgt gegen den Formänderungswiderstand des Werkstoffes.

Die übliche Ausführung erfolgt mit dem eigenen Bau- oder Maschinenelement „Dichtung", das als Weichstoff- oder Hartdichtung vorliegen kann. Weichstoffdichtungen sind die gebräuchlichsten Dichtungen (Bild 9.4). Der niedrige Elastizitätsmodul der hierbei verwendeten Werkstoffe gewährleistet schon eine gute Dichtwirkung bei nur mäßigen Anpreßdrücken. Die Wahl des Werkstoffes erfolgt meist nur unter den Gesichtspunkten der Dichtungsbeständigkeit gegen Medienangriff und Temperatur. Gegen sehr heiße Gase sind die üblichen Werkstoffe der Weichstoffdichtungen nicht mehr beständig. Um die gute Anpressungsfähigkeit der Weichstoffdichtungen dennoch beizubehalten, baut man sogenannte Mehrstoffdichtungen oder Metall-Weichstoffdichtungen auf, bei denen das elastische Dichtmaterial durch eine Ummantelung (z.B. Kupferummantelung!) geschützt wird. In ähnlicher Weise läßt sich die Standfestigkeit gegen mäßige Drücke durch innenliegende Stützbleche steigern (Bild 9.4).

Bei größeren Kräften und Drücken, besonders wenn gleichzeitig auch höhere Temperaturen wirken, reichen die Festigkeitswerte der speziellen Dichtwerkstoffe nicht mehr aus. Man muß dann auf Hartdichtungen übergehen, für die Metalle verwendet werden, z.B. Kupfer, Weicheisen oder Stahl (Bild 9.5).

Die Anforderungen an das Material aus dem Dichtungsfall wirken zurück auf die Ausführung der Dichtung als Bauelement. Die überwiegende Ausführungsform der Weichstoffdichtungen ist die Flachdichtung mit einer relativ gleichförmigen Verteilung des Dichtdruckes auf eine in ihren Maßen festgelegte Fläche. Hartdichtungen haben einen erheblich höheren Formänderungswiderstand als die Weichstoffdichtungen, d.h., ihre elastische, jedoch vorwiegend plastische Formänderung zur Überwindung der Dichtflächenrauhigkeit wäre mit Flachdichtungen angesichts der dann hohen Kräfte nicht zu bewerkstelligen. Hartdichtungen werden deshalb überwiegend als Formdichtungen ausgeführt. Die Dichtungspressung erfolgt als Linienberührung auf eine nicht genau definierbare Fläche. Die typische Ausführung ist der Spießkantring (eine auf die Spitze gestellte Raute!), der, konzentrisch mehrfach wiederholt, zur Rillendichtung führt. Problematisch sind Hartdichtungen dann, wenn mehrfaches oder häufiges Lösen der Verbindung erforderlich ist. Spießkantdichtungen rufen in den Dichtflächen Rillen hervor, die beim weiteren Einbau gekreuzt werden können und dann als Leckstellen wirken. In solchen Fällen werden dann Formdichtungen verwendet, die vorwiegend eine elastische Formänderung durchmachen oder, mit abgerundeten Formen, niedrigere Spitzenspannungen oder -pressungen bewirken.

152   9 Dichtungstechnik

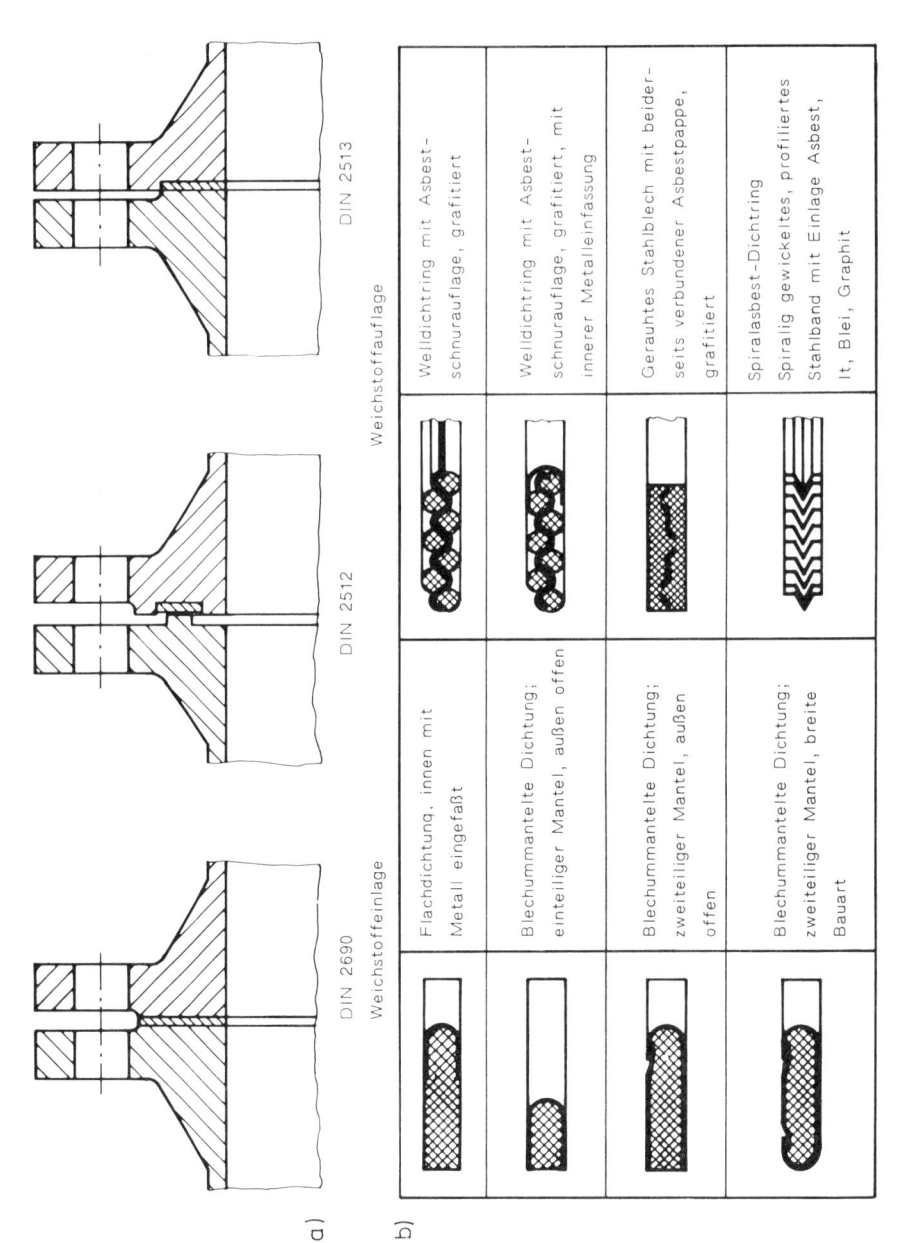

Bild 9.4. Weichstoff- und Metall-Weichstoffdichtungen: a) Einbauformen, offen und gekammert; b) Beispiele für Bauformen der Metall-Weichstoffdichtungen

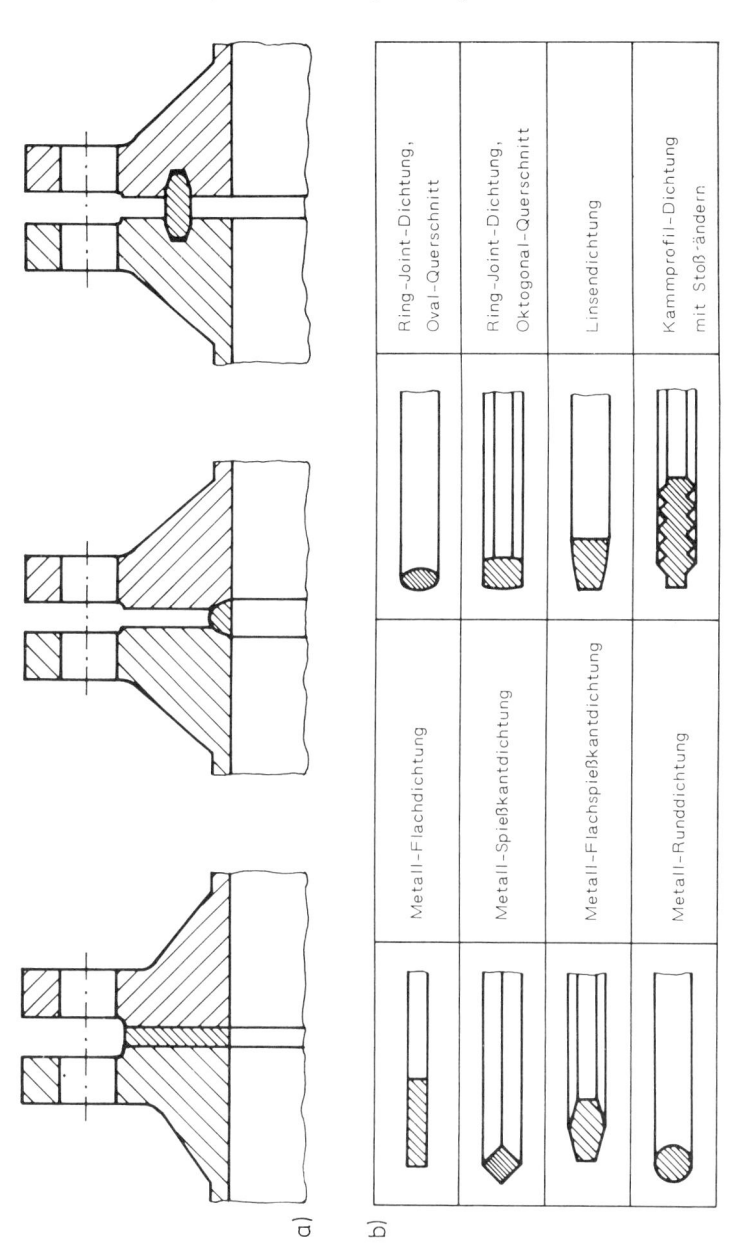

9.2 Berührungsdichtungen für Dichtflächen ohne Relativbewegung

Bild 9.5. Hartdichtungen; a) Einbaubeispiele; b) Beispiele für Profildichtungen

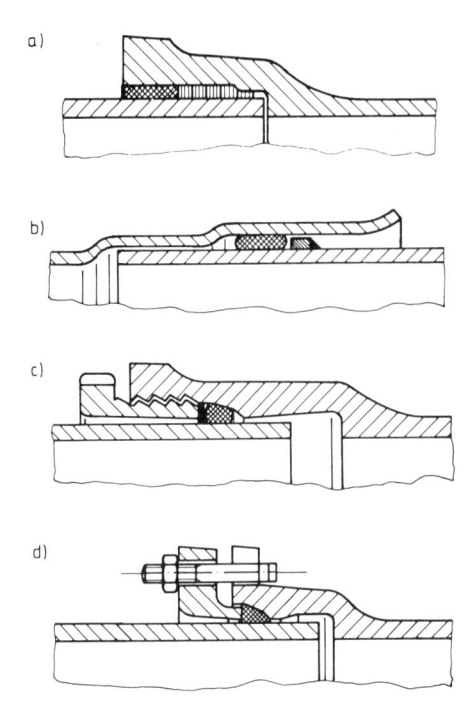

Bild 9.6. Muffendichtungen; a) Stemm-Muffendichtung; b) Rollmuffendichtung; c) Schraubmuffendichtung; d) Stopfbuchsmuffendichtung

Bei den selbsttätigen Dichtungen erzeugt der Betriebsdruck die zur Abdichtung erforderliche Flächenpressung selbst. Allerdings muß zur Einleitung dieser Wirkung eine gewisse Vorpressung vorhanden sein, die dann meist durch äußere Kräfte aufgebracht wird. Eine typische Ausführung ist der O-Ring aus vorwiegend gummielastischen Werkstoffen. Seine Druckverformung bewirkt eine sehr verläßliche Abdichtung, er ist jedoch gegen das zerstörende Herausquetschen in Sitzspalte besonders zu schützen. Manschettenartige Dichtungen sind so angeordnet, daß die Dichtlippen durch den Innendruck mit einer gewissen Hebelwirkung, d.h. selbstverstärkend, belastet werden.

Für hohe und höchste Drücke bestehen die selbstverstärkenden Dichtungen aus Metall. Bekannte Ausführungen sind der Deltaring, der Keilring und der Doppelkonusring.

Die Muffendichtung ist die älteste Dichtverbindung von Rohrleitungen (Bild 9.6). Die alte Ausführung als Stemmuffe ist nicht mehr gebräuchlich; heute werden gummielastische Werkstoffe als Muffendichtung verwendet.

9.2.2 Dichtungswerkstoffe

Die gegenseitige Beeinflussung der Bauteilgestaltung, der Dichtungskonstruktion, des Abdichtfalles und der zugehörigen Werkstoffe zeigt sich auch darin, daß an

9.2 Berührungsdichtungen für Dichtflächen ohne Relativbewegung

verschiedenen Stellen gleichartige Gesichtspunkte wieder zu berücksichtigen sind.
Die Wahl des Werkstoffes erfolgt nach zwei Gesichtspunkten:
1. Art und Größe der Beanspruchungen, denen die Dichtung ausgesetzt ist;
2. konstruktive Gestaltung der abzudichtenden Verbindung.

Solche Beanspruchungen sind:
1. Die chemische Aggressivität der abzudichtenden Medien gegenüber dem Dichtungswerkstoff.
2. Die Wärmebelastung. Sie muß an den unteren und den oberen Betriebsgrenztemperaturen gut aufgenommen werden, ohne daß sich die Weichstoffe zu stark setzen, sich verhärten, erweichen oder brüchig werden. Dabei ist nicht die Temperatur des Mediums, sondern die tatsächliche Temperatur der Dichtflächen entscheidend.
3. Die Betriebsdruckbelastung. Die Dichtung muß den höchsten Betriebsdruck und auch den vorgeschriebenen Prüfdruck einwandfrei aufnehmen. Sie darf unter der Pressung nicht verrutschen oder fließen und nicht durch den Innendruck herausquellen.
4. Die Dauerbeanspruchung durch gleichzeitig Druck und Temperatur. Bei höheren Temperaturen verlieren die Werkstoffe an Festigkeit; unter der Einwirkung äußerer Kräfte bzw. des Betriebsdruckes beginnt das Material zu fließen. Die Warmverformung muß innerhalb zulässiger Grenzen bleiben, d.h., für Hochdruckdichtungen dürfen nur druck- und hitzestandfeste Werkstoffe verwendet werden.

Die wichtigsten Dichtwerkstoffe sind [6, 16, 18, 20, 21, 22, 24]:

Werkstoff	Herkunft bzw. Aufbau
1. Metalle	Aluminium, Weichkupfer, Weicheisen, Stahl-Formdichtung.
2. Asbest	Gesteinsprodukt als Asbestpapier, Asbestpappe, Preßasbest, Steinasbest, Spiralasbest (Verwendung neuerdings jedoch stark eingeschränkt, sogar verboten (karzinogen!), auch in Verbundkonstruktionen!).
3. Metallasbest	Kupferasbest, Eisenasbest, Kupfer/Eisenasbest.
4. Gewebedichtungen	Asbestmetallgewebe, Weichstoff mit Gewebeeinlage.
5. Weichstoffe mit Metalleinlage	Gelochte oder gesickte Trägerbleche mit Asbestauflage.
6. Asbest-Kautschuk (It)	Verbundwerkstoff aus Asbest, Kautschuk und Zusatzmaterial.

7. Gummi   Naturkautschuk (selten!), meist Buna-Werkstoffe.
8. Kork   Gewebe bzw. Rinde der Korkeiche.
9. Kautschuk-Kork-Kompositionen   Verbundwerkstoff aus Kork mit Elastomeren.
10. Faserstoffe   Pflanzenfaserstoffe, Zellulose, Kunstfaser.
11. Papier und Pappe   Zellulose.
12. Vulkanfiber   Naturzellstoff, in Hydrozellulose überführt.
13. Leder   Gegerbte Tierhaut, Kunstleder.
14. Filz   Tierische Fasern (Wolle und Haare!).
15. Kunststoffe   Polymere, Elastomere.

Anmerkung:

Asbestwerkstoffe sollten aus gesundheitlichen Gründen wegen ihrer karzinogenen Wirkung nicht mehr verwendet werden!

9.2.3 Dichtungsfunktion

Gepaarte Flächen, die absolut eben und glatt sind, sind gleichzeitig absolut dicht gegen den Durchtritt von Medien in der Trennfläche. Innerhalb der Dichtfläche treten dann auch keine Kräfte auf, d.h., Flanschschrauben oder andere Verbindungselemente müßten nur die äußeren, auf die Konstruktion wirkenden Kräfte übertragen.

Tatsächlich ist eine solche Oberflächengüte technisch jedoch nicht zu realisieren. Die realen Oberflächen der Bauteile sind mehr oder weniger uneben, d.h. wellig und zugleich rauh. Beim Kontakt zweier Flächen berühren sich somit nur wenige Rauhigkeitsspitzen; zwischen ihnen befinden sich Vertiefungen, die erheblich größer sind als die freie Weglänge der Moleküle und so Kanäle oder Durchtrittsöffnungen für das abzudichtende Medium bilden. Die aufeinandergelegten Flächen sind also undicht! Die Aufgabe der Dichtung ist es, diese Kanäle durch Verformung entweder der Oberflächenerhebungen oder eines zusätzlich aufgebrachten und in die Vertiefungen eindringenden Dichtungsmaterials zu schließen.

Das Wesen einer Dichtung sei an dem Modell einer Flanschverschraubung [26] nach Bild 9.7 erläutert. Als Einzelkräfte wirken:
1. Die Rohrkraft F_R, sie wird durch den Innendruck p bewirkt und vom Rohr auf den Flansch übertragen. Sie hat die Größe

$$F_R = p \cdot \frac{\pi}{4} d^2 \qquad (9.1)$$

2. Die Ringflächenkraft F_K, sie entsteht durch die Wirkung des Innendruckes auf die Kreisringfläche zwischen dem Rohrinnendurchmesser d und dem Durchmesser

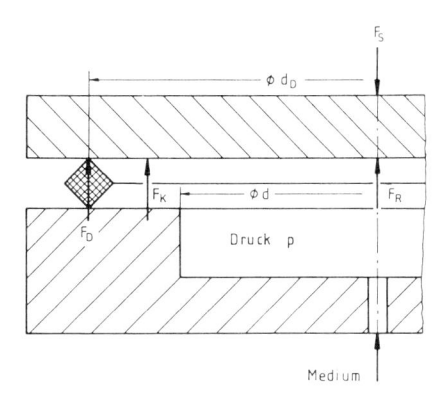

Bild 9.7. Modell der Flanschdichtung

d_D des Dichtkreises. Sie beträgt

$$F_K = p \cdot \frac{\pi}{4}(d_D^2 - d^2) \tag{9.2}$$

3. Die Dichtkraft F_D. Es läßt sich nicht einfach davon ausgehen, daß eine Dichtungsstelle dann dicht ist, wenn in ihr überall ein Dichtdruck p_D herrscht, der etwas höher ist als der Druck p des abzudichtenden Mediums. Die Verhältnisse bedürfen daher, abhängig vom Betrieb, einer eingehenderen Betrachtung.

Zunächst ist die Dichtkraft F_D von der Größe der Dichtfläche A_D abhängig, in der eine Dichtpressung p_D herrscht. Die Angabe der Dichtflächengröße ist aber nur bei einfachen Flachdichtungen möglich, nicht jedoch bei Formdichtungen, bei denen sich – ausgehend von der Linienberührung – eine mit wachsender Belastung zunehmende Verformung und eine sich damit vergrößernde Dichtfläche ausbildet.

Im weiteren ist zwischen folgenden zwei grundsätzlich verschiedenen Betriebszuständen zu unterscheiden:
1. Der Vorverformungszustand, bei dem das Material in den Dichtflächen elastisch/plastisch verformt werden muß, um, wie eingangs dargestellt, die Rauhigkeitskanäle zu schließen.
2. Der Betriebszustand, in dem die Verformung abgeschlossen ist und die reine Dichtfunktion erfüllt sein muß.

9.2.3.1 Vorverformung

Im Diagramm des Bildes 9.8 sind die Versuchsergebnisse an einer Dichtung, eingebaut in das Abdichtungsmodell nach Bild 9.7, unter der Wirkung steigenden Innendruckes p dargestellt. Die obere Grenzkurve der Schraubenkraft

$$F_S = F_R + F_K + F_D \tag{9.3}$$

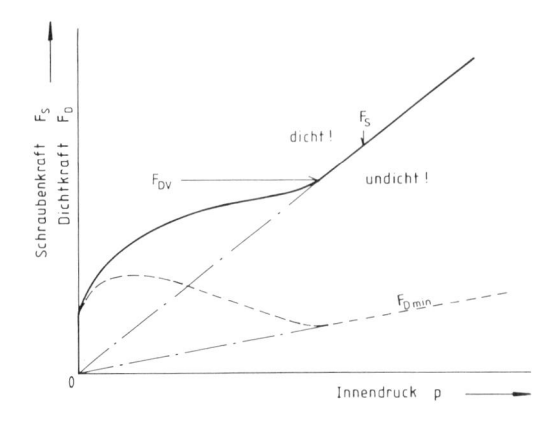

Bild 9.8. Verlauf der Schraubenkraft F_S und der Dichtkraft F_D an der Dichtgrenze bei steigendem Innendruck p

gibt den Grenzzustand dicht/undicht an. Die Versuche kann man sich derart durchgeführt denken, daß zunächst die Dichtung mit einer bestimmten Schraubenkraft F_S angezogen und dann der Druck p bis zum Undichtwerden gesteigert wird. Dabei zeigt sich, daß die zum Abdichten nötige Schraubenkraft erst oberhalb einer bestimmten Grenze linear mit dem Betriebsdruck steigt. Unterhalb dieses „kritischen" Punktes liegt die Versuchskurve höher als die Ursprungsgerade, und es ist zu erkennen, daß schon zum Abdichten minimaler Drücke eine relativ hohe Voranpreßkraft erforderlich ist. Dies wird noch deutlicher durch die darunter liegende Kurve, die nur die erforderliche Dichtkraft $F_{D\,min}$ an der Dichtheitsgrenze darstellt, d.h. die Schraubenkraft F_S abzüglich der linear mit dem Druck wachsenden Rohrkraft F_R und Ringflächenkraft F_K.

Im Bereich unterhalb der kritischen Grenze erfolgte noch keine hinreichende Anpassung der rauhen Dichtflächen und des Dichtmaterials, die Rauhigkeitskanäle wurden nur durch eine gemischt elastisch-plastische Verformung verschlossen. Der steigende Innendruck führt zur Entlastung, und in den nur elastisch verformten Bereichen federn die Materialien zurück und öffnen dem Medium die Leckkanäle zwischen den Oberflächenfehlern. Erst wenn die vorher aufgebrachte Vorspannkraft den kritischen Wert F_{DV} überschritten hat, sind die Oberflächenrauhigkeiten durch vollplastische Verformung geschlossen. Mit dieser Anpassung ist der optimale Dichtzustand erreicht. Von jetzt an erfolgt die Abdichtung längs der Geraden durch den Ursprung, d.h. bei niedrigeren Kräften. Diese Kraft F_{DV} (Vorverformungskraft der Dichtung!) ist also ein wesentlicher Kennwert der Dichtung und vom späteren Innendruck unabhängig.

Praktische Versuche zeigen den Einfluß von Betriebsparametern (Bild 9.9). Gase sind danach schwieriger abzudichten (Bild 9.9a), d.h., sie erfordern eine höhere kritische Voranpressung als z.B. Wasser, bei dem auch die Oberflächenkraft in den engen Kanälen sperrend wirkt. Andererseits gilt, daß mit zunehmender Rauhigkeit der Oberfläche (Bild 9.9b) die Verformungen und damit die Voranpressung größer sein müssen, um die Leckkanäle zu schließen. Die erforderlichen Verformungskräfte sind bei rauhen Oberflächen somit größer als bei glatten Oberflächen.

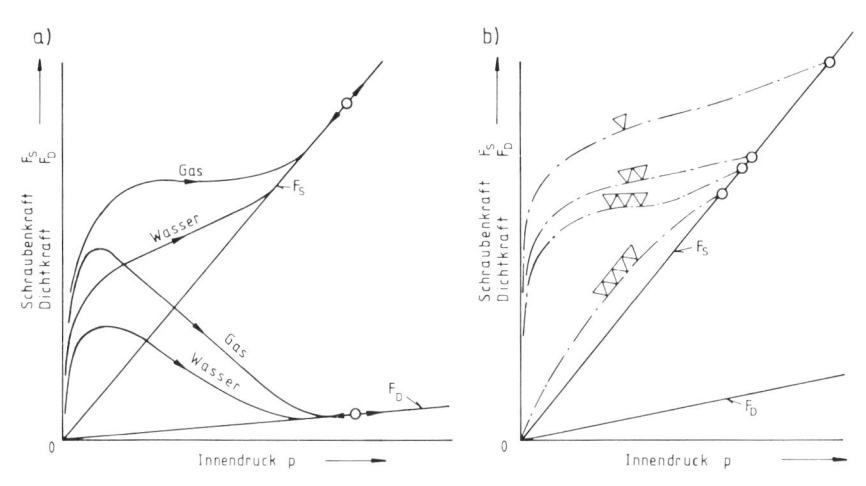

9.2 Berührungsdichtungen für Dichtflächen ohne Relativbewegung   159

Bild 9.9. Schraubenkraft F_S und Dichtkraft F_D an der Dichtgrenze bei steigendem Innendruck p; a) für unterschiedliche Medien; b) bei unterschiedlicher Oberflächenrauhigkeit

Bei den metallischen Abdichtungen wird der vollplastische Zustand praktisch bei 10% plastischer Stauchung des Dichtwerkstoffes erreicht. Die zugehörige Werkstoffspannung ist $\sigma_{10} = R_{p\,10}$ ungefähr gleich R_m und wird als Formänderungswiderstand K_D bezeichnet (Tabelle 9.2). Damit ist die Vorverformungskraft der Dichtung

$$F_{DV} = \pi \cdot d_D \cdot k_0 \cdot K_D. \tag{9.4}$$

Hierbei ist k_0 ein im Versuch ermittelter Dichtungskennwert. Physikalisch bedeutet er die „wirksame Breite" der Dichtung und wird abhängig von der Dichtungsform angegeben (Tabelle 9.1). Bei Flachdichtungen ist $k_0 = b_D$ = Breite der Dichtung, bei Spießkantdichtringen ist $k_0 = 1$ mm, bei Metallrund-, Metalloval- und Metallinsendichtringen ist $k_0 \simeq 1{,}5$ bis 2 mm.

Für Weichstoffdichtungen und Metall-Weichstoffdichtungen lassen sich wegen des völlig verschiedenen Verformungsverhaltens keine Werkstoffkennwerte wie bei den Metallen angeben (Bild 9.10). Hierfür wird deshalb das Produkt $k_0 \cdot K_D$ angegeben, üblicherweise in Tabellen oder auch in Kennlinien, wenn weitere Parameter, z.B. Dichtungsstärke und -breite, eingehen.

Weichstoffdichtungen dienen bevorzugt zum Abdichten niedriger Drücke, und es wäre ungerechtfertigt, dann Flansche und Schrauben auf das Erreichen der kritischen Voranpressung zu dimensionieren. Man berechnet in solchen Fällen nach dem Verlauf der Dichtkurve unterhalb F_{DV}, d.h. im Bereich elastisch-plastischer Dichtverformung. Durch geeignete Werkstoffmischungen bieten diese Dichtungen eine so hohe Elastizität, daß die elastische Füllung der Rauhigkeiten auch bei der Belastung durch den Innendruck nicht aufgehoben wird. Die Kennlinien der Zusammenpressung verschiedener Weichdichtungsstoffe im Bild 9.10 zeigen dann auch, daß die erforderliche Mindestanpressung bei sehr elastischen Stoffen (z.B. Kautschuk, Schwammgummi, Moosgummi, Kork!) schon bei niedrigen Werten

Tabelle 9.1. Dichtungswerte für Weichstoff-, Verbund- und Metalldichtungen (Hartdichtungen)

Weichstoff- und Weichstoff-Metall-Dichtung				Hartdichtung		
Querschnitt	Werkstoff	$k_0 K_D$	k_1	Querschnitt	k_0	k_1
Flachdichtung b_D	It	$200\sqrt{\frac{b_D}{h_D}}$	$1{,}3 \cdot b_D$	Flachdichtung b_D	b_D	$b_D + 5$
	Gummi	$2 \cdot b_D$	$0{,}5 \cdot b_D$			
	PTFE	$25 \cdot b_D$	$1{,}1 \cdot b_D$	Ring-Joint oval oder oktogonal	2	6
Welldichtung	Al	$30 \cdot b_D$	$0{,}6 \cdot b_D$			
	Cu	$35 \cdot b_D$	$0{,}7 \cdot b_D$			
	St + Asbest	$45 \cdot b_D$	$1{,}0 \cdot b_D$	Linse	2	6
Spiraldichtung	St	$50 \cdot b_D$	$1{,}3 \cdot b_D$			
	Cr-Ni-St	$55 \cdot b_D$	$1{,}4 \cdot b_D$	Spießkant		
	Monel				1	5
	Titan					
Kammprofil mit Weichstoffauflage	It	$200\sqrt{b_D}$	$0{,}9 \cdot b_D$	Kammprofil mit z Zähnen ohne Auflage	$0{,}5\sqrt{z}$	$9 + 0{,}2\,z$
	Al	$70 \cdot b_D$	$0{,}9 \cdot b_D$			
	PTFE	$25 \cdot b_D$	$0{,}8 \cdot b_D$			
	Graphit	$12 \cdot b_D$	$0{,}7 \cdot b_D$			
It-Kern mit Weichstoffmantel	Blei	$30 \cdot b_D$	$1{,}2 \cdot b_D$	Ballige Dichtung	2	6
	Al	$50 \cdot b_D$	$1{,}4 \cdot b_D$			
	Cu	$60 \cdot b_D$	$1{,}6 \cdot b_D$			
	Eisen	$70 \cdot b_D$	$1{,}8 \cdot b_D$	Runddraht	1,5	6
	Cr-Ni-St	$100 \cdot b_D$	$2 \cdot b_D$			

erreicht wird. Es sind dieses die typischen Dichtwerkstoffe für den Niederdruck, doch gilt prinzipiell die gleiche Aussage für alle Weichstoffdichtungen. Die erforderliche Anpreßkraft berechnet man aus der Abbildung der Dichtkurve als Wurzelfunktion von F_{DV} zu

$$F'_{DV} = 0{,}2\, F_{DV} + 0{,}8 \cdot \sqrt{F_{DV} \cdot F_S} \tag{9.5}$$

mit F_S gemäß Gl. (9.6) und Gl. (9.7).

9.2.3.2 Betriebskraft der Dichtung [25, 26]

Wenn die kritische Vorspannkraft F_{DV} einmal aufgebracht wurde, d.h., die Oberflächenunebenheiten und -rauhigkeiten durch plastisches Fließen verschlossen sind, dann muß im weiteren Verlauf steigender Innendrücke nur dafür gesorgt werden,

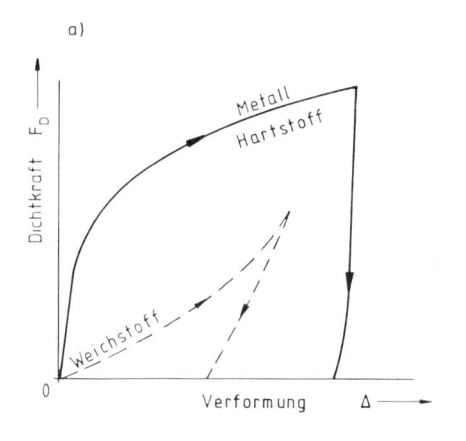

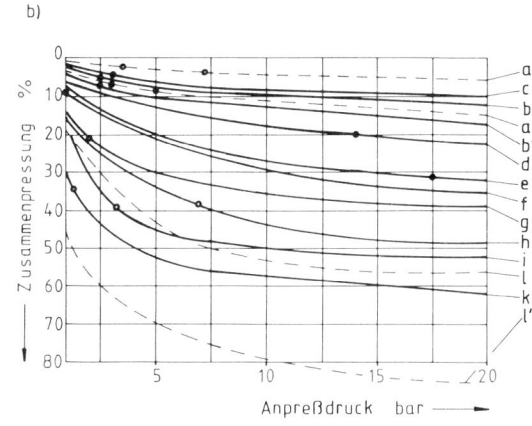

Bild 9.10. Verformung der Dichtwerkstoffe [24, R];
a) Verformungsverhalten von Weichstoffen und von Hartstoffen (Metalle);
b) Kompressionskurven wichtiger Weichstoffe;
a, a' Asbest-Kautschuk, allgemein;   b, b' Asbest-Metallgewebe;
c   Asbest-Kautschuk, Sonderqualität;   d   Asbest-Accopac;
e   Zellulose-Accopac;   f   Asbest-Kork-Kautschuk;
g   Pflanzenfaserstoff;   h   Zellulose-Kork-Accopac;
i   Gummi-Kork;   k   Schwammgummi-Kork;
l, l' Kork, allgemein

daß das unter dem Innendruck p stehende Medium nicht die plastisch verformten Bereiche wieder aus den Vertiefungen verdrängt. Auf die Dichtung muß mithin ein bestimmter und zum Innendruck p proportional höherer Dichtdruck p_D ausgeübt werden. Dieser beträgt beispielsweise bei optimal ausgelegten Flachdichtungen $p_D \simeq (1 \text{ bis } 2) \cdot p$.

Oberhalb der kritischen Voranpressung steigt die zum Dichten nötige Schraubenkraft F_S linear mit dem Innendruck p an (Bild 9.8). Diese Schraubenkraft ist die Summe aller Einzelkräfte und hat folgende Größe:

$$F_S = F_R + F_K + F_{D\,min} \tag{9.6}$$

Die minimal erforderliche Dichtkraft $F_{D\,min}$ resultiert aus dem zuvor genannten, mindest erforderlichen Dichtdruck $p_{D\,min}$. Da die genaue Größe der Dichtfläche nicht bekannt ist, wird in Anlehnung an Gl. (9.4) geschrieben:

$$F_{D\,min} = \pi \cdot d_D \cdot b_D \cdot \frac{p_D}{p} \cdot p = \pi \cdot d_D \cdot k_1 \cdot p \tag{9.7}$$

Hierbei ist k_1 ein Betriebswert der Dichtung. Er ist das Produkt aus der unbekannten Dichtbreite b_D und dem genannten Dichtdruckverhältnis p_D/p. Bei Flachdichtungen muß deshalb immer $k_1/b_D > 1$ sein. Er ist unabhängig vom Werkstoff und beschreibt gemäß Tabelle 9.1 nur Form und Größe der Dichtung.

Tabelle 9.2. Formänderungswiderstand K_D bzw. $K_{D\theta}$ metallischer Dichtungswerkstoffe bei 20 °C bis 500 °C Betriebstemperatur

Werkstoff	K_D			$K_{D\theta}$		
	20	100	200	300	400	500 °C
Al	100	40	20	(5)		
Cu	200	180	130	100	(40)	
Weicheisen	350	310	260	210	170	(80)
St 35	400	380	330	260	190	(120)
13 CrMo 44	450	450	420	390	330	280
CrNi-Stahl (aust.)	500	480	450	420	390	350

Tabelle 9.3. B_2-Werte für den Einfluß des Kriechens bei unterschiedlichen Dichtungen und Dichtungstemperaturen

Werkstoff		Dichtungstemperatur °C			
		20	200	300	500
It		1,1	1,6	2,0	–
Spiralasbest		1,0	1,0	1,25	1,45
Well-	Al	1,0	–	2,5	–
dichtringe	Cu	1,0	–	2,0	–
mit	St	1,0	–	2,0	–
Blechum-	Al	1,0	–	2,3	–
mantelte	Cu	1,0	–	2,0	–
Dichtungen	St	1,0	–	1,7	–

Die Dichtkraft im Betrieb F_{DB} muß um einen Sicherheitsfaktor S_D größer sein als die Kraft $F_{D\,min}$, die definitionsgemäß die Dichtgrenze beschreibt. Somit gilt:

$$F_{DB} = p \cdot \pi \cdot d_D \cdot k_1 \cdot S_D \qquad (9.8)$$

mit $S_D = 1{,}5$ bei Weichdichtungen
und $S_D = 1{,}3$ bei Hartdichtungen.

Bei Weichstoffdichtungen ist zusätzlich ein gewisses Kriechen unter Temperatureinwirkung zu berücksichtigen. Dies erfolgt durch einen Faktor B_2 nach Tabelle 9.3. Damit ergibt sich für die Betriebsschraubenkraft folgende Größe:

$$F_{SB} = F_R + F_K + B_2 \cdot F_{DB} \qquad (9.9)$$

9.2.3.3 Einbauschraubenkraft

Für die Einbauschraubenkraft können somit zwei Beziehungen angegeben werden:
1. Zum sicheren Erreichen der kritischen Voranpressung

$$F_{S0} \geq F_{DV} \qquad (9.10a)$$

9.2 Berührungsdichtungen für Dichtflächen ohne Relativbewegung   163

bzw. für Niederdruckdichtungen

$$F_{S0} \geqq F'_{DV} \qquad (9.10b)$$

2. Zum sicheren Abdichten im Betrieb

$$F_{S0} = B_1 \cdot F_{SB} = B_1 \cdot (F_R + F_K + B_2 \cdot F_{DB}) \qquad (9.11)$$

mit $B_1 \simeq 1{,}2$ bis $1{,}4$ (Berücksichtigung des Setzens und des Vorspannungsverlustes der Schrauben!).
Der jeweils größere Wert der Einbauschraubenkraft ist zu wählen, wobei aber die Bedingung

$$F_{DV} \leqq F_{S0} \leqq V \cdot F_{DV}$$

mit $V = 2$ (nur bei It-Dichtungen ist $V = 6$!)
bzw. $V = 20$ bei Gummidichtungen

mit Rücksicht auf die Druckfestigkeit des Dichtungsmaterials erfüllt sein muß. Anderenfalls ist eine andere Dichtungsbauart zu verwenden. (Vergleiche auch Tabelle 9.4!)

9.2.3.4 Abdichtung von Heißleitungen

Besondere Verhältnisse treten bei heißgehenden Leitungen auf. Hier sind zwei Einflüsse zu beachten:
1. Mit steigender Temperatur sinkt die Formänderungsfestigkeit der Dichtwerkstoffe; die vorher genannte Stauchfestigkeit $\sigma_{1,0} = K_D$ geht zurück auf den niedrigeren Wert K_{D0}. Als Wert hierfür kann auch die (meist niedrigere!) DVM-Kriechgrenze angenommen werden. Weichstoffdichtungen sind gegen höhere Temperaturen besonders empfindlich, ihre Verwendungsmöglichkeit und ihre Werkstoffwerte sind daher sorgfältig zu prüfen (Tabelle 9.2).
2. Beim Anfahren einer Anlage treten Temperaturdifferenzen zwischen den Flanschen und den außenliegenden Schrauben auf. Die dadurch vorliegende unterschiedliche thermische Dehnung bewirkt eine erhöhte Pressung der Dichtung, so daß diese zu fließen beginnt.

Die Verspannungsverhältnisse der Schraubenverbindung müssen im Einzelfall mit Hilfe der elastischen Eigenschaften der Bauteile und der Schrauben sorgfältig berechnet werden. Dies gilt auch für den weiteren kritischen Zustand, der sich beim Abschalten einstellt. Die Entlastung durch den Betriebsdruck fällt weg, die Schraubenkraft belastet die Dichtung stark, die zudem infolge der höheren Temperatur nur eine verminderte Druckstandfestigkeit hat.
  Eine weitere unangenehme Erscheinung ist der sogenannte „Nähmaschineneffekt". Er tritt auf, wenn die gegenseitig abgedichteten Teile unterschiedlich stark erwärmt werden. Das wärmere Teil dehnt sich während des Betriebes stärker aus und verschiebt dabei eventuell die Dichtung gegenüber dem kälteren Teil. Diese Verschiebung wird beim Abkühlen aber nicht mehr rückgängig gemacht, so daß

beim zyklischen An- und Abfahren die Dichtung rastförmig aus der Dichtstelle herauswandert.

9.2.4 Flachdichtungen

Die Flachdichtung [1, 2, 5, 12] findet verbreitet Anwendung bei Rohrleitungs- und Apparateverbindungen in der Wärme- und Chemietechnik, im Motorenbau, im allgemeinen Maschinenbau, in der Haus- und Installationstechnik usw. Aus den schon genannten Gründen der minimalen Dichtpressung sind hier die Weichstoff- und Mehrstoffdichtungen typisch, die für niedrige bis mittlere Drücke bis zu ca. 100 bis 150 (200) bar und für Temperaturen vom Kältebereich bis zu ca. 400 bis 500 °C einsetzbar sind. Abgedichtet werden praktisch alle flüssigen und gasförmigen Medien. Bezieht man ein, daß sowohl gegen stationären als auch stark pulsierenden Druck (Motoren!) zu dichten ist, so folgt daraus eine große Vielzahl von Abdichtfällen mit jeweils spezifischen Anforderungen. Im Einzelfall wird die Zusammenarbeit mit einem Dichtungshersteller unumgänglich, nur für relativ einfache Fälle lassen sich pauschale Richtlinien angeben bzw. ist die Berechnung nach DIN 2505 (Abschnitt 9.2.3!) durchzuführen.

9.2.4.1 Flachdichtungen aus Weichstoffen

Zur Abdichtung sind zwei Durchtrittswege für das Medium zu verschließen, der durch die Kontaktfläche zwischen Bauteil und Dichtung sowie der durch das Material, das auch bei höchstem Innendruck querschnittsdicht sein muß. Im Gegensatz zu massiven Metalldichtungen und elastomeren Dichtungswerkstoffen sind die Weichstoffdichtungen auf Faser- bzw. Korkbasis porös und werden erst nach dem Einbau dicht.

Je nach den Eigenschaften des abzudichtenden Mediums, z.B. seiner Viskosität oder seiner Molekülgröße, müssen deshalb unterschiedlich große Kompressionsdrücke auf die Dichtung ausgeübt werden, um den Durchtritt des Mediums durch die Dichtung zu verhindern. Die dafür nötige Kraft steht in keinem Zusammenhang mit der Verformungskraft, unter der sich der Dichtungswerkstoff an die Unebenheiten der Dichtfläche anpaßt, sie wird aber wie diese pauschal durch die Gesamtkraft „kritische Voranpressung" erfaßt. Die Auswirkung findet sich wieder in medienabhängig verschiedenen Werten der kritischen Voranpressung. Zur Abdichtung gegen nur 10 bar Mediendruck beträgt sie bei It-Stoffen für

Gase: p_{DV} = 100 bis 320 bar
Flüssigkeiten: p_{DV} = 50 bis 120 bar.

In Bild 9.11 sind die beiden Einflüsse nochmals zusammengefaßt. Einerseits muß die Dichtung durch ihre elastische und plastische Verformung die durch Rauhigkeiten und Unebenheiten verursachten Kanäle, andererseits die Poren oder inneren

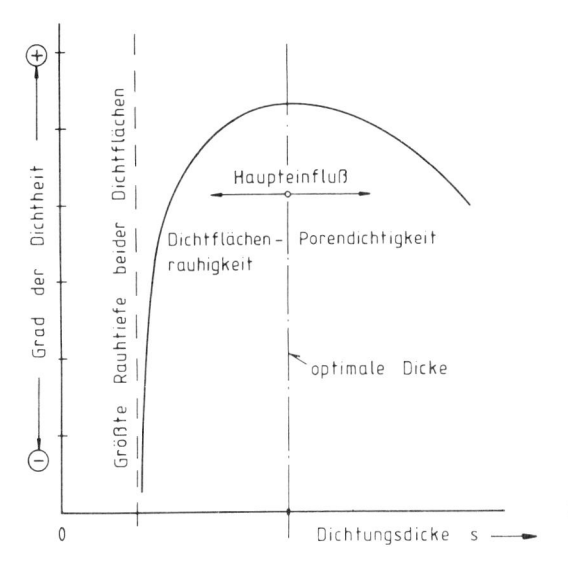

9.2 Berührungsdichtungen für Dichtflächen ohne Relativbewegung 165

Bild 9.11. Auswahl der Dichtungsdicke [24, R]

Durchtrittsöffnungen des Dichtungsmaterials schließen. Derart eine gleichmäßige Dichtpressungsverteilung zu erzeugen, ist bei Rauhigkeiten einfacher und sicherer als bei Unebenheiten, jedoch in jedem Fall leichter mit einer dickeren Dichtung. Mit zunehmender Materialstärke wird aber die Porendichtigkeit schlechter, so daß sich eine für den Dichtfall optimale Dichtungsstärke ergibt. Mit zunehmendem Mediendruck steigt die Porendurchlässigkeit, d.h., die Abdichtung höherer Drücke verlangt dünnere Dichtungen. Dann müssen aber, wie Bild 9.12 ausweist, eine bessere Oberflächenqualität erzeugt und vor allem die Bauelemente steifer ausgeführt werden, um Undichtigkeiten durch Verformungen entgegenzuwirken.

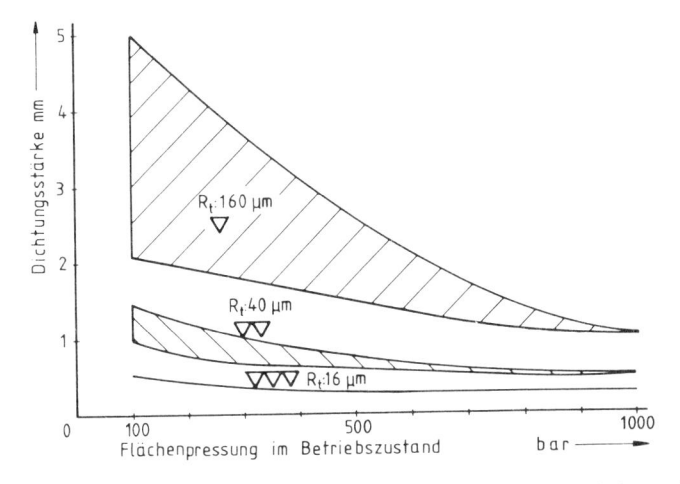

Bild 9.12. Mindeststärke für die It-Flachdichtungen in Abhängigkeit von der Oberflächengüte

Von diesen konstruktiven Folgen abgesehen, die gegen eine andere Dichtungsgestaltung abzuwägen sind, bieten dünnere Dichtungen einige weitere Vorteile. Die Bauteile verziehen sich weniger wegen der kleineren absoluten (bei gleicher relativer Kompression!) Zusammendrückung der Dichtung und mithin besserer Makroabdichtung. Die Dichtwirkung bleibt sicherer erhalten, denn die Setzerscheinungen in der geringeren Materialstärke bleiben geringer, die maximal zulässige Dichtpressung und die Dauerstandsfestigkeit steigen, da das Material durch das günstigere Verhältnis von Dicke zu radialer Erstreckung besser gestützt ist. Dadurch steigt auch der Widerstand gegen Herausdrücken der Dichtung, und schließlich wird der Wärmeübergang besser, weil die dünnere Dichtung weniger isoliert.

Die Höhe der zum Dichthalten erforderlichen Kompression ist vom Materialaufbau (Bindemittel und Füllstoffe!) abhängig und wird deshalb weiter von dessen Veränderungen, z.B. dem „Kriechen" besonders unter Temperatureinwirkung, beeinflußt. Andererseits erfordert eine vollkommene Abdichtung meist extrem hohe Anpreßkräfte, und es werden unterschiedlich hohe Leckraten je nach Art des Dichtfalles akzeptiert, d.h., ob dieser nur dem Komfort (z.B. Zugluftabdichtung im Auto!), der Funktionsfähigkeit (z.B. Apparate und Druckbehälter!) oder der Sicherheit (Explosionsgefahr!) dient. Je nach dieser Bedeutung gewinnt der Verlust an Dichtvermögen unter Betriebseinwirkung an Bedeutung. Eingebaute Dichtungen erfahren eine – zeitabhängige – plastische Verformung, einen Verlust an Rückfedervermögen, der durch Temperatureinfluß und unübersichtliche Dehnvorgänge beim An- und Abfahren verstärkt wird. Bei druckstandfesten Materialien liegt die Warmverformung etwa in der Größenordung der Kompression im kalten Zustand. Die Folge dieses Setzens ist ein mehr oder weniger großer Verlust der beim Einbau ursprünglich aufgebrachten Flächenpressung. Werkstoffe mit ungenügender Druckstandfestigkeit setzen sich nach einem Nachziehen der Schrauben erneut, bis die Dichtung zerfließt. Nicht in jedem Fall läßt sich die durch Setzen hervorgerufene

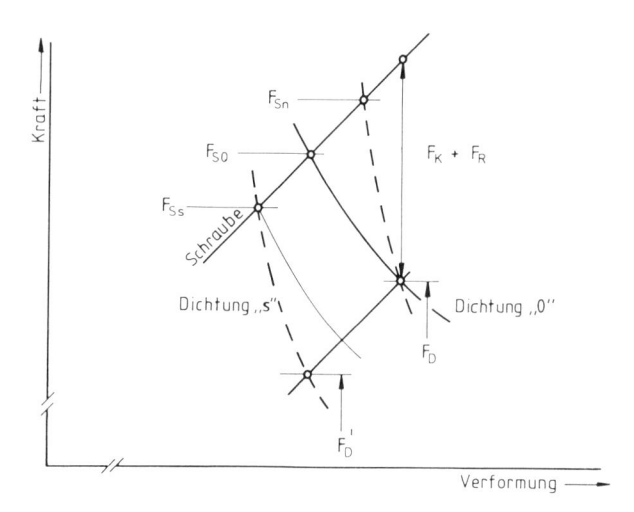

Bild 9.13. Einfluß des Nachziehens einer Dichtung nach dem Setzen (Ausschnitt aus dem Verspannungsdiagramm!)

Durchlässigkeit durch Nachziehen der Schrauben wieder beheben. In der Darstellung des Bildes 9.13 war die Dichtung ursprünglich mit F_{S0} vorgespannt, bei Aufgabe der Kräfte aus dem Innendruck verbleibt eine Dichtkraft F_D. Das Setzen bewirkt einen Vorspannungsverlust durch plastische Dickenänderung auf F_{Ss}, zudem wird die Dichtung inkompressibler, d.h. steifer, und die Dichtkraft sinkt auf den zu kleinen Wert F'_D. Um den alten Dichtwert wieder zu erreichen, müßte auf F_{Sn} nachgezogen werden, einen Wert, der die Schraubenfestigkeit übersteigen könnte [5, 10].

Für It-Werkstoffe sind in Tabelle 9.4 die wichtigsten Daten aufgeführt. Die Temperaturgrenzen reichen bis ca. 550 °C, der Bereich abzudichtender Drücke bis ca. 200 bar. Diese Daten sind als Richtwerte zu betrachten, sie dürfen wegen der gegenseitigen Abhängigkeit und des Medieneinflusses nicht gleichzeitig die Grenzwerte erreichen. Selbst die genaue Angabe des zulässigen Betriebsdruckes unter der herrschenden Temperatur ist nicht möglich, da die Standfestigkeit nicht nur vom Dichtungsmaterial, sondern in hohem Maße von den Einbauverhältnissen abhängig ist. Von großem Einfluß ist z.B. die Einbauform. Für den Einbau zwischen glatten Flächen gemäß Bild 9.4a gilt eine Druckgrenze von PN = 40 bar, nur in gekammerter Einbauart sind höhere Betriebsdrücke möglich. Solche Flansche mit Vor-/Rücksprung oder Nut-/Federkammern lassen sich aber nur gepaart und nicht beliebig einbauen.

Als wichtigste Voraussetzung für die Dichtungsfunktion muß die Dichtpressung ausreichend hoch und möglichst gleichmäßig sein. Dieses setzt unnachgiebige Trennflächen oder annähernd gleiche Durchbiegung voraus, sowie eine möglichst gleichmäßige Verteilung der Schraubenkräfte. An flachen, biegeweichen Verschlußdeckeln in Blech oder Spritzgußausführung (typisch sind Ölwannen an Motoren!) fällt zwischen den Schrauben die Pressung oft unzulässig ab, was zwangsläufig zum allmählichen Durchsickern des Mediums führt. Konstruktive Maßnahmen zur Gewährleistung der Abdichtgüte sind:

1. Erhöhung der Steifigkeit der Flansche, z.B. durch aufgesetzte oder hochgebogene Rippen, eingezogene Sicken oder auch aufgelegte Streifenverstärkungen. Schon scheinbar kleine Verstärkungen sind wirkungsvoll, da ihre Höhe in 3. Potenz in die Steifigkeit eingeht. Richtwert: Stärke der Dichtplatte etwa gleich dem Schraubendurchmesser. Bei Wannen z.B. ist die Steifigkeit der Seitenwand zu nutzen, d.h., diese ist in die Dichtzone vorzuziehen, und die Schrauben sind in Taschen anzuordnen.

2. Ausreichende Anzahl, gleichmäßige Abstände und sinnvolle Anordnung der Schrauben vorsehen. Bei flächiger Anordnung – z.B. Zylinderköpfe – soll die Resultierende der Schraubenkräfte möglichst mit dem Flächenschwerpunkt übereinstimmen. Die Verbindungslinien der Schrauben sollen die Bohrungen nur tangieren, nicht schneiden, da sonst die Gefahr unzulässig hoher Biegung um mehrere Achsen besteht. Bei Festlegung der Schraubenzahl ist zu beachten, daß die Durchbiegung mit der 3. Potenz des Abstandes steigt (Bild 9.14).

3. Hinreichende Pressungshöhe gewährleisten. Dichtungsbreite nicht zu groß ausführen, durch Linienberührung wird der Anpreßdruck erhöht. Dazu Fensterungen oder Ausnehmungen an den Dichtflächen vorsehen oder z.B. an Blechflanschen vorstehende Sicken einprägen (Bild 9.15). Vorstehende Dichtrillen

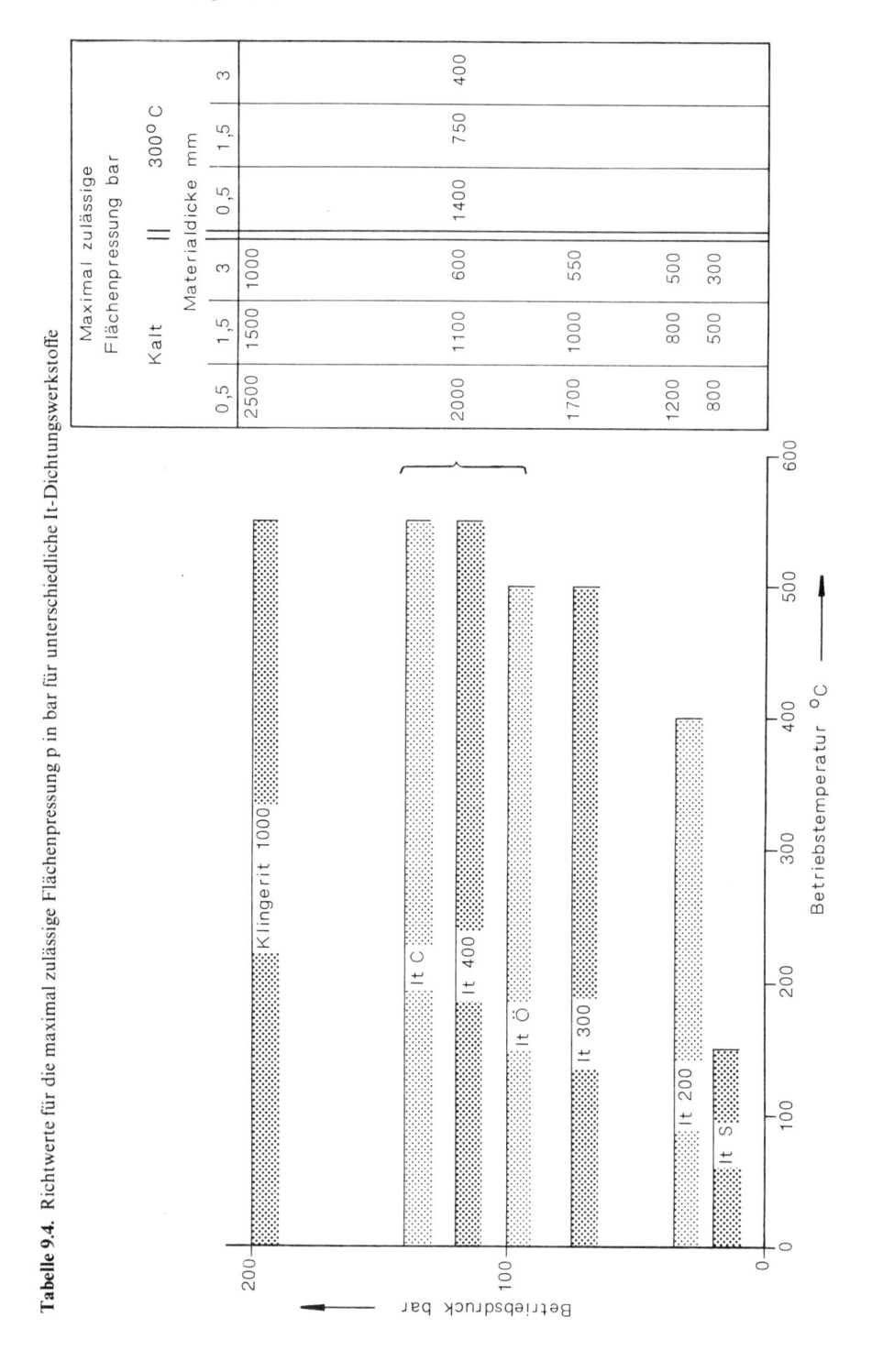

Tabelle 9.4. Richtwerte für die maximal zulässige Flächenpressung p in bar für unterschiedliche It-Dichtungswerkstoffe

Maximal zulässige Flächenpressung bar	Kalt			300° C		
Materialdicke mm	0,5	1,5	3	0,5	1,5	3
	2500	1500	1000			
	2000	1100	600	1400	750	400
	1700	1000	550			
	1200	800	500			
	800	500	300			

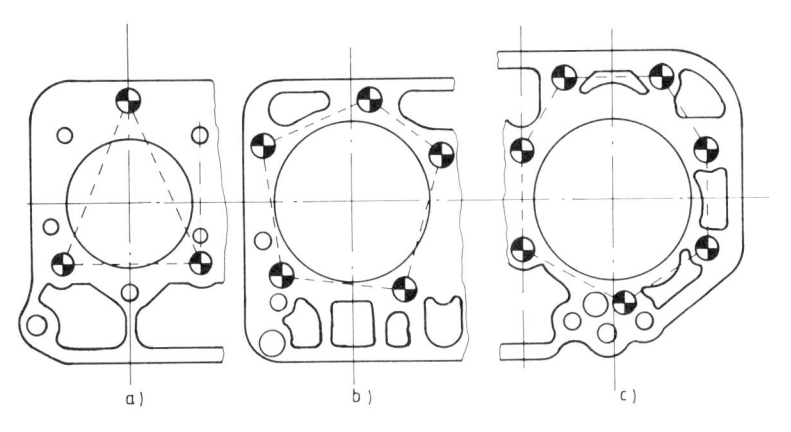

9.2 Berührungsdichtungen für Dichtflächen ohne Relativbewegung 169

Bild 9.14. Anordnung der Schrauben bei Zylinderkopfdichtungen [24, R; 24, EP]; a) schlechte Anordnung, Linien schneiden Zylinderbohrung; b) befriedigende Anordnung; c) gute Anordnung für hohe Ansprüche

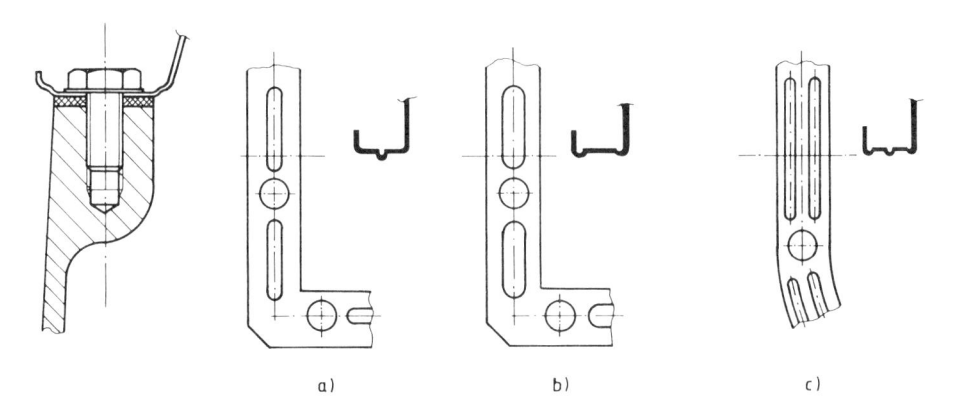

Bild 9.15. Erhöhung der Dichtpressung durch Verkleinerung der Dichtflächen; a) Mittensicke; b) eine breite Ausnehmung; c) zwei schmale Ausnehmungen

(Kämme!) an Flanschen erhöhen die Abdichtgüte, sind jedoch teuer. Eingestochene Dichtrillen bieten kaum Vorteile.
4. Gleichmäßige Verteilung der Schraubenkräfte durch kontrolliertes Anziehen der Dichtschrauben (Drehmomentschlüssel!). Übertriebenes Anziehen der Schrauben schadet, denn es zerstört die Dichtung im engeren Schraubenbereich, ohne eine evtl. unzureichende Pressung im Zwischenbereich zu verbessern.
5. Richtiges Bemessen der Schraubenkraft zur Betriebslast. Das Vorspannungsverhältnis sollte um 3 bis 3,5 liegen.

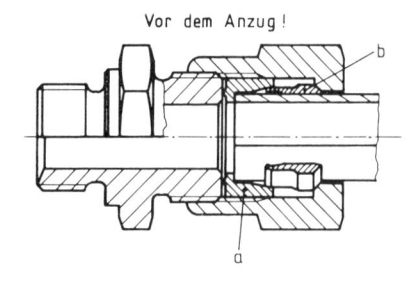

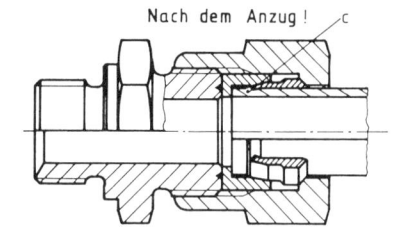

Bild 9.16. Schneidring-Rohrverschraubung in Stoßausführung nach Ermeto;
a = Druckring mit Spitzdichtung;
b = Schneidring;
c = aufgeworfener sichtbarer Bund

9.2.5 Metallische Dichtungen (Formdichtungen)

Hartdichtungen sind als Flachdichtungen wegen der hohen Verformungskräfte problematisch und werden daher seltener verwendet. Verbreitete Anwendung finden sie als Dichtungen an Verschlußschrauben, Rohrverschraubungen usw., die auf Verdrehung beansprucht werden und eine hinreichende Schubfestigkeit aufweisen müssen. Weiter findet man sie in der Hochvakuumtechnik, da sie im Gegensatz zu organischen Weichdichtungen nicht ausgasen und völlig diffusionsdicht sind.

Der kennzeichnende Anwendungsbereich der Hartdichtungen ist die Abdichtung bei hohen Drücken und Temperaturen. Die Erzeugung des dann nötigen Dichtdruckes verlangt Dauerstandfestigkeiten, wie sie nur Metalle bieten, und ist wegen der hohen Verformungskräfte aber auch nur mit Formdichtungen möglich. Anders als bei Flachdichtungen, wo der Dichtdruck auf eine maßlich festgelegte Fläche wirkt, konzentriert er sich hier auf relativ kleine, nicht genau definierbare Flächen, die sich durch Verformung aus der Linienberührung ergeben. Eine gewisse Unterteilung ergibt sich daraus, daß diese Verformungen vorwiegend elastisch oder vorwiegend plastisch erfolgen. Die Übergänge sind fließend.

Vertreter der Gruppe mit plastisch verformter Dichtzone sind der Spießkantring und die davon abgeleiteten Bauformen Spitzdichtung, Rillendichtung, Schneidendichtung (vgl. Abschnitt 9.2.3!). Als Beispiel ist in Bild 9.16 eine Schneidring-Rohrverschraubung in Stoßausführung gezeigt. An der Stoßdichtstelle befindet sich auf dem Dichtring eine ringförmige Spitzdichtung, die in die axiale Gegenfläche eindringt. Diese Funktion ist identisch zu Flansch- und Deckelverschraubungen mit den genannten Dichtungsbauformen. Noch stärker ist die plastische Verformung an der Rohrdichtstelle. Der Schneidring dringt beim ersten Anziehen in den Rohrwerkstoff ein und wirft vor seiner Schneide einen sichtbaren Bund auf, in dem eine vollkommene Anpassung der Dichtflächen erfolgt.

Ist mehrmaliges, evtl. häufiges Lösen der Verbindung erforderlich, so sind Formdichtungen mit vorwiegend elastischer Formänderung angebracht. Solche sind Schmiegungsdichtungen, z.B. profilierte Dichtleisten, Kegeldichtungen und mehrflankige Berührungsdichtungen. Zweiflankig wirkende Dichtleisten nach Bild 9.17 sind relativ teuer in der Herstellung, die Dichtleiste ist empfindlich gegen Beschädigung. Demgegenüber sind für baulich aufgelöste, mehrflankige Berührungsdichtungen nur profilierte Nuten in die Dichtflächen einzuschneiden. In diese werden metallische Dichtringe mit rundem Querschnitt, Metall-O-Ringe, z.B. auch mit Gasfüllung, oder die Ring-Joint-Elemente mit ovalem oder oktogonalem Querschnitt eingelegt (Bild 9.18).

Die Kegeldichtung, die in der Rohrverschraubung nach Bild 9.16 den äußeren Abschluß bildet, wird auch als Deckeldichtung an Druckbehältern ausgeführt, und

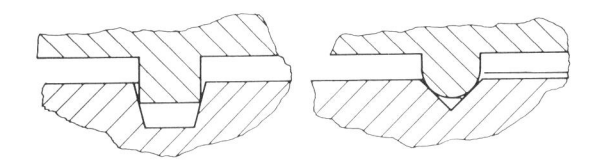

Bild 9.17. Dichtring mit profilierten zweiflankig wirkenden Dichtleisten

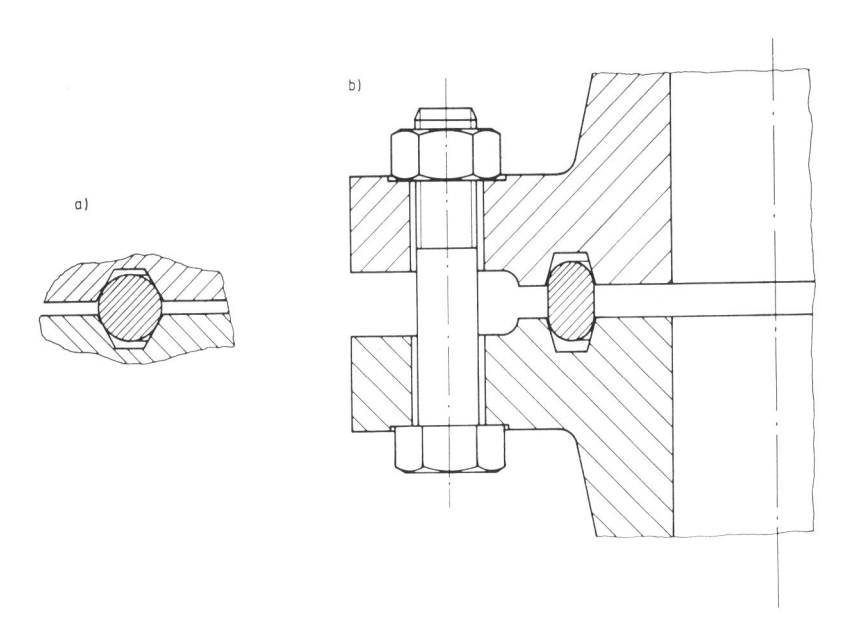

Bild 9.18. Mehrflankige Berührungsdichtung;
a) Metalldichtring (Metall-O-Ring); b) Flanschdichtung mit Ring-Joint-Element

zwar bis ca. 800 mm Durchmesser und für Drücke von 100 bis 400 bar. Die Übersetzung der Anpreßkraft durch die Kegelneigung von 1:5 bis 1:10 erlaubt eine sehr niedrige Schraubenvorspannung um 0,7 × Innendruckkraft (auf den Deckel!).

9.2.6 Selbsttätige Dichtungen

Dichtungen in Apparaten und Rohrleitungen für hohe Drücke verlangen so große Anpreßkräfte, daß die dazu nötigen Schrauben und Krafteinleitungselemente oft unvertretbar groß werden. Vorteilhaft läßt man dann den Betriebsdruck selbst die für seine Abdichtung nötige Anpreßkraft erzeugen (Servowirkung!). Äußere Kräfte sind nur, um die genannte Wirkung einzuleiten, für eine gewisse „Vorpressung" bzw. „Mindestdichtung" nötig.

Das Prinzip der Selbstverstärkung läßt sich an der Kegeldichtung in Bild 9.19 einsichtig darstellen. Der Innenkegel ist auf einen Mantelring reduziert, der mit nur kleiner Vorspannung dichtend anliegt. Steigender Innendruck wirkt mit radialer Verformung auf den Kegelmantel und erhöht durch die Übersetzung die Anpressung proportional, so daß die Abdichtsicherheit druckunabhängig erhalten bleibt.

Der Doppelkegelverschluß (Bild 9.20) überträgt die Dichtungsfunktion auf den Ring als gesondertes Element, das sowohl gegen den Deckel als auch gegen das Gefäß dichtet. Dies erfolgt selbstverstärkend durch die radial wirkende Innendruckbelastung des Ringes, so daß die Schraubenvorspannkraft mit (0,2 bis 0,4) × Deckelkraft sehr niedrig gewählt werden darf. Unter vollem Betriebsdruck steigt die Gesamtschraubenkraft auf maximal 1,1 × Deckelkraft. Solche Doppelkonusdichtungen mit der Kegelwandneigung von 30° werden vorwiegend für Druckbehälter ab 500 mm Durchmesser und für Betriebsdrücke um 200 bis 700 bar eingesetzt. Die Herstellung des Ringes ist aufwendiger als die der Einfachkegeldichtung, doch ist der Aufwand an Behälter und Deckel wegen der kleineren Betriebskräfte geringer.

Der Delta-Ring ist praktisch die verkleinerte Ausführung des Doppelkonusringes. Er wird mit nur leichter Vorspannung (ca. 10% der betrieblichen Dichtkraft!) in eine dreieckförmige Nut eingebaut und erzeugt seine Dichtpressung durch die

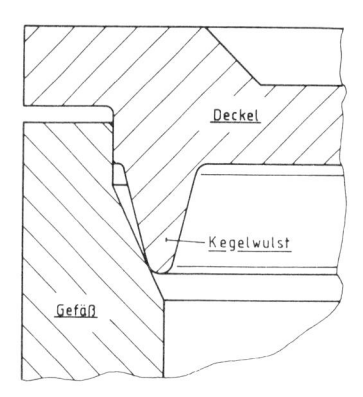

Bild 9.19. Selbstverstärkende Kegeldichtung

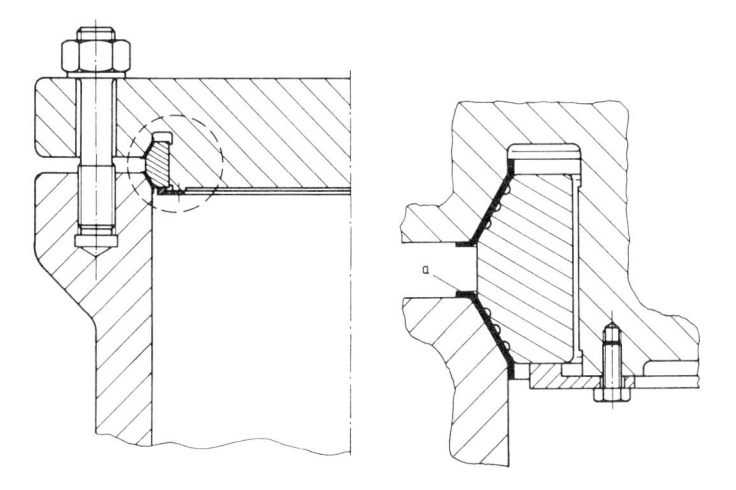

9.2 Berührungsdichtungen für Dichtflächen ohne Relativbewegung   173

Bild 9.20. Doppelkegeldichtung; a = Al-Dichtfolie

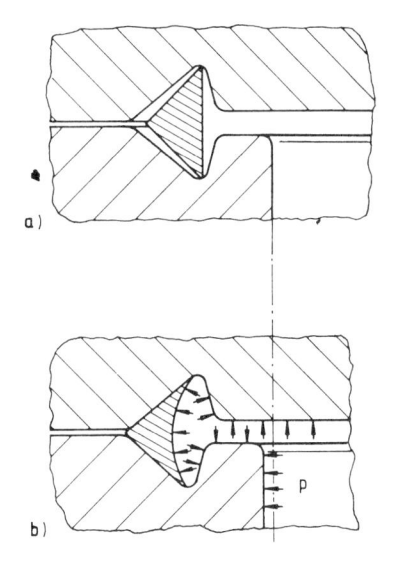

Bild 9.21. Dichtung mit Deltaring; a) Einbauzustand; b) Betriebszustand

verformende Belastung infolge des Innendruckes (Bild 9.21). Die Einbauweise macht den Delta-Ring besonders geeignet für Behälter mit Innenauskleidung. Einsatzfälle überdecken den Bereich von 3500 bar bei ⌀ 200 mm, 700 bar bei ⌀ 830 mm und 350 bar bei ⌀ 1000 mm.

Der Uhde-Bredtschneider-Verschluß ist für extremen Hochdruck und große Behälterdurchmesser geeignet. Anders als bei bisher beschriebenen Dichtungen wird die auf den Deckel wirkende Kraft als Dichtkraft genutzt. Der Keildichtungsring stützt die Last gegen den mehrfach geteilten Druckring, der in der Nut

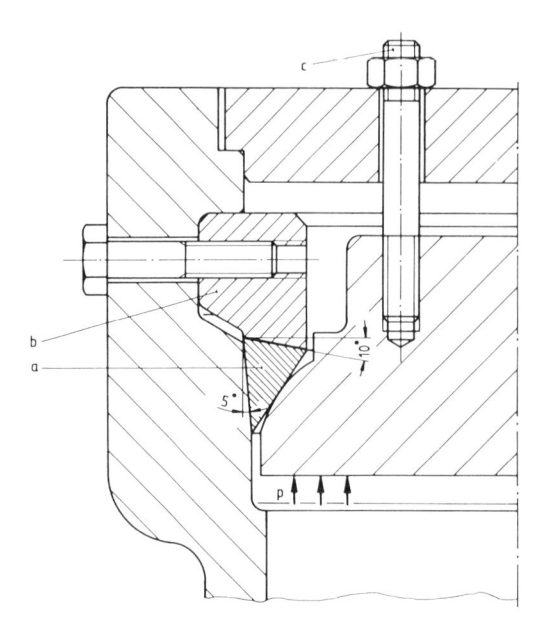

Bild 9.22. Uhde-Bredtschneider-Verschluß;
a = Dichtung; b = geteilter Druckring;
c = Halteschrauben für den Deckel

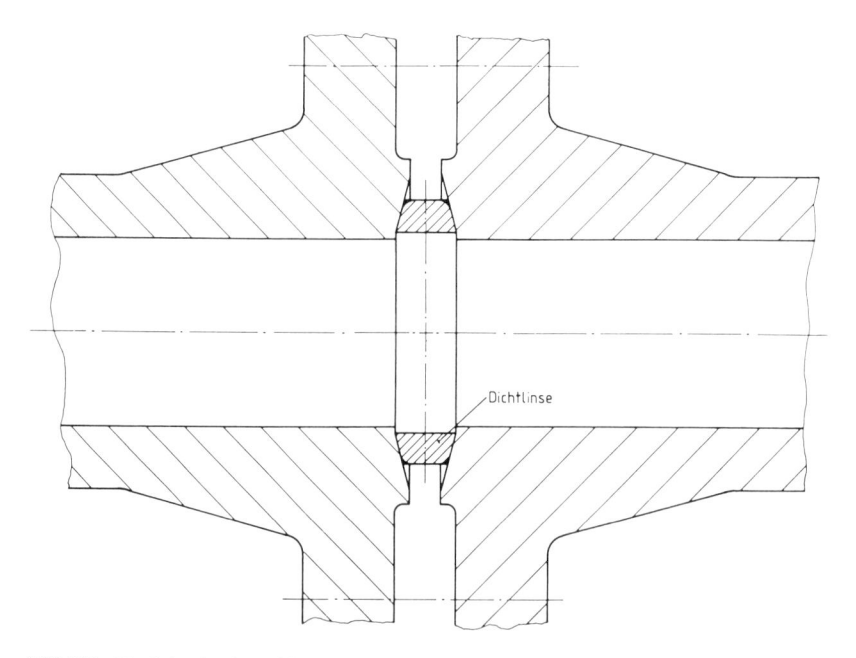

Bild 9.23. Hochdruckrohrverbindung mit Linsendichtung

des verstärkten Behälterkopfes liegt. Daher sind nur einige dünne Halteschrauben nötig, um den Deckel in der Position zu halten und die erste Dichtpressung zu erzeugen (Bild 9.22).

Bei Hochdruckrohrverbindungen ist die Dichtlinse (Bild 9.23) das meist verbreitete Dichtelement. Der Einsatzbereich überdeckt 100 bis 10000 bar. Wegen der balligen Sitzflächen ist ein gewisser Winkelversatz der Rohrachsen zulässig. Auch hier sorgt die Innendruckbelastung für eine radiale Aufweitung und damit für eine zusätzliche Dichtpressung an der Dichtlinie. Für die konstruktive Gestaltung ist vorzusehen, die Dichtlinie möglichst weit nach innen zu legen. Bei einem Dichtflächenwinkel von 20° und dem Rohrdurchmesser d sollte der Krümmungsradius der Linse folgenden Wert haben:

$$R = d/(2 \cdot \sin 20°)$$

Auch die in den USA verbreitet angewendeten Grayloc-Dichtungen (Bild 9.24) sind Doppelkegeldichtungen mit gewisser Selbstverstärkung der Dichtfähigkeit durch den Innendruck. Die Anpressung erfolgt durch das axiale Einpressen des steileren (15°) Innenteiles in die weitere und flachere (18°) Aufnahme, so daß sich eine eindeutige Linienberührung mit schon hoher Anfangspressung einstellt. Dieses Funktionsprinzip ermöglicht eine wesentlich kleiner dimensionierte Schraubenverbindung als üblich, allerdings müssen die Rohre besser fluchten als bei der Linsendichtung.

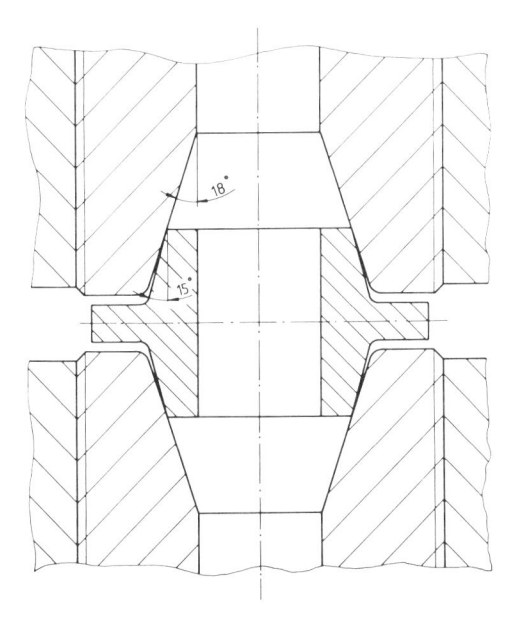

Bild 9.24. Grayloc-Dichtung

9.2.6.1 Selbstverstärkende Weichstoffdichtungen

Die Weichstoffdichtungen bestehen vorwiegend aus Elastomeren und erfahren deshalb unter dem Innendruck eine sehr hohe elastische Verformung. Dadurch sind sie gegen Spalte, die sich unter Betriebseinwirkung vergrößern können, empfindlich und müssen gegen Herausquetschen besonders geschützt werden. Rundgummidichtungen, vorzugsweise aber O-Ringe, beherrschen statische und (begrenzt!) dynamische Dichtfälle bis weit in den Hochdruckbereich. Manschettenartige Dichtungen mit Dichtlippe werden demgegenüber in statischen Dichtfällen kaum eingesetzt.

O-Ringe sind mit engen Toleranzen maßgepreßte Runddichtringe von kreisförmigem Querschnitt. Ihre Abmessungen werden durch den Innendurchmesser d_1 und den Schnurdurchmesser d_2 festgelegt. Die Ringe dienen zur Abdichtung von ruhenden (statische Abdichtung!) oder (mit mäßigen Geschwindigkeiten!) bewegten Maschinen- und Geräteteilen (dynamische Abdichtung!), eingebaut in vorzugsweise rechteckige Nuten (Bild 9.25). Die Nuttiefe wird kleiner ausgeführt als der Schnurdurchmesser, und zwar $T \simeq (0{,}75 \text{ bis } 0{,}8) \cdot d_2$ im statischen bzw. $T \simeq 0{,}9 \cdot d_2$ im dynamischen Dichtfall. Der Ring erfährt so beim Einbau eine Verformung, die sich als Vorpressung ausdrückt. Dieser Vorpressung überlagert sich der Systemdruck, der den Ring an der Nutflanke zusammenpreßt (Bild 9.25c) und so den nötigen Abdichtdruck selbstverstärkend erzeugt.

Für die statische Abdichtung an Flanschen, Deckeln, Zapfen, Bolzen usw. sind verschiedene Anordnungen der Nuten möglich. Der radiale Einbau, wobei auch der Ring radial verformt wird, erfolgt wie in Bild 9.26. Die Anordnung der Nut, ob im Innen- oder im Außenteil, ist bei massiven Bauteilen funktionsmäßig ohne Gewicht und hängt nur von den Bearbeitungs- und Montagemöglichkeiten ab. Bei dünnwandigen, elastisch stärker verformbaren Teilen, wie der Buchse in Bild 9.26c, ist der Einbau im starren Außenring zu bevorzugen, damit sich beim Aufweiten unter

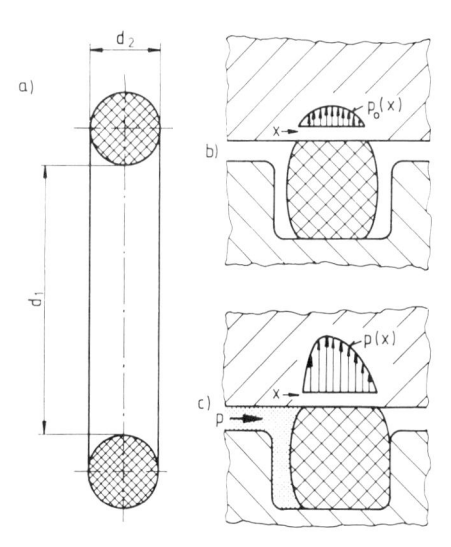

Bild 9.25. O-Ring-Dichtung [24, BL]; a) Geometrie des O-Ringes; b) O-Ring eingebaut und vorgespannt; c) O-Ring druckbelastet und verformt

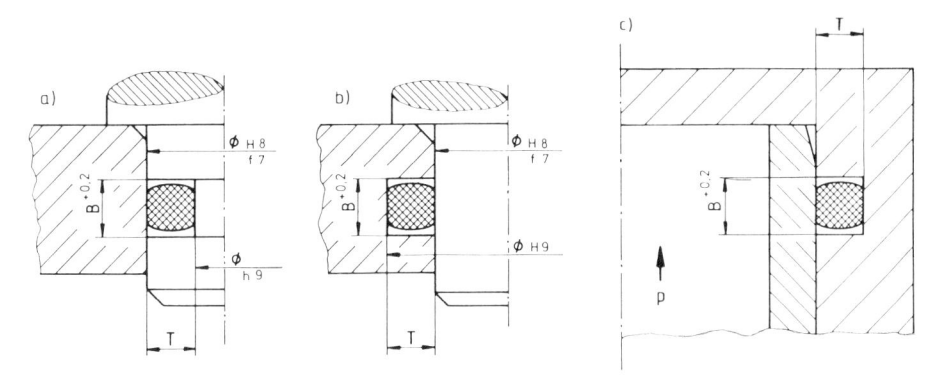

Bild 9.26. Radiale Anordnung der O-Ring-Dichtung [24, S]; a) Nut im Innenteil; b) Nut im Außenteil; c) Nut im Außenteil bei elastisch stärker verformbaren Teilen (Buchsen!)

Innendruck der Spalt zwischen Hülse und Deckel auf der druckabgewandten Seite nicht vergrößert, sondern möglichst sogar verkleinert.

In Bild 9.27 sind verschiedene Möglichkeiten axialen Einbaus gezeigt. Die Voranpressung erfolgt axial, und die Dichtfälle a, b unterscheiden sich durch die Wirkrichtung des Druckes. Da, wie gezeigt, der Druck den Ring verformt, muß dieser schon beim Einbau an der druckabgewandten Seite anliegen, d.h. im Fall a innen, im Fall b, bei Innendruck, außen, da sonst eine überlagerte Stauchung oder Dehnung das O-Ring-Material zusätzlich belastet und die Dichtung in Frage stellt.

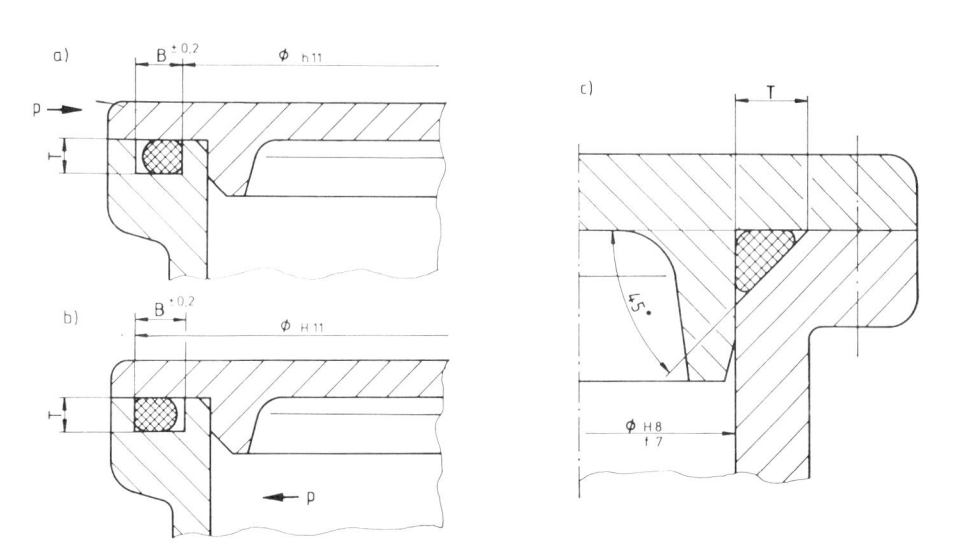

Bild 9.27. Axiale Anordnung der O-Ring-Dichtung [24, S]; a) Innenzentrierung durch Wirkung des Druckes von außen; b) Außenzentrierung durch Wirkung des Druckes von innen; c) O-Ring in Dreiecksnut (45°)

Der Einbau ist auch entsprechend Fall c in 45°-Dreiecksnuten möglich. Angesichts der zu fordernden Genauigkeit für die Nutgeometrie ist dieser Einbaufall aber unvorteilhaft. Grundsätzlich ist der radiale Einbau zu bevorzugen, da dann nur die elastische Verformung der Bauteile zu berücksichtigen ist. Beim axialen Einbau müssen die Deckelverschraubungen sehr kräftig ausgeführt werden, damit der Spalt zwischen den Auflageflächen auch bei den großen Betriebsdruckkräften auf die Deckel die zulässige Größe nicht überschreitet und dann die Dichtung herausgequetscht wird.

Die Nuten für O-Ringe sollen möglichst rechteckig sein. Nur wenn es fertigungstechnisch notwendig ist, können die Flanken eine Neigung bis zu maximal 5° erhalten.

Ferner rundet man den Nutgrund ($R \simeq 0{,}3$ bis $0{,}5$ mm!) und den Übergang von der Nutflanke zur Bauteiloberfläche ($R \simeq 0{,}1$ bis $0{,}2$ mm!) leicht aus. Als maximale Rauhigkeiten läßt man für die Gegenflächen $R_a = 0{,}8\,\mu m$ (dynamisch!) bzw. $R_a = 3{,}2\,\mu m$ (statisch!) zu, für den Nutgrund $R_a = 1{,}6\,\mu m$ (dynamisch!) bzw. $3{,}2\,\mu m$ (statisch!) und für die Nutflanken $R_a = 6{,}3\,\mu m$.

O-Ringe dürfen beim Einbau nicht über scharfe Kanten, abgesetzte Wellen, Gewinde, Nuten, Bohrungen usw. gezogen werden, da diese die Ringoberflächen beschädigen oder zerschneiden. Zur Montage werden deshalb Einbauschrägen gemäß Bild 9.28 im jeweiligen Gegenstück vorgesehen, deren Übergänge zur Bohrung zu verrunden sind. Die Abmessungen der Nuten sind zweckmäßig den Katalogen zu entnehmen; mittlere Richtwerte sind in Tabelle 9.5 angegeben. Wegen des Reibungswiderstandes wird die Verformung im dynamischen Abdichtfall kleiner gewählt als bei statischer Abdichtung, und man sollte den Ring schon beim Einbau etwas schmieren, um einer Zerstörung durch Trockenlauf vorzubeugen.

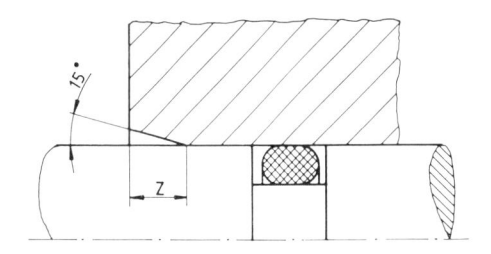

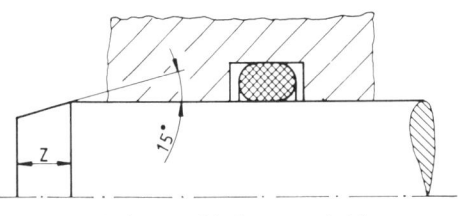

Kanten gratfrei verrundet!

Bild 9.28. Einbauschrägen für O-Ring-Dichtungen

9.2 Berührungsdichtungen für Dichtflächen ohne Relativbewegung

Tabelle 9.5. Richtwerte für die Tiefe, die Breite und die Einbauschräge von O-Ring-Nuten

		Tiefe T/d_2	Breite B/d_2	Einbauschräge Z/d_2
statisch	Radialer Einbau	0,75 ⋯ 0,8	1,25 ⋯ 1,3	0,6 ⋯ 0,5
	Axialer Einbau	0,75 ⋯ 0,8	1,25 ⋯ 1,3	0,6 ⋯ 0,5
	Dreiecknut	1,35		
dynamisch	Längsbewegung für Hydraulik	0,9	1,2	0,6 ⋯ 0,5
	für Pneumatik	0,92	1,2	0,6 ⋯ 0,5
	Drehbewegung	0,95	1,1	0,6 ⋯ 0,5

Zur sicheren Beherrschung der Abdichtaufgabe müssen Ring, Werkstoff, Einbaugeometrie und die konstruktive Gestaltung der Bauteile abgestimmt werden. Das abzudichtende Medium und die an der Dichtstelle herrschende Temperatur bestimmen den Grundwerkstoff. Man verlangt Beständigkeit im abzudichtenden Medium, in dem der Werkstoff nur quellen, nicht jedoch schrumpfen darf. Die Nutquerschnitte betragen deshalb rund 125% des Ringquerschnitts, um bei der evtl. auftretenden Volumenzunahme genügend Platz im Einbauraum zu bieten und dabei den Druck auf einen relativ großen Teil der Ringoberfläche wirken zu lassen. Zusätzlich zur Temperaturbeständigkeit wird für dynamische Dichtungen eine gute Verschleißfestigkeit verlangt. Übliche Werkstoffe mit sehr breiter Anwendungsskala sind der Acrylnitril-Butadien-Kautschuk oder Nitrilkautschuk (NBR) und der Vinylidenfluorid-Hexafluorpropylen-Kautschuk oder Fluor-Kautschuk (FPM). Für Spezialzwecke stehen zur Verfügung: Chlorbutadien- oder Chloropren-Kautschuk (CR) für die Kälteindustrie, Äthylen-Propylen-Terpolymer-Kautschuk (EPDM) für Heißwasser und Dampf, Silicon-Kautschuk (SIR) für Heißwasser und Dampf, Silicon-Kautschuk (SIR) für Heißluft und Vakuum. Die notwendige Härte des Werkstoffes wird durch die Spaltweite auf der druckabgewandten Seite und die Bewegung bestimmt und ist von daher primär dem abzudichtenden Druck anzupassen. Unter der Druckkompression darf sich das Ringmaterial nicht in den Spalt quetschen, da dieses den Ring zumal bei dynamischer Abdichtung durch Aufreißen oder Schälen zerstört. Bild 9.29 zeigt die Druck-Härte-Zuordnung und die Grenzen des einfachen Einbaues, wobei sich der statische Dichtfall als weniger problematisch erweist. Bei höheren Drücken oder weiteren Spalten sind Stützringe erforderlich (Bild 9.30), die auf der druckabgewandten Seite des O-Ringes angeordnet werden und das Einfließen des komprimierten O-Ring-Materials in den Spalt verhindern. Dadurch wird der Einsatzdruckbereich erweitert auf 250 bar im dynamischen und auf 400 bar im statischen Dichtfall. Doppelt wirkende Kolben müssen immer beidseitig Stützringe erhalten, bei einseitig wirkenden Kolben und bei statischen Abdichtungen ist ein doppelseitiger Einbau angeraten, um Verwechslungen zu vermeiden. Stützringe bestehen serienmäßig aus PTFE (Polytetrafluoräthylen = Teflon!), ihr Aufbau ist entweder einfach rechteckig, geschlitzt zum Einbau, oder als Schraubenwendel mit mehreren Gängen dünneren Querschnitts. Für die Konstruktion ist zu beachten, daß nicht der Einbauspalt, sondern die Größe

180   9 Dichtungstechnik

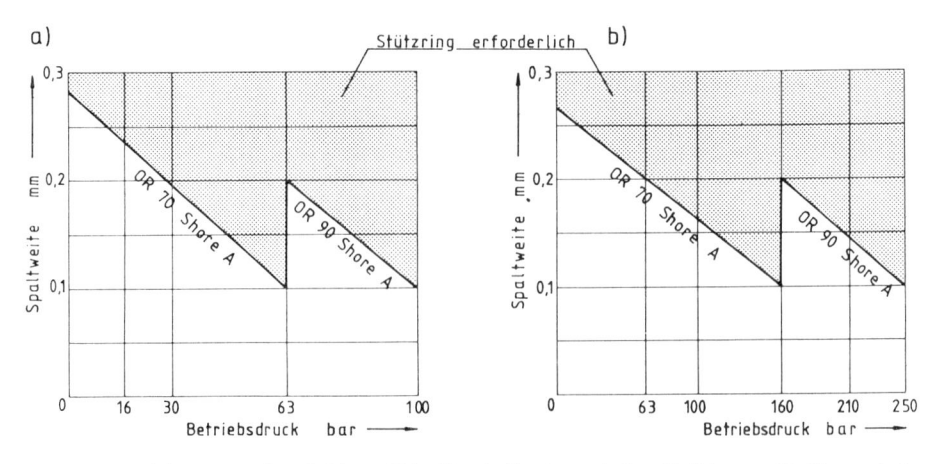

Bild 9.29. Abdichtgrenzen für O-Ringe [24, S]; a) für dynamische Abdichtung; b) für statische Abdichtung

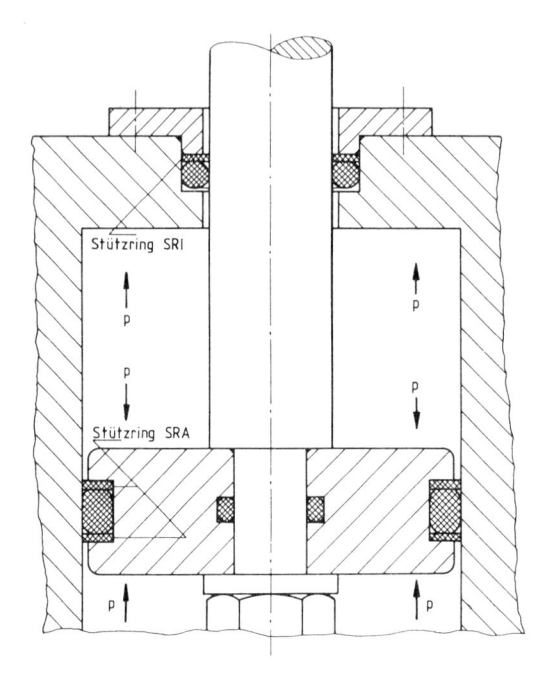

Bild 9.30. Einbau von Stützringen auf der druckabgewandten Seite des O-Ringes [24, S]

des Betriebsspaltes entscheidend ist, die sich unter der elastischen Aufweitung der Bauteile ergibt. Eine engere Passung als die Angabe im Bild 9.26, die auch für dynamische Dichtungen gilt, bietet keine Lösung und birgt allenfalls die Gefahr des Fressens der gepaarten und bewegten Teile. Eine sehr wirksame Ausweitung des sicheren Abdichtbereiches mit einem O-Ring bietet die Spaltweitenkompensation. Im Bild 9.31 ist die statische Dichtung eines Druckautoklaven für einen Betriebs-

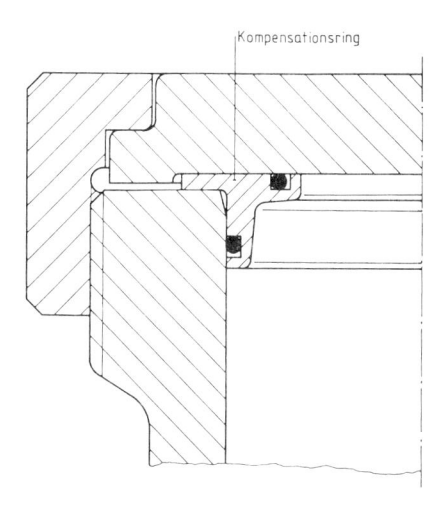

Bild 9.31. Kompensationsringdichtung für einen Hochdruckbehälter (Druckautoklav!) [10]

druck von rund 1000 bar gezeigt. Die Dichtung erfolgt durch je einen O-Ring axial gegen den Deckel und radial gegen die Zylinderwand. Beide O-Ringe sind in den im Querschnitt L-förmigen Kompensationsring eingesetzt und werden mit diesem, der sich unter dem Innendruck radial dehnt und axial verschiebt, gegen die Dichtflächen gepreßt. Der Kontaktspalt wird also durch den Innendruck verkleinert, d.h., der O-Ring wird mit steigendem Druck immer besser gekammert. Die Deckelverschraubung muß nur die Druckkraft auf den Deckel aufnehmen. Auch an der Kolben- und der Stangendichtung des Pressenzylinders nach Bild 9.32 ist die Spaltkompensation zu erkennen. In den Kolben und den Zylinderboden wurden Nuten a eingestochen, die tiefer als bis zur jeweiligen O-Ring-Nut reichen. Mit zunehmendem Druck verformen sich die Ringschürzen radial und können, je nach Auslegung, die Dehnung der Bauteile kompensieren oder sogar den Spalt verengen.

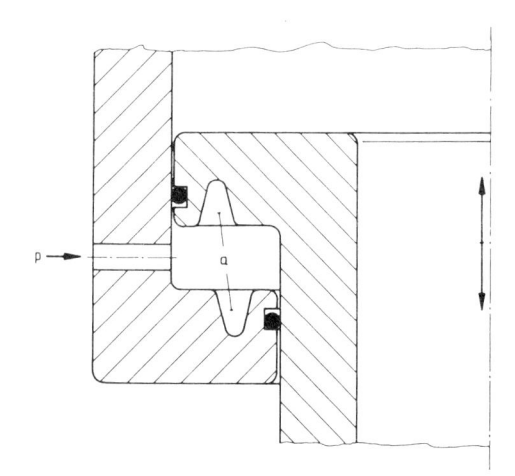

Bild 9.32. Hochdruck-O-Ring-Dichtung bei einem Pressenzylinder mit Spaltkompensation durch eine Nut (a)

Da es sich um Spannzylinder handelt, ist der Abdichtfall praktisch statisch. Der Betriebsdruck von 1600 bar wurde daher ohne Stützringe problemlos beherrscht.

9.2.7 Muffendichtungen

Muffendichtungen sind stopfbuchsenartige Spaltdichtungen hauptsächlich für Rohrverbindungen, bei denen ein Rohrende in das aufgeweitete Gegenstück – die Muffe – eingeschoben und der Spalt durch Dichtungsmasse oder eine elastische Formdichtung verschlossen wird (Bild 9.6). Die starre Muffendichtung ist die älteste Dichtverbindung von Rohrleitungen, aber in der klassischen Form als Stemmuffe (eingestemmte, teer- oder bitumengetränkte Stricke mit abschließendem Bleivorsatz zur Druckaufnahme!) hat sie gegenüber der früheren weiten Verbreitung im Gas- und Wasserleitungsbau heute keine Bedeutung mehr. Auch die elastischen Muffendichtungen, die Gummirollmuffe, die Schraubmuffe und die Stopfbuchsenmuffe mit angepreßter Gummi-Formdichtung sind überwiegend nur noch für drucklose Leitungen, z.B. Abwasserführung, eingesetzt. Dort, bei den erdverlegten Leitungen, bieten sie durchaus Vorteile, denn sie lassen gewisse Längs- und Winkelverlagerungen zu und ermöglichen derart den Ausgleich der unebenen Auflage auf der Grabensohle.

9.3 Berührungsdichtungen für Dichtflächen mit Relativbewegung

Die Dichtung zwischen bewegten Dichtflächen ist gegenüber den ruhenden Dichtungen ungleich schwieriger herzustellen, denn wegen der Relativbewegung ist der mechanische Verschluß der Leckkanäle durch plastische Verformung der Oberfläche nicht möglich. Es läßt sich nur ein enger, jedoch immerhin vorhandener Dichtspalt herstellen, in dem die Dichtung durch Drosselung erfolgt, d.h. letztlich auf molekulare Anziehungskräfte zwischen dem Betriebsmittel und den Dichtoberflächen zurückzuführen ist. Die dort in dünnsten Schichten und engen Zonen ablaufenden Vorgänge sind der rechnerischen Behandlung wenig zugänglich; ihre modellhafte Deutung, wie die Entwicklung von Berührungsdichtungen, erfolgt hauptsächlich durch Versuche und Betriebserfahrungen.

Eine vollkommene Dichtung gegen den Durchtritt von Betriebsmittel wäre mithin selbst bei idealen Oberflächen nicht möglich. Außerdem treten in der Berührzone zwischen dem Dichtelement und der Gegenfläche Reibung und in ihrer Folge Abnutzung, d.h. Verschleiß auf. Um die Lebensdauer der Dichtungen zu gewährleisten, sind einerseits reibungs- und verschleißarme Werkstoffpaarungen erforderlich, andererseits eine hinreichende Schmierschicht in der Kontaktzone. Dennoch wird auch bei günstigen Medien eine vollkommene Trennung der Dichtflächen nicht gelingen, d.h., es wird keine flüssige Reibung, sondern nur Mischreibung auftreten. Sehr schlecht schmierende Medien – z.B. Gas oder wasserhaltige Medien – verlangen daher besondere Gestaltungsmaßnahmen, evtl. sogar

9.3 Berührungsdichtungen für Dichtflächen mit Relativbewegung   183

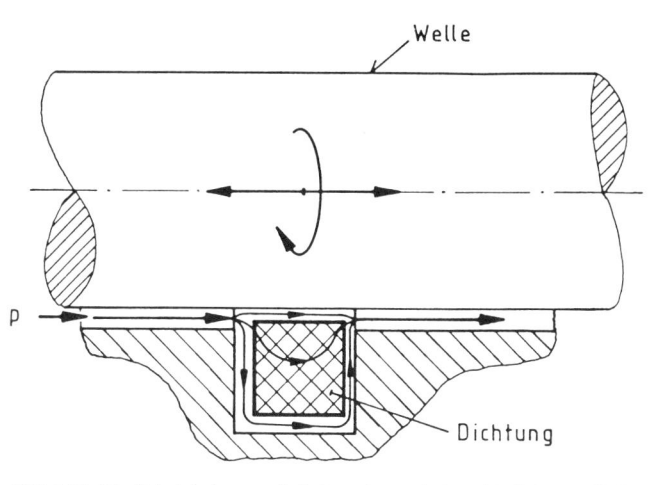

Bild 9.33. Undichtigkeitswege bei einer dynamischen Abdichtung [21]

Berührungsdichtungen bewegter Dichtflächen

Hauptdichtung auf zylindrischer Fläche
  * Dichtwirkung durch äußere Kräfte
    + Verdichtbare Packungen = Stopfbuchsen
      – Weichpackungen
      – Metall-Weichstoff-Packungen
      – Kegelpackungen
  * Dichtwirkung durch innere Kräfte
    + Formbeständige Packungen
      o Weichstoffdichtungen
        – Manschettendichtungen
        – Kompaktdichtungen
        – Ringdichtungen
        – O-Ringe
      o Hartstoffdichtungen
        – Kolbenringe (Metall-)
        – Mehrteilige Dichtringe
Hauptdichtung auf radialer Fläche
  * Dichtwirkung durch innere Kräfte
      – Gleitringdichtungen
  * Dichtwirkung durch äußere Kräfte
    + Axiale Scheibendichtungen
      o Weichstoffdichtungen
        – V-Ringe
      o Hartstoffdichtungen
        – Nilos-Ringe

Bild 9.34. Einteilung der dynamischen Dichtungen [20, 21]

eine vorgeschaltete Schmierstoffversorgung der Dichtung, um direkte Kontaktreibung (Grenzreibung!) mit dem unzulässigen Radierverschleiß zu vermeiden.

Die Unterscheidung der Dichtungsarten erfolgt in Anlehnung an [21], doch muß angesichts der Vielzahl der Bauformen eine Gliederung unvollkommen bleiben. Die Darstellung in Bild 9.33 zeigt die verschiedenen Undichtigkeitswege, die zwischen Gehäuse, Welle bzw. Stange und der Dichtung sowie in der Packung zu sperren sind. Die Werkstoffdichtheit und die Dichtheit der Ring-Teilfugen können durch angepaßte Werkstoffgefüge, einen Verbundaufbau und die Ringkonstruktion erreicht werden. Auch die sekundäre Dichtung zwischen Dichtelement und Gehäuse, ist, da ruhend, leicht zu erzielen. Die primäre Dichtung von der Packung zum relativ bewegten Maschinenteil (Welle bzw. Stange bei stehender Dichtung, Gehäuse bei mitlaufender Dichtung, z.B. Kolbendichtung!) ist am schwierigsten zu beherrschen.

Je nachdem, wohin dieser Hauptundichtigkeitsweg verläuft, kann man durch eine Grobgliederung unterscheiden in zylindrisch dichtende Packungsstopfbuchsen bzw. Elementdichtungen und in auf radialen Dichtflächen abschließende Gleitringdichtungen (Bild 9.34).

9.3.1 Packungsstopfbuchsen

Die Dichtpressung in Stopfbuchspackungen wird durch das axiale Anziehen der Stopfbuchsbrille erzeugt, das sich durch Querdehnung der elastisch/plastisch verformbaren Dichtwerkstoffe in eine radial wirkende Anpressung umsetzt. Weichpackungsstopfbuchsen sind die älteste Art der Abdichtung bewegter Maschinenteile und werden wegen ihrer Vorzüge auch heute häufig angewendet. Für sie sprechen der einfache Aufbau, die Reserve im großen Dichtungsraum für das Nachziehen bei allfälligen Leckagen und die daher große Sicherheit gegen plötzliches Versagen sowie eine reiche Auswahl von Dichtwerkstoffen für jedes Betriebsmedium. Verbreitet ist die Anwendung im Armaturenbau zur Abdichtung von Dämpfen und Gasen speziell bei höheren Temperaturen. Bei drehenden Wellen (z.B. Pumpen!) ist sie gegenüber der Gleitringdichtung viel weniger im Einsatz, denn als Nachteile sind die schlechte Dichtfähigkeit und die Überhitzungsgefahr bei höheren Umfangsgeschwindigkeiten, daher auch die Wartungsbedürftigkeit und die relativ große Baulänge zu nennen.

Stopfbuchsen bestehen aus einzelnen Packungsringen mit vorwiegend quadratischem Querschnitt, die in die Packungskammer des Gehäuses eingelegt werden (Bild 9.35). In vielen Fällen wird eine „Schmierlaterne", meist aus PTFE (Teflon!), zwischengeschaltet, z.B. um bei gefährlichen Stoffen Leckmengen abzusaugen oder in anderen Fällen Sperrflüssigkeit zum Dichten und Schmieren einzuspeisen. Besonders bei schmierstoffimprägnierten Ringen legt man dünne PTFE-Kammerungsringe zwischen die Packungsringe. Sie vermindern durch den engen Spalt zur Welle den Schmierstoffverlust auf 50% bis 20% und erhöhen so die Lebensdauer der Dichtung beträchtlich. Der erste Ring, direkt unter der Stopfbuchsbrille, sollte härter als die folgenden sein, um die Verdichtung und Pressung gleichmäßiger zu halten. Die Querschnitte der nachziehbaren Packungen sind in mehreren

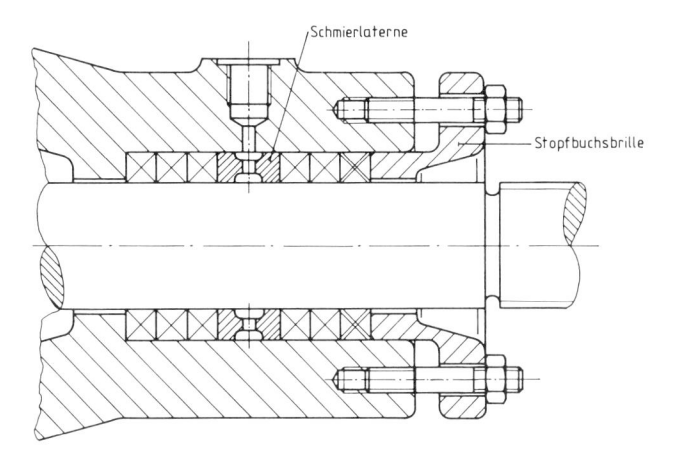

Bild 9.35. Stopfbuchse als Ventilspindel-Abdichtung [24, M]

Maßreihen in Abhängigkeit vom Stangendurchmesser in DIN 3780 festgelegt (Auswahl siehe Tabelle 9.6!). Für die Packungslängen sind die Erfahrungswerte in Tabelle 9.7 angegeben. Die Baulänge der Dichtungen könnte kleiner sein, verlangt dann aber stärkeres Anziehen, das dann eine größere Reibung und einen größeren Verschleiß bewirkt. Die Oberflächengüte drehender Wellen sollte $R_t \leq 4\,\mu m$ bzw. $R_a \leq 0{,}8\,\mu m$ betragen.

Als Dichtungswerkstoffe gibt es Weichstoffpackungen, Metall-Weichstoffpackungen und Weichmetallpackungen (Bild 9.36). Weichstoffpackungen eignen sich für Flüssigkeiten, Gase und Dämpfe auch bei höheren Temperaturen. Sie bestehen vorwiegend aus organischen Fasern, d.h. Baumwolle, Jute, Hanf usw., erst

Tabelle 9.6. Richtwerte für die Packungsbreiten und die Schrauben bei Stopfbuchsen für Armaturen, Spindeln und Wellen (DIN 3780)

Spindeldurchmesser mm	Packungsbreite s mm	Stopfbuchsschrauben
4 ··· 4,5	2,5	
5 ··· 7	3	
8 ··· 11	4	M 12
12 ··· 18	5	
20 ··· 26	6	
28 ··· 36	8	M 16
38 ··· 50	10	
53 ··· 75	12,5	M 18
80 ··· 120	16	M 22/M 24
125 ··· 200	20	M 27

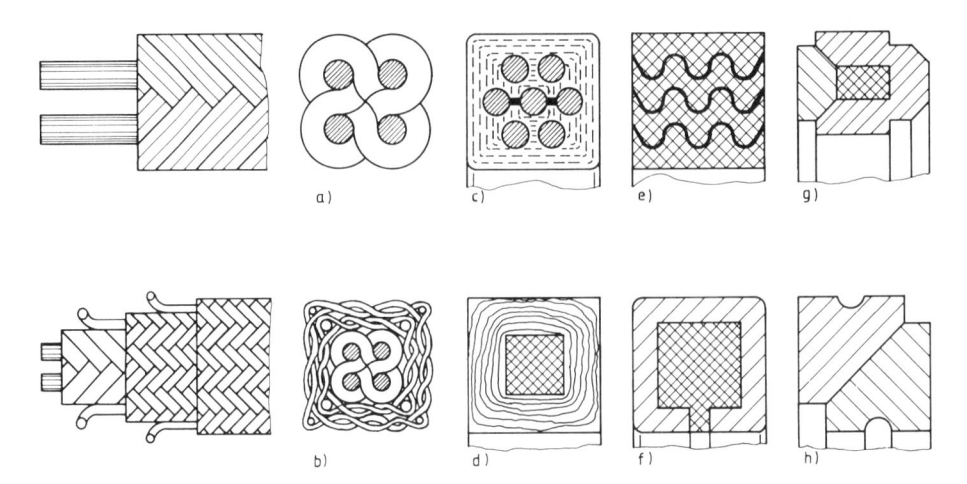

Bild 9.36. Stopfbuchspackungen [24, M]; a) und b) Geflechtpackungen; c) bis e) Metall-Weichstoffpackungen; f) Metallhohlring; g) Keilmanschettenring; h) Kegelpackungsring

bei höheren Temperaturen Asbest oder neuerdings Asbest-Austauschfasern. Sie werden durch Drehen, Flechten, Klöppeln oder Wickeln zu Strängen (a, b) mit vorzugsweise quadratischem Querschnitt verarbeitet, wobei häufig auch Kombinationen aus verschiedenen Stoffen hergestellt werden wie z.B. Gummikerne mit Baumwollgeflecht. Außer der Strangmeterware gibt es für den Serienbau auch einbaufertig vorgepreßte, schräggeschnittene Ringe oder aus Flocken vorgesinterte Stopfringe. Ihr Vorteil ist die höhere Maßhaltigkeit gegenüber selbstgeschnittenen Ringen und die dadurch höhere Abdichtgüte.

Die Packungen sind normalerweise mit einem Tränkungsmittel versehen, um die Reibung und den Verschleiß herabzusetzen, die Packung vor chemischen Angriff zu schützen und die Dichtwirkung durch Verschließen der Hohlräume zu verbessern. Tränkungsmittel sind Talg, Mineralfette, Öl, Paraffin, Vaseline usw., die mit Zusätzen von Graphit oder Molybdändisulfid versehen werden. Besonders günstige Gleiteigenschaften ergeben sich aus der Kombination mit PTFE (Teflon!), das als Dispersion zum Tränken oder als flechtbare Litze eingebracht wird.

Zur Erhöhung der Festigkeit, speziell der Verschleißfestigkeit und damit der Lebensdauer, werden Metall-Weichstoffpackungen aufgebaut durch Kombination von Weichstoffschnüren mit eingelegten Stahldrähten (c) oder eingeflochtenen Fäden aus Messing und Blei. Weitere Bauformen sind mit Metallfolien umwickelte Weichstoffkerne (d) und Lamellenringe (e), in denen gewellte oder dachförmige Lamellen aus Blei, Weißmetall, Kupfer usw. mit Weichstoffen beschichtet sind. Ringe, bei denen die Lamellen diagonal angeordnet sind, bieten infolge des Kegeleffektes eine besonders gute Umsetzung der Längsverschiebung in die Querverformung. Metallhohlringe (f) bestehen aus einem innen offenen Metallring mit einem Kern aus Graphit, der zur Schmierung der Gleitfläche dient.

Für höchste Drücke und Temperaturen eignen sich nur noch Kegelpackungen (h), diagonal auf Kegelflächen geteilte Doppelringe aus Weißmetall, z.T. auch mit Weichstoffeinlagen zur Erhöhung der Elastizität (g). Da die Laufflächen zusammenhängend aus Metall bestehen, ist eine einwandfreie Schmierung erforderlich. Wegen der guten Abdicht- und der guten Gleiteigenschaften werden auch für niedrige Drücke Kegelpackungsringe aus PTFE (Teflon!) eingesetzt, wenn es um die Abdichtung chemisch aggressiver oder empfindlicher Güter geht.

Der eigentliche Dichtvorgang in einer Stopfbuchse ist ungeklärt, trotz einiger Modellvorstellungen. Danach teilt sich die axiale Verschiebung der Stopfbuchsbrille den Packungsringen mit, die gegen die Reibung an den zylindrischen Begrenzungswänden in den Stopfbuchsraum geschoben, verdichtet und querverformt werden. Dabei entsteht, jedoch in geringerem Maße, als bei inkompressiblen Medien zu erwarten ist, ein Querpreßdruck, der selbstverstärkend die Reibung erhöht. Infolgedessen fällt der Druck in der Packung vom Höchstwert an der Brille exponentiell auf einen nur kleinen Restwert am Stopfbuchsgrund. Eine erste Umlagerung des Druckverlaufes erfolgt durch Setzen, eine zweite, größere, sobald die innere Stange bewegt und die Haftreibung dort aufgehoben wird. Dadurch sinkt die Anpreßkraft der Brille um 25 bis 50%. Der abzudichtende Mediendruck wirkt von der Grundseite her auf die Packung, dringt in den Spalt zwischen Stange und Dichtung und übt nun seinerseits über die erhöhte Querpressung eine Längspressung auf die Ringe aus, so daß die Packung im oberen Teil, d.h. kurz unter der Brille, nachverdichtet wird. Die Folge ist ein Druckabfall längs des Spaltes, der im unteren (druckseitigen!) Bereich der Stopfbuchse flach, unter der oberen, stärker verdichteten Zone jedoch exponentiell steil verläuft. Diese eigentliche Dichtzone ist mithin relativ kurz. Es ist daher nicht sinnvoll, die Stopfbuchse sehr lang zu bauen, denn der untere, durch den Brillenanzug nicht verdichtete Packungsteil trägt zur Dichtung nichts bei. Er erhöht mangels Anpressung auch nicht die Wellenreibung, wie oft fälschlich behauptet wird. Er ist daher unnötig! Nimmt man vereinfachend für die selbsttätige Nachpressung durch den Mediendruck den gleichen Mechanismus an wie für das Anpressen durch die Brille, dann stehen die Dichtspaltlänge L und der Betriebsdruck p in einem logarithmischen Zusammenhang: $L \sim \log p$. Das wird in der Praxis in etwa bestätigt, denn die Richtwerte in Tabelle 9.7 zeigen, daß die erforderliche Stopfbuchslänge weniger zunimmt als der abzudichtende Druck.

Tabelle 9.7. Richtwerte für die Stopfbuchslänge (Zahl der Ringe!) bei Armaturenspindeln für unterschiedliche Nenndrücke

Nenndruck PN bar	Zahl der Ringe
0 ··· 6	4
6 ··· 16	5
16 ··· 32	6
32 ··· 50	7
50 ··· 64	8
64 ··· 100	10
> 100	12

9.3.2 Formdichtungen für Längs- und Drehbewegungen

Formdichtungen sind selbsttätige Berührungsdichtungen, bei denen der Betriebsdruck die Dichtwirkung unterstützt bzw. zum größten Teil bewirkt. Eine Voranpressung für den drucklosen Zustand und zur Einleitung des eigentlichen Dichtens erfolgt durch das elastische Verhalten (Eigenelastizität!) oder durch zusätzliche Schlauchfedern. Für die Funktion der Dichtung sind gleichermaßen Form und Werkstoff wichtig. Diese Dichtelemente wirken entweder durch die Anpressung einer Dichtlippe (Lippen- bzw. Manschettendichtungen!) oder durch die Kompression des Dichtkörpers (Formdichtungen, wie O-Ringe, Kompaktdichtungen!), und sie bestehen – bis auf die gesondert zu betrachtenden Ringdichtungen – vorwiegend aus gummielastischen Werkstoffen mit z.T. Gewebearmierung. Ihre Hauptanwendungsbereiche sind Hydraulik und Pneumatik, leichte Ölabdichtung an Wellen sowie Staub- und Wasserschutz an Stangen. Gummielastische Dichtungen und Packungen können jedoch keine Führungsaufgaben übernehmen.

Die Abdichtung erfolgt zunächst in einem sehr schmalen Bereich unter der Lippenkante. Erst unter höherem Druck bewirkt die Verformung der Dichtung eine Anlage auf größerer Fläche. Die Betrachtung der physikalischen Vorgänge in der Dichtfläche zeigt, daß die Erfüllung der beiden Hauptaufgaben

- hohe Dichtwirkung bei hohen wie bei niedrigen Drücken und im drucklosen Zustand in einem großen Geschwindigkeitsbereich,
- niedrigste Reibung zur Gewährleistung einer großen Lebensdauer und einer gleichförmigen Bewegung (stick-slip-Gefahr!),

nie gleichzeitig optimal zu erfüllen sind, da sie gerade gegensätzliche Maßnahmen verlangen. Absolute Dichtheit ist nur bei Trockenlauf möglich, d.h. bei hoher Reibung und starkem Verschleiß. Eine Dichtung muß daher immer so ausgelegt sein, daß eine für die Schmierung hinreichende Flüssigkeitsmenge unter die Dichtung gelangen kann und dort zumindest Mischreibung bewirkt.

Dynamische Dichtungen weisen daher immer einen bestimmten Flüssigkeitsdurchsatz auf, der nur bei der Bewegung auftritt, bei Stillstand aber verschwindet. Es handelt sich um eine Schleppströmung, d.h. einen dünnen Flüssigkeitsfilm, der durch Adhäsionskräfte an der Stange haftet. Er wird unter der Wirkung der Flüssigkeitsreibung durch den Dichtspalt, der sich dabei öffnet, gezogen. Die Dicke des Filmes und damit die durchtretende Menge sind abhängig von der Dichtungsanpressung, der Zähigkeit des Mediums und der Verschiebegeschwindigkeit. Auf dem Rückhub wird zumindest ein Teil der anhaftenden Flüssigkeit wieder in den Druckraum zurücktransportiert, d.h., der echte Leckverlust pro Doppelhub einer längsbewegten Stange ist die Differenz zwischen der nach außen und der nach innen transportierten Menge und wird beim Rückhub abgestreift. Sind ein- und austretende Menge gleich groß, so erscheint die Dichtung als „dicht", was sie in Wirklichkeit aber nicht ist. Ein damit verbundenes Problem ist, daß beim Rückhub leicht Staub und Schmutz, die am Film auf der Stange haften, unter die Dichtung bzw. in den Arbeitsraum eingezogen werden. Deshalb befinden sich vor Kolbenstangendichtungen meistens Abstreifer. Der Vorgang soll mit Hilfe der Darstellung in Bild 9.37 erläutert werden.

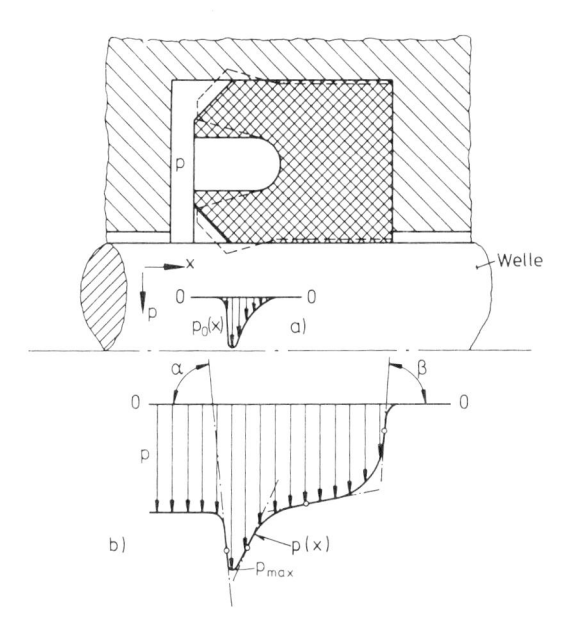

Bild 9.37. Druckverteilung unter einer elastischen Lippendichtung [16, 17, 18, 20]; a) Anpressung infolge der Eigenelastizität; b) Anpressung durch den Betriebsdruck

Nach dem Einbau herrscht unter der Lippe durch die elastische Verformung der Anpreßdruck gemäß a. Dieser überlagert sich dem durch den Betriebsdruck erzeugten Verformungsdruck der Dichtung zum Gesamtanpreßdruck gemäß b. Die Größe der Dichtspaltweite bzw. des Durchtrittsstromes hängt jedoch nicht von der absoluten Größe des Anpreßdruckes p_D, sondern von seinem Gradienten oder Anstieg dp_D/dx ab. Bei der Bewegung der Stange nach rechts, Richtung $+x$, bestimmt mithin die Vorderflanke (Winkel α!) die Größe des Austrittsstromes. Wieviel davon wieder zurücktransportiert wird, Bewegung nach $-x$, hängt vom Pressungsanstieg an der Rückflanke (Winkel β!) ab, gleiche Verschiebegeschwindigkeit und gleicher Innendruck vorausgesetzt. Dem widerspricht nicht, daß häufig mit steigendem Betriebsdruck der Leckverlust zunimmt. Dadurch ändern sich die überlagerte Voranpressung und mithin der für die Austrittsmenge zuständige Winkel α nicht, aber durch die stärkere Verformung des Ringes wächst der Druckanstieg an der Rückflanke (Vergrößerung des Winkels β auf β'!), d.h. der Rückschleppstrom nimmt ab.

Für weitere Betrachtungen muß man unterscheiden, ob eine Pumpen- oder eine Arbeitszylinderdichtung eingebaut ist. Bei einer Pumpe liegt die Druckverteilung b bei der Bewegung nach $-x$ und bei einem Arbeitszylinder bei der Bewegung nach $+x$ vor. In der jeweiligen Gegenlaufrichtung ist der Innendruck Null, d.h., die Schleppströmung unterliegt der Pressungsverteilung a. Die Leckverluste sind einsichtig unterschiedlich groß. Zum anderen sind häufig Einzugs- und Ausfahrgeschwindigkeiten der Stangen und proportional dazu auch die Durchtrittsmengen ungleich.

Leckage, Reibung und Lebensdauer (Verschleiß!) sind miteinander gekoppelt. In einem Flüssigkeitsfilm genügender Dicke, der die Dichtflächen vollkommen trennt, würde reine hydrodynamische Reibung ohne jeden Verschleiß herrschen. Die Leckage wäre hingegen groß. Andererseits könnte durch höhere Voranpressung der Lippe der austretende Flüssigkeitsfilm extrem dünn gehalten werden. Die Folge wäre, daß dieser durchbrochen würde, so daß es zum Direktkontakt von Dichtungswerkstoff und Stahl kommt mit großer Reibung und, besonders unter hohem Druck, großem Verschleiß (Grenzreibung, Radierverschleiß!). Im praktischen Einsatzfall wird sich in der Gleitfläche ein Mischreibungszustand einstellen durch nebeneinander liegende Zonen mit jeweils Grenz- und Flüssigkeitsreibung. Dabei verhalten sich die Werkstoffe unterschiedlich. Reine Elastomer-Dichtungen zeigen schon bei niedrigen Drücken große Reibkräfte, und es besteht die Gefahr des Trockenlaufens bei hohen Drücken und niedrigen Gleitgeschwindigkeiten, weil durch die Schleppströmung kein genügender Schmierfilm aufgebaut wird. Die Laufflächen gewebearmierter Dichtungen verhalten sich deutlich günstiger, und zwar deshalb, weil sich in den kleinen Vertiefungen Flüssigkeit ansammelt und eine hydrostatische Schmierung bewirkt wird. Auch die Notlaufeigenschaften sind besser, da sich in den Fasern ein Schmierstoff- oder Flüssigkeitsvorrat ansammelt und in einer Art Dochtwirkung wieder abgegeben wird. Erst bei sehr hohen Drücken ist die Reibung ähnlich hoch wie bei Vollelastomerringen, aber die Leckverluste sind wegen der weniger geschlossenen Dichtfläche etwas höher.

Neben Druck, Geschwindigkeit, Medium, Dichtungskonstruktion und -werkstoff ist die Dichtungsgegenfläche von großer Bedeutung, da sie einerseits genügend Benetzbarkeit aufweisen muß, andererseits aber nicht so rauh sein darf, daß sie den Flüssigkeitsfilm durchbrechen kann und zu Verschleiß in der Dichtzone führt. Die Metalloberflächen sollen gehont, poliert oder sehr glatt gezogen sein mit Rauhigkeiten $R_t \leq 2\,\mu m$ bzw. $R_a \leq 0,4\,\mu m$, jedoch ergeben erst Oberflächen mit $R_t \leq 0,8\,\mu m$ bzw. $R_a \leq 0,16\,\mu m$ eine perfekte Abdichtung mit hoher Lebensdauer. Bewährt hat sich die Kaltverfestigung der Oberflächen (z.B. durch Prägepolieren der Stangen, Auskugeln von Rohren!). Verchromte, galvanisierte und nitrierte Oberflächen sind schlecht benetzbar, z.B. wegen ihres dichten Gefüges. Sie sollten nachträglich gehont werden, um gleichmäßiges Haften zu gewährleisten.

Als Werkstoffe für die hier genannten Dichtungsbauformen sind Chromleder, Natur- und Kunstgummi (in reiner Form und mit Stützgewebe!) sowie PTFE (Teflon!) gebräuchlich [6, 12, 18, 20]. Sie haben folgende Eigenschaften:

- Chromleder
    Gute Kälte- und Alterungsbeständigkeit, günstiges Verschleißverhalten. Schlechte Wärmebeständigkeit, Formbarkeit und Gasdichtheit. Heute seltene Verwendung.
- Naturgummi (NR)
    Geeignet für Wasser, Alkohol, Bremsflüssigkeiten. Temperaturbereich $-60\,°C$ bis $+80\,°C$. Nicht geeignet für Kohlenwasserstoffe.
- Acrylnitril-Butadien-Kautschuk (NBR) (z.B. Perbunan)
    Geeignet für alle aliphatischen Kohlenwasserstoffe, pflanzliche und tierische Öle, Heißwasser, anorganische Basen und Säuren. Temperaturbereich $-30\,°C$ bis $+100\,°C$.

- Chlorbutadien- oder Chloropren-Kautschuk (CR) (z.B. Neopren)
  Gleiche Eigenschaften wie NBR, aber bessere Alterungsbeständigkeit.
- Acrylat-Kautschuk (ACM)
  Gleiche Eigenschaften wie NBR und CR, aber höhere Temperaturbeständigkeit bis 150 °C.
- Silicon-Kautschuk (SIR)
  Eignung für gleiche Medien wie NBR. Hohe thermische Beständigkeit der Werkstoffeigenschaften. Gute Eignung für die Vakuumtechnik. Einsatzbereich: Wasser bis 100 °C, sonst −60 °C bis +200 °C.
- Fluor-Kautschuk (FPM) (z.B. Viton)
  Beständigkeit gegen Mineralöle, Fette, Treibstoffe, schwerentflammbare Druckflüssigkeiten, synthetische Motorenöle. Temperaturbereich: −25 °C bis +200 °C.
- Polyurethan-Kautschuk (AU, EU) (z.B. Vulkollan)
  Sehr gute mechanische Werkstoffeigenschaften, daher gute Eignung für die Hochdrucktechnik und hochbeanspruchte Verschleißteile. Hydrolyseempfindlichkeit, daher bei Wasser nur bis 40 °C geeignet, sonst Einsatzbereich −30 °C bis +80 °C.
- Äthylen-Propylen-Terpolymer-Kautschuk (EPDM)
  Sehr gute Eignung für Heißwasser, Dampf, Waschlauge, Säuren, Basen, Hydraulikflüssigkeiten HFC, HFD, Bremsflüssigkeit. Temperaturbereich: −50 °C bis +130 °C.
- Polytetrafluoräthylen (PTFE) (z.B. Teflon)
  Beste chemische Beständigkeit, physiologische Unbedenklichkeit, niedriger Reibungswert, glatte, abweisende Oberfläche. Dieser Werkstoff ist nicht gummielastisch, daher sind Maßnahmen zur Anpressung erforderlich. Temperaturbereich: −200 °C bis +260 °C. Verwendung rein und gefüllt (Glasfaser, Graphit, Bronze!).
- Gewebegestützte Werkstoffe
  Schichtweise Gewebelagen aus Baumwolle und Asbest, z.T. verstärkt mit Messinggewebe, die mit Natur- oder Kunstgummischichten gebunden werden. Durch höhere mechanische Beständigkeit Eignung für Drücke über 200 bar.

9.3.2.1 Nutringe

Nutringe gemäß Bild 9.38 dienen zur Abdichtung längsbewegter Maschinenteile, wie Kolben, Stangen und Plunger, gegen mittlere bis hohe Drücke. Reine Elastomerringe aus NBR sind bis 160 bar, aus AU bis 400 bar und gewebegestützte Ringe aus NBR bis 400 bar einsetzbar. Die Nutringe liegen frei in den Abdichträumen, dürfen aber weder bei Einbau in axialer Richtung geklemmt werden noch ein merkliches Axialspiel (maximal ca. 0,3 mm!) aufweisen. Mit wachsendem Druck und an Dichtungen mit gröberen Stangen- und Rohrtoleranzen (üblich H8/f8!), vor allem aber bei unter Druck aufweitenden Rohren, wächst die Gefahr der Spaltextrusion. Nutringe werden für diese Dichtfälle mit einvulkanisierten Stützringen geliefert, die den Anwendungsbereich der NBR-Ringe auf 250 bar bei einer Spaltweite von noch 0,8 mm ausweiten. Zum Vergleich: Die maximale Spaltweite bei Ringen aus NBR

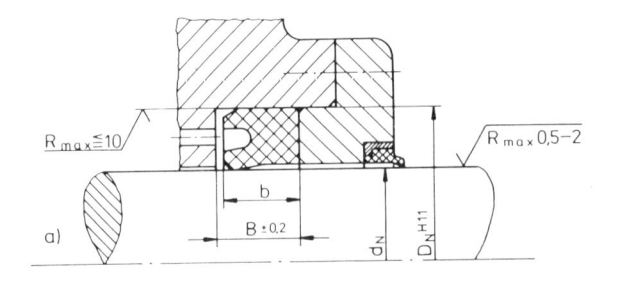

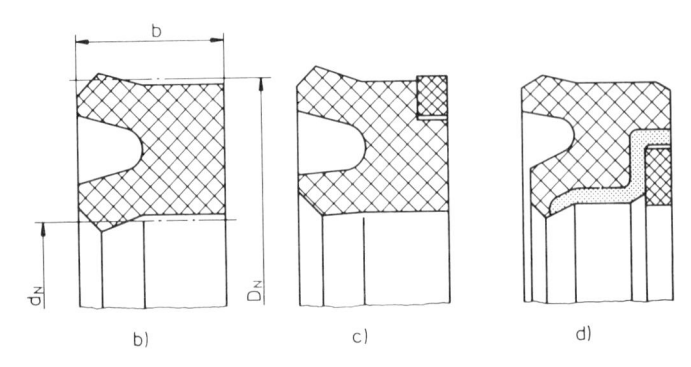

Bild 9.38. Nutringdichtung [24, S]; a) Einbau als Stangendichtung; b) Normalform eines Nutringes; c) Nutring mit Stützring, außen dichtend; d) Nutring mit Gewebearmierung und Stützring, innen dichtend

und einem Druck von 160 bar bzw. aus AU und einem Druck von 400 bar ist $\leq 0{,}2$ bis 0,3 mm bei einer Werkstoffhärte 90 Shore A. Die Gleitgeschwindigkeiten dürfen um 0,3 bis 0,5 m/s liegen.

Werden die auf den Ring wirkenden Kräfte betrachtet, dann zeigt sich, daß er am Manschettenrücken am stärksten belastet ist und dort auch am stärksten verschleißt. Bauarten für hohe Drücke erhalten dort und in der Lauffläche Gewebeverstärkungen, die durch die beschriebene Einlagerung von Schmierstoff hinreichenden Verschleißschutz gewährleisten.

Wesentlich sind zwei Hinweise auf den Einbau von Nutringen. Im engen Spalt vor einer Dichtung kann sich eine Schleppströmung ausbilden, die im Dichtungsraum einen erheblich höheren als den Betriebsdruck erzeugen und die Dichtung zerstören würde. Man muß deshalb Entlastungsbohrungen bzw. -nuten vorsehen. Vorsicht ist auch geboten beim Einbau von zwei Nutringen in einen doppeltwirkenden Kolben. Infolge der Schleppströmung kann sich nämlich im Raum zwischen den Dichtungen ein Druck aufbauen, der den Ring auf der jeweiligen Niederdruckseite von hinten belastet und wegen der gegebenen Flächenverhältnisse verdreht. Die Folge ist eine schnelle Zerstörung der Dichtung.

9.3.2.2 Manschetten und Packungen

Manschettendichtungen sind Lippendichtungen und dienen, wie die Nutringe, zum Abdichten bei längsbewegten Bauteilen, d.h. bei Kolben oder Stangen. Im Gegensatz zu den Nutringen werden Manschetten beim Einbau eingespannt. Einfache Ausführungen dichten nur einen Dichtweg auf einer zylindrischen Fläche. Nach der Ausführung werden Hut- und Topfmanschetten unterschieden, erstere mit innenliegender Dichtlippe für Stangenabdichtungen, letztere für Kolbendichtungen.

Hutmanschetten haben im Profil und in der Dichtlippengestaltung sehr unterschiedliche Formen (Bild 9.39). Als Stangendichtung in der Pneumatik und Niederdruckhydraulik werden Ringe aus NBR mit 88 Shore A bis $p = 40$ bar und Geschwindigkeiten bis ca. 0,5 m/s eingesetzt, bei AU-Werkstoff darf der Höchstdruck $p = 63$ bar betragen. Oberhalb $p \simeq 10$ bar ist ein Stützring erforderlich, andererseits muß, wenn der Druck unter $p \simeq 6$ bar liegt, zur Sicherung genügender Dichtvorpressung die Bauart mit federbelasteter Zunge verwendet werden. Der Einbau ist mit dem großen Flansch relativ einfach, wobei die axiale Verspannung auf ca. 10% der Flanschdicke durch Anschlag zu begrenzen ist. NBR-Hutmanschetten können bei niedrigen Drücken ($p \leq 7$ bar!) auch für drehende Wellen eingesetzt werden (Umfangsgeschwindigkeit $u \leq 4$ m/s!).

Topfmanschetten gemäß Bild 9.40 sind nur für Längsbewegungen zu verwenden und dienen als Kolbendichtungen in der Niederdruckhydraulik und Pneumatik. In den technischen Daten, Einbauvorschriften usw. sind sie identisch mit den Hutmanschetten. Eine fertige Kolbenbauart für beidseitige Druckbeaufschlagung ist die TDUO-Manschette nach Bild 9.41. In der gezeigten einfachen Einbauart können derartige Manschetten z.B. bei ⌀ 40 mit bis 30 bar und bei ⌀ 100 mit bis 12 bar Betriebsdruck belastet werden. Für höhere Drücke (Druckmaximum = 63 bar!) sind dann Stützplatten erforderlich.

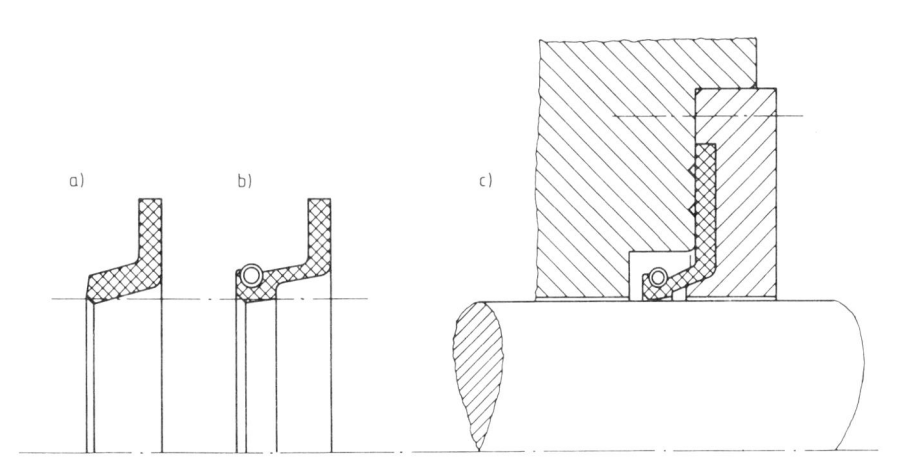

Bild 9.39. Hutmanschetten [24, S]; a) Ausführungsform ohne Feder; b) Ausführungsform mit Feder; c) Einbaubeispiel

194   9 Dichtungstechnik

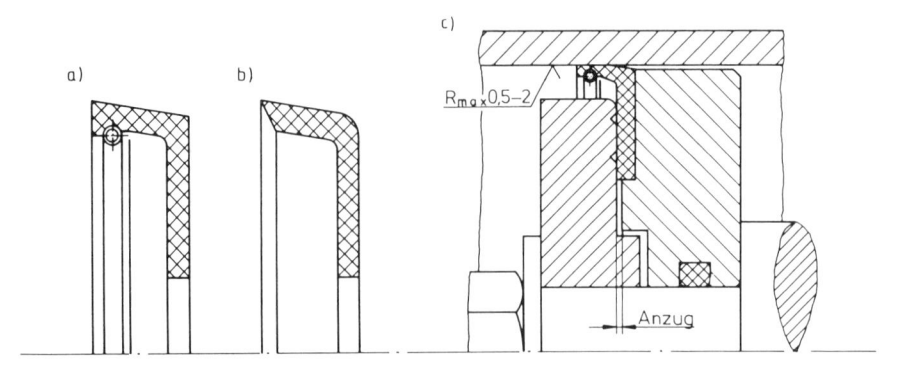

Bild 9.40. Topfmanschetten [24, S]; a) Ausführungsform mit Feder; b) Ausführungsform ohne Feder; c) Einbaubeispiel

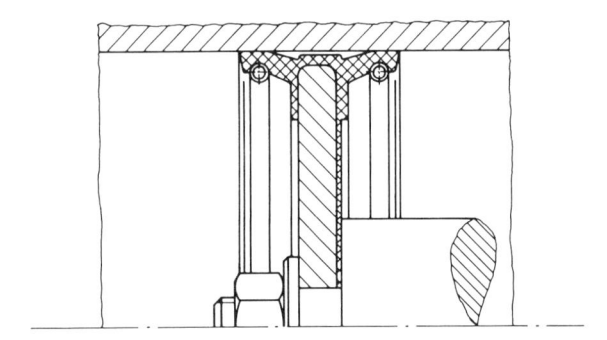

Bild 9.41. Komplettkolben mit TDUO-Manschette [24, S]

Dachmanschetten nach Bild 9.42 sind doppelt dichtende Lippendichtungen, die stets zu mehreren in einem Satz fest aufeinanderliegend eingebaut werden. Sie erhalten eine gewisse Vorspannung, abgestimmt z.B. mit Beilagscheiben, um eine sichere Abdichtung schon bei Niederdruck zu gewährleisten. Die geschichteten Manschetten liegen auf einem stützenden Sattelring auf, und ein Gegenring spreizt die Lippen auf. Als Werkstoff für diese Ringe wird verschleißfestes Hartgewebe verwendet. Die Manschettensätze sind, um gleichzeitig günstige Abdicht- und Gleitverhältnisse herzustellen, abwechselnd aus NBR-Manschetten und (NBR + Gewebe)-Manschetten geschichtet. Für besondere Anforderungen seitens des Mediums wird statt Nitrilkautschuk (NBR) auch Fluorkautschuk (FPM) oder im Extremfall für die Manschetten auch reines Polytetrafluoräthylen (PTFE) genommen.

Dachmanschettensätze dienen vorwiegend zur Abdichtung längsbewegter Stangen mit Gleitgeschwindigkeiten von 0,3 bis 0,5 m/s und gegen Betriebsdrücke bis über 400 bar, sind aber auch für Kolbenabdichtungen geeignet. Die Anforderungen an den Einbau sind normal; Oberflächengüte $R_t \leq 4$ μm bzw. $R_a \leq 0,3$ μm, Spaltweite zwischen den bewegten Teilen $\leq 0,3$ mm unter 400 bar. Die mehrfache Schich-

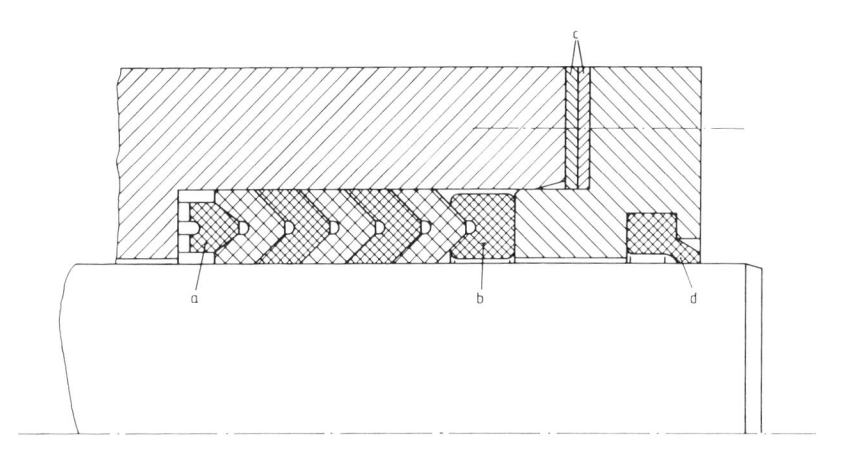

Bild 9.42. Dachmanschettendichtung [24, M]; a = Gegenring; b = stützender Sattelring; c = Beilagscheiben zur Abstimmung der Vorspannung; d = Lippendichtung

tung der Abdichtelemente ergibt eine hohe Abdichtsicherheit, d.h., Dachmanschettensätze sind die gegebenen Abdichtungen bei schweren Einsatzfällen in Baumaschinen, Umformpressen, Schiffs- und Untertagehydraulik, in denen axiale und radiale Schwingungen, exzentrische Belastungen der Stangen und Kolben, Druckschläge, abrupte Änderung der Bewegung, Temperaturbelastung usw. auftreten.

9.3.2.3 Kompaktdichtungen

Kompaktdichtungen sind beidseitig dichtende Dichtelemente, in denen nicht nur die Lippe, sondern ein kompakter Querschnitt verformt wird (Bild 9.43). Dadurch

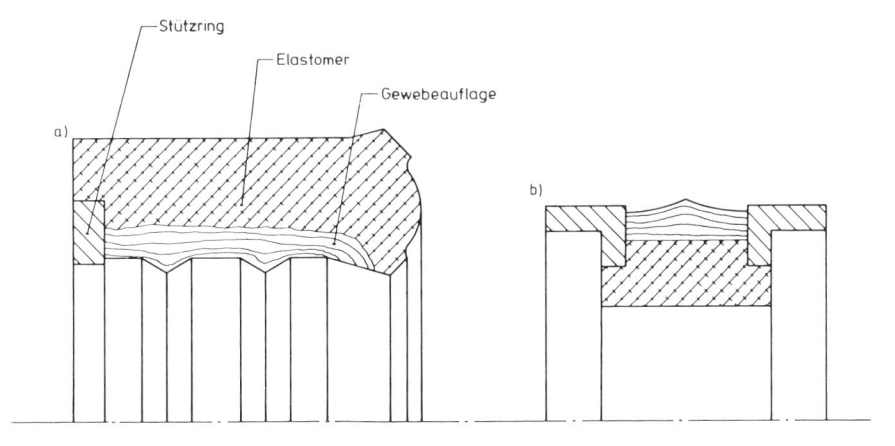

Bild 9.43. Kompaktdichtungen; a) Stangendichtung; b) Kolbendichtung

ist einerseits die Anpreßkraft höher (nachteilig: auch die Reibung ist größer!), und die Dichtwirkung ist wesentlich besser als bei Lippendichtungen. Das macht die Dichtung besonders geeignet für Spann- und Stützzylinder, für deren Funktion eine optimale Dichtung unerläßlich ist. Das größere elastische Volumen neigt auch weniger zum plastischen Kriechen und damit zum Abbau der Vorspannkräfte. Andererseits ist die Dichtung wesentlich steifer als die bisher beschriebenen Bauarten, erfordert also genauere Passungen bzw. engere Toleranzen. Die bessere Dichtwirkung führt zu entsprechend schlechterer Schmierung der Gleitfläche, die daher regelmäßig gewebearmiert wird und eine, zwei oder drei Dichtlippen erhält. Ferner sind Stützringe anvulkanisiert. Im Vergleich zu den nur einseitig dichtenden Lippendichtungen, die bei beidseitiger Beaufschlagung doppelt eingebaut werden müssen, erlaubt der Kompaktring eine einfachere und baulich kürzere Einbaukonstruktion bei gleichzeitig leichter Schnappmontage. Verwendung finden diese Dichtungen in Standardzylindern, Pressen und Mobilhydraulik für Drücke bis zu 160 bar bzw. abgestützt bis zu 400 bar und bei hohen Geschwindigkeiten bis zu 1 m/s.

9.3.2.4 Ringdichtungen

Das Wirkelement der Ringdichtung ist ein in eine Nut eingelegter, formbeständiger, aber elastisch verformbarer Ring mit im Prinzip rechteckigem Querschnitt. Er wird durch Federpressung – Eigenfederung oder Federelement – innen- oder außenspannend an eine zylindrische Fläche vorangepreßt. Die wirksame Dichtpressung erhält er durch den Innendruck des Mediums, so daß er auf zwei Durchtrittswegen, axial gegen die Nutflanke und radial auf der Zylinderfläche, mit sehr engem Spalt dichtet.

Die zahlenmäßig größte Verbreitung finden sie als Kolbenringe in der Motorentechnik, wo sie als rechteckige Verdichtungsringe die Abdichtung übernehmen, in Sonderausführungen Öl abstreifen und Wärme vom Kolben an die Zylinderwand übertragen. Die Bauformen und die Abmessungen sind in DIN 70907 und in DIN 70909 angegeben. Der Werkstoff ist in der Regel Sondergrauguß. Die Ringe werden massiv gegossen, auf Formdrehmaschinen unrund gedreht und dann in verschiedener Art, meist einfach radial geschlitzt. Danach erfolgt die Oberflächenbehandlung, das Phosphatieren, Ferrooxydieren, Verzinnen, Verkupfern oder die Keramikbeschichtung. Die Laufflächen erhalten zur Verlängerung der Lebensdauer Bewehrungen mit Ferroxfüllungen, eingewalzte Bronzestreifen, Chrom-, Molybdän- und Keramikschichten. Durch Zusammendrücken um das Schlitz- bzw. Stoßspiel erhält der Ring die runde Form und liegt lichtspaltdicht an der Zylinderwand an. Der etwa gleichmäßige, im Bereich des Stoßes erhöhte Anpreßdruck aus der Eigenfederung beträgt ca. 1,2 bis 2 bar. Demgegenüber ist der Anpreßdruck durch das Medium um ein Vielfaches höher, so daß eine relativ gute Schmierung der Lauf- bzw. Dichtfläche erforderlich ist. Spezielle Angaben zu Kolbenringen sind in [4] zu finden.

Funktionsmäßig liegt der Kolbenring zwischen den Konstantspaltdichtungen und den Packungen, d.h., das Dichtvermögen steigt durch die Selbstanpressung mit dem Betriebsdruck, aber die Spalte bleiben endlich groß. Dadurch und auch infolge des Stoßspaltes sind die Leckverluste höher als bei Nutring- oder Manschettendichtungen. Für die Ringe sprechen einmal der kleine Einbauraum, andererseits die Werkstoffauswahl. Kolbenringe kommen wegen ihres sehr guten Verschleißverhaltens auch für dynamisch hoch belastete Kolben- und (innenspannend!) Stangendichtungen sowie für Drehdurchführungen (Bild 9.44) in der Hydraulik zum Einsatz.

Das gute Betriebsverhalten, insbesondere die niedrige Reibung im formstabilen Spalt und der, da die Dichtung nicht anklebt, ruckfreie Anlauf, waren der Anlaß für die Entwicklung von Kolben- und Stangenabdichtungen aus PTFE (Teflon!), die die bisher vorherrschenden Manschettendichtungen verdrängen. Die mangelnde Abriebfestigkeit des reinen PTFE wird durch Beimengungen verschiedener Füllstoffe und durch spezielle Verarbeitungsverfahren erheblich erhöht. Den prinzipiellen Aufbau dieser Dichtungen, der den Kolbenring erkennen läßt, zeigt Bild 9.45. Der

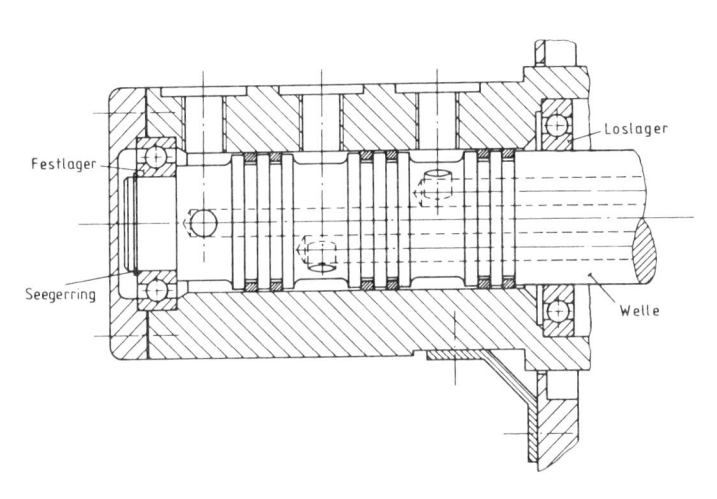

Bild 9.44. Drehdurchführung (hydraulischer Schleifring!), mit Kolbenringen abgedichtet [24, G]

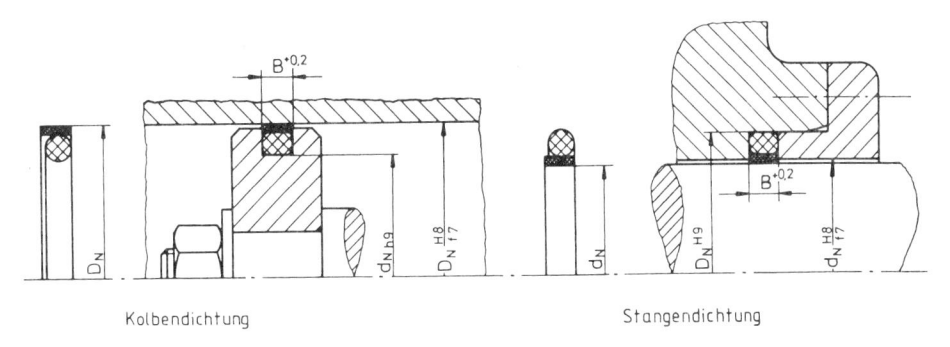

Bild 9.45. Ringdichtung aus einem PTFE-Dicht- und NBR-Spannring [24, S]

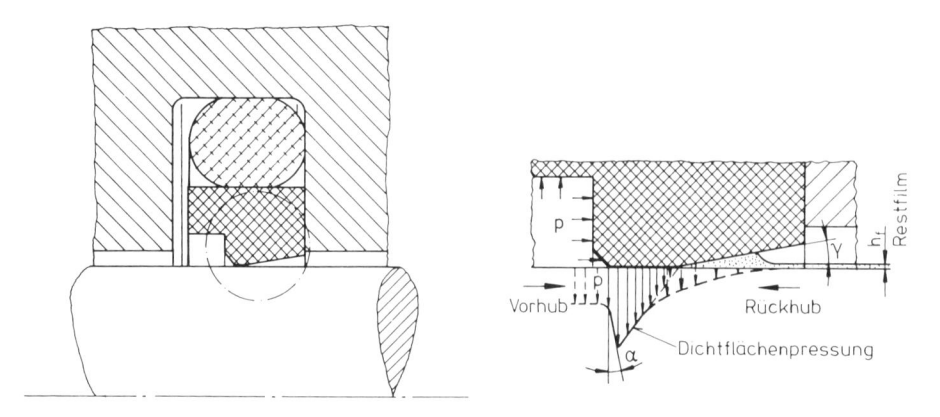

Bild 9.46. Ringdichtung „Stepseal" [24, BL] und Verlauf der Dichtflächenpressung

rechteckige PTFE-Ring wird durch den NBR-Kautschukring vorangepreßt, wobei der Elastomerring nicht nur die Rückenabdichtung besorgt, sondern zugleich den Laufring flexibel so stützt, daß dieser sich gegenüber dem Kolbenspiel nach der Zylinderbohrung zentriert. Der Kolbenring schleift sich nach kurzer Zeit ein, dann baut sich ein hydrodynamischer Schmierfilm mit extrem niedriger Reibung und daher hoher Lebensdauer auf. Der Anlauf erfolgt ruckfrei auch bei schlechterer Schmierung (z.B. in der Pneumatik!). Die Leckverluste sind naturgemäß höher als z.B. bei Nutringen, aber besonders als Kolbendichtung ist die Dichtung hinreichend gut.

Durch Variation der Dichtkante des Ringes im Bild 9.46 soll dem höheren dynamischen Verlust entgegengewirkt werden. Da der Leckstrom sich als Differenz zwischen aus- und eingetragener Menge je Doppelhub erweist (Abschnitt 9.3.2!), ist hier die Rückflanke keilförmig so gestaltet, daß der Pressungsgradient dort klein und mithin günstig ist für das Rückschleppen des ausgetretenen Flüssigkeitsfilms. Die scharfe Dichtkante mit steilem Druckgradienten auf der Medienseite der Dichtung hält hingegen den Ausschleppfilm dünn, so daß insgesamt eine günstige Leckbilanz vorliegt.

9.3.2.5 Radial-Wellendichtungen

Radial-Wellendichtringe (RWDR) sind die meist verwendeten Dichtelemente zur Abdichtung rotierender Maschinenteile [3, 7, 8, 9, 11, 15]. Ihre gebräuchlichsten Ausführungen sind in DIN 3760 genormt. Sie gehören zu den berührenden dynamischen Dichtungen und werden zur Abdichtung rotierender Maschinenteile gegen flüssige Medien und geringe Überdrücke bis ca. 0,5 bar eingesetzt.

Das Prinzip des Radial-Wellendichtrings besteht darin, daß eine scharfkantige Dichtlippe aus elastomerem Werkstoff, die flexibel an einem metallischen Verstärkungsring anvulkanisiert ist, auf einer glatten Wellenoberfläche gleitet (Bild 9.47).

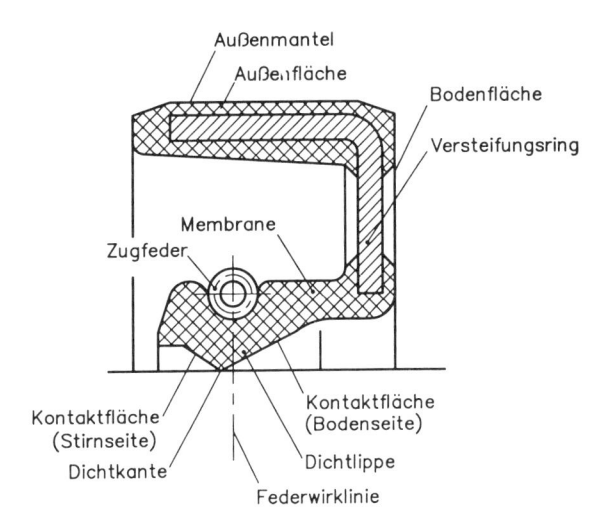

Bild 9.47. Radial-Wellendichtring nach DIN 3761, Form A

Die Dichtkante wird in radialer Richtung an die Wellenoberfläche (Gegenlauffläche!) angepreßt, da der Innendurchmesser der Dichtlippe im Zustand vor der Montage kleiner ist als der Wellendurchmesser. Die entstehende Radialkraft auf die annähernd linienförmige Kontaktzone wird zusätzlich durch eine metallische Schraubenzugfeder (Wurmfeder!) unterstützt, um dem Nachlassen der Vorspannung infolge der Alterung des Elastomers entgegenzuwirken.

Funktionsmechanismus

Die Dichtwirkung an der Lippe des Radial-Wellendichtrings ergibt sich aus zwei unterschiedlichen Funktionsprinzipien für den Ruhezustand (Wellenstillstand!) sowie für den Zustand der Relativbewegung zwischen Dichtlippe und Welle (Rotation!) [3, 8, 9, 11, 19].

Im Ruhezustand ist die Funktion des RWDR mit der einer statischen Formdichtung zu vergleichen, da keine Relativbewegung zwischen den Dichtflächen erfolgt. Die Dichtwirkung beruht in diesem Fall auf der Anpressung der Lippe an die geschliffene Wellenoberfläche, so daß die Verformung des Elastomers die geringen Oberflächenrauheiten der Welle ausgleicht und den Spalt in der Kontaktzone verschließt (Bild 9.48).

Ist jedoch eine Relativbewegung zwischen Welle und Dichtlippe vorhanden, z.B. bei einer Rotationsbewegung der Welle, so tritt ein hydrodynamischer Effekt auf, der dazu führt, daß die Dichtlippe – vergleichbar mit einem sehr schmalen, hydrodynamisch arbeitenden Gleitlager – auf dem durch das abzudichtende Medium gebildeten Schmierfilm aufschwimmt. Durch diesen Effekt wird die Dichtlippe vor frühzeitigem Verschleiß [11] und thermischer Zerstörung [23] infolge des vorhandenen Mischreibungszustands bewahrt.

Das Funktionsprinzip der dynamischen Abdichtung besteht nach [3, 8, 9, 11, 14] darin, einerseits diesen verschleißhemmenden Schmierfilm innerhalb der Kon-

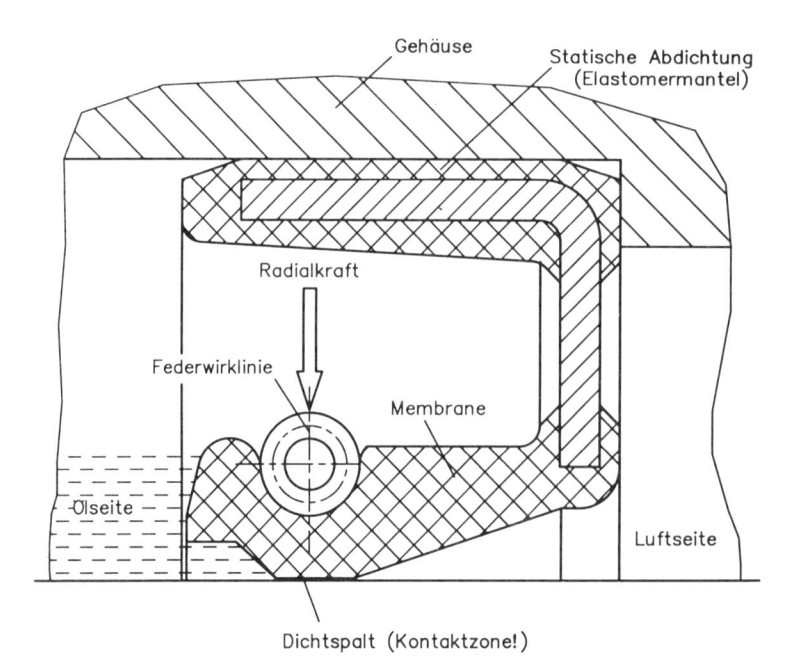

Bild 9.48. Radial-Wellendichtring im Einbauzustand

taktzone zu erhalten und andererseits zu verhindern, daß das abzudichtende Medium auf der Luftseite der Dichtung (Bodenseite!) hervortritt und zur Leckage führt. Eingehende Untersuchungen dieses lange ungeklärten Phänomens haben gezeigt, daß sich bereits kurze Zeit nach dem ersten Anfahren eines neuen Radial-Wellendichtrings in der elastomeren Kontaktzone mikroskopisch kleine, rillenförmige Verschleißstrukturen in axialer Richtung bilden, die infolge der Relativbewegung zwischen Dichtlippe und Welle verzerrt werden. Die Orientierung der verzerrten Strukturen, die in ihrer Wirkung mit einer Mikro-Gewindewellendichtung vergleichbar sind, hängt von der axialen Anpreßdruckverteilung in der Kontaktzone und von der Drehrichtung der Welle ab.

Die hervorgerufene, zur Abdichtung erforderliche Pumpwirkung („Schleppströmung"!) von der Bodenseite (Luftseite!) zur Stirnseite (Fluid- oder Ölseite!) des RWDR wird nur dann erzielt, wenn die Verteilung des Anpreßdrucks bezüglich der axialen Laufspurbreite nicht symmetrisch ist, sondern der Flächenschwerpunkt der Druckverteilung auf der Fluidseite der Kontaktzone (Laufspur!) liegt (Bild 9.49), denn nur in diesem Fall weist die „Steigung" der Mikro-Gewindewellendichtung in die richtige Richtung [3].

Die Asymmetrie der Anpreßdruckverteilung wird zum einen durch unterschiedliche Kontaktflächenwinkel ($\alpha > \beta$!) der Dichtlippe zur Wellenoberfläche erreicht, zum anderen durch Verschiebung der Wurmfeder zur Fluidseite. Die Verzerrungen der Mikrostrukturen in der Kontaktzone sind in Bild 9.50 für eine symmetrische und eine asymmetrische Pressungsverteilung dargestellt.

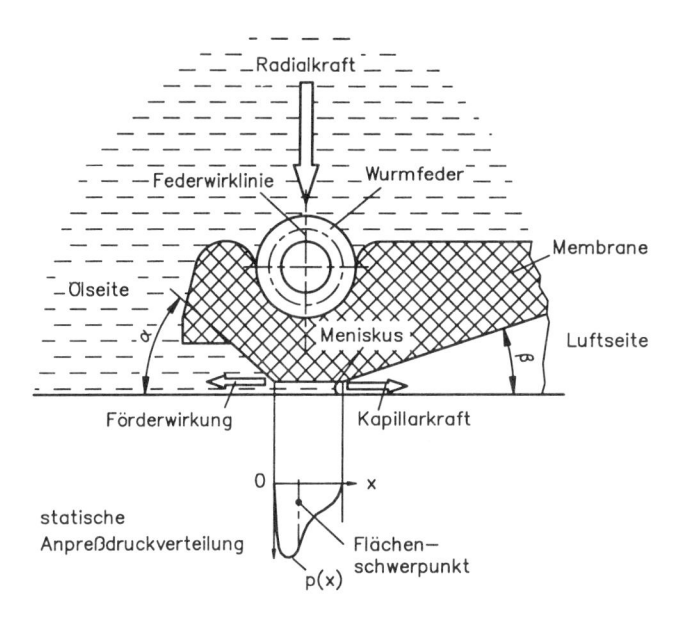

Bild 9.49. Dynamische Dichtwirkung des RWDR

Bewegt sich die Wellenoberfläche in Pfeilrichtung gegenüber der stillstehenden elastomeren Dichtlippe, so werden die stärker angepreßten Partien der Kontaktzone infolge der vorhandenen Reibung in größerem Maße in Umfangsrichtung mitgenommen, d.h., es entsteht eine ungleichmäßig verzerrte Struktur. Durch die Schrägstellung der ursprünglich axial gerichteten Mikrorillen wird der Schmierfilm im Kontaktbereich nicht nur in Umfangsrichtung, sondern zusätzlich auch in axialer Richtung bewegt [3, 11, 14].

Bei einer symmetrischen Anpreßdruckverteilung kompensieren sich die durch den beschriebenen Vorgang induzierten Pumpeffekte auf beiden Seiten der Dichtkante gegenseitig (Bild 9.50a). Die Verlagerung des Flächenschwerpunkts zur Fluidseite hin bewirkt dagegen eine Vergrößerung der zur Fluidseite gerichteten Pumpwirkung (Bild 9.50b).

Die verbleibende, jedoch deutlich geringere Fluidförderung in Leckagerichtung ist für die Schmierung der thermisch stark belasteten Kontaktzone unverzichtbar. Zusätzlich wirkt bei benetzenden Flüssigkeiten, wie z.B. Schmierölen, der Einfluß der Oberflächenspannungen in Leckagerichtung, d.h. gegen die dynamische Dichtfunktion. Diese Flüssigkeiten werden infolge der Kapillarkräfte in den Dichtspalt hineingezogen und bilden auf der Luftseite eine gekrümmte Grenzfläche, die als „Meniskus" bezeichnet wird (siehe auch Bild 9.49!).

Bei einem funktionierenden RWDR besteht ein Gleichgewicht zwischen den leckageverursachenden Druckdifferenzen (hydrostatischer Druck und Kapillarwirkung; „Druckströmung"!) auf der einen Seite und dem Pumpeffekt („Schleppströmung"!) der elastomeren, mikroskopischen Gewindewellendichtung auf der

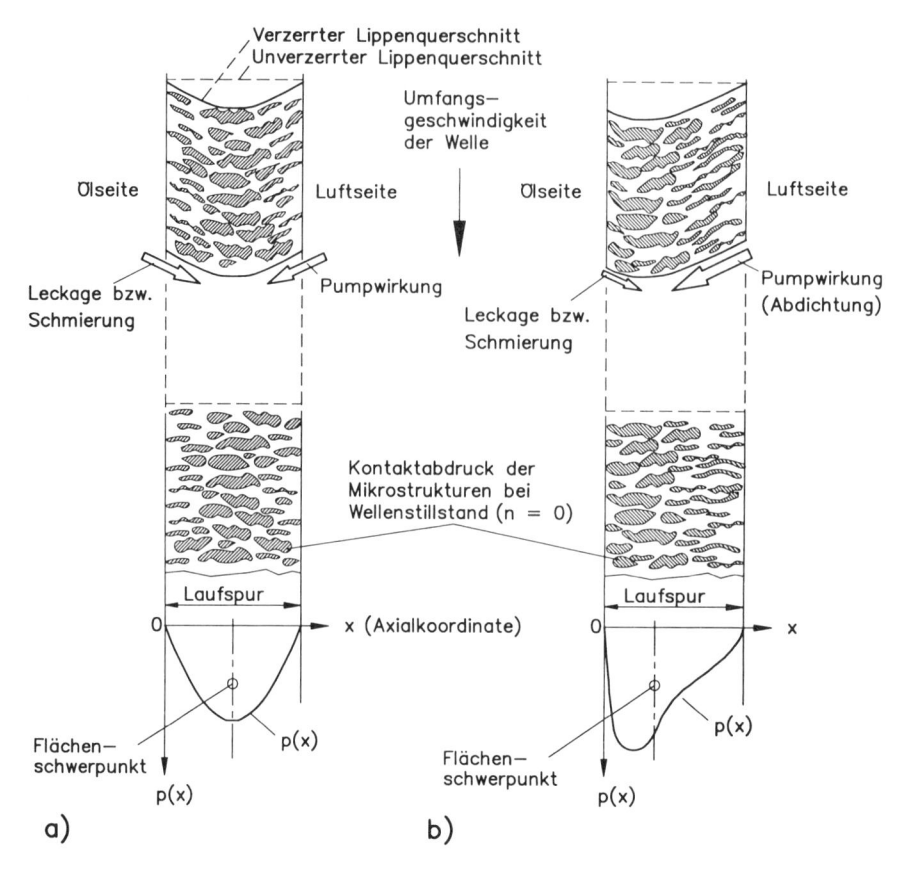

Bild 9.50. Verzerrung der Mikrostrukturen in der Laufspur des RWDR; a) bei symmetrischer und b) bei asymmetrischer Anpreßdruck-Verteilung

anderen Seite. In diesem stabilen Zustand ist der RWDR „dicht", d.h., es sind äußerlich keinerlei Fluidförderungen zu beobachten.

Wird die Verzerrung der Strukturen jedoch behindert, z.B. durch Verhärtung des Elastomers infolge Alterung oder thermischer Überhitzung, oder wird ihre Wirkung durch die Ablagerung von Ölbestandteilen herabgesetzt, so verringert sich die Pumpwirkung, d.h., das Gleichgewicht der Volumenströme verändert sich und der RWDR wird undicht.

Hydrodynamische Dichthilfen

Der beschriebene Dichtmechanismus ist in beiden Drehrichtungen wirksam, da sich die Verzerrung der Mikrostrukturen bei einem neuen Dichtring in Abhängigkeit von der Relativbewegung zwischen Dichtlippe und Gegenlauffläche stets in der

9.3 Berührungsdichtungen für Dichtflächen mit Relativbewegung   203

richtigen Orientierung einstellt. Somit ist ein einfacher RWDR auch bei wechselnden Drehrichtungen einsetzbar.

Ist der Drehsinn der Welle stets gleichbleibend, wie z.B. bei Kurbelwellen und Nockenwellen von Verbrennungsmotoren, können sogenannte Drallstege als zusätzliche, hydrodynamische Dichthilfen zur Anwendung kommen, um die Funktionssicherheit des RWDR zu erhöhen [3].

Unter dem Begriff „Drall" bzw. Drallstege sind dabei Rückförderstege zu verstehen, die von der Luftseite (Bodenseite!) her im schrägen Winkel zur Dichtkante verlaufen (Bild 9.51). In Abhängigkeit von der Drehrichtung der Welle werden

a) Drehrichtung der Welle — Rechtsdrall

b) Drehrichtung der Welle — Linksdrall

c) Drehrichtung der Welle — Wechseldrall

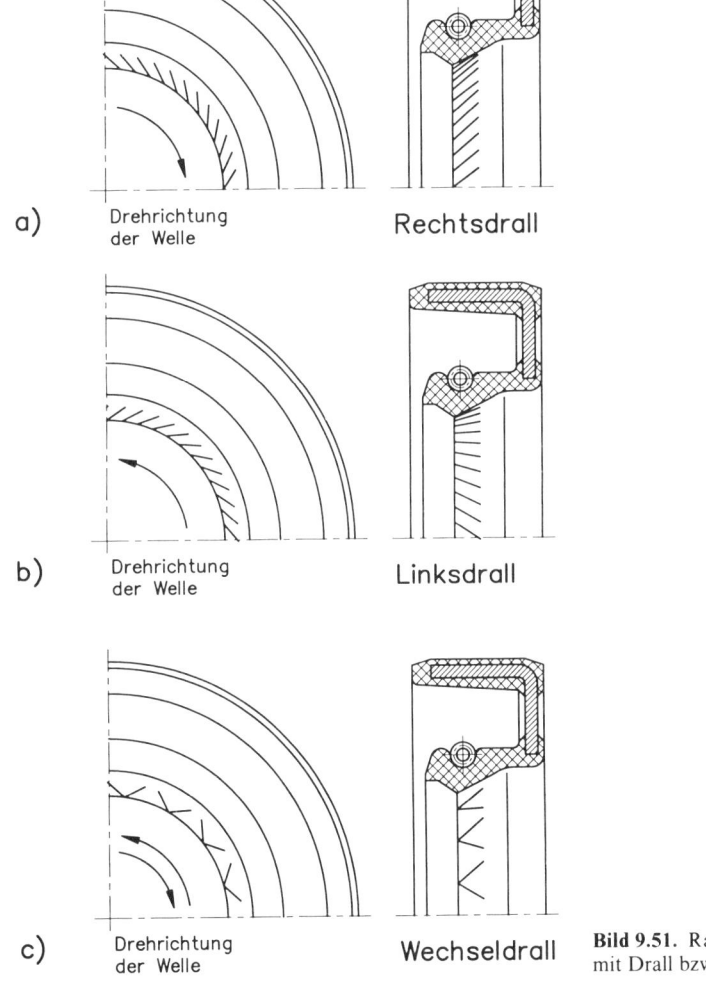

Bild 9.51. Radial-Wellendichtringe mit Drall bzw. Drallstegen

RWDR mit Rechts- oder mit Linksdrall oder auch mit Wechseldrall unterschieden. Die Aufgabe der Drallstege besteht darin, bei einer Funktionsstörung des normalen Dichtmechanismus das in Richtung der Luftseite vorgedrungene Fluid nicht als Leckage abfließen zu lassen, sondern in die Kontaktzone der Dichtlippe zurückzufördern. Bezüglich ihrer Wirkungsweise entsprechen die Drallstege einer einfachen Gewindewellendichtung [3, 14].

Für den Einsatz bei wechselnden Drehrichtungen werden Radial-Wellendichtringe mit „Wechseldrall" eingesetzt (Bild 9.51 c). Ihre Funktionsweise ist prinzipiell mit der des einfachen Dralls vergleichbar, jedoch in beiden Drehrichtungen wirksam, wenn auch mit verminderter Effektivität. Die verbesserte Funktionssicherheit von RWDR mit hydrodynamischen Dichthilfen zeigt sich insbesondere bei schwierigen Betriebsbedingungen, wie z.B. Rundlaufabweichungen, Wellenversatz und leichten Beschädigungen der Wellenoberfläche.

Bauformen

Die in der Automobilindustrie in großen Stückzahlen eingesetzten Radial-Wellendichtringe werden i.a. in direkter Zusammenarbeit zwischen Hersteller und Anwender entwickelt und in ihren geometrischen Abmessungen und der Materialauswahl an die Gegebenheiten des jeweiligen Anwendungsfalls angepaßt.

Daneben sind für den Einsatz im Maschinenbau Standardausführungen und -abmessungen in DIN 3760 und DIN 3761 festgelegt. Es werden, je nach der konstruktiven Ausführung des Verstärkungsrings und der Außenfläche, die Bauformen A, B und C unterschieden (Bild 9.52).

Zusätzlich zu der beschriebenen dynamischen Dichtfunktion muß der RWDR auch statisch dicht sein, d.h., der Durchtritt des Mediums an der Sitzstelle des

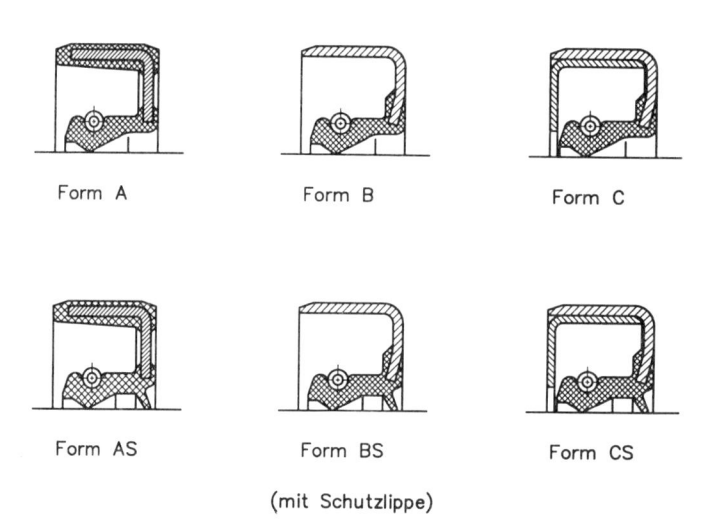

Form A   Form B   Form C

Form AS   Form BS   Form CS

(mit Schutzlippe)

Bild 9.52. Radial-Wellendichtringe, unterschiedliche Standardbauformen nach DIN 3760 und DIN 3761

9.3 Berührungsdichtungen für Dichtflächen mit Relativbewegung

Dichtrings in der Gehäusebohrung muß verhindert werden. Die statische Abdichtung erfolgt entweder durch das Einpressen des ganz oder teilweise mit einer elastomeren Schicht umschlossenen Verstärkungsrings in die Bohrung oder durch den Einsatz spezieller Dichtmassen bzw. Beschichtungen.

RWDR der Form A besitzen eine gummiummantelte Außenfläche (Sitzfläche), so daß die statische Abdichtung in der Gehäusebohrung auch in schwierigen Fällen gewährleistet ist, z.B. bei geteilten Gehäusen oder bei Leichtmetallgehäusen mit hoher Wärmedehnung. Die gummiummantelte Außenfläche kann glatt oder, zur Verringerung der Einpreßkraft, in Umfangsrichtung gerillt sein (Bild 9.53a und b).

Bei den RWDR der Form B ist die metallische Außenfläche des Verstärkungsrings nicht ummantelt, sondern geschliffen oder fertiggezogen und evtl. zum Schutz vor Korrosion und zur besseren statischen Abdichtung wachsbeschichtet. Wegen des geringen Elastomeranteils eignet sich diese Bauform aus Kostengründen besonders beim Einsatz teurer Werkstoffe für den Elastomerteil der Dichtung. Weiterhin ist durch die metallische Außenfläche ein exakter Sitz der Dichtung in der Bohrung gewährleistet. Bei großen Wärmedehnungen des Gehäuses oder rauhen Bohrungsoberflächen kann jedoch die Verwendung einer zusätzlichen Dichtmasse bei der Montage zur statischen Abdichtung erforderlich sein.

Die Bauform C besitzt gegenüber der Form B einen weiteren Verstärkungsring. Sie wird besonders bei erschwerten Montageverhältnissen vorteilhaft eingesetzt, damit keine besonderen Ein- bzw. Auspreßwerkzeuge hergestellt werden müssen.

Neben den beschriebenen Standardbauformen A, B und C haben sich auch Kombinationen bewährt, so z.B. die Bauform AB, bei der nur ein Teil eines stufenförmigen Verstärkungsrings gummiummantelt ist (Bild 9.53c). Dadurch werden die Vorteile beider Bauformen, die sichere statische Abdichtung und der genaue Sitz in der Bohrung, gleichzeitig genutzt.

Da die Funktion der gegen Beschädigungen empfindlichen Dichtkante durch das Eindringen von Schmutzpartikeln auf der Luftseite gefährdet ist, werden die beschriebenen Standardbauformen häufig mit einer vorgeschalteten elastomeren Schutzlippe ausgeführt. Zur Kennzeichnung dieser Ausführung wird dem Kennbuchstaben für die Bauform der Zusatzbuchstabe S nachgesetzt, also z.B. AS für einen RWDR der Form A mit Schutzlippe. Die vollständige Bezeichnung eines RWDR gemäß DIN 3760 enthält außerdem die Nenndurchmesser der Welle und der Gehäusebohrung für den RWDR sowie dessen axiale Baubreite und die

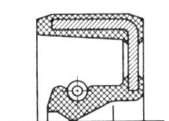

a) Form A mit glatter Außenfläche   b) Form A mit gerillter Außenfläche   c) Form AB (Außenfläche teils blank, teils ummantelt)

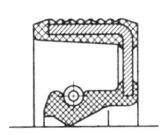

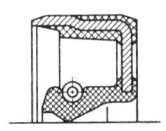

Bild 9.53. Radial-Wellendichtringe, unterschiedliche Ausführungen der Außenflächen

Kennbuchstaben für den Werkstoff des Elastomerteils. Bezüglich des letztgenannten Punktes werden vier Werkstoffgruppen unterschieden und folgendermaßen abgekürzt:
NBR = Nitril-Butadien-Kautschuk
ACM = Acrylat-Kautschuk
VMQ = Silicon-Kautschuk
FKM = Fluor-Polymer-Kautschuk
Beispiel: RWDR BS 40x55x7 DIN 3760-VMQ
                  | | | | |
                  | | | | Werkstoff: Silikon-Kautschuk
                  | | | axiale Breite in mm
                  | | Außen-Nenndurchmesser in mm
                  | Wellen-Nenndurchmesser in mm
                  Bauform B mit Schutzlippe

Einsatzbedingungen

Die Funktionssicherheit des Radial-Wellendichtrings hängt neben den geometrischen Parametern von den äußeren Betriebsbedingungen ab. Darunter sind im wesentlichen zu verstehen:
– Art und Eigenschaften des abzudichtenden Mediums,
– Einsatztemperatur,
– Drehzahl der Welle,
– Druckdifferenz zwischen Boden- und Stirnseite.

In den folgenden Abschnitten werden die wichtigsten Einsatzbereiche zusammenfassend dargelegt.

Abzudichtende Medien und Temperatur

RWDR werden i.a zum Abdichten von flüssigen oder pastösen Medien gegen Luft oder andere Gase verwendet. Bei den Flüssigkeiten handelt es sich meist um Schmieröle, Hydrauliköle, ATF-Öle für Automatikgetriebe und Schmierfette. In besonderen Fällen können auch aggressive Medien mit geringer Schmierfähigkeit abgedichtet werden, wie z.B. organische Lösungsmittel, Säuren und Laugen.

Die Beständigkeit des Dichtungswerkstoffs gegen Quellung, Zersetzung oder Verhärtung durch das abzudichtende Medium, insbesondere bei höheren Betriebstemperaturen, bestimmen im wesentlichen die Werkstoffauswahl.

Bei der Abdichtung gegen Fette muß die schlechtere Ableitung der Reibungswärme berücksichtigt werden, so daß die zulässige Umfangsgeschwindigkeit an der Dichtlippe nur etwa die Hälfte des bei Ölschmierung zulässigen Höchstwertes beträgt (Bild 9.56). Zur Verbesserung des Schmierungszustandes eignen sich besonders Fette mit starker Ölausscheidung.

Beim Einsatz von RWDR zur Abdichtung von aggressiven Medien und Medien mit unzureichender Schmierfähigkeit (z.B. Wasser oder Waschlauge!) ist eine zusätzliche Schmierung der Dichtlippe über eine Fettkammer vorzusehen. Dies kann entweder durch Füllung des Raums zwischen der evtl. vorhandenen Schutz-

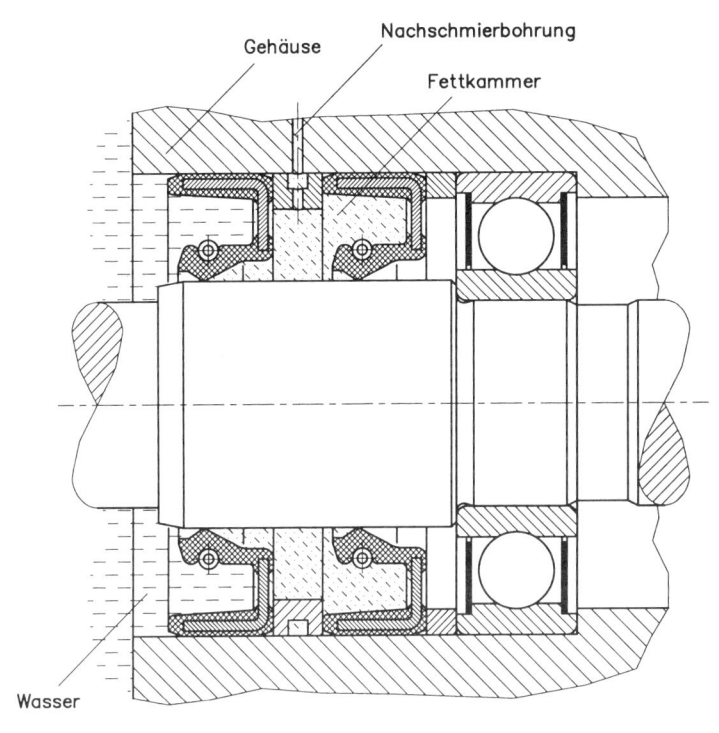

9.3 Berührungsdichtungen für Dichtflächen mit Relativbewegung 207

Bild 9.54. Abdichtung gegen Wasser mit Hilfe zweier Radial-Wellendichtringe und einer durch die zwei Dichtringe gebildeten Fettkammer

lippe und der Dichtlippe des RWDR mit geeigneten Fetten erfolgen oder, wenn möglich, durch den Einbau eines weiteren RWDR. Die Fettkammer liegt in diesem Fall zwischen den beiden Dichtringen (Bild 9.54).

Besteht aus konstruktiven Gründen nicht die Möglichkeit, ein geeignetes schmierfähiges Sperrmedium zu verwenden, so kann statt des üblichen RWDR ein solcher mit PTFE-Dichtlippe eingesetzt werden. Diese Dichtringe besitzen gute Trockenlaufeigenschaften, ihre statische Dichtheit ist jedoch begrenzt. Bezüglich der Bauform und des Funktionsmechanismus weichen sie von den beschriebenen RWDR-Standardbauformen in erheblichem Maße ab (Bild 9.55).

Wellendrehzahl

Zur Verminderung von funktionsgefährdenden Übertemperaturen an der Dichtlippe, die zur Verhärtung des Elastomers oder zur Ölkohlebildung im Bereich der Dichtkante und damit zum Ausfall der Dichtung führen können, muß die Umfangsgeschwindigkeit der Welle gegenüber der Dichtlippe unter Berücksichtigung der Werkstoffauswahl begrenzt werden. Bild 9.56 zeigt die in DIN 3761, T2 gegebenen Erfahrungswerte, die für gute Schmierverhältnisse gelten, wie sie z.B. bei einer ständig mit Schmieröl ausreichend benetzten Welle vorliegen. Bei Mangelschmierung oder bei Fettschmierung sind die ermittelten Grenzwerte zu halbieren.

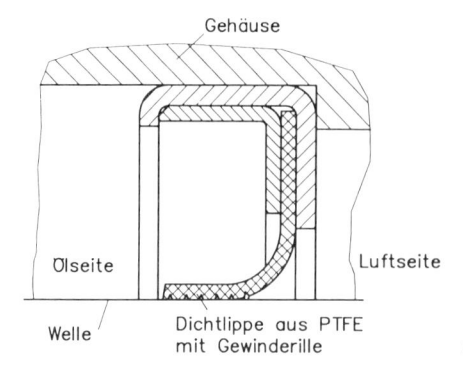

Bild 9.55. Wellendichtring mit PTFE-Dichtlippe (Teflon-Ring)

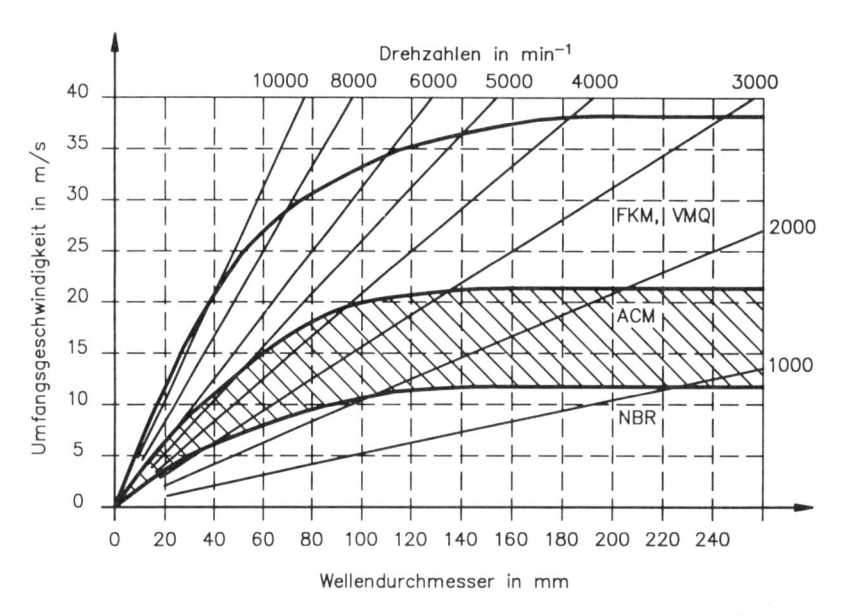

Bild 9.56. Zulässige Umfangsgeschwindigkeiten für Radial-Wellendichtringe bei Ölschmierung

Druckbelastung

RWDR der Standardbauformen reagieren bei leichter Druckbeaufschlagung auf der Stirnseite (bis ca. 0,5 bar) mit einem Selbstverstärkungseffekt (Servowirkung!). Der Flüssigkeitsdruck belastet die flexible Membran zwischen Dichtlippe und Verstärkungsring und erhöht damit die radiale Anpressung der Dichtlippe und die Dichtwirkung. Dadurch kann das Dichtvermögen des RWDR innerhalb gewisser Grenzen an die momentan herrschende Druckdifferenz angepaßt werden.

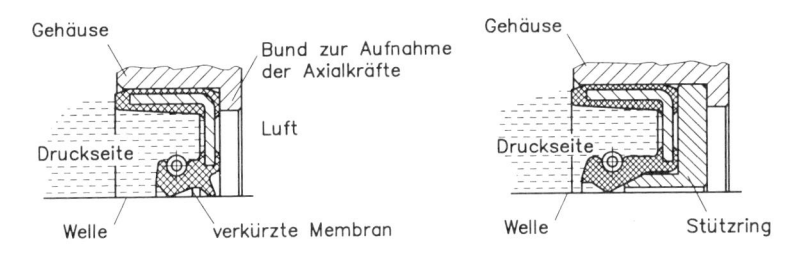

Bild 9.57. Einsatz von Radial-Wellendichtringen bei Druckbeaufschlagung

a) RWDR mit verkürzter Membran
b) RWDR mit Stützring

Durch die höhere Anpreßkraft (Radialkraft!) werden jedoch die thermischen Belastungen der Lippe und die Reibleistung vergrößert, so daß es bei zu hoher Druckbeaufschlagung zu vorzeitigem Verschleiß oder zu Ausfällen kommen kann.

Spezielle Bauformen mit verkürzter Membran (Bild 9.57a) oder mit Membranversteifung durch einen zusätzlichen Stützring (Bild 9.57b) erlauben auch höhere Drücke bis zu etwa 10 bar. Bei Druckbeaufschlagung auf der Bodenseite bzw. bei Unterdruck auf der Stirnseite kann der Einsatz eines zweiten, umgekehrt eingebauten RWDR erforderlich sein, um ein Abheben der Dichtlippe von der Wellenoberfläche zu verhindern, das zu einem unkontrollierten Einsaugen von Luft und Schmutzpartikeln führen würde.

Besondere Einsatzfälle

Ergänzend zu den bisherigen Ausführungen werden im folgenden einige häufig vorkommende Einbausituationen erläutert. Dabei handelt es sich um RWDR-Anwendungen bei starkem Schmutzanfall, bei senkrechten Wellen, als Dichtung für umlaufende Gehäuse und bei der Trennung zweier flüssiger Medien gegeneinander.

Schmutzabdichtung

Wie bereits erwähnt, eignen sich allgemein die Radial-Wellendichtringe mit Schutzlippe zum Einsatz bei normalem Schmutzanfall auf der Luftseite, um den vorzeitigen Ausfall der Dichtringe zu verhindern. Dabei ist der Raum zwischen der Schutzlippe und der Dichtlippe bei der Montage mit Fett zu füllen, um den Schmierungszustand der Schutzlippe zu verbessern und den Verschleiß der Wellenoberfläche in diesem Bereich zu verhindern.

Bei besonders starkem Schmutzanfall wird die Verwendung einer einfachen Vorschaltdichtung oder eines zweiten Radial-Wellendichtrings als „Opferdichtung" empfohlen, um den eigentlichen Dichtring zu schützen. Dabei kann der Zwischenraum, wie bei der Abdichtung gegen Wasser und Laugen, als Fettkammer ausgeführt werden.

Vertikal- oder schrägstehende Wellen

Zur Abdichtung bei vertikal- oder schrägstehenden Wellen wird für die unterhalb des Flüssigkeitsspiegels liegende Dichtstelle der Einbau zweier hintereinandergeschalteter RWDR empfohlen, wobei der dazwischenliegende Raum wiederum als Fettkammer dient.

Abdichtung rotierender Gehäuse

Beim Einbau von Radial-Wellendichtringen in rotierende Gehäuse wird die radiale Anpressung der Dichtlippe infolge der auftretenden Zentrifugalkräfte reduziert. Bei der Verwendung von Standard-RWDR für derartige Einsatzfälle muß daher die zulässige Drehzahl in Abhängigkeit vom Durchmesser der Welle bzw. der Dichtlippe eingeschränkt werden. Weiterhin sind bei den meisten Herstellern Sonderbauformen für derartige Fälle verfügbar.

Trennung zweier Flüssigkeiten

Wie im vorangegangenen Abschnitt über die Funktion der dynamischen Abdichtung bereits erläutert, ist der Radial-Wellendichtring mit einer Pumpe vergleichbar, die bei Wellendrehung das in der Kontaktzone der Dichtlippe befindliche Medium von der Bodenseite zur Stirnseite fördert [3].

Befinden sich, abweichend von der normalen Einbausituation, auf beiden Seiten der Dichtlippe Flüssigkeiten, so wird das auf der Bodenseite anstehende Fluid durch die Pumpwirkung ebenfalls zur Stirnseite gefördert und vermischt sich dort mit der anderen Flüssigkeit. Aus dieser Tatsache ergibt sich die Notwendigkeit, zur sicheren Trennung zweier flüssiger Medien zwei entgegengesetzt gerichtete RWDR zu verwenden, von denen jeder die Abdichtung nur eines Fluides gegen das zwischen den beiden Dichtungen befindliche, gasförmige Sperrmedium, i.a. gegen Luft, übernimmt (Prinzip der Funktionentrennung!).

Zum Ausgleich von Druckschwankungen und zur Ableitung evtl. auftretender Leckagen ist der Zwischenraum mit Drainagebohrungen zu versehen. Bild 9.58 zeigt eine mögliche konstruktive Ausführung einer Dichtung für diesen speziellen Anwendungsfall.

Gestaltung des Umfeldes

Für die sichere Funktion des Radial-Wellendichtrings ist die optimale Gestaltung der Gegenlauffläche und der Aufnahmebohrung im Gehäuse von großer Bedeutung.

Gestaltung der Welle

Die Kontur und die Oberfläche der Welle müssen nach Angaben der RWDR-Hersteller und nach DIN 3761, T2 den nachfolgend aufgeführten Anforderungen genügen:

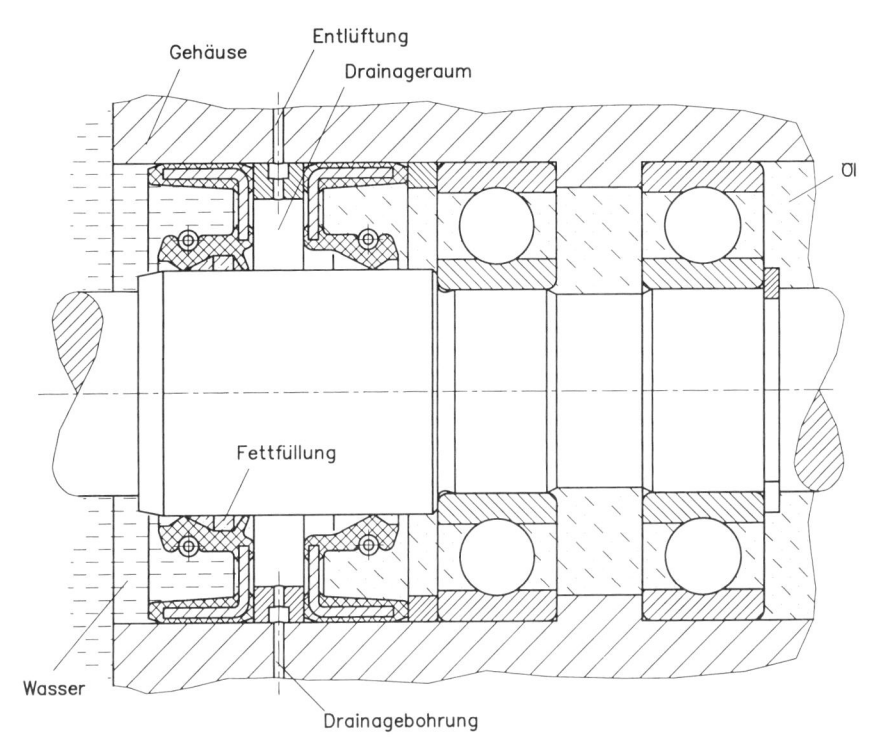

9.3 Berührungsdichtungen für Dichtflächen mit Relativbewegung 211

Bild 9.58. Trennung zweier flüssiger Medien durch zwei entgegengesetzt gerichtete Radial-Wellendichtringe

Toleranzklasse für den Wellendurchmesser: ISO h11
Grundtoleranzgrad für die Rundheit: IT8
Oberflächenrauheit: $R_z = 1$ bis 4 µm (Gemittelte Rauhtiefe!)
$R_a = 0,2$ bis $0,8$ µm (Mittenrauhwert!)
$R_{max} = 6,3$ µm (Maximale Rauhtiefe!)
Oberflächenhärte
nach Rockwell: min. 45 HRC, bei abrasiven Medien 60 HRC.

Die Wellenoberfläche muß nicht nur frei von Kratzern, Druckstellen (z.B. durch Spannfutter!) und Korrosionsspuren sein, sondern darf außerdem keine Orientierungen durch den Vorschub der Endbearbeitung aufweisen, da diese unter Umständen zu einer Pumpwirkung in Leckagerichtung führen. Dies bedeutet, daß die Gegenlauffläche im sogenannten „Einstichschleifverfahren", d.h. mit einer präzise abgerichteten Schleifscheibe ohne Längsvorschub geschliffen werden muß. Bei der Konstruktion der Welle ist die Ausführbarkeit des beschriebenen Fertigungsvorgangs durch geeignete Formgestaltung (abgesetzte Bearbeitungsflächen!) zu berücksichtigen.

Während des Transportes und der Montage sind die empfindlichen Laufflächen vor Beschädigung zu schützen, z.B. durch Schutzhüllen oder -lacke.

Als Werkstoffe für die Wellen oder Laufhülsen eignen sich besonders die im Machinenbau üblichen Stähle, z.B. Einsatzstähle und Vergütungsstähle, aber auch Kugelgraphitguß und Temperguß. Bei korrosiven Medien sind die rostfreien und die härtbaren rostfreien Stähle zu bevorzugen.

Gestaltung der Aufnahmebohrung

Die Aufnahmebohrung ist in der Toleranzklasse H8 zu fertigen, damit die statische Dichtheit gewährleistet werden kann. Weiterhin soll die maximale Rauhtiefe R_{max} den Wert 25 µm bei gummiummantelten Außenflächen bzw. 16 µm bei metallischen Außenflächen nicht überschreiten.

Montage, Demontage und Austausch im Reparaturfall

Die Montage und die Fixierung der Radial-Wellendichtringe geschieht durch das Einpressen der Außenfläche in die Gehäusebohrung. Die Stirnseite ist dabei i.a. dem abzudichtenden Medium entgegengerichtet.

Durch eine geeignete Wellengestaltung ist dafür zu sorgen, daß die empfindliche Dichtlippe beim Aufschieben auf die Gegenlauffläche an der Welle nicht beschädigt wird, d.h., es sind gemäß Tabelle 9.8 Anfasungen und Abrundungen an den betreffenden Wellenschultern vorzusehen. Ist dies nicht möglich, so müssen Montagehülsen verwendet werden, die die scharfkantigen Wellenkonturen während der Montage überdecken (z.B. bei Keilwellen, Paßfedernuten und Kerbverzahnungen, Bild 9.59).

Falls beim Zusammenbau einer Konstruktion Bauteile mit Übermaßpassung (z.B. Wälzlagerinnenringe!) über die Laufstelle eines RWDR geschoben werden

Tabelle 9.8. Einbauschrägen für die Montage von Radial-Wellendichtringen nach DIN 3760

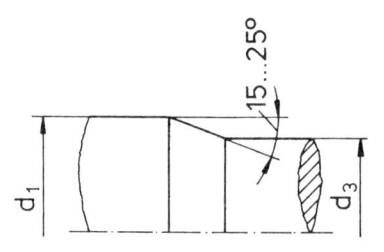

d_1	6	10	16	20	32	40	50	63	80	100
d_3	4,8	8,4	14	17,7	29,2	36,8	46,4	59,1	75,5	95

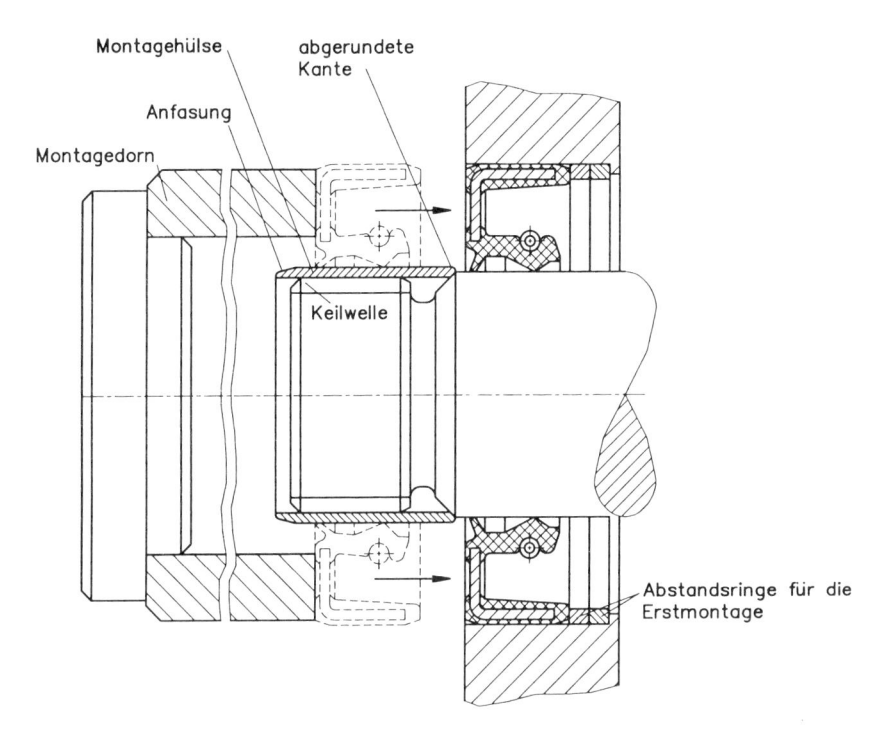

9.3 Berührungsdichtungen für Dichtflächen mit Relativbewegung 213

Bild 9.59. Verwendung einer Montagehülse zum Schutz vor Beschädigungen der Dichtlippe eines Radial-Wellendichtrings

müssen, so ist dieser Bereich im Wellendurchmesser um ca. 0,2 mm zu verringern, damit die geschliffene Wellenoberfläche nicht durch die Montage der Paßteile beschädigt bzw. verändert wird. Eine andere Möglichkeit ist durch den Einsatz einer Laufhülse als Gegenlauffläche für den RWDR gegeben (Bild 9.63).

Zum Einpressen des Dichtrings in die Gehäusebohrung sind erhebliche Kräfte erforderlich. Das in Bild 9.60 dargestellte Diagramm gibt Anhaltswerte für die Ein- bzw. die Auspreßkräfte, die bei den üblichen Dichtringgrößen aufgebracht werden müssen. Die Größe der erforderlichen Kräfte hängt sehr stark vom Schmierungszustand der Sitzflächen ab. Die Montage erfolgt meist mit Hilfe einer hydraulischen oder mechanischen Presse unter Verwendung von speziellen Einpreßstempeln oder Montagedornen. Die Einpreßkraft soll möglichst nahe am Außendurchmesser des Dichtrings angreifen, damit der metallische Verstärkungsring nicht durch zu große Biegebeanspruchungen plastisch verformt wird. Der Einpreßstempel kann so gestaltet werden, daß sich die richtige axiale und in einer senkrechten Ebene bezüglich der Wellenachse stehende Position des Dichtrings durch das Anlegen des Stempels gegen eine definierte Fläche des Gehäuses ergibt. Eine andere Möglichkeit besteht darin, den RWDR gegen einen Bund oder einen Sicherungsring in der Gehäusebohrung zu pressen, um die richtige Position auf einfache Weise zu erreichen. In Bild 9.61 sind die beschriebenen Montagevarianten zum Vergleich dargestellt.

214   9 Dichtungstechnik

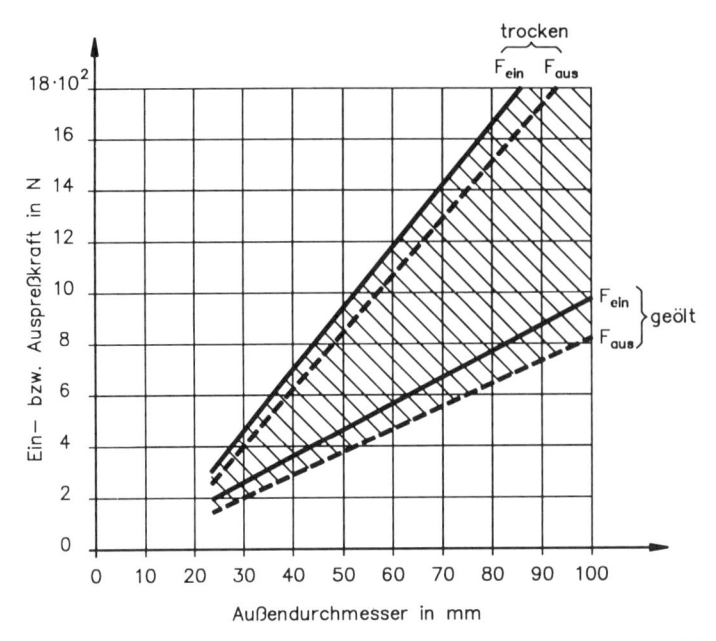

Bild 9.60. Ein- bzw. Auspreßkräfte bei der Montage von Radial-Wellendichtringen im Gehäuse bei verschiedenen Schmierungszuständen

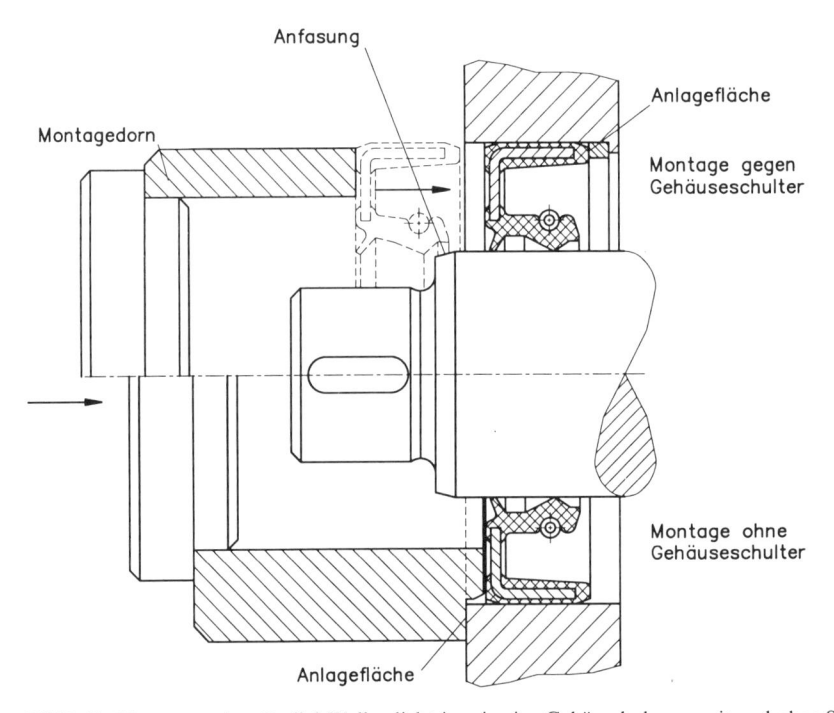

Bild 9.61. Einpressen eines Radial-Wellendichtrings in eine Gehäusebohrung mit und ohne Schulter

9.3 Berührungsdichtungen für Dichtflächen mit Relativbewegung

Die Demontage des RWDR erfolgt in umgekehrter Weise durch das Auspressen aus der Gehäusebohrung. Bei der konstruktiven Gestaltung der Aufnahmebohrung ist darauf zu achten, daß das nötige Auspreßwerkzeug, z.B. ein entsprechender Stempel oder ein Innenauszieher, wie es zur Demontage von Wälzlageraußenringen eingesetzt wird, am Verstärkungsring des Dichtrings angesetzt werden kann. Bei weit heruntergezogenen Schultern in Gehäuse- oder Deckelbohrungen bereitet dies größte Schwierigkeiten, wenn nicht bei der Konstruktion bereits Abdrückbohrungen vorgesehen wurden (Bild 9.63, obere Hälfte). Ohne Abdrückbohrungen ist die Demontage nur noch mit Gewalt durch Zerstörung des RWDR zu bewerkstelligen, wobei die benachbarten Bauteile, z.B. die geschliffene Lauffläche der Welle oder die Sitzfläche der Gehäusebohrung, meist in Mitleidenschaft gezogen werden. Im Reparaturfall hat dann auch die Ersatzdichtung nur eine kurze Lebensdauer.

Beim Austausch von Radial-Wellendichtringen darf die neue Dichtlippe nicht in der bereits verschlissenen Laufspur der ersetzten Dichtung gleiten. Dies läßt sich dadurch vermeiden, daß entweder eine neue Gegenlauffläche durch Überschleifen oder durch Austausch der Welle bzw. der Laufbüchse erzeugt wird, oder aber der neue RWDR in einer anderen axialen Position montiert wird. Vorzugsweise soll die neue Dichtung zur Fluidseite hin versetzt werden, da die Welle dort i.a. vor

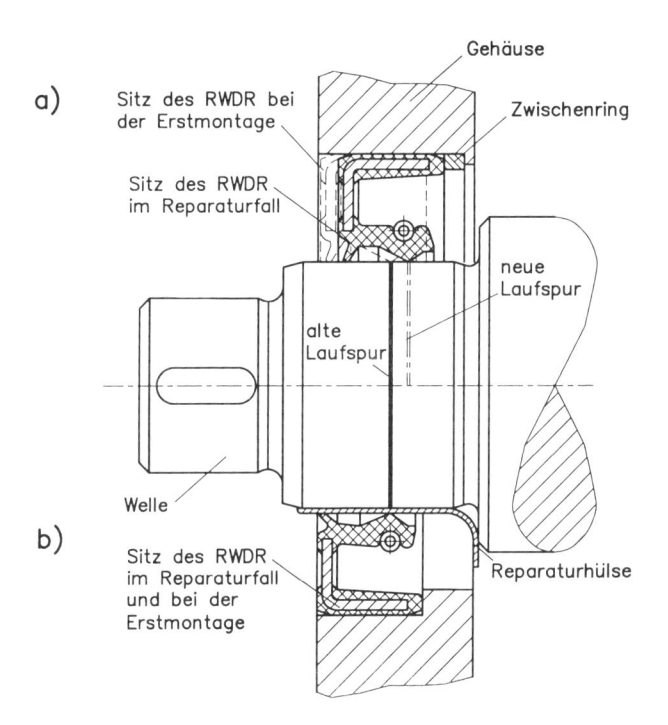

Bild 9.62. Möglichkeiten der Montage von Radial-Wellendichtringen im Reparaturfall; a) Montage mit axialem Versatz; b) Montage unter Verwendung einer Reparaturhülse

Korrosionseinflüssen und Beschädigungen geschützt ist und somit über eine intakte Oberfläche verfügt. Ist dies nicht möglich, so können beschädigte Wellenlaufflächen in vielen Fällen mit Hilfe von speziellen Reparaturhülsen überdeckt werden, so daß eine einwandfreie Funktion der Austauschdichtung gewährleistet wird (Bild 9.62). Wegen der geringen Wandstärke der Reparaturhülsen wird die Dichtlippe nur wenig gegenüber dem ursprünglichen Wellendurchmesser aufgeweitet.

Die Montage und die Demontage von Radial-Wellendichtringen werden wesentlich erleichtert, wenn die Aufnahme der Dichtung in einem abnehmbaren Gehäusedeckel erfolgt. In diesem Fall kann z.B. der Austausch eines defekten Dichtrings außerhalb des Aggregats erfolgen, so daß die hohen Folgekosten, die durch schwierige Montagevorgänge und lange Maschinenstillstandszeiten auftreten, nach Möglichkeit vermieden werden. Es ist dann jedoch erforderlich, für die statische Abdichtung an der Paßstelle zwischen Deckel und Gehäuse durch geeignete Dichtelemente, wie z.B. O-Ringe oder Flachdichtungen, zu sorgen. Bild 9.63 zeigt die statische Abdichtung sowohl der Paßfläche am Gehäusedeckel als auch der Wellenhülse mit Hilfe von O-Ringen.

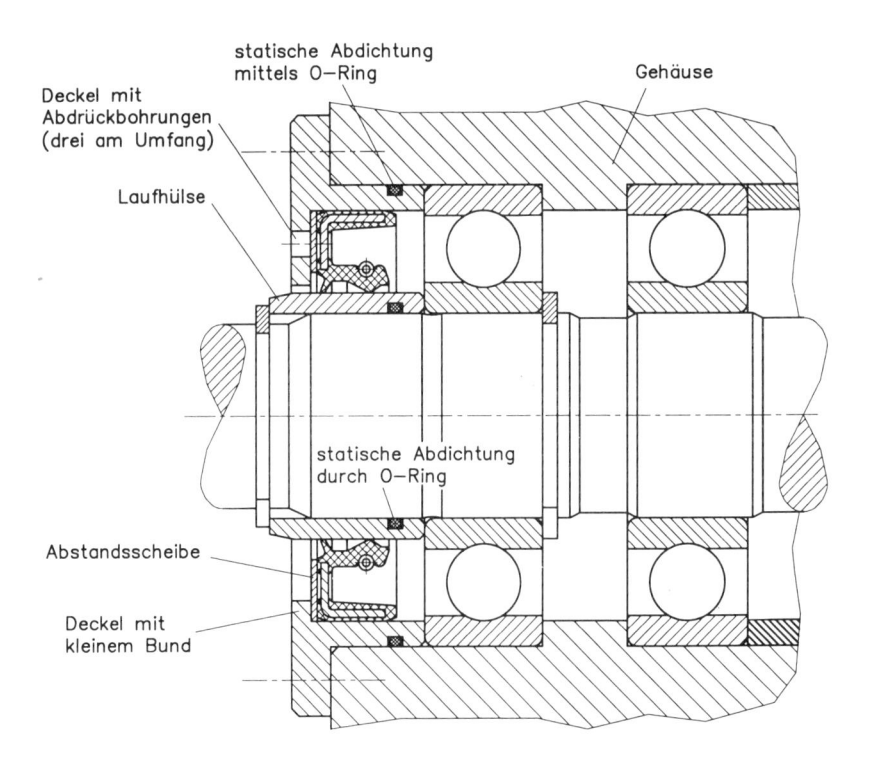

Bild 9.63. Einbau eines Radial-Wellendichtrings in einen Gehäusedeckel ohne und mit Abdrückbohrungen

9.3.2.6 Dichtungen für Hydraulikgelenke und -drehdurchführungen

Die „Rotomatik"-Dichtringe sind Kompaktdichtungen für die Hochdruckabdichtung z.B. von Hydraulikgelenken und -drehdurchführungen. Sie können beidseitig druckbeaufschlagt werden und dienen daher auch für die Dichtung zwischen zwei Räumen. Die Dichtringe sind für die üblichen Hydraulikmedien geeignet bei Einsatztemperaturen bis zu ca. 80 °C. Durch den fehlenden hydrodynamischen Schmierfilmaufbau bestimmen die Reibungsverhältnisse hier die Einsatzgrenze mit Gleitgeschwindigkeiten um 0,1 bis < 0,2 m/s. Die einfachere Ausführung, d.h. die für den Druckbereich bis 200 bar, besitzt einen Kautschuk (NBR)-Kern, der beidseitig durch Hartgewebeblöcke eingefaßt ist. An der Ringinnenseite ist eine Schmiernut angebracht. Die Geweberinge schützen das Gummielement gegen das Einwandern in den Spalt und schützen es ferner gegen eine Verzerrung unter dem Reibmoment. Der Raumbedarf ist nur unwesentlich größer als für O-Ringe. Der andere, in Bild 9.64 dargestellte Ringtyp besitzt eine Gewebearmierung mit zwei eingearbeiteten Dichtkanten an der Lauffläche. Diese ist seitlich mit Stützringen eingefaßt. Die besseren Schmierbedingungen reduzieren die Reibung und den Wärmestau, der Ring läßt sich daher für höhere Drücke bis 400 bar einsetzen.

9.3.3 Axial wirkende Dichtungen

Die gleichen Prinzipien, wie sie zur Abdichtung auf Zylinderflächen beschrieben wurden, finden sich auch bei der Abdichtung auf radial stehenden Flächen wieder, die elastisch verformbare Dichtlippe, der formbeständige Ring, die Selbstverstärkung usw. Als zusätzlichen physikalischen Effekt gewinnt man jetzt noch die

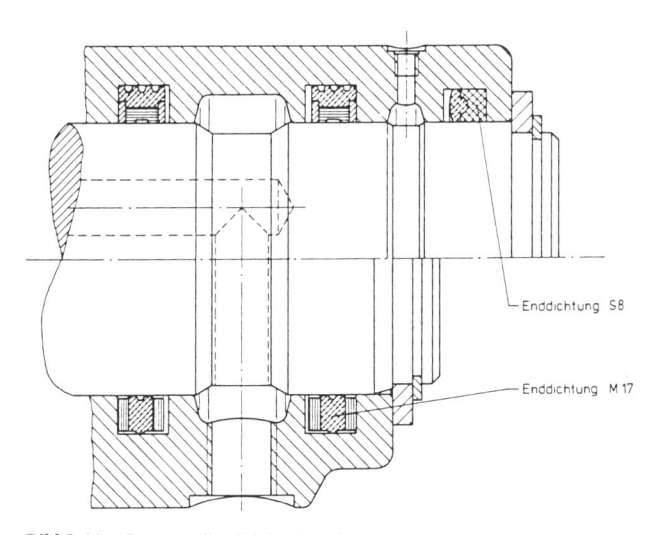

Bild 9.64. „Rotomatik"-Dichtringe für Hydraulik-Drehdurchführungen [24, M]

9.3.3.1 Axialdichtscheiben

Eine Lippendichtung mit axialer Anpressung durch die Eigenelastizität ist der V-Ring, der einen einfachen, billigen Aufbau, geringe Ansprüche an Einbau- und Betriebsbedingungen mit gutem Dichtvermögen verbindet. Der Ring besteht ganz aus NBR-Kautschuk und ist daher unproblematisch bei der Montage. Er darf stark gestreckt werden und läßt sich somit einfach über Wellenabsätze, Nuten, Gewinde usw. hinwegziehen zur Sitzstelle, wo er unter Eigenspannung haftet. Die Welle darf rauh sein, da der Ring dann besser hält. Die Dichtung erfolgt durch die Anstellung der Lippe gegen die plane Gehäusefläche, die gedreht (feingeschlichtet mit $R_t = 2$ bis 5 µm!) sein sollte (Richtung der Bearbeitungsriefen!). Hier wirkt die Lippe gegen andrängenden Staub, Schmutz, Wasser usw. als Schleuderscheibe und hält die eigentliche Dichtstelle frei. Dies entlastet, d.h., die Anpreßkraft wird kleiner, die Reibung sinkt. Bei Umfangsgeschwindigkeiten > 12 m/s hebt die unbelastete Dichtlippe unter Zentrifugalwirkung ab, es bildet sich ein radialer, praktisch reibungsloser Dichtspalt. Die Dichtlippe ist sehr nachgiebig und überbrückt daher einen Fluchtungsfehler infolge Parallelversatz bis über 1 mm und einen Winkelversatz bis zu einigen Graden. Die Dichtung ist daher nicht nur für grobe Einsatzfälle, sondern gerade für schwenkende Bauteile, z.B. Pendelkugel- und -rollenlager, Gelenkköpfe usw., geeignet. Aber auch im Normalfall vereinfacht sich die Konstruktion beträchtlich (Bild 9.65).

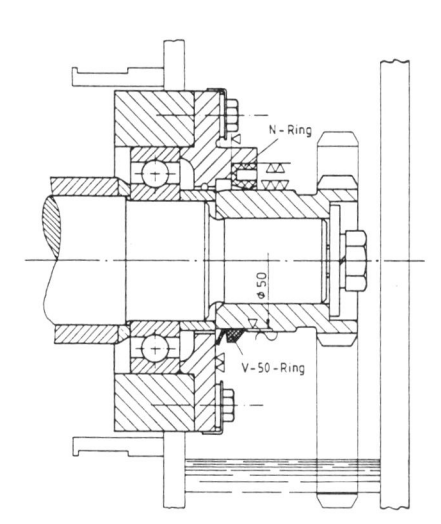

Bild 9.65. N-Ring-Dichtung (obere Hälfte!); V-Ring-Dichtung (untere Hälfte!)

9.3 Berührungsdichtungen für Dichtflächen mit Relativbewegung 219

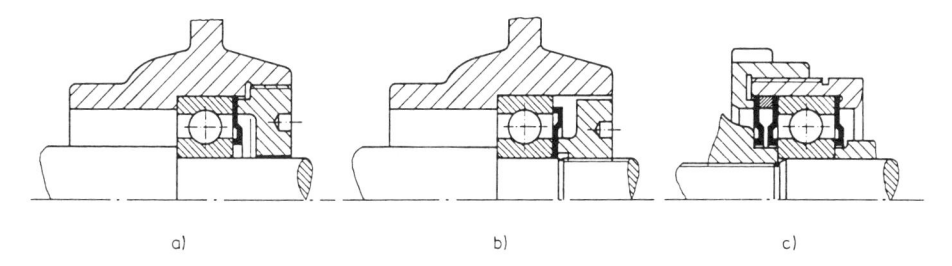

a) b) c)

Bild 9.66. Nilos-Ring-Dichtungen für Wälzlager [24, N]; a) außen spannend; b) innen spannend; c) beiderseitige Dichtung außen spannend

Nilos-Ringe gemäß Bild 9.66 sind federnde, profilierte Blechscheiben zur Abdichtung von fettgeschmierten Wälzlagern. Ihr Dichtprinzip zeigt den Übergang zu berührungsfreien Dichtungen, denn die axial angestellte Scheibe schneidet mit ihrer Blechkante eine feine Rille in die Stirnseite des Wälzlagerringes. So entsteht selbsttätig aus der Berührungsdichtung ein optimal angepaßtes Labyrinth hoher Dichtwirkung.

Die Ringe sind in verschiedenen Ausführungen für alle gebräuchlichen Lagerreihen und Wälzlagerbauformen lieferbar. Das Bild zeigt die grundsätzlichen Einbauarten, innen oder außenzentriert und in axialer Richtung schlupffest eingespannt. Die innendichtende Bauart ist bevorzugt anzuwenden. Der nötige Einbauraum ist sehr klein. Die 0,3 bis 0,6 mm starke Blechscheibe hat durch die Kröpfung eine Bauhöhe von 2 bis 5 mm, je nach Durchmesser. Mit ca. 1 mm Axialspiel ist oft in vorhandenen Konstruktionen genügend Platz zum Nachrüsten. Eine verbesserte Abdichtung bietet die Ausführung c im Bild 9.66, bei der ein zusätzlicher Ring gegen das Gehäuse dichtet. Der Raum zwischen beiden Ringen kann mit Fett gefüllt werden, das die Dichtwirkung noch verstärkt.

9.3.3.2 Gleitringdichtungen [13; 24, B; 24, HE]

Gleitringdichtungen sind die höchstbelastbaren Dichtungen für rotierende Maschinenteile zur Abdichtung von Flüssigkeiten jeder Art, von flüssiger Luft, wäßrigen Lösungen, Laugen, Säuren usw., Gasen und Dämpfen. Der Einsatzbereich wird durch folgende Werte umrissen:
Wellendurchmesser: 5 bis 500 mm einteilig,
bis 1000 mm in Segmentbauart;
Druckbereich: 10^{-5} mbar bis 450 bar;
Temperatur: $-200\,°C$ bis $+450\,°C$
(z.T. höher bei Zusatzkühlung!);
Geschwindigkeit: bis 100 m/s.

Die Abdichtung erfolgt auf radialer Fläche zwischen einem rotierenden Gleit- und einem feststehenden Gegenring. Die zylindrische Dichtung ist statisch und geschieht meist mit O-Ringen, die zugleich eine elastische Bettung der Ringe bieten. Dadurch lassen sich leichte Wellenverlagerungen und z.B. thermische Dehnungseinflüsse kompensieren. Bei Bauformen für den niedrigeren Druckbereich, z.B. 2 bis 3 bar, werden die Ringe auch in Stulpen bzw. in Bälgen geführt und gedichtet (Bild 9.67, Ausführung c).

Die Voranpressung der Dichtflächen von ca. 0,5 bis 1 bar erfolgt mit Federn, zur Dichtpressung wird dann in unterschiedlicher Größe durch Gestaltung der druckbeaufschlagten Flächen der Betriebsdruck herangezogen. Je nach Ausführungsart werden nicht druckentlastete und teil- oder vollentlastete Dichtungen unterschieden (Bild 9.67, a und b). Die Dicht- und Reibungsverhältnisse sind bei den verschiedenen Bauformen, die sich nach den Anforderungen des spezifischen Dichtfalles unterscheiden, sehr unterschiedlich. Im meist verbreiteten Betriebszustand

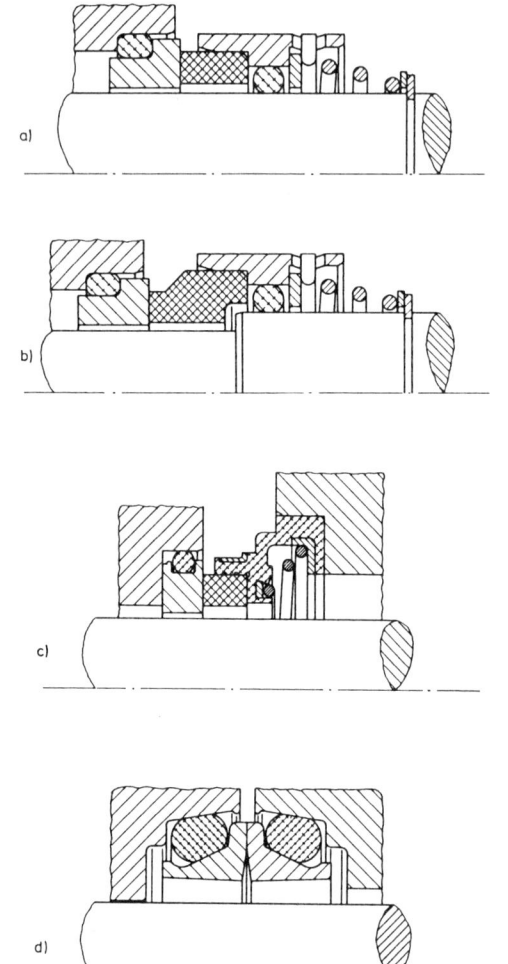

Bild 9.67. Gleitringdichtungen [13, 14]; a) nicht entlastet; b) teilentlastet; c) in Stulpenbauart; d) als Laufwerkdichtung

dürfte in der Reibfläche Grenzreibung herrschen, d.h. zwischen den Gleitflächen ist noch kein zusammenhängender Schmierfilm vorhanden. Dieser ist ferner nur wenige Molekülstärken dick, so daß er keinen meßbaren Flüssigkeitsdruck bewirkt. Der Reibwert liegt je nach Materialpaarung und Schmierstoff im Bereich 0,03 bis 0,15. Dieser Reibungszustand ist sehr stabil, zeigt kleinsten Dichtspalt und minimalen, praktisch verschwindenden Leckstrom. Die Reibwärmeentwicklung bleibt beherrschbar. Voraussetzung für diesen Zustand sind neben dem Werkstoff hohe Oberflächengüten. Die in der Fertigung erreichbaren diamantgeschliffenen Rauhigkeiten sind bei

Wolframcarbid $\qquad$ $R_a = 0,015$ bis $0,03\,\mu m$
Metallen $\qquad$ $R_a = 0,2$ bis $0,3\,\mu m$
Hartkohle $\qquad$ $R_a = 0,3$ bis $0,4\,\mu m$
Keramik $\qquad$ $R_a = 0,35$ bis $0,5\,\mu m$.

Damit ergibt sich eine mittlere Spalthöhe um 0,2 bis 1,5 µm, die während der Laufzeit durch glättenden Verschleiß auf (gemessene!) Werte um 0,04 bis 0,25 µm zurückgeht. Die Leckraten liegen dann im Bereich von $1\,cm^3/h$ (z.B. für Wasser bei 8 bar!).

Von gewissen Grenzwerten an ($p \cdot v \simeq 1000\,bar \cdot m/s!$) verdampft der Gleitfilm, was zur Reibungszerstörung der Flächen führen würde. Bei darüber liegenden Betriebsfällen werden hydrodynamisch arbeitende Gleitringdichtungen verwendet. In die Gleitflächen werden, wie bei Axiallagern, mindestens teilweise Nuten eingearbeitet. Weitere konstruktive Maßnahmen sind erforderlich, um die Lage der Ringe zu stabilisieren, denn in einer Kipplage der Ringe verändern sich die Druckverhältnisse und damit die Anpressung zum Nachteil der Dichtung.

Gleitringdichtungen können auch sehr einfach gestaltet werden, wie die Laufwerkdichtung d im Bild 9.52 zeigt. Die Abdichtung erfolgt gegen andrängenden Schmutz im durch Nitril-Kautschuk-Ringe (NBR-Ringe!) angepreßten Axialspalt, der durch das Lageröl von innen geschmiert wird.

9.4 Schrifttum

1. Arnold, S. und Franz, G.: Betrachtungen zur Auslegung von dichten Flanschverbindungen. Maschinenbautechnik 37 (1968), H. 1, S. 13
2. Bierl, A.: Untersuchung der Leckraten von Dichtungen in Flanschverbindungen. Diss. Ruhr-Universität Bochum 1978
3. Britz, S.: Ein Beitrag zur Erfassung der Funktionsprinzipien dynamischer Wellendichtungen unter besonderer Berücksichtigung des Radialwellendichtrings. Dissertation Universität Kaiserslautern 1988
4. Dück, G. E.; Beyer, H.; Mierbach, A.: Kolbenring-Handbuch. 3. Aufl. Goetze AG, Burscheid 1977
5. Fernlund, I.: Druckverteilung zwischen Dichtflächen an verschraubten Flanschen. Konstruktion 22 (1970), H. 6, S. 218–224
6. Gohl, W. et al.: Elastomere; Dicht- und Konstruktionswerkstoffe. Band 5 der Reihe „Kontakte und Studium", Grafenau/Württemberg: Expert-Verlag 1983

7. Hirabayashi, H.; Yukimasa, T.; Uchino, K.; Yamaguchi, H.: Effect of Quantity of Lubrication Oil on Sealing Characteristics of Oil Seals. SAE-Paper 780406 (1978)
8. Jenisch, B.: Abdichten mit Radial-Wellendichtringen aus Elastomer und Polytetrafluorethylen. Diss. Universität Stuttgart 1991
9. Kammüller, M.: Zur Abdichtwirkung von Radial-Wellendichtringen. Dissertation Universität Stuttgart 1986
10. Karl, E.: Dichtungen für Hochdruckbehälter. Chemie-Ing.-Technik 43 (1971), Nr. 12, S. 698–704
11. Kawahara, Y.; Hirabayashi, H.: A Study of Sealing Phenomena on Oil Seals. ASLE Transactions Vol. 22 (1977), p. 46–55
12. Krägeloh, E.: Anforderungen an Dichtungen. Konstruktion 20 (1986), H. 6, S. 206–212
13. Mayer, E.: Axiale Gleitringdichtungen. 7. Aufl. Düsseldorf: VDI-Verlag 1982
14. Müller, H. K.: Abdichtung bewegter Maschinenteile; Funktion – Gestaltung – Berechnung – Anwendung. Waiblingen: Medienverlag 1990
15. Ott, G. W.: Untersuchungen zum dynamischen Leckage- und Reibverhalten von Radial-Wellendichtringen. Dissertation Universität Stuttgart 1983
16. Schmid, E.: Handbuch der Dichtungstechnik. Grafenau/Württemberg: Expert-Verlag 1981
17. Schmitt, W.: Gummielastische Dichtungen in der Hydraulik. Konstruktion 20 (1968), H. 6, S. 229–237
18. Schmitt, W. et al.: Kunststoffe und Elastomere in der Dichtungstechnik. Stuttgart, Berlin, Köln, Mainz: Kohlhammer 1987
19. Stakenborg, M.: On the sealing and lubrication mechanism of radial lip seals. Dissertation Techn. Universität Eindhoven 1988
20. Thier, B. und Faragallah, W. H.: Handbuch Dichtungen. Sulzbach i. Ts.: Verlag und Bildarchiv W. H. Faragallah 1990
21. Trutnowsky, K.: Berührungsdichtungen an ruhenden und bewegten Maschinenteilen. 2. Aufl. Berlin, Heidelberg, New York: Springer 1975
22. Trutnowsky, K.: Berührungsfreie Dichtungen. Grundlagen und Anwendung der Strömung durch Spalte und Labyrinthe. 4. Aufl. Düsseldorf: VDI-Verlag 1981
23. Upper, G.: Dichtlippentemperatur von Radial-Wellendichtringen. Theoretische und experimentelle Untersuchung. Diss. Universität Karlsruhe 1968
24. Druckschriften folgender Firmen, die Dichtungen herstellen:
    Bruss, Hoisdorf (BR);
    Burgmann, Wolfratshausen (B);
    Busak und Luyken, Stuttgart (BL);
    Crampac, Echterdingen/Stuttgart (C);
    Eagle-Picher, Öhringen (EP);
    Elring, Fellbach/Stuttgart (E);
    C. Freudenberg - Simrit, Weinheim (S);
    Goetze, Burscheid (G);
    Hecker, Weil i. Sch. (HE);
    Hirschmann, Fluorn-Winzeln (H);
    Kaco, Heilbronn (KA);
    Kempchen, Oberhausen (K);
    Klinger, Idstein/Taunus (KL);
    Merkel, Hamburg (M);
    Nilos/Ziller, Düsseldorf (N);
    Prädifa, Bietigheim-Bissingen (P);
    Reinz, Neu-Ulm (R)
25. AD-Merkblätter, B7-Schrauben, Ausgabe Juni 1986. Berlin, Köln: Beuth-Verlag 1986
26. AD-Merkblätter, B8-Flansche, Ausgabe Juni 1986. Berlin, Köln: Beuth-Verlag 1986
27. DIN 2505, T 1, Entw., April 1990. Berechnung von Flanschverbindungen; Berechnung
28. DIN 2505, T 2, Entw., April 1990. Berechnung von Flanschverbindungen; Dichtungskennwerte
29. DIN 2512, März 1975. Flansche; Feder und Nut, Nenndrücke 10 bis 160, Konstruktionsmaße, Einlegeringe
30. DIN 2513, Mai 1966. Flansche; Vor- und Rücksprung, Nenndrücke 10 bis 100, Konstruktionsmaße
31. DIN 2514, März 1975. Flansche; Vorsprung mit Eindrehung und Rücksprung, Nenndrücke 10 bis 40, Konstruktionsmaße
32. DIN 2526, März 1975. Flansche; Formen der Dichtflächen
33. DIN 2528, Juni 1991. Flansche; Verwendungsfertige Flansche aus Stahl; Werkstoffe
34. DIN 2690, Mai 1966. Flachdichtungen für Flansche mit ebener Dichtfläche, Nenndruck 1 bis 40

35. DIN 2691, November 1971. Flachdichtungen für Flansche mit Feder und Nut, Nenndruck 10 bis 160
36. DIN 2692, Mai 1966. Flachdichtungen für Flansche mit Rücksprung, Nenndruck 10 bis 100
37. DIN 2693, Juni 1967. Runddichtringe für Vorsprungflansche mit Eindrehung, Nenndrücke 10 bis 40
38. DIN 2695, Januar 1972. Membran-Dichtringe und Membran-Schweißdichtungen für Flanschverbindungen, Nenndruck 64 bis 400
39. DIN 2696, April 1972. Dichtlinsen und Linsendichtungen für Flanschverbindungen, ND 64 bis ND 400
40. DIN 2697, Januar 1972. Kammprofilierte Dichtringe und Dichtungen für Flanschverbindungen, Nenndruck 64 bis 400
41. DIN 2698, Januar 1972. Gewellte Stahlblech-Dichtungen mit Schnurauflage für Flanschverbindungen, ND 25 bis 400
42. DIN 3760, April 1972. Radial-Wellendichtringe
43. DIN 3761, T 1, Januar 1984. Radial-Wellendichtringe für Kraftfahrzeuge; Begriffe, Maßbuchstaben, zulässige Abweichungen, Radialkraft
44. DIN 3761, T 2, November 1983. Radial-Wellendichtringe für Kraftfahrzeuge; Anwendungshinweise
45. DIN 3780, September 1954. Dichtungen; Stopfbuchsen-Durchmesser und zugehörige Packungsbreiten, Konstruktionsblatt
46. DIN 34109, September 1980. Kolbenringe für den Maschinenbau; Allgemeine Angaben
47. DIN 34110, November 1991. Kolbenringe für den Maschinenbau; R-Ringe, Rechteckringe mit 10 bis 1200 mm Nenndurchmesser
48. DIN 34111, September 1980. Kolbenringe für den Maschinenbau; M-Ringe, Minutenringe mit über 200 bis 700 mm Nenndurchmesser
49. DIN 34118, September 1980. Kolbenringe für den Maschinenbau; R-Ringe, Rechteckringe mit 30 bis 200 mm Nenndurchmesser für Abdichtung bei rotierender Bewegung
50. DIN 34119, September 1980. Kolbenringe für den Maschinenbau; R-Ringe, Rechteckringe mit geringem Anpreßdruck mit über 200 bis 1200 mm Nenndurchmesser
51. DIN 34130, September 1980. Kolbenringe für den Maschinenbau; N-Ringe, Nasenringe mit über 200 bis 400 mm Nenndurchmesser
52. DIN 34146, September 1980. Kolbenringe für den Maschinenbau; S-Ringe, Ölschlitzringe mit über 200 bis 700 mm Nenndurchmesser
53. DIN 34147, September 1980. Kolbenringe für den Maschinenbau; D-Ringe, Dachfasenringe mit über 200 bis 700 mm Nenndurchmesser
54. DIN 34148, September 1980. Kolbenringe für den Maschinenbau; G-Ringe, Gleichfasenringe mit über 200 bis 700 mm Nenndurchmesser
55. DIN 70907, April 1991. Kolbenringe für den Maschinenbau; Prüfung der Qualitätsmerkmale; Begriffe, Meßverfahren; Ergänzungen zu DIN ISO 6621 Teil 2
56. DIN 70908, April 1991. Kolbenringe für den Maschinenbau; Gütebedingungen; Sichtmerkmale, Kennzeichnung; Ergänzungen zu DIN ISO 6621 Teil 5
57. DIN 70909, Februar 1987. Kolbenringe für den Kraftfahrzeugbau; Übersicht, Allgemeines

10 Reibung, Schmierung, Lagerungen

Das Problem der Lagerung von Achsen und Wellen und deren Schmierung ist schon so alt wie die Erfindung des Rades, die sich etwa in die Zeit 3000 vor Christi Geburt einordnen läßt. Wagen mit Scheibenrädern waren zuallererst bei den Sumerern und den Induskulturen in Gebrauch [7, 8, 10, 14, 30, 49, 92].

Die durch die Reibung bewirkte Reibkraft interessierte die Menschen aber auch schon vor der Erfindung des Rades und des Wagens, denn bereits beim Transport schwerer Lasten mit einer Kufenschleife verstanden sie es, durch Schmierstoff (Wasser!) und/oder Rollen bzw. Walzen zwischen den Kufen und dem Boden die Reib- und damit auch die Zugkräfte klein zu halten [14, 49].

Reibung, Schmierung und Verschleiß sind heute im Zuge der Leistungssteigerung, der Energieeinsparung und der erhöhten Genauigkeitsanforderungen an technische Systeme von sehr großer Bedeutung und Gegenstand spezieller Forschungsrichtungen (Tribologie!).

Die erste in deutscher Sprache abgefaßte Beschreibung von Schmierstoffen stammt von J. Leupold (1674–1727) aus dem Jahre 1724. In ihr werden in erster Linie Talg, tierische Fette, Erdpech oder Erdwachs, Baumharz, Bienenwachs und pflanzliche Öle behandelt.

Leonardo da Vinci (1452–1519) hat bereits im Mittelalter Reibversuche durchgeführt, die bei Grenzreibung (ohne Schmierstoff!) oder Mangelschmierung eine Reibungszahl von 0,25 ergaben und zu ersten Konstruktionsrichtlinien von Gleit- und Rollenlagern führten. Diese Erkenntnisse waren bald wieder vergessen und wurden erst im Jahre 1699 von dem französischen Ingenieur G. Amontons (1633–1705) durch Versuche neu gefunden. Das Schicksal wollte es, daß auch diese Erkenntnisse nicht allgemein bekannt wurden. Erst ein Jahrhundert später, als 1799 die Akademie der Wissenschaften in Paris einen Wettbewerb über das Problem Reibung in Maschinen ausschrieb, wurden die Grundkenntnisse über Reibung und Schmierung (Tribologie!) für immer bekannt. Der französische Physiker Ch. A. Coulomb (1736–1806) entdeckte im Rahmen dieses Wettbewerbs die Reibgesetze zum dritten Mal. Im Schrifttum [14, 49, 95] spricht man seit dieser Zeit vom Coulombschen oder Coulomb–Amontonsschen Reibgesetz

$$F_R = \mu \cdot F_N, \qquad (10.1)$$

nach dem die Reibkraft F_R proportional der Normalkraft F_N ist. Der Proportionalitätsfaktor μ wird Reibungszahl oder Reibungskoeffizient genannt.

Wichtige theoretische Zusammenhänge hinsichtlich der Flüssigkeitsreibung wurden von Isaac Newton (1643–1727), L. Navier (1785–1836), J. L. Poiseuille (1799–1869), G. Hagen (1797–1884), G. Stokes (1819–1903) und O. Reynolds (1842–1912) abgeleitet [14, 49, 51, 95].

10.1 Reibung

Die Reibungsprobleme sind in der Lager- und der Antriebstechnik von großer Bedeutung, denn die Reibung in den Gleit- und den Wälzstellen ist verantwortlich für die Leistungsverluste und beeinflußt damit den Wirkungsgrad eines technischen Systems.

10.1.1 Reibungsarten

Es werden im Prinzip die Haft- oder Ruhereibung und die Gleit- oder Bewegungsreibung unterschieden [4, 10, 42, 49, 84, 91].

Bei der *Haft-* oder *Ruhereibung* liegt keine Relativbewegung der beiden gepaarten Körper vor, d.h. die äußeren Kräfte und/oder Momente können die Reibkräfte und/oder -momente nicht überwinden. Die Haft- oder Ruhereibungszahl ist im allgemeinen größer als die Gleit- oder Bewegungsreibungszahl.

Die *Gleit-* oder *Bewegungsreibung* liegt dann vor, wenn die beiden gepaarten Körper sich relativ zueinander bewegen.

Bei der *Gleit-* oder *Bewegungsreibung* werden im allgemeinen folgende Arten unterschieden:
1. Gleitreibung (Gleitreibungszahl $\mu_g = \mu$),
2. Rollreibung (Rollreibungszahl μ_r),
3. Wälzreibung (Wälzreibungszahl μ_w),
4. Bohrreibung (Bohrreibungszahl μ_b).

Bei der *Gleitreibung* liegt eine rein translatorische Bewegung der beiden gepaarten Körper vor.

Die *Rollreibung* tritt dann auf, wenn die beiden gepaarten Körper, ohne zu gleiten, aufeinander abrollen. Die Bahnelemente auf den beiden Berührflächen sind dann für jeden Zeitabschnitt gleich groß. Die Rotationsachsen liegen in einer Ebene, die senkrecht zur Tangentialebene an der Berührstelle der beiden Körper steht.

Bei der *Wälzreibung* liegt kein reines Abrollen der beiden gepaarten Körper vor. Einer Rollbewegung ist eine – meistens kleine – Gleit- oder Translationsbewegung (Schlupf!) überlagert. Die Wälzreibung ist somit eine kombinierte Roll- und Gleitreibung.

Die *Bohrreibung* tritt bei rotierender Bewegung der beiden gepaarten Körper auf, wenn die relative Drehbewegung um eine senkrecht zur Tangentialfläche an der Berührstelle der beiden Körper stehende Achse erfolgt.

226   10 Reibung, Schmierung, Lagerungen

Die Rollreibungszahl ist in der Regel sehr viel kleiner als die Gleitreibungszahl. Bei der Rollreibung befinden sich zwischen den beiden gepaarten Teilen die Wälzkörper (Kugeln, Rollen, Nadeln!) – geschmiert oder ungeschmiert –, bei der Gleitreibung befindet sich zwischen den gepaarten Teilen der Schmierstoff. Beide Maschinenelemente – Wälzkörper und Schmierstoff – können als analoge Elemente angesehen werden, die die gleichen Funktionen erfüllen. Diese sind:
1. Stützen, d.h. Weiterleiten von Kräften,
2. kinematisches Anpassen der unterschiedlichen Geschwindigkeiten.

10.1.2 Reibungszustände

Bei der Gleitreibung ist zwischen den bewegten Teilen kein, wenig oder genügend viel Schmierstoff, der durch seine Quantität den Reibungszustand und damit die Größe der Reibungszahl sowie des Verschleißes bestimmt. Es werden folgende Reibungszustände unterschieden [4, 10, 20, 49, 52, 84]:
1. Trockenreibung, ⎱ Praktische Grenzreibung,
2. Grenzreibung,   ⎰
3. Mischreibung,
4. Flüssigkeitsreibung (Fluid–Reibung!).

In der Praxis werden die ersten beiden Reibungszustände wegen ihrer schwierigen Abgrenzung oft zusammengefaßt und Praktische Grenzreibung genannt.
Die Reibungszustände eines Gleitlagers wurden von Stribeck [49, 84] versuchstechnisch ermittelt und in einem Diagramm dargestellt, in dem die Reibungszahl μ in Abhängigkeit von der Relativgeschwindigkeit v der gepaarten Körper oder der Relativdrehzahl n zwischen der Welle und der Lagerschale bei konstanter mittlerer Flächenpressung $\bar{p}$ aufgetragen ist (Bild 10.1). Das obere Diagramm zeigt den qualitativen Verlauf einer Stribeck–Kurve und die Bereiche der einzelnen Reibungszustände. Im Zustand der Ruhe liegt Haftreibung oder Reibung der Ruhe vor (Reibungsmaximum!), und bei kleiner Relativgeschwindigkeit herrscht der Zustand der Grenzreibung, dem sich für größere Relativgeschwindigkeiten der Zustand der Mischreibung anschließt. Ab dem Ausklinkpunkt, der annähernd mit dem Reibungsminimum zusammenfällt, beginnt der Zustand der Flüssigkeitsreibung bzw. Fluid–Reibung, in dem die Reibungszahl mit zunehmender Geschwindigkeit wieder etwas ansteigt.

Trockenreibung

Dieser Zustand liegt dann vor, wenn reine, ungeschmierte und absolut trockene Festkörper aufeinander gleiten. Trockenreibung läßt sich somit nur im Labor (Vakuum!) verwirklichen. Die Festkörper berühren sich bei einer Reibpaarung infolge ihrer mikrogeometrischen Oberflächenstruktur nur in einigen kleinen Flächen. An diesen Berührstellen (Bild 10.2) wird die spezifische Belastung oder Flächenpressung sehr groß und oft die Druckfestigkeit des weicheren Werkstoffes

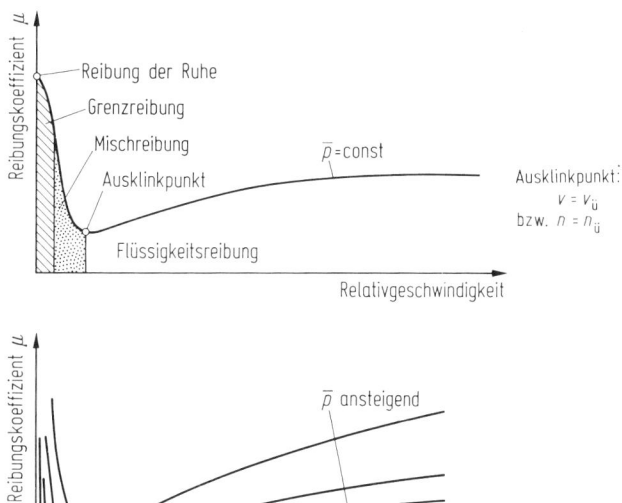

Bild 10.1. Reibungszahl in Abhängigkeit von der Relativgeschwindigkeit nach [49]

überschritten. Es kommt somit zu einem plastischen Verformen und Verschweißen (Kontaktschweißung!) der tragenden Oberflächenspitzen. Bei einer Relativbewegung der Gleitkörper müssen diese Schweißstellen dann durchschert werden. Die dazu erforderliche Tangentialkraft ist ein Teil der Gesamttreibkraft. Weitere Reibkraftanteile bei der Relativbewegung werden durch den Formschluß der gepaarten Körper bewirkt, der zum Teil durch Verschieben (Anheben!) und zum Teil durch Zerspanen (Materialabtrag!) oder Verdrängen (Riefen, Furchen!) von Material überwunden werden muß.

Grenzreibung

Dieser Zustand liegt dann vor, wenn die Oberflächen der Gleitkörper nicht absolut sauber und trocken sind, und die Staudrücke eines Fluids zwischen den Gleitflächen zum Tragen oder Abstützen noch keinen nennenswerten Beitrag leisten. Im Zustand der Grenzreibung sind die Gleitflächen mit Oxiden, Verunreinigungen und zum Teil auch mit Gas oder Flüssigkeit – allgemein mit einem Fluid – als Schmierstoff bedeckt (Bild 10.2), der die Häufigkeit der Verschweißung der Oberflächenspitzen und damit auch die Reibungszahl verringert.

Mischreibung

Bei der Mischreibung liegen die beiden Reibungszustände Grenzreibung und Flüssigkeitsreibung vor. Der Schmierfilm an den Gleitflächen ist gemäß Bild 10.2

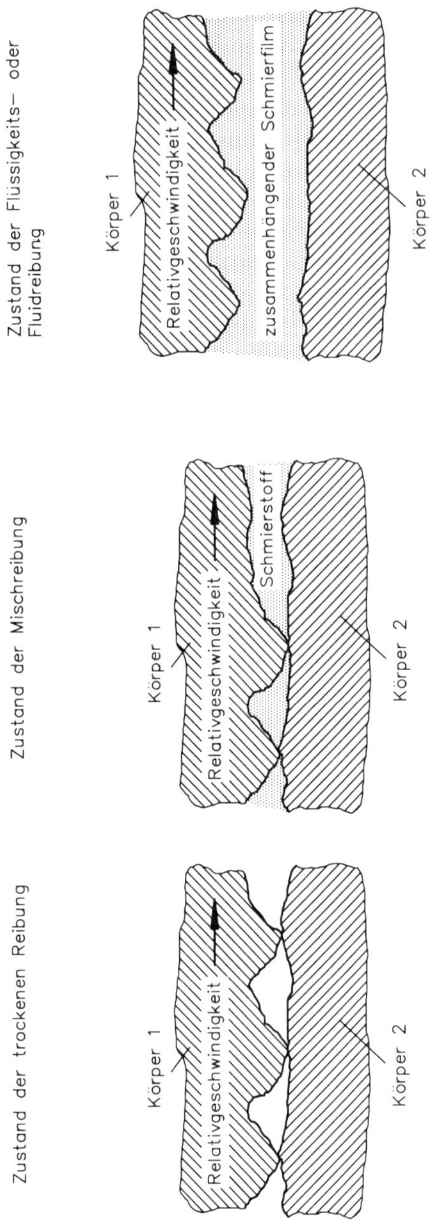
Zustand der trockenen Reibung
Körper 1
Relativgeschwindigkeit
Körper 2
Zustand der Mischreibung
Körper 1
Relativgeschwindigkeit
Schmierstoff
Körper 2
Zustand der Flüssigkeits- oder Fluidreibung
Körper 1
Relativgeschwindigkeit
zusammenhängender Schmierfilm
Körper 2

Bild 10.2. Schematische Darstellung der wichtigsten Reibungszustände

nicht zusammenhängend, so daß einzelne Oberflächenspitzen der gepaarten Körper ihn durchbrechen und eine direkte Berührung der Gleitflächen bewirken. Die gesamte Tragkraft der Lagerstelle wird durch Kontakt der Oberflächenspitzen (Flächenpressung in den Berührstellen!) und durch hydrodynamische Staudrücke des fluiden Schmierstoffes aufgenommen.

Flüssigkeitsreibung oder Fluid-Reibung

Dieser Zustand liegt dann vor, wenn gemäß Bild 10.2 zwischen den beiden Gleitflächen ein zusammenhängender Film eines fluiden Schmierstoffes vorhanden ist. Die Oberflächenspitzen der Körper berühren sich somit nicht, und es kann kein Verschleiß auftreten. Damit dieser Zustand bei Lagern überhaupt vorliegen kann, muß bei makrogeometrischer Äquidistanz der Gleitflächen (z.B. keine Verkantung oder keine Durchbiegung der Welle in der Lagerschale!) die kleinste Schmierspalthöhe immer größer Null und zwar mindestens so groß wie die Summe der gemittelten Rauhtiefen R_z der beiden Gleitflächen (z.B. der Wellen- und der Lagerschalenoberfläche!) sein. Bei guter Einlauffähigkeit der gepaarten Körper können anstelle der gemittelten Rauhtiefen R_z auch die Mittenrauhwerte R_a berücksichtigt werden. Im Zustand der Flüssigkeitsreibung spielt bei Vernachlässigung der Formstabilität oder Steifigkeit der gepaarten Körper, der Wärmeleitung und der unterschiedlichen Wärmeausdehnung der Werkstoffe die Werkstoffpaarung hinsichtlich der Größe der Reibungszahl keine Rolle. Der Zustand der Flüssigkeitsreibung läßt sich um so leichter verwirklichen, je kleiner die Lagerbelastung sowie das Lagerspiel und je größer die wirksame Geschwindigkeit zwischen den Gleitflächen sowie die Zähigkeit oder Viskosität des Schmierstoffes sind.

Epilamen- oder Bürstenhypothese

Die Wirkung der polaren Schmier- und Gleitstoffe (Dipol-Effekt!) beruht primär auf dem physikalischen Effekt der Ausrichtung der Schmierstoffmoleküle durch die freien Valenzen der Oberflächen der gepaarten Körper und sekundär auf dem chemischen Effekt der Reaktion der Fettsäuren auf den Metalloberflächen (Seifenbildung!) [49].

10.1.3 Übergangskriterien

Den Konstrukteur von Gleitlagern interessiert in erster Linie die Flüssigkeits- oder Fluid-Reibung, bei der Welle und Lagerschale oder Lagersegment durch einen Schmierfilm eindeutig getrennt sind, d.h. die Lagerlast durch den Druck im Schmierfilm aufgenommen wird.

Die obere Grenze dieses Reibungszustandes wird durch das Ungleichgewicht der Wärmezu- und -abfuhr und als Folge davon durch die thermische Zersetzung des Schmierstoffes, die thermisch bedingten Geometrieänderungen, die Wärmespannungen und schließlich das Fressen der Welle in der umschließenden Lagerschale gekennzeichnet.

Die untere Grenze dieses Reibungszustandes ist diejenige wirksame Geschwindigkeit bzw. Drehzahl zwischen Welle und Lagerschale oder -segment, bei der die gepaarten Körper sich gerade noch nicht berühren, d.h. durch einen dünnen, zusammenhängenden Schmierfilm gerade noch getrennt sind. Vogelpohl [91, 94, 96] hat diese Grenzdrehzahl für Radial- und Axialgleitlager empirisch ermittelt und als Übergangsdrehzahl $n_ü$ bezeichnet (Übergang vom Mischreibungs- in den Flüssigkeitsreibungszustand, Ausklinkpunkt!). Er empfiehlt für das Verhältnis der Betriebsdrehzahl n und der Übergangsdrehzahl $n_ü$ für Umfangsgeschwindigkeiten $u \leq 3$ m/s den Wert $n/n_ü = 3$ und für Umfangsgeschwindigkeiten $u > 3$ m/s den Wert $n/n_ü > u$.

Lang [50] hat wegen der großen Streuung der Werte für die Übergangsdrehzahlen $n_ü$ vorgeschlagen, die Grenze zwischen der Flüssigkeitsreibung und der Mischreibung nicht mehr durch die Übergangsdrehzahl $n_ü$, sondern durch die kleinste zulässige Schmierspalthöhe $h_{min, zul}$ anzugeben, die von der Rauheit der gepaarten Lagerkörper abhängt.

Übergangsdrehzahl

Für *Radialgleitlager* mit $So \cdot (1 - \varepsilon) \simeq 1$ bei großen relativen Exzentrizitäten ε und einem Breiten-Durchmesser-Verhältnis $B/D = 0{,}5$ bis $1{,}5$ gilt nach Vogelpohl [92] die Zahlenwertgleichung

$$n_ü = \frac{F \cdot 10^{-7}}{\eta \cdot C_ü \cdot V_L} \text{ in } 1/\text{min}. \tag{10.2}$$

Hierbei sind:

F = Lagerbelastung in N,
η = dynamische Viskosität (Zähigkeit!) des Schmierstoffs
  in Ns/m² bzw. Pas,
$C_ü$ = Übergangskonstante in 1/m,
V_L = Lagervolumen in m³ $= B \cdot \pi \cdot D^2/4$,
B = Lagerbreite in m,
D = Lagerschalendurchmesser in m,
So = Sommerfeld-Zahl nach Gl. (10.13),
ε = relative Exzentrizität nach Gl. (10.148),
B/D = Breiten-Durchmesser-Verhältnis.

Nach Dietz [12] können in Gl. (10.2) für schmale und elastisch oder nachgiebig gestaltete Lager unterschiedlicher Belastung folgende $C_ü$-Werte in Abhängigkeit vom mittleren Lagerdruck $\bar{p}$ eingesetzt werden:

$\bar{p} < 10$ bar: $C_ü < 1$
10 bar $\leq \bar{p} \leq 100$ bar: $1 \leq C_ü \leq 8$
$\bar{p} > 100$ bar: $C_ü > 6$

Der mittlere Lagerdruck $\bar{p}$ wird nach der Beziehung

$$\bar{p} = \frac{F}{B \cdot D} \tag{10.3}$$

ermittelt.

Für *Axialgleitlager* (Spurlager!) mit 80% der Kreisringfläche $\pi \cdot D_m \cdot B$ als Trag- oder Lagerfläche (Segmente!) gilt nach Vogelpohl [92] für die Übergangsdrehzahl die Zahlenwertgleichung

$$n_{\ddot{u}} = \frac{F \cdot 10^{-7}}{1,6 \cdot \eta \cdot B^2 \cdot D_m} \text{ in } 1/\text{min} \tag{10.4}$$

Dabei sind:

F = Lagerbelastung in N,
D_m = mittlerer Durchmesser der kreisringförmigen Lagerfläche in m,
B = Breite (radiale Erstreckung!) der kreisringförmigen Lagerfläche in m,
η = dynamische Viskosität (Zähigkeit!) des Schmierstoffs in Ns/m² bzw. Pas.

Im einzelnen gilt also folgendes:

$n \leqq n_{\ddot{u}} \to$ Mischreibung (Reibungszahl und Verschleiß sind groß!),
$n > n_{\ddot{u}} \to$ Flüssigkeitsreibung
   (Reibungszahl klein und Verschleiß vernachlässigbar!),
n = Betriebsdrehzahl.

Kleinste zulässige Schmierspalthöhe

Nach Lang [50] muß, damit reine Flüssigkeitsreibung vorliegen kann (keine metallische Berührung!), die kleinste zulässige Schmierspalthöhe folgenden Wert haben
1. bei unverkanteter und nicht durchgebogener Welle:

$$h_{min,zul} \geqq \sum [R_z + W_t] = R_{z,W} + R_{z,S} + W_{t,W} + W_{t,S} \tag{10.5}$$

2. bei verkanteter und bezüglich der Lagermittenebene symmetrisch durchgebogener Welle:

$$h_{min,zul} \geqq \sum [R_z + W_t] + \frac{1}{2}(f + q \cdot B) \tag{10.6}$$

Dabei sind:

$R_{z,W/S}$ = gemittelte Rauhtiefe der Welle/Lagerschale,
$W_{t,W/S}$ = Wellentiefe (Welligkeit!) der Welle/Lagerschale nach dem Ausfiltern der Rauheit,
q = Verkantungswinkel im Bogenmaß,
f = Durchbiegung,
B = Lagerbreite.

Bei gut einlauffähigen Lagern oder Lagern, die einem gezielten Einlaufprogramm unterworfen werden (allmähliche Laststeigerung und/oder langsame Drehzahlabsenkung!), können anstelle der gemittelten Rauhtiefen $R_{z,w/s}$ die Mittenrauhwerte $R_{a,w/s}$ der Oberflächenprofile berücksichtigt werden.

10.1.4 Reibungszahlen, Reibmoment

Die Reibungszahl μ und damit die Größe des Reibmomentes T_R sind bei Lagern mit unterschiedlichem physikalischem Wirkprinzip gemäß Bild 10.3 unterschiedlich stark von der Relativgeschwindigkeit v_{rel} oder -drehzahl n sowie der Lagerbelastung F abhängig.

Reibungszahlen bei Wälzlagern

Beim reinen Abrollen der gepaarten Teile und bei vollkommen nichtdeformierbaren Werkstoffen würde keine Reibung auftreten. Da jedoch technische Werkstoffe bei kleiner Belastung elastische und plastische (mikrogeometrische!) Verformungen erfahren, tritt beim Rollen ein Widerstand (Reibwiderstand!) auf. Liegt kein reines Abrollen vor, d.h. kommt zur reinen Rollbewegung noch eine Gleitbewegung (z.B. durch die Deformation in der Berührfläche oder an Borden und am Käfig!), so tritt zusätzlich zur Rollreibung noch Gleitreibung auf. Bei einer geschmierten Wälzlagerung ist ferner der Einfluß der inneren Reibung des Schmierstoffes zu berücksichtigen.

Schon beim Drehen eines unbelasteten Wälzlagers ist ein Reibmoment T_{R0} zu überwinden. Bei einer Belastung F überlagert sich diesem gemäß Bild 10.4 ein Reibmoment T_{R1}, das, je nach der Bauform des Wälzlagers, linear bis progressiv mit der Belastung F größer wird. Das gesamte Reibmoment hat somit die Größe [19]

$$T_R = T_{R0} + T_{R1}. \tag{10.7}$$

Es bedeuten:

T_R = Reibmoment des Lagers in Nmm,
μ = Reibungszahl des Lagers,
F = Lagerbelastung in N,
d = Bohrungsdurchmesser des Lagers in mm.

Nach [19] läßt sich das hauptsächlich aus der Schmierstoffreibung herrührende Reibmoment T_{R0} nach folgender, versuchstechnisch gut abgesicherten Beziehung ermitteln:

$$T_{R0} = f_0 \cdot 10^{-7} \cdot (v \cdot n)^{2/3} \cdot d_m^3 \text{ in Nmm} \tag{10.8}$$

Dabei sind:

f_0 = Beiwert zur Berücksichtigung der Lagerbauform und der Schmierungsart,
v = kinematische Betriebsviskosität des Schmieröls bzw. des Fett–Grundöls in mm²/s,

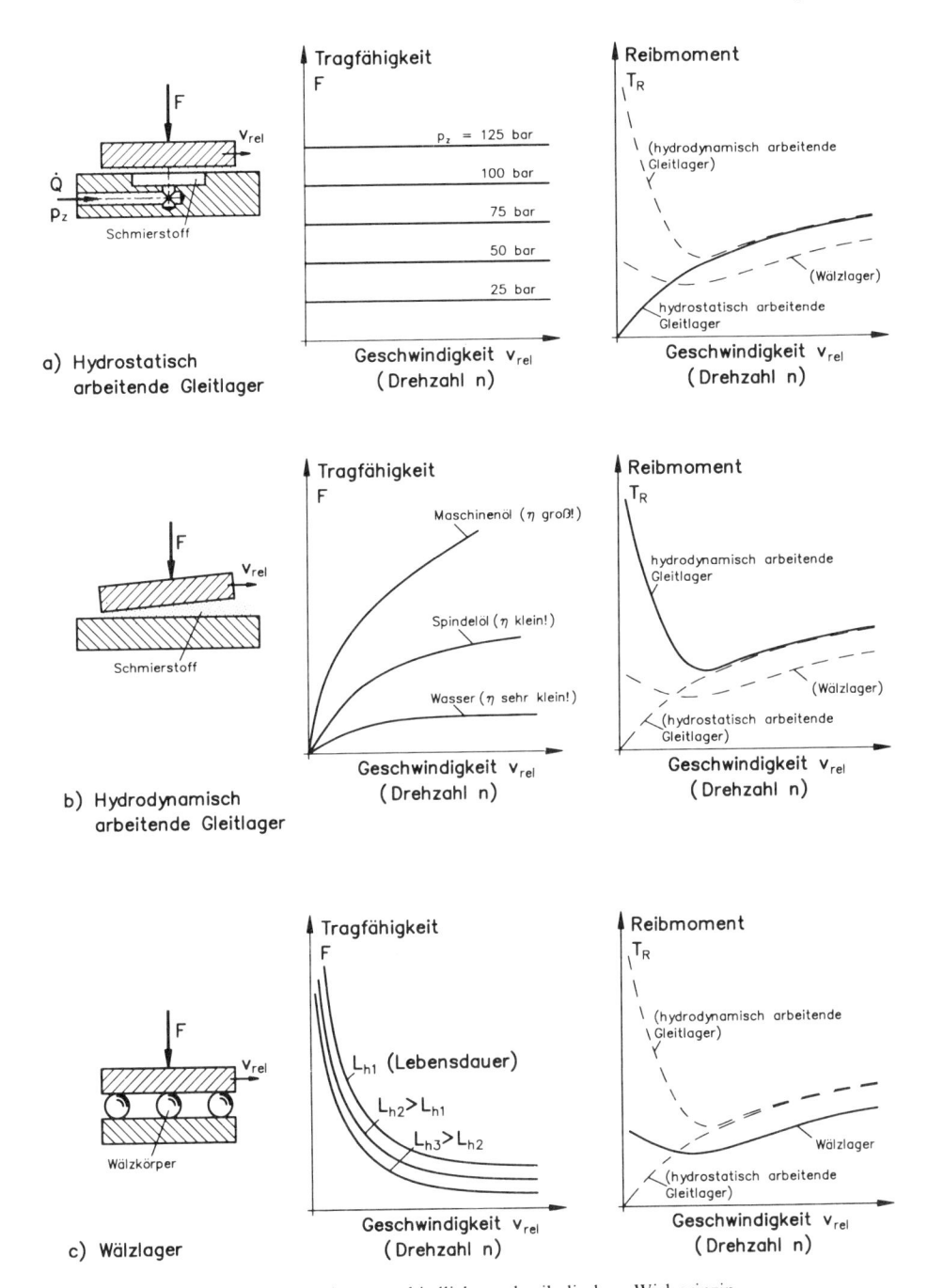

Bild 10.3. Vergleich von Lagern mit unterschiedlichem physikalischem Wirkprinzip

234   10 Reibung, Schmierung, Lagerungen

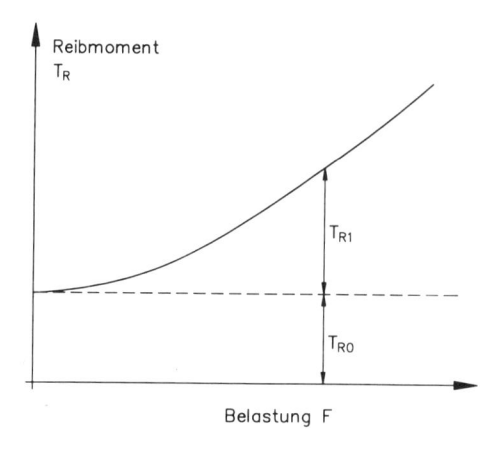

Bild 10.4. Reibmoment bei Wälzlagern in Abhängigkeit von der Belastung nach [19]

n = Drehzahl des Lagers in 1/min,
d_m = Teilkreisdurchmesser oder mittlerer Durchmesser des Lagers in mm,
$d_m = \dfrac{D + d}{2}$,
D = Lageraußendurchmesser in mm,
d = Lagerbohrungsdurchmesser in mm.

Richtwerte für die Größe des Beiwertes f_0 sind in Tabelle 10.1 für unterschiedliche Lagerbauarten und Schmierungsarten zusammengestellt [19].

Das Reibmoment T_{R1} rührt vornehmlich von der Roll- und der Gleitreibung her und ist nach [19] in folgender Weise zu berechnen:

$$T_{R1} = \mu_1 \cdot f_1 \cdot F \cdot \frac{d_m}{2} \text{ in Nmm} \tag{10.9}$$

Tabelle 10.1. Erfahrungswerte für den Beiwert f_0 nach [19]

Lagerbauart	Ölsumpfschmierung Ölumlaufschmierung	Ölnebelschmierung Tropfschmierung Fettschmierung
Rillenkugellager	$f_0 = 1,5 \ldots 2$	$f_0 = 0,7 \ldots 1$
Pendelkugellager	$f_0 = 1,5 \ldots 2$	$f_0 = 0,7 \ldots 1$
Schrägkugellager, einreihig	$f_0 = 1,5 \ldots 2$	$f_0 = 0,7 \ldots 1$
Axial-Rillenkugellager	$f_0 = 1,5 \ldots 2$	$f_0 = 0,7 \ldots 1$
Schrägkugellager, zweireihig	$f_0 = 3 \ldots 4$	$f_0 = 1,6 \ldots 2$
Zylinderrollenlager, einreihig	$f_0 = 2 \ldots 3$	$f_0 = 1,5 \ldots 2$
Nadellager	$f_0 = 6 \ldots 12$	$f_0 = 3 \ldots 6$
Kegelrollenlager, einreihig	$f_0 = 3 \ldots 3,5$	$f_0 = 1,5 \ldots 2$
Pendelrollenlager	$f_0 = 4 \ldots 6$	$f_0 = 2 \ldots 3$
Axial-Pendelrollenlager	$f_0 = 3 \ldots 4$	
Axial-Zylinderrollenlager	$f_0 = 2 \ldots 3$	
Axial-Nadellager	$f_0 = 2 \ldots 3$	

Dabei sind:

μ_1 = von der Belastung und der Lagerbauart abhängige Reibungszahl,
f_1 = Beiwert zur Berücksichtigung der Lastrichtung,
F = aus radialer (F_r) und axialer (F_a) Belastung resultierende Lagerbelastung in N,
$F = \sqrt{F_r^2 + F_a^2}$,
d_m = mittlerer Lagerdurchmesser in mm,
$d_m = \dfrac{D + d}{2}$,
D = Lageraußendurchmesser in mm,
d = Lagerbohrungsdurchmesser in mm.

Für μ_1 and f_1 können die in Tabelle 10.2 angegebenen Erfahrungswerte eingesetzt werden [19].

Reibungszahlen bei Gleitlagern

Bereits 1883 hat Petroff [69] für unbelastete Radialgleitlager, d.h. bei konzentrischer Lage von Welle und Lagerschale, eine Gleichung zur Ermittlung der Reibungszahl μ abgeleitet. Sie lautet in den heute üblichen Bezeichnungen:

$$\mu/\psi = \pi/\text{So} \qquad \text{für vollumschlossene Lager} \qquad (10.10)$$

$$\mu/\psi = \pi/(2\,\text{So}) \qquad \text{für halbumschlossene Lager.} \qquad (10.11)$$

In diesen Gleichungen sind:

ψ = relatives Lagerspiel

$$\psi = \frac{R - r}{R} = \frac{D - d}{D}, \qquad (10.12)$$

So = Sommerfeld–Zahl (dimensionslose Kennzahl!)

$$\text{So} = \frac{\bar{p} \cdot \psi^2}{\eta \cdot \bar{\omega}}, \qquad (10.13)$$

R = Lagerschalenbohrungsradius in m,
D = Lagerschalenbohrungsdurchmesser in m,
r = Wellenradius in m,
d = Wellendurchmesser in m,
B = Lagerbreite in m,
$\bar{p}$ = mittlerer Lagerdruck = $F/(B \cdot D)$ in N/m² oder Pa,
η = dynamische Viskosität des Schmierstoffes in Ns/m² oder Pas,
$\bar{\omega}$ = wirksame Winkelgeschwindigkeit zwischen Welle und Lagerschale in 1/s.

Der Gültigkeitsbereich dieser Petroff–Gleichungen ist So < 1 (schwach belastete und/oder schnell laufende Lager!).

Tabelle 10.2. Erfahrungswerte für die Reibungszahl μ_1 und den Lastfaktor f_1 nach [19]

Lagerbauart	μ_1	f_1	
Rillenkugellager[1]) und Schrägkugellager, einreihig, mit $\alpha_0 = 15°$ [2])	$0{,}002\left(\dfrac{F}{C_{0r}}\right)^{1/2}$	für $\dfrac{F_a}{F} \leq \dfrac{0{,}5}{Y}: f_1 = 1$ für $\dfrac{F_a}{F} > \dfrac{0{,}5}{Y}: f_1 = (3Y-1)\cdot\dfrac{F_a}{F} + \dfrac{0{,}5}{Y} - 0{,}5$	
Pendelkugellager[2])	$0{,}001\left(\dfrac{F}{C_{0r}}\right)^{1/2}$	für $\dfrac{F_a}{F} \leq \dfrac{0{,}87}{Y}: f_1 = 1$ für $\dfrac{F_a}{F} \leq \dfrac{0{,}87}{Y}: f_1 = 4Y\cdot\dfrac{F_a}{F} - 2{,}5$	
Schrägkugellager[3]), einreihig		für $F_a/F_r = 0{,}5/Y$: (rein radial)	für $\dfrac{F_a}{F_r} > \dfrac{0{,}5}{Y}$
$\alpha_0 = 20°$	$0{,}002\left(\dfrac{F}{C_{0r}}\right)^{1/2}$	$f_1 = 1$	$f_1 = 2\dfrac{F_a}{F} + 0{,}1$
$\alpha_0 = 25°$	$0{,}002\left(\dfrac{F}{C_{0r}}\right)^{1/2}$	$f_1 = 1$	$f_1 = 1{,}5\dfrac{F_a}{F} + 0{,}25$
$\alpha_0 = 30°$	$0{,}002\left(\dfrac{F}{C_{0r}}\right)^{1/2}$	$f_1 = 1$	$f_1 = \dfrac{F_a}{F} + 0{,}4$
$\alpha_0 = 40°$	$0{,}0015\left(\dfrac{F}{C_{0r}}\right)^{1/3}$	$f_1 = 1$	
Schrägkugellager, zweireihig	$0{,}002\left(\dfrac{F}{C_{0r}}\right)^{1/3}$	$f_1 = 1$	
Axial-Rillenkugellager	$0{,}0015\left(\dfrac{F}{C_{0a}}\right)^{1/3}$	$f_1 = 1$	
Zylinderrollenlager[4]), Nadellager	$0{,}0005$	$f_1 = 1$	
Kegelrollenlager, einreihig	$0{,}001$	für $F_a/F_r = 0{,}5/Y$: (rein radial) für $\dfrac{F_a}{F_r} > \dfrac{0{,}5}{Y}$:	$f_1 = 1$ $f_1 = 2Y\cdot\dfrac{F_a}{F}$
Pendelrollenlager[2])	$0{,}001$	für $\dfrac{F_a}{F} \leq \dfrac{0{,}57}{Y}$: für $\dfrac{F_a}{F} > \dfrac{0{,}57}{Y}$:	$f_1 = 1$ $f_1 = 1{,}75\cdot\dfrac{F_a}{F}$
Axial-Pendelrollenlager	$0{,}0015$	$f_1 = 1$	
Axial-Zylinderrollenlager, Axial-Nadellager	$0{,}0035$	$f_1 = 1$	

[1]) Radialluft beim Y-Wert berücksichtigen
[2]) Y-Wert für $F_a/F_r \leq e$
[3]) Axiale Rückdruckkraft bei F_a und F berücksichtigen
[4]) rein radial belastet $F = \sqrt{F_a^2 + F_r^2}$

Nach Falz [20] gilt für So > 1 (stark belastete und/oder langsam laufende Lager!) die Beziehung

$$\mu/\psi = 3{,}8/\sqrt{So}, \tag{10.14}$$

die von Vogelpohl [92], gestützt auf viele Versuchsergebnisse, in folgender Weise modifiziert wurde:

$$\mu/\psi = 3/\sqrt{So}. \tag{10.15}$$

Leloup [52, 53, 54] empfiehlt folgende Gleichungen:

$$\mu/\psi = 0{,}72 + 2{,}6/So \quad \text{für So} < 5{,}3 \tag{10.16}$$

$$\mu/\psi = 2{,}88/\sqrt{So} \quad \text{für So} > 5{,}3. \tag{10.17}$$

Nach Vogelpohl [92] laufen für halbumschlossene Lager die Kurven für μ/ψ in Abhängigkeit von der Sommerfeld-Zahl So asymptotisch in folgende Kurven ein:

$$\mu/\psi = \pi/(2\,So) \quad \text{für So} < 0{,}1 \tag{10.18}$$

$$\mu/\psi = 2/\sqrt{So} \quad \text{für So} > 10 \tag{10.19}$$

In Anlehnung an die Petroff-Gleichungen [69] gelten somit nach Vogelpohl [92] für vollumschlossene Lager die folgenden asymptotischen Beziehungen:

$$\mu/\psi = \pi/So \quad \text{für So} < 0{,}1 \tag{10.20}$$

$$\mu/\psi = 4/\sqrt{So} \quad \text{für So} > 10 \tag{10.21}$$

Diese vier Vogelpohl-Grenzkurven bilden gemäß Bild 10.5 einen Streifen, der die in der Praxis auftretenden Werte für μ/ψ und damit für die Reibungszahl μ für halb- und vollumschlossene Lager festlegt.

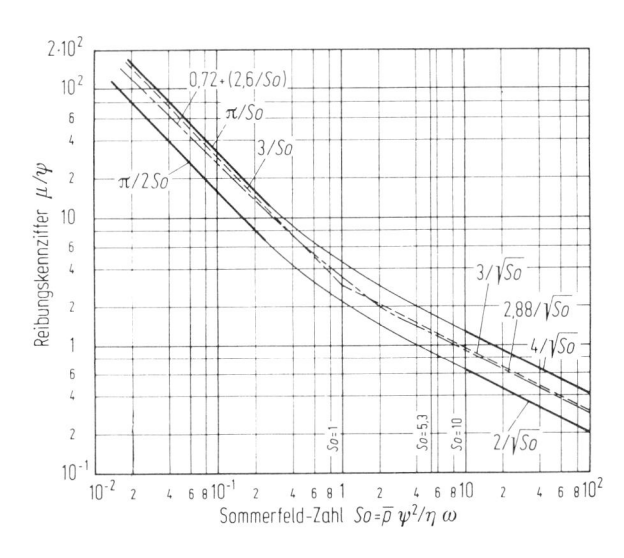

Bild 10.5. Reibungskennziffer μ/ψ für unverkantete hydrodynamisch arbeitende Gleitlager bei konstanter Lagerbelastung in Abhängigkeit von der Sommerfeld-Zahl nach [92]

Sehr gut können für erste Abschätzungen bei halb- und vollumschlossenen Gleitlagern die Beziehungen

$$\mu/\psi = 3/So \quad \text{für } So < 1 \tag{10.22}$$

$$\mu/\psi = 3/\sqrt{So} \quad \text{für } So > 1 \tag{10.23}$$

verwendet werden, die mit den Empfehlungen von Leloup sehr gut übereinstimmen.

Für exakte Berechnungen hinsichtlich der Reibungsverluste in einem hydrodynamisch arbeitenden Gleitlager ist nach Auswertung der hydrodynamischen Beziehungen [6, 22, 24, 31, 39, 49, 61, 63, 71, 74, 93, 97] die funktionale Verknüpfung folgender Größen zu beachten:

$$\mu/\psi = f(So; B/D) \tag{10.24}$$

10.2 Schmierung

Unter Schmierung wird die Zuführung von Schmierstoffen an die Lagerstellen verstanden. Das Schmieren von Lagerstellen dient der Reibungs- und der Verschleißminderung sowie der Abführung der durch die Reibung bewirkten Verlustleistung (Wärmestrom!) [2, 13, 17, 23, 77, 78, 85, 87, 90].

10.2.1 Grundlagen der Schmierung

Die Schmierung kann von Hand, d.h. manuell, oder automatisch, d.h. selbsttätig, vorgenommen werden [21, 49].

Schmierfette werden von Hand durch Aufstreichen oder Auftragen, durch Einpressen mittels Fettbüchsen (Staufferbüchsen!) oder mittels Fettpressen über Bohrungen mit Schmiernippel und selbsttätig durch kleine, volumetrisch fördernde Pumpen den Lagerstellen zugeführt [21]. Bei Wälzlagern wird eine Überfüllung mit Fett durch Fettmengenregler vermieden. Zur Schmierung von beheizten Lagern bei großen Walzen-, Kalander- und Papiermaschinen werden sehr oft noch Fettbriketts eingesetzt, die in sogenannten Fettkammern an der Welle aufliegen und gleichmäßig abschmelzen.

Bei der Schmierung mit Frischöl wird dieses im einfachsten Fall aus einer Ölkanne über eine Ölbohrung oder aus einem Ölvorratsbehälter durch einen Tropföler (Nadelöler!) oder einen Dochtöler in dosierter Menge diskontinuierlich zur Lagerstelle gebracht. Zur Schmierung von halbumschlossenen Gleitlagern wird sehr oft ein ölgetränktes Polster aus saugfähigem Material (kapillare Saugwirkung!), das in einen Ölsumpf eintaucht, diametral zur Lagerschale gegen die Welle gepreßt. Bei der Umlaufschmierung gelangt das Schmieröl aus dem Ölsumpf durch rotierende Ringe (feste oder lose auf der Welle!) und Abstreifer oder durch Dochte (kapillare Saugwirkung!) zur Lagerstelle. Bei der Druckumlaufschmierung wird das Schmieröl durch eine Pumpe – z.B. durch eine Zahnradpumpe – vom Ölsumpf über einen Ölfilter zur Lagerstelle und von dort wieder zurück zum Ölsumpf gefördert. Bei kleinen und mittelgroßen Getrieben erfolgt in den meisten Fällen die Schmierung des Zahneingriffs durch eine Tauchschmierung und die der Lager durch

Spritzöl. Bei Großgetrieben wird der Schmierstoff (Öl oder Fett!) meistens kurz vor dem Zahneingriff auf die Wirkflächen der Verzahnung gespritzt, und die Lager werden durch eine Druckumlaufschmierung mit Schmieröl versorgt.

Bei der Schmierstoffzufuhr sind folgende Gesichtspunkte besonders zu beachten:
1. Gleichmäßige, d.h. kontinuierliche Zufuhr;
2. mengenmäßig ausreichende Zufuhr (Zustand der Flüssigkeitsreibung!);
3. sparsame Zufuhr (Wirtschaftlichkeit, Planschverluste!);
4. Zufuhr an der richtigen Stelle (z.B. bei hydrodynamisch arbeitenden Gleitlagern vor dem konvergierenden Spalt, keine Nuten im Druckbereich!).

10.2.2 Schmierstoffe

Als Schmierstoffe können Flüssigkeiten, Gase und Dämpfe, d.h. fluide Stoffe, plastische oder pastöse Substanzen und feste Körper in Pulverform verwendet werden [21, 42, 49, 57, 60].

Bei den Flüssigkeiten werden vornehmlich die mineralischen Öle, aber auch tierische und pflanzliche Öle (z.B. Knochenöl, Speköl, Rüböl, Olivenöl, Rapsöl und Sonnenblumenöl!) bevorzugt. Bei nichtmetallischen Lagerschalen (z.B. Schalen aus Kunststoff, Pockholz, Gummi oder Porzellan!) dient auch Wasser als Schmierstoff.

Gase, Luft und Dämpfe werden bei geforderter Ölfreiheit (z.B. bei der Nahrungs- und Genußmittelverarbeitung sowie der Herstellung von Pharmazeutika!) und bei der Forderung hinsichtlich kleiner Reibleistungen (z.B. Prüfstände, Versuchseinrichtungen!) eingesetzt.

Die plastischen oder pastösen Schmierstoffe sind größtenteils Fette, die organischer Natur sein können oder synthetisch, z.B. durch Veresterung von Glycerin mit einer höheren Fettsäure, hergestellt sind [57].

Als Festschmierstoffe kommen hauptsächlich Graphit, Molybdändisulfit und Talkum in reiner Form als Pulver und eingearbeitet in Fette oder Öle – als sogenannte Schmierpasten – zur Anwendung. Für Sonderfälle sind auch Gleitlacke und Kunststoffbeschichtungen in Anwendung [21, 60].

Neben der Unterscheidung der Schmierstoffe nach dem Aggregatzustand und der Konsistenz (Tabelle 10.3) ist in der Praxis auch die Einteilung nach dem Anwendungsbereich (Tabelle 10.4) üblich [57].

Ein in der Praxis eingesetzter Schmierstoff besteht in der Regel aus dem Grundschmierstoff (z.B. Flüssigkeit, Fett oder Festschmierstoff!) und bestimmten Wirkstoffen, sogenannten Additiven, z.B. zur Verbesserung der Oxidationsstabilität, Abschwächung der Temperaturabhängigkeit der Viskosität im Bereich der Arbeitstemperatur, Begünstigung der Ausbildung von Grenzschichten auf den Lageroberflächen zur Aufnahme großer Belastungen und zur Abschwächung des Demulgiervermögens sowie der Schaumneigung.

10.2.2.1 Schmieröle

Bei den flüssigen Schmierstoffen werden die Mineralöle und die synthetischen Flüssigkeiten unterschieden [21, 42, 49].

Tabelle 10.3. Unterscheidung der Schmierstoffe nach dem Aggregatzustand und der Konsistenz

Schmieröle	Mineralöle	unlegierte Öle legierte Öle
	Synthetische Flüssigkeiten	unlegierte Flüssigkeiten legierte Flüssigkeiten
Schmierfette	Fette mit Seifenverdickern	Fetteee mit Mineralöl als flüssige Phase
		Fette mit synthetischen Flüssigkeiten als flüssige Phase
	Fette mit Nichtseifenverdickern	Fette mit Mineralöl als flüssige Phase
		Fette mit synthetischen Flüssigkeiten als flüssige Phase
Festschmierstoffe	Trockenpulver Pasten Gleitlacke Kunststoffe	
Haftschmierstoffe	Sprühhaftschmierstoffe, bitumenfrei und mit Festschmierstoffen	
	Haftschmierstoffe, bitumenhaltig	
Emulsion	Öl-in-Wasser-Emulsionen Wasser-in-Öl-Emulsionen	
Sonstige Schmierstoffe	Flüssigkeiten	Wasser flüssige Metalle Säuren, Laugen
	Gase	Luft Stickstoff Wasserstoff

Tabelle 10.4. Einteilung der Schmierstoffe nach ihrem Anwendungsbereich

Spindelöle Motorenöle Kompressorenöle Hydrauliköle Uhrenöle Weißöle	Isolieröle Formenöle Schmierfette Maschinenöle Getriebeöle Turbinenöle	Kältemaschinenöle Metallbearbeitungsöle Korrosionsschutzöle Wärmeübertragungsöle Dunkelöle, Achsenöle

Schmieröle auf Mineralölbasis

Sie werden aus Rohöl hergestellt, das von groben Verunreinigungen, Gas (Erdölgas!) und Wasser befreites Erdöl ist. Die Hauptbestandteile des Rohöls sind

Kohlenwasserstoffe, organische Sauerstoff-, Schwefel- und Stickstoffverbindungen. Mineralöle sind somit Gemische aus Kohlenwasserstoffen und werden nach deren Struktur in folgende Grundtypen unterteilt:
1. kettenförmige Kohlenwasserstoffe
    a) gesättigt (Paraffine),
    b) ungesättigt (Olefine),
2. ringförmige Kohlenwasserstoffe
    a) gesättigt (Naphthene),
    b) ungesättigt (Aromaten).

Die kettenförmigen, gesättigten Kohlenwasserstoffe sind chemisch reaktionsträge und werden aus diesem Grund Paraffine genannt. Heute ist jedoch international die auf der Genfer Nomenklatur beruhende Bezeichnung Alkane gebräuchlich. Sie haben die Summenformel C_nH_{2n+2}.

Die kettenförmigen, ungesättigten Kohlenwasserstoffe sind chemisch sehr reaktionsfreudig und daher für den technischen Einsatz als Schmierstoff ungeeignet. Sie laufen unter der Sammelbezeichnung Alkene oder Olefine und haben die Summenformel C_nH_{2n}.

Die ringförmigen, gesättigten Kohlenwasserstoffe sind chemisch reaktionsträge und werden Cycloalkane, Cycloparaffine oder Naphthene genannt. Ihre Summenformel ist C_nH_{2n}.

Die ringförmigen, ungesättigten Kohlenwasserstoffe sind chemisch reaktionsfreudig und werden auch Cycloalkene oder Cycloolefine genannt. Sind alternierend Doppel- und Einfachbindungen vorhanden, so werden diese ringförmigen, ungesättigten Kohlenwasserstoffe Aromaten bezeichnet. Eine Summenformel läßt sich für diese Verbindungen nicht allgemeingültig angeben.

Die Mineralöle werden somit nach dem Kohlenwasserstofftyp, der in der Hauptsache die physikalischen und die chemischen Eigenschaften bestimmt, als paraffinbasisch, naphthenbasisch oder aromatisch bezeichnet.

Die Molekülstruktur und das Molekulargewicht der Kohlenwasserstoffe beeinflussen z.B. folgende Eigenschaften der Schmieröle sehr stark:
1. Viskosität und Viskosität-Temperatur-Verhalten,
2. Aggregatzustand, Lage des Schmelz- und des Siedepunktes,
3. chemische und thermische Stabilität.

Schmieröle auf Synthesebasis

Sie werden durch eine chemische Synthese hergestellt und sind für besondere Einsatzfälle sehr hochwertige, aber auch sehr teure Schmierstoffe. Nur wenn sich mit additivierten Mineralölen die gewünschten Eigenschaften (z.B. Schwerentflammbarkeit, schwache Temperaturabhängigkeit der Viskosität, gutes Kältefließverhalten!) nicht oder nur sehr teuer erzielen lassen, sind Synthese – Schmieröle in Anwendung. Ihre Vor- und Nachteile sind in Tabelle 10.5 zusammengestellt.

Die synthetischen Schmierstoffe werden gemäß Tabelle 10.6 nach ihrer chemischen Zusammensetzung in synthetische Kohlenwasserstoffe, die nur Kohlenstoff (C) und Wasserstoff (H) enthalten, und synthetische Flüssigkeiten unterteilt.

Tabelle 10.5. Vor- und Nachteile von synthetischen Schmierstoffen

Vorteile	Nachteile
Thermische Beständigkeit; Oxidative Beständigkeit; Viskosität-Temperatur-Verhalten; Fließverhalten bei tiefen Temperaturen; Flüchtigkeit bei hohen Temperaturen; Temperatur-Einsatzbereich; Strahlenbeständigkeit; Schwerentflammbarkeit.	Hydrolytisches Verhalten; Korrosionsverhalten; Toxisches Verhalten; Verträglichkeit mit anderen Werkstoffen; Löslichkeit für Additive; Verfügbarkeit – grundsätzlich – in bestimmten Viskositätslagen Kosten.

Tabelle 10.6. Unterteilung der synthetischen Schmierstoffe

Synthetische Schmierstoffe (gewonnen durch chemische Reaktionen)	
Synthetische Kohlenwasserstoffe (enthalten nur Kohlenstoff (C) und Wasserstoff (H))	Synthetische Flüssigkeiten
Polyalphaolefine (PAO) Alkylbenzole (DAB) Polyisobutene (PIB)	Polyglykole (Polyäther) Carbonsäureester Phosphorsäureester Silikonöl Polyphenyläther Polyfluoralkyläther

Tabelle 10.7. Einsatztemperatur synthetischer Flüssigkeiten bei Langzeit- und Kurzzeitbetrieb im Vergleich zu Mineralöl und Mineralöl-Superraffinaten nach [122]

Synthetische Schmierstoffe	Einsatztemperatur in °C	
	Langzeitbetrieb	Kurzzeitbetrieb
Synth. Kohlenwasserstoffe	170–230	310–340
Carbonsäureester	170–180	220–230
Polyglykole	160–170	200–220
Polyphenyläther	310–370	420–480
Phosphorsäurealkylester	90–120	120–150
Phosphorsäureacrylester	150–170	200–230
Kieselsäureester, Polysiloxane	180–220	260–280
Silikone	220–260	310–340
Silane	170–230	310–340
Halogenierte Polyphenyle	200–260	280–310
Perfluorkohlenwasserstoffe	280–340	400–450
Perfluorpolyglykole	230–260	280–340
Mineralöle	90–120	130–150
Mineralölsuperraffinate	170–230	310–340

Die maximalen Einsatztemperaturen synthetischer Flüssigkeiten sind im Vergleich zu Mineralöl und Mineralölsuperraffinaten in Tabelle 10.7 zusammengestellt. Es ist ersichtlich, daß die synthetischen Flüssigkeiten für den Dauer- und den Kurzzeitbetrieb bei höheren Betriebstemperaturen eingesetzt werden können.

Bezüglich des Viskosität-Temperatur-Verhaltens der synthetischen Schmierstoffe ist festzuhalten, daß die Viskosität nur sehr schwach mit der Temperatur abnimmt, d.h. der Viskositätsindex VI groß ist. Dies ist eine natürliche und nicht erst durch VI-Verbesserer (Additive!) erzielte Eigenschaft.

Synthetische Schmierstoffe haben ferner in der Regel ein besseres Reibungsverhalten und eine bessere Alterungsbeständigkeit als mineralölbasische Schmierstoffe. Dies bedeutet zum einen eine längere Gebrauchsdauer des Schmierstoffes in den Lagern und zum anderen, wegen des günstigeren Verschleißverhaltens, eine längere Lebensdauer der Maschinen.

Bei der Herstellung von additivierten, synthetischen und teilsynthetischen Schmierstoffen ist zu beachten, daß Additive in Mineralölen nicht immer ohne weiteres löslich sind.

10.2.2.2 Schmierfette

Schmierfette erscheinen nur äußerlich als einheitliche, homogene Produkte. In Wirklichkeit setzen sie sich aus einer Vielzahl von Einzelkomponenten zusammen, die sich im Prinzip in folgende drei Komponentengruppen einordnen lassen [21, 42, 57]:
1. Grundöl (65 bis 95 Gew.%),
2. Verdicker (3 bis 30 Gew.%),
3. Wirk- und Zusatzstoffe (Additive!) (0 bis 10 Gew.%).

Chemisch gesehen sind die Schmierfette Vielkomponentengemische, und physikalisch gesehen sind sie Suspensionen von Verdickern (feste Phase!) in Schmierflüssigkeiten (flüssige Phase!). Sie werden aus diesem Grund oft auch als halbflüssige oder halbfeste Stoffe bezeichnet. Die Verdickermoleküle haben einen polaren und einen unpolaren Teil und treten über den polaren Teil miteinander in Wechselwirkung, so daß sich dreidimensionale Molekülstrukturen ergeben. Dieses Verdickernetzwerk fixiert und immobilisiert die Grundölmoleküle durch An- und Einlagerung. Dieser besondere Ordnungszustand der Schmierfette bewirkt ihre Haupteigenschaft, die Konsistenz, die in erster Näherung auch als Steifigkeit, Festigkeit oder Standfestigkeit beschrieben werden kann [21, 57]:

Die unterschiedliche Zusammensetzung und die komplexe Struktur der Schmierfette werden durch die unterschiedlichsten Definitionen zum Ausdruck gebracht, von denen einige an dieser Stelle gegeben werden sollen:
1. *Allgemeine physikalische Definition*:
   Schmierfette sind kolloidale Suspensionen, d.h. Gemische aus einer feinverteilten kolloidalen, festen Phase (Verdicker!) in einer flüssigen Phase (Schmieröl, Grundöl!).
2. *Definition nach DIN 51825*:
   Schmierfette sind konsistente Schmierstoffe, die aus Mineralöl und/oder Syntheseöl sowie einem Dickungsmittel bestehen.

3. *Definition nach ASTM*:
Schmierfette sind feste bis halbflüssige Stoffe, die durch Dispersion eines Eindickungsmittels in einem flüssigen Schmierstoff entstehen. Andere Zusatzstoffe, die besondere Eigenschaften verleihen, dürfen enthalten sein.

Grundöle

Das Grundöl stellt mengenmäßig den Hauptbestandteil eines Schmierfettes dar und beeinflußt somit die Gebrauchseigenschaften sehr stark. Es können Mineralöle und Syntheseöle verwendet werden (Esterfette, Silikonfette!).

Verdicker

Der Verdicker wird in das Grundöl eingearbeitet und führt dadurch zur Struktur des Schmierfettes. Er ist in der Hauptsache für folgende Schmierfetteigenschaften verantwortlich [21, 57]:
1. Konsistenz oder Penetration,
2. Tropfpunkt oder obere Einsatztemperatur,
3. Mechanische-dynamische Stabilität,
4. Textur (glatt, zügig, kurz!),
5. Wasserbeständigkeit,
6. Rheologisches Verhalten,
7. Ölabgabevermögen,
8. Antiwear- (verschleißhemmende!) und EP (extreme pressure!)-Eigenschaften,
9. Korrosionsschutz.

Der Verdicker spielt bei den Schmierfetten eine so wichtige Rolle, daß er gemäß Tabelle 10.8 zu deren Klassifizierung herangezogen wird [57].

Bei den Metallseifenfetten werden als Verdicker einfache und komplexe Metallseifen sowie Mischseifen verwendet. Bei den Nichtseifenfetten sind hauptsächlich organische und anorganische Feststoffe (z.B. Tonerde, Kieselgel, Polyharnstoff, Graphit, Ruß und Farbpigmente!) in Anwendung.

Additive

Die Additive dienen in der Hauptsache zur Verbesserung bestimmter Gebrauchseigenschaften der Grundfette. Sie müssen gleichmäßig verteilt und in gelöster Form vorliegen. In Tabelle 10.9 sind die üblichen Wirkstofftypen, ihre gängigen Konzentrationen und ihr Einfluß auf die Schmierstoffe aufgelistet.

Besondere Schmierfette sind die Haftschmierstoffe, die sich in die Haftschmierstoffe auf Bitumenbasis und die Sprühhaftschmierstoffe, die frei von Bitumen sind, unterteilen lassen. Sie werden vornehmlich zur Schmierung großer, offener Zahnradgetriebe verwendet.

Die Haftschmierstoffe auf Bitumenbasis sind dunkle, bitumenhaltige Mineralöle nach DIN 51513, in denen das Bitumen stabil gelöst ist. Sie haften sehr gut an

Tabelle 10.8. Zuordnung von Verdickertypen und Schmierfett-Typen

Verdickertyp	Schmierfett-Typ

Einfache Metallseifen
  Calciumseifen
  Aluminiumseifen
  Natriumseifen
  Lithiumseifen
  Bleiseifen
  Zinkseifen
  Bariumseifen
	Metallseifenfette
	  Kalkseifenfette
	  Aluminiumseifenfette
	  Natriumseifenfette
	  Lithiumseifenfette
	  Bleiseifenfette
	  Zinkseifenfette
	  Bariumseifenfette

Komplexe Metallseifen
  Calciumkomplexseifen
  Aluminiumkomplexseifen
  Natriumkomplexseifen
  Lithiumkomplexseifen
  Bariumkomplexseifen
	Komplexfette
	  Calciumkomplexseifenfette
	  Aluminiumkomplexseifenfette
	  Natriumkomplexseifenfette
	  Lithiumkomplexseifenfette
	  Bariumkomplexseifenfette

Nichtseifen
  Oleophiles Siliciumdioxid
  Organophile Tonmaterialien
  Polyharnstoffe
  Polymerkohlenwasserstoffe
  Metalloxide
  Metallhydroxide
  Metallcarbonate
  Oleophiler Graphit
  Anorganische Pigmente
	Nichtseifenfette

den Reibstellen und haben eine sehr hohe Viskosität. Sie können zum leichteren Auftragen an den Reibstellen mit Lösungsmitteln verdünnt sein.

Die Sprühhaftschmierstoffe enthalten kein Bitumen, sind aber sehr oft mit Lösungsmitteln verdünnt, um sie mit Handsprühpistolen oder automatisch arbeitenden Sprühvorrichtungen auf die Reibstellen zu sprühen.

10.2.2.3 Festschmierstoffe

Festschmierstoffe sind nur für die Reibungszustände Praktische Grenzreibung und Mischreibung von Bedeutung, wenn flüssige und pastöse Schmierstoffe nicht angewendet werden können oder diese zur Erzielung bestimmter Eigenschaften (z.B. verstärkte Reibungsminderung, Verschleißminderung!) mit feinstkörnigen Festschmierstoffen additiviert werden müssen [60]. Sie werden vornehmlich eingesetzt bei besonderen Betriebsbedingungen, wie z.B. bei
– niedrigen Gleitgeschwindigkeiten,
– oszillierenden Bewegungen,
– hohen spezifischen Belastungen,
– hohen oder tiefen Betriebstemperaturen,
– sehr niedrigen Umgebungsdrücken (Vakuum!),
– aggressiver Umgebungsatmosphäre,

Tabelle 10.9. Wichtige Wirkstoffe (Additive) und ihr Einfluß auf Schmierstoffe nach [122]

Haupttypen	Einfluß auf den Schmierstoff	Konzentration in Gew.-%
Neutralisatoren	Neutralisieren saurer Verbindungen, entstanden durch Verbrennung schwefelhaltiger Kraftstoffe oder weniger häufig durch Zersetzung bestimmter EP-Wirkstoffe	
Schauminhibitoren	Verringern von Oberflächenschaum	
Oxidationsinhibitoren	Verringern und Verzögern der Oxidation Typen: Inhibitoren, Metalldeaktivatoren Metallpassivatoren	0,5–1,0
Rostinhibitoren	Verringern von Rostbildung auf eisenhaltigen Oberflächen	0,5–1,0
Korrosionsinhibitoren	Typ A: Verringern von Korrosion bleihaltiger Werkstoffe Typ B: Verringern von Korrosion kupferhaltiger Werkstoffe	0,1–0,3
Anti-Wear-Wirkstoffe Verschleiß-Schutz-Wirkstoffe	Verringern von abrasivem Verschleiß bei mäßig schweren Bedingungen und vor allem bei stationären Beanspruchungen	0,5–2,0
Extrem-Pressure-Wirkstoffe Freß-Schutz-Wirkstoffe	Verringern von Verschleiß und von Fressen bei schweren Bedingungen und vor allem auch bei Stoßbelastungen	2,0–5,0
Reibungsveränderer	Verringern der Reibung im Zustand der Mischreibung	
Detergent-Wirkstoffe	Verringern der Entstehung von Ablagerungen bei hohen Temperaturen, z.B. in Verbrennungsmotoren	
Dispersant-Wirkstoffe	Verhindern von Schlamm bei niedrigen Temperaturen, z.B. in Verbrennungsmotoren	
Emulgatoren	Zum Herstellen von Wasser-in Öl- oder Öl-in-Wasser-Emulsionen	
Pourpoint-Verbesserer	Herabsetzen des Pourpoints paraffinischer Öle (Stockpunkt!)	
Viskositätsindex-Verbesserer	Verringern der Viskosität-Temperatur-Abhängigkeit	
Haftverbesserer	Verringern der Abtropf- oder Abschleuderneigung des Öls	0,5–2,0

und zur Verbesserung bestimmter Eigenschaften der flüssigen und pastösen Schmierstoffe, d.h. als Wirkstoff oder Additiv, wie z.B. zur
- Reibungsminderung,
- Verschleißminderung,
- Gewährleistung von Notlaufeigenschaften.

Bezüglich des Schmierfilmaufbaus können die Festschmierstoffe in die eigentlichen Schmierstoffe (Pulver, Pasten, Gleitlacke!) zum direkten Aufbau des Schmierfilms und in die Wirkstoffe (Additive!) für die Öle, die Fette und die Lagerwerkstoffe zum indirekten Aufbau des Schmierfilms unterteilt werden.

Die bekanntesten Festschmierstoffe sind das Molybdändisulfid (MoS_2) und der Graphit (C), es sind aber auch folgende Stoffe in Anwendung [21, 60]:
1. *Stoffe mit Schichtgitterstruktur*
   (z.B. Graphit, Sulfide (MoS_2, WS_2), Selenide (WSe_2)!),
2. *Organische Stoffe*
   (z.B. Polytetrafluoräthylen (PTFE, Amide, Imide!),
3. *Weiche Nichtmetalle*
   (z.B. Bleisulfid, Eisensulfid, Bleioxid, Silberjodid!),
4. *Weiche Nichteisenmetalle*
   (z.B. Gold, Silber, Blei, Kupfer, Indium!),
5. *Reaktionsschichten an den Oberflächen*
   (z.B. Oxid-, Sulfid-, Nitrid-, Phosphatschichten!).

Die Gleitlacke entsprechen den üblichen Lacken, weisen aber anstelle der Farb- oder Metallpigmente die Festschmierstoff-Partikel auf. Die Gleitlacke auf der Basis der organischen Bindemittel (z.B. lufttrocknende Substanzen wie Zellulose-, Alkyd-, Acryl- oder Urethanharze und in Hitze aushärtende Substanzen wie Phenol-, Epoxid-, Silikon- und Polyimidharze!) bieten zusätzlich einen Korrosionsschutz. Die anorganischen Gleitlacke bieten wegen der anorganischen Salze als Bindemittel keinen Korrosionsschutz, sie können aber thermisch stärker belastet werden. Die Einbrennlacke mit den Festschmierstoffen CaF_2, BaF_2 und PbO zeigen ein Verhalten wie Emaille und sind bei hohen Temperaturen (250 bis 1000 °C!) einsetzbar. Zur Erzielung guter Ergebnisse bei Anwendung einer Gleitlackschicht sollen die gepaarten Gleitoberflächen mit einer Schicht der Dicke 5 bis 7 µm bei ebenen Flächen und 10 bis 12 µm bei kreiszylindrischen Flächen belegt sein [60].

10.2.3 Viskosität von Schmierstoffen

Unter der Viskosität [21, 49, 86] eines fließfähigen Stoffsystems wird die Eigenschaft verstanden, bei einer Verformung eine Spannung aufzunehmen, die nur von der Verformungsgeschwindigkeit abhängt (DIN 1342, T 1 und T 2).

Für sehr viele fluide Stoffe, die als Schmierstoffe eingesetzt werden, kann das Schubspannungsgesetz von Newton zur Berechnung der Scherspannung und damit der Reibkraft auf die gepaarten Flächen angewendet werden. Es lautet:

$$\tau = \eta \cdot \frac{du}{dy} = \eta \cdot D \qquad (10.25)$$

In dieser Gleichung sind η die dynamische Zähigkeit oder Viskosität des Fluids – eine Stoffeigenschaft –, $du/dy = D$ das Geschwindigkeitsgefälle oder die Schergeschwindigkeit (DIN 1342, T 2) in der y-Richtung, d.h. quer zur Strömungsrichtung x, und $u = u(y)$ die Geschwindigkeit des Fluids in der x-Richtung (Bild 10.6).

Die Dimension der Zähigkeit η ist

$$[\eta] = \frac{\text{Kraft} \cdot \text{Zeit}}{(\text{Länge})^2}.$$

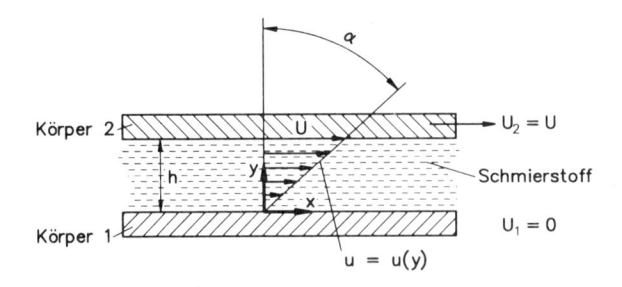

$\tan \alpha = \dfrac{du}{dy} = \dfrac{U}{h} = D =$ Geschwindigkeitsgefälle

Bild 10.6. Spaltströmung und Geschwindigkeitsgefälle bei einer newtonschen Flüssigkeit

Im neuen Internationalen Maßsystem ist die Einheit von η 1 Ns/m² = 1 Pas (Pascalsekunde!), im alten technischen Maßsystem war sie 1 kp s/m² und im physikalischen Maßsystem 1 dyn s/cm² = 1 Poise = 1 P (Poiseuille!). In der englischen Literatur findet sich für die Einheit der Zähigkeit 1 lb s/in² = 1 Reyn (Reynolds!).

Die Viskosität oder Zähigkeit wird mit handelsüblichen Viskosimetern gemessen, die es als Rotations-, Kapillar-, Kugelfall- und Fallstab-Viskosimeter genormt im Handel gibt (DIN 51550, DIN 51561, DIN 51562, T 1 und T 2, DIN 53015, DIN 53018, T 1 und T 2, DIN 53019, T 1 und DIN 53222).

Mit den Rotations- und den Kugelfallviskosimetern wird die dynamische oder die absolute Viskosität η und mit den Kapillarviskosimetern das Verhältnis der dynamischen Zähigkeit η und der Dichte ρ gemessen, das als kinematische Zähigkeit v (DIN 1342, T 2, ISO 3104 und DIN 51550) bekannt ist. Es gilt somit:

$$v = \dfrac{\eta}{\rho}. \qquad (10.26)$$

Die kinematische Zähigkeit ist eine rechnerische Größe, d.h. keine Stoffeigenschaft, und hat die Dimension

$$[v] = \dfrac{(\text{Länge})^2}{\text{Zeit}}.$$

Im neuen Internationalen Maßsystem ist die Einheit von v 1 m²/s, und im alten technischen Maßsystem war sie 1 Stokes = 1 St = 1 cm²/s = 10^{-6} m²/s.

Die Viskosität ändert sich für newtonsche Stoffe mit der Temperatur und mit dem Druck. Bei den Schmierölen wird die Viskosität mit zunehmender Temperatur kleiner und mit zunehmendem Druck größer. Bei den gasförmigen Schmierstoffen, z.B. bei Luft, nimmt die Viskosität sowohl mit zunehmender Temperatur als auch mit zunehmendem Druck zu.

Bei den nichtnewtonschen Stoffen ist die Viskosität von der Temperatur, dem Druck, der Schergeschwindigkeit und dem mittleren Molekulargewicht abhängig. Es ist ferner zu beachten, daß die Schubspannungen nicht nur von der momentanen Schergeschwindigkeit, sondern auch von der zurückliegenden „Schergeschichte" abhängig sind („Gedächtniseigenschaften" des Schmierstoffes!).

10.2.3.1 Temperaturabhängigkeit der Viskosität

Das Viskosität-Temperatur-Verhalten (V–T-Verhalten) der Schmierstoffe läßt sich meßtechnisch ermitteln und durch einfache Potenz- und Exponentialansätze beschreiben. Für die in der Praxis vorkommenden Schmieröle hat sich folgender von Vogel [49, 88, 89] aufgestellter Exponentialansatz bewährt:

$$\eta = a \cdot \exp\left[\frac{b}{\theta \cdot c}\right] \tag{10.27}$$

In dieser Zahlenwertgleichung sind η die dynamische Viskosität in Ns/m^2, a, b und c schmierstoffspezifische Größen, die für jeden Schmierstoff ermittelt werden müssen, und θ die jeweilige Temperatur in Celsiusgraden. Für die gebräuchlichsten SAE-Motoren-Öle (DIN 51511) sind die Koeffizienten a, b und c in Tabelle 10.10 aufgelistet und die Temperaturabhängigkeit der Viskosität in Bild 10.7 mit logarithmischem Viskositäts- und mit linearem Temperaturmaßstab graphisch dargestellt.

Für die in der DIN 51519 in 18 Viskositätsklassen (ISO VG!) unterteilten flüssigen Industrie-Schmierstoffe ist die Temperaturabhängigkeit der Viskosität aus Bild 10.8 ersichtlich.

Richtungskonstante der V–T-Geraden

Das Viskosität-Temperatur-Verhalten kann in sehr guter Näherung nach DIN 51563 und DIN 53017 mit der von Ubbelohde empirisch gefundenen V–T-Gleichung durch die Richtungskonstante m ausgedrückt werden. Diese läßt sich aus zwei verschiedenen Temperaturen T_1 und T_2 und den bei diesen Temperaturen vorliegenden kinematischen Viskositäten v_1 und v_2 nach folgender Zahlenwertgleichung ermitteln [86]:

$$m = \frac{W_1 - W_2}{\log T_2 - \log T_1} \tag{10.28}$$

Tabelle 10.10. Zahlenwerte für die Koeffizienten a, b und c in der Vogelschen Gleichung für die Temperaturabhängigkeit der dynamischen Viskosität bei den SAE-Motoren-Schmierölen nach [49]

SAE-Klasse	$a \cdot 10^8$	b	c
10 W und 10 W/10	0,0850	820,723	93,625
10 W/20	0,1034	773,810	93,153
10 W/30	0,2020	737,690	89,900
10 W/40	0,1165	1033,340	120,800
10 W/50	0,0952	1304,170	155,220
20 W und 20 W/20	0,1350	737,810	77,700
20 W/30	0,1441	811,962	93,458
20 W/40	0,1671	793,329	83,931
20 W/50	0,0948	1146,250	124,700
30	0,1531	720,015	71,123

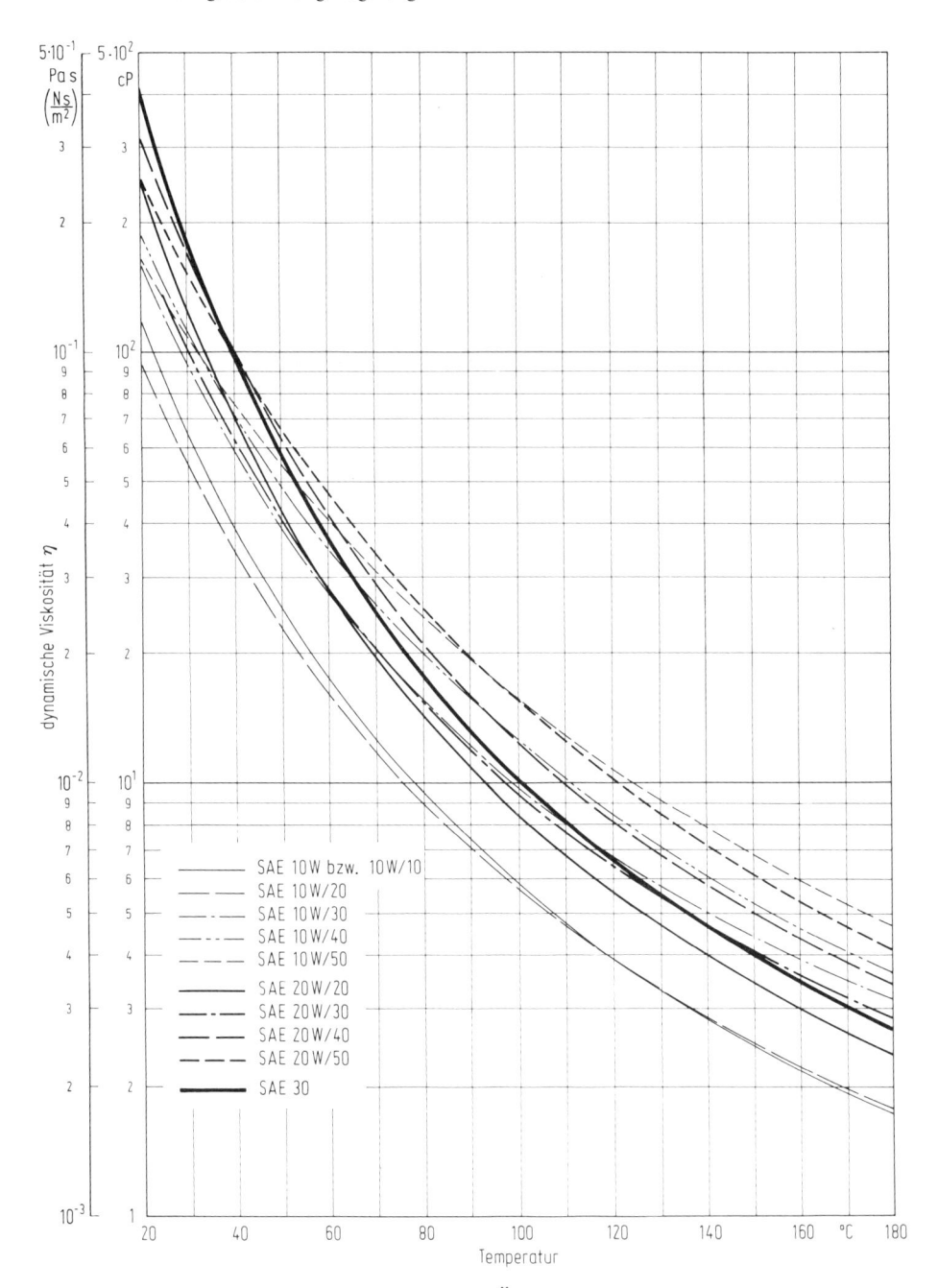

Bild 10.7. Viskosität-Temperatur-Verhalten von SAE-Ölen nach [49]

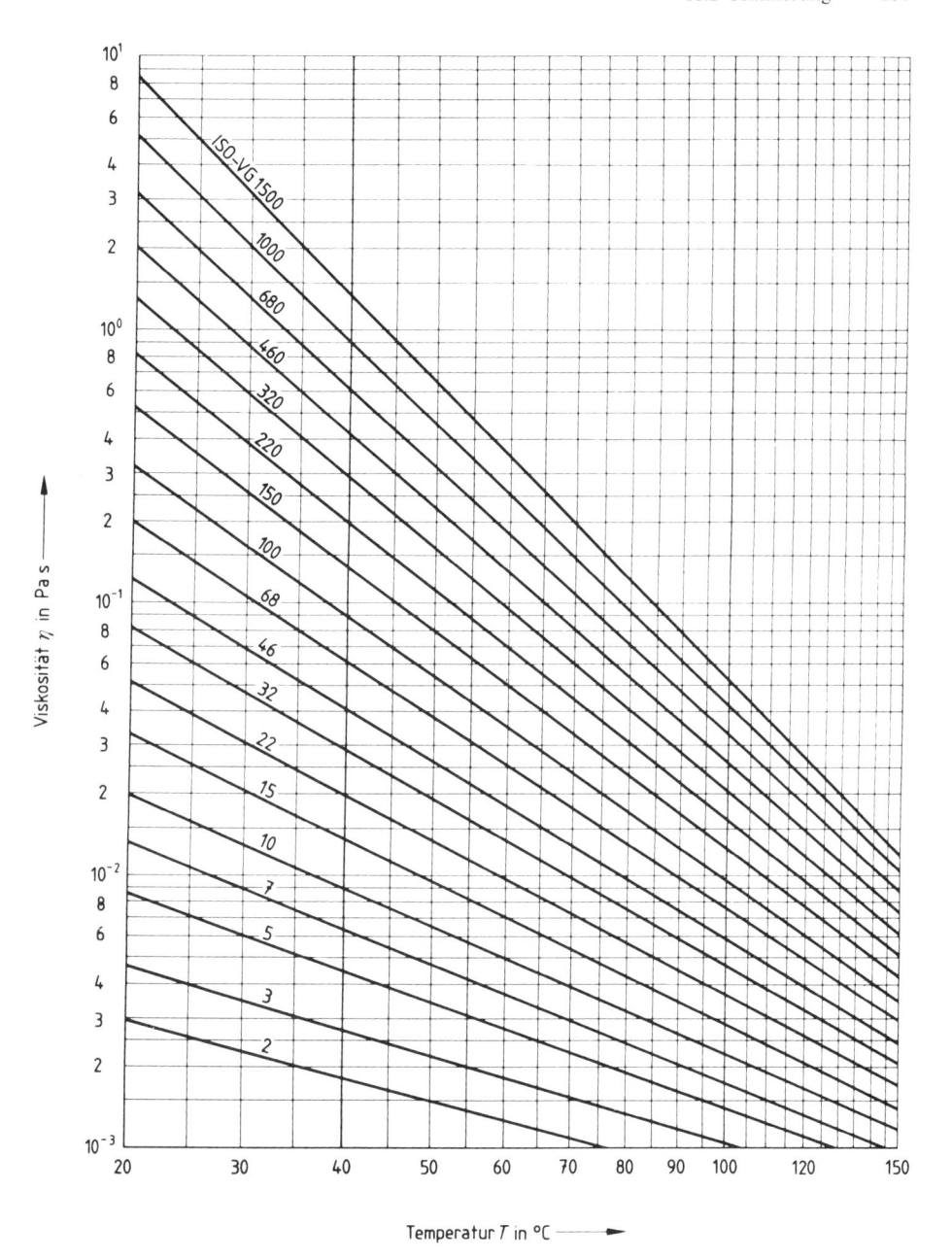

Bild 10.8. Abhängigkeit der dynamischen Viskosität η von der Temperatur T bei einer Dichte von ρ = 900 kg/m³ nach DIN 31653, T 2

Dabei sind:

m = Richtungskonstante,
$W_{1,2} = \log \log (v_{1,2} + 0,8)$,
$v_{1,2}$ = kinematische Zähigkeit in mm^2/s,
$T_{1,2}$ = Temperatur in K.

Viskositätsindex

Der Viskositätsindex VI ist eine rechnerisch ermittelte Zahl einer durch Konvention festgelegten Skala und charakterisiert die Viskositätsänderung eines Mineralölerzeugnisses in Abhängigkeit von der Temperatur. Ein hoher Viskositätsindex kennzeichnet eine relativ geringe und ein niedriger Viskositätsindex eine relativ starke Änderung der Viskosität mit der Temperatur. In DIN 51564 und in DIN ISO 2909 ist die Berechnung des Viskositätsindexes für Mineralöle aus der kinematischen Viskosität festgelegt. Verfahren A gilt für $0 \leq \text{VI} < 100$ und Verfahren B gilt für $\text{VI} \geq 100$.

10.2.3.2 Druckabhängigkeit der Viskosität

Für die Angabe der Druckabhängigkeit der Viskosität können wie bei der Temperaturabhängigkeit Potenz- und Exponentialansätze angegeben werden. Besonders bekannt sind die von Cameron [7, 8] und Fuller [24] aufgestellten Exponentialansätze, die in folgender Weise aufgebaut sind:

Cameron:

$$\eta(\theta, p) = \eta(\theta, p_0) \cdot \exp\left[\frac{d}{\theta + e'} \cdot \frac{p - p_0}{p_0}\right] \qquad (10.29)$$

Fuller:

$$\eta(p) = \eta_0 \cdot \exp(\alpha \cdot p) \qquad (10.30)$$

In diesen Gleichungen sind η_0 die dynamische Viskosität beim Druck p_0, d, e' und α schmierstoffspezifische Größen, θ die Temperatur und p der Druck.

Wird die Gleichung von Fuller in einem $\ln \eta - p$-Diagramm dargestellt, so zeigt sich, daß die Abhängigkeit der beiden Größen durch eine Gerade gegeben ist und der Exponent α die Steigung der Geraden ist. Dieser Exponent α wird auch Viskosität-Druck-Koeffizient genannt. Er hat die Dimension eines reziproken Druckes. Die Werte für den Viskosität-Druck-Koeffizienten α sind für unterschiedliche Mineralöle in Tabelle 10.11 neben anderen physikalischen Stoffdaten zusammengestellt.

Tabelle 10.11. Physikalische Daten (Dichte, dynamische Viskosität, Viskositätsindex, Viskosität-Druck-Koeffizient, spez. Wärme, Wärmeleitkoeffizient, Stockpunkt und Flammpunkt) für Mineralöle nach [49] bzw. VDI 2202

Größen		Mineralöle naphthenbasisch			Mineralöle paraffinbasisch		
		Spindelöl	Leichtes Masch.-Öl	Schweres Masch.-Öl	Leichtes Masch.-Öl	Schweres Masch.-Öl	Bright-stock
Dichte ϱ in g/cm³ bei 15 °C		0,869	0,887	0,904	0,869	0,882	0,898
Dynamische Viskosität η in Ns/m²	bei 20 °C	0,034	0,087	0,405	0,102	0,340	2,200
	bei 50 °C	0,0088	0,017	0,052	0,0205	0,054	0,238
	100 °C	0,0024	0,0039	0,0075	0,0043	0,0091	0,0268
Viskositätsindex VI (ca.-Werte)		92	68	38	95	95	95
Pourpoint (Stockpunkt) in °C		−43	−40	−29	−9	−9	−9
Viskositäts-Druck-Koeffizient[a] α in m²/N	30 °C	$2,0 \cdot 10^{-8}$		$2,8 \cdot 10^{-8}$	$2,17 \cdot 10^{-8}$	$2,37 \cdot 10^{-8}$	
	60 °C	$1,6 \cdot 10^{-8}$		$2,3 \cdot 10^{-8}$	$1,85 \cdot 10^{-8}$	$2,05 \cdot 10^{-8}$	
	100 °C	$1,3 \cdot 10^{-8}$		$1,8 \cdot 10^{-8}$	$1,42 \cdot 10^{-8}$	$1,58 \cdot 10^{-8}$	
Spez. Wärme in J/(kg K)	bei 30 °C	1880	1860	1850	1960	1910	1880
	60 °C	1990	1960	1910	2020	2010	1990
	100 °C	2120	2100	2080	2170	2150	2120
Wärmeleitkoeffizient in W/(m K)	bei 30 °C	0,132	0,130	0,128	0,133	0,131	0,128
	60 °C	0,131	0,128	0,126	0,131	0,129	0,126
	100 °C	0,127	0,125	0,123	0,127	0,126	0,123
Temperatur, bei der der Dampfdruck 0,001 mm Hg ($\hat{=}$ 0,133 N/m²) beträgt, in °C		35	60	95	95	110	125
Flammpunkt im offenen Tiegel in °C		163	175	210	227	257	300

[a] Durchschnittswerte im Druckbereich 0–34,5 · 10⁸ N/m²

254   10 Reibung, Schmierung, Lagerungen

10.2.3.3 Zustandsgleichung der Schmierstoffe

Die Zustandsgleichung der Schmierstoffe gibt die Abhängigkeit der Viskosität von anderen physikalischen Größen an.

Newtonsche Schmierstoffe

Für Schmierstoffe mit newtonschem Verhalten gilt, daß ihre Viskosität nur von der Temperatur und dem Druck abhängig ist. Eine Abhängigkeit vom Geschwindigkeitsgefälle besteht somit nicht. Bei der Berechnung von ölgeschmierten Gleitlagern wird das newtonsche Verhalten der Schmieröle sehr oft durch die Vogel-Cameron-Gleichung berücksichtigt. Sie hat unter Beachtung der Gleichungen (10.27) und (10.29) folgenden Aufbau:

$$\eta(\theta, p) = a \cdot \exp\left[\frac{b}{\theta + c} + \left[\frac{d}{\theta + e'} \cdot \frac{p - p_0}{p_0}\right]\right] \tag{10.31}$$

Nichtnewtonsche Schmierstoffe

Für Schmierstoffe mit nichtnewtonschem Verhalten ist zusätzlich zur Temperatur- und Druckabhängigkeit der Viskosität eine Abhängigkeit vom Geschwindigkeitsgefälle, dem mittleren Molekulargewicht und der Druckeinwirkzeit [21, 49, 86] von Bedeutung.

Die rheologischen Stoff- und Fließgesetze, die den Zusammenhang zwischen den Spannungen und Verformungen eines Stoffsystems angeben, sind in DIN 13342 für unterschiedliches Fließverhalten zusammengestellt. Typische Fließkurven mit der Schergeschwindigkeit D in Abhängigkeit von der Scherspannung τ und typische Viskositätskurven mit τ/D in Abhängigkeit von D sind in Bild 10.9 zusammengestellt. In a) wird das Verhalten der strukturviskosen oder scherentzähenden Schmierstoffe, in b) das der dilatanten oder scherverzähenden Schmierstoffe, in c) das der Schmierpasten mit plastischem Verhalten (Bingham-Pasten!) und in d) das der strukturviskosen Schmierstoffe mit zwei newtonschen Bereichen (η groß bei kleinem τ und η klein bei großem τ!) im Vergleich zu dem der newtonschen Schmierstoffe bzw. dem der Bingham-Paste (Teilbilder c)!) gezeigt.

10.2.4 Dichte von Schmierstoffen

Die Dichte der Schmierstoffe hängt von der Temperatur und dem Druck ab. Bei Schmierölen nimmt sie mit zunehmender Temperatur ab und mit zunehmendem Druck zu. Nach Vogelpohl [92] kann die Temperatur- und die Druckabhängigkeit der Dichte für Schmieröle in erster Näherung nach folgenden Beziehungen abgeschätzt werden:

$$\rho = \rho_{20} \cdot [1 - 65 \cdot 10^{-5} \cdot (\theta - 20)] \tag{10.32}$$

$$\rho = \rho_0 \cdot [1 + 45{,}89 \cdot 10^{-6} \cdot (p - p_0)] \tag{10.33}$$

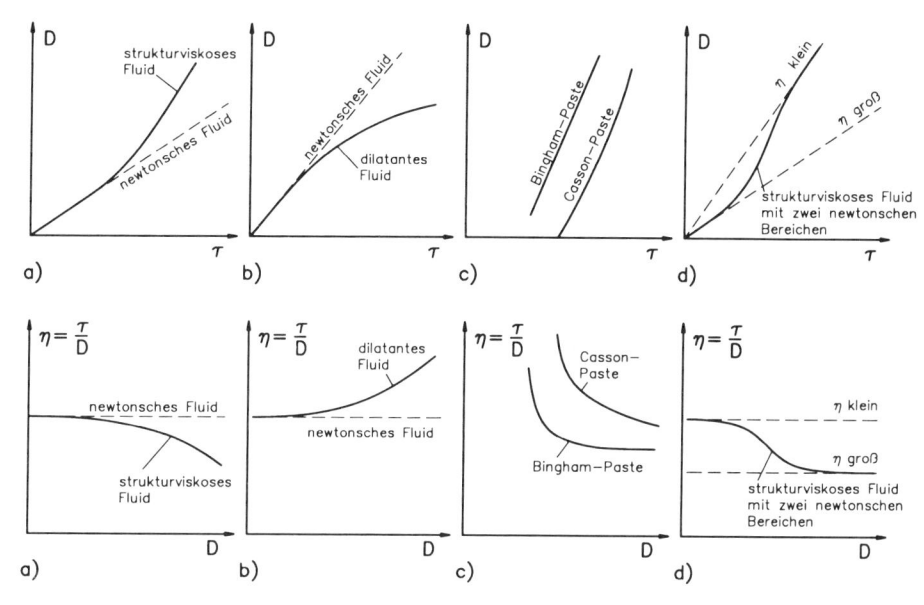

Bild 10.9. Typische Fließkurven für unterschiedliche Schmierstoffe nach DIN 13342; a) strukturviskoses Fluid (scherentzähend!), b) dilatantes Fluid (scherverzähend!), c) plastisches oder pastöses Fluid (z.B. Bingham-Pasten oder Casson-Pasten), d) strukturviskoses Fluid mit newtonschem Verhalten bei kleinen und großen Geschwindigkeitsgefällen

In diesen beiden Zahlenwertgleichungen haben die Größen folgende Bedeutung:
ρ = Dichte in g/cm³,
ρ_{20} = Dichte in g/cm³ bei der Temperatur $\theta = 20\,°C$,
ρ_0 = Dichte in g/cm³ bei dem Druck $p_0 = 0$ bar,
θ = Temperatur in °C,
p = Druck in bar.

10.2.5 Spezifische Wärme und Wärmeleitkoeffizient von Schmierstoffen

Nach Kraussold [45] kann die spezifische Wärme c für Schmieröle nach folgender Zahlenwertgleichung ermittelt werden:

$$c = [a + b \cdot (\theta - 15) \cdot 4{,}187] \tag{10.34}$$

Hierbei sind:
a = 0,934 − 0,560 · ρ_{15} für $\rho_{15} > 0{,}9$ g/cm³,
a = 0,711 − 0,308 · ρ_{15} für $\rho_{15} \leq 0{,}9$ g/cm³,
b = 0,0011,
ρ = Dichte in g/cm³,
ρ_{15} = Dichte in g/cm³ bei 15 °C,
c = spezifische Wärme in kJ/(kg K),
θ = Temperatur in °C.

Für den Wärmeleitkoeffizienten λ von Schmierölen sind in der Literatur nur wenige Angaben zu finden. Nach Henning [35] können für die wichtigsten Schmieröle mit Werten für die Dichte ρ von 0,81 bis 0,96 g/cm^3 Wärmeleitkoeffizienten λ von 0,123 bis 0,178 W/(mK) angenommen werden. Die Temperatur- und die Druckabhängigkeit des Wärmeleitkoeffizienten kann bei Schmierölen unter den in der Lagertechnik vorliegenden Bedingungen fast immer vernachlässigt werden.

10.2.6 Schmierstoffklassifikation

Die Schmierstoffe sind international und national klassifiziert und standardisiert. An dieser Stelle sollen nur die für den Maschinen-, Motoren- und Kraftfahrzeugbau wichtigen Schmieröle und Schmierfette genannt werden.

10.2.6.1 Klassifikation der Schmieröle

Die flüssigen Industrie-Schmierstoffe sind in Abhängigkeit von ihrer Viskosität (kinematische Viskosität!) in DIN 51519 in Anlehnung an ISO 3448 in 18 Klassen von 2 bis 1500 mm^2/s eingeteilt (Viskositätsklassen ISO VG 2 bis ISO VG 1500!). Die Zahl hinter der Kurzbezeichnung VG gibt den gerundeten Wert der kinematischen Mittelpunktsviskosität (arithmetisches Mittel der Grenzwerte!) in mm^2/s bei einer Temperatur von 40 °C an (Bild 10.8).

In DIN ISO 6743, T 0 ist das allgemeine Klassifikationssystem für Schmierstoffe, Industrieöle und verwandte Erzeugnisse festgelegt. Es ist zu beachten, daß bei der Kennzeichnung dieser Produkte der Klassenbuchstabe L voranzustellen ist.

Bezeichnungsbeispiel: DIN ISO 6743/0-L-T68

Die Schmieröle L-AN nach DIN 51501 dienen für Schmierzwecke ohne höhere Anforderungen. Sie werden dann eingesetzt, wenn die Dauertemperatur des aus der Schmierstelle austretenden Schmieröls 50 °C nicht übersteigt und die Zulauftemperatur des Schmieröls zur Lagerstelle mindestens um 10 °C höher liegt als die für den Schmieröltyp festliegende Fließgrenze (Pourpoint!). Diese Schmieröle gibt es in 11 Typen (AN 5, 7, 10, 22, 32, 46, 68, 100, 220, 320 und 680). Die Zahl hinter den Buchstaben AN gibt die ISO-Viskositätsklasse nach DIN 51519 an (ISO VG 5 bis ISO VG 680!). Sie entspricht dem gerundeten Zahlenwert der Mittelpunktsviskosität in mm^2/s bei 40 °C. Diese Schmieröle sind nicht sehr alterungsbeständig und haben im Zustand der Mischreibung kein gutes Druckaufnahmevermögen, d.h. keine hohe Tragfähigkeit.

Bezeichnungsbeispiel: Schmieröl DIN 51501-L-AN 46

Die Schmieröle C nach DIN 51517, T 1 sind alterungsbeständige Mineralöle ohne Wirkstoffzusätze, die für höhere Anforderungen, wie sie von den Schmierölen L-AN nicht erfüllt werden, Verwendung finden. Sie gibt es hinsichtlich der kinematischen Viskosität in elf Abstufungen (C 7, 10, 22, 46, 68, 100, 150, 220, 320, 460 und 680). Die Zahl hinter dem Buchstaben C kennzeichnet wieder die VG-Klasse.

Bezeichnungsbeispiel: Schmieröl DIN 51517-C 68

Bei höheren Anforderungen an die Alterungsbeständigkeit und/oder den Korrosionsschutz kommen die Mineralöle CL nach DIN 51517, T 2 zum Einsatz, die es in den zehn Viskositätsklassen ISO VG 5, 10, 22, 32, 46, 68, 100, 150, 220 und 460 gibt. Sie werden vorwiegend bei Umlaufschmierung empfohlen.

Bezeichnungsbeispiel: Schmieröl DIN 51517-CL 150

Werden an die Alterungsbeständigkeit und/oder den Korrosionsschutz hohe Anforderungen gestellt, und soll ferner der Verschleiß im Zustand der Mischreibung auch bei hohen Belastungen klein bleiben, so werden die Mineralöle CLP mit Wirkstoffen nach DIN 51517, T 3 verwendet. Sie gibt es in den acht Viskositätsklassen ISO VG 46, 68, 100, 150, 220, 320, 460 und 680.

Bezeichnungsbeispiel: Schmieröl DIN 51517-CLP 220

Zur Schmierung von Luftverdichtern und Vakuumpumpen kommen Schmieröle VB, VC, VBL, VCL und VDL ohne und mit Wirkstoffen nach DIN 51506 zum Einsatz.

Bezeichnungsbeispiel: Schmieröl DIN 51506-VC 150

Die Schmieröle Z nach DIN 51510 zur Schmierung dampfberührter gleitender Teile gibt es nur mit hoher Viskosität. Es sind dies die Schmieröle vom Typ ZA der Viskositätsklasse ISO VG 680, ZB der Viskositätsklasse ISO VG 1000 und ZD der Viskositätsklasse ISO VG 1500.

Bezeichnungsbeispiel: Schmieröl DIN 51510-ZA

Die Schmieröle für Otto- und Dieselmotoren sind nach DIN 51511 hinsichtlich der Viskosität in SAE Klassen[1]) eingeteilt (Tabelle 10.12). Öle, die mit dem Buchstaben W gekennzeichnet sind, haben ein definiertes Kältefließverhalten. Sie eignen sich besonders für den Winterbetrieb. Die Viskositätsklasse dieser Winteröle erfaßt die maximale Tieftemperaturviskosität, die maximale Grenzpumptemperatur und die Mindestviskosität bei 100°C. Öle ohne den Buchstaben W werden für den Normalbetrieb eingesetzt. Ihre Viskositätklasse ist nach der Viskosität bei 100 °C festgelegt. Genügen bei einem Öl die Tieftemperaturviskosität und die Grenzpumptemperatur den Forderungen einer W-Klasse, und liegt die Viskosität bei 100 °C innerhalb des vorgeschriebenen Bereiches einer der Viskositätsklassen ohne die W-Bezeichnung, so wird dieses Öl als ein Mehrbereichsöl bezeichnet (Bild 10.10).

Bezeichnungsbeispiele für Mehrbereichsöle:
Motoren-Schmieröl DIN 51511, SAE 10 W-30 oder SAE 25 W-30

Zur Schmierung von Kraftfahrzeug-Getrieben (nur Achs- und Schaltgetriebe; nicht Flüssigkeits-Getriebe!) dienen die in der DIN 51512 zusammengestellten Getriebeschmieröle, die es in den SAE-Viskositätsklassen SAE 70 W, 75 W, 80 W, 85 W,

---

[1]) SAE ist die Abkürzung von Society of Automotive Engineers.

Tabelle 10.12. SAE-Viskositätsklassen für Motoren-Schmieröle nach DIN 51511

SAE-Viskositätsklasse	Maximale scheinbare Viskosität[1]) in mPa·s bei Temperatur in °C	maximale Grenz-pumptemperatur[2]) in °C	kinematische Viskosität[3]) bei 100 °C in mm²/s min.	max.
0W	3250 bei −30	−35	3,8	−
5W	3500 bei −25	−30	3,8	−
10W	3500 bei −20	−25	4,1	−
15W	3500 bei −20	−20	5,6	−
20W	4500 bei −10	−15	5,6	−
25W	6000 bei − 5	−10	9,3	−
20	−	−	5,6	unter 9,3
30	−	−	9,6	unter 12,5
40	−	−	12,5	unter 16,3
50	−	−	16,3	unter 21,9

[1]) Prüfung nach DIN 51377
[2]) Prüfung nach ASTM D 3829 und CEC L-32-T-82
[3]) Prüfung nach DIN 51550 in Verbindung mit DIN 51561 bzw. DIN 51562, Teil 1

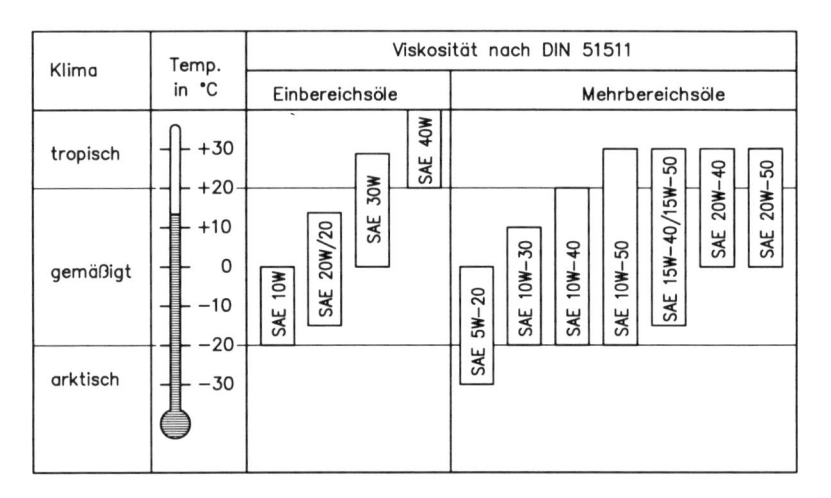

Bild 10.10. Viskositätsklassen für Motoren-Schmieröle (SAE-Motoren-Schmieröle)

90, 140 und 250 gibt. Es ist zu beachten, daß die SAE-Viskositätsklassen dieser Kraftfahrzeug-Getriebeschmieröle nicht mit den SAE-Viskositätsklassen der Motoren-Schmieröle übereinstimmen. Haben ein Getriebeschmieröl und ein Motoren-Schmieröl die gleiche Viskosität, so sind sie gemäß DIN 51512 und DIN 51511 in unterschiedlichen Viskositätsklassen eingeordnet. Das Getriebeschmieröl der Klasse SAE 80 W hat z.B. die gleichen Viskositätseigenschaften wie das Motoren-Schmieröl der Klasse SAE 20 W-20.

Bezeichnungsbeispiel: Getriebeschmieröl DIN 51512, SAE 90

Tabelle 10.13. NLGI- oder Konsistenzklassen für Schmierfette nach DIN 51804 oder DIN ISO 2137

Konsistenz-klasse	Walkpenetration pw_{60} (0,1 mm)	Schmierfettart bzw.-anwendung
000	445–475	Getriebefließfette, sowie zur
00	400–430	Förderung in Zentralschmieranlagen
0	355–385	
1	310–340	Getriebeschmierfette, Förderung in Zentralschmieranlagen
2	265–295	Mehrzweckfette für Gleit- und Wälzlager
3	220–250	Wälzlagerfette für sehr schnell laufende
4	175–205	Wälzlager, Stapellauf-Oberfette
5	130–160	Wasserpumpenfette herkömmlicher Art
6	85–115	sehr feste Wasserpumpenfette und Blockfette; keine Walk- sondern Ruhpenetration

10.2.6.2 Klassifikation der Schmierfette

Die Schmierfette werden hinsichtlich ihrer Konsistenz (Verformbarkeit oder Festigkeit!) in neun NLGI-Klassen[2] unterteilt. Diese Einteilung basiert auf der Walkpenetration nach DIN ISO 2137 oder DIN 51825, die ein Maß für die Verformbarkeit ist. Unter der Walkpenetration wird die Penetration einer Schmierfettprobe nach Temperierung auf 25 °C und vorangeganger Behandlung (Walken!) mit 60 Doppeltakten in einem Standard-Schmierfett-Kneter verstanden. Die Penetration eines Schmierfettes ist die Tiefe, gemessen in 0,1 mm, die ein Standardkonus vorgegebener Maße unter genau beschriebener Zeit und Temperatur in das zu prüfende Schmierfett eindringt. Für jede NLGI-Klasse gilt gemäß Tabelle 10.13 eine Spanne von 30 Einheiten, wobei eine Einheit einer Einsinktiefe von 0,1 mm entspricht. Die Konsistenz eines Schmierfettes liegt im Bereich 85 (feste oder harte Fette!) bis 475 (weiche Fette!). Mit steigender Zahl bei der Angabe der NLGI-Klasse, d.h. mit abnehmender Walkpenetration, wird ein Fett härter oder weniger verformbar [57].

10.2.7 Physikalisches Wirkprinzip bei der Schmierung

Im Prinzip werden bei der Schmierung der Kontaktstellen zweier Körper (z.B. Gleit-, Roll- und Wälzkontakte, Lagerstellen, Zahneingriffe!) hinsichtlich des Druckaufbaus im Schmierspalt zwischen den beiden gepaarten Körpern drei Arten unterschieden. Es sind dies die hydrostatische, die hydrodynamische und die elastohydrodynamische Schmierung [15, 33, 44, 49, 99].

---

[2] NLGI ist die Abkürzung für National Lubrication Grease Institute (USA).

10.2.7.1 Hydrostatische Schmierung

Bei der hydrostatischen Lagerung von Körpern wird im Bereich der größten Belastung (Kontaktstelle!) eine Tasche eingearbeitet, in die ein Fluid (Flüssigkeit oder Gas!) mit konstantem Druck eingepreßt wird. Speziell bei der hydrostatischen Schmierung von Lagern wird der Schmierstoffdruck nicht im sich verjüngenden Schmierspalt zwischen den gepaarten Lagerkörpern durch deren wirksame Bewegung, sondern durch eine Pumpe außerhalb des Lagers erzeugt. Die wichtigsten Merkmale der hydrostatisch arbeitenden Lager sind daher die Schmierstoffpumpe und die Schmierstoffdruckkammer oder die Schmierstofftasche, in die der Schmierstoff unter Druck zugeführt wird. Letztere wird diametral zur äußeren Lagerlast in die Lagerschale eingearbeitet. Die Tragfähigkeit eines hydrostatisch arbeitenden Lagers ist somit unabhängig von der Bewegung der Welle und/oder der Lagerschale (Bild 10.3). Die hydrostatische Schmierung wird vor allem dort angewendet, wo keine metallische Berührung der Lagerflächen, d.h. kein Verschleiß auftreten darf, eine möglichst kleine Reibungszahl verwirklicht werden muß und infolge zu kleiner wirksamer Geschwindigkeit der gepaarten Lagerkörper hydrodynamisch über die Keilwirkung kein tragender Schmierfilm verwirklicht und aufrechterhalten werden kann [24, 47, 48, 49, 66, 67, 68].

10.2.7.2 Hydrodynamische Schmierung

Bei der hydrodynamischen Schmierung wird der Schmierstoff durch die wirksame Bewegung der gepaarten Körper, d.h. durch die Schub- oder Scherkräfte im Schmierstoff in den Schmierspalt (Kontaktstelle!) hineingezogen und ein hydrodynamischer Druck aufgebaut, dessen Höhe und Verteilung auch von der Spaltgeometrie (Zahnkontur, Neigung und/oder Balligkeit der Gleit-, Roll- oder Wälzflanken!) abhängt. Die Mehrzahl der in der Praxis eingesetzten Gleitlager sind hydrodynamisch arbeitende Lager. Durch die wirksame Bewegung der gepaarten Lagerkörper wird der Schmierstoff, der dem Lager drucklos zugeführt wird, infolge der Schubspannungen im Schmierstoff in den konvergierenden Spalt zwischen den Lageroberflächen gedrückt, wodurch es nach den Gesetzmäßigkeiten der Hydrodynamik zu einem Druckaufbau kommt [7, 8, 16, 36, 49, 73, 77, 82, 92]. Die z.B. in der Lagerschale rotierende Welle ist somit die eigene Schmierstoffpumpe. Zum Aufbau eines wirksamen hydrodynamischen Druckes, d.h. einer genügend großen Tragfähigkeit eines hydrodynamisch arbeitenden Gleitlagers, ist somit neben gewissen geometrischen Abmessungen und einer genügend großen Viskosität des Schmierstoffes eine genügend hohe wirksame Geschwindigkeit zwischen den gepaarten Lagerflächen erforderlich (Bild 10.3). Da diese erforderliche wirksame Geschwindigkeit beim Anfahren bzw. beim Auslaufen einer Maschine noch nicht erreicht bzw. bereits unterschritten ist, ist die hydrodynamische Tragfähigkeit in diesen Betriebsphasen nicht gegeben, d.h. es liegt nicht der Zustand der Flüssigkeitsreibung, sondern der der Mischreibung vor. Somit tritt metallischer Kontakt der gepaarten Lagerkörper und damit Verschleiß der Lageroberflächen auf. Bezüglich der Richtung der wirksamen Geschwindigkeit der gepaarten Lagerkörper ist zu beachten, daß sie in Richtung der Schmierspaltverjüngung (konvergierender Schmierspalt!) zeigt, d.h. den Schmierstoff in den sich verengenden Schmierspalt hineindrückt. Die Schmierstoffzufuhr muß bei hydrodynamisch arbeitenden Lagern daher immer unmittelbar vor dem sich verengenden Schmierspalt erfolgen.

10.2.7.3 Elastohydrodynamische Schmierung

Bei stark belasteten Kontakt- oder Lagerstellen von Körpern, die mit hoher Geschwindigkeit aufeinander abwälzen, wie z.B. bei Wälzlagern, Zahnrädern und Nocken-Getrieben, wird ebenfalls die hydrodynamische Schmierung vorgesehen. Durch die starke Konvergenz des Schmierspaltes kommt es bei einer großen wirksamen Geschwindigkeit zwischen den gepaarten Körpern zu einem starken Druckanstieg im Schmierfilm, der einerseits zu einer Vergrößerung der Viskosität und andererseits zu einer elastischen Deformation der Lageroberflächen führt. Durch den Viskositätsanstieg des Schmierstoffes wird bei gleichbleibender Belastung die Schmierspalthöhe größer. Die elastische Deformation der gepaarten Lageroberflächen führt ebenfalls zu einer Vergrößerung des Schmierspaltes [5, 15, 34, 54, 55].

In Bild 10.11 sind schematisch die Schmierfilmdicke und die Druckverteilung im Schmierfilm zwischen zwei belasteten gleichgroßen zylindrischen Körpern dargestellt. Die Vergrößerung der Schmierfilmdicke von h auf h_0 ist deutlich zu erkennen. Für ein reales Wälzlager (Wälzkörper gepaart mit Lagerinnenring!) sind in Bild 10.12 die Schmierfilmdicke h, die minimale Schmierfilmdicke h_0 und die Druckverteilung, die sich in Wirklichkeit unter elastohydrodynamischen Verhältnissen einstellen, nach [11, 15, 19] dargestellt. Der Schmierfilm ist auf dem größten

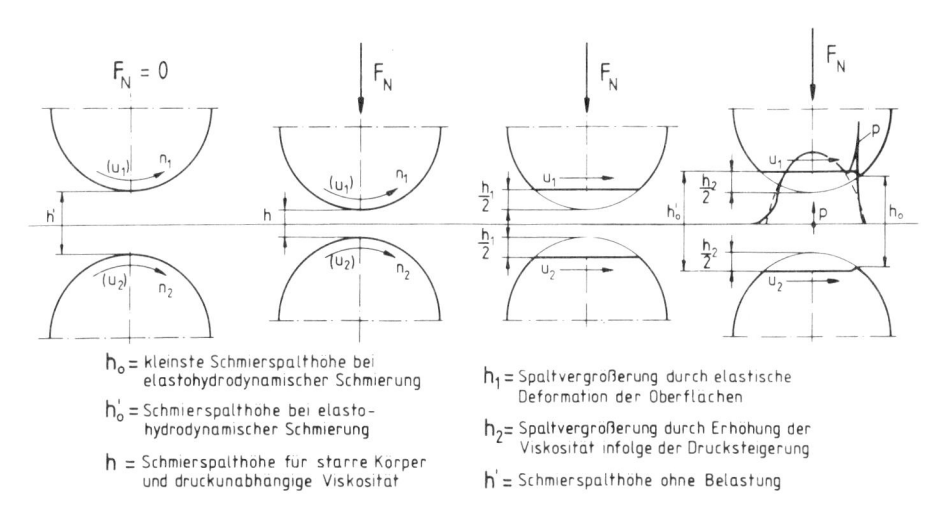

Bild 10.11. Schmierspalthöhen bei stark gekrümmten Körpern mit tribologischer Beanspruchung

h_0 = kleinste Schmierspalthöhe bei elastohydrodynamischer Schmierung
h_0' = Schmierspalthöhe bei elastohydrodynamischer Schmierung
h = Schmierspalthöhe für starre Körper und druckunabhängige Viskosität
h_1 = Spaltvergrößerung durch elastische Deformation der Oberflächen
h_2 = Spaltvergrößerung durch Erhöhung der Viskosität infolge der Drucksteigerung
h' = Schmierspalthöhe ohne Belastung

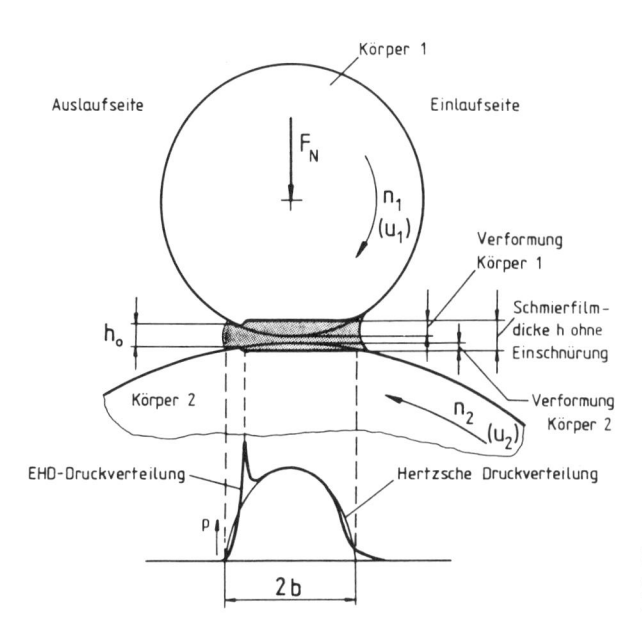

Bild 10.12. Elastohydrodynamischer Schmierfilm und Druckverteilung

Teil der verformten Oberflächen nahezu gleich dick, nur auf der Seite des divergierenden Spaltes ist er beim Auslauf auf den Minimalwert h_0 zusammengedrückt. Der Schmierfilmdruck steigt auf der Seite des konvergierenden Spaltes zuerst langsam und dann rasch auf den Wert des maximalen Hertzschen Druckes in der Mitte der Druckfläche an, fällt dann wieder ab und hat an der Stelle des engsten Schmierspaltes kurz vor dem Auslauf eine ausgeprägte Druckspitze, von der er dann ziemlich steil auf den Umgebungsdruck abfällt. Bei hohen Belastungen überwiegen die elastischen Verformungen, d.h. die EHD-Druckverteilung ist der Hertzschen Druckverteilung sehr ähnlich, und bei hohen wirksamen Geschwindigkeiten überwiegen die hydrodynamischen Effekte, d.h. das Druckmaximum wird zur Druckflächenmitte hin verschoben.

10.3 Lagerung von Wellen

In allen technischen Systemen mit Elementen, die sich relativ zueinander bewegen und gegeneinander abstützen, werden Lagerungen benötigt. Eine Lagerung besteht aus mindestens zwei Lagern oder zwei Führungen.

Lager sind Konstruktionselemente, die bei einer Drehbewegung um eine Lagerachse entweder eine Querverschiebung (Radial- oder Querlager!) oder eine Längsverschiebung (Axial- oder Längslager!) oder auch eine kombinierte Quer-Längsverschiebung (kombinierte Radial-Axial-Lager!) vermeiden. Die Kombination eines Quer- und eines einseitigen Axiallagers ist ein *Stützlager*, und die Kombination eines Quer- und eines beidseitigen Axiallagers ist ein *Festlager*.

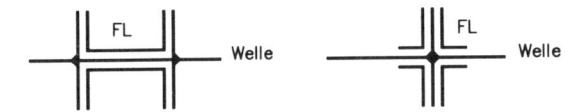

Bild 10.13. Symbole für Stützlager, Festlager und Loslager

Querlager, die Kräfte nur quer zur Welle übertragen, d.h. eine Längsverschiebung zulassen, werden als *Loslager* bezeichnet (Bild 10.13).

Führungen sind Konstruktionselemente, die bei Vermeidung einer Drehbewegung Längs- und/oder Querverschiebungen gepaarter Teile zulassen. In der überwiegenden Anzahl der Ausführungsformen ermöglichen Führungen nur eine Längsverschiebung (Translation in einer Richtung!).

Auflager oder *Abstützungen* sind Lager oder Führungen, die nur kleine Relativbewegungen der gepaarten Teile zulassen.

10.3.1 Anordnung von Lagern

Grundsätzlich muß für eine Lagerung die von Pahl/Beitz [64] aufgestellte Grundregel der Eindeutigkeit erfüllt sein, d.h. das der Lagerung zugrunde liegende Wirkprinzip muß einen eindeutigen Zusammenhang zwischen Ursache und Wirkung sowie eine geordnete Leitung des Kraftflusses gewährleisten. In der Mechanik wird eine derartige Lagerung als statisch bestimmt bezeichnet.

Die bei der Lagerung eines Systems auftretenden Kräfte sind im Regelfall Radial- und Axialkräfte, die meistens in zwei Ebenen, die senkrecht zur Drehachse stehen und einen Abstand 1 voneinander haben, aufgenommen werden.

10.3.1.1 Festlager-Loslager-Anordnung

Eine – auch unter Berücksichtigung der durch äußere Kräfte und Momente sowie durch thermische Einflüsse bewirkten Verformungen – eindeutige Lagerung ist die Festlager-Loslager-Anordnung. Hierbei nimmt das Festlager Kräfte in radialer

264   10 Reibung, Schmierung, Lagerungen

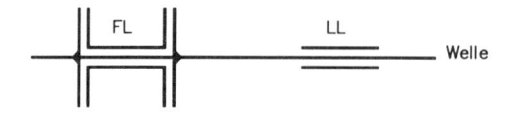

Bild 10.14. Festlager-Loslager-Anordnung

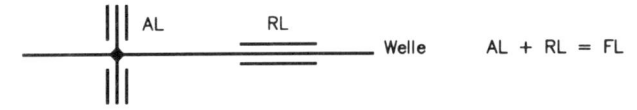

Bild 10.15. Funktionentrennung bei einem Festlager durch Aufteilung in ein Radial- und ein Axiallager

und in axialer Richtung und das Loslager Kräfte nur in radialer Richtung auf (Bild 10.14).

Zum Festlager ist anzumerken, daß es auch aus zwei Lagern aufgebaut sein kann, die getrennt die axialen und die radialen Kräfte aufnehmen (Bild 10.15).

10.3.1.2 Stützlager-Anordnung

Bei der Stützlager-Anordnung, die auch als angestellte Lagerung oder Lagerung der gegenseitigen Führung bezeichnet wird, übernimmt jedes der beiden Lager (Stützlager!) nur in einer Richtung die axiale Führung der Welle, und jedes der beiden

a) H–Anordnung:

H_{innen}

$H_{außen}$

Welle

b) O–Anordnung:

Welle

c) X–Anordnung:

Welle

Bild 10.16. Stützlager-Anordnung; a) H-Anordnung (H_{innen}- oder $H_{außen}$-Anordnung), b) O-Anordnung, c) X-Anordnung

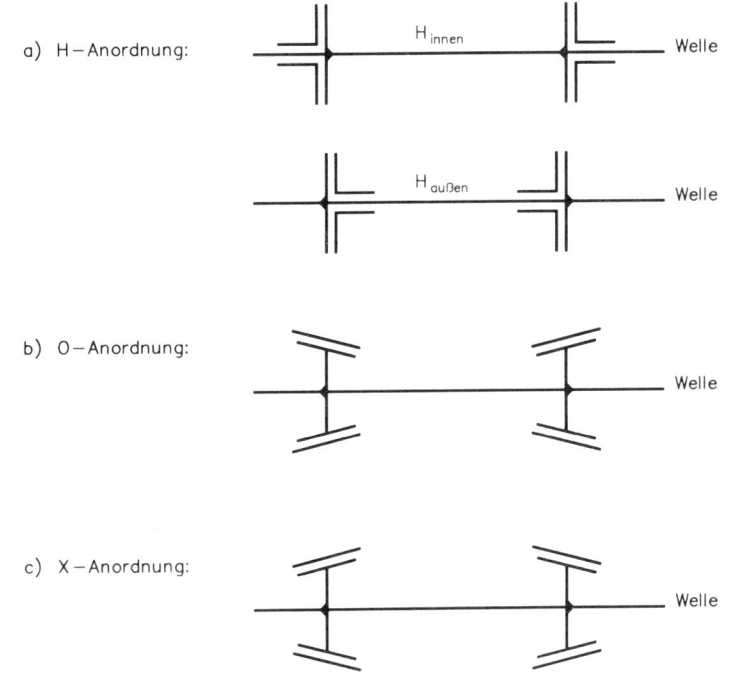

Lager nimmt Radialkräfte auf. Da die Axialbelastung der Lager von deren Anstellung und damit von deren Vorspannung abhängt und die durch thermische Längenänderungen hervorgerufenen Kräfte nicht eindeutig dem einen oder dem anderen Lager als Axialbelastung zugeschlagen werden können, ist die Stützlager-Anordnung keine eindeutige Lagerung. Sie ist nur dann eindeutig hinsichtlich des Kraftflusses, wenn die axialen Längenänderungen vernachlässigbar klein sind (z.B. bei kurzen Wellen!) oder in der Lagerung ein Spiel in axialer Richtung vorgesehen wird. Dieses Spiel kann als axiales Einbauspiel (einige 1/10 mm!) bei einem Lager, aber auch bei beiden Lagern eingestellt werden. Während bei der Verwendung von Gleitlagern die Stützlager-Anordnung fast immer H-förmig ist (Bild 10.16), ist sie bei Verwendung von Wälzlagern meistens X- oder O-förmig. Bei der Stützlager-Anordnung von Wälzlagern wird deshalb nach der Richtung des Kraftflusses zwischen der X-Anordnung und der O-Anordnung unterschieden.

10.3.1.3 Schwimmende Lager-Anordnung

Eine Stützlager-Anordnung, bei der in axialer Richtung mindestens in einem Stützlager ein Spiel (Einbauspiel!) vorgesehen ist, wird als Schwimmende Lager-

a) axiales Spiel beim rechten Stützlager;

b) axiales Spiel beim linken Stützlager;

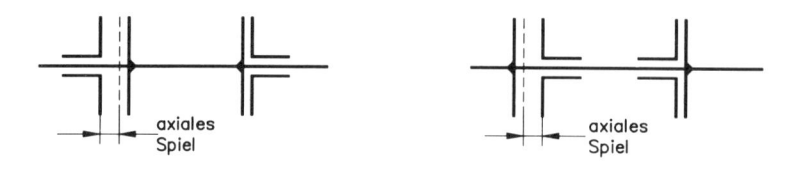

c) axiales Spiel bei beiden Stützlagern;

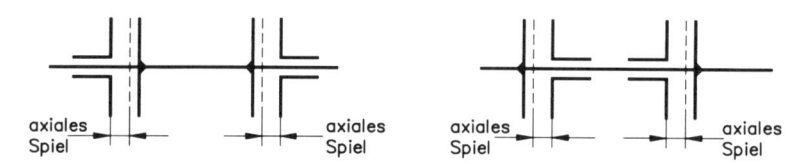

Bild 10.17. Schwimmende Lageranordnung; a) mit rechtsseitigem axialen Spiel, b) mit linksseitigem axialen Spiel, c) mit beidseitigem axialen Spiel

Anordnung bezeichnet (Bild 10.17). Durch sie können mechanische oder thermische Längenänderungen im Rahmen des eingestellten Axialspiels aufgenommen werden. Die Welle ist aber bei einer schwimmenden Lagerung in axialer Richtung nicht eindeutig fixiert. Das Spiel muß zuerst überwunden werden.

10.3.1.4 Lageranordnung mit elastisch verspannten Stützlagern

Werden die beiden Stützlager in axialer Richtung elastisch abgestützt (z.B. durch Tellerfedern oder Federscheiben!), so ist durch die Federcharakteristik der elastischen Abstützung eine eindeutige Zuordnung von Axialkraft und axialem Federweg (axiale Wellenverschiebung!) gegeben. Die Welle hat so lange eine eindeutige Lage in axialer Richtung, wie die Axialkraft die axiale Vorspannkraft der elastischen Abstützung nicht überschreitet. Es sind aber auch Lagerungen verwirklicht, bei

a) elastische Verspannung beim rechten Stützlager;

b) elastische Verspannung beim linken Stützlager;

c) elastische Verspannung bei beiden Stützlagern;

Bild 10.18. Lageranordung mit elastisch verspannten Stützlagern; a) mit rechtsseitiger elastischer Verspannung, b) mit linksseitiger elastischer Verspannung, c) mit beidseitiger elastischer Verspannung

denen gemäß der nur in einer Richtung wirkenden Axialkraft nur ein Stützlager elastisch abgestützt ist (Bild 10.18).

10.3.2 Belastungsfall

In der *Wälzlagertechnik* bezieht sich der Belastungsfall immer auf den Betriebszustand des Lagers, nicht aber auf die Art, d.h. die Zeitabhängigkeit der Lagerlast. Statische Beanspruchung eines Lagers liegt dann vor, wenn das Lager im Stillstand oder bei kleinen Schwenkbewegungen in konstanter Richtung belastet ist. Die Lagerbelastung kann in ihrer Größe dabei sowohl konstant als auch zeitlich variabel sein. Der Fall der dynamischen Beanspruchung ist dann gegeben, wenn eine in ihrer Größe konstante oder auch eine zeitlich veränderliche Lagerlast konstanter oder veränderlicher Richtung auf das umlaufende Lager einwirkt.

In der *Gleitlagertechnik* liegt bei einer Relativbewegung der gepaarten Lagerkörper der Fall der stationären Belastung dann vor, wenn die Lagerlast nach Größe und Richtung konstant ist. Bei der dynamischen Belastung ist die Lagerlast in Größe und/oder Wirkrichtung zeitabhängig oder verdrehwinkelabhängig (z.B. Gleitlager von Verbrennungsmotoren!).

10.4 Wälzlager

Zur Erfüllung der Lagerfunktion (Leiten der Kräfte und Anpassen der kinematischen Verhältnisse!) existieren im wesentlichen zwei Prinzipien. Während sich die Kraftleitung und die kinematische Anpassung beim Gleitlager über zwei gegeneinander gleitende Flächen, die durch ein druckbeaufschlagtes Fluid voneinander getrennt sein können, vollzieht, findet man beim Wälzlager eine überlagerte Gleit- und Rollbewegung (Wälzbewegung!) zwischen den sogenannten Wälzkörpern und den Lagerflächen.

10.4.1 Eigenschaften von Wälzlagern

Bild 10.19 zeigt den prinzipiellen Aufbau eines Wälzlagers am Beispiel eines Radial- und eines Axiallagers. Innen- und Außenring des Radiallagers bzw. die Lagerringe des Axiallagers stehen über entsprechende Passungen in direktem Kontakt mit der konstruktiven Umgebung der Lagerstelle (z.B. Welle und Gehäuse!). Die Wälzkörper laufen in den Bahnen der Lagerringe und werden zusätzlich durch einen Lagerkäfig geführt. Der Schmierfilm zwischen Wälzkörper und Lagerring beträgt unter Belastung weniger als 1 µm. Das radiale Spiel zwischen den Wälzkörpern und dem Innen- bzw. dem Außenring des Radiallagers (radiale Lagerluft!) liegt in der Regel je nach Lagerart bzw. -größe und Genauigkeitsklasse des Lagers bei ca. 10 µm bis 100 µm. Hieraus ergibt sich eine ausreichend gute radiale Führung der Welle, wobei auch Formabweichungen der Wälzkörper untereinander und der Laufbahnen der Ringe in gewissen Grenzen kompensiert werden können.

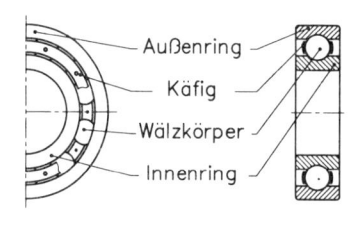

a) Radiallager — Außenring, Käfig, Wälzkörper, Innenring

b) Axiallager — Gehäusescheibe, Wälzkörper, Käfig, Wellenscheibe

Bild 10.19. Aufbau eines Wälzlagers

Aufgrund der geringen Schmierfilmdicke, die bei den Gleitlagern ungefähr zehnmal größer ist, weisen Wälzlager eine Dämpfung auf, die nur halb so groß ist, wie die hydrostatisch oder hydrodynamisch arbeitenden Gleitlager vergleichbarer Größe. Die Reibungsverluste der Wälzlager liegen dagegen eine bis zwei Zehnerpotenzen unter denen vergleichbarer Gleitlagerungen. Diese Feststellung gilt insbesondere auch für die hydrostatisch arbeitenden Gleitlager, die zwar bei kleinen Drehzahlen eine verschwindend geringe Lagerreibung aufweisen, bei denen jedoch die Verluste in den Druckerzeugungsaggregaten zu berücksichtigen sind.

Weitere Vorteile der Wälzlager gegenüber den Gleitlagern finden sich bei den Drehzahlgrenzen, dem Aufwand für die Schmierung und bei der Betriebssicherheit. Während die maximalen Umfangsgeschwindigkeiten für Wälzlager im Bereich von ca. 120 m/s liegen können, findet man bei hydrostatisch und hydrodynamisch arbeitenden Gleitlagerungen Werte von ca. 60 m/s. Dabei ist allerdings zu berücksichtigen, daß Lager gleicher Tragfähigkeit in der Ausführung als Gleitlager u.U. geringere Durchmesser aufweisen.

Da die überwiegende Mehrzahl aller Wälzlager mit einer einmaligen Fettfüllung als Lebensdauerschmierung versehen wird oder in geschlossenen Gehäusen eine Ölnebelschmierung ohne jegliche Schmierstoffversorgungssysteme erfährt, ist der Aufwand zur Schmierung der Wälzlager minimal. Lediglich bei sehr hohen Drehzahlen sind entsprechende Vorkehrungen zu treffen, auf die in einem separaten Abschnitt näher eingegangen wird. Aufgrund der weitestgehenden Unabhängigkeit von einer Fremdversorgung, der Sicherheit bei kurzfristigen Überlastungen und den guten Notlaufeigenschaften gelten Wälzlager als sehr betriebssicher. Zudem existieren erprobte Algorithmen zur Lebensdauerberechnung, die einen Zusammenhang zwischen der Belastung, der Drehzahl, den tribologischen Besonderheiten (Schmierung, Temperatur, Werkstoffe!) und dem konstruktiven Umfeld des Lagers einerseits sowie dessen Ermüdungslebensdauer andererseits herstellen [11, 32, 65].

Die Standardlieferprogramme der Wälzlagerhersteller umfassen die in den entsprechenden Normen festgelegten Abmessungen für die einzelnen Lagertypen und beinhalten eine Vielzahl weiterer Baugrößen, die die Standardanwendungsfälle weitgehend abdecken. Darüber hinaus stehen Spezialprogramme für seltene Lagergrößen oder erhöhte Anforderungen an die Genauigkeit zur Verfügung. Aufgrund der Normung und der vergleichbaren Anforderungen an das konstruktive Umfeld sind die Standardwälzlager unterschiedlicher Hersteller in der Regel untereinander austauschbar, so daß generell von einer hohen Verfügbarkeit und einem geringen Aufwand für die Beschaffung, die Lagerhaltung, den Autausch und die Wartung dieser Konstruktionselemente auszugehen ist.

10.4.2 Bauformen und Bezeichnungen

In Anlehnung an die Kraftleitung werden sogenannte Axiallager zur Aufnahme bzw. Leitung von Axialkräften sowie Radiallager unterschieden, die zwar im wesentlichen zur Aufnahme von Radialkräften dienen, die aber auch Axialkräfte leiten können. Neben diesem Kriterium erfolgt die Einteilung der Wälzlager in der

Hauptsache aufgrund der geometrischen Form der Wälzkörper, die in Verbindung mit einer entsprechenden Kontur der Lagerringe bestimmte Lagerbauformen für bestimmte Anwendungsfälle prädestinieren (vgl. auch [1, 19, 41]). Zur Klassifizierung ist in der DIN 623 ein Bezeichnungssystem für Wälzlager beschrieben, das die Kennzeichnung der Bauformen und -größen aufgrund einer Ziffernkombination evtl. unter Verwendung eines Vorsetz- bzw. Nachsetzzeichens ermöglicht.

10.4.2.1 Radiallager

Im folgenden soll ein Überblick über die wichtigsten Radiallager gegeben werden, der auf die wesentlichen Eigenschaften der einzelnen Lagerbauformen Bezug nimmt. Neben den hier genannten Lagertypen existiert noch eine Vielzahl von Sonderbauformen für spezielle Lagerungsfälle. Für das Studium dieser Sonderlager sei auf die einschlägige Literatur verwiesen [109, 110, 111, 112, 113, 114, 115, 116, 118].

Rillenkugellager

Die am meisten verwendeten Radiallager sind die sogenannten Rillenkugellager nach Bild 10.20a und 10.20b, die als ein- oder zweireihige Lager ausgeführt werden. Neben der Radialbelastung können Rillenkugellager auch Axialkräfte beträchtlicher Größe in beiden Richtungen aufnehmen und sind für hohe Drehzahlen geeignet. Die gebräuchlichen Baugrößen sind, mit einer Lebensdauerfettfüllung und

a) Rillenkugellager (einreihige Ausführung)   b) Rillenkugellager (zweireihige Ausführung)   c) Pendelkugellager

d) Schrägkugellager (einreihige Ausführung)   e) Schrägkugellager (zweireihige Ausführung)   f) Vierpunktlager

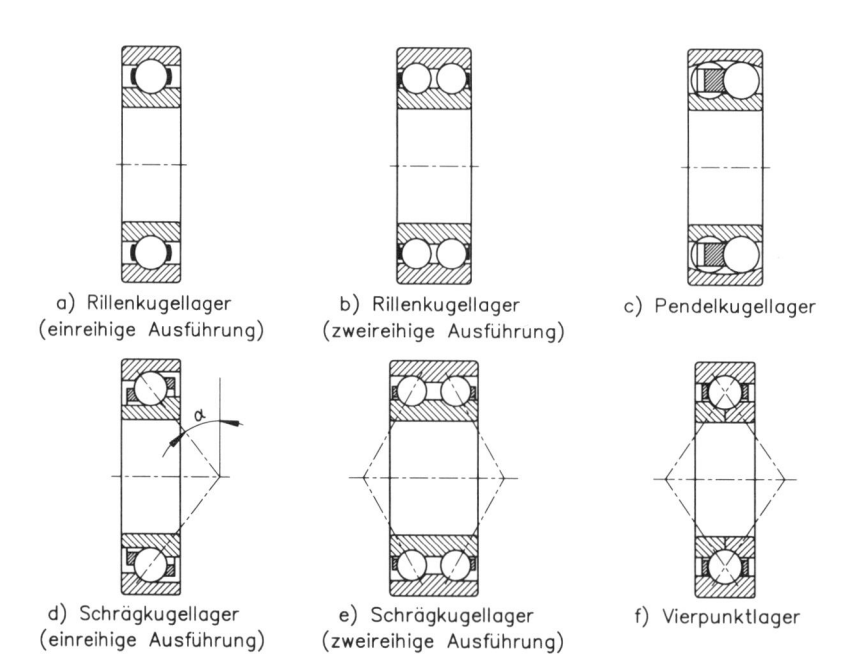

Bild 10.20. Verschiedene Bauformen von Radialkugellagern

mit Deckscheiben (nichtberührende Fettdichtungen!) oder Dichtscheiben (berührende Fettabdichtung zwischen den Lagerringen!) versehen, erhältlich.

Aufgrund ihrer Geometrie und der Wälzkinematik lassen Rillenkugellager nur sehr geringe Schiefstellungen zwischen dem Innen- und dem Außenring zu. Der Winkelversatz sollte bei zweireihigen Lagern 2 Winkelminuten, bei einreihigen Lagern 10 Winkelminuten nicht übersteigen. Größere Schiefstellungen sind mit höheren Laufgeräuschen, zusätzlichen Belastungen und dadurch mit einer Reduzierung der Lebensdauer verbunden. Eine für den einwandfreien Betrieb der Rillenkugellager erforderliche Mindestbelastung in radialer Richtung ist in der Regel durch das Eigengewicht der gelagerten Bauteile gegeben. Für Anwendungsfälle, bei denen die Mindestradialbelastung unterschritten wird, sollte der Innenring gegenüber dem Außenring in axialer Richtung durch eine Feder vorgespannt werden.

Pendelkugellager

Ist wegen großer Wellendurchbiegungen oder durch eine nicht einfache Bearbeitung der Lagersitze im Gehäuse davon auszugehen, daß ein größerer Winkelversatz zwischen der Gehäusebohrung und der Welle auftritt, können Pendelkugellager (Bild 10.20c) eingesetzt werden. Diese zeichnen sich durch zwei Kugelreihen aus, die im Innenring in getrennten Laufbahnen und mittels eines gemeinsamen Käfigs geführt werden. Die Laufbahn des Außenrings hat die Krümmung einer Hohlkugel, so daß die Winkelbeweglichkeit zwischen dem Innen- und dem Außenring dieses Lagertyps gewährleistet ist. Die zulässige Schiefstellung beträgt je nach Lagerreihe $1,5°$ bis $3°$. Wie die Rillenkugellager sind die gebräuchlichen Pendelkugellager bei Bedarf als abgedichtete Lager mit Lebensdauerfettfüllung zu beziehen. Für die Mindestbelastung, den Drehzahlbereich und die Eignung zur Aufnahme von Axialkräften gelten die in bezug auf die Rillenkugellager gemachten Aussagen. Bestimmte Bauarten der Pendelkugellager weisen entgegen der in Bild 10.20c gezeigten Geometrie einen Überstand der Wälzkörper über die seitliche Berandung der Lagerringe auf. Die Lagerbreite ist somit nicht identisch mit der Breite der Lagerringe. Dieser Tatsache ist bei der Gestaltung des konstruktiven Umfeldes des Lagers Rechnung zu tragen.

Schrägkugellager

Zur Aufnahme sehr großer axialer und radialer Belastungen eignen sich die sogenannten Schrägkugellager, die im Innen- und im Außenring versetzt zueinander angeordnete Laufbahnen aufweisen. Die Berührpunkte der Wälzkörper mit den Lagerringen definieren den Berührwinkel α (Bild 10.20d), der ein Maß für die Tragfähigkeit des Lagers bzgl. der Axialkräfte darstellt. Je höher die Tragfähigkeit des Lagers für Axialkraftkomponenten ist, desto größer ist der Berührwinkel. Neben den einreihigen Schrägkugellagern stehen die zweireihigen und die sogenannten Vierpunktlager (Bilder 10.20e und 10.20f) zur Verfügung. Daneben finden häufig spezielle Genauigkeitsschrägkugellager in Werkzeugmaschinen ihre Anwendung.

Tandem−Anordnung   O−Anordnung   X−Anordnung

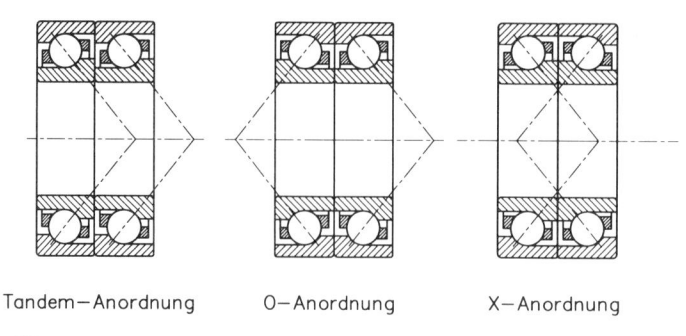

Bild 10.21. Anordnungen von einreihigen Schrägkugellagern

Aufgrund ihres Aufbaus können einreihige Schrägkugellager Axialkräfte nur in einer Richtung aufnehmen. Zudem führt eine radiale Belastung zu einer axialen Kraftkomponente im Lager, so daß klar ist, daß einreihige Schrägkugellager immer gegen ein zweites Lager angestellt werden müssen. Sind sehr große Lagerkräfte vorhanden, können die Schrägkugellager auch paarweise eingebaut werden. Nach Bild 10.21 unterscheidet man die Tandem-, die O- und die X-Anordnung.

Die Tandem-Anordnung kann nur in einer Richtung Axialkräfte aufnehmen und muß daher gegen ein drittes Lager angestellt werden. Die entsprechend gerichtete Axialkraft verteilt sich gleichmäßig auf die beiden gleichsinnig angeordneten Lager. Sowohl bei der O- als auch bei der X-Anordnung können Axialkräfte in beiden Richtungen jeweils durch ein Lager aufgenommen werden. Speziell für die O-Anordnung ergibt sich eine relativ starre Lagerung, die sich auch zur Aufnahme von Kippmomenten eignet. Bezüglich der Schiefstellung und der Mindestbelastung sind einzelne einreihige Schrägkugellager vergleichbar mit den Rillenkugellagern. Satzweise in X-, O- oder Tandem-Anordnung eingebaute Schrägkugellager sind jedoch empfindlich gegenüber einem Winkelversatz zwischen Welle und Gehäusebohrung, so daß bei Winkelfehlern mit einer reduzierten Lagerlebensdauer gerechnet werden muß.

Zweireihige Schrägkugellager sind in ihren Eigenschaften direkt vergleichbar mit zwei satzweise eingebauten einreihigen Lagern in O-Anordnung, d.h., sie vertragen in der Regel keine Schiefstellung. Im Gegensatz zur O-Anordnung zweier einreihiger Lager bauen die zweireihigen Typen schmaler. Sie haben zudem den Vorteil, daß sie bei Bedarf in einigen Ausführungen mit Deck- oder Dichtscheiben und einer Lebensdauerfettfüllung erhältlich sind.

Bei den Vierpunktlagern ist die Baubreite gegenüber den zweireihigen Schrägkugellagern weiter optimiert. Die Laufbahnen im geteilten Innenring sind so ausgebildet, daß Axialkräfte in beiden Richtungen über die einreihig angeordneten Wälzkörper übertragen werden können.

Zylinderrollenlager

Bei den Zylinderrollenlagern (Bild 10.22) ist der in der Regel punktförmige Kontakt zwischen den Lagerringen und den Wälzkörpern auf eine Linienberührung er-

NU   N   NJ   NJ mit Winkelring   NUP

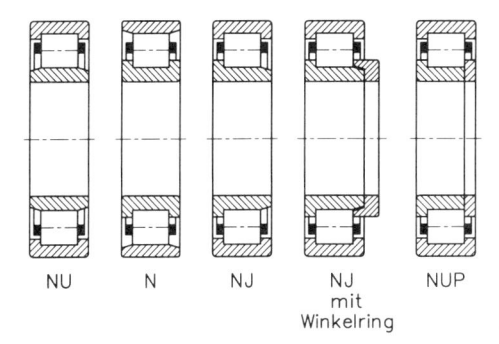

Bild 10.22. Bauformen von Zylinderrollenlagern

weitert, was zu einer erhöhten Tragfähigkeit bzgl. der Radialkräfte führt. Es existieren sowohl einreihige als auch zweireihige Ausführungsformen, die entweder als Käfiglager oder als sogenannte vollrollige Lager ausgebildet sind. Bei den vollrolligen Lagern fehlt die übliche Käfigkonstruktion. Dafür enthalten sie die maximal mögliche Anzahl von Wälzörpern, die sich dann gegenseitig führen. Hierdurch wird die Tragfähigkeit zum Teil erheblich erhöht, wohingegen die maximal zulässigen Drehzahlen unter denen der Käfiglager liegen. Die Bauformen N und NU besitzen nach Bild 10.22 jeweils einen bordlosen Außen- oder Innenring sowie zwei feste Borde am jeweils anderen Lagerring. Hierdurch ergibt sich eine axiale Verschieblichkeit der Lagerringe relativ zueinander, wodurch sich die Montage u.U. erheblich erleichtert, weil die beiden Lagerteile separat auf die Welle bzw. in die Gehäusebohrung eingebaut werden können. Die Axialverschieblichkeit kann allerdings auch zum Ausgleich von Längedehnungen genutzt werden, da die betreffenden Lager keine Axialkräfte aufnehmen können und somit als Loslager bei einer Festlager-Loslager-Anordnung Verwendung finden.

Die Bauform NJ besitzt zwei feste Borde am Außenring und einen festen Bord am Innenring. Lager dieses Typs können somit Axialkräfte in einer Richtung aufnehmen. In Verbindung mit einem passenden Winkelring ist es zudem möglich, der Bauform NJ axiale Führungseigenschaften in beiden Richtungen zu erteilen, so daß diese Lagertypen auch als Festlager eingebaut werden können. Gleiches gilt für die Bauform NUP, die ebenfalls mit drei festen Borden und zusätzlich einer losen Bordscheibe ausgestattet ist. Die Konstruktion eines Festlagers aus der Bauform NU und zwei Winkelringen ist dagegen nicht zulässig, da eine axiale Verspannung der Wälzkörper mit den beiden Winkelringen nicht ausgeschlossen werden kann.

Zylinderrollenlager, insbesondere in Käfigausführung, sind für hohe Drehzahlen gut geeignet. Die zulässige Schiefstellung ist vergleichbar mit der der Rillenkugellager. Das Axialspiel der Festlagerkonstruktionen bewegt sich je nach Ausführungsform und Lagergröße zwischen ca. 40 µm und 400 µm.

Nadellager, Nadelhülsen und Nadelbüchsen

Steht in radialer Richtung nur ein sehr beschränkter Bauraum zur Verfügung, der den Einsatz von Zylinderrollenlagern unmöglich macht, kann man auf Nadellager (Bild 10.23) ausweichen. Sie zeichnen sich durch eine radiale Tragfähigkeit aus und

| Nadellager | Nadellager | Nadelhülse | Nadelbüchse |
| mit Innenring | ohne Innenring | | |

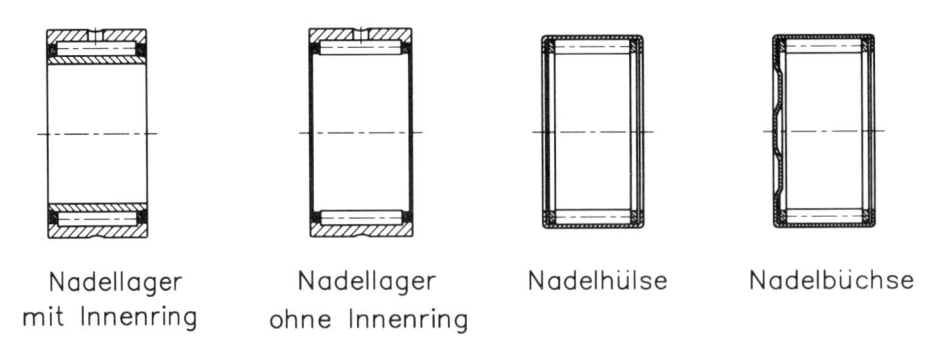

Bild 10.23. Bauformen von Nadellagern

sind mit oder auch ohne Innenring erhältlich. Ist ein Härten und Schleifen der Welle problemlos möglich und aus Kostengründen vertretbar, sollten auf jeden Fall Nadellager ohne Innenring eingebaut werden. Die Anforderungen an die Lauffläche auf der Welle lassen sich wie folgt klassifizieren:

– Oberflächenhärte: ca. 58 bis 64 HRC

– Erforderliche Rauhtiefen: $R_a \leqq 0{,}2$ µm bzw. $R_z \leqq 1$ µm

Zusätzlich sind nur gewisse Abweichungen in der Rundheit und in der Durchmessertoleranz des wellenseitigen Lagersitzes erlaubt. Lediglich in den Einsatzfällen, wo ein Härten und Schleifen der Welle nicht möglich ist, sind die Bauformen mit Lagerinnenring vorzuziehen.

Nadellager besitzen entweder feste Borde am Außenring oder bei kleineren Durchmessern eingesetzte Verschlußringe, um die Wälzkörper in axialer Richtung zu führen. Die Führung in Umfangsrichtung wird generell von einem Käfig übernommen. Da die Wälzkörper (Nadeln!) an ihren Enden leicht ballig gefertigt werden, kann eine minimale Schiefstellung zwischen Welle und Gehäusebohrung zugelassen werden.

Nadelhülsen sind spezielle Nadellager, deren Außenring aus einem dünnen Stahlblech spanlos gefertigt ist. Auch diese Bauform sollte bevorzugt ohne Innenring eingebaut werden. Ist dies nicht möglich, sind entsprechende Innenringe erhältlich. Da das dünne Blechteil, das den Außenring bildet, relativ weich ist, erhält es seine Stabilität erst durch den Einbau in die dafür vorgesehene Lagerbohrung, an die aus diesem Grund erhöhte Anforderungen bzgl. der Genauigkeit zu stellen sind. Die empfohlene Toleranzklasse für den Lagersitz im Gehäuse ist bei Stahl und Gußeisenwerkstoffen N6, bei Leichtmetallgehäusen R6. Bei Bedarf sind sowohl die Nadelhülsen als auch die Nadellager mit entsprechenden Dichtungen erhältlich.

Eine Abart der Nadelhülsen stellen die sogenannten Nadelbüchsen dar, bei denen die Blechkonstruktion des Außenringes einen Topf darstellt, an dessen Boden die gelagerte Welle axial anlaufen kann, so daß die Möglichkeit der axialen Führung der Welle über ein Gleitlager bei kleinen Kräften besteht.

Pendelrollenlager

Das Pendant zum Pendelkugellager ist das Pendelrollenlager (Bild 10.24), das eine Linienberührung zwischen den Wälzkörpern und den Laufringen aufweist. Es besitzt zwei Rollenreihen, die im Innenring in getrennten, im Außenring in einer gemeinsamen hohlkugelförmigen Bahn laufen. Die zulässige Schiefstellung der Lager, die neben den Radialkräften auch Axialkräfte in beiden Richtungen aufnehmen können, beträgt bei geeigneter Geometrie je nach Bauform ca. 1° bis 2,5°. Die zulässigen Drehzahlen liegen unterhalb der Werte für Rillenkugellager und für Pendelkugellager vergleichbarer Größe.

Pendelrollenlager sind zur Optimierung der Schmierungsbedingungen mit einer umlaufenden Nut am Außenring versehen, aus der über mehrere Bohrungen am Umfang der Schmierstoff direkt zwischen die beiden Wälzkörperreihen eingebracht werden kann. Für rauhe Betriebsbedingungen sind Pendelrollenlager mit einer speziellen Abdichtung erhältlich, die im Gegensatz zu den Dichtscheiben anderer Wälzlager zweiteilig ausgeführt ist, wobei je ein Dichtungsteil an einem Lagerring fixiert ist.

Kegelrollenlager

Auch die Kegelrollenlager (Bild 10.25) weisen eine Linienberührung zwischen Wälzkörpern und Lagerring auf. Bedingt durch ihre spezielle Geometrie eignen sie sich

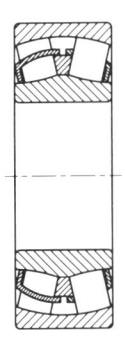

Bild 10.24. Pendelrollenlager

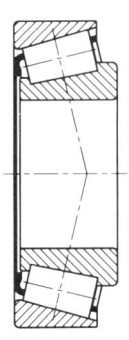

Bild 10.25. Kegelrollenlager

besonders zur Aufnahme kombinierter Axial- und Radialkräfte. Sie sind als ein- und mehrreihige Ausführungen erhältlich. Die zulässige Schiefstellung ist auf maximal 3 Winkelminuten begrenzt.

Da Kegelrollenlager Axialkräfte nur in einer Richtung aufnehmen können, müssen sie gegen ein zweites Lager angestellt werden. Genau wie bei den Schrägkugellagern können Lagersätze von Kegelrollenlagern in X-, O- oder Tandem-Anordnung zusammengepaßt werden, wobei die Tandem-Anordnung die Anstellung gegen ein drittes Lager erfordert.

10.4.2.2 Axiallager

Da viele Radiallager in der Lage sind, auch mehr oder weniger große Axialkräfte aufzunehmen, beschränken sich die Axiallagerbauformen auf drei wesentliche Grundtypen, die nachfolgend kurz charakterisiert werden. Der Einbau separater Axiallager ist immer dann erforderlich, wenn die Axialkräfte die für die ohnehin benötigten Radiallager zulässigen Werte überschreiten.

Axialrillenkugellager

Axialrillenkugellager können einseitig und zweiseitig wirkende Lager sein. Einseitig wirkende Lager (Bild 10.26a) können Axialkräfte in nur einer Lastrichtung aufnehmen. Sie sind, wie auch die zweiseitig wirkenden Lager, prinzipiell nicht in der Lage, Radialkräfte zu leiten. Daher werden sie mit einem Lagerring, der sogenannten Wellenscheibe, gegenüber der Welle gepaßt, während der zweite Lagerring (Gehäusescheibe!) mit beträchtlichem radialem Spiel gegenüber dem Gehäuse eingebaut wird. Aufgrund der Tatsache, daß die Axialrillenkugellager nicht selbsthaltend sind, d.h., daß die Lagerringe und die Wälzkörper mit dem Käfig drei separate Bauteile bilden, lassen sie sich relativ einfach montieren.

Dies gilt auch für die zweiseitig wirkenden Axialrillenkugellager (Bild 10.26b), die eine axiale Führung der Welle in beiden Richtungen gewährleisten. Hierzu sind sie mit zwei Gehäusescheiben und zwei Käfigen mit Kugelsätzen ausgestattet, so daß jeweils eine Kugelreihe in Verbindung mit dem zugehörigen Lagerring die

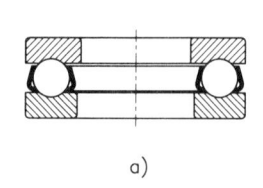

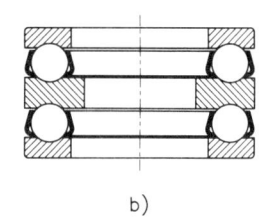

a)   b)

Einseitig wirkendes Axialrillenkugellager   Zweiseitig wirkendes Axialrillenkugellager

Bild 10.26. Bauformen des Axialrillenkugellagers

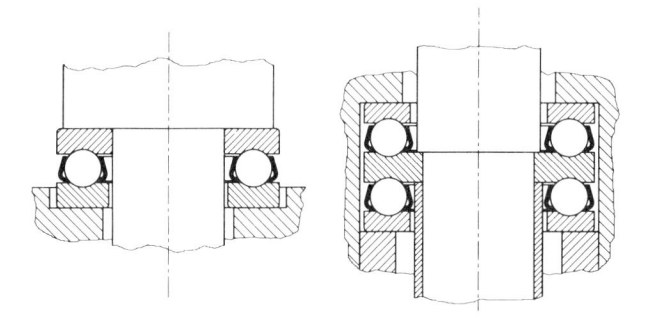

Bild 10.27. Einbauverhältnisse bei ein- und zweiseitig wirkenden Axiallagern

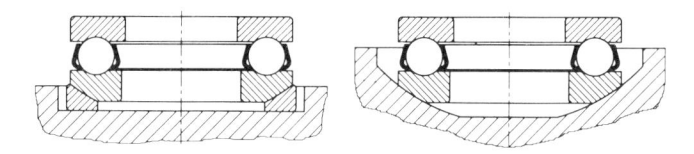

Bild 10.28. Einbaumöglichkeiten eines Axiallagers zur Kompensation von Winkelfehlern

Axialkraft einer Lastrichtung überträgt. Bild 10.27 zeigt schematisch die Einbausituation der beiden Lagertypen.

Zum Ausgleich von Schiefstellungen der Welle gegenüber dem Gehäuse sind Axialrillenkugellager mit kugelförmiger Gehäusescheibe erhältlich. Ist eine entsprechende Bearbeitung des Gehäuses nicht möglich oder aus Kostengründen nicht zu vertreten, können über die Lagerhersteller entsprechende Unterlegscheiben bezogen werden, die den Anschluß an eine ebene Gehäusefläche ermöglichen (Bild 10.28).

Axialzylinderrollenlager und Axialnadellager

Bei sehr großen Axialkräften und stoßartigen Belastungen eignen sich besonders Axialzylinderrollenlager und Axialnadellager (Bild 10.29a), die sich durch einen

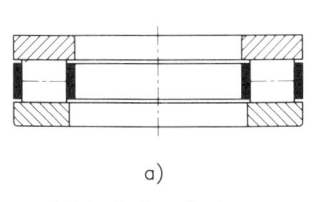

a)
Axialzylinderrollenlager

b)
Axialpendelrollenlager

Bild 10.29. Axialrollenlager

geringen Platzbedarf und eine hohe Tragfähigkeit und Steifigkeit auszeichnen. Bezüglich ihrer sonstigen Eigenschaften (Montage, Empfindlichkeit gegen Winkelfehler!) sind die ein- und zweiseitig wirkenden Axialzylinderrollenlager mit den entsprechenden Axialrillenkugellagern vergleichbar.

Axialnadellager stellen eine bauraumoptimierte Version der einseitig wirkenden Axialzylinderrollenlager dar. Die Nadellager sind nicht als eine komplette Einheit erhältlich. Vielmehr können Axialnadelkränze (Wälzkörper und Käfige!) und entsprechende Axial-, Wellen- oder Gehäusescheiben separat bezogen werden, um dem Konstrukteur die Möglichkeit zu geben, wie bei den Radialnadellagern die erforderlichen Gegenlaufflächen in die entsprechenden Bauteile (Welle oder Gehäuse!) zu integrieren und somit den Platzbedarf weiter zu minimieren.

Axialpendelrollenlager

Ein Axiallager, das auch Radialkräfte aufnehmen kann, ist das Axialpendelrollenlager (Bild 10.29b), da hier die Belastungen schräg zur Lagerachse zwischen den Laufbahnen und den Wälzkörpern übertragen werden. Aus diesem Grund müssen eingebaute Axialpendelrollenlager sowohl eine Passung zwischen Gehäusescheibe und Gehäuse als auch zwischen Wellenscheibe und Welle aufweisen (Bild 10.30). Ein wesentliches Charakteristikum ist die Winkelbeweglichkeit dieser Lager, die eine Schiefstellung der Welle gegenüber dem Gehäuse von ca. 2° bis 3° erlaubt. Axialpendelrollenlager sind nicht selbsthaltend und somit einfach zu montieren. Sie sollten allerdings aufgrund der komplexen Wälzverhältnisse, wenn möglich, ölgeschmiert betrieben werden.

10.4.2.3 Das Wälzlagerbezeichnungssystem nach DIN 623

In der DIN 623 ist ein Bezeichnungssystem genormt, das eine einheitliche Bezeichnung und Systematisierung der Wälzlager beschreibt, so daß die Austauschbarkeit von Lagern unterschiedlicher Hersteller gegeben ist. Zur Kennzeichnung eines Lagers dient neben der Benennung und der zugehörigen Normnummer (z.B. „Rillenkugellager DIN 625" oder „Pendelrollenlager DIN 636") ein Basiszeichen, das durch ein Vorsetz-, ein Nachsetz- und ein Ergänzungszeichen komplettiert wird.

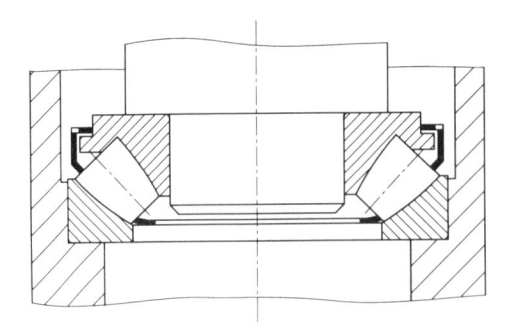

Bild 10.30. Einbaubeispiel für ein Axialpendelrollenlager

Das Vorsetzzeichen dient dazu, entweder Einzelteile von Lagern oder deren Werkstoff zu charakterisieren. Es gelten folgende Abkürzungen:
- K: Käfig mit Wälzkörpern,
- L: freier Ring eines nicht selbsthaltenden Lagers
  (z.B. Innenring eines Zylinderrollenlagers vom Typ NU!),
- R: Ring mit Wälzkörpersatz eines nicht selbsthaltenden Lagers
  (z.B. Außenring mit Wälzkörpersatz eines Zylinderrollenlagers vom Typ NU!),
- S: Kennzeichnung eines Lagers aus nichtrostendem Stahl.

Das Basiszeichen charakterisiert Art und Größe des Lagers. Normalerweise wird es gebildet aus einer Zeichenkombination, die die sogenannte Lagerreihe beschreibt, und einer Kennzahl für die Lagerbohrung. Die Lagerreihe selber wiederum setzt sich zusammen aus der Kennung für die Lagerart (z.B. 1 für Pendelkugellager, 5 für Rillenkugellager oder NU für ein entsprechendes Zylinderrollenlager) und einer Kennung für die Maßreihe, die die Breiten- und Durchmesserverhältnisse der einzelnen Lager charakterisiert. Näheres hierzu regelt DIN 616.

Durch das Nachsetzzeichen wird eine Vielzahl von Lagermerkmalen beschrieben, die hier nicht umfassend dargestellt werden können. Einen groben Überblick über die unterschiedlichen Kennzeichnungsmöglichkeiten gibt die folgende Zusammenfassung. Einzelheiten ergeben sich aus DIN 623.
- Kennzeichnung der inneren Konstruktion
  Hierdurch können Änderungen in der inneren Lagerkonstruktion beschrieben werden. Die hierzu verwendeten Zeichen und Buchstaben sind jedoch nicht verbindlich festgelegt.
- Kennzeichnung der äußeren Lagerkonstruktion
  Es lassen sich beispielsweise kegelige Bohrungen des Lagerinnenrings, Schmierstoffnuten in Umfangsrichtung am Außenring oder Lager mit Deck- oder Dichtscheiben separat charakterisieren.
- Kennzeichnung des Käfigs
  Hierzu gehören der Käfigwerkstoff und die Käfigbauart bzw. bei vollrolligen Lagern die Kennzeichnung, daß der Käfig komplett fehlt.
- Genauigkeit und Lagerluft
  Es besteht die Möglichkeit, die Maß-, die Form- und die Laufgenauigkeit, unterteilt in verschiedene Güteklassen, sowie die radiale Lagerluft, die ebenfalls in fünf Klassen eingeordnet ist, genau zu spezifizieren.
- Wärmebehandlung
  Über eine spezielle Wärmebehandlung kann der Temperaturbereich, in dem die Wälzlager eingesetzt werden dürfen, erweitert werden (Abschnitt 10.4.8). Bestimmte Nachsetzzeichen kennzeichnen den jeweils zulässigen Temperaturbereich.
- Schmierfettfüllung
  Für bestimmte Temperatureinsatzbereiche stehen bestimmte Schmierfette als Lebensdauerfettfüllung zur Verfügung. Der Temperaturbereich für das jeweils eingefüllte Fett kann über ein Nachsetzzeichen angegeben werden.

Schließlich haben die Wälzlagerhersteller die Möglichkeit, intern Ergänzungszeichen festzulegen, um die Eignung ihrer Lager für Bereiche, die über die normalerweise garantierten Spezifikationen hinausgehen, zu beschreiben.

Die oben kurz beschriebene Systematik soll abschließend an einem Beispiel erläutert werden. Die Bezeichnung „Rillenkugellager DIN 625–6024–2Z C3 S0" besagt im einzelnen folgendes:
- Es handelt sich um ein Rillenkugellager, das in DIN 625 näher spezifiziert ist.
- Die Ziffer 6 im Basiszeichen (6024) beschreibt noch einmal die Lagerart.
- Die Ziffernkombination 02 beinhaltet die Kennung der Maßreihe, aus der sich nach DIN 616 Informationen über die Breite und den Lagerdurchmesser ergeben.
- Die Ziffer 4 beschreibt die Lagerbohrung.
- Das Nachsetzzeichen 2Z bedeutet, daß das Lager mit 2 Deckscheiben ausgestattet ist.
- Die radiale Lagerluft entspricht der Klasse C3. Genauere Informationen über das radiale Spiel ergeben sich aus den entsprechenden Tabellen in den Katalogen der Lagerhersteller.
- Das Nachsetzzeichen S0 weist auf die Eignung des Lagers für Temperaturen bis 150 °C hin.

10.4.3 Kraftfluß und Belastungsfälle

Die Lagerkräfte werden innerhalb des Wälzlagers als Normalkräfte zwischen den Lagerringen und Wälzkörpern senkrecht zu deren Oberflächen übertragen. Die Wirkrichtung oder die Wirklinie dieser inneren Lagerkräfte wird als Druckrichtung bezeichnet. Der Winkel α, den sie mit der Radialebene (Ebene senkrecht zur Wellenachse!) einschließt, wird Berührwinkel genannt (Bild 10.20d).

Die Richtung der äußeren Lagerkraft wird durch den Winkel β zur Radialebene angegeben, der auch Lastwinkel genannt wird. Eine rein radiale Lagerkraft hat somit den Lastwinkel $\beta = 0°$, für eine rein axiale Lagerkraft gilt $\beta = 90°$. Für eine schräg verlaufende Lagerkraft – eine aus radialer und axialer Belastung zusammengesetzte Lagerkraft – liegt der Lastwinkel im Bereich $0° < \beta < 90°$.

Zur Verwirklichung eines günstigen Kraftflusses in einem Lager ist es erforderlich, daß der Lastwinkel β und der Berührwinkel α annähernd gleich groß sind. So sind z.B. Zylinderrollenlager der Bauform NU (Innenring ohne Borde!) oder N (Außenring ohne Borde!) bestens geeignet, rein radiale Kräfte (Loslager!) aufzunehmen. Werden dagegen ein Pendelrollenlager, ein zweireihiges Schrägkugellager, ein zweireihiges Kegelrollenlager und auch paarweise eingebaute Schrägkugellager oder Kegelrollenlager als Loslager zur Aufnahme von radialen Kräften (Lastwinkel $\beta = 0°$) eingebaut, so ergibt sich ein ungünstiger Kraftfluß. Sollen von einem Lager nur axiale Kräfte aufgenommen werden (Lastwinkel $\beta = 90°$), so eignen sich insbesondere Axialrillenkugellager, Axialzylinderrollenlager und Axialnadellager, weil sie einen Berührwinkel $\alpha = 90°$ haben.

Neben einem günstigen Kraftfluß spielt auch der Belastungsfall für die Berechnung und den Betrieb eines Wälzlagers eine entscheidende Rolle. Es wurde bereits erwähnt, daß, unabhängig vom Zeitverlauf der Belastung, ein Wälzlager dann als statisch belastet bezeichnet wird, wenn keine relative Bewegung vorhanden ist. Drehen sich dagegen die beiden Lagerringe relativ zueinander, so bezeichnet man das Lager – auch bei zeitlich konstanter Kraft – als dynamisch belastet. Bei dynamischer Lagerbelastung können die folgenden Fälle zur Charakterisierung der Lagerringbeanspruchung unterschieden werden:

– Punktlast

Bei Punktlast steht der betrachtete Lagerring relativ zur Richtung der Lagerlast still. Dadurch wirkt die Last immer auf die gleiche Stelle des Ringumfanges. Dieser Belastungsfall liegt vor, wenn der Lagerring synchron mit der Lagerlast (z.B. Unwuchtkraft!) umläuft oder bei örtlich konstanter Last selbst stillsteht. Die vier Möglichkeiten der Punktlast für die Laufringe eines Wälzlagers sind in Bild 10.31 dargestellt. Hierbei wird zwischen Punktlast für den Innenring und Punktlast für den Außenring unterschieden.

– Umfangslast

Bei Umfangslast läuft der betrachtete Lagerring relativ zur Richtung der Lagerlast um. Dadurch wird bei einer Umdrehung jeder Punkt des Ringumfanges

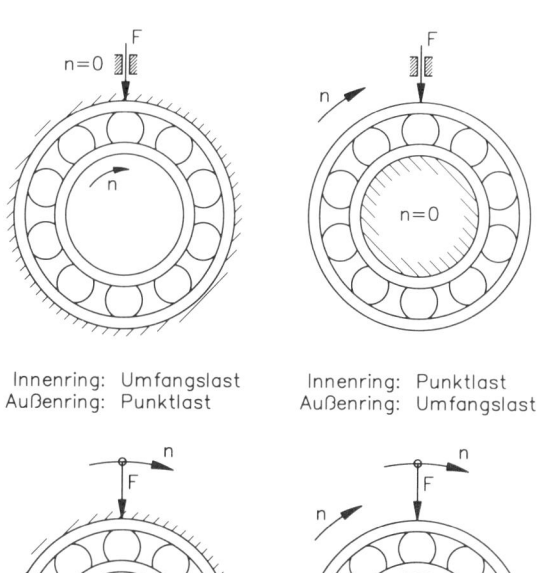

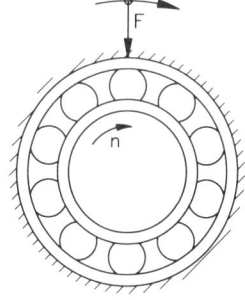

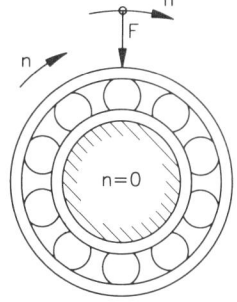

Bild 10.31. Punkt- und Umfangslast

belastet. Nach Bild 10.31 liegt dieser Belastungsfall vor, wenn bei stillstehendem Lagerring die Last umläuft oder bei umlaufendem Lagerring die Last stillsteht.
- Pendellast
Bei Pendellast führen der betrachtete Lagerring und die Lagerlast relativ zueinander kleine hin- und hergehende Bewegungen aus. Die Pendellast stellt einen Sonderfall der Umfangslast dar, in dem die umlaufende durch eine oszillierende Bewegung ersetzt ist. Da in den Umkehrpunkten die Geschwindigkeit zwischen den sich bewegenden Oberflächen Null wird, verschwinden hier die auf der Hydrodynamik beruhenden Effekte der Tragfähigkeit. Auch hinsichtlich der tribologischen Verhältnisse müssen u.U. spezielle konstruktive Vorkehrungen getroffen werden, um die Lebensdauer der Lager zu garantieren.

10.4.4 Die Gestaltung von Wälzlagerungen

Unter dem Oberbegriff „Gestaltung von Wälzlagerungen" soll im folgenden die Beschreibung des gesamten Umfeldes einer Wellenlagerung verstanden werden. Neben der konstruktiven Anordnung der „Standardbauteile Wälzlager" soll daher auf die Möglichkeiten der Lagerfixierung genauso eingegangen werden wie auf die wichtigsten Gesichtspunkte bzgl. der Tolerierung der Geometrie und der Oberflächen der Lagersitze für Wellen und Gehäusebohrungen. Ein kurzer Abriß zu den verschiedenen Möglichkeiten der Wälzlagerabdichtung rundet die Betrachtungen ab und stellt gleichzeitig die Überleitung zu dem Abschnitt her, der sich speziel mit den wichtigsten Aspekten der Montage, Schmierung und Wartung befaßt.

10.4.4.1 Wälzlageranordnungen

Die bereits in Abschnitt 10.3.1 vorgestellten Lageranordnungen lassen sich mit Hilfe der unterschiedlichen Wälzlager in recht einfacher und eleganter Weise konstruktiv verwirklichen. Die statisch bestimmte Festlager-Loslager-Anordnung, bei der das Festlager zur Aufnahme einer kombinierten Axial-/Radialbelastung dient, während das Loslager nur radiale Kraftkomponenten aufnimmt, ist exemplarisch in den Bildern 10.32a und 10.32b gezeigt.

Während bei der Verwendung von Rillenkugellagern die Loslagerfunktion dadurch erreicht wird, daß ein Lagerring (z.B. in Bild 10.32 der Außenring!) gegenüber dem Gehäuse in axialer Richtung nicht fixiert ist, müssen bei einem nicht selbsthaltenden Zylinderrollenlager beide Lagerringe axial festgelegt werden. Die Verschiebbarkeit der Welle gegenüber dem Gehäuse, die die Aufnahme einer axialen Kraft verhindert und somit die Loslagerfunktion (Aufnahme reiner Radialkräfte!) garantiert, ist bei den bordlosen Zylinderrollenlagern durch die axiale Bewegungsmöglichkeit der Wälzkörper relativ zu einem Lagerring gegeben.

Somit eignen sich alle Radiallager, die eine Kombinierte Radial-/Axialbelastung aufnehmen können (z.B. Rillenkugellager, Pendelkugellager, paarweise eingebaute Kegelrollenlager und Schrägkugellager!) als Fest- und, bei entsprechender kon-

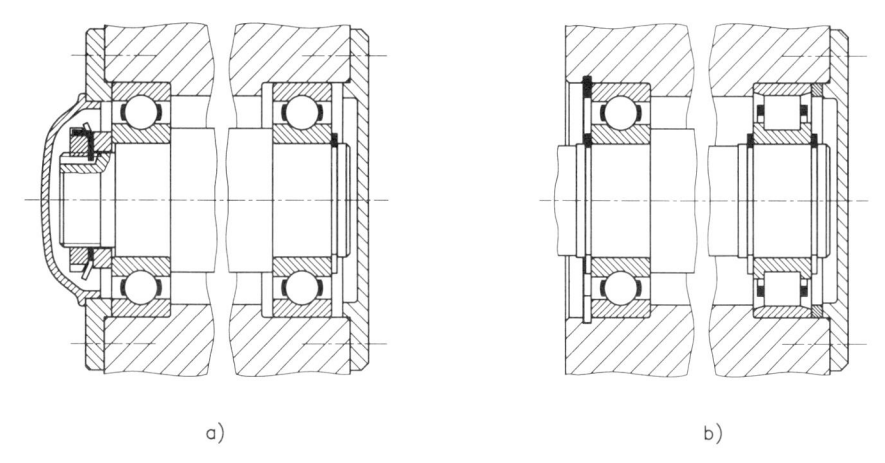

Bild 10.32. Beispiele für eine Festlager–Loslager–Anordnung; a) mittels zweier Rillenkugellager, b) mittels eines Rillenkugellagers und eines Zylinderrollenlagers

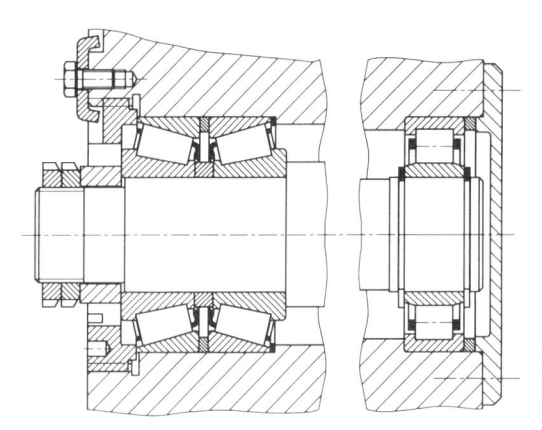

Bild 10.33. Festlager–Loslager–Anordnung mit paarweise eingebauten Kegelrollenlagern als Festlager

struktiver Gestaltung der Lagerstelle, auch als Loslager. Dagegen können bordlose Zylinderrollenlager der Form N oder der Form NU bei Festlegung beider Lagerringe lediglich als Loslager fungieren.

Bild 10.33 zeigt eine Festlager-Loslager-Anordnung, bei der das Festlager durch zwei in O-Anordnung eingebaute Kegelrollenlager verwirklicht ist. In bestimmten Anwendungsfällen ist es möglich, das Festlager zudem in einer sogenannten Funktionentrennung durch den Einbau mehrerer Wälzlager auszuführen (Bilder 10.34a und 10.34b). In diesem Fall übernimmt ein Wälzlager (das Axialrillenkugellager in Bild 10.34a bzw. das Vierpunktlager in Bild 10.34b!) die axialen Kräfte, während ein zweites Lager (Rillenkugellager bzw. Zylinderrollenlager!) die Radialkräfte leitet. Aufgrund der Forderung nach der Eindeutigkeit der Konstruktion ist streng darauf zu achten, daß das Radiallager keine Axialkräfte und das

284   10 Reibung, Schmierung, Lagerungen

a)

b)

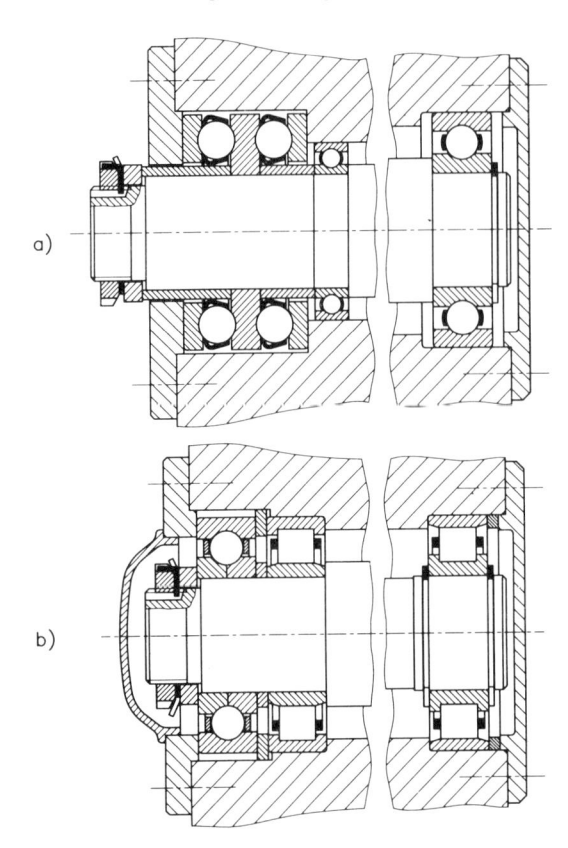

Bild 10.34. Festlager–Loslager–Anordnung mit Funktionentrennung im Festlager; a) Axialrillenkugellager und Radialrillenkugellager, b) Vierpunktlager und Zylinderrollenlager

Axiallager keine Radialkräfte aufnehmen darf. Dies wird in der Regel dadurch erreicht, daß das Axiallager mit hinreichend großem Radialspiel eingebaut wird, während das Radiallager eine axiale Verschieblichkeit in der Richtung erhält, in der das Axiallager Kräfte aufnehmen kann.

Wie bereits in Abschnitt 10.3 erwähnt, wird das Prinzip der Eindeutigkeit der Konstruktion bei der Stützlager-Anordnung (angestellte Lageranordnung!) prinzipiell verletzt. Die Vorteile dieser Lagerung liegen jedoch in der relativ einfachen und kostengünstigen Fertigung und Montage, da ein aufgrund von relativ groben Toleranzen auftretendes zu großes Axialspiel bei der Montage eingestellt, d.h. korrigiert werden kann. Bild 10.35a zeigt eine X-Anordnung mittels Kegelrollenlager, Bild 10.35b eine O-Anordnung mit Hilfe von Schrägkugellagern. Da der Abstand der Druckmittelpunkte bei der O-Anordnung größer ist als bei der X-Anordnung, führen relativ große Kippmomente bei gleichzeitig kleinem Lagerabstand zu verhältnismäßig kleinen radialen Lagerbelastungen. Stellen sich während des Betriebs Temperaturdifferenzen zwischen Welle und Gehäuse ein, so führt zunächst die Wärmedehnung in radialer Richtung dazu, daß sich das Lagerspiel in axialer Richtung verringert. Die axialen Wärmedehnungen wirken bei der O-

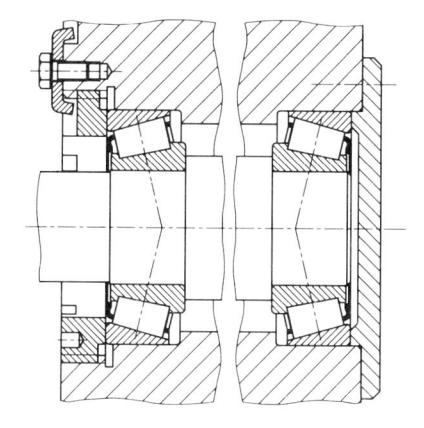

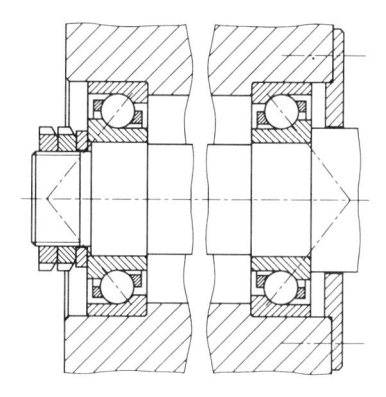

a) X–Anordnung mittels Kegelrollenlager   b) O–Anordnung mittels Schrägkugellager

Bild 10.35. Beispiel für Stützlager–Anordnungen

Anordnung der Spielverringerung entgegen, während der Trend bei der X-Anordnung weiter verstärkt wird.

Zur Verwirklichung von Stützlager-Anordnungen eignen sich sämtliche Wälzlager, die zumindest in einer Lastrichtung axiale Kräfte aufnehmen können. Weitergehende Informationen zum „Anstellen von Lagern" enthält der Abschnitt 10.4.4.4.

Wie bei der Festlager-Loslager-Anordnung kann auch bei der Stützlager-Anordnung eine Funktionentrennung sinnvoll sein. Bild 10.36 zeigt eine Lagerung in O-Anordnung, wobei aufgrund der großen Axialkräfte in einer bestimmten Lastrichtung der Einbau eines Axialrillenkugellagers notwendig ist. Die hier gezeigte Anordnung eignet sich zum Beispiel recht gut zur Lagerung einer Werkzeugmaschinenspindel (Bohrmaschine, Bohrwerk!).

Sind dagegen keine oder nur vernachlässigbare Axialkräfte vorhanden, und kann man im Hinblick auf das konstruktive Umfeld der Lagerung tolerieren, daß

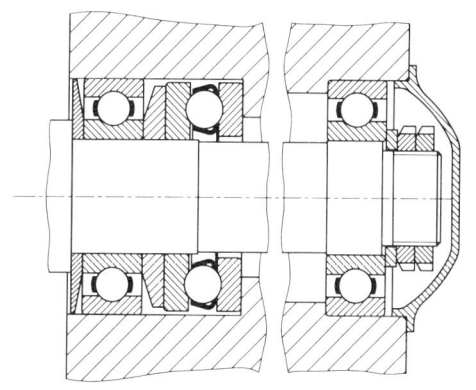

Bild 10.36. Stützlager–Anordnung mit Funktionentrennung in einem Stützlager

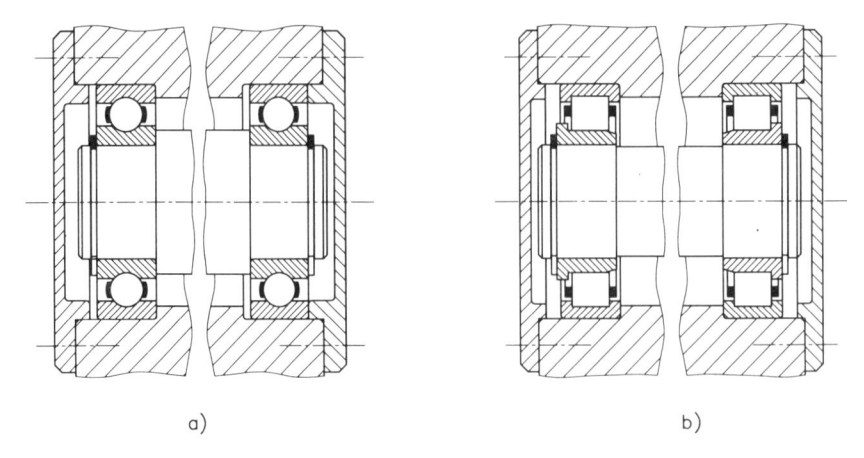

Bild 10.37. Beispiel für eine Schwimmende Lageranordnung; a) mittels zweier Rillenkugellager, b) mittels zweier Zylinderrollenlager

die axiale Lage der Welle nicht eindeutig fixiert ist, bietet sich die Schwimmende Lageranordnung an (Bilder 10.37a und 10.37b). Dieser Anordnung liegt eine Stützlager-Anordnung zugrunde. Das vorhandene axiale Lagerspiel (einige 1/10 mm!) wird jedoch hier nicht im Rahmen der Montage durch geeignete Mechanismen beseitigt, sondern bleibt vielmehr erhalten, um evtl. auftretende mechanische oder thermische Längenänderungen zu kompensieren. Die Schwimmende Lageranordnung stellt die kostengünstigste Lagerungsart dar. Ihre Lauf- und Führungseigenschaften bleiben jedoch hinter denen der Festlager-Loslager-Anordnung oder der Stützlager-Anordnung zurück.

10.4.4.2 Radiale Lagerbefestigungen

Zur sicheren Funktionserfüllung ist es erforderlich, die Wälzlager auf ihrem gesamten Umfang und über ihre gesamte Lagerbreite gleichmäßig abzustützen. Die Lagersitze im Gehäuse und auf der Welle sollten daher nicht durch Bohrungen oder Nuten unterbrochen sein. Die radiale Fixierung erfolgt in der Regel über eine mehr oder weniger feste Passung der Lagerringe gegenüber der Welle und dem Gehäuse. Bei der Auswahl dieser Passung sind verschiedene Aspekte zu berücksichtigen, die je nach dem spezifischen Einsatzfall (Betriebsbedingungen, Lagergröße, Art und Größe der Belastung!) zu entsprechenden Empfehlungen der Lagerhersteller führen. Da die Berücksichtigung aller Gesichtspunkte und die Zusammenstellung aller Empfehlungen den Rahmen dieses Abschnitts sprengen würden, soll an dieser Stelle auf die wichtigsten Gesichtspunkte nur kurz eingegangen werden. Genauere Richtlinien sind den Unterlagen der Wälzlagerhersteller zu entnehmen.

Das Toleranzfeld für den Außendurchmesser des Lageraußenrings entspricht ungefähr der ISO-Toleranz h5 bis h6 und liegt damit unterhalb der Nullinie. Das

Toleranzfeld für den Innendurchmesser des Lagerinnenringes entspricht ungefähr der ISO-Toleranz K6 und liegt damit ebenfalls unterhalb der Nullinie. Um gute Laufeigenschaften für ein Wälzlager zu erzielen, sollte grundsätzlich eine leichte bis mittlere Übermaßpassung vorgesehen werden, es sei denn, die erforderliche axiale Verschieblichkeit eines Loslagerringes verlangt eine Übergangs- bzw. Spielpassung. Daneben wird die Passungsauswahl durch eine Vielzahl von Kriterien beeinflußt, die die Tolerierung des Wellendurchmessers in den Toleranzfeldlagen f bis r und die Tolerierung der Gehäusebohrungen in den Toleranzfeldlagen F bis P erfordern.

Es ist zunächst die Größe und der Charakter der Lagerlast zu berücksichtigen. Eine auf einen Lagerring einwirkende Umfangslast versucht den Ring auf seinem Sitz zu drehen. Dies führt speziell bei einer losen Passung zu Relativbewegungen zwischen Lagerring und Lagersitz und damit zu Passungsrost, der unter allen Umständen zu verhindern ist. Daher sollte die Passung umso fester gewählt werden, je größer die Umfangslast ist. Hieraus ergibt sich zusätzlich die Forderung, beim Loslager zur Sicherstellung der axialen Verschieblichkeit möglichst den Lagerring mit einer Spielpassung zu versehen, der die Punktlast trägt (Abschnitt 10.4.3). Werden bordlose Zylinderrollenlager als Loslager verwendet, können beide Lagerringe mit einer festen Passung eingebaut werden, da die Loslagerfunktion innerhalb des Lagers verwirklicht wird.

Eine Übermaßpassung zwischen Lagerringen und Gehäuse bzw. Welle führt zu einer Verformung der Lagerringe und damit zu einer Veränderung des Radialspiels – der sogenannten radialen Lagerluft – des Wälzlagers. Die Verringerung der Lagerluft durch den Einbau ist bei der Festlegung derselben durch die Lagerhersteller bereits berücksichtigt. Bei festen Übermaßpassungen ist jedoch unter Umständen ein Lager mit erhöhter Lagerluft zu empfehlen, um eine Verspannung durch eine passungsbedingte überhöhte Spielverminderung zu vermeiden. Analog ist zu verfahren, wenn durch die gegebenen Temperaturverhältnisse und den damit verbundenen Temperaturdehnungen eine übermäßige Veränderung (Verkleinerung oder Vergrößerung!) des Lagerspiels entsteht.

Die Lagersitze auf der Welle und im Gehäuse sollten möglichst so gestaltet werden, daß sie entlang ihres Umfangs gleiche Steifigkeit in radialer Richtung besitzen, um ungleichmäßige Verformungen der Lagerringe zu verhindern. Bezüglich der Qualitäten der geforderten Toleranzen ist in der Regel der Grundtoleranzgrad IT6 oder IT7 ausreichend. Stellt man jedoch an die Laufqualität erhöhte Anforderungen, so sollten engere Maßtoleranzen (Grundtoleranzgrade von IT5 oder besser!) vorgesehen werden. Die Zylinderformtoleranz der Lagersitze und die Toleranz für die Rechtwinkligkeit der Anlageflächen der Lagerringe sollten ein bis zwei IT-Grundtoleranzgrade besser ausgeführt werden als die Durchmessertoleranz der Lagersitze selbst. Sowohl die Rechtwinkligkeit selbst als auch die Zylinderformtoleranz bzw. wahlweise die Gesamtrundlauftoleranz ist den entsprechenden Unterlagen der Lagerhersteller zu entnehmen.

Neben dem Passungscharakter der Lagersitze und dem gewählten Spiel oder Übermaß ist die Rauheit der Paßfläche wichtig für hochgenaue Lagerungen. Der Mittenrauhwert R_a sollte bei geschliffenen Lagersitzen je nach Genauigkeitsanforderung und Durchmesser des Lagersitzes zwischen 0,4 µm (bei Durchmessern unter

80 mm und hohen Qualitätsanforderungen!) und 3,2 µm (bei Durchmessern bis 1250 mm und weniger hohen Qualitätsanforderungen!) liegen. Feingedrehte Lagersitze dürfen Mittenrauheitswerte aufweisen, die jeweils um eine Rauheitsklasse niedriger liegen.

Werden die Laufbahnen für Nadellager oder Zylinderrollenlager ohne Innenring auf der Welle gefertigt, so ist für sie eine Härte von 58 bis 64 HRC erforderlich. Die Rauheit der geschliffenen Flächen muß dann den Grenzwert von $R_a = 0,2$ µm unterschreiten.

10.4.4.3 Axiale Lagerbefestigungen

Die Übermaßpassung zur radialen Fixierung von Wälzlagern reicht in der Regel nicht aus, um das betreffende Lager auch in axialer Richtung ausreichend zu fixieren. Neben den durch die Bearbeitung der Lagersitze ohnehin vorhandenen Wellenschultern und Gehäuseabsätzen stehen daher eine Reihe von Befestigungsmechanismen zur Verfügung. So lassen sich Lager sehr gut mit Hilfe einer Wellenmutter mit Sicherungsblech oder einem Sprengring wellenseitig festlegen (Bild 10.32). Der kostengünstige und platzsparende Einbau von Wälzlagern mit Hilfe von Sprengringen findet seine Grenzen dann, wenn große Axialkräfte auftreten. Die Tragfähigkeit des Sprengrings kann durch die Anordnung eines Stützrings zwar noch erhöht (Bild 10.38), jedoch nicht wesentlich gesteigert werden, so daß alternative Befestigungsmittel (in der Regel Wellen- oder Nutmuttern!) erforderlich werden. Der Stützring kann bei erhöhten Anforderungen an die Qualität der Lagerung auch dazu verwendet werden, als Paßscheibe das unvermeidliche Axialspiel zwischen Lager und Sprengring auszugleichen. Neben Gehäuseabsätzen und Sprengringen für Bohrungen können die Außenringe der Wälzlager durch entsprechend gestaltete Deckel mit oder ohne Paßscheiben (Bilder 10.32a und 10.32b) oder durch einen Gewindering (Bild 10.35a) fixiert werden.

Außer den genannten formschlüssigen Befestigungen lassen sich Wälzlager auch durch kraftschlüssige Preßverbände in axialer und radialer Richtung festlegen.

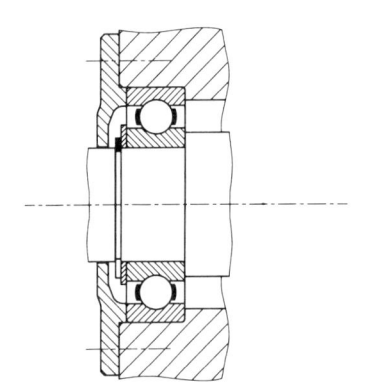

Bild 10.38. Einbau eines Stützrings zur Erhöhung der Tragfähigkeit eines Sprengrings zur Lagerbefestigung

Diese Möglichkeit der Lagerfixierung ist besonders bei hochgenauen Präzisionslagerungen vorzusehen.

10.4.4.4 Anstellen von Lagern

Unter dem Anstellen eines Lagers oder einer Lagerung versteht man das Einstellen des Lagerspiels bzw. das Aufbringen einer definierten Vorspannkraft auf ein Lager oder eine gesamte Lagerung. Hieraus resultieren i.a. eine höhere Lagersteifigkeit, verbunden mit einer genaueren Führung der Welle, geringere Laufgeräusche und bei optimal gewählter Vorspannung auch eine höhere Lagerlebensdauer. Zylinderrollenlager, zweireihige Schrägkugellager und zum Teil Rillenkugellager können in radialer Richtung durch die Passungswahl der Lagersitze vorgespannt, d.h. angestellt werden. Bei allen übrigen Lagern erfolgt die Anstellung in axialer Richtung so, daß unter Berücksichtigung der Wälzlagergeometrie im Lager selbst zusätzliche Radialkomponenten entstehen, die zu einer kombinierten Axial-/Radialvorspannung führen.

Kennzeichnend für die Lageranstellung ist immer ein Mechanismus, der es erlaubt, das Lagerspiel feinfühlig einzustellen. Beispiele hierzu finden sich in Bild 10.35b (Wellenmutter!) oder in Bild 10.35a (Gewindering!). Hierbei ist unbedingt zu beachten, daß die zur Einstellung des Axialspiels bzw. die zur axialen Vorspannung der Lager aufgebrachte Axialkraft nicht ausreicht, ein Losdrehen der Verbindung zu verhindern. Somit ist auf entsprechende Sicherungen (Kontermutter, Sicherungsblech etc.!) zu achten.

Bei geringen Anforderungen an die Lagerung ist es durchaus zulässig, die Spieleinstellung dem Gefühl und der Erfahrung des Monteurs zu überlassen (z.B. Einstellung des Radlagerspiels bei Pkw-Radlagerungen!). Über die Messung des Lagerreibmomentes oder der Vorspannkraft selbst stehen allerdings auch objektive Kontrollmöglichkeiten zur Verfügung, die eine hochgenaue Einstellung erlauben.

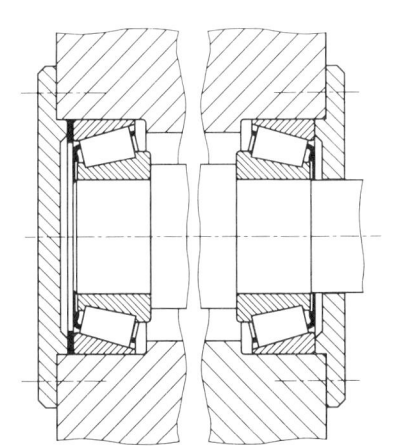

Bild 10.39. Lageranstellung über den Vorspannweg mit Hilfe von Paßscheiben

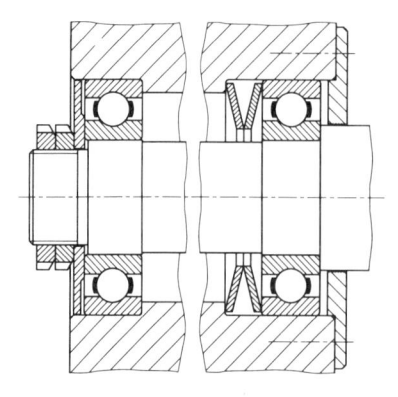

Bild 10.40. Weiche Vorspannung von Lagern mit Hilfe von Tellerfedern

Gleiches gilt für die Anstellung mittels Paßscheiben oder Zwischen- und Abstandsringen. Erfolgt beispielsweise die Spieleinstellung über einen Gehäusedeckel, so ist es in der Regel nicht möglich, die Vorspannkraft über die Deckelverschraubung zu kontrollieren. Somit muß das Anstellen über den Vorspannweg erfolgen, indem man Paßscheiben zwischen Lager und Gehäusedeckel vorsieht (Bild 10.39). Bei Bedarf kann auch hier die Kontrolle der Einstellung durch die Messung der Vorspannkraft oder des Lagerreibmomentes durchgeführt werden.

In besonderen Anwendungsfällen (z.B. bei Elektromotoren und Schleifspindeln!) werden Lager auch mit Hilfe von Federn weich vorgespannt (Bild 10.40). Durch die bekannte Steifigkeit der Feder kann die Vorspannkraft über den Federweg einfach und relativ genau kontrolliert werden. Das Verfahren der weichen Anstellung über Federn eignet sich jedoch nicht, wenn eine gute Führung in axialer Richtung oder eine hohe Axialsteifigkeit gefordert werden, bzw. wenn die Lastrichtung wechselt oder stoßartige Belastungen auftreten.

10.4.4.5 Wälzlagerabdichtungen

Um das Eindringen von festen und flüssigen Verunreinigungen und gleichzeitig den Austritt von Schmierstoff in die Umgebung zu verhindern, sollten Wälzlager grundsätzlich abgedichtet werden. Die Wahl der Abdichtung hängt unter anderem von folgenden Kriterien ab:
– Art des Schmierstoffes (Fett oder Öl!),
– Wellendrehzahl und -durchmesser (Umfangsgeschwindigkeit!),
– Wellenanordnung (senkrecht oder waagerecht!),
– Temperatur an der Lagerstelle,
– Umgebungsmedium,
– Kosten.

Da die wesentlichen Punkte zur Abdichtung von Systemen in allgemeiner Form bereits in Kapital 9 ausführlich behandelt werden, soll an dieser Stelle kurz auf die üblichen Dichtelemente für Wälzlagerstellen eingegangen werden. Die Bemerkungen beschränken sich auf die Abdichtung von bewegten – sich drehenden – Wellen gegenüber den ortsfesten Gehäusebauteilen. Statische Abdichtungen von Lagerdeckeln (Flachdichtungen, O-Ringe etc.) sind im Kapitel über die Dichtungstechnik hinreichend beschrieben.

10.4.4.5.1 Abdichtung bei Fettschmierung

Die einfachste, wirtschaftlichste und sehr platzsparende Art der Abdichtung bei Fettschmierung ergibt sich durch die Verwendung von Wälzlagern, die herstellerseitig mit einer oder zwei Dichtungen ausgestattet sind. Gemäß Bild 10.41 unterscheidet man die nicht schleifenden Deckscheiben (Bild 10.41a) und die berührenden Dichtscheiben (Bild 10.41b). Beidseitig abgedichtete Lager sind in der Regel mit einer Fettfüllung versehen, die den Temperaturbereich für den Einsatz der Konstruktionselemente auf $-30\,°C$ bis ca. $+120\,°C$ einschränkt. Welche selbsthaltenden Lager mit Deck- oder Dichtscheiben lieferbar sind, ist den Herstellerunterlagen zu entnehmen.

Sowohl selbsthaltende als auch nicht selbsthaltende Lager wie beispielsweise Kegelrollenlager lassen sich bei Fettschmierung auch kostengünstig und platzsparend mit Hilfe von Nilos-Ringen (Bild 10.41c) abdichten, wie sie bereits in Kapitel 9 beschrieben wurden. Bild 10.41 zeigt neben der einfachen Spaltdichtung (Bild 10.41d) weitere Dichtelemente wie axial und radial angeordnete Labyrinthdichtungen, die entweder als aufwendig bearbeitete Deckelkonstruktionen (Bild 10.41e und Bild 10.41f) oder in Form preisgünstiger Blechringe (Bild 10.41g) erhältlich sind, die sich ferner zur Steigerung der Dichtwirkung zu einer beliebigen Labyrinthlänge kombinieren lassen. Bei den radial angeordneten Labyrinthdichtungen muß der innere Ring zur Gewährleistung der Montierbarkeit geteilt werden, was u.U. zu Undichtigkeiten führen kann. Der abgebildete Filzring (Bild 10.41h) wird ebenfalls häufig verwendet, wenn die Temperaturen unter $100\,°C$ liegen und die Umfangsgeschwindigkeit die Grenze von $4\,m/s$ nicht überschreitet.

10.4.4.5.2 Abdichtung bei Ölschmierung

Bei Ölschmierung und gleichzeitig waagerechter Wellenanordnung kann im einfachsten Fall eine schraubenförmige Rille in der Deckelbohrung oder in der Welle (Bild 10.42a) den Austritt von Schmierstoff verhindern, wenn die Steigung der Gewinderille bei nicht wechselnder Wellendrehrichtung so ausgebildet ist, daß austretendes Öl durch das Gewinde aufgrund der Wellenrotation zurückgefördert wird. Eine weitere berührungslose Dichtung bei Ölschmierung ist der Spritzring, meist in Kombination mit einer entsprechenden Gehäusenut und einer Ablaufbohrung (Bild 10.42b). Durch die Fliehkräfte an der rotierenden Welle werden Öltropfen nach außen geschleudert, sammeln sich in der Ringnut und werden über die Ablaufbohrung in das Gehäuse und damit in den Ölsumpf zurückgeleitet.

Die Standardabdichtung bei Ölschmierung stellt der Radial-Wellendichtring (Bild 10.42c) dar, da er sowohl bei Wellendrehung (dynamischer Abdichtfall!) als

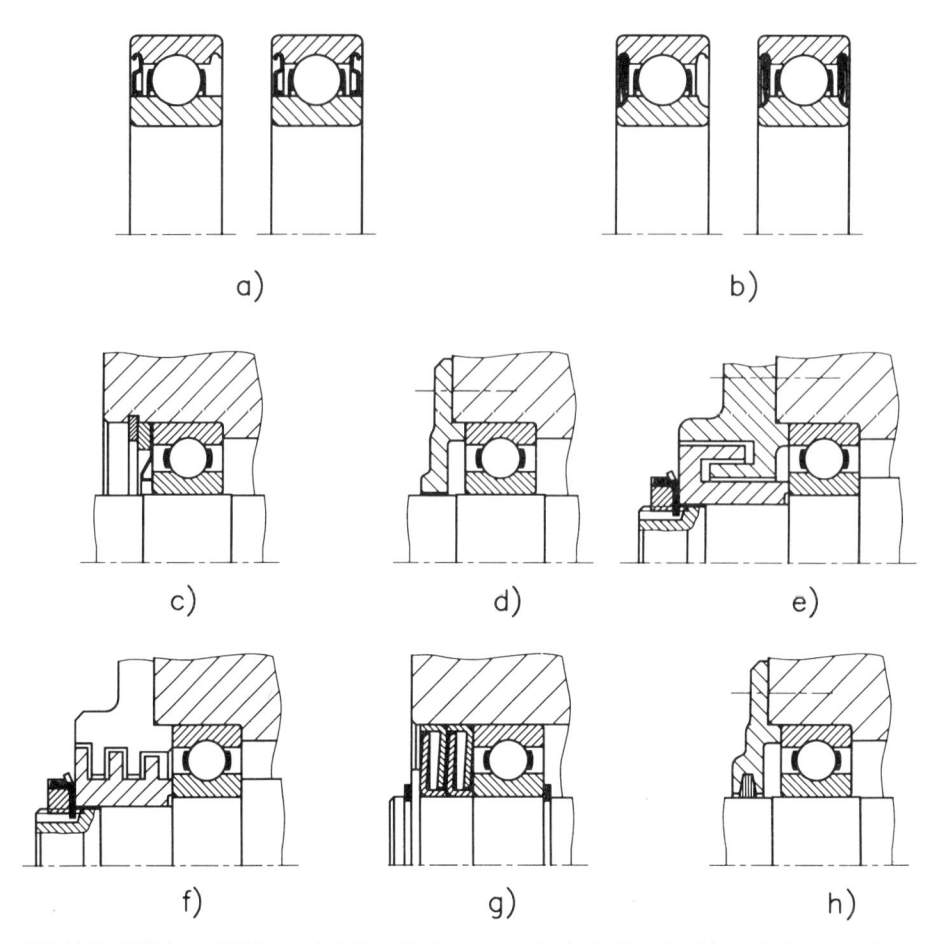

Bild 10.41. Wälzlagerabdichtung bei Fettschmierung; a) Deckscheiben, b) Dichtscheiben, c) Nilos-Ring, d) Spaltdichtung, e) axiale Labyrinthdichtung, f) radiale Labyrinthdichtung (geteilt), g) radiale Labyrinthdichtung aus Blechringen, h) Filzring

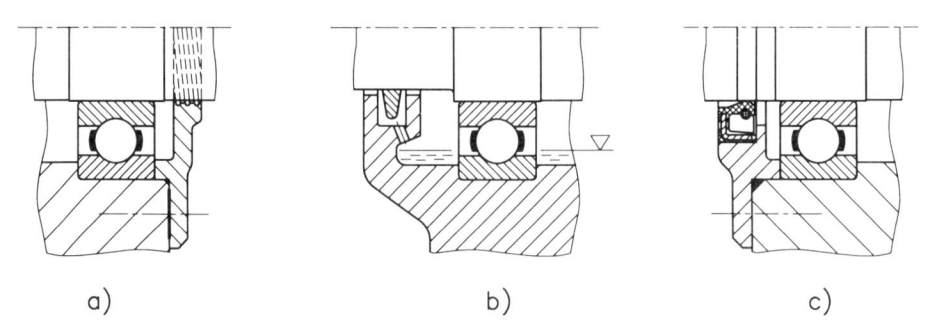

Bild 10.42. Berührungslose Wälzlagerabdichtung bei Ölschmierung; a) Gewinderillendichtung, b) Spritzring mit Fangrinne und Ablaufbohrung, c) Radial-Wellendichtring

auch beim Stillstand der Welle (statischer Abdichtfall!) zuverlässig arbeitet. Die für die einwandfreie Funktion des Radial-Wellendichtrings zu berücksichtigenden Aspekte bzgl. des konstruktiven Umfelds, der geforderten Qualitäten der Aufnahme- und Gegenlaufflächen sowie die bei der Montage wichtigen Gesichtspunkte sind in Abschnitt 9.3.2.5 ausführlich beschrieben.

10.4.5 Montage, Schmierung und Wartung von Wälzlagern

Die einwandfreie Funktion eines Wälzlagers über die gesamte berechnete Lebensdauer hängt wesentlich von der fachgerechten Montage, der Sicherstellung einer geeigneten Schmierung und, falls erforderlich, auch von der entsprechenden Wartung der Konstruktionselemente ab. Daher werden die wichtigsten Punkte in den folgenden Abschnitten kurz zusammengestellt.

10.4.5.1 Ein- und Ausbau

Bei der Montage und Demontage von Wälzlagern sind Schläge unmittelbar auf die Lagerringe, die Käfige oder die Wälzkörper unbedingt zu vermeiden. Ebenso sollte sichergestellt sein, daß die erforderlichen Ein- bzw. Auspreßkräfte nicht über die Wälzkörper geleitet werden. Bei nicht selbsthaltenden Lagern (z.B. Kegelrollenlager oder Zylinderrollenlager!) ist diese Forderung leicht zu erfüllen, da die Innen- und die Außenringe getrennt voneinander montiert werden können.

Bei selbsthaltenden Lagern wird sinnvollerweise zunächst derjenige Ring montiert, der die festere Passung aufweist. Hierzu sollten Montagehülsen verwendet werden, die eine zentrisch eingeleitete Kraft gleichmäßig auf den gesamten Umfang des Lagerrings verteilen (Bild 10.43). Ob die Einpreßkräfte dabei über leichte Hammerschläge oder mit Hilfe einer mechanischen oder hydraulischen Presse eingeleitet werden, ist von der Passung und der Lagergröße abhängig. Größere Lager können in der Regel nur nach entsprechender Erwärmung auf die Welle

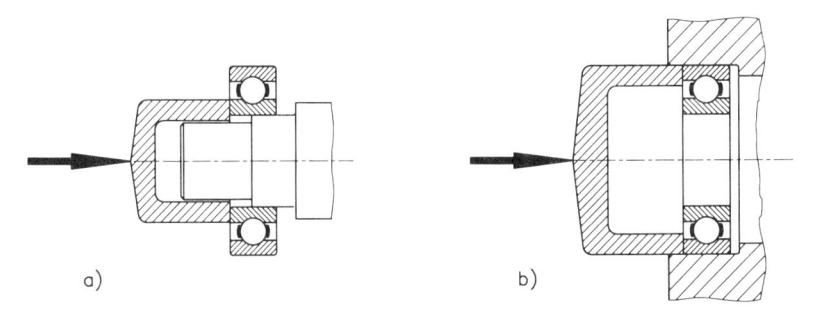

Bild 10.43. Wälzlagermontage mit Hilfe spezieller Montagehülsen; a) Montage des Innenrings, b) Montage des Außenrings

montiert werden. Hierbei ist zu beachten, daß die Lager gleichmäßig (z.B. im Ölbad!) zu erwärmen sind und die Temperatur 125 °C nicht übersteigt, um Maß- und Härteänderungen infolge von Gefügeumwandlungen zu vermeiden. Abgedichtete und mit einer Lebensdauerfettfüllung versehene Lager sollten bei der Montage generell nicht erwärmt werden.

Ist es erforderlich, selbsthaltende Lager gleichzeitig auf die Welle und in die Gehäusebohrung einzupressen, sollte man spezielle Montagehülsen verwenden, die die Einpreßkraft gleichzeitig auf beide Lagerringe gleichmäßig verteilen. Hierdurch läßt sich eine Überlastung der Wälzkörper bei der Montage geschickt umgehen (Bild 10.44).

Die Demontage von Lagern und Lagerringen kann bei kleineren Lagern und entsprechend kleinen Auspreßkräften mittels eines Metalldorns durch leichte Hammerschläge rings um die Seitenfläche des Lagerringes erfolgen. Größere Lager sind mit einem hydraulischen oder mechanischen Abziehwerkzeug auszubauen, wobei Nuten in den Gehäuse- und den Wellenschultern, die bereits bei der konstruktiven Gestaltung der Lagerstelle vorzusehen sind, das Ansetzen entsprechender Werkzeuge erheblich erleichtern. Eine Alternative stellen u.U. Durchgangsbohrungen mit Gewinde dar, die, axial in einer Gehäuseschulter angebracht, die Verwendung von Abdrückschrauben erlauben (Bild 10.45).

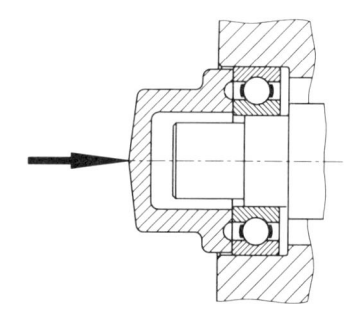

Bild 10.44. Wälzlagermontage mit Hilfe einer speziellen Montagehülse zum gleichzeitigen Fügen beider Lagerringe

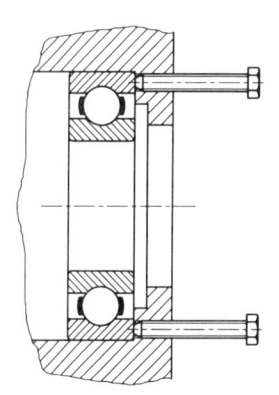

Bild 10.45. Gewindebohrungen zur Demontage von Wälzlagern mittels Abdruckschrauben

10.4.5.2 Schmierung und Wartung

Durch die Schmierung eines Wälzlagers soll der direkte metallische Kontakt zwischen Wälzkörpern und Lagerringen vermieden werden. Neben dem hierdurch auch gewährleisteten Korrosionsschutz der Oberflächen kann der Verschleiß minimiert werden. Hat der Schmierstoff keine zusätzlichen Aufgaben zu erfüllen (Abdichtung gegen Schmutzeintritt, Wärmeabfuhr aus der Lagerstelle!), ist das Prinzip der Minimalschmierung einzuhalten. Die niedrigste Betriebstemperatur und damit die optimalen Betriebsbedingungen stellen sich dann ein, wenn dem Lager die kleinstmögliche Schmierstoffmenge zugeführt wird, die eine zuverlässige Schmierung gerade noch sicherstellt.

10.4.5.2.1 Fettschmierung

In der Regel können Wälzlager mit Fett geschmiert werden. Hierdurch lassen sich Lagerstellen leichter abdichten als bei Ölschmierung. Dies gilt insbesondere dann, wenn Wellen schräg oder senkrecht angeordnet sind, und wenn neben der Schmierung gleichzeitig eine Abdichtung gegenüber Verunreinigungen oder Wassereintritt erfolgen soll. Die zulässigen Drehzahlen (vgl. Abschnitt 10.4.7!) liegen jedoch unter denen für die ölgeschmierten Wälzlager gleicher Größer. Je nach verwendeter Fettart bewegen sich die empfohlenen Gebrauchstemperaturen T im Bereich $-30\,°C \leq T \leq 140\,°C$.

Aufgrund der mechanischen Beanspruchung, der Temperatureinwirkung und der Verunreinigungen ist das Schmierfett einem Alterungsprozeß unterworfen, der eine Nachschmierung und damit eine Wartung der Lager erforderlich macht, wenn die vom Fett- bzw. Lagerhersteller angegebene Gebrauchsdauer des Schmierstoffs die berechnete Lagerlebensdauer unterschreitet. Bei relativ langen Schmierfristen (über 6 Monate!) sollte die komplette Fettfüllung eines Lagers entfernt und durch eine neue ersetzt werden. Ergeben sich kürzere Intervalle, ist es durchaus zulässig, nach der Hälfte der empfohlenen Gebrauchsdauer eine Nachschmierung mit einer kleineren Menge Frischfett vorzunehmen. Nach dreimaliger Ergänzung ist jedoch wie im erstgenannten Fall die gesamte Fettfüllung zu ersetzen.

Bei nur langsam umlaufenden Lagern oder bei Schwenkbewegungen kann aus Korrosionsschutzgründen der gesamte in der Lagerumgebung zur Verfügung stehende Raum mit Fett gefüllt werden. Da mit zunehmender Schmierfettmenge aufgrund der Reibung speziell bei höheren Drehzahlen die Betriebstemperatur an der Lagerstelle stark ansteigt, genügt es in der Regel, das freie Volumen im Bereich des Wälzlagers nur zu einem Drittel bis zur Hälfte mit Fett aufzufüllen. Ist der Lagerbereich durch die Demontage von Deckeln oder Gehäuseteilen nicht zugänglich, so sind Schmiernippel und Fettaustrittsöffnungen vorzusehen. Die Nachschmierung erfolgt dann durch das Einpressen von Fett mittels einer Fettpresse in den Lagerbereich. Dies geschieht solange, bis das verbrauchte Fett restlos durch unverbrauchtes Schmierfett ersetzt ist. Da auf die beschriebene Weise das gesamte Volumen mit Fett gefüllt werden muß und sich verbrauchtes und unverbrauchtes

Fett teilweise mischen, ist eine größere Menge an Schmierfett nötig als beim Austausch in gut zugänglichen Lagerstellen.

10.4.5.2.2 Ölschmierung

Sind die Drehzahl- oder die Temperaturgrenzen für eine Fettschmierung überschritten, ist über den Schmierstoff ein größerer Wärmestrom aus der Lagerstelle abzuführen oder werden benachbarte Konstruktionselemente (z.B. Zahnräder, Reibräder oder Kupplungslamellen in einem Getriebegehäuse!) ohnehin mit Öl geschmiert, so bietet sich auch eine Ölschmierung für die Wälzlager an.

Im einfachsten Fall kann eine Ölbadschmierung verwendet werden, bei der ein Ölstand etwas unterhalb der Mitte des untersten Wälzkörpers genügt. Der Schmierstoff haftet an den umlaufenden Lagerteilen und sorgt so für ausreichende Schmierungsbedingungen. Bei höheren Drehzahlen und Lagertemperaturen ist aufgrund der höheren Beanspruchung des Öls eine sogenannte Umlaufschmierung erforderlich, bei der der Schmierstoff durch eine externe Pumpe in einem Kreislauf geführt wird. Hierbei können Filter die durch das Öl aufgenommenen Verunreinigungen aus dem Kreislauf entfernen und eine Kühlung die Betriebstemperaturen zum Teil erheblich reduzieren.

Das Prinzip der Minimalschmierung für Lagerungen, an die höchste Anforderungen gestellt werden müssen, wird durch eine Umlaufschmierung verwirklicht, bei der genau dosierte Ölmengen mit hoher Strahlgeschwindigkeit seitlich in die Wälzlager eingespritzt werden (Öleinspritzschmierung!). Hierdurch kommt es zu einer Verwirbelung des Öls mit der Luft im Lagerbereich, was zu einer besonders effektiven und zuverlässigen Minimalschmierung führt. Bei der Öl-Luft-Schmierung lassen sich ähnliche Ergebnisse erzielen. Der Lagerbereich wird mit Druckluft beaufschlagt, der entsprechend den Anforderungen Schmieröl in exakt dosierter Menge beigemischt ist. Die Druckluft dient gleichzeitig zur Lagerkühlung. Der von ihr hervorgerufene Überdruck kann zudem das Eindringen von Verunreinigungen in den Lagerbereich verhindern. Bei der einfachen Ölumlaufschmierung und der Öleinspritzschmierung sind genügend große Ablaufquerschnitte vorzusehen, um den ungehinderten Abfluß des Öls aus dem Lagerbereich zu garantieren. Dagegen stellt die Öl-Luft-Schmierung eine sogenannte Verlustölschmierung dar, bei der das Öl-Luft-Gemisch jeder Lagerstelle nur einmal zugeführt, d.h. nicht wieder in einen Ölsumpf zurückgeleitet wird.

Die Auswahl des geeigneten Schmieröls erfolgt durch die Festlegung einer mindestens erforderlichen Viskosität, die nach den Angaben des Wälzlagerherstellers in Abhängigkeit von der Lagergeometrie (Innen- und Außendurchmesser des Lagers!) bestimmt wird. Die so ermittelte Mindestviskosität basiert auf einer angenommenen Betriebstemperatur von 40 °C. Bei davon stark abweichenden Betriebstemperaturen ist der Zähigkeitswert in einem zweiten Schritt an die zu erwartende Temperatur anzupassen. Auch hierzu liefern die Lagerhersteller die notwendigen Unterlagen in Form von Tabellen und Diagrammen.

Die Wartung bei Ölschmierung beschränkt sich im wesentlichen auf den regelmäßigen Austausch des einem Alterungsprozeß unterliegenden Schmieröls. Bei relativ niedrigen Betriebstemperaturen (bis ca. 50 °C!) und geringen Verunreinigungen durch Schmutzpartikel genügt bei ölbadgeschmierten Lagern ein jährlicher Ölwechsel. Dagegen verkürzen stärkere Verschmutzungen und höhere Betriebstemperaturen (ca. 100 °C!) die empfohlenen Ölwechselintervalle auf etwa drei Monate. Generelle Empfehlungen für den Austausch des Schmieröls bei Umlaufschmierungen können verständlicherweise nicht gegeben werden. Die Menge des sich im Kreislauf befindlichen Öls im Verhältnis zur jeweils direkt zur Schmierung verwendeten Menge, die Existenz und die Güte von Filtermechanismen und Kühlaggregaten sowie die jeweiligen Betriebsparameter machen eine individuelle Abstimmung der Wartungsintervalle auf den jeweiligen Anwendungsfall notwendig.

10.4.6 Tragfähigkeit, Lebens- oder Gebrauchsdauer

Der Begriff der Tragfähigkeit berücksichtigt zwei wesentliche Eigenschaften eines Wälzlagers. Zum einen beschreibt er die Fähigkeit, unter bestimmten Voraussetzungen eine definierte Belastung statisch, d.h. ohne Relativverdrehung der Lagerringe gegeneinander aufnehmen zu können, ohne daß es zu einer Überbeanspruchung des Lagerwerkstoffs kommt. Zum andern kennzeichnet die Tragfähigkeit bei umlaufenden Lagern die Fähigkeit, über eine festgelegte Anzahl von Umdrehungen eine definierte Belastung zu ertragen. Bevor die Berechnungsverfahren zur Bestimmung der Lagergröße näher beschrieben werden, sollen zunächst einige wichtige Begriffe erläutert werden, auf die im folgenden Bezug genommen wird.

10.4.6.1 Begriffsdefinitionen

Die für die Wälzlagerdimensionierung maßgeblichen Fachausdrücke sind im wesentlichen in DIN ISO 281 definiert. Dabei sind in der Hauptsache die folgenden Begriffe von Bedeutung:
Statische Tragfähigkeit
Sie beschreibt zusammenfassend die Eigenschaften eines Wälzlagers, „bei Stillstand bestimmte mechanische Belastungen zu ertragen" (DIN 622).
Statische radiale Tragzahl C_{0r}
Sie ist die „statische radiale Belastung, die einer errechneten Beanspruchung an der Berührstelle im Mittelpunkt der am höchsten belasteten Berührstelle zwischen Wälzkörper und Laufbahn von
– 4600 MPa bei Pendelkugellagern;
– 4200 MPa bei allen anderen Radial-Kugellagerarten;
– 4000 MPa bei allen Radial-Rollenlagern
entspricht" (DIN ISO 76).
  Grundlage zur Festlegung der oben genannten Beanspruchungsgrenzen ist eine Verformung vom 0,0001-fachen des Wälzkörperdurchmessers an der am höchsten belasteten Berührstelle.

Statische axiale Tragzahl C_{0a}
Sie ist die „statische zentrische axiale Belastung, die einer errechneten Beanspruchung an der Berührstelle im Mittelpunkt der am höchsten belasteten Berührstelle zwischen Wälzkörper und Laufbahn von
- 4200 MPa bei Axial-Kugellagern;
- 4000 MPa bei Axial-Rollenlagern

entspricht" (DIN ISO 76).

Auch hier sind die Beanspruchungsgrenzen durch die maximale Verformung vom 0,0001-fachen des Wälzkörperdurchmessers definiert.

Während die Grenzbelastungen im statischen Fall durch eine definierte, maximal zulässige plastische Verformung im Lager festgelegt sind, geht man bei dynamisch belasteten – also umlaufenden – Wälzlagern von einer Werkstoffermüdung nach einer bestimmten Anzahl von Lastwechseln aus. Aufgrund der bei der experimentellen Ermittlung von Dauer- oder Zeitfestigkeiten generell verwendeten statistischen Methoden wird die geforderte Lastspielzahl, die zur Definition der nominellen Lagerlebensdauer führt, lediglich für eine bestimmte Menge aller getesteten Typen eines Wälzlagers verlangt.

Lebensdauer
Die Lebensdauer eines Wälzlagers ist die „Anzahl von Umdrehungen, die ein Lagerring (oder eine Lagerscheibe) in bezug auf den anderen Lagerring (die andere Lagerscheibe) ausführt, bevor das erste Anzeichen von Materialermüdung an einem der beiden Ringe (oder Scheiben) oder am Wälzkörper sichtbar wird" (DIN ISO 281). Die ersten Anzeichen von Werkstoffermüdung zeigen sich in der Regel durch Abblätterungen an den Laufbahnen oder den Wälzkörpern.

Erlebenswahrscheinlichkeit
Sie ist „die Wahrscheinlichkeit, daß das Lager eine bestimmte Lebensdauer erreicht oder überschreitet" (DIN ISO 281).

Nominelle Lebensdauer
Sie ist „die mit 90% Erlebenswahrscheinlichkeit erreichbare rechnerische Lebensdauer für ein einzelnes Wälzlager oder eine Gruppe von offensichtlich gleichen, unter gleichen Bedingungen laufenden Wälzlagern, bei heute allgemein verwendetem Werkstoff üblicher Herstellerqualität und üblichen Betriebsbedingungen" (DIN ISO 281).

Modifizierte Lebensdauer
Sie ist die „rechnerische Lebensdauer, die man durch Modifizierung der nominellen Lebensdauer für eine gewünschte Erlebenswahrscheinlichkeit, spezielle Lagerausführungen und bestimmte Betriebsbedingungen erhält" (DIN ISO 281).

Mit Hilfe der Lebensdauer lassen sich die dynamischen Tragzahlen als charakteristische Kenngrößen für die zulässige Lagerbelastung beschreiben.

Dynamische radiale Tragzahl C_r
Sie ist die „in der Größe und Richtung unveränderliche Radiallast, die ein Wälzlager theoretisch für eine nominelle Lebensdauer von 10^6 Umdrehungen aufnehmen kann" (DIN ISO 281).

Dynamische axiale Tragzahl C_a
Sie ist diejenige „in der Größe und Richtung unveränderliche zentrische Axiallast,

die ein Wälzlager theoretisch für eine nominelle Lebensdauer von 10^6 Umdrehungen aufnehmen kann" (DIN ISO 281).

Da viele Radiallager und auch einige Axiallager kombinierte Axial-/Radialbelastungen aufnehmen können, muß eine Ersatzgröße eingeführt werden, die einen Vergleich der real vorliegenden – kombinierten – Belastung mit den für ideale Belastungsfälle definierten Tragzahlen für rein radiale Belastung erlaubt.

Statische äquivalente radiale Belastung P_{0r}
Sie ist die „statische radiale Belastung, die die gleiche Beanspruchung an der Berührstelle im Mittelpunkt der am höchsten belasteten Berührstelle zwischen Wälzkörper und Laufbahn verursacht wie die, die sich unter den tatsächlichen Belastungsbedingungen ergibt" (DIN ISO 281).

Statische äquivalente axiale Belastung P_{0a}
Sie ist die „statische zentrische axiale Belastung, die die gleiche Beanspruchung an der Berührstelle im Mittelpunkt der am höchsten belasteten Berührstelle zwischen Wälzkörper und Laufbahn verursacht wie die, die sich unter den tatsächlichen Belastungsbedingungen ergibt" (DIN ISO 281).

Dynamische äquivalente Radiallast P_r
Sie ist die „in der Größe und Richtung unveränderliche Radiallast, unter deren Einwirkung ein Wälzlager die gleiche nominelle Lebensdauer erreichen würde, wie unter den tatsächlich vorliegenden Belastungsbedingungen" (DIN ISO 281).

Dynamische äquivalente Axiallast P_a
Sie ist die „in der Größe und Richtung unveränderliche zentrische Axiallast, unter deren Einwirkung ein Wälzlager die gleiche nominelle Lebensdauer erreichen würde, wie unter den tatsächlich vorliegenden Belastungsverhältnissen" (DIN ISO 281).

10.4.6.2 Tragzahlen und Berechnung der äquivalenten Lagerbelastung

Die statischen und dynamischen Tragzahlen werden von den Lagerherstellern in Anlehnung an die internationalen Richtlinien (DIN ISO 76, DIN ISO 281) ermittelt und angegeben, so daß sie zur Berechnung der geeigneten Lagergröße den Herstellerunterlagen entnommen werden können. Der Vergleich der Tragzahlen mit den zugehörigen äquivalenten Lagerlasten erlaubt eine Beurteilung der Tragfähigkeit bzw. der zu erwartenden Lebensdauer eines Wälzlagers. Die Vorgehensweise bei der Berechnung der äquivalenten Lagerlasten ist für den statischen Belastungsfall (keine oder nur sehr langsame Relativdrehung der Lagerringe gegeneinander!) und für den dynamischen Belastungsfall (Relativdrehung der Lagerringe gegeneinander!) prinzipiell gleich.

Zunächst sind die im allgemeinen Fall auftretenden fünf Auflagerkräfte einer statisch bestimmten Lagerung im Raum über die zur Verfügung stehenden fünf Gleichgewichtsbedingungen der Statik zu ermitteln. Hierbei handelt es sich im einzelnen um die im Festlager oder entsprechenden Stützlager aufgenommene Axialkraft F_a sowie die in den beiden Lagern abgestützten jeweils zwei orthogonalen Radialkräfte F_{r1} und F_{r2} in der zur Wellenachse senkrecht stehenden Ebene. Die beiden jeweils einem Lager zugeordneten Radialkräfte können dann zur resultierenden radialen Lagerbelastung F_r zusammengefaßt werden. Hierbei gilt die folgende Gleichung:

$$F_r = \sqrt{F_{r1}^2 + F_{r2}^2} \tag{10.35}$$

Nimmt nun ein Lager eine kombinierte Axial-/Radialbelastung auf, so muß die zuvor definierte äquivalente Lagerlast (äquivalente Radiallast für ein Radiallager bzw. äquivalente Axiallast für ein Axiallager!) berechnet werden. Der allgemeine Zusammenhang zwischen den Lagerkräften und der äquivalenten Lagerlast ist durch folgende Beziehungen beschrieben:

$$\begin{array}{ll} \text{Radiallager} & \text{Axiallager} \\ P_{0r} = X_0 \cdot F_r + Y_0 \cdot F_a & P_{0a} = X_0 \cdot F_r + Y_0 \cdot F_a \\ P_r = X \cdot F_r + Y \cdot F_a & P_a = X \cdot F_r + Y \cdot F_a \end{array} \tag{10.36}$$

mit: P_{0r} statische äquivalente radiale Belastung,
 P_{0a} statische äquivalente axiale Belastung,
 P_r dynamische äquivalente radiale Belastung,
 P_a dynamische äquivalente axiale Belastung,
 X_0, X Radialfaktor,
 Y_0, Y Axialfaktor,
 F_r radiale Lagerlast,
 F_a axiale Lagerlast.

Die einzusetzenden Werte für die Radial- und die Axialfaktoren (X, X_0, Y, Y_0) sind von der Wälzlagerbauart (Rillenkugellager, Kegelrollenlager etc.), vom Verhältnis zwischen der Axiallast und der statischen Tragzahl C_{0r} bzw. C_{0a} sowie vom Verhältnis e zwischen der Axiallast und der Radiallast abhängig. Zudem können sich unterschiedliche Axial- und Radialfaktoren ergeben, wenn bei sonst gleichen Kräften zum einen ein Wälzlager als Festlager, zum andern als Stützlager (in X- oder O-Anordnung!) eingebaut ist. Aufgrund der Vielzahl der Lagerbauarten und der Fallunterscheidungen bzgl. der Größe der wirkenden Kräfte ist eine umfassende Darstellung aller zur Ermittlung der Faktoren erforderlichen Tabellen im Rahmen dieses Buches nicht möglich, so daß an dieser Stelle auf die Unterlagen der Lagerhersteller bzw. auf die in der DIN ISO 76 und DIN ISO 281 aufgeführten Tabellen verwiesen werden muß.

10.4.6.3 Lagerdimensionierung nach der statischen Tragfähigkeit

Die Dimensionierung eines Wälzlagers nach der statischen Tragfähigkeit erfolgt im wesentlichen in den folgenden vier Fällen:
– Es findet keine Verdrehung der Lagerringe gegeneinander statt. Dabei wird das Lager stationär oder stoßartig belastet.

- Ein umlaufendes Lager wird während der Drehbewegung kurzzeitig stoßartig belastet.
- Die Relativverdrehung der Lagerringe beschränkt sich auf Schwenkbewegungen, die unter Belastung ablaufen.
- Das Lager läuft mit sehr niedrigen Drehzahlen unter einer relativ großen Belastung um und ist nur für eine sehr kurze Lebensdauer auszulegen. Unter Verwendung der Lebensdauerberechnung würde aufgrund der Randbedingungen (hohe Last und kurze Lebensdauer!) rein formal ein Lager gewählt, das durch die hohen Kräfte unzulässig große Verformungen – also eine statische Überbelastung – erfährt.

Nach der Ermittlung der statischen äquivalenten Belastung des Lagers nach Gl. (10.36) ergibt sich dann mit Hilfe eines Sicherheitsbeiwertes S_0, der auch als statische Tragsicherheit bezeichnet wird, die erforderliche statische Tragzahl des Wälzlagers.

$$C_{0a} = S_0 \cdot P_{0a} \quad \text{bzw.} \quad C_{0r} = S_0 \cdot P_{0r} \qquad (10.37)$$

mit: C_{0a} statische Tragfähigkeit eines Axiallagers,
      P_{0a} statische äquivalente axiale Belastung,
      C_{0r} statische Tragfähigkeit eines Radiallagers,
      P_{0r} statische äquivalente radiale Belastung,
      S_0 statische Tragsicherheit.

Tabelle 10.14 enthält Richtwerte für die statische Tragsicherheit nach dem SKF-Standardkatalog.

10.4.6.4 Lagerdimensionierung nach der nominellen Lebensdauer

Die nominelle Lebensdauer eines dynamisch belasteten Wälzlagers kann nach der folgenden Beziehung ermittelt werden:

$$L_{10} = \left(\frac{C_a}{P_a}\right)^p \quad \text{bzw.} \quad L_{10} = \left(\frac{C_r}{P_r}\right)^p \qquad (10.38)$$

mit: C_a dynamische Tragzahl eines Axiallagers,
      P_a dynamische äquivalente axiale Belastung,
      C_r dynamische Tragzahl eines Radiallagers,
      P_r dynamische äquivalente radiale Belastung,
      L_{10} nominelle Lebensdauer in Millionen Umdrehungen,
      p Lebensdauerexponent
         ($p = 3$ für Kugellager; $p = 10/3$ für Rollenlager).

Die nominelle Lebensdauer in Betriebsstunden berechnet sich wie folgt:

$$L_{10h} = \frac{10^6}{60 \cdot n} \cdot \left(\frac{C_a}{P_a}\right)^p \quad \text{bzw.} \quad L_{10h} = \frac{10^6}{60 \cdot n} \cdot \left(\frac{C_r}{P_r}\right)^p \quad \text{bzw.}$$

$$L_{10h} = \frac{10^6}{60 \cdot n} \cdot L_{10} \qquad (10.39)$$

Tabelle 10.14. Richtwerte für die statische Tragsicherheit S_0 von Wälzlagern nach SKF-Hauptkatalog [117]

Betriebsweise	Umlaufende Lager						Nicht umlaufende Lager	
	Anforderungen an die Laufruhe							
	gering		normal		hoch			
	Kugellager	Rollenlager	Kugellager	Rollenlager	Kugellager	Rollenlager	Kugellager	Rollenlager
ruhig, erschütterungsfrei	0,5	1,0	1,0	1,5	2,0	3,0	0,4	0,8
normal	0,5	1,0	1,0	1,5	2,0	3,5	0,5	1,0
stark stoßbelastet [1]	$\geq 1,5$	$\geq 2,5$	$\geq 1,5$	$\geq 3,0$	$\geq 2,0$	$\geq 4,0$	$\geq 1,0$	$\geq 2,0$

Für Axialpendelrollenlager sollte $S_0 \geq 4$ sein.

[1] Bei Stoßbelastungen nicht näher bekannter Größe sind mindestens die angegebenen Werte in die Formel einzusetzen. Wenn sich die Stoßbelastungen jedoch genauer ermitteln lassen, können die Mindestwerte auch unterschritten werden.

Tabelle 10.15. Richtwerte für die erforderliche nominelle Lebensdauer L_{10h} bei verschiedenen Maschinenarten nach SKF-Hauptkatalog [117]

Maschinenart	Nominelle Lebensdauer L_{10h} in Betriebsstunden
Haushaltsmaschinen, landwirtschaftliche Maschinen, Instrumente, medizinisch-technische Geräte	300 ⋯ 3000
Maschinen für kurzzeitigen oder unterbrochenen Betrieb (Elektro-Handwerkzeuge, Montagekrane, Baumaschinen)	3000 ⋯ 8000
Maschinen für kurzzeitigen oder unterbrochenen Betrieb mit hohen Anforderungen an die Betriebssicherheit (Aufzüge, Stückgutkrane)	8000 ⋯ 12000
Maschinen für täglich achtstündigen Betrieb, die nicht stets voll ausgelastet werden (Zahnradgetriebe für allgemeine Zwecke, ortsfeste Elektromotoren, Kreiselbrecher)	10000 ⋯ 25000
Maschinen für täglich achtstündigen Betrieb, die voll ausgelastet werden (Werkzeugmaschinen, Holzbearbeitungsmaschinen, Maschinen für Fabrikationsbetriebe, Krane für Massengüter, Gebläse, Förderbandrollen, Druckereimaschinen, Separatoren und Zentrifugen)	20000 ⋯ 30000
Maschinen für Tag- und Nachtbetrieb (Walzwerkgetriebe, mittelschwere Elektromaschinen, Kompressoren, Grubenaufzüge, Pumpen, Textilmaschinen)	40000 ⋯ 50000
Maschinenanlagen in Wasserwerken, Drehöfen, Rohrschnellverseilmaschinen, Getriebe für Hochseeschiffe	60000 ⋯ 100000
Maschinen für Tag- und Nachtbetrieb mit hohen Anforderungen an die Betriebssicherheit (Großelektromaschinen, Kraftanlagen, Grubenpumpen und -gebläse, Lauflager für Hochseeschiffe)	~ 100000

mit: L_{10h} nominelle Lebensdauer in Betriebsstunden,
      n   Drehzahl in 1/min.

Tabelle 10.15 enthält Anhaltswerte für die in der Regel geforderte nominelle Lebensdauer der Wälzlager in verschiedenen Maschinenarten.

Für Straßen- und Schienenfahrzeuge wird die Lebensdauer zumeist in Millionen Kilometer (Laufleistung!) angegeben. Der Zusammenhang zwischen der Laufleistung und der nominellen Lebensdauer in Millionen Umdrehungen lautet dann:

$$L_{10s} = \frac{\pi \cdot D}{1000} \cdot L_{10} \tag{10.40}$$

mit: L_{10s} nominelle Lebensdauer in Millionen Kilometer,
      D   Raddurchmesser des Fahrzeugs in Meter.

Tabelle 10.16 gibt Auskunft über Richtwerte für die erforderliche Lebensdauer von Radlagerungen unterschiedlicher Straßen- und Schienenfahrzeuge.

Für dynamisch belastete Wälzlager, die nur oszillierende Schwenkbewegungen ausführen, ist die Angabe der Lebensdauer in Millionen Schwenkbewegungen üblich. Es gilt:

$$L_{10osz} = \frac{180}{\gamma} \cdot L_{10} \tag{10.41}$$

Tabelle 10.16. Richtwerte für die erforderliche nominelle Lebensdauer L_{10s} bei verschiedenen Straßen- und Schienenfahrzeugen nach SKF-Hauptkatalog [117]

Art des Fahrzeugs	Nominelle Lebensdauer L_{10s} in 10^6 Kilometer
Radlagerungen für Personenkraftwagen	0,3
Radlagerungen für Lastkraftwagen und Omnibusse	0,6
Radsatzlagerungen für Schienenfahrzeuge: Güterwagen	0,8
Nahverkehrsfahrzeuge, Straßenbahnen	1,5
Reisezugwagen für den Fernverkehr	3,0
Triebwagen für den Fernverkehr	3,0 ⋯ 4,0
Diesel- und Elektrolokomotiven für den Fernverkehr	3,0 ⋯ 5,0

Tabelle 10.17. Temperaturfaktor f_Θ in Abhängigkeit von der Lagertemperatur nach SKF-Hauptkatalog [117]

Lagertemperatur in °C	Temperaturfaktor f_Θ
150	1,00
200	0,90
250	0,75
300	0,60

mit: L_{10osz} nominelle Lebensdauer in Millionen Schwenkbewegungen,
γ Schwenkwinkel in Grad.

Mit zunehmender Temperatur reduziert sich die Tragfähigkeit der Wälzlager. Dies kann bei der Berechnung der Lebensdauer durch einen Temperaturfaktor f_Θ berücksichtigt werden, der die vom Hersteller angegebene dynamische Tragzahl modifiziert.

$$C_{a,mod} = f_\Theta \cdot C_a \quad \text{bzw.} \quad C_{r,mod} = f_\Theta \cdot C_r \tag{10.42}$$

mit: $C_{a,mod}$ modifizierte dynamische Tragzahl eines Axiallagers,
$C_{r,mod}$ modifizierte dynamische Tragzahl eines Radiallagers,
f_Θ Temperaturfaktor.

Werte für den Temperaturfaktor f_Θ sind aus der Tabelle 10.17 zu entnehmen. Hierbei ist unbedingt zu beachten, daß die verwendeten Lager für die entsprechenden Einsatztemperaturen über 150 °C geeignet, d.h., daß sie für die jeweilige Temperatur stabilisiert sind (vgl. Abschnitt 10.4.8!).

10.4.6.5 Lagerdimensionierung nach der modifizierten Lebensdauer

Da die Berechnung der nominellen Lebensdauer lediglich die Lagerbelastung berücksichtigt, wurde nach ISO im Jahre 1977 die modifizierte Lebensdauer eingeführt, um die Einflüsse der Schmierung, der Werkstoffwahl und der Betriebsbedingungen möglichst genau zu erfassen. Die Formel zur Berechnung der modifizierten Lebensdauer L_{na} lautet:

$$L_{na} = a_1 \cdot a_2 \cdot a_3 \cdot L_{10} \tag{10.43}$$

mit: L_{na} modifizierte nominelle Lebensdauer in Millionen Umdrehungen,
a_1 Beiwert für die Erlebenswahrscheinlichkeit,
a_2 Beiwert für den Werkstoff,
a_3 Beiwert für die Betriebsbedingungen.

Da die Definition der nominellen Lebensdauer nach DIN ISO 281 von einer Erlebenswahrscheinlichkeit von 90% ausgeht, kann, falls erforderlich, mit Hilfe des Faktors a_1 eine Dimensionierung vorgenommen werden, die eine höhere Erlebenswahrscheinlichkeit berücksichtigt. Aus Tabelle 10.18 sind die Zahlenwerte des Faktors a_1, die zugehörigen geforderten Erlebenswahrscheinlichkeiten und die zugehörigen modifizierten nominellen Lebensdauern zusammengestellt.

In der Definition des Begriffes „Nominelle Lebensdauer" wird zur Charakterisierung der Wälzlagerwerkstoffe die Umschreibung „bei heute allgemein verwendetem Werkstoff üblicher Herstellerqualität" (DIN ISO 281) verwendet. Der Beiwert a_2, der den Werkstoffeinfluß erfassen soll, beträgt somit für ein Wälzlager aus einem Wälzlagerstahl (vgl. Abschnitt 10.4.8!) $a_2 = 1$. Für Lager aus anderen Werkstoffen liegen z. Zt. noch keine allgemeingültigen Erfahrungswerte vor. Im Einzelfall ist der Lagerhersteller zu befragen. Der Beiwert a_3 bewertet die Betriebsbedingungen. Setzt man eine ausreichende Sauberkeit und eine hinreichend gute Abdichtung der Lagerstelle voraus, sind die Betriebsbedingungen im wesentlichen durch die Lagerschmierung charakterisiert. Hierzu empfiehlt der Lagerhersteller eine erforderliche kinematische Viskosität des verwendeten Schmieröls bzw. des Grundöls bei einer Fettschmierung. Diese sogenannte Mindestviskosität v_1 hängt bei einer festgelegten Bezugstemperatur von 40 °C von der Relativdrehzahl der Lagerringe zueinander und vom mittleren Lagerdurchmesser ab und ist in den Herstellerunterlagen tabelliert bzw. in Form von Diagrammen erfaßt. Bei bekannter Betriebstemperatur des Lagers kann die Mindestviskosität bei Bezugstemperatur über die entsprechenden Ansätze (V–T-Verhalten, vgl. Abschnitt 10.2!) auf die

Tabelle 10.18. Beiwert a_1 zur Erfassung der Erlebenswahrscheinlichkeit bei der Berechnung der modifizierten nominellen Lagerlebensdauer nach FAG [104] bzw. SKF [117]

Erlebenswahrscheinlichkeit in %	Modifizierte nominelle Lebensdauer	Beiwert a_1 für die Erlebenswahrscheinlichkeit
90	L_{10a}	1,00
95	L_{5a}	0,62
96	L_{4a}	0,53
97	L_{3a}	0,44
98	L_{2a}	0,33
99	L_{1a}	0,21

Einsatztemperatur (Betriebstemperatur!) umgerechnet werden. Kennzeichnend für die Betriebsbedingungen des Wälzlagers ist der Quotient κ aus der tatsächlich vorhandenen Viskosität des Schmierstoffs und der Mindestviskosität, jeweils bei Betriebstemperatur. Er hat folgende Größe:

$$\kappa = \frac{\nu}{\nu_1} \tag{10.44}$$

Der Werkstoffbeiwert a_2 und der a_3-Wert sind nicht immer unabhängig voneinander zu bestimmen, so daß man die Ermittlung der modifizierten nominellen Lebensdauer eines Wälzlagers auch mit einem kombinierten Beiwert a_{23} durchführen kann. Damit ergibt sich folgende alternative Berechnungsformel:

$$L_{na} = a_1 \cdot a_{23} \cdot L_{10} \tag{10.45}$$

Bild 10.46 können allgemein gültige Richtwerte des kombinierten Beiwertes a_{23} für Lager aus handelsüblichem Wälzlagerstahl entnommen werden, wobei zusätzlich die Sauberkeit des Schmierstoffs bzw. des Schmierspalts zu berücksichtigen ist. Das Diagramm weist entgegen der bislang vorgestellten Theorie einen Bereich auf, der den Übergang zur Dauerfestigkeit und damit zur unendlich langen Lagerlebens-

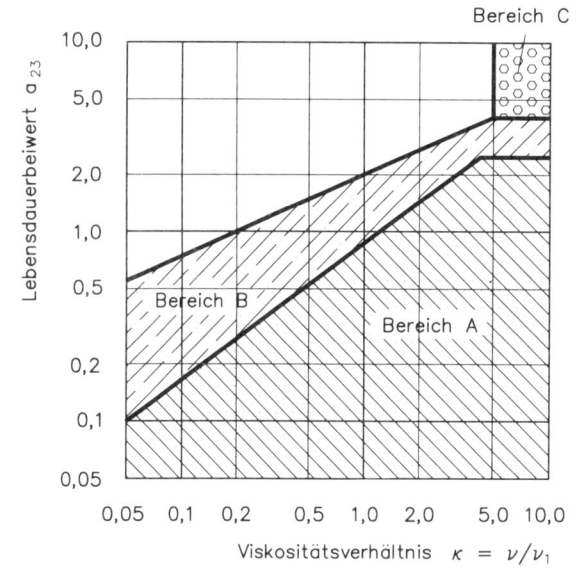

Bereich A: Ungünstige Betriebsbedingungen; Verunreinigungen im Schmierspalt, ungereinigte Schmierstoffe.
Bereich B: Gute Sauberkeit im Schmierspalt, geeignete Additive im Schmierstoff.
Bereich C: Übergang zur Dauerfestigkeit; höchste Sauberkeit im Schmierspalt, moderate Belastungen.

Bild 10.46. Beiwert a_{23} zur Berechnung der modifizierten nominellen Lebensdauer nach [60, 104, 117]

dauer charakterisiert. Nach Aussagen der Wälzlagerhersteller existiert dieser Bereich der Dauerfestigkeit, wenn ideale Schmierungs- und Betriebsbedingungen und „moderate" Lagerbelastungen vorliegen. Da die Forschung auf diesem speziellen Gebiet zur Zeit aber noch nicht als abgeschlossen angesehen werden kann, lassen sich keine definitiven Aussagen treffen, aus denen sich die erforderlichen Bedingungen zur Erzielung einer unendlich langen Lagerlebensdauer ableiten lassen.

10.4.6.6 Lastkollektive, mittlere Drehzahlen

Bislang wurde bei der Dimensionierung der Wälzlager mit Hilfe der Lebensdauergleichung implizit vorausgesetzt, daß die äußeren Kräfte, die auf eine Wellenlagerung wirken, und damit auch die auftretenden Lagerbelastungen stationären Charakter haben, d.h., daß sich die Lagerkräfte weder örtlich noch zeitlich ändern. Zudem verlangt die Berechnung der Lagerlebensdauer in Stunden (L_{10h}) die Angabe einer definierten Relativdrehzahl zwischen den Lagerringen. Bei vielen Lagerungen können sich jedoch sowohl die Lagerkräfte als auch die Drehzahlen zeitlich ändern. Somit muß eine Ersatzgröße (Lastkollektiv bzw. mittlere Drehzahl!) gefunden werden, die die zeitlich veränderlichen Größen der Lagerbelastung und der Lagerdrehzahl jeweils auf eine äquivalente mittlere Größe reduziert, die zur Dimensionierung verwendet werden kann (vgl. auch [19]). Dies ist bei regellosen zeitlichen Veränderungen nur unter großem Aufwand und unter Verwendung komplizierter statistischer Verfahren zur Ermittlung geeigneter Lastkollektive und mittlerer Drehzahlen möglich.

Handelt es sich jedoch um periodische Änderungen der Belastung und der Drehzahl, so können die Ersatzgrößen relativ einfach bestimmt werden. Bei bekanntem Verlauf der Lagerkräfte über der Zeit läßt sich zu jedem Zeitpunkt die dynamische äquivalente Lagerbelastung (P_a bzw. P_r nach Gleichung (10.36)) berechnen. Zudem soll der Drehzahlverlauf bekannt sein. Bild 10.47 zeigt exemplarisch den Verlauf der beiden Größen, wobei zur Vereinfachung nicht explizit zwischen der dynamischen äquivalenten axialen Lagerbelastung und der dynamischen

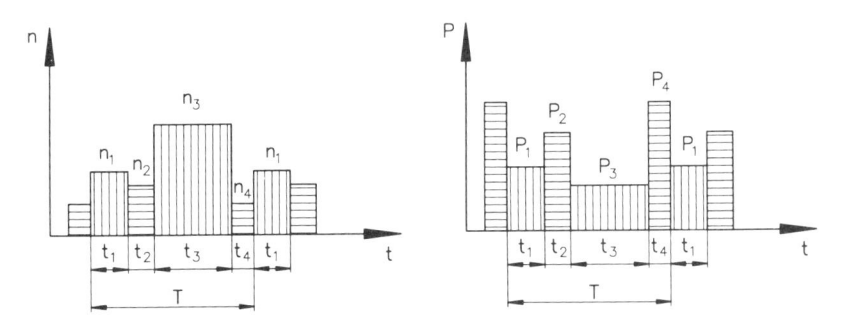

Bild 10.47. Exemplarische Verläufe von Drehzahl (n) und dynamischer äquivalenter Lagerbelastung (P) bei instationären Verhältnissen (stückweise konstante Verläufe!)

308   10 Reibung, Schmierung, Lagerungen

äquivalenten radialen Lagerbelastung unterschieden wird. Vielmehr wird die Abkürzung P zur generellen Bezeichnung der jeweils maßgeblichen Größe (P_a oder P_r!) verwendet. Es ist ersichtlich, daß eine Belastungs- bzw. Drehzahlperiode der Dauer T (der Funktionsverlauf muß zwar periodisch sein jedoch nicht harmonisch!) aus einer definierten Anzahl k (im gezeigten Beispiel gilt: k = 5) von zeitlich konstanten Drehzahlen n_i und dynamischen äquivalenten Lagerbelastungen P_i besteht, die jeweils die Wirkdauer t_i aufweisen ($1 \leq i \leq k$). Hieraus läßt sich nun zunächst die mittlere Drehzahl n_m nach der folgenden Beziehung berechnen:

$$n_m = \sum_{i=1}^{k} n_i \cdot \frac{t_i}{T} \tag{10.46}$$

mit: n_m mittlere Drehzahl,
     i   Laufindex über die Zeitintervalle,
     k   Anzahl der Zeitintervalle innerhalb einer Periode,
     n_i konstante Drehzahlen innerhalb der Einzelintervalle,
     t_i Zeitdauer eines Einzelintervalls,
     T   Periodendauer.

Mit Hilfe dieser mittleren Drehzahl kann nun auch die Ersatzgröße der mittleren dynamischen äquivalenten Lagerbelastung berechnet werden. Es gilt die folgende Beziehung:

$$P = \sqrt[p]{\sum_{i=1}^{k} P_i^p \cdot \frac{n_i}{n_m} \cdot \frac{t_i}{T}} \tag{10.47}$$

mit: P   mittlere äquivalente dynamische Lagerbelastung,
     i   Laufindex über die Zeitintervalle,
     k   Anzahl der Zeitintervalle innerhalb einer Periode,
     p   Lebensdauerexponent nach Gl. (10.38),
     P_i konstante äquivalente dynamische Lagerbelastung innerhalb der Einzelintervalle,
     n_i konstante Drehzahlen innerhalb der Einzelintervalle,
     n_m mittlere Drehzahl,
     t_i Zeitdauer eines Einzelintervalls,
     T   Periodendauer.

Für den Fall der stetig sich verändernden periodischen Lagerbelastungen und Drehzahlen, wie sie exemplarisch in Bild 10.48 dargestellt sind, können Näherungslösungen nach den oben angegebenen Beziehungen dann gewonnen werden, wenn man die stetigen Funktionsverläufe in geeignete Teilintervalle zerlegt, innerhalb derer dann sinnvoll gewählte Mittelwerte angenommen werden (Bild 10.49). Somit entsteht wiederum eine Beschreibung der Belastungs- und der Drehzahlverläufe, die der in Bild 10.47 entspricht, so daß die Voraussetzung zur Anwendung der Gleichungen (10.46) und (10.47) vorliegt.

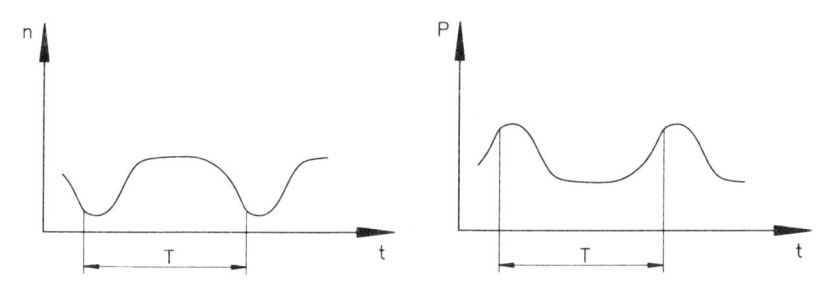

Bild 10.48. Exemplarische Verläufe von Drehzahl (n) und dynamischer äquivalenter Lagerbelastung (P) bei instationären Verhältnissen (stetige Verläufe!)

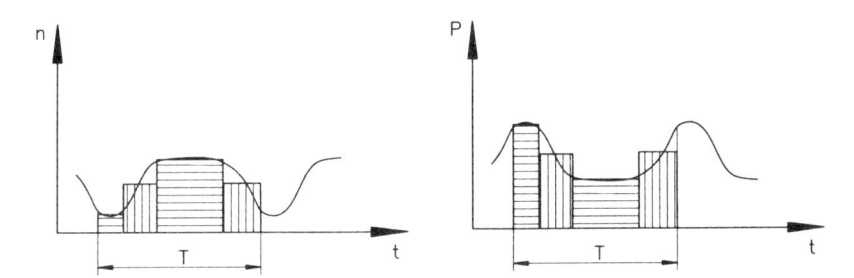

Bild 10.49. Modifikation der stetigen Drehzahl- und Belastungsverläufe zu stückweise zeitlich konstanten Verläufen

10.4.7 Zulässige Drehzahlen

Betreibt man ein Wälzlager mit kontinuierlich steigender Drehzahl, so stellt man fest, daß das Lager nach anfänglich ruhigem Lauf ab einer gewissen Grenzdrehzahl unruhig wird und zu Schwingungen und Rattern neigt. Der Grund hierfür liegt in den Massenkräften, die bedingt durch kleinste Formabweichungen der einzelnen Lagerteile (Innenring, Außenring, Käfig und Wälzkörper!) auftreten, und somit dafür verantwortlich sind, daß die Drehzahl eines Wälzlagers nicht beliebig steigerbar ist.

Eine zweite Grenze ist durch die Betriebstemperatur festgelegt. Die immer vorhandenen Reibungskräfte führen in Verbindung mit den Relativbewegungen zwischen den einzelnen Lagerteilen zu einer Reibleistung, die in Form eines Wärmestroms die Betriebstemperatur des Lagers beeinflußt. Durch Wärmeübergang, Wärmeleitung und Konvektion gibt das Wälzlager, abhängig von seiner Temperatur, relativ zur Lagerumgebung (benachbarte Bauteile und Schmierstoff!) eine bestimmte Wärmemenge ab. Im stationären Zustand (konstante Drehzahl!) sind die dissipierte Energie und die abgeführte Wärmemenge gleich groß. Die Lagertemperatur ist dann zeitlich konstant.

Erhöht man nun das Drehzahlniveau, so wird sich zunächst eine höhere stationäre Lagertemperatur einstellen. Eine beliebige Drehzahlsteigerung ist jedoch nicht möglich, da, neben den bereits erwähnten Schwingungen im Lager, aufgrund von Temperatureffekten (z.b. geändertes Lagerspiel!) Störungen der Schmierungsverhältnisse auftreten, die schließlich zu einer unzulässig großen Erwärmung des Lagers und damit zum Ausfall desselben führen können.

Die *Drehzahlgrenze*, bis zu der ein ruhiger und gleichmäßiger Lauf gewährleistet ist, hängt in der Hauptsache von folgenden Kriterien ab:
- Geometrie des Lagers,
- Lagertyp,
- Art und Größe der Belastung,
- Genauigkeit des Einbaus,
- Art der Schmierung und des Schmierstoffs,
- Betriebsbedingungen,
- konstruktives Umfeld.

Die Lagerhersteller geben daher Grenzdrehzahlen für die einzelnen Wälzlager (getrennt für Fett- und Ölschmierung!) an, wobei die Drehzahlgrenzen für Ölschmierung generell höher anzusiedeln sind. Die genannten Grenzwerte beziehen sich auf herstellerspezifisch festgelegte ideale Einbau-, Schmierungs- und Betriebsbedingungen bei relativ kleinen Belastungen. Mit Hilfe eines Abschwächungsfaktors, der den realen Einbau-, Schmierungs- und Betriebsbedingungen sowie der tatsächlich vorliegenden Belastung Rechnung trägt, kann dann die für den jeweiligen Anwendungsfall gültige zulässige Höchstdrehzahl des Lagers bestimmt werden. Da die Ermittlung des Abschwächungsfaktors für die Lager der unterschiedlichen Hersteller erheblich differiert, sei an dieser Stelle auf die speziellen Unterlagen der Wälzlagerproduzenten verwiesen.

Unter bestimmten Umständen ist es möglich, die für die einzelnen Lager angegebenen Grenzdrehzahlen zu überschreiten. Hierzu ist eine exakte Dosierung des Schmierstoffs erforderlich, um einerseits die Lagerreibung durch eine Minimalschmierung zu verringern und andererseits genügend Schmierstoff für den Abtransport der Reibungswärme zur Verfügung zu stellen. Zudem sollte die Wärmeabfuhr dadurch optimiert werden, daß eine Ölumlaufschmierung mit Ölkühlung oder entsprechende konstruktive Maßnahmen am gehäuseseitigen Lagersitz (z.B. Kühlrippen!) vorzusehen sind. Ob der Einbau eines Lagers mit erhöhter radialer Lagerluft aufgrund der erhöhten Wärmedehnungen oder der Einsatz eines Lagers mit geänderter Käfigkonstruktion empfehlenswert ist, hängt vom jeweiligen Anwendungsfall ab.

Zudem ist darauf hinzuweisen, daß zur Gewährleistung der Laufruhe erhöhte Anforderungen an die Genauigkeit und die Auswuchtqualität aller umlaufenden Teile zu stellen sind. Schließlich ist bei der Verwendung von Schmierfetten darauf zu achten, daß die zulässige Lagerdrehzahl auch durch die Scherstabilität des Lagerfettes begrenzt sein kann. Die hierzu erforderlichen Informationen sind über die Hersteller der Fette zu beziehen.

Abhängig von der Lagerart ist es möglich, die in den Lagerkatalogen angegebenen Grenzdrehzahlen um den Faktor 1,5 bis 3 zu überschreiten. Welche konstruktiven Maßnahmen hierzu im Einzelfall erforderlich sind, sollte mit den anwendungstechnischen Beratungsstellen der Lagerhersteller geklärt werden, die über einen entsprechenden Erfahrungsschatz verfügen.

10.4.8 Werkstoffe

Neben den bereits besprochenen Kriterien, die dem optimalen Einbau und einer geeigneten Schmierung Rechnung tragen, sind die Werkstoffe, aus denen die einzelnen Elemente gefertigt werden, im wesentlichen verantwortlich für die Zuverlässigkeit des Konstruktionselementes „Wälzlager". Hierbei ist zu beachten, daß nicht nur die Art und die Menge der unterschiedlichen Legierungselemente die Qualität der metallischen Werkstoffe beeinflussen, sondern auch die Gefügeausbildung, die Homogenität und die Reinheit der Produkte wichtige Gütemerkmale darstellen.

10.4.8.1 Werkstoffe für Lagerringe und Wälzkörper

Abgesehen von wenigen Ausnahmen werden sowohl die Lagerringe als auch die Wälzkörper aus durchhärtenden bzw. einsatzhärtbaren Stählen hergestellt, die als sogenannte „Wälzlagerstähle" eine gute Festigkeit, eine hohe Härte bei gleichzeitig ausreichender Zähigkeit und günstige Verschleißeigenschaften aufweisen sollen. Die technischen Lieferbedingungen für derartige Wälzlagerstähle sind in DIN 17230 genormt.

Neben der chemischen Zusammensetzung der Werkstoffe, den in Betracht kommen Erzeugnisformen (Knüppel, Stabstahl, Draht, Rohr, Ring und Scheibe!) sind hier in der Hauptsache die Grenzwerte der Härte sowie die mechanischen Eigenschaften der zur Verfügung stehenden Vergütungsstähle festgelegt. Die Wärmebehandlung und die zu wählenden Prüfbedingungen bei der Abnahmeprüfung der Werkstoffe sind ebenfalls erfaßt.

Der am häufigsten verwendete Wälzlagerstahl für Standardanwendungen ist ein durchhärtender Chromstahl (100 Cr6, W Nr.: 1.3505). Daneben kommen durchhärtende Chrom-Mangan- und Chrom-Molybdänstähle bei zunehmenden Wanddicken sowie Einsatzstähle aus Chrom-Nickel- und Mangan-Chrom-Legierungen zum Einsatz. Die Tatsache, daß bei der Lagerdimensionierung nicht zwischen den verschiedenen Stahlsorten zu unterscheiden ist, weist bereits darauf hin, daß bei den genannten Werkstoffen keine Unterschiede bzgl. der mechanischen Beanspruchungsgrenzen existieren, so daß sich die Werkstoffauswahl in der Hauptsache auf die speziellen Erfahrungswerte der Wälzlagerhersteller stützt.

Bei erhöhten Betriebstemperaturen (ab ca. 120 °C!) müssen dagegen Vergütungsstähle verwendet werden, die aufgrund einer besonderen Wärmebehandlung (Stabilisierung!) keine unzulässigen Maßänderungen infolge der Gefügeumwandlungen des Werkstoffs aufweisen. Die Stabilisierung der Stähle wird daher auf die entsprechende Betriebstemperatur abgestimmt. In DIN 17230 sind insbesondere die Vergütungsstähle Cf 54 (W Nr.: 1.1219), 44 Cr 2 (W Nr.: 1.3561), 44 CrMo 4 (W Nr.: 1.3563) und 48 CrMo 4 (W Nr.: 1.3565) berücksichtigt.

Betriebstemperaturen von über 300 °C, wie sie beispielsweise bei den Lagerungen in Strahltriebwerken auftreten, erfordern den Einsatz warmharter Stähle wie 80 MoCrV 42 16 (W Nr.: 1.3551), X 82 WMoCrV 6 5 4 (W Nr.: 1.3553) oder X 75 WCrV 18 4 1 (W Nr.: 1.3558).

Schließlich existieren Wälzlagerstähle für Lager, die während des Betriebes korrosiven Medien ausgesetzt sind. Entsprechende Lager aus hochlegierten Chrom- oder Chrom-Molybdänstählen haben jedoch aufgrund der geringeren Härte geringere Tragfähigkeiten als gleiche Lager aus niedriger legiertem Stahl.

Für Spezialanwendungen stehen auch Lager aus speziellen Kunststoffen, Keramik, Glas oder Silziumkarbiden zur Verfügung. Bezüglich der Lagertragfähigkeiten, der Einsatzbedingungen und der tribologischen Gesichtspunkte sind diese Lager jedoch nicht vergleichbar mit den zuvor besprochenen Stahlwälzlagern, so daß auf die speziellen Kenntnisse, Ratschläge und Richtlinien der Hersteller verwiesen werden muß.

10.4.8.2 Werkstoffe für Lagerkäfige

Der Lagerkäfig hat die Aufgabe, die Wälzkörper relativ zueinander geeignet zu führen, um kinematisch sinnvolle Abwälzverhältnisse im Lager sicherzustellen. Neben der Festigkeit zur Aufnahme der mechanischen Beanspruchung durch Reibungs- und durch Trägheitskräfte sollten Wälzlagerkäfige eine entsprechende chemische Beständigkeit gegen die gängigen Lagerschmierstoffe und Schmierstoffzusätze sowie gegen die üblichen Reinigungs- bzw. Lösungsmittel besitzen, die bei der Montage und Wartung von Antriebssystemen verwendet werden.

Die Beanspruchung der Lagerkäfige ist in der Regel so, daß entsprechende Blechkonstruktionen durchaus als ausreichend betrachtet werden können. Bei erhöhter Beanspruchung durch gestörte Abwälzverhältnisse (z.B. durch Winkelfehler!) und bei sehr großen Lagern sind u.U. Massivkäfige erforderlich. Viele Standardwälzlager sind daher mit gepreßten Stahlkäfigen aus Tiefziehbandstahl ausgestattet, die bei relativ hoher Festigkeit ein vergleichsweise geringes Gewicht aufweisen, was die entsprechenden Fliehkräfte positiv beeinflußt. Zur Verringerung der Reibungsverluste kann eine Härtung und eine Oberflächenbehandlung vorgenommen werden. Die maximalen Betriebstemperaturen für die Standardstahlkäfige liegen bei ca. 300 °C. Unverträglichkeiten mit den üblichen Schmierstoffen und organischen Lösungsmitteln gibt es nicht.

Wegen ihrer leichten Bearbeitbarkeit werden Massivkäfige bevorzugt aus Messingguß- oder Messingknetlegierungen hergestellt. Die Temperaturgrenzen und die chemische Beständigkeit dieser Messinglegierungen sind vergleichbar mit denen der Stahlkäfigwerkstoffen. In bestimmten Anwendungsfällen (z.B. bei Ammoniakumgebung!) können Lager mit Messingkäfigen jedoch nicht verwendet werden, da aufgrund des Umgebungsmediums die Gefahr von Spannungsrißkorrosion besteht, so daß auf Massivkonstruktionen aus Stahl ausgewichen werden muß. Im Gegensatz zu den normalerweise verwendeten wälzkörpergeführten Massivkäfigen können in Sonderfällen auch innen- oder außenringgeführte Massivkäfige eingesetzt werden, die in der Regel höhere Drehzahlen erlauben. Zur weiteren Leistungssteigerung können die Käfige durch besondere Maßnahmen gegenüber den Wälzlagerringen hydrostatisch [26] oder hydrodynamisch abgestützt sein.

Fortschritte auf dem Gebiet der Polymerwerkstoffe ermöglichen seit geraumer Zeit die Substitution der Blechkonstruktionen durch Massivkäfige aus glasfaserverstärktem Polyamid 66. Die guten Gleiteigenschaften auf den Stahlflächen sorgen für niedrige Reibungsverluste und gute Notlaufeigenschaften beim Versagen der Schmierung. Zudem führt die Werkstoffdämpfung dazu, daß die entsprechenden Lager kaum Laufgeräusche abgeben. Die höhere Wärmedehnung, die schlechtere Wärmeleitfähigkeit, der temperaturabhängige Elastizitätsmodul, die Nachschwindung und das ungünstigere Quellverhalten des Polymerwerkstoffes sind Probleme, die seitens der Wälzlagerhersteller als gelöst angesehen werden können. Einschränkungen ergeben sich jedoch bei den zulässigen Betriebstemperaturen. Aufgrund der Versprödung des Werkstoffes ist der Dauerbetrieb unterhalb von $-40\,°C$ ebenso zu vermeiden wie Betriebstemperaturen von mehr als $120\,°C$, die zu einer vorzeitigen Alterung führen würden. Glasfaserverstärktes Polyamid 66 ist unempfindlich gegen die üblicherweise verwendeten Schmiermittel. Negative Auswirkungen von organischen oder alkalischen Lösungs- oder Reinigungsmitteln sind zu vernachlässigen, solange die Einwirkzeiten kurz gehalten werden.

10.5 Gleitlager

In Anlehnung an das physikalische Wirkprinzip bei der Schmierung werden bei den Gleitlagern hydrostatisch, hydrodynamisch und kombiniert hydrostatisch-hydrodynamisch arbeitende Lager unterschieden. Die hydrostatisch-hydrodynamisch arbeitenden Lager werden auch *Hybridlager* genannt.

10.5.1 Hydrostatisch arbeitende Gleitlager

Hydrostatisch arbeitende Lager sind etwa seit der Mitte des vorigen Jahrhunderts bekannt. Ihnen wird der Schmierstoff unter Druck zugeführt. Sie werden vor allem dort angewendet, wo keine metallische Berührung der Lagerflächen, d.h. kein Verschleiß auftreten darf, eine möglichst kleine Reibungszahl verwirklicht werden muß, keine Reibschwingungen auftreten dürfen und infolge der zu kleinen wirksamen Geschwindigkeit zwischen den Gleitflächen hydrodynamisch kein tragender Schmierfilm verwirklicht und aufrechterhalten werden kann. Das grundsätzliche Verhalten, d.h. das physikalische Wirkprinzip, von hydrostatisch arbeitenden Lagern läßt sich durch das Studium des hydrostatischen Druckfilms bzw. der Spaltströmung viskoser Flüssigkeiten erfassen.

10.5.1.1 Spaltströmung viskoser Flüssigkeiten

Strömt gemäß Bild 10.50 ein viskoses Medium durch einen Spalt der Breite b, der Länge l und der Weite oder Höhe h, der durch zwei feststehende Platten berandet ist, und wird eine eindimensionale Strömung in der y-Richtung vorausgesetzt, d.h. gilt $l \gg h \ll b$ und $b \gg l$, so ergibt das Gleichgewicht der Druck- und der Scherkräfte folgende Beziehung [24, 49]:

Druckkräfte = Scherkräfte

$$2b \times \Delta p = -\eta \frac{dv}{dx} 2bl$$

$$dv = -\frac{\Delta p}{\eta l} x \, dx \qquad (10.48)$$

Der Druckabfall Δp gilt in Strömungsrichtung über die gesamte Plattenlänge, und das Minuszeichen bei den Scherkräften wird durch einen negativen Wert des örtlichen Geschwindigkeitsgradienten dv/dx bewirkt.

Nach Integration und Berücksichtigung der Randbedingungen (der Schmierstoff haftet an den Plattenoberflächen!)

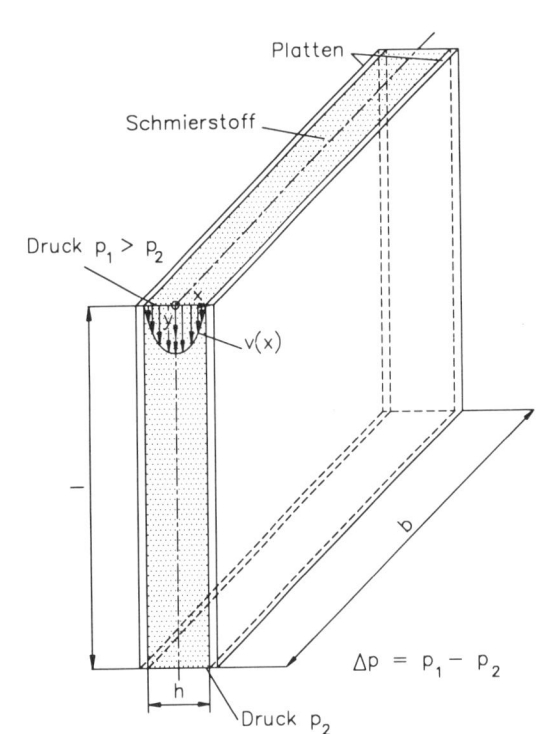

$$v = 0 \quad \text{für } x = \pm h/2,$$

Bild 10.50. Spaltströmung viskoser Flüssigkeiten

ergibt sich folgende parabolische Geschwindigkeitsverteilung im Schmierspalt:

$$v = \frac{\Delta p}{12\eta l} \cdot \left[\frac{h^2}{4} - x^2\right] = v(x) \qquad (10.49)$$

Der Maximalwert der Geschwindigkeit in der Mitte des Spaltes (x = 0!) ist

$$v_{max} = \frac{\Delta p h^2}{8\eta l}, \qquad (10.50)$$

und der Mittelwert der Geschwindigkeit über die Spalthöhe ist

$$\bar{v} = \frac{1}{h} \int_{x=-\frac{h}{2}}^{x=+\frac{h}{2}} v(x) \cdot dx = \frac{\Delta p \cdot h^2}{12\eta l}. \qquad (10.51)$$

Der Volumenstrom $\dot{Q}$ des Schmierstoffes durch den Spalt der Höhe h und der Breite b hat die Größe

$$\dot{Q} = b \int_{x=-\frac{h}{2}}^{x=+\frac{h}{2}} v(x) \cdot dx = \bar{v}\,b\,h = \frac{\Delta p b h^3}{12\eta l}. \qquad (10.52)$$

Diese Gleichung ist in der Literatur [24, 49, 67, 68] als die Hagen-Poiseuille-Gleichung bekannt.

Wird das viskose Medium, der Schmierstoff, durch den Spalt gepreßt, so ist die innere Reibleistung im Schmierstoff zu überwinden. Sie beträgt:

$$P_R = \dot{Q}\Delta p \qquad (10.53)$$

Werden Verluste vernachlässigt, so bewirkt die durch die Pumpe eingebrachte Leistung eine Temperaturerhöhung des Schmierstoffes um

$$\Delta \theta = \frac{\dot{Q}\Delta p}{\dot{Q}c\rho} = \frac{\Delta p}{c\rho}, \qquad (10.54)$$

wenn c die spezifische Wärme und ρ die Dichte des Schmierstoffes ist.

10.5.1.2 Schmierfilm zwischen kreisförmigen Platten

Wird die Quetschströmung zwischen zwei nicht rotierenden Kreisscheiben vom Radius R betrachtet, deren Abstand h (Schmierspalthöhe!) sich verkleinert, so lassen sich unter Beachtung der in Bild 10.51 angegebenen Größen mit der Hagen-Poiseuille-Gleichung alle wichtigen Beziehungen ableiten [49]:

Für das Element des Schmierstoffvolumenstromes über das Bogenelement $d\varphi$ an der Stelle r gilt die Beziehung

$$d\dot{Q} = -\frac{dp\,r\,d\varphi\,h^3}{12\eta\,dr}, \qquad (10.55)$$

in der das negative Vorzeichen wegen des negativen Wertes des Druckgradienten dp/dr erforderlich ist.

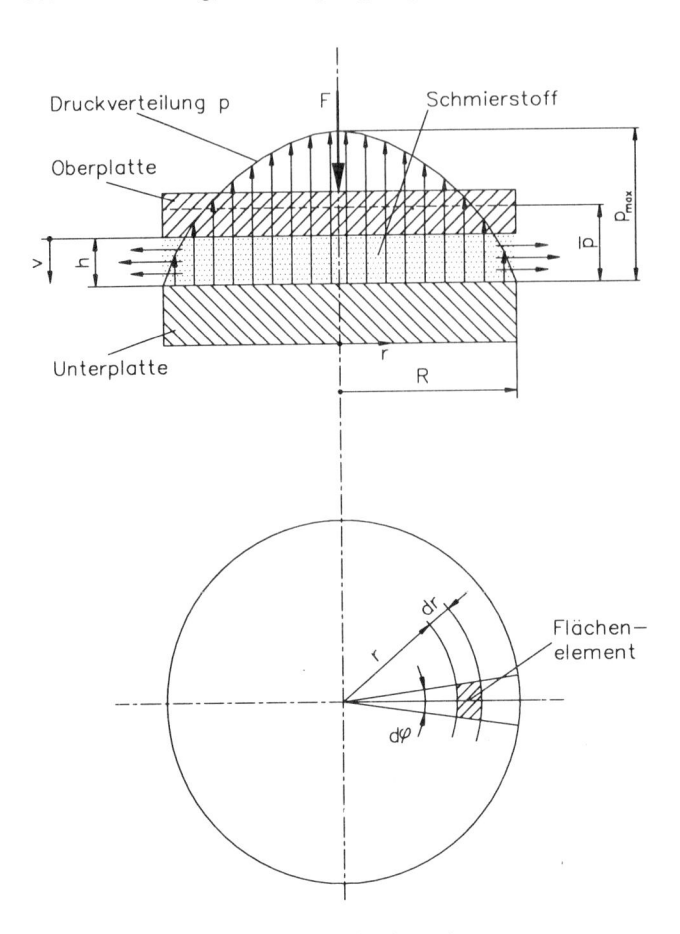

Bild 10.51. Druckfilm zwischen kreisförmigen Platten

Für den gesamten Umfang hat der Volumenstrom $\dot{Q}$ an der Stelle r die Größe

$$\dot{Q} = -\frac{dp\,2\pi r h^3}{12\eta\,dr}. \tag{10.56}$$

Dieser Volumenstrom muß so groß sein wie der Volumenstrom, der durch die zeitliche Änderung des Spaltvolumens infolge der gegenseitigen Annäherung der beiden Platten (Geschwindigkeit v!) bewirkt wird und folgende Größe hat:

$$\dot{Q} = \pi r^2 v. \tag{10.57}$$

Durch Gleichsetzen der beiden Volumenströme ergibt sich für die Druckänderung

$$dp = -\frac{6\eta v r\,dr}{h^3} \tag{10.58}$$

und nach Integration für die paraboloidförmige Druckverteilung

$$p = \frac{3\eta v}{h^3}(R^2 - r^2) = p(r). \tag{10.59}$$

Hierbei ist folgende Randbedingung für den Druck berücksichtigt:

r = R : p = 0 (kein Überdruck!)

(Der Druck p wird als Überdruck angesehen!)

Der Maximaldruck in der Plattenmitte r = 0 hat die Größe

$$p_{max} = \frac{3\eta v R^2}{h^3}, \tag{10.60}$$

und der mittlere Druck über die gesamte Kreisfläche ist

$$\bar{p} = \frac{1}{\pi R^2} \cdot \int_{r=0}^{r=R} p(r) \cdot 2\pi r \, dr = \frac{3\eta v R^2}{2h^3}. \tag{10.61}$$

Für die Tragfähigkeit des Schmierfilmes gilt die Beziehung

$$F = \int_{r=0}^{r=R} p(r) \cdot 2\pi r \, dr = \bar{p} \cdot \pi R^2 = \frac{3\pi \eta v R^4}{2h^3}. \tag{10.62}$$

Die zur Verkleinerung der Spaltweite h von h_1 auf h_2 ($h_2 < h_1$) benötigte Zeitspanne kann aus der Beziehung für die Tragfähigkeit berechnet werden, wenn für v die zeitliche Änderung der Spalthöhe, und zwar v = − dh/dt eingesetzt wird. Für das Zeitelement dt ergibt sich dann die Beziehung [49]

$$dt = -\frac{3\pi \eta R^4 \, dh}{2F h^3},$$

die nach Integration die Gesamtzeitspanne

$$t = t_2 - t_1 = \frac{3\pi \eta R^4}{4F} \cdot \left[\frac{1}{h_2^2} - \frac{1}{h_1^2}\right] \tag{10.63}$$

ergibt.

Diese Gleichung wird auch die *Ölpolstergleichung* genannt und gibt diejenige Zeit an, die vergeht, bis die Schmierspalthöhe von h_1 auf h_2 abgenommen hat. Um über die Wirksamkeit eines Schmierspaltes oder Schmierstoffpolsters eine eindeutige Aussage machen zu können, muß diese Zeit mit der Einwirkdauer der äußeren Last verglichen werden. Ist die Zeitspanne für das Zusammendrücken der Schmierstoffschicht auf die minimale Spalthöhe h_{min} (h_{min} = Summe der gemittelten Rauhtiefen und Wellentiefen von Lagerober- und Lagerunterteil!) größer als die Lasteinwirkzeit, kann keine metallische Berührung der Oberflächen und damit auch kein Verschleiß auftreten. Bei einer harmonischen Belastung der oberen Kreisplatte mit der Schwingungsdauer T, die kleiner ist als die doppelte Schmierstoffausquetschzeit für $h_2 \to h_{min}$, kann der Schmierfilm die Belastung ohne Berührung der Oberflächen aufnehmen und sich jeweils wieder regenerieren [24, 49].

318   10 Reibung, Schmierung, Lagerungen

Auf diesem Schmierstoffpolster-Effekt beruht die Wirksamkeit der Schmierung von Lagerstellen mit harmonischer Belastung und nur kleinen wirksamen Geschwindigkeiten der gepaarten Körper (z.B. Kolbenbolzen-, Nocken-Stößel- und Kettengliederlager!).

10.5.1.3 Hydrostatisch arbeitende Axiallager (Spurlager)

Sie haben im Prinzip den in Bild 10.52 gezeigten Aufbau. Die zu einem Spurkranz erweiterte Welle stützt sich auf einer Spurplatte ab, in die eine kreiszylindrische Schmierstofftasche zentral eingearbeitet ist. In sie wird Schmierstoff gedrückt (Schmierstoffvolumenstrom $\dot{Q}$ und Zufuhrdruck p_z!), so daß in der Tasche im Bereich $0 \leq r \leq r_i$ der Schmierstoffdruck p_e (effektiver Taschendruck!) herrscht. Dieser Schmierstoffvolumenstrom $\dot{Q}$ strömt durch den Schmierspalt der Höhe h_0 radial nach außen ab und tritt an der Stelle $r = r_a$ ohne Überdruck ($p = 0$!) in die Umgebung aus.

Wird die Drehung der Welle vernachlässigt ($n = 0$!) so gilt nach der Hagen-Poiseuille-Gleichung [24, 49] für den Schmierstoffvolumenstrom an der Stelle r die Beziehung

$$\dot{Q} = -\frac{dp\, 2\pi r h_0^3}{12\eta\, dr}, \qquad (10.64)$$

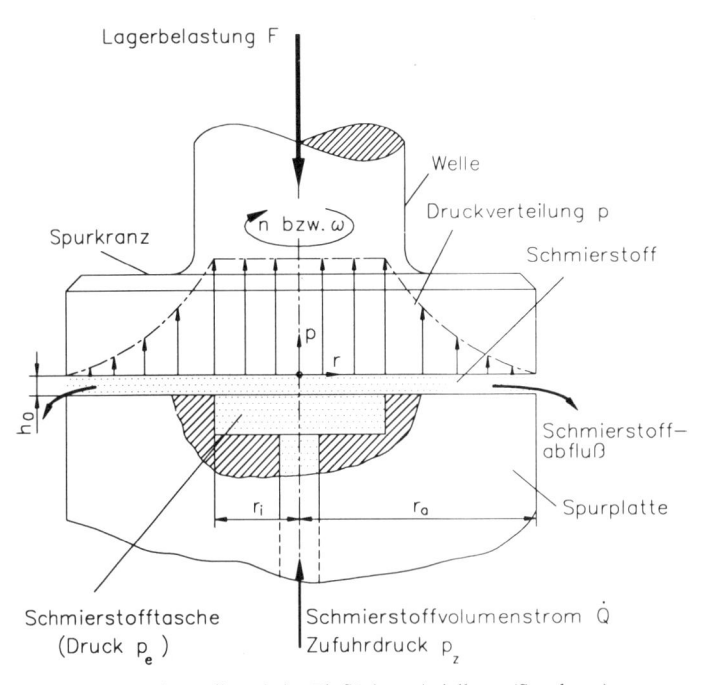

Bild 10.52. Druckverteilung beim Einflächen–Axiallager (Spurlager)

aus der für die Druckverteilung die Gleichung

$$p = \frac{6\eta\dot{Q}}{\pi h_0^3} \ln \frac{r_a}{r} = p(r) \tag{10.65}$$

abgeleitet werden kann, wenn die Randbedingung p = 0 für r = r_a berücksichtigt wird.

Da der Druck im Bereich $0 \leq r \leq r_i$ den konstanten Wert p_e hat, kann für das Druckgefälle Δp vom Schmierstoffeintritt bis zum -austritt bei r = r_a der Wert

$$\Delta p = p_e = \frac{6\eta\dot{Q}}{\pi h_0^3} \ln \frac{r_a}{r_i} \tag{10.66}$$

ermittelt werden [49].

Durch Umformen ergibt sich hieraus der Schmierstoffvolumenstrom in Abhängigkeit von der Geometrie des Lagers, der Schmierstoffviskosität und dem effektiven Schmierstofftaschendruck. Er hat die Größe [49]

$$\dot{Q} = \frac{p_e \pi h_0^3}{6\eta \ln \frac{r_a}{r_i}}. \tag{10.67}$$

Durch Verknüpfung der Gleichungen (10.65) und (10.66) läßt sich für die Druckverteilung auch folgende Beziehung angeben:

$$\frac{p}{p_e} = \frac{\ln \frac{r_a}{r}}{\ln \frac{r_a}{r_i}} \tag{10.68}$$

Der Druck, der über der tellerförmigen Schmiertasche einen konstanten Wert p_e hat, fällt radial nach außen in der Art einer ln-Funktion auf den Wert p = 0 ab.

Die vom Spurlager aufzunehmende Last F – die Tragfähigkeit des Lagers – ist das Integral der Druckverteilung über die gesamte Lagerfläche und beträgt

$$F = \int_{r=0}^{r=r_a} p(r) \cdot 2\pi r \, dr = p_e \cdot \pi r_i^2 + \int_{r=r_i}^{r=r_a} p(r) \cdot 2\pi r \, dr$$

$$F = p_e \cdot \pi r_i^2 + \frac{6\eta\dot{Q}}{\pi h_0^3} \cdot \left[\frac{1}{2}(r_a^2 - r_i^2) - r_i^2 \ln \frac{r_a}{r_i}\right]. \tag{10.69}$$

Wird für $\dot{Q}$ der Wert nach Gl. (10.67) eingesetzt, so kann die Tragfähigkeit des Lagers aus dessen Geometrie und dem effektiven Schmiertaschendruck p_e in folgender Weise ermittelt werden [49]:

$$F = \frac{\pi}{2} \frac{r_a^2 - r_i^2}{\ln \frac{r_a}{r_i}} p_e \tag{10.70}$$

Durch Kombination der Gln. (10.67) und (10.70) läßt sich der Schmierstoffvolumenstrom aus der Tragfähigkeit des Lagers, dessen Geometrie und der Viskosität des Schmierstoffes in folgender Weise ermitteln [49]:

$$\dot{Q} = \frac{Fh_0^3}{3\eta(r_a^2 - r_i^2)}. \tag{10.71}$$

Für die Förderung des Schmierstoffes ist eine Pumpe erforderlich, die bei einem Pumpenwirkungsgrad η_P mit einer Leistung von

$$P_P = \frac{p_z \dot{Q}}{\eta_P} \approx \frac{p_e \dot{Q}}{\eta_P} = \frac{2F^2 h_0^3 \ln\frac{r_a}{r_i}}{3\pi\eta(r_a^2 - r_i^2)\eta_P} \tag{10.72}$$

angetrieben werden muß.

Im Schmierstoff zwischen dem Spurkranz der Welle und der Spurplatte treten Schubspannungen auf, die ein Reibmoment induzieren und somit eine Reibleistung erfordern. Diese Größen lassen sich in folgender Weise ermitteln [49]:
Schubspannung:

$$\tau = \eta \cdot \frac{\partial u}{\partial y} \quad \text{bzw.} \quad \tau = \eta \cdot \frac{r\omega}{h_0} \tag{10.73}$$

Element der Reibkraft:

$$dF_R = \tau 2\pi r \, dr \tag{10.74}$$

Element des Reibmomentes:

$$dT_R = dF_R \cdot r = \tau 2\pi r \, r \, dr \tag{10.75}$$

Reibmoment:

$$T_R = \int_{r=0}^{r=r_i} \frac{2\pi\eta\omega}{H} r^3 \, dr + \int_{r=r_i}^{r=r_a} \frac{2\pi\eta\omega}{h_0} r^3 \, dr$$

$$T_R \approx \int_{r=r_i}^{r=r_a} \frac{2\pi\eta\omega}{h_0} r^3 \, dr, \text{ weil } H = t + h_0 \gg h_0 \text{ ist.}$$

(t = Tiefe der Schmierstofftasche; $t \gg h_0$)

$$T_R \approx \frac{\pi}{2} \frac{\eta\omega}{h_0} (r_a^4 - r_i^4) \tag{10.76}$$

Reibleistung:

$$P_R = T_R \omega \approx \frac{\pi}{2} \frac{\eta\omega^2}{h_0} (r_a^4 - r_i^4) \tag{10.77}$$

Die Gesamtleistung, die für ein hydrostatisch arbeitendes Spurlager aufzubringen ist, ist die Summe der Pumpenleistung P_P und der Reibleistung P_R. Somit gilt:

$$P = P_P + P_R$$

$$P \approx \frac{2F^2 h_0^3 \ln \frac{r_a}{r_i}}{3\pi\eta(r_a^2 - r_i^2)\eta_P} + \frac{\pi}{2}\frac{\eta\omega^2}{h_0}(r_a^4 - r_i^4) \tag{10.78}$$

Durch Einführung einer Ähnlichkeitskennziffer

$$So^* = \frac{Fh_0^2}{\eta\omega r_a^4} \tag{10.79}$$

und eines Radienverhältnisses $\rho = r_i/r_a$ läßt sich zeigen, daß die Leistung P ihren Minimalwert annimmt, wenn So* den Wert

$$So^* = \sqrt{\frac{3}{4}\pi^2 \frac{(1-\rho^4)\cdot(1-\rho^2)^2}{\ln\frac{1}{\rho}}} \tag{10.80}$$

hat.

Die numerische Auswertung dieser Beziehung ist in Bild 10.53 graphisch dargestellt und zeigt, daß für gängige Radienverhältnisse $0,4 \leq \rho \leq 0,6$ die Ähnlichkeitskennziffer den Wert So* = 2,4 hat.

Für ein Einflächen-Axiallager mit einer kreisringförmigen Schmiertasche gemäß Bild 10.54, von der der Schmierstoff radial nach innen und nach außen abströmt, ergeben sich für die Druckverteilung folgende Beziehungen [49]:
Druckverteilung im Bereich $r_2 \leq r \leq r_1$:
(Abströmung nach außen!)

$$p_{2-1} = p_e \frac{\ln\frac{r_1}{r}}{\ln\frac{r_1}{r_2}} \tag{10.81}$$

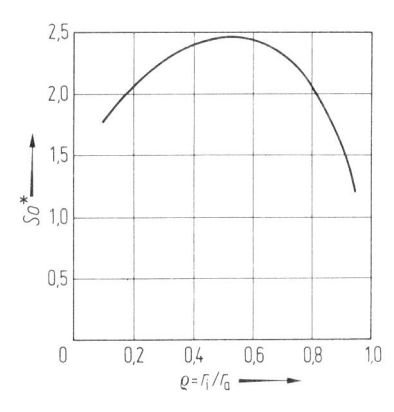

Bild 10.53. Dimensionslose Lagerbelastung So* in Abhängigkeit vom Radienverhältnis ρ bei hydrostatisch arbeitenden Axiallagern (Drehzahl n = 0!) nach [49]

322 10 Reibung, Schmierung, Lagerungen

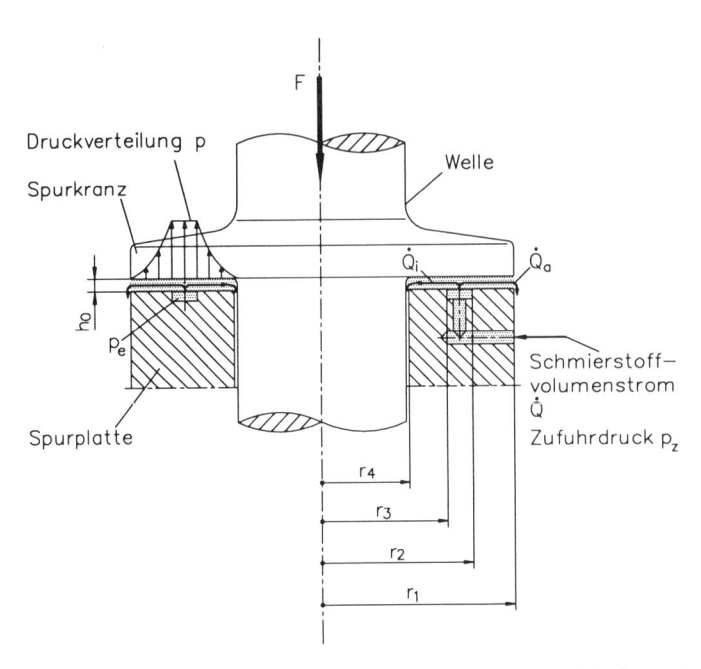

Bild 10.54. Einflächen–Axiallager mit einer kreisringförmigen Schmierstofftasche bzw. -nut

$$\text{mit } p_e = \frac{6\eta \dot{Q}_a}{\pi h_o^3} \ln\frac{r_1}{r_2} \tag{10.82}$$

Druckverteilung im Bereich $r_4 \leq r \leq r_3$:
(Abströmung nach innen!)

$$p_{3-4} = p_e \frac{\ln\dfrac{r}{r_4}}{\ln\dfrac{r_3}{r_4}} \tag{10.83}$$

$$\text{mit } p_e = \frac{6\eta \dot{Q}_i}{\pi h_o^3} \ln\frac{r_3}{r_4} \tag{10.84}$$

Der gesamte Schmierstoffvolumenstrom $\dot{Q}$ setzt sich aus den beiden radial nach innen und nach außen abfließenden Anteilen $\dot{Q}_i$ und $\dot{Q}_a$ zusammen, so daß folgendes gilt:

$$\dot{Q} = \dot{Q}_i + \dot{Q}_a = \frac{\pi h_o^3 p_e}{6\eta}\left[\frac{1}{\ln\dfrac{r_3}{r_4}} + \frac{1}{\ln\dfrac{r_1}{r_2}}\right] \tag{10.85}$$

Für das Verhältnis der einzelnen Volumenströme läßt sich die Beziehung

$$\frac{\dot{Q}_a}{\dot{Q}_i} = \frac{\ln \frac{r_3}{r_4}}{\ln \frac{r_1}{r_2}} \qquad (10.86)$$

angeben.

Aus den beiden letzten Gleichungen lassen sich die beiden Volumenströme $\dot{Q}_a$ und $\dot{Q}_i$ ermitteln.

Die Tragfähigkeit F ist das Druckintegral über die gesamte Lagerfläche und hat die Größe

$$F = \int_{r=r_2}^{r=r_1} p_{2-1} \cdot 2\pi r\, dr + p_e \cdot \pi(r_2^2 - r_3^2) + \int_{r=r_3}^{r=r_4} p_{3-4} \cdot 2\pi r\, dr$$

$$F = \frac{\pi p_e}{2} \left[\frac{r_1^2 - r_2^2}{\ln \frac{r_1}{r_2}} - \frac{r_3^2 - r_4^2}{\ln \frac{r_3}{r_4}} \right]. \qquad (10.87)$$

Für das Reibmoment und die Reibleistung können folgende Beziehungen abgeleitet werden [49]:
Reibmoment:

$$T_R = \frac{\pi \eta \omega}{2 h_0} \left[\left(r_1^4 - r_2^4 \right) + \left(r_3^4 - r_4^4 \right) \right] \qquad (10.88)$$

Reibleistung:

$$P_R = \frac{\pi \eta \omega^2}{2 h_0} \left[\left(r_1^4 - r_2^4 \right) + \left(r_3^4 - r_4^4 \right) \right] \qquad (10.89)$$

Zur Vermeidung einer exzentrischen Lastverteilung bzw. einer Kippneigung, d.h. zur Verbesserung der Stabilität der Welle, sind sehr häufig Axiallager mit mehreren Schmiertaschen im Einsatz. Jeder dieser n gleichgroßen Schmiertaschen wird hydraulisch unabhängig voneinander, d.h. unabhängig davon, welchen Anteil der äußeren Lagerbelastung F die einzelne Schmiertasche übernimmt, ein gleichgroßer Volumenstrom an Schmierstoff zugeführt. Dies kann durch separate Pumpen (sehr teuer!), aber auch durch eine Pumpe und große hydraulische Vorschaltwiderstände (Drosseln!) vor jeder Schmiertasche erfolgen [49].

In Bild 10.55 wird ein hydrostatisch arbeitendes Mehrflächen-Axiallager mit vier Schmiertaschen (n = 4!) gezeigt. Es kann für die Drehzahl → 0 ebenfalls nach der Hagen-Poiseuille-Gleichung berechnet werden. Anstelle des Gesamtumfanges $2\pi r$ wird der Bogen (r·$\hat{\varphi}$, und für den Schmierstoffvolumenstrom $\dot{Q}$ wird $\dot{Q}_n = \dot{Q}/n$ in den Gleichungen (10.66) bis (10.70) eingesetzt [49].

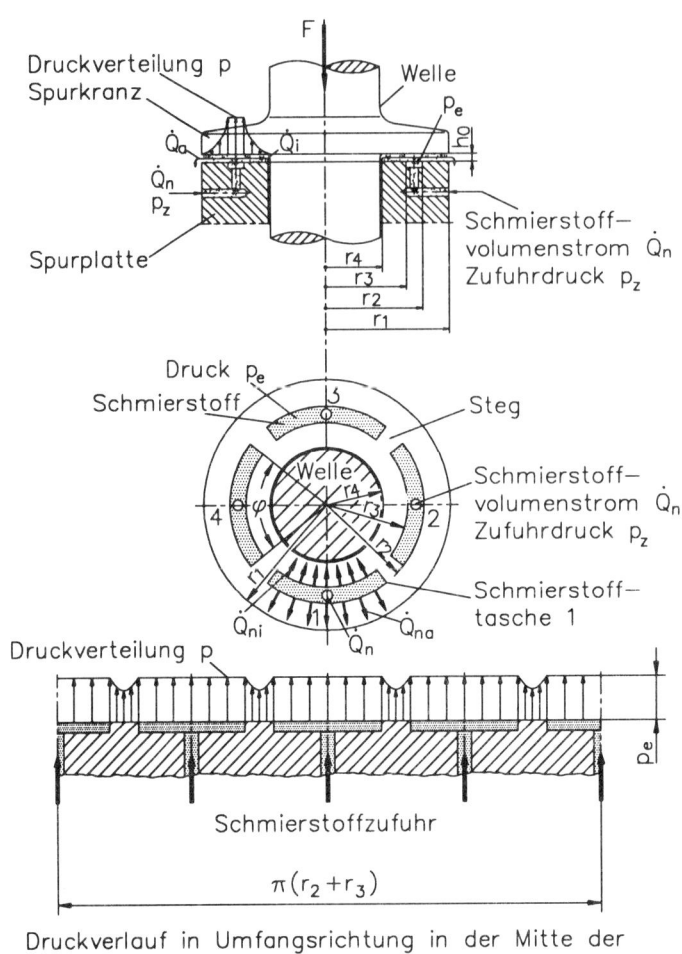

Bild 10.55. Mehrflächen–Axiallager bei symmetrischer Belastung

10.5.1.4 Hydrostatisch arbeitende Radial- oder Querlager

Ist beim Radiallager die Lastrichtung bekannt, so wird die Schmiertasche an der Stelle der Lagerschale eingearbeitet und der Schmierstoffvolumenstrom zugeführt, an der die Welle sich an der Schale anlegen möchte. Bei variabler oder bei unbekannter Lastrichtung werden am Lagerumfang gleichmäßig mehrere Schmierstofftaschen oder einzelne Lagerflächen angebracht, in die hydraulisch unabhängig voneinander der erforderliche Schmierstoffvolumenstrom zugeführt wird. Ein Druckausgleich zwischen den einzelnen Schmiertaschen in der Lagerschale darf nicht stattfinden.

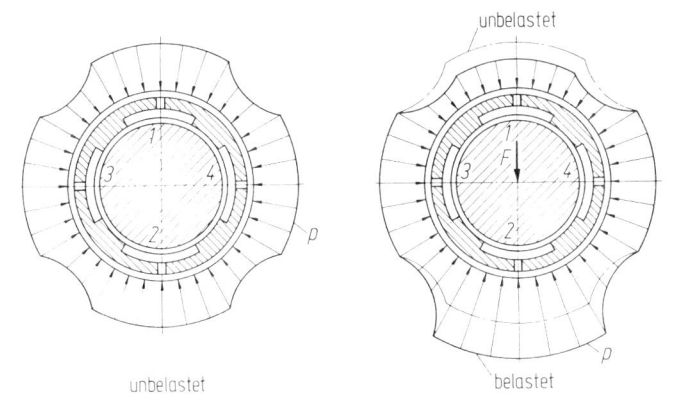

Bild 10.56. Druckverteilung bei einem hydrostatisch arbeitenden Radialgleitlager mit vier Schmiertaschen im unbelasteten und im belasteten Zustand nach [49]

Für ein hydrostatisch arbeitendes Radiallager mit vier Schmiertaschen ist in Bild 10.56 die Druckverteilung über den gesamten Lagerumfang für den unbelasteten und den belasteten Zustand dargestellt. Im unbelasteten Zustand des Lagers ist die Druckverteilung bezüglich der Schmiertaschenmitten und der Zwischenstegmitten symmetrisch, und im belasteten Zustand mit zu einer Schmiertaschenmitte symmetrischer Lagerlast ist die Druckverteilung nur noch bezüglich der Lastebene symmetrisch. Der Druck ist an der Stelle am größten, an der sich die Welle an die Schale anlegen möchte (kleinste Schmierspalthöhe!) und hat seinen kleinsten Wert an der gegenüberliegenden Stelle (größte Schmierspalthöhe!). Über den Schmiertaschen ist der Druck unterschiedlich groß, aber konstant.

Im Prinzip werden hydrostatisch arbeitende Radiallager mit und ohne Rücklaufnuten für den Schmierstoff unterschieden. Die Rücklaufnuten verlaufen in axialer Richtung zwischen den einzelnen Schmiertaschen und nehmen den in Umfangsrichtung aus den Taschen abfließenden und sich dabei auf Umgebungsdruck entspannenden Schmierstoff auf. Bei den Lagern ohne Rücklaufnuten fließt der aus einer Schmiertasche in Umfangsrichtung abströmende Schmierstoff dem aus den benachbarten Schmiertaschen entgegen.

In den folgenden Ausführungen soll das Wirkprinzip für hydrostatisch arbeitende Radiallager nur am Beispiel eines Einflächen-Radiallagers näher untersucht werden. Für die Berechnung von Mehrflächen-Radiallagern sei auf Arbeiten von Peeken [66, 67, 68] und Kunkel [47, 48] verwiesen.

Hydrostatisch arbeitende Einflächen-Radiallager

Sie kommen nur bei stationärer Belastung oder gleichbleibender Lastrichtung zur Anwendung und haben nur eine Schmiertasche in der Lagerschale diametral zur Last (Bild 10.57).

Der Schmierstoffbedarf wird in den meisten Fällen unter folgenden Voraussetzungen berechnet [24, 49]:

326   10 Reibung, Schmierung, Lagerungen

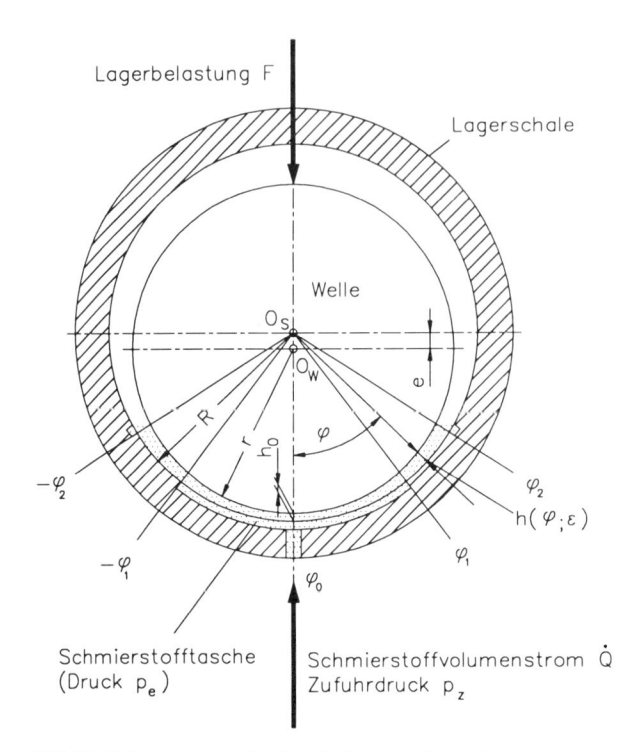

Bild 10.57. Lagergeometrie eines hydrostatisch arbeitenden Radialgleitlagers

1. Fließrichtung des Schmierstoffes nur in axialer und in Umfangsrichtung (Vernachlässigung der Abströmung über die Ecken!);
2. Anwendung der Hagen-Poiseuille-Gleichung für laminare Spaltströmung;
3. Parallelität von Welle und Lagerschale, d.h. keine Wellenverkantung;
4. Vernachlässigung der Scherströmung des Schmierstoffes infolge der Wellendrehung (Drehzahl $n \to 0$!).

Für den Teilvolumenstrom in axialer Richtung gemäß Bild 10.58 gilt somit

$$d\dot{Q}_a = \frac{\Delta p h^3 R d\varphi}{12\eta l_a}.$$

Mit der Schmierspalthöhe $h = \Delta r(1 - \varepsilon \cos \varphi)$, wobei $\Delta r = R - r$ (radiales Lagerspiel!) und $\varepsilon = e/\Delta r$ (relative Exzentrizität!) sind, hat der axiale Teilvolumenstrom $\dot{Q}_a$ die Größe

$$\dot{Q}_a = \frac{\Delta p \Delta r^3 R}{12\eta l_a} \int_{\varphi_0}^{\varphi_1} (1 - \varepsilon \cos \varphi)^3 d\varphi$$

$$\dot{Q}_a = \frac{\Delta p \Delta r^3 R}{12\eta l_a} [I(\varphi_1, \varepsilon) - I(\varphi_0, \varepsilon)] \tag{10.90}$$

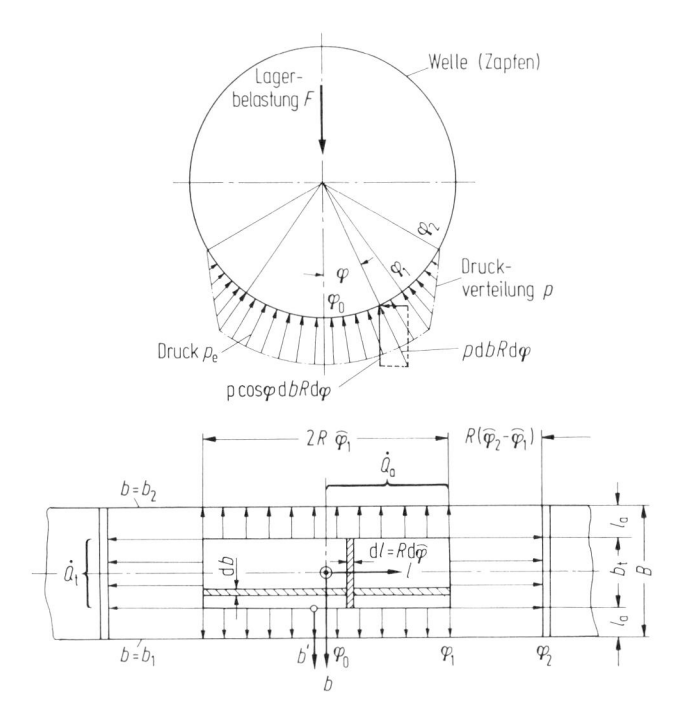

Bild 10.58. Druckkräfte auf die Welle und Schmierstoffvolumenströme am abgewickelten Lagerschalenumfang in axialer und tangentialer Richtung nach [49] (Druck in der Schmierstofftasche $p = p_e$!)

mit $I(\varphi, \varepsilon) = \varphi - 3\varepsilon \sin \varphi + \dfrac{3\varepsilon^2}{2}(\sin \varphi \cos \varphi + \varphi) - \dfrac{\varepsilon^3}{3}(\sin \varphi \cos^2 \varphi + 2 \sin \varphi)$.

Der gesamte in axialer Richtung abströmende Schmierstoffvolumenstrom beträgt somit:

$$\dot{Q}_A = 4\dot{Q}_a \qquad (10.91)$$

Der Teilvolumenstrom in tangentialer oder in Umfangsrichtung gemäß Bild 10.58 ist*

$$\dot{Q}_t = -\dfrac{h^3 b_t \, dp}{12 \eta \, R \, d\varphi}. \qquad (10.92)$$

Durch Integration ergibt sich daraus für die Druckdifferenz zwischen einer beliebigen Stelle φ und der Stelle φ_1 (Ende der Schmiertasche in Umfangsrichtung!)

---

* Die Beziehung für die Schmierspalthöhe h bei Radialgleitlagern wird im Abschnitt 10.5.2.5 abgeleitet.

folgende Beziehung:

$$p(\varphi) - p(\varphi_1) = -\frac{12\eta R\dot{Q}_t}{b_t} \int_{\varphi_1}^{\varphi} \frac{d\varphi}{h^3}$$

$$= -\frac{12\eta R\dot{Q}_t}{b_t \Delta r^3} [I_1(\varphi, \varepsilon) - I_1(\varphi_1, \varepsilon)]$$

mit $\quad I_1(\varphi, \varepsilon) = \dfrac{\varepsilon \sin \varphi (4 - \varepsilon^2 - 3\varepsilon \cos \varphi)}{2(1 - \varepsilon^2)^2 (1 - \varepsilon \cos \varphi)^2}$

$$+ \frac{2 + \varepsilon^2}{(1 - \varepsilon^2)^{5/2}} \arctan \left[\frac{1 + \varepsilon}{\sqrt{1 - \varepsilon^2}} \tan \frac{\varphi}{2} \right].$$

Der Druckabfall zwischen der Stütztasche und der Abflußnut (Stelle $\varphi = \varphi_2$!) hat dann die Größe

$$\Delta p = p(\varphi_1) - p(\varphi_2) = \frac{12\eta R\dot{Q}_t}{b_t \Delta r^3} [I_1(\varphi_2, \varepsilon) - I_1(\varphi_1, \varepsilon)].$$

Aus dieser Gleichung folgt für den tangentialen Teilvolumenstrom

$$\dot{Q}_t = \frac{\Delta p \, b_t \, \Delta r^3}{12\eta R} \cdot \frac{1}{I_1(\varphi_2, \varepsilon) - I_1(\varphi_1, \varepsilon)} \qquad (10.93)$$

und für den Gesamtvolumenstrom in Umfangsrichtung

$$\dot{Q}_T = 2\dot{Q}_t. \qquad (10.94)$$

Der gesamte Schmierstoffvolumenstrom $\dot{Q}$ hat somit die Größe

$$\dot{Q} = \dot{Q}_A + \dot{Q}_T = 4\dot{Q}_a + 2\dot{Q}_t. \qquad (10.95)$$

Für den Stütztaschendruck p_e und die Tragfähigkeit F ergeben sich folgende Beziehungen:

$$F = \int_{(A)} p \cos\varphi \, dA = \int_{b_1}^{b_2} \int_{-\varphi_2}^{+\varphi_2} p \cos\varphi R \, d\varphi \, db \qquad (10.96)$$

mit dA = Lagerflächenelement,
φ = Umfangskoordinate,
b = Breitenkoordinate in axialer Richtung.

Da der Druck p in bestimmten Flächenbereichen von der axialen Koordinate b und der Umfangskoordinate φ unabhängig ist, läßt sich das Integral in mehrere Teilintegrale gemäß Bild 10.59 aufteilen, denen dann Komponenten der Tragfähigkeit entsprechen.

Ist p_e der effektive Druck in der Schmiertasche, so haben die einzelnen Komponenten der Tragkraft F folgende Größe:

10.5 Gleitlager   329

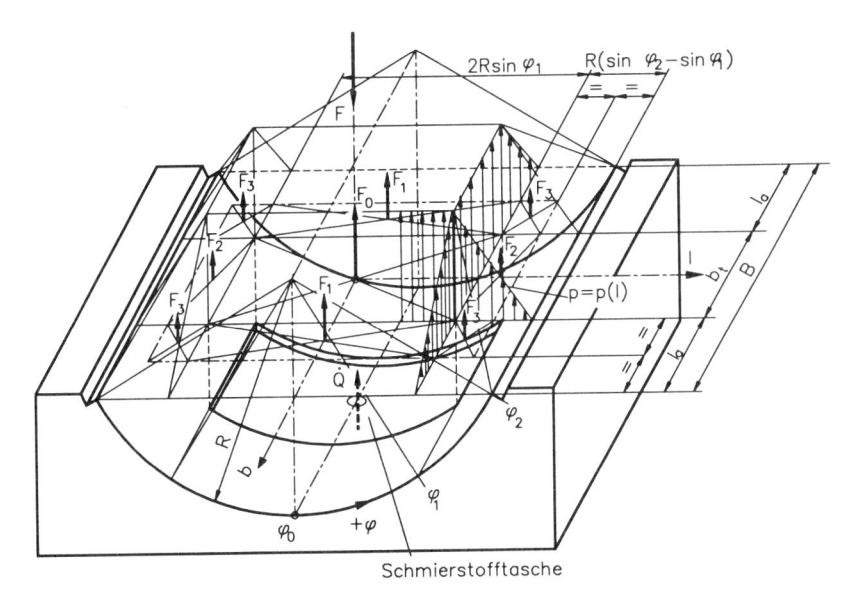

Bild 10.59. Einzelkomponenten der Tragfähigkeit F

Tragfähigkeit der Stütztasche:

$$F_0 = 2 \int_{\varphi=0}^{\varphi_1} p_e \cos\varphi \, b_t R \, d\varphi$$

$$F_0 = 2 p_e R b_t \sin \varphi_1 \tag{10.97}$$

Tragfähigkeit der vom axialen Schmierstoffvolumenstrom überstrichenen Fläche:

$$F_1 = 2 \int_{b'=0}^{l_a} \int_{\varphi=0}^{\varphi_1} p(b') \cos\varphi \, R \, d\varphi \, db'$$

$$F_1 = p_e R l_a \sin \varphi_1 \tag{10.98}$$

für $p(b') = p_e(1 - b'/l_a)$

(angenommene lineare Druckverteilung!).

Tragfähigkeit der vom tangentialen Schmierstoffvolumenstrom überstrichenen Fläche:

$$F_2 = \int_{\varphi=\varphi_1}^{\varphi_2} p(\varphi) \cos\varphi \, b_t R \, d\varphi$$

$$F_2 = p_e b_t R \left[\frac{\cos\varphi_1 - \cos\varphi_2}{\varphi_2 - \varphi_1} - \sin\varphi_1 \right] \tag{10.99}$$

für $p(\varphi) = p_e \left[1 - \frac{\varphi - \varphi_1}{\varphi_2 - \varphi_1} \right]$

(angenommene lineare Druckverteilung!).

Tragfähigkeit einer Eckfläche:

$$F_3 = \int_{b'=0}^{l_a} \int_{\varphi=\varphi_1}^{\varphi_2} p(\varphi, b') \cos \varphi \, R \, d\varphi \, db'$$

$$F_3 = \frac{1}{2} p_e l_a R \left[\frac{\cos \varphi_1 - \cos \varphi_2}{\varphi_2 - \varphi_1} - \sin \varphi_1 \right] \tag{10.100}$$

$$\text{für } p(\varphi, b') = p_e \left[1 - \frac{\varphi - \varphi_1}{\varphi_2 - \varphi_1} \right] \cdot (1 - b'/l_a)$$

(angenommene lineare Druckverteilung).

Die gesamte Tragfähigkeit beträgt somit:

$$F = F_0 + 2F_1 + 2F_2 + 4F_3 \tag{10.101}$$

$$F = 2p_e R(b_t + l_a) \cdot \frac{\cos \varphi_1 - \cos \varphi_2}{\varphi_2 - \varphi_1}. \tag{10.102}$$

Mit $\cos \varphi_1 = 1 - \frac{\varphi_1^2}{2} + \cdots$

und $\cos \varphi_2 = 1 - \frac{\varphi_2^2}{2} + \cdots$

folgt: $\frac{\cos \varphi_1 - \cos \varphi_2}{\varphi_2 - \varphi_1} \approx \frac{1}{2}(\varphi_2 + \varphi_1)$

bzw. für die Tragfähigkeit des Lagers der Näherungswert

$$F \approx p_e R(b_t + l_a)(\varphi_1 + \varphi_2) \tag{10.102a}$$

Dieser letzte Wert würde sich für ein ebenes hydrostatisch arbeitendes Lager bei linearem Druckabfall, einer Lagerfläche der Länge $2R\varphi_2$ und der Breite $b_t + 2l_a$ sowie einer mittig angeordneten Schmiertasche der Länge $2R\varphi_1$ und der Breite b_t exakt ableiten lassen.

10.5.1.5 Hydrostatische Anhebevorrichtung

Problematisch sind das Anlaufen und das Auslaufen von Schwermaschinen (Bergbau, Eisenhüttenindustrie, Walzwerke, Kraftwerke!), weil in diesen Betriebsphasen der Mischreibungszustand vorliegt. Dadurch treten in den Lagern große Reibmomente und ein großer Verschleiß auf. Große Reibmomente bedeuten eine große Verlustleistung und bei längerem Auftreten eine starke Erwärmung des Schmierstoffes, die eine Verkleinerung der Viskosität und damit auch der Tragfähigkeit der Lager zur Folge hat [49].

Aus diesem Grund werden für diese Einsatzbereiche sehr oft hydrostatische Schmierstoffversorgungsanlagen vorgesehen, die mit Beginn des Anfahr- und des

10.5 Gleitlager   331

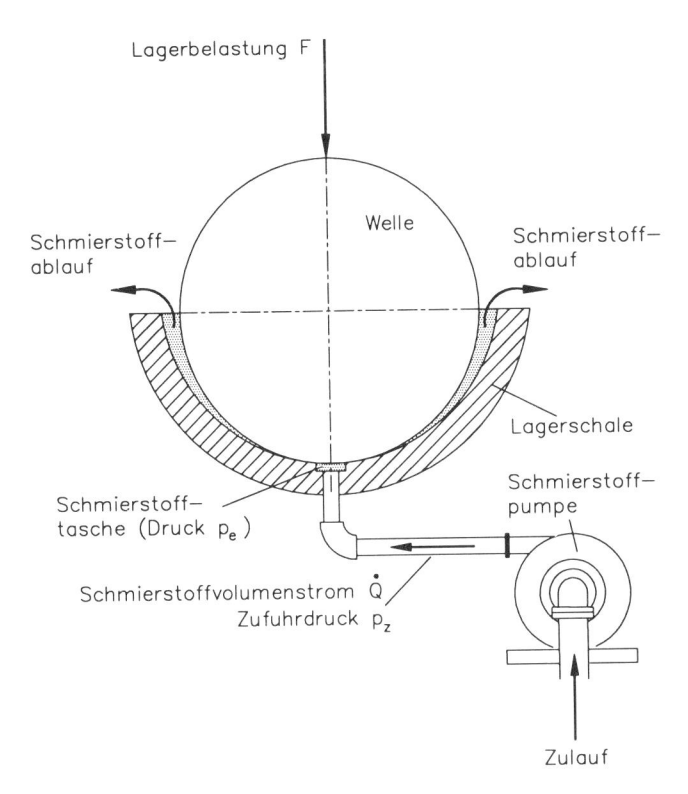

Bild 10.60. Schemaskizze einer hydrostatischen Anhebevorrichtung

Auslaufvorganges drehzahlgesteuert in Tätigkeit gesetzt werden. Die ruhende und sich gerade zu drehen beginnende Welle wird dann durch den hydrostatischen Schmierstoffdruck angehoben (hydrostatische Anfahrhilfe!).

Bild 10.60 zeigt, daß eine derartige hydrostatische Anhebevorrichtung aus einer Schmierstoffpumpe, einer Schmierstofftasche (diametral zur Lagerbelastung F!) und der erforderlichen Zuführungsleitung – einschließlich integriertem Schmutzfilter – besteht.

10.5.1.6 Schmierstoffversorgungssysteme

Die Schmierstoffzufuhr für die einzelnen Taschen sollte wegen der Neigung zur Verkantung (exzentrische Belastung, Kippmoment!) konstant und hydraulisch unabhängig von der jeweiligen Verteilung der Lagerbelastung auf die einzelnen Schmiertaschen sein. Im Prinzip gibt es in der Praxis die im Bild 10.61 zusammengestellten Möglichkeiten für die Schmierstoffzufuhr [49]:

1. *Konstanter Schmierstoffvolumenstrom*
   Jeder Schmiertasche wird durch eine separate Pumpe ein lastunabhängiger Schmierstoffvolumenstrom $\dot{Q}$ zugeführt. Die Schmierspalthöhe h ist somit pro-

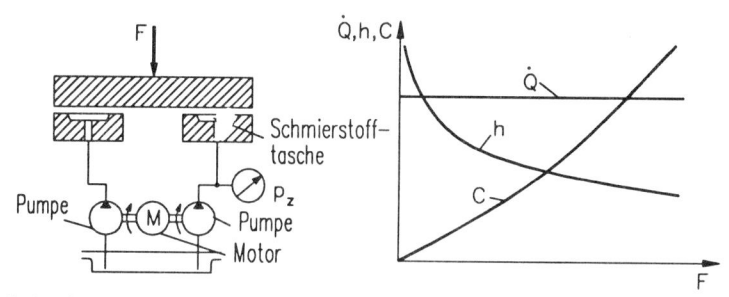

**Schmierstoffversorgung mit konstanten Schmierstoff-
volumenströmen für jede Schmierstofftasche**

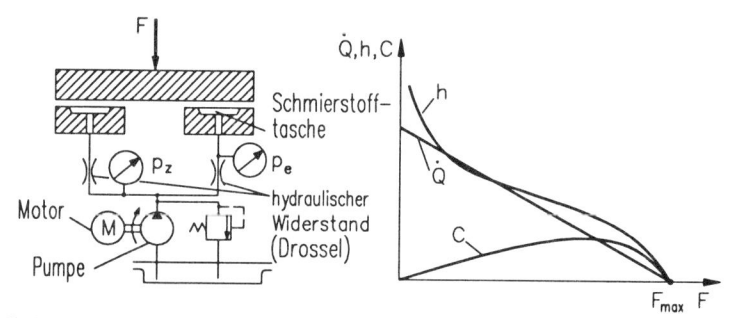

**Schmierstoffversorgung mit konstantem Schmierstoffdruck
für jede Schmierstofftasche**

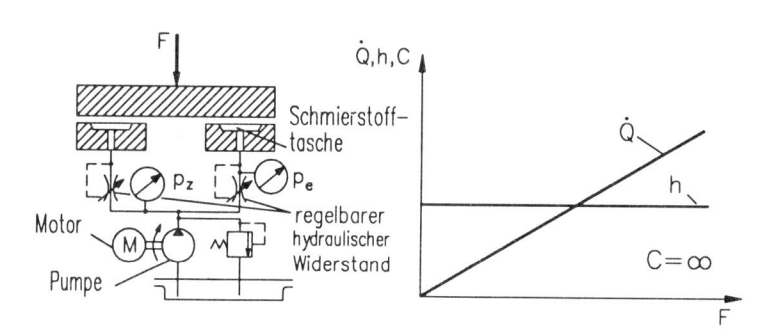

**Schmierstoffversorgung mit belastungsabhängigem Schmierstoff-
volumenstrom für jede einzelne Schmierstofftasche**

Bild 10.61. Unterschiedliche Schmierstoffversorgungssyteme. Verlauf des Schmierstoffvolumenstromes $\dot{Q}$, der Schmierspalthöhe h und der Lagersteifigkeit C in Abhängigkeit von der Lagerbelastung F

portional $F^{-1/3}$, und die Lagersteifigkeit $C = dF/dh$ ist leicht progressiv mit der Lagerbelastung F ansteigend.

2. *Konstanter Schmierstoffdruck*

Dieser wird in der Regel in der Weise verwirklicht, daß den Strömungswiderständen für die einzelnen Taschen und deren Spalte große hydraulische Widerstände in Reihe vorgeschaltet werden. Diese hydraulischen Vorwiderstände oder Drosseln bestimmen somit unabhängig von den Änderungen der hydraulischen Widerstände für die einzelnen Taschen sowie deren Spalte und damit auch unabhängig von der Verlagerung der gepaarten Lagerkörper, d.h. unabhängig von der Schmierspalthöhe h, den Schmierstoffvolumenstrom $\dot{Q}$. Dieser nimmt mit zunehmender Lagerbelastung linear auf den Wert Null ab. Die Schmierspalthöhe h wird mit zunehmender Lagerlast F kleiner, und die Steifigkeit C = dF/dh des Lagers wächst bei steigender Lagerlast F von Null auf einen Maximalwert an, nimmt dann aber wieder auf Null ab.

3. *Belastungsabhängiger Schmierstoffvolumenstrom*
   Durch belastungsabhängig geregelte hydraulische Vorwiderstände vor den einzelnen Schmiertaschen wird der Schmierstoffvolumenstrom $\dot{Q}$ direkt proportional mit der Lagerlast F geändert. Dadurch wird die Schmierspalthöhe h für alle Belastungen F konstant gehalten. Die Lagersteifigkeit C = dF/dh ist somit für alle Belastungen F sehr groß, theoretisch unendlich groß.

10.5.2 Hydrodynamisch arbeitende Gleitlager

Die meisten in der Praxis eingesetzten Gleitlager sind hydrodynamisch arbeitende Lager, bei denen sich ein tragfähiger Schmierfilm selbsttätig aufbaut. Das physikalische Wirkprinzip der Schmierkeilwirkung wurde 1883 von B. Tower in England versuchstechnisch gefunden und durch O. Reynolds 1886 mit den Gesetzen der Hydrodynamik physikalisch/mathematisch quantitativ erfaßt. Reynolds hat gezeigt, daß der Schmierstoff in einem Radialgleitlager durch das Haften an der rotierenden Welle und die Scherspannungen im Schmierstoff in den konvergierenden Spalt zwischen Welle und Lagerschale gedrückt wird und dadurch der hydrodynamische Druckaufbau im Lager zustande kommt.

Die Lagerlast oder die Tragkraft F des Lagers ist eine Funktion der Druckverteilung p im Schmierspalt über die gesamte Lagerfläche A. Die Druckverteilung hängt von den geometrischen Abmessungen des Lagers, der wirksamen Geschwindigkeit zwischen Welle und Lagerschale, den Druckrandbedingungen und der Zähigkeit η des Schmierstoffes ab (p = f(Geometrie, Kinematik und Zustandsgleichung des Schmierstoffes)!).

10.5.2.1 Hydrodynamische Theorie

Die Strömung des Schmierstoffes im Schmierspalt wird nach Reynolds [73] als laminare Strömung einer viskosen Flüssigkeit aufgefaßt und durch folgende Gleichungen charakterisiert [7, 8, 17, 23, 31, 36, 49, 59, 71, 77, 82, 97]:
1. Impuls- oder Navier-Stokes-Gleichung:
   Trägheitskräfte = Druckkräfte + Zähigkeitskräfte

$$\rho \frac{D\vec{v}}{Dt} = -\operatorname{grad} p + \eta \Delta \vec{v} + \text{Dissipationsglieder} \qquad (10.103)$$

(Vektorgleichung!)

2. Massenerhaltungssatz oder Kontinuitätsgleichung:
   Eingangsmassenstrom = Ausgangsmassenstrom

   $\operatorname{div}(\rho\,\vec{v}) = 0$ für kompressible Medien
   $\operatorname{div}\vec{v} = 0$ für inkompressible Medien

   mit $\quad \operatorname{div}(\rho\,\vec{v}) = \dfrac{\partial(\rho u)}{\partial x} + \dfrac{\partial(\rho v)}{\partial y} + \dfrac{\partial(\rho w)}{\partial z}$ (10.104)

   (Skalargleichung!)

3. Energieerhaltungssatz:
   Gespeicherte Energie = zu- und abgeführte Energie infolge Wärmeleitung
   + Dissipationsenergie

   $$\rho c \frac{D\theta}{Dt} = \lambda \Delta\theta + \eta\,\Phi \qquad (10.105)$$

4. Wärmeleitgleichung:
   Zugeführter Wärmestrom = Abgeführter Wärmestrom

   $$\dot{q} = -\int_{(A)} \lambda \frac{\partial\theta}{\partial n} dA \qquad (10.106)$$

5. Zustandsgleichung des Schmierstoffes:

   $$\eta = \eta(\theta, p) \qquad (10.107)$$

In diesen Gleichungen sind:

$\vec{v}$ = Geschwindigkeit des Schmierstoffes (Vektor!),
$\vec{v} = u\,\vec{i} + v\,\vec{j} + w\,\vec{k}$,
u, v, w = Geschwindigkeitskomponenten in den Koordinatenrichtungen x, y, z,
$\vec{i}, \vec{j}, \vec{k}$ = Einheitsvektoren in x-, y-, z-Richtung,
p = Druck im Schmierstoff,
t = Zeit,
$\dfrac{D}{Dt}$ = totales Differential nach der Zeit,
η = dynamische Viskosität des Schmierstoffes,
ρ = Dichte des Schmierstoffes,
c = spezifische Wärme des Schmierstoffes,
λ = Wärmeleitfähigkeit des Schmierstoffes,
θ = Temperatur im Schmierstoff,
Φ = Dissipationsfunktion,
n = Normalenrichtung (Richtungsvektor senkrecht zur Oberfläche!),
A = Lagerfläche.

Die Dissipationsfunktion charakterisiert die durch Reibung in Wärme umgewandelte Energie.

Nach DIN31652, T1 kann durch die Reynolds-Zahl der Schmierspaltströmung

$$\text{Re} = \frac{\pi \cdot D \cdot n_w \cdot s \cdot \rho}{\eta} \tag{10.108}$$

überprüft werden, ob eine laminare oder turbulente Strömung im Schmierspalt vorliegt. Es gilt für

$$\text{laminare Strömung:} \quad \text{Re} \leqq 41{,}3 \cdot \sqrt{\frac{D}{s}} \tag{10.109}$$

$$\text{turbulente Strömung:} \quad \text{Re} > 41{,}3 \cdot \sqrt{\frac{D}{s}} \tag{10.110}$$

In dieser Zahlenwertgleichung sind:

D = Lagerschaleninnendurchmesser in m,
n_w = Drehzahl der Welle in 1/s,
s = Lagerspiel in m,
s = D − d,
d = Wellendurchmesser in m,
ρ = Dichte des Schmierstoffes in kg/m³,
η = dynamische Viskosität des Schmierstoffes in Pa·s.

Bei Vernachlässigung der Dissipationsglieder lautet die Navier–Stokes–Gleichung in Komponentenschreibweise (Skalargleichungen!):
x-Richtung:

$$\rho \left[\frac{\partial u}{\partial t} + \frac{\partial u}{\partial x} u + \frac{\partial u}{\partial y} v + \frac{\partial u}{\partial z} w \right] = -\frac{\partial p}{\partial x} + \eta \left[\frac{\partial^2 u}{\partial x^2} + \frac{\partial^2 u}{\partial y^2} + \frac{\partial^2 u}{\partial z^2} \right] \tag{10.111}$$

y-Richtung:

$$\rho \left[\frac{\partial v}{\partial t} + \frac{\partial v}{\partial x} u + \frac{\partial v}{\partial y} v + \frac{\partial v}{\partial z} w \right] = -\frac{\partial p}{\partial y} + \eta \left[\frac{\partial^2 v}{\partial x^2} + \frac{\partial^2 v}{\partial y^2} + \frac{\partial^2 v}{\partial z^2} \right] \tag{10.112}$$

z-Richtung:

$$\rho \left[\frac{\partial w}{\partial t} + \frac{\partial w}{\partial x} u + \frac{\partial w}{\partial y} v + \frac{\partial w}{\partial z} w \right] = -\frac{\partial p}{\partial z} + \eta \left[\frac{\partial^2 w}{\partial x^2} + \frac{\partial^2 w}{\partial y^2} + \frac{\partial^2 w}{\partial z^2} \right] \tag{10.113}$$

Die Lösung dieser Gleichungen (die unbekannten Größen sind die Geschwindigkeitskomponenten u, v, w, der Druck p und die Temperatur θ!) ist für den allgemeinen Fall analytisch nicht möglich. Zur Vereinfachung der Problematik werden daher ingenieurmäßig sinnvolle Annahmen getroffen.

10.5.2.2 Vereinfachungen und Annahmen in der Gleitlagertechnik [49]

1. Die Viskosität η ist in erster Näherung konstant, d.h. die Einflüsse der Temperatur und des Druckes kompensieren sich annähernd.

2. Vernachlässigung der Trägheitskräfte gegenüber den Reib- oder Zähigkeitskräften, d.h. die Reynolds-Zahl hat einen Wert Re ≪ 1.
3. Welle und Lagerschale, d.h. die gepaarten Lagerteile, sind an ihrer Oberfläche ideal glatt.
4. Welle und Lagerschale sind achsparallel, d.h. eine Exzentrizität ist möglich, nicht aber eine Verkantung.
5. Das Lagerspiel $\Delta r = R - r$ zwischen der Lagerschale und der Welle ist im Vergleich zum Wellenradius r oder Schalenradius R sehr klein. Glieder von der Größenordnung des relativen Lagerspiels $\psi = \Delta r/R$ in einfacher oder höherer Potenz werden gegenüber Gliedern der Größenordnung 1 vernachlässigt.
6. Vernachlässigung der Krümmung des Lagerspaltes, d.h. Abwicklung desselben in die Ebene.
7. Schwache gegenseitige Neigung der Lageroberflächen, d.h. die Änderung der Schmierspalthöhe h in Umfangsrichtung x oder φ ist klein.
8. Vernachlässigung der Geschwindigkeitskomponenten v in Richtung der Spalthöhe (y-Richtung!) gegenüber den Geschwindigkeitskomponenten u und w in der Umfangsrichtung x und der Breitenrichtung z.
9. Vernachlässigung der Geschwindigkeitsgradienten erster und zweiter Ordnung in der x- und in der z-Richtung gegenüber denen in der y-Richtung.
10. Vernachlässigung der Druckänderung in der y-Richtung gegenüber den Druckänderungen in der x- und in der z-Richtung, d.h. $p \neq p(y)$ bzw. $p = p(x; z; t)$.

Werden diese Annahmen in den Navier-Stokes-Gleichungen berücksichtigt, so ergeben sich folgende Beziehungen:

x-Richtung:
$$\frac{\partial p}{\partial x} = \eta \cdot \frac{\partial^2 u}{\partial y^2} \qquad (10.114)$$

y-Richtung:
$$\frac{\partial p}{\partial y} = \eta \cdot \frac{\partial^2 v}{\partial y^2} = 0 \qquad (10.115)$$

z-Richtung:
$$\frac{\partial p}{\partial z} = \eta \cdot \frac{\partial^2 w}{\partial y^2} \qquad (10.116)$$

Durch zweimalige Integration lassen sich hieraus die Geschwindigkeiten u und w in der Umfangs- und in der Breitenrichtung berechnen. Sie haben folgende Größe:

$$u = \frac{1}{2\eta} \cdot \frac{\partial p}{\partial x} y^2 + C_1 y + C_2 \qquad (10.117)$$

$$w = \frac{1}{2\eta} \cdot \frac{\partial p}{\partial z} y^2 + C_3 y + C_4 \qquad (10.118)$$

Die Integrationskonstanten C_1 bis C_4 lassen sich aus den Randbedingungen für die Geschwindigkeiten ermitteln. Diese sind gemäß Bild 10.62:
An der Lagerschale (y = 0):

$$u = U_1; \; v = 0; \; w = 0$$

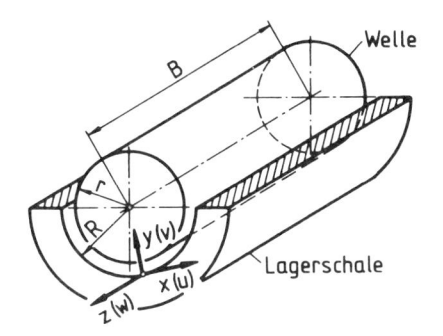

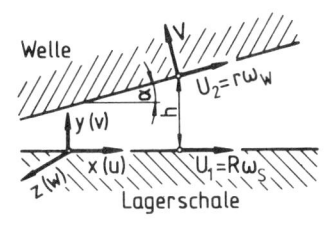

Bild 10.62. Lagergeometrie, Lage des Koordinatensystems und Geschwindigkeiten

An der Welle ($y = h$):

$$u = U_2 \cdot \cos\alpha - V \cdot \sin\alpha \approx U_2;$$

$$v = U_2 \cdot \sin\alpha + V \cdot \cos\alpha \approx U_2 \cdot \frac{\partial h}{\partial x} + V;$$

$$w = 0$$

Nach Ermittlung der Integrationskonstanten ergeben sich für die Geschwindigkeiten u und w folgende Ausdrücke:

$$u = \frac{1}{2\eta} \cdot \frac{\partial p}{\partial x}(y^2 - yh) + \frac{h-y}{h}U_1 + \frac{y}{h}U_2 \qquad (10.119)$$

$$w = \frac{1}{2\eta} \cdot \frac{\partial p}{dz}(y^2 - yh) \qquad (10.120)$$

Die Geschwindigkeit u setzt sich aus einem Druckströmungsanteil (1. Term!) und einem Scherströmungsanteil (2. und 3. Term!) zusammen, und die Geschwindigkeit w resultiert nur aus einer Druckströmung.

Für den Fall der feststehenden Lagerschale ($U_1 = 0$) und der rotierenden Welle ($U_2 = U = r \cdot \omega_w$) ergibt sich für die Schmierstoffgeschwindigkeit u in Umfangsrichtung die Beziehung

$$u = \frac{1}{2\eta} \cdot \frac{\partial p}{\partial z}(y^2 - yh) + \frac{y}{h}U \qquad (10.121)$$

mit $y^2 \leq yh$.

Hinsichtlich der Größe des Druckgradienten lassen sich drei Fälle unterscheiden [49]:

1. *Reine Scherströmung* $\left(\dfrac{\partial p}{\partial x} = 0\right)$

Dieser Fall liegt vor, wenn die Welle sich sehr schnell dreht ($\omega \to \infty$!) und/oder die Lagerbelastung sehr klein ist ($F \to 0$!). Welle und Lagerschale sind dann konzentrisch und die Schmierstoffgeschwindigkeit im Schmierspalt wird allein durch die Rotation der Welle bewirkt (Bild 10.63).

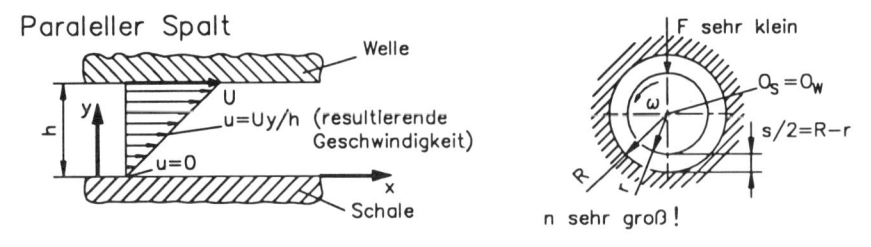

Paraleller Spalt

Reine Scherströmung im Schmierspalt bei sehr kleiner Lagerlast und sehr großer Wellendrehzahl.
$\partial p/\partial x = 0$, d.h. kein Druckgradient in x− oder φ−Richtung.

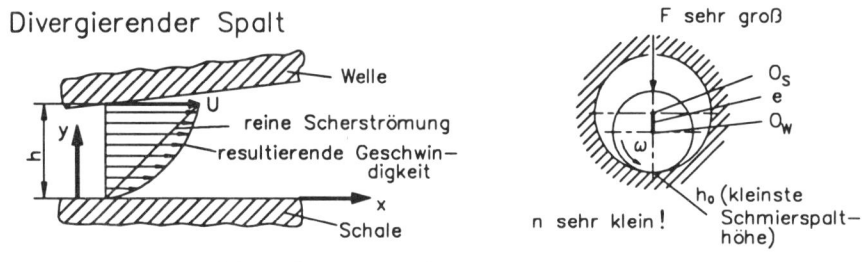

Divergierender Spalt

Kombinierte Druck− und Scherströmung im sich öffnenden (divergierenden) Schmierspalt.
$\partial p/\partial x < 0$, d.h. Druckabfall in x− oder φ−Richtung

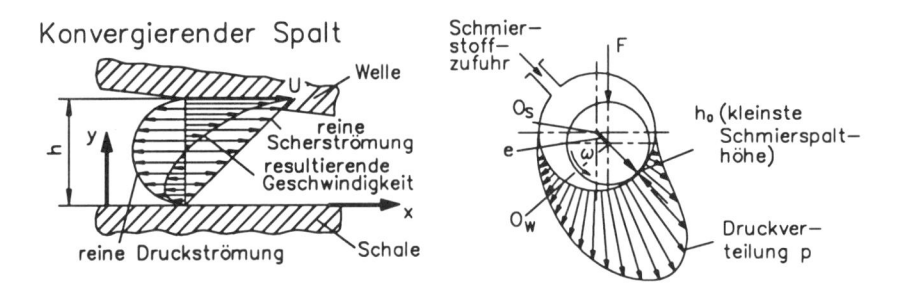

Konvergierender Spalt

Kombinierte Druck− und Scherströmung im sich schließenden (konvergierenden) Schmierspalt
$\partial p/\partial x > 0$, d.h. Druckanstieg in x− oder φ−Richtung

Bild 10.63. Strömungsverhältnisse im Schmierspalt eines Radialgleitlagers nach [49]

2. Kombinierte Druck- und Scherströmung im divergierenden Spalt $\left(\frac{\partial p}{\partial x} < 0\right)$

Dieser Fall liegt bei einem Radialgleitlager im Bereich des divergierenden, d.h. sich erweiternden Schmierspaltes vor. Die Scher- und die Druckströmung sind dann gleichgerichtet und addieren sich (Bild 10.63).

3. Kombinierte Druck- und Scherströmung im konvergierenden Spalt $\left(\frac{\partial p}{\partial x} > 0\right)$

Der positive Druckgradient liegt im konvergierenden, d.h. sich verengenden Schmierspalt vor. Die Druckströmung und die Scherströmung sind dann einander entgegengerichtet (Bild 10.63). Da im Bereich der Lagerschale die Druckströmung größer ist als die Scherströmung, kommt es hier zu einer Rückströmung des Schmierstoffes.

10.5.2.3 Reynoldssche Gleichung für die Druckverteilung

Werden die Geschwindigkeiten u und w nach den Gleichungen (10.119) und (10.120) in die Kontinuitätsgleichung (10.104) eingesetzt, so ergibt sich nach Integration über die Schmierspalthöhe h folgende Beziehung [49]:

$$\frac{\partial}{\partial x}\left[\frac{\rho h^3}{\eta} \cdot \frac{\partial p}{\partial x}\right] + \frac{\partial}{\partial z}\left[\frac{\rho h^3}{\eta} \cdot \frac{\partial p}{\partial z}\right] = 6 \cdot \left[(U_1 + U_2) \cdot \frac{\partial(\rho h)}{\partial x} + 2\rho V\right] \quad (10.122)$$

Mit Berücksichtigung der Beziehung

$$V \approx V \cos \alpha = \frac{\partial h}{\partial t}$$

läßt sich für die Druckverteilung folgende bereits von Reynolds abgeleitete Gleichung angeben:

$$\frac{\partial}{\partial x}\left[\frac{\rho h^3}{\eta} \cdot \frac{\partial p}{\partial x}\right] + \frac{\partial}{\partial z}\left[\frac{\rho h^3}{\eta} \cdot \frac{\partial p}{\partial z}\right] = 6 \cdot \left[(U_1 + U_2) \cdot \frac{\partial(\rho h)}{\partial x} + 2\frac{\partial(\rho h)}{\partial t}\right] \quad (10.123)$$

Gl. (10.123) ist die Reynoldssche Differentialgleichung für die Druckverteilung in einem endlich breiten Lager, bei kompressiblem Schmierstoff und zeitlich veränderlicher Spaltweite, d.h. instationärer oder dynamischer Lagerbelastung. Sie ist eine partielle Differentialgleichung zweiter Ordnung vom elliptischen Typ und beschreibt den Druck p als Funktion der Ortskoordinaten x (in Umfangsrichtung!) und z (in Breitenrichtung!) sowie der Zeit t bei vorgegebener Schmierspalthöhe h. Die Schmierspalthöhe h kann im allgemeinen Fall eine Funktion von x, z und t sein. Bei konstanter Dichte ρ kann diese Größe aus der Reynoldsschen Gleichung gekürzt werden.

Die Lösung der Reynoldsschen Differentialgleichung liefert eine Schar von Lösungsflächen für den Druckverlauf, aus der in Anpassung an die Randbedingun-

340 10 Reibung, Schmierung, Lagerungen

gen für den Druck die technisch richtige Lösungsfläche für p ausgewählt werden muß (Randwertproblem!).

10.5.2.4 Keil- oder Gleitschuhlager unter stationärer Belastung

Ebener, unendlich breiter Gleitschuh

Bei einem ebenen und unendlich breiten Gleitschuh gemäß Bild 10.64 mit stationärer Belastung gilt unter der Annahme konstanter Werte für die Zähigkeit η und die Dichte ρ zur Ermittlung der Druckverteilung im Schmierspalt folgende verkürzte Reynoldssche Gleichung [17, 49, 59, 70, 85]:

$$\frac{d}{dx}\left[h^3 \frac{dp}{dx}\right] = -6\eta U \frac{dh}{dx} \qquad (10.124)$$

Die Schmierspalthöhe h verläuft über die gesamte Gleitschuhlänge L linear und läßt sich an jeder Stelle x nach folgender Beziehung ermitteln:

$$h = h_0 + \alpha \cdot x \quad \text{mit } \alpha = \tan \beta = \frac{t}{L} = \frac{h_1 - h_0}{L} \qquad (10.125)$$

Durch Integration ergibt sich

$$h^3 \frac{dp}{dx} = -6\eta Uh + K_1.$$

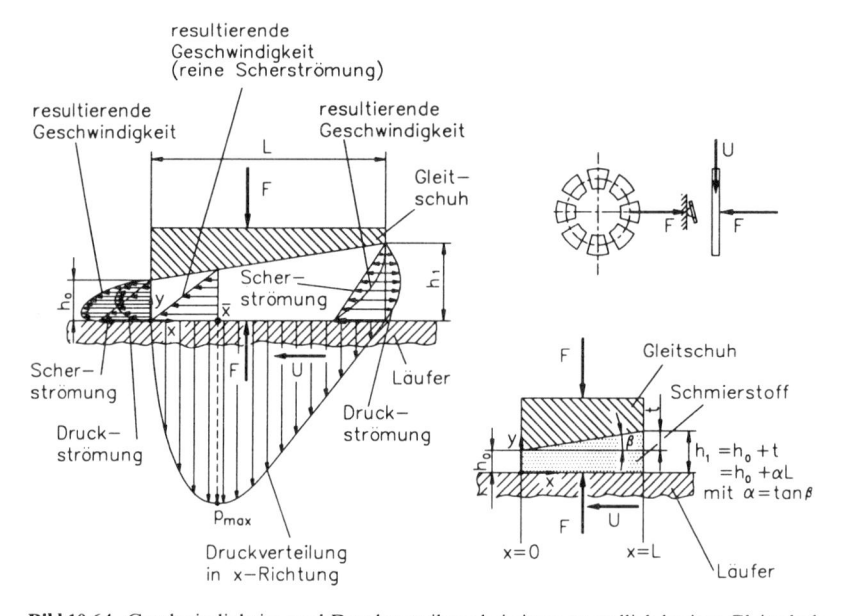

Bild 10.64. Geschwindigkeits- und Druckverteilung bei einem unendlich breiten Gleitschuh

Die Integrationskonstante K_1 läßt sich an der Stelle $x = \bar{x}$ des Druckmaximums ermitteln, an der der Druckgradient $dp/dx = 0$ ist. Sie hat den Wert

$$K_1 = 6\eta U \bar{h}$$

mit $\bar{h} = h_0 + \alpha \cdot \bar{x}$.

Für den Druckgradienten folgt somit die Beziehung

$$\frac{dp}{dx} = -6\eta U \frac{h - \bar{h}}{h^3} \qquad (10.126)$$

bzw. $\qquad \dfrac{dp}{dh} = -\dfrac{6\eta U}{\alpha} \dfrac{h - \bar{h}}{h^3} \qquad (10.127)$

Die Diskussion dieser Gleichung ergibt folgendes:

$h < \bar{h} : dp/dx > 0$

$h = \bar{h} : dp/dx = 0$

$h > \bar{h} : dp/dx < 0$

Eine weitere Integration von Gl. (10.127) führt auf die Beziehung

$$p = \frac{6\eta U}{\alpha} \cdot \left[\frac{1}{h} - \frac{1}{2}\frac{\bar{h}}{h^2}\right] + K_2. \qquad (10.128)$$

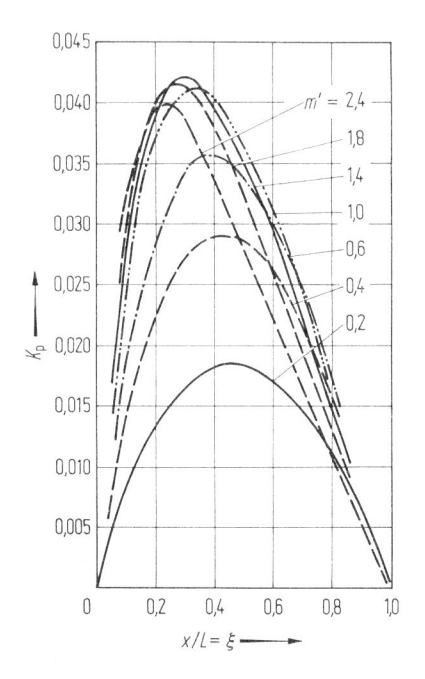

Bild 10.65. Druckverteilungsfaktor K_p in Abhängigkeit von der dimensionslosen Längenkoordinate ξ bei unterschiedlichen Spalthöhenverhältnissen für eine ebene, unendlich breite Gleitschuhlagerung nach [49]

Die Integrationskonstante K_2 und die noch unbekannte Lage des Druckmaximums können aus den Randbedingungen für den Druck an den Stellen $x = 0$ und $x = L$ ermittelt werden.

Aus der Randbedingung $p = 0$ für $x = 0$ und $h = h_0$ folgt:

$$K_2 = \frac{6\eta U}{\alpha} \cdot \left[\frac{1}{2}\frac{\bar{h}}{h_0^2} - \frac{1}{h_0}\right]$$

Aus der Randbedingung $p = 0$ für $x = L$ und $h = h_1$ folgt:

$$\bar{h} = 2\frac{h_0 h_1}{h_0 + h_1} \tag{10.129}$$

Die Druckverteilung $p = p(h)$ läßt sich somit nach folgender Gleichung berechnen:

$$p = 6\eta UL\frac{(h_1 - h) \cdot (h - h_0)}{h^2(h_1^2 - h_0^2)} = p(h) \tag{10.130}$$

Mit der Beziehung $h = h(x)$ nach Gl. (10.125) ist auch die Druckverteilung $p = p(x)$ bekannt. Die Beziehung dafür lautet:

$$p = \frac{6\eta UL}{h_0^2} \cdot \underbrace{\frac{m^2(1-\xi) \cdot \xi}{(1+2m)(m+\xi)^2}}_{K_p} = \frac{6\eta UL}{h_0^2} \cdot K_p \tag{10.131}$$

mit $\xi = \dfrac{x}{L}$

und $m = \dfrac{h_0}{h_1 - h_0} = \dfrac{1}{m'}$

Der Druckfaktor K_p ist in Bild 10.65 in Abhängigkeit von der dimensionslosen Koordinate ξ mit $m' = 1/m$ als Kurvenparameter dargestellt.

Die Diskussion dieser Gleichung zeigt, daß der Druck ein ausgeprägtes Maximum hat, das sich mit zunehmenden m'-Werten, d.h. mit größer werdendem, Keilwinkel, zu kleineren ξ-Werten, d.h. näher zur engsten Schmierspaltstelle h_0 hin, verschiebt.

Das Druckmaximum an der Stelle $x = \bar{x}$ bzw. $h = \bar{h} = 2h_0h_1/(h_0 + h_1)$ hat den Wert

$$p_{max} = \frac{3\eta UL}{2h_0 h_1} \cdot \frac{h_1 - h_0}{h_1 + h_0} \tag{10.132}$$

und hat für $h_1/h_0 = 2{,}414$ seinen Optimalwert.

Die Tragfähigkeit F eines Gleitschuhs der Breite B ist das Druckintegral über die gesamte Fläche. Somit gilt:

$$F = B\int_{x=0}^{x=L} p(x)dx = B\int_{h=h_0}^{h=h_1} p(h)\frac{1}{\alpha}dh \tag{10.133}$$

Wird $p(h)$ in die letzte Gleichung eingesetzt und integriert, so ergibt sich für die auf die Breite B bezogene Tragfähigkeit F die Beziehung [24, 49]

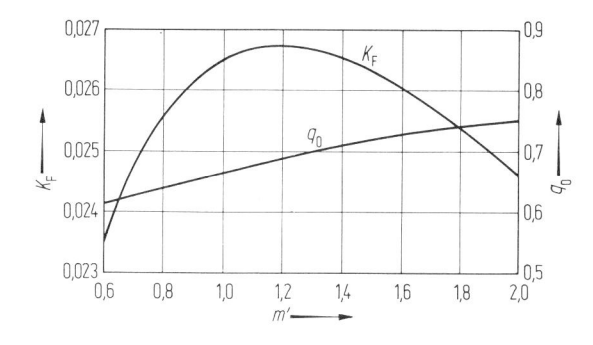

Bild 10.66. Hilfsgröße K_F zur Berechnung der Tragfähigkeit und Hilfsgröße q_0 zur Berechnung des auf die Gleitschuhbreite bezogenen Schmierstoffvolumenstromes in Abhängigkeit vom Schmierspalthöhenverhältnis nach [49]

$$\frac{F}{B} = \frac{6\eta U L^2}{h_0^2} \cdot \underbrace{\frac{h_0^2}{(h_1-h_0)^2}\left[\ln\frac{h_1}{h_0} - 2\frac{h_1-h_0}{h_1+h_0}\right]}_{K_F} = \frac{6\eta U L^2}{h_0^2} \cdot K_F \qquad (10.134)$$

Der Tragfähigkeitsfaktor K_F ist in Bild 10.66 in Abhängigkeit von der Größe $m' = 1/m$ dargestellt und hat seinen Maximalwert bei $m' = 1{,}2$.

Der mittlere Schmierstoffdruck im Keilspalt ist

$$\bar{p} = \frac{F}{BL} = \frac{6\eta U L}{h_0^2} \cdot K_F \qquad (10.135)$$

Für die Schmierstoffgeschwindigkeit u in der x-Richtung ergibt sich aus der verkürzten Navier-Stokes-Gleichung in der x-Richtung unter Beachtung der Randbedingungen $u = -U$ für $y = 0$ und $u = 0$ für $y = h$ die Beziehung

$$u = \frac{1}{2\eta}\frac{\partial p}{\partial x}(y^2 - yh) + U\left(\frac{y}{h} - 1\right) = u(y)$$

Mit $\partial p/\partial x = dp/dx = dp/dh \cdot dh/dx$ und dp/dh aus Gl. (10.127) sowie $dh/dx = \alpha = (h_1 - h_0)/L$ ergibt sich für die Geschwindigkeit u der Ausdruck

$$u = \frac{3U}{h^3}\left[2 \cdot \frac{h_1 h_0}{h_1 + h_0} - h\right](y^2 - yh) + U\left(\frac{y}{h} - 1\right) = u(y) \qquad (10.136)$$

Der Schmierstoffvolumenstrom $\dot{Q}$ ist

$$\dot{Q} = B\int_0^h u\, dy \qquad (10.137)$$

und hat nach Durchführung der Integration die Größe

$$\dot{Q} = -BU\frac{h_1 h_0}{h_1 + h_0} = -\frac{1}{2}BU\bar{h} \qquad (10.138)$$

Das negative Vorzeichen kommt daher, daß der Volumenstrom in die negative x-Richtung fließt.

Für den auf die Gleitschuhbreite bezogenen Schmierstoffvolumenstrom gilt somit die Beziehung

$$\dot{q} = \frac{\dot{Q}}{B} = -\frac{1}{2}U\bar{h} = -Uh_0 \underbrace{\frac{1+m'}{2+m'}}_{q_0} = -Uh_0 \cdot q_0 \qquad (10.139)$$

Die dimensionslose Größe q_0 ist in Bild 10.66 in Abhängigkeit von m' graphisch dargestellt. Im interessierenden Bereich $0{,}6 < m' < 2{,}0$ steigt q_0 und damit der Schmierstoffvolumenstrom $\dot{Q}$ fast linear an mit m', d.h. mit der Keilschuhanstellung $t = h_1 - h_0$.

Für die Reibkräfte am Läufer und am Gleitschuh (Stator!) sowie für die Reibungszahl μ an der Läuferoberfläche ergeben sich nach [49] folgende Beziehungen:

Reibkraft am Läufer:

$$K_L = \frac{BL\eta U}{h_0} \cdot f_L \qquad (10.140)$$

Reibkraft am Gleitschuh (Stator!):

$$K_{St} = \frac{BL\eta U}{h_0} \cdot f_{St} \qquad (10.141)$$

Reibungszahl:

$$\mu = \frac{K_L}{F} = \frac{h_0}{6L} \cdot f_\mu \qquad (10.142)$$

Die drei dimensionslosen Faktoren f_L, f_{St} und f_μ sind in Bild 10.67 in Abhängigkeit von m' graphisch dargestellt. Der Faktor f_μ nimmt mit zunehmenden Werten von m' zuerst stark ab und hat im weiten Bereich $1{,}2 < m' < 1{,}8$ ein Minimum.

Ebener, endlich breiter Gleitschuh

Bei einem ebenen, endlich breiten Gleitschuh gemäß Bild 10.68 unter konstanter Belastung dienen zur Ermittlung der Druckverteilung unter der Annahme einer konstanten Zähigkeit und Dichte des Schmierstoffes die Reynoldssche Gleichung [16, 17, 40, 49, 59]

$$\frac{\partial}{\partial x}\left[h^3 \frac{\partial p}{\partial x}\right] + \frac{\partial}{\partial z}\left[h^3 \frac{\partial p}{\partial z}\right] = -6\eta U \frac{\partial h}{\partial x} \qquad (10.143)$$

und die Randbedingungen

$p = 0$ für $x = 0$ und $x = L$
$p = 0$ für $z = 0$ und $z = B$.

Jakobsson und Floberg [40] haben eine numerische Auswertung der Reynoldsschen Druckverteilungsgleichung mit Hilfe des Differenzverfahrens vorge-

10.5 Gleitlager 345

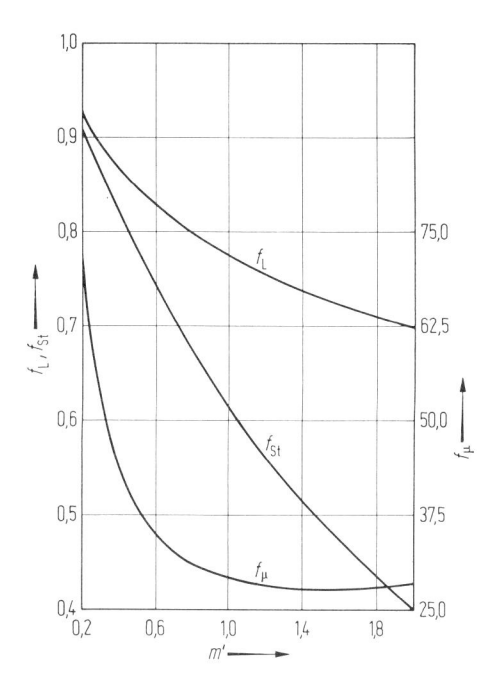

Bild 10.67. Faktoren f_L und f_{St} für die Reibkräfte am Läufer und Gleitschuh sowie Faktor f_μ zur Berechnung des Reibkoeffizienten in Abhängigkeit vom Schmierspalthöhenverhältnis nach [49]

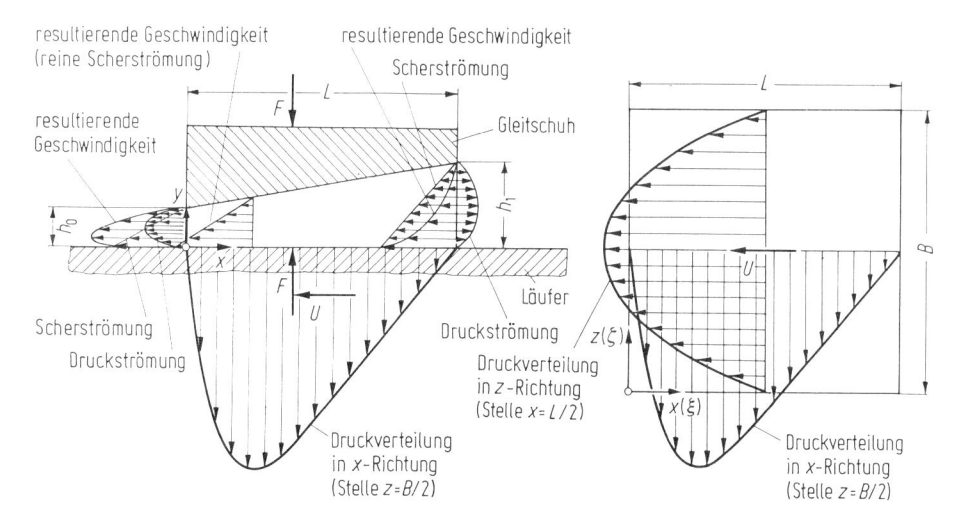

Bild 10.68. Druckverteilung in Längs- und in Querrichtung bei einem ebenen, endlich breiten Gleitschuh nach [49]

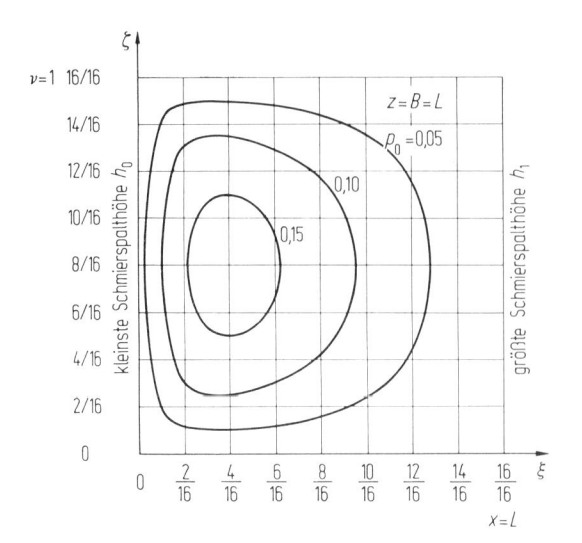

Bild 10.69. Linien gleichen Druckes (Isobaren) bei einem ebenen, endlich breiten Gleitschuh für $v = B/L = 1$ und $m' = (h_1 - h_0)/h_0 = 1.5$ nach [49]; dimensionslose Koordinaten: $\xi = x/L$; $\zeta = z/B$

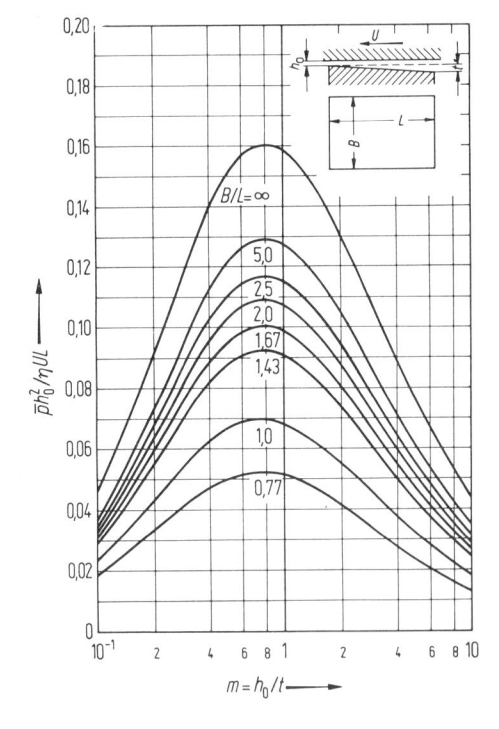

Bild 10.70. Mittlerer Druck (Tragfähigkeit) in dimensionloser Form in Abhängigkeit vom Schmierspalthöhenverhältnis bei unterschiedlichem Breiten–Längen–Verhältnis für einen ebenen Gleitschuh; der dimensionslose Druck $\bar{p}h_0^2/(\eta UL)$ wird sehr oft auch die Sommerfeld-Zahl So_G bei Gleitschuhen genannt

nommen und die Ergebnisse in tabellarischer und graphischer Form zusammengestellt. Für den Fall eines quadratischen Gleitschuhs, d.h. für $v = B/L = 1$, mit $m' = (h_1 - h_0)/h_0 = 1,5$ ist der dimensionslose Druck $p_0 = ph_0^2/(\eta UL)$ in Abhängigkeit von den dimensionslosen Koordinaten $\xi = x/L$ und $\xi = z/B$ in Bild 10.69 dargestellt. Das Höhen- oder Schichtenliniendiagramm (Isobaren!) zeigt die Symmetrie des Druckberges bezogen auf die Achse $z = B/2$ bzw. $\xi = 1/2$ und im Bereich der engsten Schmierspaltstelle eine größere Steilheit, d.h. den größeren Gradienten als im Bereich der weitesten Schmierspaltstelle.

Brauchbare Näherungslösungen für die praktische Anwendung haben Schiebel [76] und Drescher [16] vorgestellt. Die Ergebnisse von Schiebel sind für den mittleren Druck $\bar{p}$ bzw. die dimensionslose Größe $\bar{p}h_0^2/(\eta UL)$ in Abhängigkeit von der Größe m mit B/L als Kurvenparameter in Bild 10.70 dargestellt. Im Bereich $m < 0,8$ nimmt der mittlere Druck $\bar{p}$ mit der Größe m zu, bei $m \approx 0,8$ hat er seinen Maximalwert, und im Bereich $m > 0,8$ nimmt $\bar{p}$ mit zunehmendem m ab. Für den Reibungskoeffizienten μ bzw. die Größe $\mu\sqrt{\bar{p}B/(\eta U)}$ und den dimensionlosen Druck $100\,\bar{p}h_0^2/(\eta UB)$ sind die Ergebnisse über der Größe m mit B/L als Kurvenparameter in Bild 10.71 dargestellt.

Neben der ebenen, geneigten Gleitschuhfläche, d.h. einem linear sich ändernden Schmierspalt, gibt es auch andere Schmierspaltgeometrien. Bekannt in der Praxis

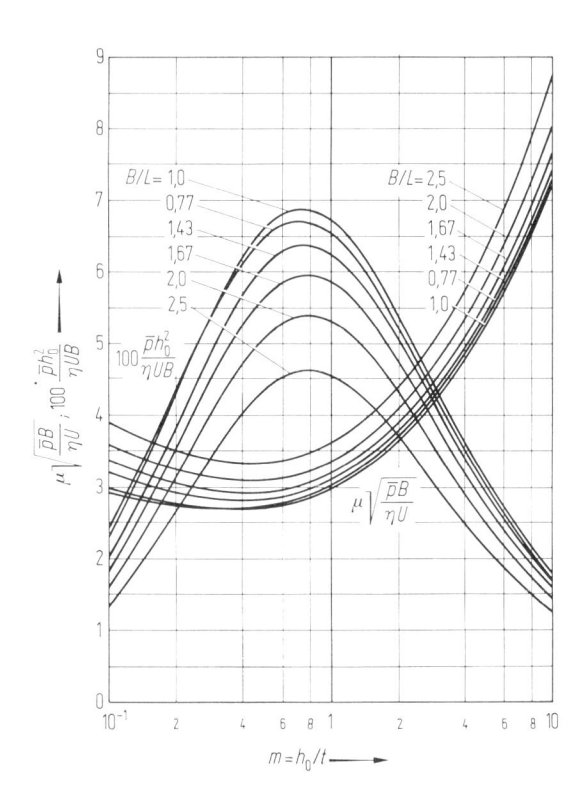

Bild 10.71. Mittlerer Druck (Tragfähigkeit) und Reibungskoeffizient in dimensionloser Form in Abhängigkeit vom Schmierspalthöhenverhältnis bei unterschiedlichem Breiten-Längen-Verhältnis für einen ebenen Gleitschuh

sind z.B. die abgestufte, konstante Schmierspalthöhe (Treppenabstufung!) und die linear abnehmende und dann konstante Schmierspalthöhe.

10.5.2.5 Radialgleitlager unter stationärer Belastung

Ausgangspunkt für die Berechnung stationär, d.h. konstant belasteter Radialgleitlager ist die aus der allgemeinen Reynolds-Gleichung für konstante Dichte ρ und konstante Viskosität η abzuleitende Gleichung [49]

$$\frac{\partial}{\partial x}\left[h^3\frac{\partial p}{\partial x}\right] + \frac{\partial}{\partial z}\left[h^3\frac{\partial p}{\partial z}\right] = 6\eta(U_1 + U_2)\frac{\partial h}{\partial x}. \qquad (10.144)$$

Mit den Geschwindigkeiten $U_1 = r\,\omega_W$ an der Wellenoberfläche und $U_2 = R\,\omega_S$ an der Lagerschalenoberfläche hat der Term $U_1 + U_2$ den Wert

$$U_1 + U_2 = r\,\omega_W + R\,\omega_S \approx R\,(\omega_W + \omega_S) \approx R\bar{\omega}. \qquad (10.145)$$

Die Winkelgeschwindigkeit $\bar{\omega}$ ist die wirksame Winkelgeschwindigkeit für den Schmierstofftransport im Lagerspalt und hat folgende Größe:

$$\bar{\omega} = \omega_W + \omega_S \quad \text{für } \omega_W \text{ und } \omega_S \text{ gleichsinnig} \qquad (10.146)$$

$$\bar{\omega} = \omega_W - \omega_S \quad \text{für } \omega_W \text{ und } \omega_S \text{ gegensinnig} \qquad (10.147)$$

Bei Berücksichtigung der Koordinatentransformation

$$\varphi = \frac{x}{R} \quad \text{und } \bar{z} = \frac{z}{B/2}$$

und durch Einführung folgender dimensionsloser Größen

$$\left.\begin{array}{ll}
\text{Breitenverhältnis:} & \dfrac{B}{D} \\[1em]
\text{relatives Lagerspiel:} & \psi = \dfrac{R-r}{R} = \dfrac{\Delta r}{R} \\[1em]
\text{relative Exzentrizität:} & \varepsilon = \dfrac{e}{R-r} = \dfrac{e}{\Delta r} = \dfrac{e}{R\psi} \\[1em]
\text{relative Schmierspalthöhe:} & H = \dfrac{h}{R-r} = \dfrac{h}{\Delta r} = \dfrac{h}{R\psi} \\[1em]
\text{Druck-Kennzahl:} & \Pi = \dfrac{p\psi^2}{\eta\bar{\omega}}
\end{array}\right\} \qquad (10.148)$$

ergibt sich die Reynoldssche Gleichung für das konstant belastete Radialgleitlager in dimensionsloser Form. Sie hat folgenden Aufbau [49]:

$$\frac{\partial}{\partial\varphi}\left[H^3\frac{\partial\Pi}{\partial\varphi}\right] + \left[\frac{D}{B}\right]^2\frac{\partial}{\partial\bar{z}}\left[H^3\frac{\partial\Pi}{\partial\bar{z}}\right] = 6\left[\frac{\partial H}{\partial\varphi}\right] \qquad (10.149)$$

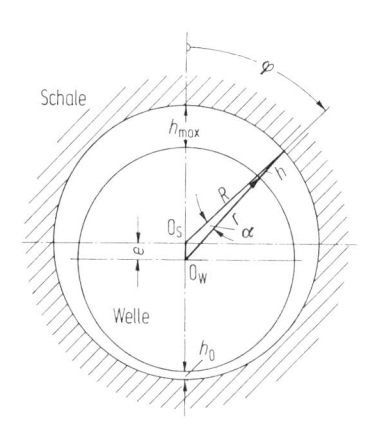

Bild 10.72. Geometrie und Koordinatensystem zur Ableitung der Funktion für die Schmierspalthöhe h nach [49]

Für die in dieser Gleichung noch unbekannte Spaltfunktion H(φ), d.h. für die Beziehung h = h(φ) für die Schmierspalthöhe, kann gemäß Bild 10.72 aus dem stumpfwinkligen Dreieck mit den Seiten e (Exzentrizität von Welle und Lagerschale!), R (Lagerschalenradius!) und r (Wellenradius!) folgendes abgeleitet werden [49]:

$$h = -r + e\cos\varphi + R\cos\alpha$$

$$h = -r + e\cos\varphi + R\sqrt{1 - \frac{e^2}{R^2}\sin^2\varphi}$$

$$h \approx R\psi(1 + \varepsilon\cos\varphi) \tag{10.150}$$

$$H \approx 1 + \varepsilon\cos\varphi \tag{10.151}$$

Streng gilt dieser Ausdruck für H nur im wellenfesten System, da aber e im Vergleich zu R bzw. r sehr klein ist, gilt diese Spaltfunktion auch für das schalenfeste System.

Randbedingungen

Zur Lösung der dimensionslosen Reynoldsschen Gleichung für stationär belastete Radialgleitlager sind die Randbedingungen für den Druck an den seitlichen Begrenzungsflächen des Lagers und in Umfangsrichtung am Druckberganfang und ende zu berücksichtigen. Für das vollumschlossene, d.h. das 360°-Lager (kreiszylindrisches Lager!), sind in der Literatur [7, 49, 71, 77] gemäß Bild 10.73 folgende Randbedingungen zu finden:

1. in axialer Richtung:

$$p\left(\varphi; z = \pm\frac{B}{2}\right) = 0; \quad \Pi\left(\varphi; \bar{z} = \pm\frac{1}{2}\right) = 0 \tag{10.152}$$

2. in Umfangsrichtung:
   a) nach Sommerfeld

$$p(\varphi; z) = p(\varphi \pm 2\pi; z); \quad \Pi(\varphi; \bar{z}) = \Pi(\varphi \pm 2\pi; \bar{z}) \tag{10.153}$$

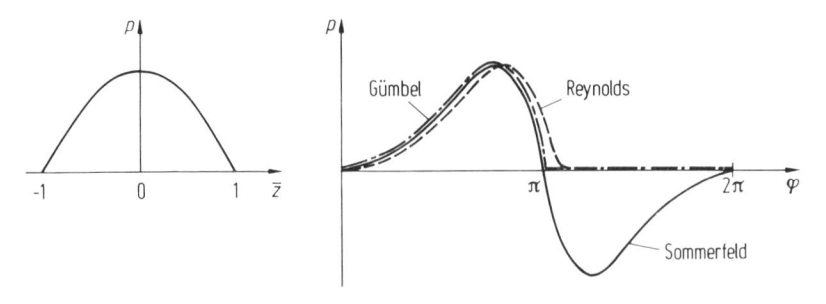

Bild 10.73. Randbedingungen für die Druckentwicklung

b) nach Gümbel

$$p(\varphi; z) = p(\varphi \pm 2\pi; z); \quad \Pi(\varphi; \bar{z}) = \Pi(\varphi \pm 2\pi; \bar{z})$$
$$\text{aber } p(\varphi; z) = 0 \text{ für } p < 0; \quad \Pi(\varphi; \bar{z}) = 0 \text{ für } \Pi < 0 \tag{10.154}$$

c) nach Reynolds

$$p(\varphi = \varphi_1; z) = 0; \Pi(\varphi = \varphi_1; \bar{z}) = 0 \text{ am Druckberganfang } \varphi = \varphi_1$$
$$p(\varphi = \varphi_0; z) = 0; \Pi(\varphi = \varphi_0; \bar{z}) = 0$$
$$\left.\frac{\partial p}{\partial \varphi}\right|_{\varphi = \varphi_0} = 0; \left.\frac{\partial \Pi}{\partial \varphi}\right|_{\varphi = \varphi_0} = 0 \Bigg\} \text{ am Druckbergende } \varphi = \varphi_0 \tag{10.155}$$

Nach Sommerfeld [82] ist der Druckverlauf 2π-periodisch und zum engsten Spalt $\varphi = \pi$ spiegelsymmetrisch. Im konvergierenden Schmierspalt liegen somit Druckkräfte und im divergierenden Schmierspalt dem Betrage nach gleichgroße Zugkräfte vor. Letztere sind physikalisch gesehen natürlich unmöglich.

Gümbel [30] berücksichtigt diese physikalische Gegebenheit und setzt daher die Drücke dort Null, wo sie gemäß der Rechnung negativ sind. Die Druckfunktion hat somit hinsichtlich ihres Gradienten an der engsten Schmierspaltstelle $\varphi = \pi$ eine Unstetigkeit, die sich in der Kontinuitätsgleichung, d.h. in der Beziehung für den Schmierstoffvolumenstrom $\dot{Q}$ auswirkt.

Reynolds [73] trägt mit seinen Randbedingungen der Unmöglichkeit von Zugkräften in Flüssigkeiten über die Oberflächenspannung hinaus und der Unstetigkeit in der Kontinuitätsgleichung im engsten Schmierspalt Rechnung und verlangt daher nur, daß der Druck am Druckberganfang ($\varphi = \varphi_1$) und der Druck sowie der Druckgradient am Druckbergende ($\varphi = \varphi_0$) den Wert Null haben. Bei einem Lager endlicher Breite liegt dann das Druckbergende nicht mehr auf einer Mantellinie $\varphi_0 = \text{const}$, sondern auf einer Linie $\varphi_0 = \varphi_0(z)$, so daß bei der Integration mit einer variablen Integrationsgrenze für das Druckbergende zu arbeiten ist.

Die Lösung der Reynoldsschen Gleichung unter Beachtung der Randbedingungen führt auf die Druckverteilung $\Pi = \Pi(\varphi; \bar{z}; \varepsilon; B/D)$ bzw. $p = p(\varphi; z; \varepsilon; B/D)$, die über die gesamte Lagerfläche integriert die Lagerbelastung oder Tragfähigkeit F ergibt.

10.5.2.5.1 Unendlich breite Radialgleitlager (B/D > 1,5)

Bei unendlich breiten, stationär belasteten Radialgleitlagern mit B/D > 1,5 verkürzt sich die Reynoldssche Gleichung auf die gewöhnliche Differentialgleichung [49]

$$\frac{d}{d\varphi}\left[H^3\frac{d\Pi}{d\varphi}\right] = 6\frac{dH}{d\varphi}. \tag{10.156}$$

Ihre Integration ergibt

$$H^3\frac{d\Pi}{d\varphi} = 6\,(H + C_1). \tag{10.157}$$

Mit der Annahme, daß für eine bestimmte Stelle $\varphi = \varphi_0$, d.h. für eine Schmierspalthöhe $H = H_0$, der Druckgradient zu Null wird, folgt

$$H_0^3\frac{d\Pi}{d\varphi}\bigg|_{\varphi_0} = 6\,(H_0 + C_1) = 0$$

bzw. $C_1 = -H_0$.

Mit der bekannten Spaltfunktion $H(\varphi)$ des kreiszylindrischen Radialgleitlagers ergibt sich somit für den Druckgradienten folgende Beziehung:

$$\frac{d\Pi}{d\varphi} = 6\left[\frac{1}{(1+\varepsilon\cos\varphi)^2} - \frac{1+\varepsilon\cos\varphi_0}{(1+\varepsilon\cos\varphi)^3}\right] \tag{10.158}$$

Zur Integration dieser Gleichung bzw. zur Auswertung der beiden Teilintegrale empfiehlt sich die bereits von Sommerfeld eingeführte Substitution $\varphi \to \chi$ nach folgender Beziehung [49, 82]:

$$\cos\chi = \frac{\varepsilon + \cos\varphi}{1 + \varepsilon\cos\varphi}. \tag{10.159}$$

Durch Umformen und unter Anwendung bekannter trigonometrischer Funktionen lassen sich folgende für die Integration erforderlichen Beziehungen ableiten:

$$\left.\begin{aligned}\cos\varphi &= \frac{\cos\chi - \varepsilon}{1 - \varepsilon\cos\chi}, \\ \varphi &= \arccos\frac{\cos\chi - \varepsilon}{1 - \varepsilon\cos\chi}, \\ 1 + \varepsilon\cos\varphi &= \frac{1-\varepsilon^2}{1 - \varepsilon\cos\chi}, \\ \sin\chi &= \frac{\sqrt{1-\varepsilon^2}\sin\varphi}{1 + \varepsilon\cos\varphi}, \\ d\varphi &= \frac{\sqrt{1-\varepsilon^2}\,d\chi}{1 - \varepsilon\cos\chi}.\end{aligned}\right\} \tag{10.160}$$

Die bei der Integration von Gl. (10.158) auftretenden Teilintegrale haben somit folgenden Wert:

$$\int_0^\varphi \frac{d\varphi}{(1+\varepsilon\cos\varphi)^2} = \int_0^\chi \frac{(1-\varepsilon\cos\chi)^2}{(1-\varepsilon^2)^2} \cdot \frac{\sqrt{1-\varepsilon^2}}{1-\varepsilon\cos\chi} d\chi$$

$$= (\chi - \varepsilon\sin\chi) \cdot (1-\varepsilon^2)^{-3/2}$$

$$\int_0^\varphi \frac{d\varphi}{(1+\varepsilon\cos\varphi)^3} = \int_0^\chi \frac{(1-\varepsilon\cos\chi)^3}{(1-\varepsilon^2)^3} \cdot \frac{\sqrt{1-\varepsilon^2}}{1-\varepsilon\cos\chi} d\chi$$

$$= (1-\varepsilon^2)^{-5/2} \left[\chi - 2\varepsilon\sin\chi + \frac{\varepsilon^2}{2}(\sin\chi\cos\chi + \chi)\right]$$

Mit dem Term

$$1 + \varepsilon\cos\varphi_0 = \frac{1-\varepsilon^2}{1-\varepsilon\cos\chi_0}$$

ergibt sich für den dimensionslosen Druck $\Pi = \Pi(\chi)$ die Beziehung

$$\Pi(\chi) = 6(1-\varepsilon^2)^{-3/2}$$

$$\cdot \left[\chi - \varepsilon\sin\chi - \frac{\chi - 2\varepsilon\sin\chi + \varepsilon^2(\sin\chi\cos\chi + \chi)/2}{1-\varepsilon\cos\chi_0}\right]. \qquad (10.161)$$

Zur Berechnung des dimensionslosen Druckes $\Pi(\varphi)$ in Abhängigkeit von φ ist die Rücktransformation mit den Gleichungen (10.159) und (10.160) für $\cos\chi$ und $\sin\chi$ sowie der Beziehung

$$\chi = \arccos\frac{\varepsilon + \cos\varphi}{1+\varepsilon\cos\varphi}$$

gemäß Gl. (10.159) vorzunehmen.

Die Umfangsstelle $\varphi = \varphi_0$ bzw. $\chi = \chi_0$ ist in diesen Gleichungen noch unbekannt und muß mit Hilfe der Randbedingungen ermittelt werden.

Reynoldssche Randbedingung

Nach der Reynoldsschen Randbedingung haben am Druckbergende der Druck und der Druckgradient den Wert Null ($\varphi = \varphi_0$ bzw. $\chi = \chi_0$!). Mit der Bedingung $\Pi(\varphi_0) = \Pi(\chi_0) = 0$ ergibt sich aus Gl. (10.161) nach einigem Umformen folgende transzendente Bestimmungsgleichung für die Koordinate χ_0 des Druckbergendes:

$$\varepsilon(\sin\chi_0\cos\chi_0 - \chi_0) + 2(\sin\chi_0 - \chi_0\cos\chi_0) = 0 \qquad (10.162)$$

Das Ergebnis der Lösung dieser Gleichung ist in Bild 10.74 graphisch in einem Polardiagramm mit der relativen Exzentrizität ε als radiale Koordinate dargestellt. Die Rücktransformation $\chi_0 \to \varphi_0$ führt auf zwei, zu π symmetrische Lösungen. Dies erklärt sich aus der Tatsache, daß χ_0 bzw. φ_0 allgemein die Stelle charakterisiert, an

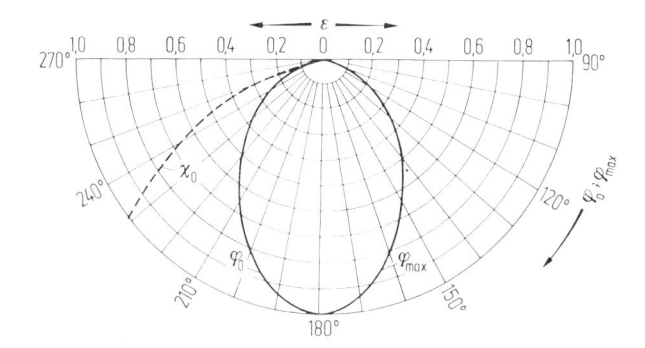

Bild 10.74. Lage des Druckberges und des Druckmaximums beim unendlich breiten Lager unter Reynoldsschen Randbedingungen nach [49]

der der Druckgradient den Wert Null hat. Diese Stelle ist die des Druckbergendes ($\varphi = \varphi_0$) und die des Druckbergmaximums ($\varphi = \varphi_{max}$).

Die Tragfähigkeit F des Lagers ergibt sich durch Integration des Druckes p über die gesamte Lagerfläche. Werden gemäß Bild 10.75 die Druck- und die Kraftkomponenten in der x- und in der y-Richtung auf ein Flächenelement BRdφ an der Stelle φ (von der weitesten Schmierspaltstelle aus in Drehrichtung der Welle gezählt!) berücksichtigt, so lassen sich folgende Gleichungen ableiten:

Druckkomponenten auf die Lagerschale:

$$\left.\begin{array}{l} p_x = p \cdot \cos\varphi = -p \cdot \sin\left(\varphi - \dfrac{\pi}{2}\right) \\[2mm] p_y = p \cdot \sin\varphi = p \cdot \cos\left(\varphi - \dfrac{\pi}{2}\right) \end{array}\right\} \qquad (10.163)$$

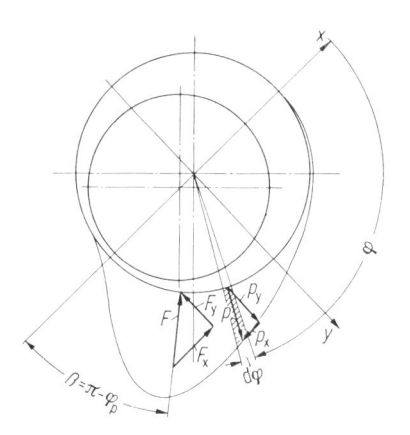

Bild 10.75. Druckverteilung mit Komponenten in der x- und y-Richtung sowie Tragfähigkeit F bei einem stationär belasteten Radialgleitlager nach [49] (Druckverteilung nur Drehungsdruck; kein Verdrängerdruck!)

Kraftkomponenten auf die Lagerschale:

$$F_x = RB \int_{\varphi=0}^{\varphi_0} p \cos\varphi \, d\varphi \quad \text{und} \quad F_y = RB \int_{\varphi=0}^{\varphi_0} p \sin\varphi \, d\varphi \qquad (10.164)$$

Resultierende Kraft auf die Lagerschale:

$$F = \sqrt{F_x^2 + F_y^2} \qquad (10.165)$$

Zu diesen Druck- und Kraftkomponenten ist folgendes anzumerken:
1. Die Druckkomponente p_x ist im Bereich $0 \leq \varphi \leq \pi/2$ größer bzw. gleich Null und im Bereich $\pi/2 \leq \varphi \leq \varphi_0$ (φ_0 = Druckbergende!) gleich bzw. kleiner Null.
2. Die Druckkomponente p_y ist im Bereich $0 \leq \varphi \leq \pi$ größer bzw. gleich Null und im Bereich $\pi \leq \varphi \leq \varphi_0$ gleich bzw. kleiner Null.
3. Die Kraftkomponenten dF_x zeigen im Bereich $0 \leq \varphi \leq \pi/2$ in die positive x-Richtung und im Bereich $\pi/2 \leq \varphi \leq \varphi_0$ in die negative x-Richtung.
4. Die Kraftkomponenten dF_y zeigen im Bereich $0 \leq \varphi \leq \pi$ in die positive y-Richtung und im Bereich $\pi \leq \varphi \leq \varphi_0$ in die negative y-Richtung.
5. Das Integral F_x der Kraftkomponenten dF_x in x-Richtung, d.h. die vom Druckberg auf die Lagerschale in x-Richtung wirkende Kraft F_x, hat einen negativen Wert und zeigt somit in die negative x-Richtung.
6. Das Integral F_y der Kraftkomponenten dF_y in y-Richtung, d.h. die vom Druckberg auf die Lagerschale in y-Richtung wirkende Kraft F_y, hat einen positiven Wert und zeigt somit in die positive y-Richtung.
7. Die in Bild 10.75 eingezeichneten Kräfte F, F_x und F_y sind die Reaktionskräfte vom Schmierstoff auf die Welle, d.h., die Kraft F hält der von außen auf die Welle einwirkenden Kraft F das Gleichgewicht.

Der Verlagerungswinkel β ist der Winkel zwischen der Spur der Ebene durch den engsten sowie den weitesten Schmierspalt und der Richtung der äußeren Kraft F. Er gibt die Winkelverlagerung oder auslenkung der Wellenmitte in bezug auf die Richtung der Kraft F an und kann aus dem Kräftedreieck berechnet werden. Es gilt:

$$\tan\beta = \tan(\pi - \varphi_p) = \frac{|F_y|}{|F_x|} = \frac{F_y}{-F_x} \qquad (10.166)$$

Mit $F_y > 0$ und $F_x < 0$ sind $\tan\beta$ sowie β positive Größen.
Der Winkel φ_p ist der Lastwinkel, d.h. der Winkel zwischen der Richtung der Kraft F und der positiven x-Richtung in Drehrichtung der Welle.

Durch Einführung der Druckkennzahl Π lassen sich für die Tragfähigkeit F des Lagers, die Sommerfeldzahl So (dimensionslose Tragfähigkeit!), den Verlagerungswinkel β und den Lastwinkel φ_p folgende Beziehungen ableiten [49]:

Lagerbelastung:

$$\left.\begin{aligned}F_x &= RB\frac{\eta\bar{\omega}}{\psi^2}\int_0^{\varphi_0} \Pi \cos\varphi \, d\varphi \\ F_x &= F\cos\beta = F\cos(\pi - \varphi_p)\end{aligned}\right\} \qquad (10.167)$$

$$F_y = RB\frac{\eta\bar{\omega}}{\psi^2}\int_0^{\varphi_0} \Pi \sin\varphi\, d\varphi \Bigg\}$$
$$F_y = F\sin\beta = F\sin(\pi - \varphi_p)$$
(10.168)

$$F = \sqrt{F_x^2 + F_y^2}$$

Sommerfeld-Zahl:

$$So = \frac{\bar{p}\psi^2}{\eta\bar{\omega}} = \frac{F\psi^2}{BD\eta\bar{\omega}} = \frac{\psi^2\sqrt{F_x^2 + F_y^2}}{BD\eta\bar{\omega}} \qquad (10.169)$$

$$So = \frac{1}{2}\left(\left[\int_0^{\varphi_0}\Pi\cos\varphi\,d\varphi\right]^2 + \left[\int_0^{\varphi_0}\Pi\sin\varphi\,d\varphi\right]^2\right)^{1/2} \qquad (10.170)$$

Verlagerungswinkel:

$$\tan\beta = \frac{\int_0^{\varphi_0}\Pi\sin\varphi\,d\varphi}{-\int_0^{\varphi_0}\Pi\cos\varphi\,d\varphi} \qquad (10.171)$$

Lastwinkel:

$$\varphi_p = \pi - \beta \qquad (10.172)$$

Die Auswertung der Integrale

$$I_1 = \int_0^{\varphi_0}\Pi\cos\varphi\,d\varphi \quad \text{und} \quad I_2 = \int_0^{\varphi_0}\Pi\sin\varphi\,d\varphi$$

führt auf folgende Ergebnisse:

$$I_1 = \Pi\sin\varphi\Big|_0^{\varphi_0} - \int_0^{\varphi_0}\frac{d\Pi}{d\varphi}\sin\varphi\,d\varphi \quad \text{bzw.} \quad I_1 = -\int_0^{\varphi_0}\frac{d\Pi}{d\varphi}\sin\varphi\,d\varphi$$

$$I_2 = \Pi\cos\varphi\Big|_0^{\varphi_0} + \int_0^{\varphi_0}\frac{d\Pi}{d\varphi}\cos\varphi\,d\varphi \quad \text{bzw.} \quad I_2 = \int_0^{\varphi_0}\frac{d\Pi}{d\varphi}\cos\varphi\,d\varphi$$

Mit der Sommerfeld-Substitution $\varphi \to \chi$ haben die Integrale den Wert

$$I_1 = -\frac{3}{1-\varepsilon^2}\cdot\frac{\varepsilon(1-\cos\chi_0)^2}{1-\varepsilon\cos\chi_0} \qquad (10.173)$$

$$I_2 = +\frac{6}{\sqrt{1-\varepsilon^2}}\cdot\frac{\sin\chi_0 - \chi_0\cos\chi_0}{1-\varepsilon\cos\chi_0} \qquad (10.174)$$

Somit ergeben sich für die wichtigsten Größen folgende Beziehungen [49]:

Sommerfeld-Zahl (dimensionslose Tragfähigkeit):

$$So = \frac{1}{2}\sqrt{I_1^2 + I_2^2}$$

$$So = \frac{3}{(1-\varepsilon^2)(1-\varepsilon\cos\chi_0)}\left[\frac{\varepsilon^2}{4}(1-\cos\chi_0)^4 \right.$$
$$\left. + (1-\varepsilon^2)(\sin\chi_0 - \chi_0\cos\chi_0)^2\right]^{1/2} \quad (10.175)$$

Verlagerungswinkel:

$$\tan\beta = \frac{I_2}{-I_1} \quad \text{bzw.} \quad \tan\beta = 2\sqrt{1-\varepsilon^2}\,\frac{\sin\chi_0 - \chi_0\cos\chi_0}{\varepsilon(1-\varepsilon\cos\chi_0)^2} \quad (10.176)$$

Lastwinkel:

$$\varphi_p = \pi - \beta$$

$$\varphi_p = \pi - \arctan\left[2\sqrt{1-\varepsilon^2}\,\frac{\sin\chi_0 - \chi_0\cos\chi_0}{\varepsilon(1-\varepsilon\cos\chi_0)^2}\right] \quad (10.177)$$

Für die bezogene Reibungszahl μ/ψ läßt sich nach [8, 49] folgende Beziehung ableiten:

$$\frac{\mu}{\psi} = \frac{\pi}{So\,\sqrt{1-\varepsilon^2}} + \frac{\varepsilon}{2}\sin\beta \quad (10.178)$$

In diesen Gleichungen ist χ_0 der nach der Sommerfeld-Substitution zum Winkel φ_0 (Druckbergende!) korrespondierende und von der dimensionslosen Exzentrizität ε abhängige Winkel (Bild 10.74).

Die Ergebnisse der numerischen Auswertung dieser Gleichungen sind in Tabelle 10.19 zusammengefaßt. Der Zusammenhang zwischen dem Winkel φ_0 bzw. dem Winkel χ_0 für das Druckbergende, dem Winkel φ_{max} für die Lage des Druckbergmaximums und der relativen Exzentrizität ε ist in Bild 10.74 anschaulich dargestellt.

10.5.2.5.2 Sehr schmale Radialgleitlager ($B/D < 1/4$)

Bei sehr schmalen Radialgleitlagern mit $B/D < 1/4$ ist der Druckgradient in Breitenrichtung (z-Richtung!) sehr viel größer als der in Umfangsrichtung (φ-Richtung!). Die Reynoldssche Differentialgleichung verkürzt sich somit auf die gewöhnliche Differentialgleichung [49]

$$\left[\frac{D}{B}\right]^2 \frac{d}{d\bar{z}}\left[H^3 \frac{dH}{d\bar{z}}\right] = 6\frac{dH}{d\varphi}$$

Unter Berücksichtigung der Randbedingung $\Pi = 0$ für $\bar{z} = \pm 1$ und der Symme-

10.5 Gleitlager

Tabelle 10.19. Kenngrößen für das unendlich breite, vollumschlossene Radialgleitager unter reiner Drehung bei Reynoldsschen Randbedingungen nach [49]

Relative Exzentrizität ε	Sommerfeldzahl So	Verlagerungswinkel β	Bezogene Reibungszahl μ/ψ	Maximal-Druckzahl Π_{max}	Bezogener Maximaldruck Π_{max}/So	Druckende φ_0
0,100	0,6729	69,44	4,7392	0,7994	1,1881	249,16
0,300	1,8923	64,37	1,8756	2,3963	1,2663	233,82
0,500	3,2232	58,26	1,3381	4,4731	1,3878	219,71
0,700	5,3217	49,12	1,0913	8,9378	1,6795	206,62
0,900	13,8331	31,68	0,7574	38,5847	2,7893	193,19
0,910	15,2085	30,25	0,7275	44,6667	2,9370	192,41
0,930	19,1243	27,04	0,6584	63,5741	3,3243	190,78
0,950	26,1472	23,18	0,5718	102,7239	3,9287	188,96
0,970	42,4919	18,22	0,4558	215,4082	5,0694	186,83
0,990	124,0912	10,68	0,2712	1089,8786	8,7829	183,88
0,991	137,6875	10,14	0,2577	1274,7527	9,2583	183,68
0,995	246,4514	7,58	0,1933	3061,7614	12,4234	182,73
0,999	1225,2769	3,40	0,0870	34044,5396	27,7852	181,22

triebedingung $\frac{d\Pi}{d\bar{z}} = 0$ für $\bar{z} = 0$ ergibt sich für die Druckfunktion die Beziehung

$$\Pi = 3\left[\frac{B}{D}\right]^2 (1-\bar{z}^2) \frac{\varepsilon \sin\varphi}{(1+\varepsilon \cos\varphi)^3} = \Pi'(1-\bar{z}^2)$$

mit $\Pi' = \Pi(\varphi; \bar{z} = 0)$ in der Mitte des Lagers.

Die Druckfunktion Π ist somit antisymmetrisch zu π und berücksichtigt die Sommerfeldsche Randbedingung bzw. für den Druckverlauf im Bereich $0 \leq \varphi \leq \pi$ die Gümbelsche Randbedingung.

Die Tragfähigkeit F des Lagers bzw. die Sommerfeld-Zahl So lassen sich nach folgender Beziehung ermitteln [49].

Tragfähigkeit:

$$F = \sqrt{F_x^2 + F_y^2}$$

mit $\quad F_x = \frac{BD\eta\bar{\omega}}{4\psi^2} \int_0^\pi \int_{-1}^{+1} \Pi \cos\varphi \, d\varphi \, d\bar{z}$

und $\quad F_y = \frac{BD\eta\bar{\omega}}{4\psi^2} \int_0^\pi \int_{-1}^{+1} \Pi \sin\varphi \, d\varphi \, d\bar{z}$ \hfill (10.181)

Sommerfeld-Zahl:

$$So = \sqrt{So_x^2 + So_y^2}$$

mit $\quad So_x = \frac{F_x \psi^2}{BD\eta\bar{\omega}} = \frac{1}{4} \int_{-1}^{+1} \int_0^\pi \Pi \cos\varphi \, d\varphi \, d\bar{z}$

und $\quad So_y = \frac{F_y \psi^2}{BD\eta\bar{\omega}} = \frac{1}{4} \int_{-1}^{+1} \int_0^\pi \Pi \sin\varphi \, d\varphi \, d\bar{z}$

Die Auswertung der Integrale führt auf folgende Ausdrücke:

Tragfähigkeit:

$$F = \frac{BD\eta\bar{\omega}}{2\psi^2}\left[\frac{B}{D}\right]^2 \frac{\varepsilon}{(1-\varepsilon^2)^2}\sqrt{16\varepsilon^2 + \pi^2(1-\varepsilon^2)} \qquad (10.182)$$

Sommerfeld-Zahl:

$$So_x = -\left[\frac{B}{D}\right]^2 \frac{2\varepsilon^2}{(1-\varepsilon^2)^2} \quad \text{und} \quad So_y = \left[\frac{B}{D}\right]^2 \frac{\pi\varepsilon}{2(1-\varepsilon^2)^{3/2}}$$

$$So = \frac{1}{2}\left[\frac{B}{D}\right]^2 \frac{\varepsilon}{(1-\varepsilon^2)^2}\sqrt{16\varepsilon^2 + \pi^2(1-\varepsilon^2)} \qquad (10.183)$$

Für den Verlagerungswinkel β ergibt sich aus dem Kräftedreieck die Beziehung

$$\tan\beta = \frac{F_y}{-F_x} = \frac{So_y}{-So_x} = \frac{\pi\sqrt{1-\varepsilon^2}}{4\varepsilon} \qquad (10.184)$$

und der Lastwinkel φ_p hat die Größe

$$\varphi_p = \pi - \beta = \pi - \arctan\frac{\pi\sqrt{1-\varepsilon^2}}{4\varepsilon}. \qquad (10.185)$$

Für den bezogenen Schmierstoffvolumenstrom $\bar{Q}$ und die auf das relative Lagerspiel ψ bezogene Reibungszahl μ lassen sich gemäß [8, 49] folgende Ausdrücke ableiten:

$$\bar{Q} = \frac{\dot{Q}}{R^3 \psi \bar{\omega}} = 2\frac{B}{D}\varepsilon \qquad (10.186)$$

mit $\dot{Q}$ = Schmierstoffvolumenstrom

$$\frac{\mu}{\psi} = \frac{\pi}{So\sqrt{1-\varepsilon^2}} + \frac{\varepsilon}{2}\sin\beta \qquad (10.187)$$

Die Ergebnisse der numerischen Auswertung dieser Gleichungen sind in Tabelle 10.20 für Breiten-Durchmesser-Verhältnisse B/D = 0,25 und 0,125 zusammengestellt.

10.5.2.5.3 Endlich breite Radiallager

Bei den in der Praxis am häufigsten vorkommenden, endlich breiten Radialgleitlagern (1/4 ≤ B/D < 1,5) wurde von Schiebel [76], Holland [39] und Varga [87], ausgehend von der Druckfunktion des unendlich breiten Lagers (B/D → ∞!), für die Berechnung des Druckverlaufs folgender Näherungsansatz (Produktansatz!) verwendet:

$$\Pi_{B/D}(\varphi, \bar{z}) = \Pi_x(\varphi) q_{B/D}(1-\bar{z}^m) \qquad (10.188)$$

$\Pi_x(\varphi)$ ist dabei die Druckfunktion des unendlich breiten Lagers (nur von der Umfangskoordinate φ abhängig!). Der Minderungsfaktor $q_{B/D} < 1$ ist vom Breiten-Durchmesser-Verhältnis abhängig, und der Parabelexponent m hat den Wert m ≈ 2.

Tabelle 10.20. Kenngrößen für das sehr kurze, vollumschlossene Radialgleitlager unter reiner Drehung für die Breiten-Durchmesser-Verhältnisse B/D = 0,25 und 0,125 nach [49]

B/D	Relative Exzentrizität ε	Sommerfeldzahl So	Verlagerungs-Winkel β	Bezogene Reibungszahl μ/ψ	Bezogener Öldurchsatz $\bar{Q}$	Maximal-Druckzahl Π_{max}	Stelle des Maximaldruckes φ_{max}	Bezogener Maximaldruck Π_{max}/So
1/4	0,100	0,0100	82,71	314,2872	0,0500	0,0196	106,49	1,9508
	0,300	0,0365	68,18	90,2505	0,1500	0,0819	130,39	2,2421
	0,500	0,0938	53,68	38,8762	0,2500	0,2613	145,37	2,7856
	0,700	0,3018	38,70	14,7972	0,3500	1,1402	156,72	3,7785
	0,900	3,0008	20,83	2,5618	0,4500	20,4738	167,98	6,8229
	0,910	3,7205	19,69	2,1899	0,4550	26,8075	168,65	7,2053
	0,930	6,2021	17,24	1,5160	0,4650	50,8570	170,09	8,1999
	0,950	12,2562	14,47	0,9396	0,4750	119,3389	171,71	9,7370
	0,970	34,3189	11,14	0,4702	0,4850	432,9113	173,64	12,6144
	0,990	311,2983	6,39	0,1266	0,4950	6824,7352	176,36	21,9234
	0,991	384,4678	6,06	0,1133	0,4955	8886,2984	176,55	23,1132
	0,995	1247,6011	4,51	0,0643	0,4975	38713,7236	177,43	31,0305
	0,999	31238,0195	2,01	0,0198	0,4995	2168944,9906	178,85	69,4328
1/8	0,100	0,0025	82,71	1257,0000	0,0250	0,0049	106,49	1,9508
	0,300	0,0091	68,18	360,5842	0,0750	0,0205	130,39	2,2421
	0,500	0,0234	53,68	154,9004	0,1250	0,0653	145,37	2,7856
	0,700	0,0754	38,70	58,5323	0,1750	0,2850	156,72	3,7785
	0,900	0,7502	20,83	9,7673	0,2250	5,1185	167,98	6,8229
	0,910	0,9301	19,69	8,2997	0,2275	6,7019	168,65	7,2053
	0,930	1,5505	17,24	5,6503	0,2325	12,7142	170,09	8,1999
	0,950	3,0641	14,47	3,4023	0,2375	29,8347	171,71	9,7370
	0,970	8,5797	11,14	1,5999	0,2425	108,2278	173,64	12,6144
	0,990	77,8246	6,39	0,3412	0,2475	1706,1838	176,36	21,9234
	0,991	96,1170	6,06	0,2964	0,2478	2221,5746	176,55	23,1132
	0,995	311,9001	4,51	0,1399	0,2488	9678,4309	177,43	31,0305
	0,999	7809,5039	2,01	0,0265	0,2498	542236,2477	178,85	69,4329

Dem Parabelansatz sehr ähnlich ist der folgende Ansatz von Vogelpohl [92] mit dem Korrekturfaktor Σc_v:

$$p_{B/D} = p_\infty \sum_{v=1}^{\infty} c_v \sin \frac{\pi z}{B} \quad (v = 1; 3; 5; \ldots) \tag{10.189}$$

Bei beiden Ansätzen ist die Genauigkeit des Ergebnisses sehr stark von der Genauigkeit des Minderungs- und des Korrekturfaktors abhängig, die ihrerseits Funktionen von ε und B/D sind.

Die Lösung der Reynoldsschen partiellen Differentialgleichung für endlich breite Lager ist nur auf numerischem Wege möglich. Vogelpohl [97] hat zur besseren numerischen Ermittlung großer Druckunterschiede und sehr steiler Druckverläufe eine Spreizung des Druckes Π über einen größeren Winkelbereich φ nach folgender Transformation vorgeschlagen:

$$\bar{\Pi} = \Pi H^{3/2} \tag{10.190}$$

Die Reynoldssche Differentialgleichung hat unter Berücksichtigung dieser Transformation folgenden Aufbau [31, 49, 97]:

$$\frac{\partial^2 \bar{\Pi}}{\partial \varphi^2} + \left(\frac{D}{B}\right)^2 \frac{\partial^2 \bar{\Pi}}{\partial \bar{z}^2} + a\bar{\Pi} = b \tag{10.191}$$

Für unverkantete Radialgleitlager (H ≠ H(φ; $\bar{z}$), d.h. H = H(φ)!) sind die Größen a und b nur von φ abhängig und haben den Wert

$$\left. \begin{array}{l} a = -\dfrac{3}{4H^2}(H_\varphi^2 + 2HH_{\varphi\varphi}) = a(\varphi) \\[2mm] b = \dfrac{6}{H^{3/2}} H_\varphi = b(\varphi). \end{array} \right\} \tag{10.192}$$

Mit der Schmierspalthöhe $H = 1 + \varepsilon \cdot \cos \varphi$ und den Ableitungen $H_\varphi = -\varepsilon \cdot \sin \varphi$ sowie $H_{\varphi\varphi} = -\varepsilon \cdot \cos \varphi$ ergeben sich folgende Werte:

$$\left. \begin{array}{l} a = \dfrac{3\varepsilon}{4(1+\varepsilon\cos\varphi)^2}\left[(3\varepsilon\cos\varphi + 2)\cos\varphi - \varepsilon\right] = a(\varphi) \\[2mm] b = -\dfrac{6\varepsilon}{(1+\varepsilon\cos\varphi)^{3/2}}\sin\varphi = b(\varphi) \end{array} \right\} \tag{10.193}$$

Werden in dieser Differentialgleichung die Differentialquotienten 2. Ordnung durch Differenzenquotienten ersetzt, d.h. werden anstelle der kontinuierlichen Lagerfläche nur diskrete Stellen der Lagerfläche berücksichtigt, die durch ein Gitternetz (Bild 10.76) markiert werden (Gitterpunkte!), so ergibt sich für jeden Gitterpunkt eine Differenzengleichung, d.h. eine algebraische Gleichung für die diskreten $\bar{\Pi}$-Werte.

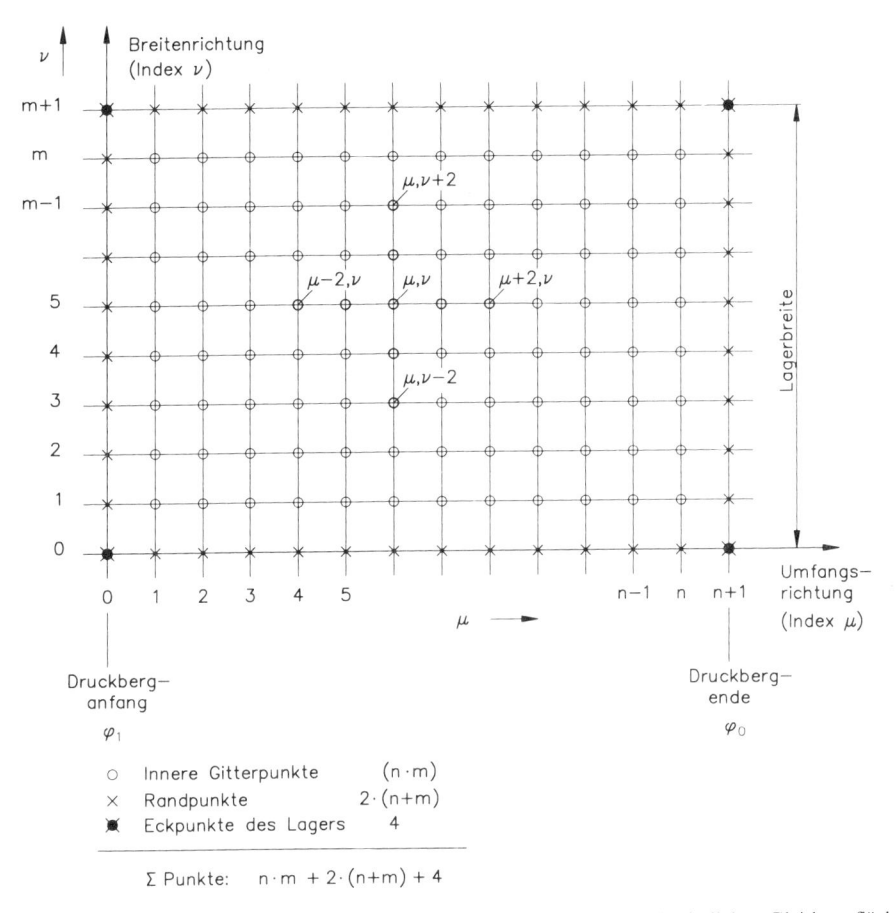

Bild 10.76. Differenzenverfahren für Gleitlager; Diskretisierung der kontinuierlichen Gleitlagerfläche

Differenzenverfahren

Wird eine Funktion $y = f(x)$ betrachtet, so lassen sich für den zweiten Differentialquotienten nach [6, 74, 75, 97] folgende Beziehungen angeben

über drei Stützstellen (x_{i-1}, x_i, x_{i+1}):

$$\left.\frac{\Delta^2 f}{\Delta x^2}\right|_i = \frac{1}{\Delta x^2}(f_{i-1} - 2f_i + f_{i+1}) \approx \left.\frac{d^2 f}{d x^2}\right|_i \qquad (10.194)$$

über fünf Stützstellen $(x_{i-2}$ bis $x_{i+2})$:

$$\left.\frac{\Delta^2 f}{\Delta x^2}\right|_i = \frac{1}{12 \Delta x^2}(-f_{i-2} + 16 f_{i-1} - 30 f_i + 16 f_{i+1} - f_{i+2}) \approx \left.\frac{d^2 f}{d x^2}\right|_i \qquad (10.195)$$

Δx ist dabei die konstante Schrittweite in x-Richtung, d.h., es gilt $x_{i-2} + \Delta x = x_{i-1}, \ldots, x_{i+1} + \Delta x = x_{i+2}$.

Werden diese Beziehungen auf die transformierte Reynoldssche Gleichung angewendet, so ergeben sich algebraische Gleichungen, die als Unbekannte die Werte der Druckfunktion $\bar{\Pi}$ des jeweils betrachteten Gitterpunktes und seiner Nachbarpunkte in Umfangs- und in Breitenrichtung aufweisen. Insgesamt ergibt, sich ein System von algebraischen Gleichungen und zwar mit soviel Gleichungen, wie diskrete Gitterpunkte zur Ermittlung von $\bar{\Pi}$ an den diskreten Stellen innerhalb der Lagerfläche herangezogen werden.

Wird die konstante Schrittweite in Umfangsrichtung mit $\Delta\varphi$ und die konstante Schrittweite in Breitenrichtung mit $\Delta\bar{z}$ bezeichnet und sind die Indizes zur Markierung der Gitterpunkte μ (in Umfangsrichtung!) und ν (in Breitenrichtung!), so ergeben sich für die Differenzenquotienten und die Differenzengleichungen der $m \cdot n$ inneren Gitterpunkte (μ, ν) folgende Ausdrücke:

Differenzenquotienten:

$$\frac{\Delta^2 \bar{\Pi}}{\Delta\varphi^2} = \frac{1}{12\Delta\varphi^2}(-\bar{\Pi}_{\mu-2,\nu} + 16\bar{\Pi}_{\mu-1,\nu} - 30\bar{\Pi}_{\mu,\nu} + 16\bar{\Pi}_{\mu+1,\nu} - \bar{\Pi}_{\mu+2,\nu})$$
(10.196)

$$\frac{\Delta^2 \bar{\Pi}}{\Delta\bar{z}^2} = \frac{1}{12\Delta\bar{z}^2}(-\bar{\Pi}_{\mu,\nu-2} + 16\bar{\Pi}_{\mu,\nu-1} - 30\bar{\Pi}_{\mu,\nu} + 16\bar{\Pi}_{\mu,\nu+1} - \bar{\Pi}_{\mu,\nu+2})$$
(10.197)

Differenzengleichung:

$$\frac{1}{12\Delta\varphi^2}(-\bar{\Pi}_{\mu-2,\nu} + 16\bar{\Pi}_{\mu-1,\nu} + 16\bar{\Pi}_{\mu+1,\nu} - \bar{\Pi}_{\mu+2,\nu})$$
$$+ \left(\frac{D}{B}\right)^2 \frac{1}{12\Delta\bar{z}^2}(-\bar{\Pi}_{\mu,\nu-2} + 16\bar{\Pi}_{\mu,\nu-1} + 16\bar{\Pi}_{\mu,\nu+1} - \bar{\Pi}_{\mu,\nu+2})$$
$$+ \left[a_\mu - \frac{30}{12\Delta\varphi^2} - \left(\frac{D}{B}\right)^2 \frac{30}{12\Delta\bar{z}^2}\right]\bar{\Pi}_{\mu,\nu} - b_\mu = 0 \quad (10.198)$$

Für die auf den Zeilen $\nu = 1$ und $\nu = m$ liegenden Punkte $(\mu, 1)$ und (μ, m) sind zum Aufstellen der Differenzengleichungen die $\bar{\Pi}$-Werte der Punkte auf den Zeilen $\nu = 0$ (axialer Rand!) sowie $\nu = -1$ und $\nu = m + 1$ (axialer Rand!) sowie $\nu = m + 2$ erforderlich. Analog gilt, daß für die auf den Spalten $\mu = 1$ und $\mu = n$ liegenden Punkte $(1, \nu)$ und (n, ν) zum Aufstellen der Differenzengleichungen die $\bar{\Pi}$-Werte der Punkte auf den Spalten $\mu = 0$ (Druckberganfang φ_1!) sowie $\mu = -1$ und $\mu = n + 1$ (Druckbergende φ_0!) sowie $\mu = n + 2$ erforderlich sind. Die $m \cdot n$ Differenzengleichungen für die $m \cdot n$ inneren Gitterpunkte (μ, ν) beinhalten somit $m \cdot n + 4(m + n)$ $\bar{\Pi}$-Werte, von denen aber nur $m \cdot n + 2(m + n)$ unbekannt sind, weil die Drücke für die $2(m + n)$ Punkte auf den Rändern der Gleitlagerfläche den Wert Null haben. Es fehlen somit zur Lösung des Gleichungssystems von $m \cdot n$ Gleichungen mit $m \cdot n + 2(m + n)$ Unbekannten noch $2(m + n)$ Gleichungen. Diese werden in der Weise beschafft, daß für die $2(m + n)$ Randpunkte die Differenzengleichungen mit den Differenzenquotienten über drei Stützstellen aufgestellt werden. Die vier

Eckpunkte ($\mu = 0$, $\nu = 0$), ($\mu = 0$, $\nu = m + 1$), ($\mu = n + 1$, $\nu = 0$) und ($\mu = n + 1$, $\nu = m + 1$) bleiben also unberücksichtigt. Diese vereinfachten Differenzengleichungen für die Randpunkte (μ, ν) haben folgenden Aufbau:

$$\frac{1}{\Delta\varphi^2}(\bar{\Pi}_{\mu-1,\nu} + \bar{\Pi}_{\mu+1,\nu}) + \left(\frac{D}{B}\right)^2 \frac{1}{\Delta\bar{z}^2}(\bar{\Pi}_{\mu,\nu-1} + \bar{\Pi}_{\mu,\nu+1})$$

$$+ \left[a_\mu - \frac{2}{\Delta\varphi^2} - \left(\frac{D}{B}\right)^2 \frac{2}{\Delta\bar{z}^2}\right]\bar{\Pi}_{\mu,\nu} - b_\mu = 0 \qquad (10.199)$$

Die gesuchten Werte für den dimensionslosen Druck $\bar{\Pi}$ an den $m \cdot n$ inneren Gitterpunkten sind die Lösungen des aus $m \cdot n + 2(m + n)$ algebraischen Gleichungen bestehenden Gleichungssystems, zu dessen Lösung heute leistungsfähige Rechenprogramme, die nach bekannten mathematischen Verfahren aufgebaut sind, für größere Rechenanlagen zur Verfügung stehen.

Bezüglich der Randbedingungen ist zu beachten, daß am Druckberganfang φ_1 ($\mu = 0$!) über die gesamte Lagerbreite (Punkte ($\mu = 0, \nu$)!) und an den seitlichen Lagerrändern ($\nu = 0$ und $\nu = m + 1$!) an allen Punkten ($\mu, \nu = 0$) und ($\mu, \nu = m + 1$) der dimensionslose Druck $\bar{\Pi}$ den Wert Null hat. Am rechten Rand, dem Druckbergende φ_0, muß auf der noch unbekannten Randkurve $\varphi_0(\bar{z})$ der Druck und der Druckgradient verschwinden. Zum Einstellen dieser Randbedingung wird im ersten Lösungsschritt ein Rand für $\bar{\Pi} = 0$ und $d\bar{\Pi}/d\varphi = 0$ außerhalb der gesuchten Randkurve geschätzt und die $\bar{\Pi}$-Verteilung ermittelt. Bei dieser ersten $\bar{\Pi}$-Verteilung wird eine Linie $\varphi(\bar{z})$ aufgesucht, für die die $\bar{\Pi}$-Werte minimale negative Werte haben. Diese Linie $\varphi(\bar{z})$ wird dann als neue geschätzte Randkurve für den zweiten Iterationsschritt zur Ermittlung einer neuen $\bar{\Pi}$-Verteilung verwendet. Aus dieser neuen Druckverteilung wird wieder eine neue Linie $\varphi(\bar{z})$ mit minimalen negativen Werten für $\bar{\Pi}$ ausgesucht. Durch wiederholte Iteration läßt sich so das gesuchte Druckbergende $\varphi_0(\bar{z})$ mit $\bar{\Pi} = 0$ und $d\bar{\Pi}/d\varphi = 0$ auffinden. Der Winkel φ_0 am Druckbergende ist in der Mitte des Lagers (Stelle $\bar{z} = 0$!) am größten und nimmt zu den seitlichen Rändern (Stellen $\bar{z} = \pm 1$!) hin parabolisch ab.

Für ein vollumschlossenes Radialgleitlager (360°-Lager!) hat Butenschön [6] mit einer gesteuerten Schrittweite $\Delta\varphi$ in Umfangsrichtung für die in der Praxis wichtigen Breiten-Durchmesser-Verhältnisse $1/8 \leq B/D \leq 1$ und relativen Exzentrizitäten $0,1 \leq \varepsilon \leq 0,999$ die wichtigsten Gleitlager-Kenngrößen Sommerfeld-Zahl So, Verlagerungswinkel β, bezogener Reibwert μ/ψ, bezogener Schmieröldurchsatz $\bar{Q}/(R^3 \psi \bar{\omega})$, bezogener Maximaldruck $p_{max}/\bar{p}$ und Lage $\varphi_0 - \varphi_p$ des Druckmaximums berechnet. Die funktionalen Abhängigkeiten der Größen So = So (ε; B/D), $\beta = \beta(\varepsilon; B/D)$, $\mu/\psi = f(So; B/D)$, $\dot{Q}_D/(R^3 \psi \bar{\omega}) = f(\varepsilon; B/D)$ und $\varphi_0 - \varphi_p = f(\varepsilon; B/D)$ sind in den Bildern 10.77 bis 10.80 anschaulich dargestellt. Für praktische Anwendungen können diese Ergebnisse auch aus Tabellen und graphischen Arbeitsblättern mit feiner Unterteilung in [6, 49, 74] entnommen werden. In dieser Zusammenstellung finden sich auch die Ergebnisse für das halbumschlossene Radialgleitlager (180°-Lager!).

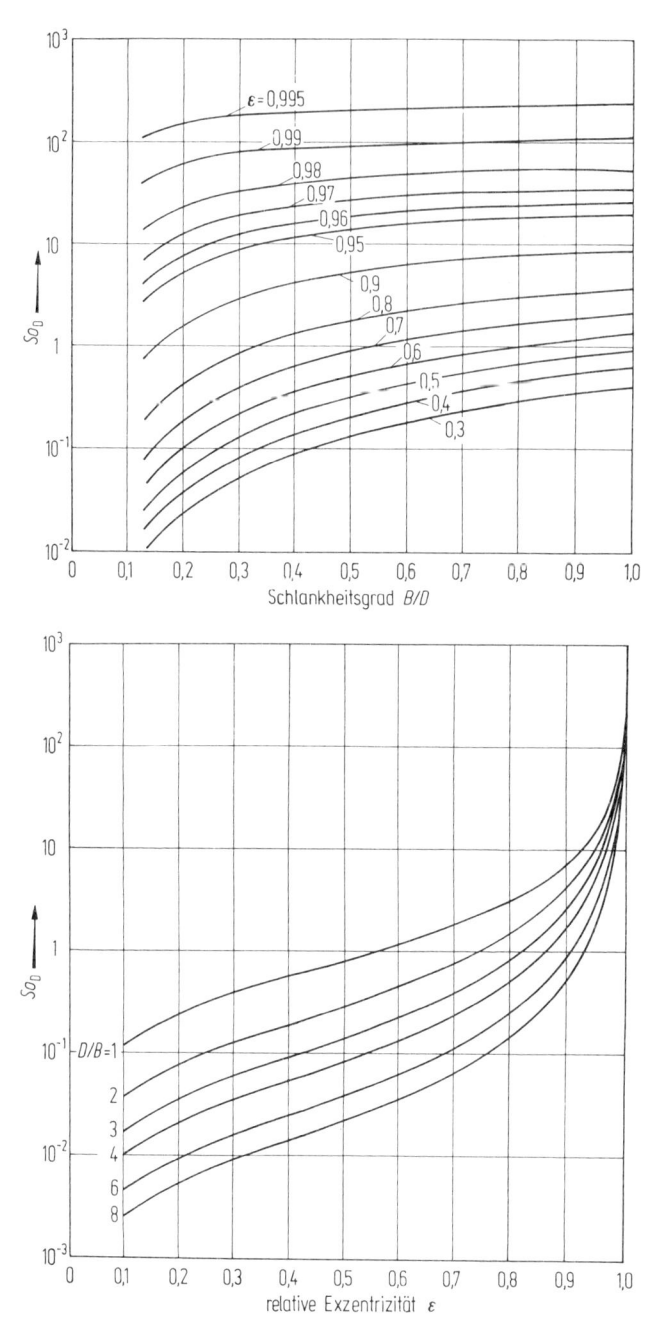

Bild 10.77. $So_D = f(\varepsilon; B/D)$ bei einem vollumschlossenen Lager und reiner Drehung nach [49]

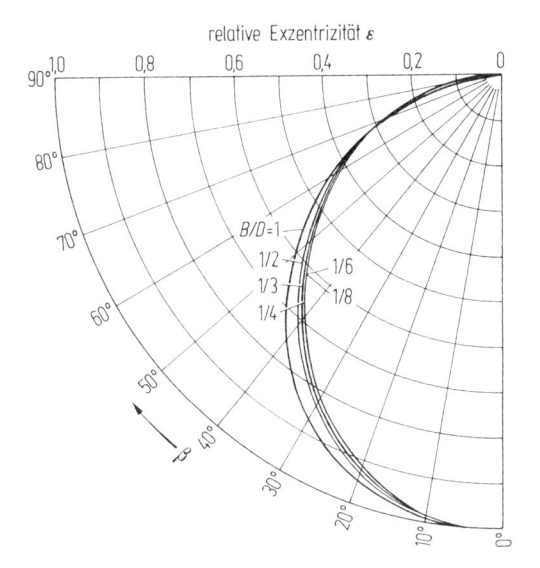

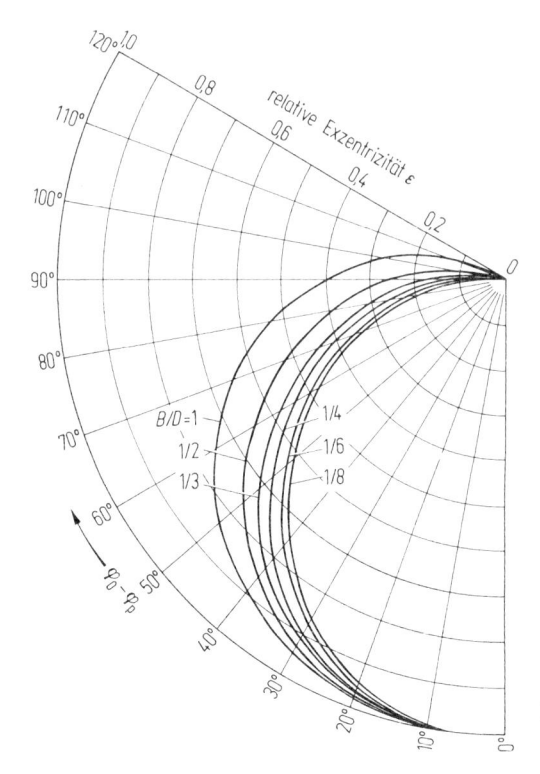

Bild 10.78. Verlagerungskurven bei einem vollumschlossenen Lager und reiner Drehung nach [49]

366   10 Reibung, Schmierung, Lagerungen

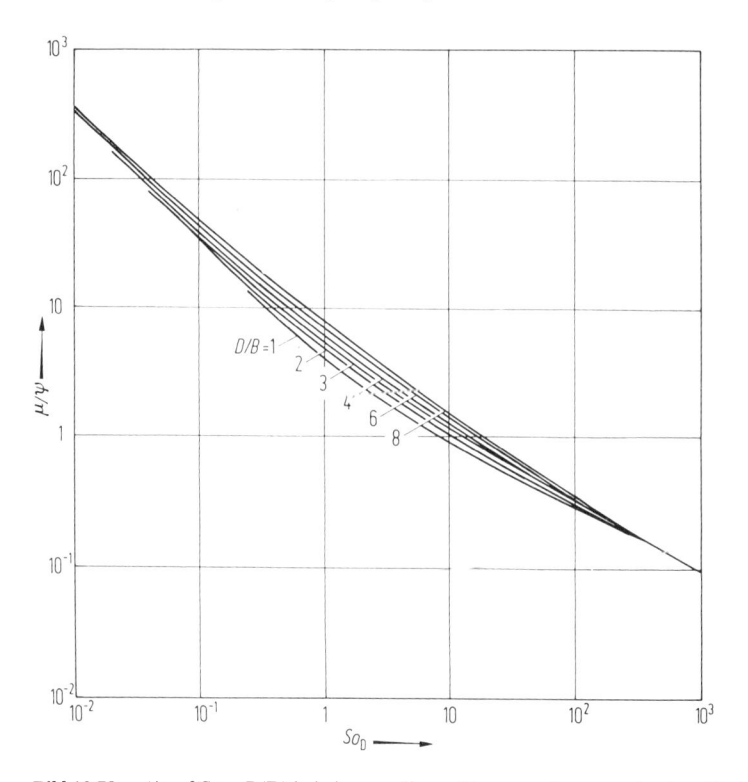

Bild 10.79. $\mu/\psi = f(So_D; B/D)$ bei einem vollumschlossenen Lager und reiner Drehung nach [49]

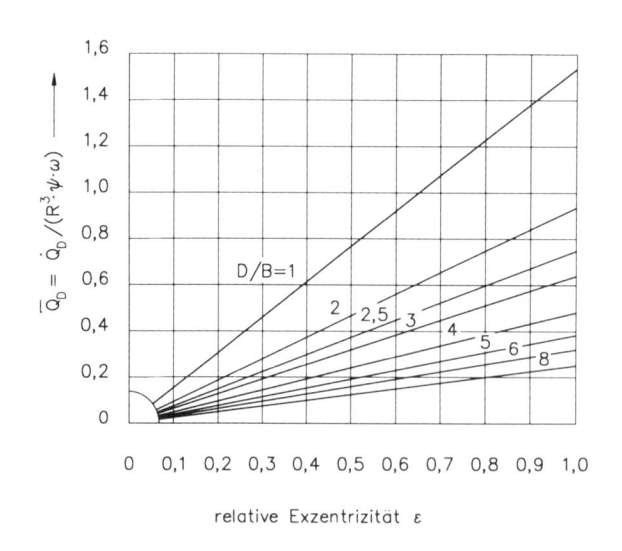

Bild 10.80. $\bar{Q}_D = f(\varepsilon; B/D)$ bei einem vollumschlossenen Lager und reiner Drehung nach [49]

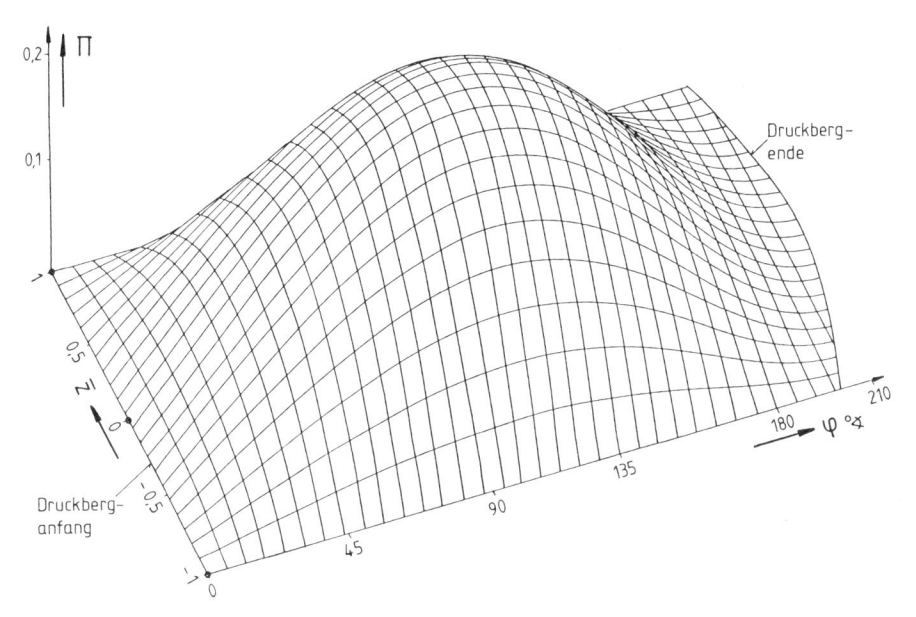

Bild 10.81. Druckberg über der abgewickelten Lagerschale eines kreizylindrischen Radialgleitlagers unter Reynoldsscher Randbedingung für $\varepsilon = 0{,}1$ und $B/D = 1$

In Bild 10.81 wird die Druckverteilung – der Druckberg – über der abgewickelten Lagerschale eines kreiszylindrischen Radialgleitlagers (360°-Lager) unter Reynoldsscher Randbedingung für $\varepsilon = 0{,}1$ und $B/D = 1$ gezeigt.

Von besonderem Interesse für ein Radialgleitlager ist natürlich die grafische Darstellung des Verlagerungswinkels β oder des Lastwinkels φ_p in einem Polardiagramm in Abhängigkeit von der relativen Exzentrizität ε mit dem Breiten-Durchmesser-Verhältnis B/D als Kurvenparameter. Dieses Diagramm wird auch Verlagerungsdiagramm genannt, und die Kurven finden sich im Schrifttum oft auch als Gümbel-Kurven oder „Gümbelsche Halbkreise", da sie in erster Näherung die Form eines Halbkreises haben [30, 49].

Da die Sommerfeld-Zahl So von den gleichen Größen B/D und ε abhängig ist wie der Verlagerungswinkel β oder der Lastwinkel φ_p, ist natürlich auch eine mathematische Verknüpfung dieser Größen existent. Formal gelten somit auch die funktionalen Verknüpfungen $So = So(\beta)$ bzw. $So = So(\varphi_p)$.

Anmerkung:

Bei stationärer Belastung, d.h. bei einer Schmierspaltströmung infolge reiner Drehung, wird sehr oft die Sommerfeld-Zahl mit dem Index D versehen, d.h. es gilt $So = So_D$ [49].

10.5.2.6 Radialgleitlager unter instationärer Belastung

Bei instationär belasteten Radialgleitlagern durchläuft die Welle mit ungleichförmiger Bewegung eine zeitlich veränderliche Bahnkurve innerhalb des Lagerspiels, die sogenannte Verlagerungsbahn. Diese instationäre Bewegung kann durch eine zeitabhängige oder instationäre Lagerbelastung erfolgen, sie kann aber bei zeitunabhängiger oder stationärer Lagerbelastung durch eine ungleichförmige Rotation der Welle und/oder der Lagerschale zustande kommen [49].

10.5.2.6.1 Gleichung für die Druckverteilung

Die für instationär belastete Radialgleitlager gültige Reynoldssche Gleichung für die Druckverteilung hat in Ergänzung zu Gleichung (10.149) folgende Form:

$$\frac{\partial}{\partial \varphi}\left[H^3 \frac{\partial \Pi}{\partial \varphi}\right] + \left[\frac{D}{B}\right]^2 \frac{\partial}{\partial \bar{z}}\left[H^3 \frac{\partial \Pi}{\partial \bar{z}}\right] = 6\frac{\partial H}{\partial \varphi} + \frac{12}{\bar{\omega}}\frac{\partial H}{\partial t} \qquad (10.200)$$

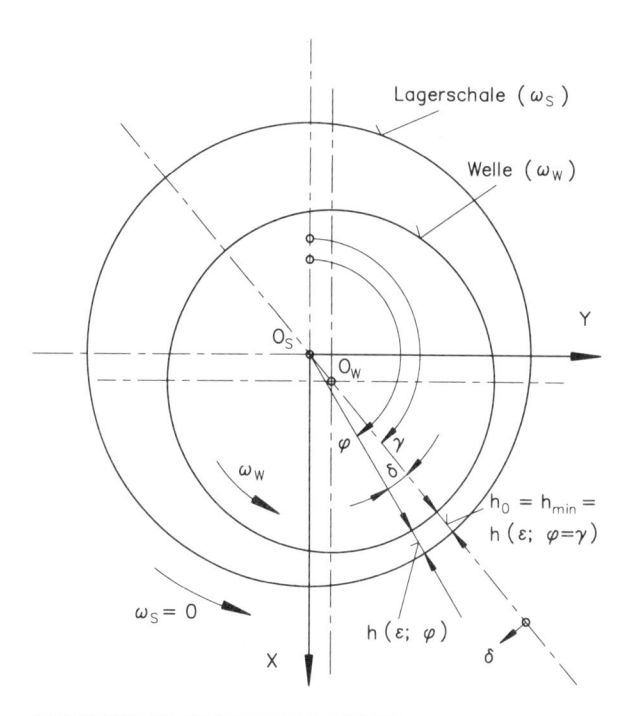

$$h = \Delta r \cdot [1 - \varepsilon \cdot \cos(\varphi - \gamma)] \qquad H = 1 - \varepsilon \cdot \cos(\varphi - \gamma)$$
$$h = \Delta r \cdot (1 - \varepsilon \cdot \cos \delta) \qquad H = 1 - \varepsilon \cdot \cos \delta$$

Bild 10.82. Raumfestes Koordinatensystem und neue Umfangskoordinate δ ab der engsten Schmierspaltstelle (φ = γ); φ = laufende Umfangskoordinate

Führt man wegen der zeitlich veränderlichen Lage der Stelle des engsten/weitesten Schmierspaltes in Umfangsrichtung eine Koordinatentransformation $\varphi \to \delta$ durch und zwar in der Weise, daß ein raumfestes Koordinatensystem in vertikaler und in horizontaler Richtung durch den Mittelpunkt der Lagerschale geht und die neue Umfangskoordinate δ von der Stelle des engsten Schmierspaltes ($\varphi = \gamma$!) aus gezählt wird, so ergibt sich für die relative Schmierspalthöhe H gemäß Bild 10.82 folgende Beziehung:

$$H = 1 - \varepsilon \cos(\varphi - \gamma) = 1 - \varepsilon \cos\delta \tag{10.201}$$

Die Lage des Wellenmittelpunktes hat in diesem raumfesten Koordinatensystem durch den Lagerschalenmittelpunkt die Polarkoordinaten relative Exzentrizität ε (radiale Koordinate!) und Winkel γ (Umfangskoordinate!).

Mit dieser neu definierten relativen Schmierspalthöhe H lassen sich für die beiden Terme auf der rechten Seite von Gl. (10.200) folgende Ausdrücke angeben:

$$6\frac{\partial H}{\partial \varphi} = 6\frac{\partial H}{\partial \delta} = 6\varepsilon \sin\delta \tag{10.202}$$

$$\frac{12}{\bar{\omega}}\frac{\partial H}{\partial t} = \frac{12}{\bar{\omega}}\left[-\frac{\partial \varepsilon}{\partial t}\cos\delta + \varepsilon\dot{\delta}\sin\delta\right] \tag{10.203}$$

$$= \frac{12}{\bar{\omega}}\left[-\frac{\partial \varepsilon}{\partial t}\cos\delta - \varepsilon\dot{\gamma}\sin\delta\right] \tag{10.204}$$

In der letzten Gleichung steht $\dot{\gamma}$ für $-\dot{\delta}$, weil $\delta = \varphi - \gamma$ ist und $\partial H/\partial t$ bei $\varphi = const$ zu nehmen ist.

10.5.2.6.2 Kinematik der Lagerkomponenten

Die rechte Seite der Gl. (10.200) besteht aus drei Termen, die gemäß Bild 10.83 folgende Bewegungen der einzelnen Lagerkomponenten repräsentieren:

1. $6\varepsilon \sin\delta$ → Rotation der Welle mit $U_2 = r\omega_W$ und der Schale mit $U_1 = R\omega_S$ jeweils um die eigene Achse bei konstanter relativer Exzentrizität ε.

2. $\frac{12}{\bar{\omega}}\dot{\varepsilon}\cos\delta$ → radiale Bewegung der Wellenmitte in bezug auf die Schalenmitte mit der relativen radialen Geschwindigkeit $\dot{\varepsilon}$ bei konstantem Winkel γ (Verdrängerbewegung!).

3. $\frac{12}{\bar{\omega}}\varepsilon\dot{\gamma}\sin\delta$ → Rotation der Wellenmitte um die Schalenmitte mit der Winkelgeschwindigkeit $\dot{\gamma}$ bei konstanter relativer Exzentrizität ε.

Wird die für instationär belastete Gleitlager gültige Reynoldssche Gleichung auch der Drucktransformation gemäß Gl. (10.190) unterworfen, so ergibt sich ebenfalls die transformierte Gleichung (10.191), deren Koeffizienten a und b nun aber folgende Größe haben [31, 49]:

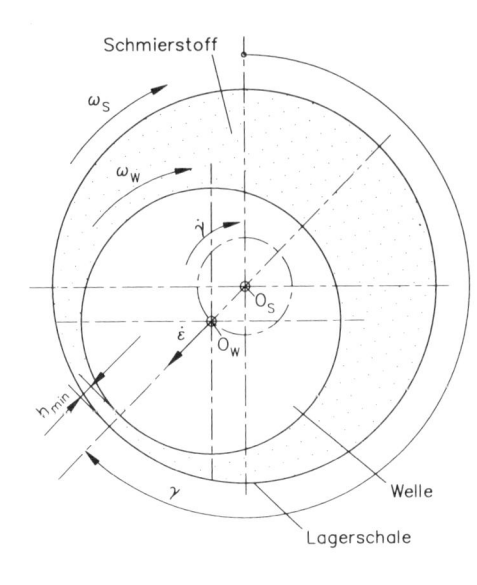

Bewegungsmöglichkeiten:

1. a) Rotation der Welle mit ω_W um O_W;

1. b) Rotation der Lagerschale mit ω_S um O_S;

2. Radiale Bewegung der Wellenmitte O_W gegenüber der Lagerschalenmitte O_S mit $\dot{e}$ bei konstantem γ;

3. Rotation der Wellenmitte O_W um die Lagerschalenmitte O_S mit $\dot{\gamma}$; bei konstantem e.

γ = Winkel für die Lage des engsten Schmierspalts;
ε = relative Exzentrizität = $e/(R-r)$;
e = $\overline{O_S O_W}$;
R = Lagerschalenradius;
r = Wellenradius.

Bild 10.83. Kinematik der Lagerkomponenten (mögliche Bewegungen)

1. für $H = 1 + \varepsilon \cos \varphi$:

$$a = -\frac{3}{4H^2}[H_\varphi^2 + 2HH_{\varphi\varphi}] = a(\varphi) \tag{10.205}$$

$$b = \frac{6}{H^{3/2}}\left[H_\varphi + \frac{2}{\omega}H_t\right] = b(\varphi) \tag{10.206}$$

2. für $H = 1 - \varepsilon \cos \delta$ und $\delta = \varphi - \gamma$:

$$a = -\frac{3}{4H^2}[H_\delta^2 + 2HH_{\delta\delta}] = a(\delta) \tag{10.207}$$

$$a = \frac{3\varepsilon}{4(1-\varepsilon\cos\delta)^2}[(3\varepsilon\cos\delta - 2)\cos\delta - \varepsilon] = a(\delta) \tag{10.208}$$

$$b = \frac{6}{H^{3/2}}(H_\delta + \frac{2}{\omega}H_t) = b(\delta) \tag{10.209}$$

$$b = \frac{6}{(1-\varepsilon\cos\delta)^{3/2}}\left[\varepsilon\sin\delta\left(1 - \frac{2}{\omega}\cdot\dot{\gamma}\right) - \frac{2}{\omega}\dot{\varepsilon}\cos\delta\right] = b(\delta) \tag{10.210}$$

Der transformierte dimensionslose Druck $\overline{\Pi}$ ist somit eine Funktion der Ortskoordinaten δ und $\bar{z}$ sowie der Zeit t. Er ist ferner von den Größen B/D, ε, $\dot{\varepsilon}$, γ und $\dot{\gamma}$ abhängig.

Grundlösungen

Hahn [31] führt die Abkürzungen

$$E = \frac{2}{\bar{\omega}}\dot{\varepsilon}, \quad G = \frac{2}{\bar{\omega}}\dot{\gamma} \quad \text{und} \quad G' = 1 - G \tag{10.211}$$

ein und zeigt, daß wegen des linearen Charakters der Differentialgleichung die allgemeine Lösung für veränderliches E und G' aus der Überlagerung der Teillösungen für G' mit E = 0 und E mit G' = 0 aufgebaut werden kann. Er nennt diese Teillösungen für die speziellen Werte E = 1 bzw. G' = 1 auch Grundlösungen.

10.5.2.6.3 Grundlösungen und ihre Bedeutung

1. Grundlösung: G' = 1 und E = 0

Sie charakterisiert den Fall konstanter Belastung bei einer Rotation der Welle mit ω_W und der Lagerschale mit ω_S, d.h. bei einer Rotation mit der wirksamen Winkelgeschwindigkeit $\bar{\omega} = \omega_W + \omega_S$ bei gleichsinniger Drehung bzw. $\bar{\omega} = \omega_W - \omega_S$ bei gegensinniger Drehung von Welle und Lagerschale.

Durch multiplikatives Erhöhen der Druckwerte bei G' = 1 mit dem Faktor G' $\neq$ 1 läßt sich die Druckverteilung für jeden beliebigen Wert von G' ermitteln. Lösungen für G' $\neq$ 1 und E = 0 erfassen somit die Wellen- und die Lagerschalendrehung jeweils um die eigene Achse und die Drehung des Wellenmittelpunktes um den Lagerschalenmittelpunkt mit der Winkelgeschwindigkeit $\dot{\gamma}$. Dreht sich der Wellenmittelpunkt auf einer Kreisbahn ($\varepsilon = const!$) mit konstanter Winkelgeschwindigkeit $\dot{\gamma}$ um den Lagerschalenmittelpunkt, so bedeutet dies, daß die äußere Lagerbelastung mit der gleichen Winkelgeschwindigkeit $\dot{\gamma}$ umläuft und eine konstante Größe hat, die proportional G' ist.

Hahn [31] hat ferner gezeigt, daß der Vektor der äußeren Lagerbelastung mit der Stelle des engsten Schmierspaltes einen Winkel in zwei verschiedenen Phasenlagen einnehmen kann, die sich gegenseitig zu 2π ergänzen.

2. Grundlösung: G' = 0 und E = 1

Sie bedeutet, daß die Druckentwicklung allein durch die radiale Bewegung der Wellenmitte in bezug auf die Lagerschalenmitte mit der relativen Geschwindigkeit $\dot{\varepsilon}$ bei konstanter Lage der engsten Schmierspaltstelle in Umfangsrichtung ($\gamma = const!$) erfolgt. Die Druckentwicklung infolge der Rotation der Welle und der Lagerschale jeweils um die eigene Achse wird durch die Druckentwicklung infolge der Drehung des Wellenmittelpunktes um den Lagerschalenmittelpunkt mit der Winkelgeschwindigkeit $\dot{\gamma}$ gerade aufgehoben. Der Druckverlauf ist somit bei nicht rotierender Welle und/oder Lagerschale zur engsten Schmierspaltstelle (Stelle $\delta = 0$!) symmetrisch, d.h. als Funktion von δ eine gerade Funktion.

10.5.2.6.4 Ergebnisse der numerischen Auswertung

Die numerischen Auswertungen dieser Beziehungen sind in den Bildern 10.84 bis 10.89 zusammengestellt für folgende Randbedingungen in

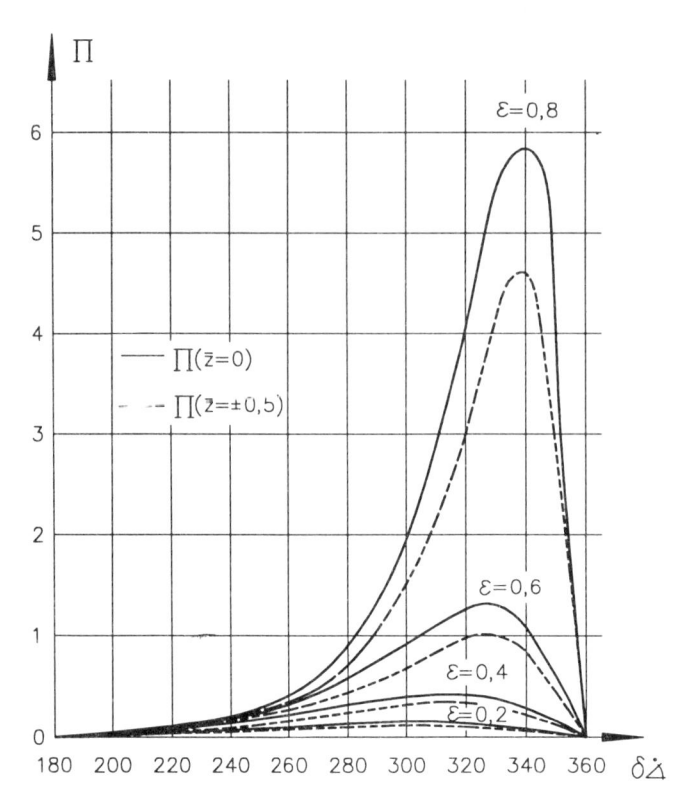

Bild 10.84. Verlauf des dimensionslosen Druckes Π als Funktion des Winkels δ für die Grundlösung $G' = 1$, $E = 0$ und $\varepsilon = 0{,}2; 0{,}4; 0{,}6; 0{,}8$

axialer Richtung:

$$\bar{\Pi}(\delta; \bar{z} = \pm 1) = 0 \quad \text{bzw.} \quad \Pi(\delta; \bar{z} = \pm 1) = 0 \tag{10.212}$$

Umfangsrichtung am Druckberganfang ($\delta = \delta_1$):

$$\left.\begin{array}{l} \bar{\Pi}(\delta_1; \bar{z}) = 0 \quad \text{bzw.} \quad \Pi(\delta_1; \bar{z}) = 0 \\[2pt] \left.\dfrac{\partial \bar{\Pi}(\delta; \bar{z})}{\partial \delta}\right|_{\delta = \delta_1} = 0 \quad \text{bzw.} \quad \left.\dfrac{\partial \Pi(\delta; \bar{z})}{\partial \delta}\right|_{\delta = \delta_1} = 0 \end{array}\right\} \tag{10.213}$$

Umfangsrichtung am Druckbergende ($\delta = \delta_2$):

$$\left.\begin{array}{l} \bar{\Pi}(\delta_2; \bar{z}) = 0 \quad \text{bzw.} \quad \Pi(\delta_2; \bar{z}) = 0 \\[2pt] \left.\dfrac{\partial \bar{\Pi}(\delta; \bar{z})}{\partial \delta}\right|_{\delta = \delta_2} = 0 \quad \text{bzw.} \quad \left.\dfrac{\partial \Pi(\delta; \bar{z})}{\partial \delta}\right|_{\delta = \delta_2} = 0 \end{array}\right\} \tag{10.214}$$

Die Bilder 10.84 und 10.85 zeigen den dimensionslosen Druck Π für die Grundlösung $G' = 1$ und $E = 0$ in Abhängigkeit von der Winkelkoordinate δ in Breitenmitte des Lagers ($\bar{z} = 0$!) und bei einem Viertel der Lagerbreite ($\bar{z} = \pm 0{,}5$!) für

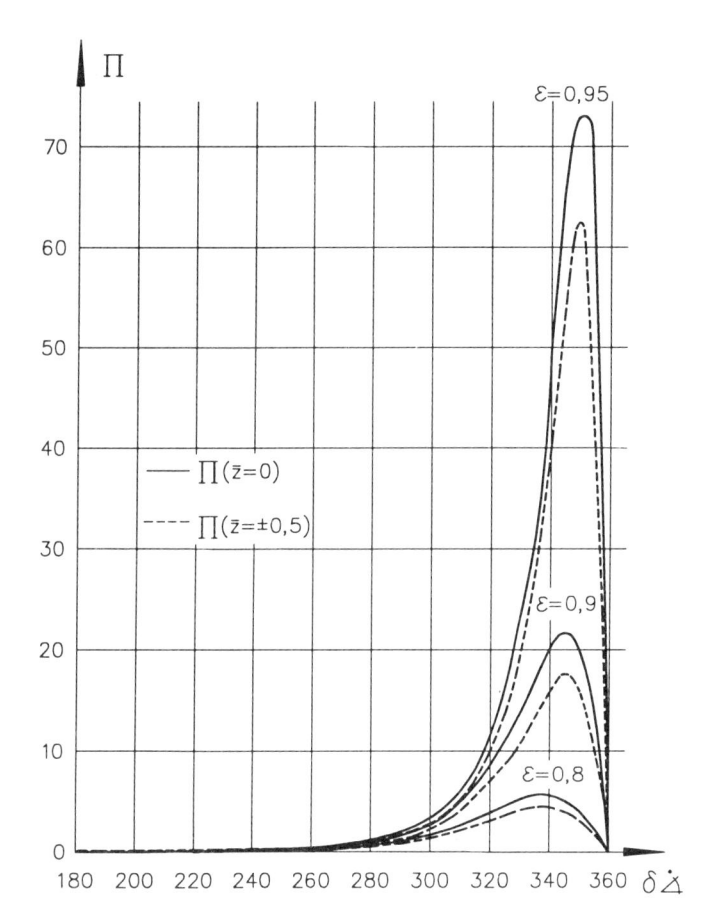

Bild 10.85. Verlauf des dimensionslosen Druckes Π als Funktion des Winkels δ für die Grundlösung G' = 1, E = 0 und ε = 0,8; 0,9; 0,95

unterschiedliche relative Exzentrizitäten ε. Der Druckverlauf in Abhängigkeit von der Breitenkoordinate $\bar{z}$ ist in Bild 10.86 für die konstante relative Exzentrizität ε = 0,6 für unterschiedliche Winkellagen δ des engsten Schmierspaltes dargestellt. Wegen der Annahme einer unverkanteten Wellenlage in der Lagerschale haben diese Kurvenverläufe eine zur Lagermittenebene symmetrische parabolische Form.

Für die Grundlösung G' = 0 und E = 1, d.h. für den Fall der reinen Verdrängerströmung, ist der dimensionslose Druck Π in den Bildern 10.87 und 10.88 in Abhängigkeit von der Winkelkoordinate δ in Breitenmitte des Lagers ($\bar{z} = 0$!) und bei einem Viertel der Lagerbreite ($\bar{z} = \pm 0{,}5$!) für unterschiedliche relative Exzentrizitäten ε dargestellt. Die Kurvenverläufe sind symmetrisch zur Spur der Ebene durch den engsten und den weitesten Schmierspalt, d.h. symmetrisch zum Winkel δ = 0. Die Abhängigkeit des dimensionslosen Druckes Π von der Breitenkoordinate $\bar{z}$ ist in Bild 10.89 für die konstante relative Exzentrizität ε = 0,6 für unterschiedliche

374 10 Reibung, Schmierung, Lagerungen

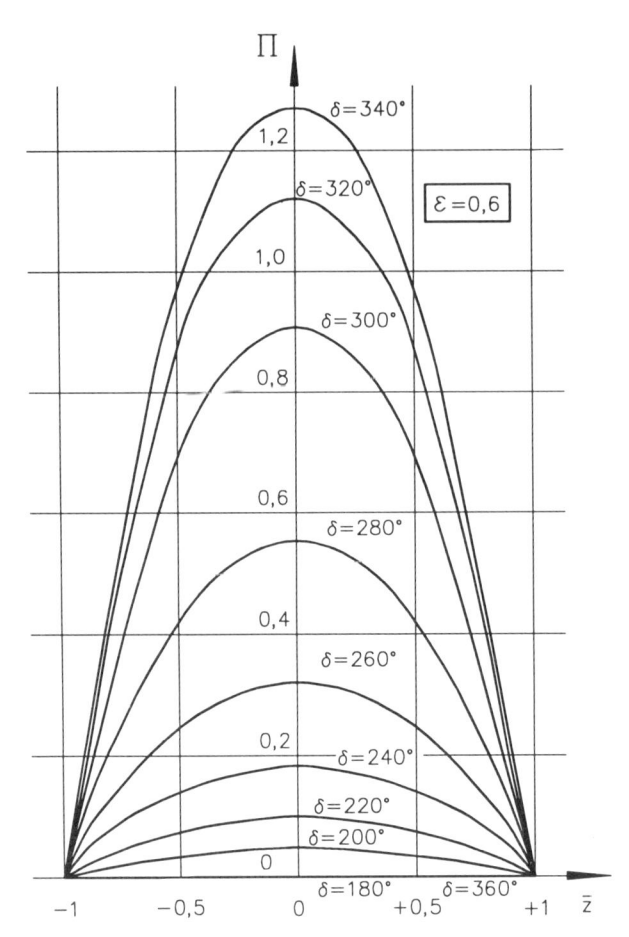

Bild 10.86. Verlauf des dimensionslosen Druckes Π als Funktion der dimensionslosen Lagerbreite $\bar{z}$ für $\varepsilon = 0{,}6$ und die Grundlösung $G' = 1$, $E = 0$

10.5.2.6.5 Zusammenbruch der Tragfähigkeit, Halbfrequenzwirbel

Die erste Grundlösung mit $G' = 1$ und $E = 0$ deckt den Fall der beliebigen Lagerbelastung ($-\infty < G' < +\infty$) bei konstanter relativer Exzentrizität ε ab. Der Wellenmittelpunkt hat also immer den gleichen radialen Abstand zum Lagerschalenmittelpunkt. Für den speziellen Belastungsfall $G' = 0$ bedeutet dies nach Gl. (10.211), daß der Ausdruck $1 - 2\dot{\gamma}/\bar{\omega}$ den Wert Null annimmt. Das freie Glied auf der rechten Seite der Reynoldsschen Gleichung für den transformierten Druck $\bar{\Pi}$ (Gl.

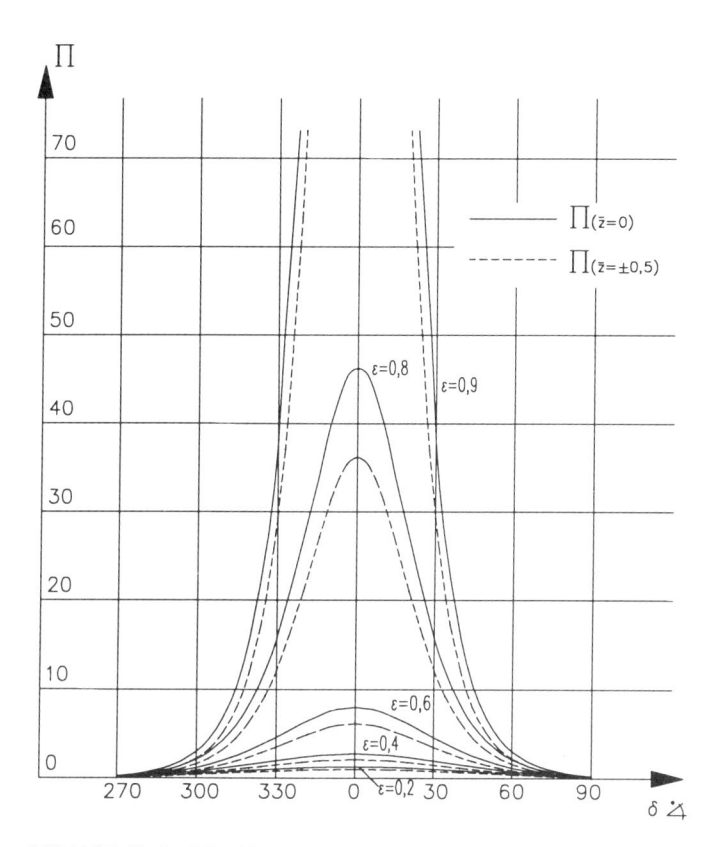

Bild 10.87. Verlauf des dimensionslosen Druckes Π als Funktion des Winkels δ für die Grundlösung $G' = 0$, $E = 1$ und $\varepsilon = 0{,}2; 0{,}4; 0{,}6; 0{,}8; 0{,}9$

(10.191)!) hat dann den Wert Null, und der Druckaufbau bricht zusammen, d.h., das Lager kann keine äußere Lagerbelastung aufnehmen. Dieser Betriebszustand liegt also dann vor, wenn $\bar{\omega} - 2\dot{\gamma} = 0$ bzw. $\dot{\gamma} = \bar{\omega}/2$ ist, d.h., wenn die Drehgeschwindigkeit des Wellenmittelpunktes um den Lagerschalenmittelpunkt halb so groß ist wie die wirksame Wellenwinkelgeschwindigkeit infolge der Eigendrehung der Welle mit der Winkelgeschwindigkeit ω_W und infolge der Eigendrehung der Lagerschale mit der Winkelgeschwindigkeit ω_S.

Man nennt diesen für Radialgleitlager besonders gefährlichen Betriebszustand auch „Halbfrequenzwirbel", „half-frequency-whirl", „oil-whirl" oder „oil-whip" [8, 27, 28, 31, 49, 72, 77, 79, 80, 81, 85, 87].

10.5.2.6.6 Verlagerungswinkel, Lastwinkel, Verlagerungsdiagramm

Die Schwierigkeit der Bestimmung der Verlagerung des Wellenmittelpunktes O_W gegenüber dem als fest gedachten Lagerschalenmittelpunkt O_S besteht darin, daß

376 10 Reibung, Schmierung, Lagerungen

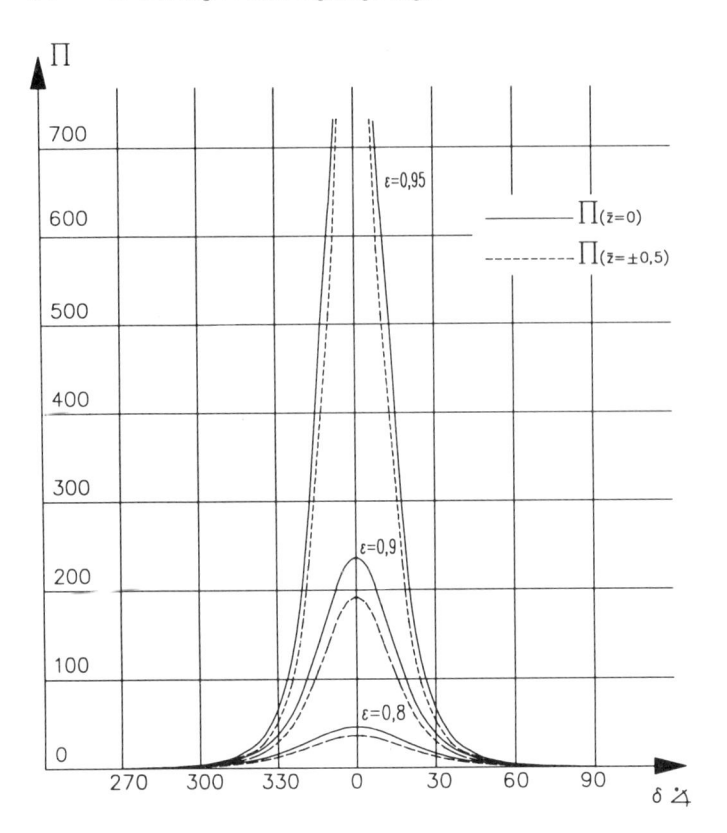

Bild 10.88. Verlauf des dimensionslosen Druckes Π als Funktion des Winkels δ für die Grundlösung $G' = 0$, $E = 1$ und $\varepsilon = 0{,}8$; $0{,}9$; $0{,}95$

die Gleichung, die das Problem mechanisch/mathematisch kennzeichnet, eine Integro-Differentialgleichung ist, die folgenden funktionalen Aufbau hat:

$$F = \frac{BD\eta\bar{\omega}}{4\psi^2} \int_{\delta=\delta_1}^{\delta=\delta_2} \int_{\bar{z}=-1}^{\bar{z}=+1} \Pi(\delta; \bar{z}; \varepsilon; \dot{\varepsilon}; \gamma; \dot{\gamma}) \, d\bar{z} \, d\delta \qquad (10.215)$$

Die Druckfunktion Π ist dabei die Lösung der angegebenen partiellen Differentialgleichung Gl. (10.200) und liegt nur in numerischer bzw. grafischer Form vor.

In Anlehnung an die für stationär belastete Gleitlager abgeleiteten Beziehungen können für instationär belastete Gleitlager folgende analoge funktionale Verknüpfungen angegeben werden:

Sommerfeld-Zahl (dimensionslose Lagerbelastung):

$$So = So(B/D; \varepsilon; \dot{\varepsilon}; \gamma; \dot{\gamma}) \qquad (10.216)$$

Lastwinkel φ_p:

$$\varphi_p = \varphi_p(B/D; \varepsilon; \dot{\varepsilon}; \gamma; \dot{\gamma}) \qquad (10.217)$$

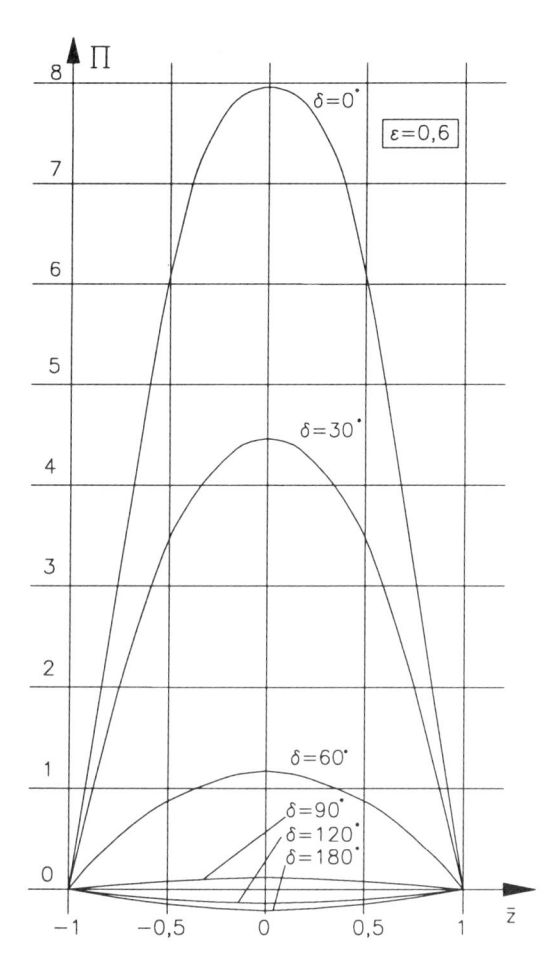

Bild 10.89. Verlauf des dimensionslosen Druckes Π als Funktion der dimensionslosen Lagerbreite $\bar{z}$ für $\varepsilon = 0{,}6$ und die Grundlösung $G' = 0$, $E = 1$

Zwischen den Größen So und φ_p besteht somit auch die das Verlagerungsverhalten kennzeichnende Beziehung

$$So = So(\varphi_p) \quad \text{bzw.} \quad \varphi_p = \varphi_p(So), \tag{10.218}$$

die leider analytisch für den allgemeinen Belastungsfall nicht zur Verfügung steht.

Die Lösung des Differentialgleichungssystems, bestehend aus den beiden gewöhnlichen, aber nichtlinearen Differentialgleichungen erster Ordnung für die beiden Größen Sommerfeld-Zahl So und Lastwinkel φ_p, ergibt die gesuchte, zeitlich veränderliche Verlagerung des Wellenmittelpunktes. Leider ist die Lösung nur numerisch zu bekommen. Im Rahmen dieser Ausführungen wird daher auf eine weitere Auswertung und auf Angabe von Lösungen für spezielle Belastungsfälle verzichtet. Für weiterführendes Studium dieser Materie muß auf das Spezialschrifttum [8, 27, 28, 31, 49, 58, 75, 79, 80, 81, 87] verwiesen werden.

10.5.2.6.7 Feder- und Dämpfungseigenschaften des Schmierfilms

Der dünne Schmierfilm zwischen der Welle und der Schale wirkt wie ein viskoelastischer Werkstoff, der elastische Eigenschaften (Federung!) und viskose Eigenschaften (Dämpfung!) aufweist. Er wird gemäß Bild 10.90 als Kelvin-Körper (Parallelschaltung eines Hookeschen Körpers und einer Newtonschen Flüssigkeit!) mit linearem Federungsverhalten (Federkraft $\sim$ Federweg!) und linearem Dämpfungsverhalten (Dämpfungskraft $\sim$ Federungs- oder Fließgeschwindigkeit!) aufgefaßt.

Mechanisch lassen sich diese Eigenschaften auch aus den Gleichungen (10.202) bis (10.204) ablesen. Das erste Glied $6\varepsilon\sin\delta$ beschreibt den infolge der Eigenrotationen der Welle und der Lagerschale im konvergierenden Schmierspalt sich aufbauenden stationären Druck. Es charakterisiert somit die mit zunehmendem ε progressiv ansteigenden Federungseigenschaften des Gleitlagers.

Das zweite Glied $-2\varepsilon(\dot{\gamma}/\bar{\omega})\sin\delta$ (Rotation des Wellenmittelpunktes um den Schalenmittelpunkt bei konstantem ε!) und das dritte Glied $-2(\dot{\varepsilon}/\bar{\omega})\cos\delta$ (radiale

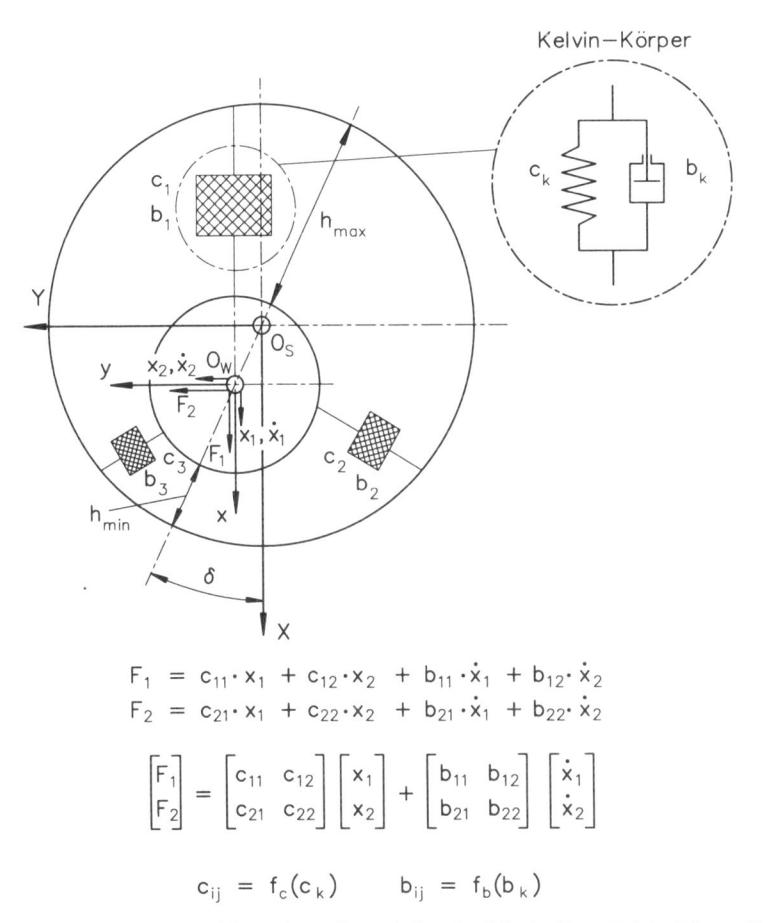

$$F_1 = c_{11}\cdot x_1 + c_{12}\cdot x_2 + b_{11}\cdot \dot{x}_1 + b_{12}\cdot \dot{x}_2$$
$$F_2 = c_{21}\cdot x_1 + c_{22}\cdot x_2 + b_{21}\cdot \dot{x}_1 + b_{22}\cdot \dot{x}_2$$

$$\begin{bmatrix}F_1\\F_2\end{bmatrix} = \begin{bmatrix}c_{11} & c_{12}\\c_{21} & c_{22}\end{bmatrix}\begin{bmatrix}x_1\\x_2\end{bmatrix} + \begin{bmatrix}b_{11} & b_{12}\\b_{21} & b_{22}\end{bmatrix}\begin{bmatrix}\dot{x}_1\\\dot{x}_2\end{bmatrix}$$

$$c_{ij} = f_c(c_k) \qquad b_{ij} = f_b(b_k)$$

Bild 10.90. Feder- und Dämpfungseigenschaften des Schmierfilms; Kelvin-Körper; Koordinatensystem

10.5 Gleitlager

Bewegung des Wellenmittelpunktes zum Schalenmittelpunkt bei konstanter Winkellage γ des Wellenmittelpunktes!) bewirken je einen Druckaufbau, welche die Bewegung hemmen. Die daraus resultierenden Kräfte sind daher als Dämpfungskräfte anzusehen. Sie sind linear proportional der radialen Wellengeschwindigkeit $\dot{\varepsilon}$ bzw. der Winkelgeschwindigkeit $\dot{\gamma}$ der Wellenmitte um die Lagerschalenmitte bei $\varepsilon = const$.

Für die Untersuchung des Schwingungsverhaltens von gleitgelagerten Wellen oder Rotoren werden diese Feder- und Dämpfungseigenschaften in der Nähe der stationären Gleichgewichtslage O_W der Wellenmitte unter der Annahme kleiner Verlagerungsänderungen x_i und kleiner Geschwindigkeiten $\dot{x}_i$ der Verlagerungsänderungen linearisiert. Für bekannte Werte der kleinen Verschiebungen x_1 und x_2 sowie der kleinen Verschiebungsgeschwindigkeiten $\dot{x}_1$ und $\dot{x}_2$ der Wellenmitte aus der stationären Gleichgewichtslage von O_W nach O'_W lassen sich gemäß Bild 10.91 folgende Ansätze für die Lagerkräfte angeben [49]:

$$F_1 = c_{11}x_1 + c_{12}x_2 + b_{11}\dot{x}_1 + b_{12}\dot{x}_2 \tag{10.219}$$

$$F_2 = c_{21}x_1 + c_{22}x_2 + b_{21}\dot{x}_1 + b_{22}\dot{x}_2{}^1) \tag{10.220}$$

bzw. nach Berücksichtigung der dimensionslosen Feder- und Dämpfungskonstanten

$$\gamma_{ij} = c_{ij}\frac{\Delta r}{F} \quad \text{und} \quad \beta_{ij} = b_{ij}\frac{\Delta r \bar{\omega}}{F} \tag{10.221}$$

mit $\Delta r = R - r$ = radiales Lagerspiel,
F = Lagerbelastung
und $\bar{\omega}$ = wirksame Winkelgeschwindigkeit aus ω_W und ω_S.

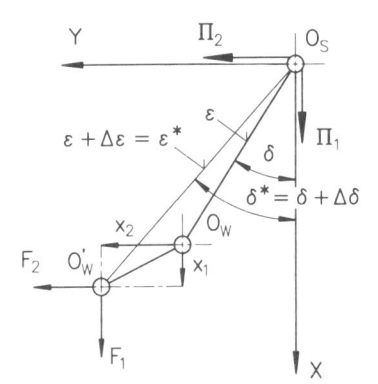

Bild 10.91. Kräfte infolge des Federungs- und des Dämpfungsverhaltens des Schmierstoffes; Kräfte in der Umgebung der statischen Gleichgewichtslage nach [49]

---

[1]) Bei der Doppelindizierung steht der erste Index für die Kraftrichtung und der zweite Index für die Verschiebungsrichtung.

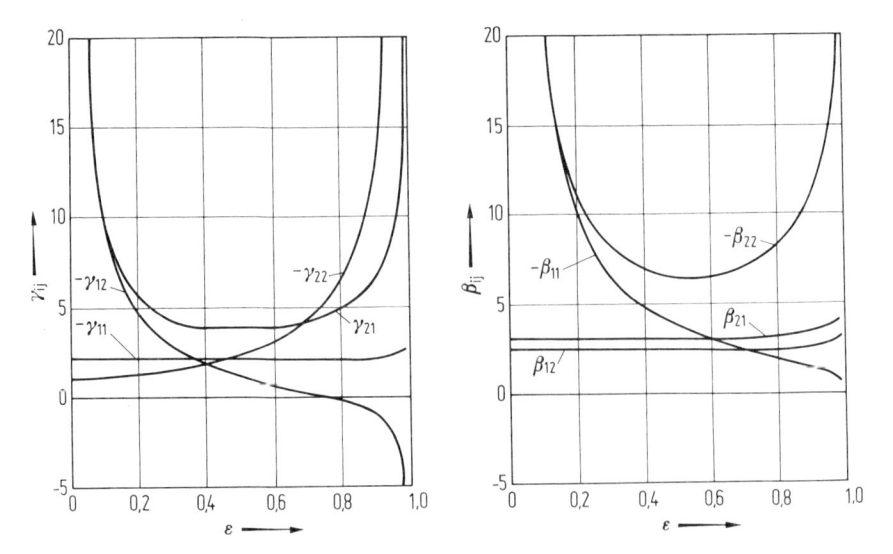

Bild 10.92. Feder- und Dämpfungszahlen eines kreiszylindrischen Radialgleitlagers (360°-Lager!) nach [49]

$$F_1 = (\gamma_{11} x_1 + \gamma_{12} x_2) \frac{F}{\Delta r} + (\beta_{11} \dot{x}_1 + \beta_{12} \dot{x}_2) \frac{F}{\bar{\omega} \Delta r} \tag{10.222}$$

$$F_2 = (\gamma_{21} x_1 + \gamma_{22} x_2) \frac{F}{\Delta r} + (\beta_{21} \dot{x}_1 + \beta_{22} \dot{x}_2) \frac{F}{\bar{\omega} \Delta r} \tag{10.223}$$

In Bild 10.92 sind nach Someya [79 bis 81] die dimensionslosen Feder- und Dämpfungszahlen für ein vollumschlossenes Radialgleitlager (360°-Lager) in Abhängigkeit von der dimensionslosen Exzentrizität ε dargestellt. Es zeigt sich, daß die dimensionslosen Federkonstanten γ_{11}, γ_{12} sowie γ_{22} und die dimensionslosen Dämpfungskonstanten β_{11} sowie β_{22} negative Werte aufweisen. Die dimensionslose Federkonstante γ_{21} und die dimensionslosen Dämpfungskonstanten β_{12} und β_{21} haben positive Werte. Die Anteile $b_{12} \dot{x}_2$ und $b_{21} \dot{x}_1$ der Dämpfungskräfte sind somit „echte" Dämpfungskräfte, und die Anteile $b_{11} \dot{x}_1$ und $b_{22} \dot{x}_2$ sind somit „unechte" Dämpfungskräfte, d.h. „anfachende" oder erregende Kräfte. Für andere Lagergeometrien sind in der Literatur [7, 8, 27, 28, 31, 36, 39, 43, 49, 58, 71, 75, 79, 80, 81, 85, 87] weitere Angaben zu finden.

10.5.3 Gleitlagerwerkstoffe

Die richtige Dimensionierung und Gestaltung eines Gleitlagers bewirkt, daß im normalen Betrieb eine vollständige Trennung der Gleitflächen gewährleistet ist. Somit sind die primären Anforderungen an einen Gleitlagerwerkstoff wie folgt

festzulegen:
- ausreichende Festigkeit (statisch und dynamisch);
- ausreichender Widerstand gegen Erosion und Kavitation;
- chemische Beständigkeit gegenüber dem Schmiermittel.

Muß infolge der vorliegenden Betriebsbedingungen mit kurzzeitigen Überlastungen der Lager gerechnet werden, kann eine momentane Störung der Ölzufuhr nicht ausgeschlossen werden, oder bewirken Verunreinigungen im Schmierstoff zusätzliche Beanspruchungen der Lagerwerkstoffe, so müssen diese zusätzlich besondere Gleiteigenschaften oder sogar Notlaufeigenschaften besitzen.

10.5.3.1 Allgemeine und physikalisch-mechanische Eigenschaften

Neben den bekannten physikalisch-mechanischen Kenngrößen (Dichte, Elastizitätsmodul, Beanspruchungsgrenzen, Zähigkeit, Wärmeleitfähigkeit usw.) finden zur Charakterisierung der Gleitlagerwerkstoffe in der Hauptsache die in Bild 10.93 dargestellten Eigenschaftsmerkmale zusätzlich ihre Anwendung.

Die *Schmiegsamkeit* nimmt Bezug auf die Fähigkeit des Werkstoffes, sich ohne bleibende Schädigung durch örtliche Verformung an notwendige Gestaltänderungen anzupassen.

Die *Schmierstoffbenetzbarkeit* kennzeichnet die Eigenschaft des Werkstoffes, einen gleichmäßigen Schmierfilm auszubilden.

Die *Einbettfähigkeit* beschreibt das Verhalten, harte Teilchen (Verunreinigungen!) in der Laufschicht aufzunehmen.

Die *Riefungsbeschränkung* beurteilt die Auswirkungen der durch harte Teilchen im Öl verursachten umlaufenden Riefen auf die Funktionsfähigkeit des Lagers.

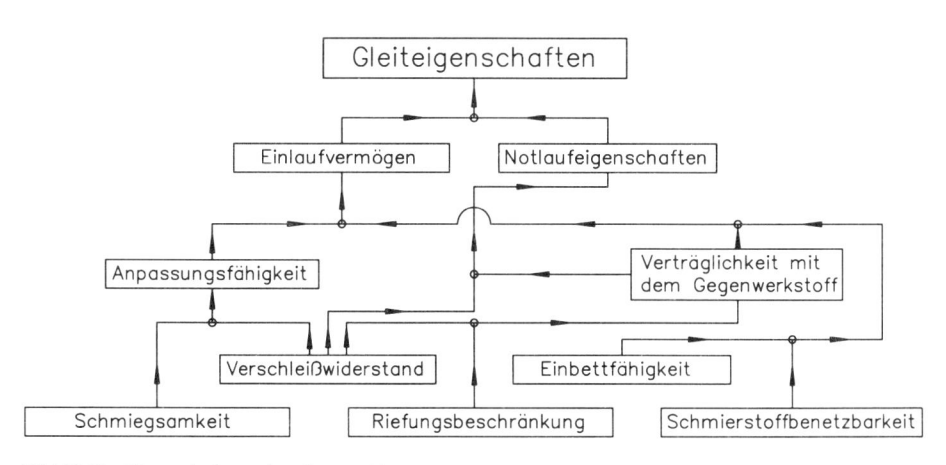

Bild 10.93. Eigenschaftsmerkmale von Gleitlagerwerkstoffen (Gleiteigenschaften)

Der *Verschleißwiderstand* beschreibt die Reaktion des Werkstoffes auf das Herauslösen kleiner Teilchen aus der Laufschicht.

Die übergeordneten Begriffe der *Anpassungsfähigkeit* und der *Verträglichkeit* mit dem Gegenwerkstoff berücksichtigen die Schmiegsamkeit und den Verschleißwiderstand bzw. den Verschleißwiderstand und die Riefungsbeschränkung.

Darüber hinaus umfaßt das *Einlaufvermögen* die Beurteilung der eingangs genannten Grundeigenschaften des Lagerwerkstoffes beim Einsatz neuer Lager bzw. bei einer Änderung der Betriebsbedingungen.

Die *Notlaufeigenschaften* eines Lagers (Betrieb bei mangelnder Schmierstoffzufuhr!) werden durch die Verträglichkeit mit dem Gegenwerkstoff bestimmt, wobei der Verschleißwiderstand besondere Berücksichtigung findet.

Alle genannten Beurteilungskriterien werden unter dem Oberbegriff *Gleiteigenschaften* geführt. Sie sind nicht exakt definierbar, so daß keine genormten Prüfverfahren zur vergleichenden Beurteilung zur Verfügung stehen.

10.5.3.2 Aufbau von Gleitlagern

Die weitaus größte Verbreitung haben Gleitlager aus metallischen Werkstoffen, so daß sie an dieser Stelle einer bevorzugten Betrachtung unterzogen werden sollen. Dabei ist eine Trennung der Einsatzgebiete bestimmter Gleitlagerwerkstoffe bezüglich des physikalischen Wirkprinzips des Gleitlagers (hydrostatisch/hydrodynamisch) nicht direkt möglich. Somit ist der Gültigkeitsbereich der Aussagen über die Eigenschaften bestimmter Gleitlager und Lagerwerkstoffe genau wie der der eingangs beschriebenen Effekte bei den Schmierstoffen auf fast alle Lagerungsfälle zu übertragen.

Bezüglich ihres Aufbaus werden bei den Gleitlagern die sogenannten Massiv- und die Verbundlager unterschieden. Die metallischen *Massivlager*, als einfachste Lagerausführung werden vorwiegend aus Rohr- oder Stangenmaterial gefertigt, wobei wegen der Formhaltigkeit beim Bearbeiten und Einpressen der Lagerschalen meistens die hochfesten Werkstoffe verwendet werden.

Bei *Verbundlagern* wird der eigentliche Lagerwerkstoff auf eine sogenannte Stützschale aufgegossen. Damit erzielt man hohe mechanische Festigkeiten für die Bearbeitung und die Montage der Lager bei gleichzeitiger Ausnutzung der guten Gleiteigenschaften. Aluminium-Zinn-Legierungen neigen beim Vergießen zu Zinnseigerungen, so daß die Herstellung von Verbundlagern auf der Basis dieser Werkstoffgruppe meistens durch Walzplattieren erfolgt.

Zur Verbesserung der Einlauf- und der Notlaufeigenschaften kann eine dritte Schicht (ternäre Laufschicht!) aufgebracht werden. Aufgrund der relativ geringen Dicke dieser ternären Schicht wird diese meistens galvanisch aufgebracht.

10.5.3.3 Charakteristische Eigenschaften der metallischen Lagerwerkstoffe

Bei der Verwendung metallischer Lagerwerkstoffe ist besonders zu beachten, daß bei dynamischer Belastung eine zeitlich fortschreitende Werkstoffermüdung und

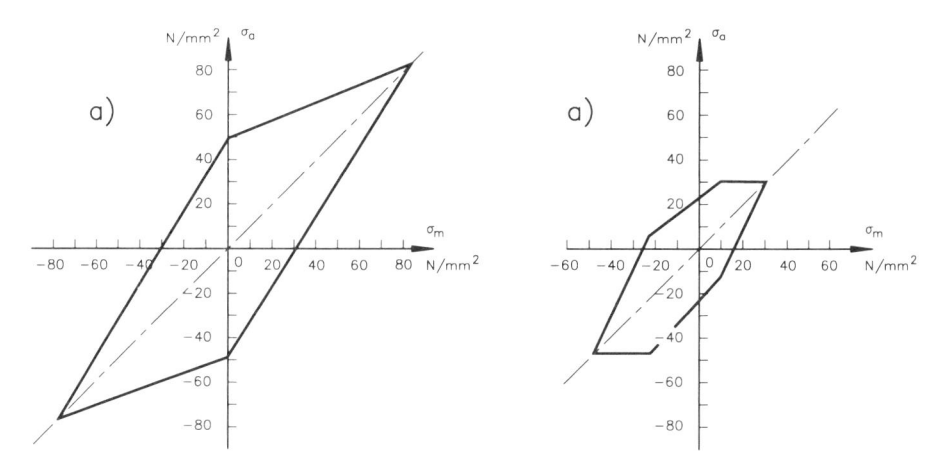

Bild 10.94. Dauerfestigkeitsdiagramme (Smith-Diagramme) für die Gleitlagerwerkstoffe a) CuPb10Sn8 und b) PbSb15SnAs nach [49]

ferner zwischen der Gleitlagerermüdung und der Dauerfestigkeit eines Lagerwerkstoffes eine eindeutige Zuordnung besteht. Bei dickwandig vergossenen Lagerwerkstoffen kann auf Dauerfestigkeitsschaubilder oder Smith-Diagramme [29, 37, 38, 49] zurückgegriffen werden, aus denen die zulässigen Werte für die Ausschlagsspannung σ_a bei einer vorhandenen Mittelspannung σ_m abgelesen werden können. Diese Werte können in erster und guter Näherung auch für dünnwandige metallische Lagerausgüsse verwendet werden. Bild 10.94 zeigt für eine Kupferlegierung und eine Blei-Zinn-Legierung (Weißmetall!) die gültigen Dauerfestigkeitsschaubilder nach Smith, wie sie aus Wöhlerkurven bei Zug- und Druckschwellbelastung und -wechselbelastung im Bereich von $5 \cdot 10^5$ bis $1 \cdot 10^7$ Schwingspielzahlen ermittelt wurden.

Zur Herstellung von metallischen Gleitlagern werden in der Hauptsache die nachfolgenden Legierungen verwendet, wobei den einzelnen Gruppen charakteristische Eigenschaften zugeschrieben werden können, die je nach Legierungszusammensetzung noch genauer spezifizierbar sind.

Die sogenannten Weißmetalle sind Zinn-Blei-Antimon-Legierungen, die wegen ihrer guten Gleiteigenschaften schon sehr früh als Lagermetalle zum Einsatz kamen. Während die hochbleihaltigen Weißmetalle sich durch eine hohe Plastizität und durch die besonderen Schmiereigenschaften des Bleis auszeichnen, sind die hochzinnhaltigen Legierungen korrosionsfester, aber auch teurer. Beide Legierungssorten haben eine derart geringe Festigkeit, daß ihre Verwendung auf die Verbundlager beschränkt ist.

Legierungen, deren Kupferanteil über 60% liegt, wobei jedoch unter den Legierungszusätzen nicht das Element Zink überwiegt, werden als Bronzen bezeichnet. Durch das Zulegieren weicher Metalle werden die Gleiteigenschaften des Kupfers wesentlich verbessert. Dabei bleiben die positiven Eigenschaften der hohen Wärmeleitfähigkeit und der Festigkeit des Kupfers in der Hauptsache erhalten.

Tabelle 10.21. Allgemeine Eigenschaften der Gleitlagerwerkstoffe nach [49]

Werkstoffe	Weißmetalle auf		Bronzen auf			Alu-Legierung	Poröse Sinterlager	Kunststoffe	Kunstkohle
Eigenschaften	Blei-Basis	Zinn-Basis	Blei-Basis	Zinn-Basis	Alu-Basis				
Gleiteigenschaften	1	2	3 (2ª)	3	3	2…3 (2ª)	3…4	4	4
Einbettfähigkeit	1	2	3 (2ª)	3	3	2…3 (2ª)	3	4	5
Notlaufeigenschaften	1	2	2 (1ª)	3	2	2 (1ª)	1	1	1
Belastbarkeit	4	3	2	2	2	2	3	4	5
Wärmeleitung/Wärmedehnung	4	4	3	3	3	2	4	5	5
Korrosionsfestigkeit	5	3	4	3	2	2	2…5 je nach Aufbau	3	2
Mangel- oder Trockenschmierung	2	3	4 (3ª)	5	4	3	1	1	1

Bewertung: 1 sehr gut; 2 gut; 3 ausreichend; 4 mäßig; 5 mangelhaft
ª mit zusätzlicher ternärer Laufschicht

Aluminiumbronzen werden immer dann eingesetzt, wenn Probleme bezüglich der unterschiedlichen Wärmeausdehnung zwischen Lagern und Leichtmetallgehäusen zu erwarten sind. Hervorzuheben ist die gute Korrosionsbeständigkeit und die hohe Festigkeit dieser Werkstoffe.

Kupfer-Zinn-Zink-Legierungen (Rotguß) und Kupfer-Zink-Legierungen (Messing) erreichen nicht die guten Gleiteigenschaften der Bronzen. Sie werden bei reduzierten Anforderungen aufgrund ihrer kostengünstigen Herstellung verwendet.

Tabelle 10.21 zeigt eine zusammenfassende Charakterisierung der einzelnen Gruppen der Gleitlagerwerkstoffe in Form einer Bewertung der wichtigsten Eigenschaften [46, 49, 83, 92].

Charakterisierung der häufig verwendeten Blei-Zinn-Legierungen

Die wesentlichen Merkmale und grundsätzlichen Bemerkungen zu den Einsatzgebieten der Blei-Zinn-Legierungen sind in DIN 1703, DIN ISO 4381 und DIN ISO 4383 zusammengefaßt. Dabei finden sich für die einzelnen Legierungen die folgenden charakteristischen Eigenschaften.

Pb Sb 15 Sn As:
- Verwendbarkeit für reine Gleitbeanspruchung bei geringer Belastung und niedriger Gleitgeschwindigkeit im hydrodynamischen Bereich;
- gute Einbettfähigkeit;
- gute Korrosionsbeständigkeit;
- geringe Dauerfestigkeit.

Pb Sb 15 Sn 10:
- mittlere Belastungen und Gleitgeschwindigkeiten im hydrodynamischen Bereich;
- geringe Schlagbeanspruchung;
- gute Einbettfähigkeit;
- geringe Dauerfestigkeit.

Pb Sb 14 Sn 9 Cu As:
- gute Gleiteigenschaften;
- Einsatz im Mischreibungsgebiet;
- mittlere Schlagbeanspruchung;
- geringe Empfindlichkeit gegen Kantenpressung;
- gute Wärmeleitung;
- höchste thermische Belastbarkeit der Legierungen auf Bleibasis.

Pb Sb 10 Sn 6:
- Verwendbarkeit für reine Gleitbeanspruchung bei geringer Belastung und mittleren Gleitgeschwindigkeit im hydrodynamischen Bereich;
- mäßige Schlagbeanspruchung;
- gute Einbettfähigkeit;
- gute Korrosionsbeständigkeit.

Pb Sn 10 Cu 2, Pb Sn 10, Pb In 7:
- Abhängigkeit der Dauerfestigkeit von der Schichtdicke;
- gute Korrosionsbeständigkeit;
- relativ gute Eignung bei Grenzreibung.

Sn Sb 12 Cu 6 Pb:
- gute Gleiteigenschaften bei mittlerer Belastung und hohen bis niedrigen Gleitgeschwindigkeiten im hydrodynamischen Bereich;
- Empfindlichkeit gegen Biegewechselbeanspruchung;
- Empfindlichkeit gegen Kantenpressung;
- hoher Verschleißwiderstand.

Sn Sb 8 Cu 4:
- gute Gleiteigenschaften;
- gute Schmiegsamkeit;
- hohe Zähigkeit;
- gute Einbettfähigkeit;
- hohe Gleitgeschwindigkeiten im hydrodynamischen Bereich;
- mittlere Belastung;
- mittlere Schlagbeanspruchung bei niedriger Frequenz;
- Unempfindlichkeit gegen Biegewechselbeanspruchung;
- gute Korrosionbeständigkeit.

Sn Sb 8 Cu 4 Cd:
- gute Gleiteigenschaften;
- hohe Gleitgeschwindigkeiten und hohe Belastung im hydrodynamischen Bereich;
- geringe Empfindlichkeit gegen Kantenpressung;
- hohe Schlagbeanspruchung bei hoher Frequenz;
- Unempfindlichkeit gegen Biegewechselbeanspruchung;
- gute Einbettfähigkeit.

Charakterisierung der häufig verwendeten Kupfer-Legierungen

Gemäß DIN ISO 4382, DIN ISO 4383, DIN 1705, DIN 1716, DIN 17660 sowie DIN 17662 können die in vielfältigen Variationen eingesetzten Kupfer-Legierungen wie folgt charakterisiert werden:

Cu Pb 9 Sn 5, Cu Pb 10 Sn 10:
- Eignung bei mittleren Belastungen und mittleren bis hohen Gleitgeschwindigkeiten im hydrodynamischen Bereich;
- hohe Dauerfestigkeit;
- hohe Schlagfestigkeit;
- gute Korrosionsbeständigkeit;
- Eignung bei harten Wellen;

- Steigerung der Härte und des Verschleißwiderstandes mit zunehmendem Zinngehalt;
- Verminderung der Empfindlichkeit gegen Fluchtungsfehler und kurzzeitigen Schmierstoffmangel (Notlaufbedingungen!) mit zunehmendem Bleigehalt.

Cu Pb 10 Sn 8, Cu Pb 20 Sn 5:
- Brauchbarkeit für Wasserschmierung.

Cu Al 10 Fe 5 Ni 5:
- gute Härte;
- schlechte Einbettfähigkeit;
- Notwendigkeit von gehärteten Wellen.

Cu Sn 8 Pb 2, Cu Sn 7 Pb 7 Zn 3, Cu Pb 5 Sn 5:
- geringe bis mäßige Belastung bei ausreichender Schmierung.

Cu Sn 10 P:
- hohe Belastungen und hohe Gleitgeschwindigkeiten im hydrodynamischen Bereich;
- hohe Schlag- und Stoßbeanspruchung bei ausreichender Schmierung und guter Fluchtung;
- gute Meerwasserbeständigkeit.

Cu Sn 12 Pb 2:
- hohe Belastung und hohe Gleitgeschwindigkeiten im hydrodynamischen Bereich;
- hohe Schlag- und Stoßbeanspruchung;
- gute Notlaufeigenschaften;
- gute Korrosions- und Meerwasserbeständigkeit.

Cu Pb 17 Sn 5:
- sehr hohe Dauer- und Schlagfestigkeit.

Cu Pb 24 Sn 4:
- hohe Dauer- und Schlagfestigkeit;
- hohe Gleitgeschwindigkeiten.

Cu Pb 24 Sn:
- als Gußwerkstoff hohe, als gesinterter Werkstoff mittlere bis hohe Dauerfestigkeiten;
- Korrosionsanfälligkeit bei gealtertem Öl.

Cu Pb 30:
- mittlere Dauerfestigkeit;
- Korrosionsanfälligkeit bei gealtertem Öl.

Cu Pb 20 Sn:
- beste Gleiteigenschaften;
- besondere Notlaufeigenschaften;
- gute Schwefelsäurebeständigkeit.

Cu Sn 8 P, Cu Zn 31 Si 1:
- beliebige Kombination von hoher Belastung und hoher Gleitgeschwindigkeit;
- gute Schlag- und Stoßbeanspruchung bei ausreichender Schmierung und guter Fluchtung.

Cu Zn 37 Mn 2 Al 2 Si:
- hoher Verschleißwiderstand;
- Eignung bei Mangelschmierung;
- Notwendigkeit von gehärteten Wellen.

Cu Al 9 Fe 4 Ni 4:
- sehr gute Härte;
- Notwendigkeit von gehärteten Wellen;
- schlechte Einbettfähigkeit.

Cu Sn 10 Zn:
- gute Notlaufeigenschaften;
- gute Meerwasserbeständigkeit.

Cu Sn 7 Zn Pb:
- gute Notlaufeigenschaften;
- gute Meerwasserbeständigkeit;
- gute Verschleißfestigkeit.

Cu Sn 8:
- erhöhte Abriebfestigkeit;
- gute Korrosionsbeständigkeit.

Charakterisierung der häufig verwendeten Aluminium-Legierungen

Gleitlager-Aluminium-Legierungen nach DIN ISO 4383, DIN ISO 6279 und DIN 17665 zeichnen sich in der Hauptsache durch eine relativ hohe Festigkeit aus. Sie werden, wie bereits erwähnt, dann in hohem Maße eingesetzt, wenn stark unterschiedliche Wärmeausdehnungen zwischen Leichtmetallgehäusen und Lagern zu einer unzulässig hohen Beeinträchtigung der Funktionstüchtigkeit einer Maschine führen. Dabei werden in der Hauptsache die nachstehend aufgeführten Werkstoffe verwendet.

Al Sn 20 Cu:
- mittlere Dauerfestigkeit;

– gute Korrosionsbeständigkeit;
– gute Eignung im Bereich der Grenzreibung.

Al Sn 6 Cu:
– mittlere bis hohe Dauerfestigkeit;
– gute Korrosionsbeständigkeit.

Al Si 4 Cd:
– mittlere bis hohe Dauerfestigkeit;
– gute Korrosionsbeständigkeit;
– hohe Dauerfestigkeit bei Wärmebehandlung.

Al Cd 3 Cu Ni:
– mittlere bis hohe Dauerfestigkeit;
– gute Korrosionsbeständigkeit;
– hohe Dauerfestigkeit bei Manganzusatz.

Al Si 11 Cu:
– hohe Dauerfestigkeit;
– gute Korrosionsbeständigkeit.

10.5.3.4 Charakteristische Eigenschaften von thermoplastischen Kunststoffen als Gleitlagerwerkstoffe

Neben den bereits genannten primären Anforderungen an Gleitlagerwerkstoffe spielen bei Kunststoff- oder Polymer-Gleitlagern mit und ohne Schmierstoffzufuhr die Gleit- und die Notlaufeigenschaften sowie die thermische Beständigkeit eine besondere Rolle.

Die wichtigsten thermoplastischen Kunststoffe, die diese Forderungen erfüllen und daher als Gleitlagerwerkstoffe Verwendung finden, sind nach VDI 2541 und [18] in Tabelle 10.22 zusammengestellt. Sie weisen besonders folgende Vorteile auf:
– Möglichkeit des Trockenlaufs, d.h. kein Fressen oder Verschweißen mit Metallen;
– weitgehende Wartungsfreiheit (Lebensdauerschmierung!);
– Möglichkeit der Schmierung und der Kühlung durch umgebendes Medium (z.B. Wasser, Säuren, Laugen!);
– keine Verunreinigung des umgebenden Mediums;
– weitgehende Unempfindlichkeit gegen Fremdkörper, deshalb kaum Riefenbildung;
– gute Korrosionsbeständigkeit;
– gute chemische Beständigkeit;
– physiologische und toxische Unbedenklichkeit in der Nahrungsmittel und Pharmazeutika verarbeitenden Industrie;
– gute Schwingungsdämpfung der Lagerung;

Tabelle 10.22a. Thermoplastische Kunststoffe für Gleitlager nach VDI 2541

Gleitlagerwerkstoffe ohne Zusatzstoffe	Kurzzeichen nach DIN 7728, Bl. 1	Lagerherstellung	typische Anwendungsbereiche
Polyamid 66	(PA 66)	Spritzgießen oder spanend aus Halbzeug Gießen, für dickwandige und sehr große Lager	universelle Gleitlagerwerkstoffe für den Maschinenbau
Polyamid 6	(PA 6)		
Gußpolyamid 6	(PA 6 G)		
Gußpolyamid 12	(PA 12 G)		
Polyamid 610	(PA 610)	Spritzgießen, aus Halbzeug oder nach Pulverschmelzverfahren	Gleitlagerwerkstoffe für die Feinwerktechnik. Lager mit großer Maßhaltigkeit.
Polyamid 11	(PA 11)		
Polyamid 12	(PA 12)		
Polyoxymethylen Homo- und Copolymerisat (Polyacetal)	(POM)	Spritzgießen oder aus Halbzeug	
Polyäthylenterephthalat	(PETP)		
Polybutylenterephthalat	(PBTP)		
Polyäthylen hoher Dichte (hochmolekular)	(HDPE)	vorwiegend spanend aus Halbzeug	Auskleidungen, Gleitleisten, Gelenkendoprothesen
Polytetrafluoräthylen	(PTFE)	Formpressen oder aus Halbzeug	Brückenlager
Polyimid	(PI)		Turbinenbau, Raumfahrt, strahlungsbeständig, thermisch hoch belastbar
Polyurethan (thermoplastisch)	(PUR)	Spritzgießen oder aus Halbzeug	

Tabelle 10.22b. Thermoplastiche Kunststoffe für Gleitlager nach VDI 2541

Gleitlagerwerkstoffe mit Zusatzstoffen	Lagerherstellung	typische Anwendungsbereiche
Polyamid, Polyäthylenterephthalat Polybutylenterephthalat, Polyoxymethylen mit Glasfasern	Spritzgießen oder spanend aus Halbzeug	spezifisch hochbelastbar mit kurzer Gesamtgleitstrecke. Geeignet für Wasserschmierung
Polyamid 12 mit Graphit (40 bis 50 Gew. – %)		hohe Wärmeleitfähigkeit, elektrisch halbleitend
Polyamid mit Molybdändisulfid Polyamid mit Polyäthylen		geringe stick-slip-Anfälligkeit, geeignet für Wasserschmierung
Polyoxymethylen mit Polytetrafluoräthylen Polyoxymethylen mit Polyäthylen Polyoxymethylen mit Kreide		geringe stick-slip-Anfälligkeit
Polyimid mit Glasfasern Polyimid mit Graphit Polyimid mit Molybdändisulfid Polyimid mit Graphit und PTFE	Formpressen oder aus Halbzeug	thermisch hoch belastbar, für Einsatz im Vakuum, Raumfahrt
Polytetrafluoräthylen mit Glasfasern und/oder Graphit		Folienlager, chemische Industrie
Polytetrafluoräthylen mit Kohle		für Wasserschmierung besonders geeignet, Kompressoren, Tauchpumpen
Polytetrafluoräthylen mit Bronze (40 bis 60 Gew. – %)		Folienlager, hohe spezifische Belastbarkeit, Hydraulik

- gute elektrische und thermische Isolation;
- Möglichkeit des Leichtbaus (niedrige Dichte der Polymere!);
- einfache und kostengünstige Herstellung der Lagerschalen.

Nachteilig bei diesen Kunststoffen sind folgende Einflüsse:
- Einfluß der Feuchte auf die Lagerschale,
   - indirekte Wasseraufnahme aus feuchter Luft,
   - direkte Wasseraufnahme bei Lagern in Wasser oder wäßrigen Lösungen;
- Einfluß der Temperatur auf die mechanischen Eigenschaften (z.B. Festigkeiten, Elastizitätsmodul, Gleitmodul); diese Werte ändern sich im Gegensatz zu denjenigen der metallischen Gleitlagerwerkstoffe schon im Temperaturbereich -40 bis $+100\,°C$;
- unterschiedlich starker Einfluß von Chemikalien auf die einzelnen Kunststoffe; im Gegensatz zu den metallischen Gleitlagerwerkstoffen ist ihre Beständigkeit aber wesentlich besser.

Polyäthylen (PE) ist gegen Wasser, Laugen, Salzlösungen und anorganische Säuren (ausgenommen stark oxydierende Säuren!) sehr gut beständig. Polytetrafluoräthylen (PTFE) weist eine universell hervorragende Beständigkeit gegen Chemikalien auf. Die Polyamide (PA), Polyurethane (PUR) und Polyimide (PI) sind sehr gut beständig gegen Öle und Fette.

Nach [9, 18, 197] werden die genannten Kunststoffe oder Polymere meistens mit Zusatzstoffen hergestellt, durch die folgende Eigenschaften gezielt beeinflußt werden können:
- Steigerung der mechanischen Festigkeiten durch Zusatzstoffe, die härter sind als der Grundwerkstoff;
- Verminderung der Gleitreibung durch Zusatz von Partikeln oder Fasern aus Kunststoffen mit niedrigen Gleitreibungszahlen (z.B. PTFE, PE);
- Verminderung des Gleitverschleißes durch Zusatz von Graphit (C) oder Molybdänsulfid (MoS_2);
- Erhöhung der Beständigkeit gegen Chemikalien;
- Verbesserung der Maßgenauigkeit und -haltigkeit durch Reduktion der Schwindung beim Spritzgießen, Verringerung der Feuchtigkeitsaufnahme und Vermeidung zu starker Erwärmung; Einflüsse darauf haben die konstruktive Gestaltung der Teile (z.B. Wanddicke, Übergangsradien), die spezifischen Fertigungsbedingungen (z.B. Angußart, Massetemperatur, Dauer und Höhe des Spritzdruckes) und der Zusatz von anorganischen Stoffen (z.B. Graphit, Molybdändisulfid, Glasfasern).

10.5.3.5 Werkstoffe und Ausführungsformen für Gleitlager mit besonderen Anforderungen

Beim Herstellen der Laufschicht im Sinterverfahren kann ein Porenanteil von 17 bis 30% erzielt werden, so daß nach Tränken in Öl immer ein gewisser Schmierstoffvorrat im Lager vorhanden ist. Somit sind diese Lager (Sinterlager!) als wartungsarm oder wartungsfrei anzusehen.

Ebenso besteht die Möglichkeit, einen Kupferschwamm mit einem Porenanteil von 50% auf eine Stahlschale zu sintern. Nach dem Auffüllen der Poren mit Blei erzielt man dann eine wesentliche Verbesserung der Gleiteigenschaften.

Soll auf jeglichen Schmierstoff verzichtet werden (Lager ohne Schmierung!), so besteht die Möglichkeit, die Lager mit duroplastischen oder thermoplastischen

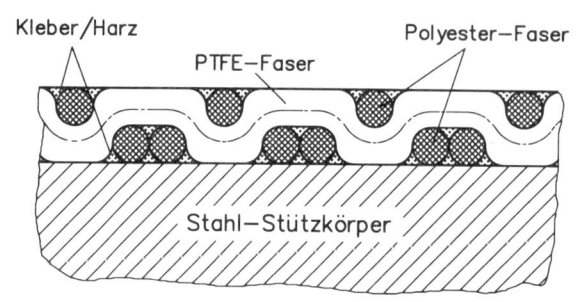

a) Stahlrücken und aufgeklebtes PTFE-Polyester-Mischgewebe mit Phenolharzfüllung

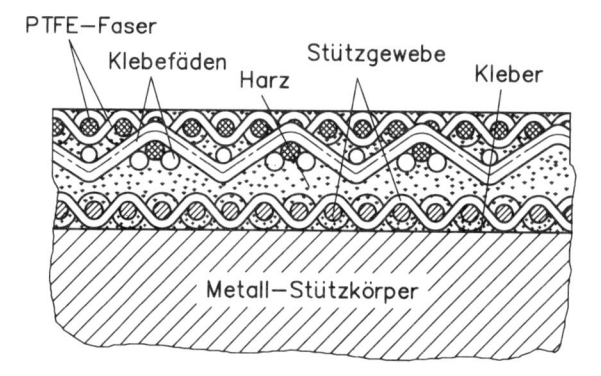

b) Stahlrücken oder NE-Metallrücken und aufgeklebtes PTFE-Mischgewebe mit Phenolharzfüllung

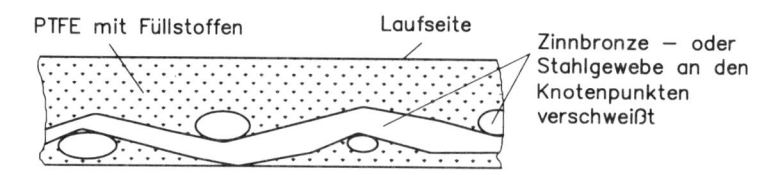

c) Zinnbronzegewebe eingelagert in PTFE-Folie mit Zusätzen

Bild 10.95. Verbund-Gleitlagerschalen (Verbundlager) aus Kunststoff/Metall nach VDI 2543

Kunststoffen auszukleiden (Verbundlager mit Kunststoff-Laufschicht!). Dabei muß allerdings davon ausgegangen werden, daß sowohl die mechanischen als auch die thermischen Beanspruchungen begrenzt sind. Ebenso dürfen die Gleitgeschwindigkeiten keine hohen Werte erreichen. Zudem muß das Lagerspiel relativ großzügig bemessen werden, da zum einen die Wärmeleitfähigkeit der Kunststoffe gering, ihr Wärmeausdehnungskoeffizient jedoch relativ hoch ist. Zum anderen besteht die Gefahr, daß gewisse Kunststoffe infolge von Wasseraufnahme quellen.

Durch ihren speziellen Aufbau bzw. den Verbund Kunststoff/Metall, wie er in Bild 10.95 gezeigt ist, haben Verbundlager mit Kunststoff-Laufschicht gegenüber den reinen Kunststofflagern folgende Vorteile:
– kein Fließen, deshalb höhere Belastbarkeit;
– bessere Wärmeleitung, daher höhere Belastbarkeit;
– kleinere Lagerspiele, daher erhöhte Laufgenauigkeit der Welle;
– kein Quellen durch Feuchtigkeitsaufnahme;
– nur geringe Spielverkleinerung durch Temperaturerhöhung;
– Festsitz in der Aufnahmebohrung über den gesamten Temperaturbereich.

Die genannten Eigenschaften sind natürlich von den tribologischen Eigenschaften des Gesamtsystems (z.B. Lagerschale, Welle, Oberflächenbeschaffenheit, umgebendes Medium!) abhängig. Trockenlauf ist möglich, natürlich spielt dabei die Korrosionsbeständigkeit des Wellenwerkstoffes eine bedeutende Rolle. Bei Schmierung dieser Kunststoff-Verbundlager werden die Reibung und der Gleitverschleiß kleiner und die Lagertragfähigkeit größer. Der Schmierstoff bietet gleichzeitig einen Korrosionsschutz für die Welle. Als Schmierstoffe kommen die für metallische Gleitlager üblichen Öle und Fette in Frage, besonders bewährt haben sich auch synthetische Schmierstoffe wie z.B. Silikonöle und -fette. Bei besonderen Additiven ist auf die chemische Beständigkeit des Trägerwerkstoffes und der Laufschicht zu achten.

Bei extrem hohen Temperaturen, speziellen atmosphärischen Bedingungen und völliger Abwesenheit von Schmierstoffen kann auch Kunstkohle als Lagerwerkstoff verwendet werden, wobei die starke Sprödigkeit dieses Materials beachtet werden muß.

Besondere Anwendungsfälle in der Nahrungsmittelindustrie und in der pharmazeutischen Industrie, bei denen aus hygienischen Gründen auf öl- oder fetthaltige Schmierstoffe verzichtet werden muß, stellen die Keramiklager mit Wasser als Schmierstoff dar.

10.5.4 Gestaltung von Gleitlagern

Eine optimale Dimensionierung hydrostatisch und hydrodynamisch arbeitender Gleitlager erfordert einerseits eine Berechnung, andererseits eine gezielte konstruktive Gestaltung unter Berücksichtigung vieler anwendungsspezifischer Gesichtspunkte. Nur so können Funktionstauglichkeit und Wirtschaftlichkeit einer Gleitlagerung maximiert werden. Bauteilbeanspruchung, Werkstoffauswahl (auch Schmierstoffauswahl!) und konstruktive Gestaltung der einzelnen Maschinenelemente sind innerhalb des Konstruktionselementes Gleitlager aufeinander abzustimmen.

10.5.4.1 Gestaltung von hydrostatisch arbeitenden Gleitlagern

Da bei diesen Gleitlagern der Schmierstoff durch eine externe Pumpe in eine Tasche oder Kammer an der der äußeren Lagerbelastung ausgesetzten Lagerseite unter Druck zugeführt wird, ist im Betrieb immer gewährleistet, daß die beiden gepaarten Lagerkörper keinen metallischen Kontakt und damit auch keinen Verschleiß aufweisen. Wenn man von Notlaufeigenschaften für ein Gleitlager absieht, die nur bei einem Ausfall der Schmierstoffzufuhr erforderlich wären, kann für hydrostatisch arbeitende Gleitlager, die nach dem beschriebenen physikalischen Wirkprinzip auch *Druckkammerlager* genannt werden, gesagt werden, daß die gestaltungstechnischen Probleme weniger die Gleitlagerwerkstoffe, dafür aber stärker die Geometrie der Schmierstofftaschen und die Art der Schmierstoffversorgung des Lagers betreffen.

Da die Tragfähigkeit dieser Lager mit enger werdendem Schmierspalt in dritter Potenz zunimmt und der erforderliche Schmierstoffvolumenstrom in gleicher Potenz abnimmt, ist es wichtig, die Spaltweite klein zu halten. Die Grenze ist dann erreicht, wenn die Unebenheiten oder Oberflächenspitzen der Welle und der Lagerlauffläche sich gerade zu berühren beginnen. Bei kleinen Lagern sollte daher die kleinste Spaltweite im Bereich $2\,\mu m \leq h_{min} \leq 10\,\mu m$ und bei größeren Lagern im Bereich $10\,\mu m \leq h_{min} < 50\,\mu m$ gewählt werden. Die Mittenrauhwerte R_a der Oberflächenprofile der gepaarten Lagerkörper sollten vom Konstrukteur daher mit $R_a < 0{,}5 \cdot h_{min}$ vorgeschrieben werden. Die Geometrie der Lagerkörper sollte im Bereich der Lagerstelle hinsichtlich Abmessungen, Form und Lage toleriert sein, und die Lagerlaufflächen sollten geschliffen oder geläppt sein.

Da in den Lagern Drücke bis zu einigen hundert bar auftreten können, sind die Lagerkörper genügend steif auszubilden, daß eine zu große Verformung der Lager und damit eine zu große Änderung der Spaltgeometrie vermieden werden. Muß mit einer größeren Wellenverbiegung oder Wellenverkantung gerechnet werden, ist eine selbsttätige gegenseitige Einstellbarkeit der Lagerkörper zu gewährleisten, wie sie bei den hydrodynamisch arbeitenden Gleitlagern ausführlich beschrieben ist.

Die Frage der Anzahl der Schmierstofftaschen oder Druckkammern ist für Radial- und Axiallager in gleicher Weise zu beantworten. Theoretisch würde bei stationärer Lagerbelastung eine einzelne Schmierstofftasche oder Druckkammer ausreichen, aber wegen der Möglichkeit einer unsymmetrischen Belastung und Geometrie sowie aus Gründen der besseren Stabilität in der Lagezuordnung von Welle und Lagerlauffläche werden mehrere (mindestens drei!) Schmierstofftaschen gleichmäßig in die Lagerlauffläche eingearbeitet. Diese einzelnen Schmierstofftaschen müssen ferner unabhängig voneinander, d.h. hydraulisch vollkommen getrennt mit Schmierstoff versorgt werden.

Der abzustützende Körper – die Welle – wird bei derart ausgeführten Lagern durch mehrere Druckberge (entsprechend der Anzahl der Druckkammern!) sehr stabil abgestützt und auch gut zentriert. Zwischen den Schmierstofftaschen oder Druckkammern können in der Lagerlauffläche Ablaufrillen für den Schmierstoff eingearbeitet sein; diese können aber auch – besonders bei kleineren Lagern – wegfallen. Die Tiefe der Schmierstofftaschen ist um den Faktor 100 bis 500 größer als die Höhe des minimalen Schmierstoffspaltes. In den meisten Anwendungsfällen liegt sie zwischen 1 und 2 mm. Der Anteil der Oberfläche der Schmierstofftaschen in der eigentlichen Lauffläche des Lagers sollte so sein, daß die Flächenpressung im Ruhezustand, d.h. bei aufliegenden oder aufsitzenden Lagerkörpern den zulässigen Wert der Flächenpressung des weicheren Werkstoffes auf keinen Fall überschreitet. Eine Auflösung der eigentlichen Lagerlauffläche in Schmierstofftaschenflächen mit einem Gesamtanteil von $\leq 50\%$ ist anzustreben (Bilder 10.52, 10.54 bis 10.58).

10.5.4.2 Gestaltung von hydrodynamisch arbeitenden Gleitlagern

Ein vollständiges, hydrodynamisch arbeitendes Gleitlager besteht in der Regel aus einer Lagerschale, einem die Lagerschale aufnehmenden Lagerträger (Stützkörper!), einer Schmierstoffversorgung und je zwei Lagerdeckeln und Dichtungen zur Abschließung des Systems gegenüber der Umgebung.

Diese Gleitlager arbeiten dann einwandfrei, wenn während des Betriebs eine vollständige Trennung der beiden Gleitflächen vorliegt und die durch den hydrodynamischen Schmierfilmdruck hervorgerufenen Spannungen sowie auch die thermischen Belastungen in den Lagerkörpern die zulässigen Werkstoffkennwerte nicht überschreiten [29, 37, 38, 49]. Im einzelnen werden an diese Lager folgende Anforderungen gestellt, die je nach Einsatzfall eines Lagers unterschiedlich bewertet werden können:
– ausreichende Schmierfilmdicke (größer als der kleinste zulässige Wert);
– möglichst selbsttätige Lagereinstellung zur Vermeidung hoher Kantenpressungen;
– ausreichende Tragfähigkeit des Lagerwerkstoffs;
– gute Stabilität unter Betriebsbedingungen;
– ausreichende Schmierstoffversorgung zur Erzielung eines homogenen Schmierfilms;
– schnelle Rückführung des abfließenden Schmierstoffs zur Filterung und ggf. zur Kühlung;
– vollkommene Abdichtung des Lagerbereichs nach außen;
– ausreichende Wärmeabfuhr durch Konvektion oder durch den Schmierstoff;
– gute Notlaufeigenschaften für den Betrieb im Mischreibungsgebiet (Anlauf, Auslauf, Ausfall der Schmierstoffversorgung!).

Zur Verwirklichung dieser zuvor genannten Anforderungen müssen erstens das tribologische Gesamtsystem „Gleitlagerung" richtig konzipiert und zweitens einige konstruktive Besonderheiten berücksichtigt werden. Von besonderer Wichtigkeit ist dabei, daß Lagertyp, Schmierstoff und Lagerwerkstoff immer aufeinander abgestimmt werden.

Lagertyp

Hinsichtlich der Lastrichtung lassen sich die Gleitlager in *Radialgleitlager* (Querlager!) und *Axialgleitlager* (Längslager!) sowie auch kombinierte *Radial-Axial-Gleitlager* (Quer-Längs-Lager!) unterteilen, die ihrerseits z.T. wieder in Standardbauformen gegliedert sind, die teilweise auch in Form eines Baukastensystems angeboten werden. Wichtig ist bei allen Gleitlagern, die hydrodynamisch arbeiten sollen, daß mindestens ein sich verjüngender oder konvergierender Schmierspalt (Keilspalt!) existiert, in dem der Druckaufbau selbsttätig erfolgen kann. Bei mehreren Keilspalten spricht man von *Mehrflächengleitlagern* (MFG). Der Keilspalt wird bei Radialgleitlagern einfachster Form – den kreiszylindrischen Vollagern oder Einkeillagern – mit einer Lagerschale oder Lagerbuchse nach DIN 1850 durch die Geometrie des Lagers selbsttätig verwirklicht (Wellendurchmesser < Lagerschalendurchmesser!). Bei Axialgleitlagern müssen die Keilschrägen spanend oder spanlos angearbeitet werden, oder es muß die Elastizität von Elementen zur Schrägstellung der eigentlichen Lagerlaufflächen ausgenutzt werden.

Schmierstoff

Der Schmierstoff ist einerseits für die Trennung der beiden Lagerkörper oder Gleitpartner und damit für die Verringerung der Reibung und des Verschleißes verantwortlich, andererseits soll er für eine ausreichende Lagerkühlung und für den Abtransport des Abriebs der Laufschichten bei Betrieb des Lagers im Zustand der Mischreibung sorgen. Der Schmierstoff wird immer vor dem sich verengenden Schmier- oder Keilspalt zugeführt und dann durch die wirksame Geschwindigkeit zwischen Welle und Lagerlauffläche infolge des Haftungsvermögens des Schmierstoffs an den gepaarten Lagerlaufflächen in den sich verengenden Spalt hineingezogen (Viskositätspumpe!). Dort erfolgt dann der Druckaufbau!

Lagerwerkstoff

Wie es bereits im Abschnitt 10.5.3 über Gleitlagerwerkstoffe ausführlich beschrieben ist, werden an diese einige Anforderungen gestellt, die entweder als Massivlager oder bei Anwendungen mit erhöhten Anforderungen als Verbundlager (Zwei-, Drei- oder auch Vier-Schicht-Gleitlagerschalen!) erfüllt werden können.

10.5.4.2.1 Radialgleitlager (Querlager)

Diese Lager gibt es in vielen Konstruktionsvarianten als Massiv-, Verbund-, Steh-, Wand- oder Flanschlager in unterschiedlichen Größen.

Konstruktionsvarianten

Bild 10.96 zeigt ein *Massivlager* in Gußkonstruktion mit zwei in bezug auf die Lagermitte außermittig aufgesetzten Rippen zur Erhöhung der Lagersteifigkeit.

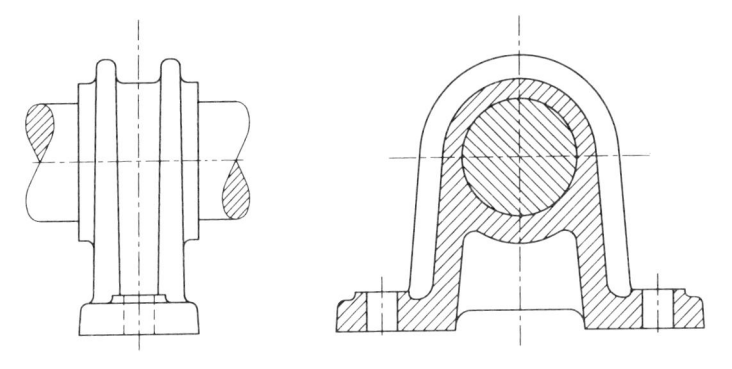

Bild 10.96. Massivlager in Gußkonstruktion mit Versteifungsrippen

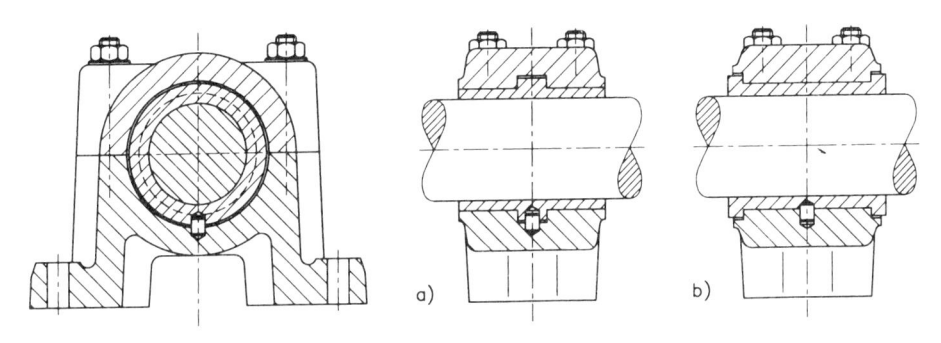

Bild 10.97. Geteiltes Stehlager mit auswechselbarer Lagerschale (Massivschale); a) Lagerschale mit Mittenleiste, b) Lagerschale mit zwei seitlichen Leisten

Ein *Stehlager* mit einer auswechselbaren Lagerschale (Massivschale!), die durch einen Bolzen gegen Verdrehung und durch eine Mittenleiste oder durch zwei seitliche Leisten gegen axiales Verschieben gesichert ist, ist im Schnitt in Bild 10.97 dargestellt. Ein Stehlager mit einer Lagerschale aus einem dickwandigen Stahlstützkörper sowie einem Lagermetallausguß und mit einem auf der Welle festsitzenden Schmierring zur Förderung des Schmierstoffes vom Ölsumpf zur Lagerfläche ist in unterschiedlichen Varianten hinsichtlich der seitlichen Abdichtung der Welle gegenüber dem Lagergehäuse in Bild 10.98 im Axial- und im Radialschnitt zu sehen. Das Lagergehäuse kann zur Verbesserung der Wärmeabfuhr durch Konvektion mit Rippen versehen werden und ist bei höherer Wärmebelastung zusätzlich auch mit einer Wasserkühlung nachrüstbar. Dabei wird eine Rohrschlange in den Ölsumpf ein- und ausgeführt, die von Kühlwasser durchströmt wird. Bei noch höheren Reibungsverlusten (z.B. durch starke Belastung und/oder hohe Drehzahl!) werden derartige Stehlager auch mit einer Ölumlaufschmierung und externer Rückkühlung des Schmieröls ausgerüstet. Durch eine kugelbewegliche Aufnahme des Lagerträgers oder -stützkörpers im Gehäuse ist eine gewisse Winkeleinstellbarkeit der

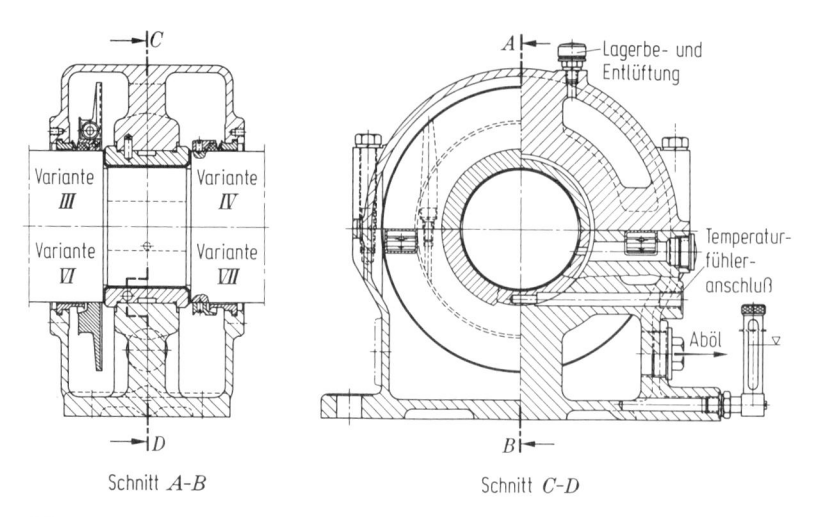

Bild 10.98. Stehlager mit seitlichem, auf der Welle festsitzendem Schmierring der Bauart Glyco nach [49]

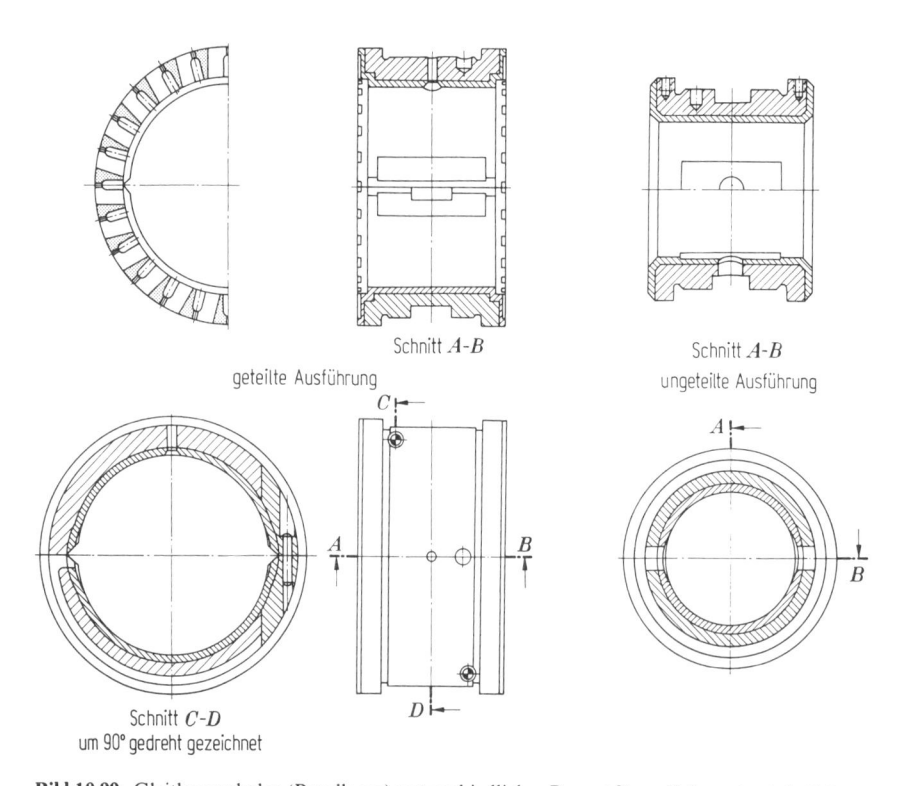

Bild 10.99. Gleitlagerschalen (Bundlager) unterschiedlicher Bauart für radiale und axiale Belastung mit in axialer Richtung eingearbeiteten Keilflächen für eine Drehrichtung in geteilter und ungeteilter Ausführung nach [49]

Lagerschale gegenüber der Welle zu erreichen. Es gibt diese Stehlager auch mit einbaufertigen *Dünnwand-Lagerschalen*.

Weitere Ausführungsformen von Lagerkörpern in geteilter und ungeteilter Ausführung als beidseitige *Bundlager* mit in axialer Richtung eingearbeiteten Keilflächen zur zusätzlichen Aufnahme von Axialkräften sind in Bild 10.99 dargestellt. Die konstruktive Gestaltung von dickwandigen Lagerschalen mit dicker Stahlstützschale und dünnwandigem Lagermetallausguß ist ohne und mit Verklammerungsnuten in Bild 10.100 für eine Lagerschale mit einem linksseitigen axialen Anlaufbund zu sehen.

Anstelle von Bundlagern können auch normale *Querlager mit Bundscheiben* eingesetzt werden. Das Problem bei Verwendung dieser Bundscheiben liegt in deren Montierbarkeit und Verdrehsicherung, zumal diese Scheiben sehr oft als geteilte Ringe Anwendung finden.

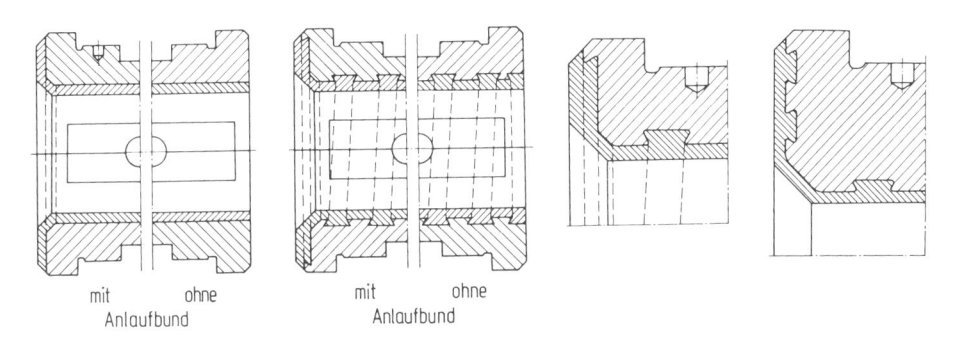

Bild 10.100. Gleitlagerschalen mit dicker Stahlstützschale und dünnwandigem Lagermetallausguß mit und ohne Verklammerungsnuten nach [49]

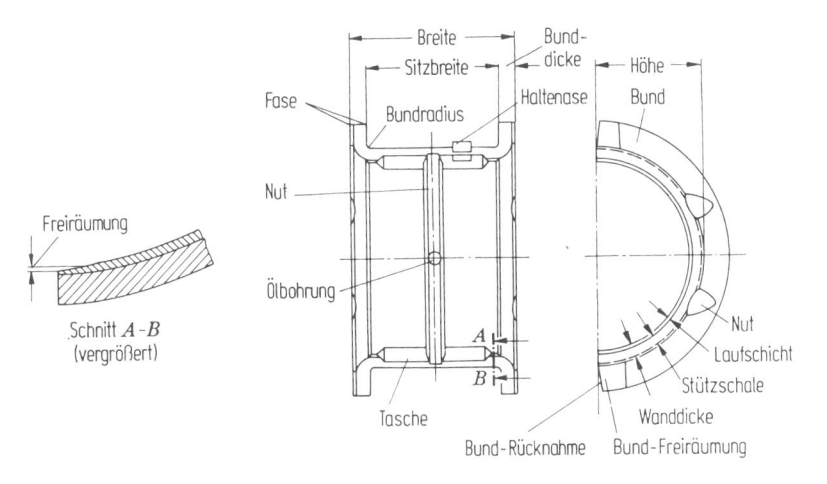

Bild 10.101. Dünnwandige Lagerschalen für Kolbenmaschinen nach [49]

Für Kolbenmaschinenlagerungen werden meistens *dünnwandige Lagerschalen*, und zwar in geteilter Ausführung (zwei Lagerhälften!) verwendet. Ihre Ausführungsform ist mit speziellen konstruktiven Details in Bild 10.101 dargestellt. Zur Fixierung dieser Lagerschalen in Umfangs- wie in Axialrichtung werden Haltenasen einseitig am Lagerschalenstoß eingestanzt und nachgefräst. Beim Einbau sollten die Haltenasen der beiden Lagerschalenhälften grundsätzlich auf der gleichen Lagerseite angebracht sein, und zwar mit einem axialen Versatz. Am Lagerschalenstoß wird häufig die Lauffläche örtlich radial zurückgenommen, um bei einem nicht immer auszuschließenden Deckelversatz eine Schabe- und Druckkante zu vermeiden. Dies wird in der Fachsprache auch Freiräumung genannt. Bild 10.102 zeigt die Aufnahme von zwei *Motorenlagern* (links: reines Querlager; rechts: Quer-Längs-Lager mit seitlichen Anlaufbunden!). Diese Gleitlagerschalen für Verbrennungsmotoren sind aus Verbundwerkstoffen hergestellt. Sie bestehen gemäß Bild 10.103 meistens aus einer sehr dünnen, galvanisch aufgebrachten Gleitschicht, einer Bleibronze- oder Aluminiumschicht und einer dickeren Stahlstützschale. Um bei höheren Betriebstemperaturen eine Diffusion zwischen der Gleitschicht und der Bleibronze- oder Aluminiumschicht zu vermeiden, wird oft eine sehr dünne Nickelschicht – der sogenannte Nickeldamm – eingebracht.

Wandlager bestehen im einfachsten Fall aus einer in eine Gehäusebohrung eingepreßten Lagerbuchse. Im allgemeinen nimmt der Lagerbereich jedoch kompliziertere Formen an, wenn eine Schmierölversorgung und eine Abdichtung der Lagerung vorgesehen sind. In diesem Fall ist es sinnvoll, den Lagerträger separat zu bearbeiten, was unter fertigungstechnischen Gesichtspunkten erheblich einfacher ist, und ihn dann entweder an das Gehäuse anzuflanschen (*Flanschlager!*) oder bei geteilten Gehäusen, z.B. bei Turbomaschinen und Zahnradgetrieben, formschlüssig zu fixieren.

Bild 10.102. Fotografische Aufnahme von zwei Motorenlagern; links: reines Querlager, rechts: Quer-Längs-Lager mit zwei seitlichen Anlaufbunden

Stahlstützschale 1 bis über 10 mm
Bleibronze- oder Aluminiumschicht
Nickeldamm ca. 0,002 mm
Gleitschicht ca. 0,020 mm

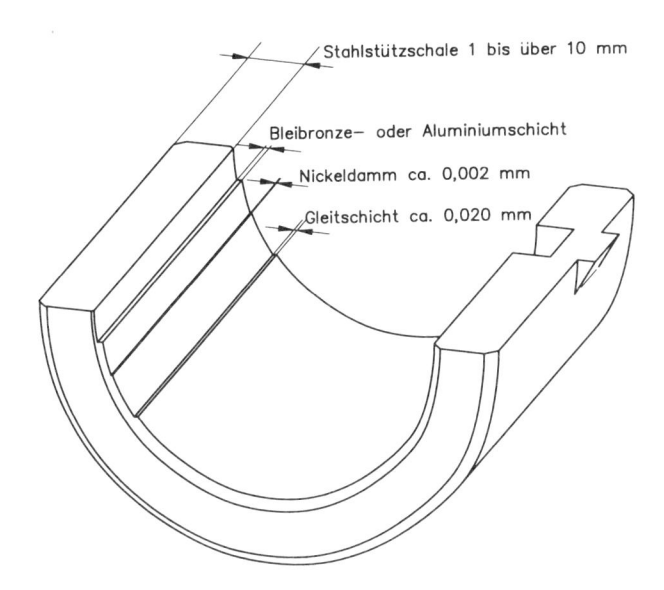

Bild 10.103. Aufbau einer Mehrschicht-Gleitlagerschale

Die immer größeren Anforderungen an Gleitlager haben dazu geführt, daß verschiedene Arten von Sonderlagern entwickelt wurden. Hierzu gehören vor allem die *Mehrflächengleitlager* (MFG), von denen einige Arten in Bild 10.104 dargestellt sind. Diese Mehrflächenlager besitzen – im Gegensatz zu einfachen kreiszylindrischen Radiallagern – auch bei zentrischer Wellenlage konvergierende Schmierspalte. Dies hat zur Folge, daß auch bei kleinen Lasten und hohen Drehzahlen eine gute Stabilität erreicht werden kann.

Ein anderer Gleitlagertyp, der sich ebenfalls durch eine gute Stabilität auszeichnet, ist das sogenannte *Spiralrillenlager* (Bild 10.105). Hierbei wird die Pumpwirkung für den Schmierstoff von schräg zum Vektor der Umfangsgeschwindigkeit verlaufenden sehr flachen Rillen ausgenutzt, um auch bei zentrischer Wellenposition hydrodynamisch einen Druckaufbau zu erreichen [3, 62], der eine stabilisierende Radialsteifigkeit des Lagers zur Folge hat.

Da aus Platzgründen nicht auf alle Lagerschalentypen eingegangen werden kann, wird in Bild 10.106 eine Übersicht über die wesentlichen Ausführungsformen gegeben.

Schmierstoffversorgung und Dichtungen

Eine wichtige Voraussetzung für den Zustand der Flüssigkeitsreibung in einem Gleitlager ist die richtige Schmierstoffversorgung. Dabei sind im einzelnen der Ort der Schmierstoffzufuhr, die Schmierstoffverteilung, die -rückführung und -aufbereitung (Kühlung, Filterung!) sowie die Abdichtung der Lagerung nach außen von Bedeutung.

Schnitt $A-B$ Schnitt $C-D$

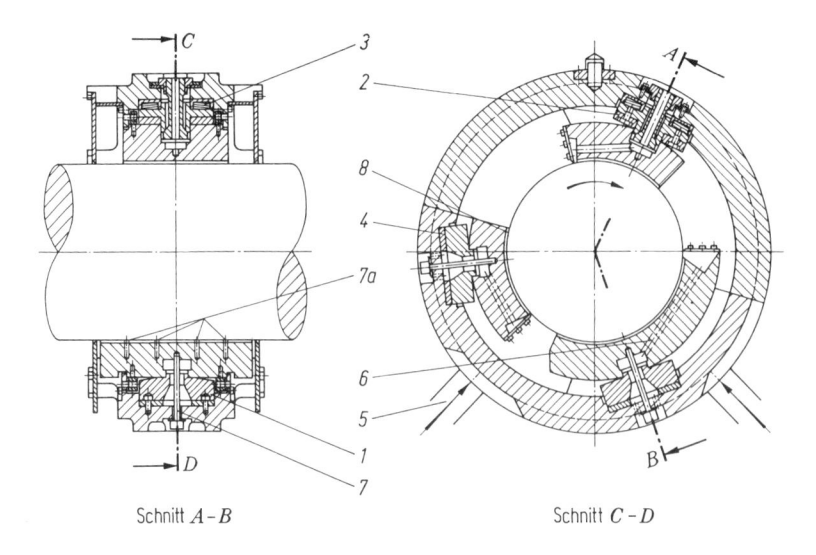

Mehrflächengleitlager als Kippsegmentlager (Bauart BBC);

1 Teller mit Walzenkontur;
2 Beilagen zur Einstellung des Lagerspiels;
3 Tellerfedern;
4 Beilagen zur Lagekorrektur der Welle,
5 Schmierstoffzufuhr;
6 Schmierstoffzufuhrbohrungen zur Eintrittskante der Lagersegmente;
7 bewegliche Leitungen für das Hochdrucköl zur hydrostatischen An— und Auslaufhilfe;
7a Bohrungen als Schmierstofftaschen zum Anheben der Welle;
8 Weißmetall—Laufschichten der Lagersegmente

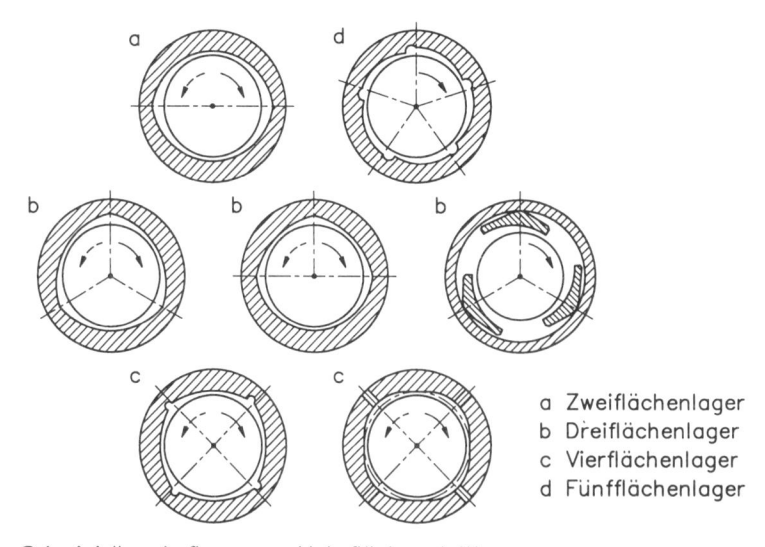

a Zweiflächenlager
b Dreiflächenlager
c Vierflächenlager
d Fünfflächenlager

Prinzipieller Aufbau von Mehrflächengleitlagern;

Bild 10.104. Mehrflächengleitlager (MFG) nach [49]

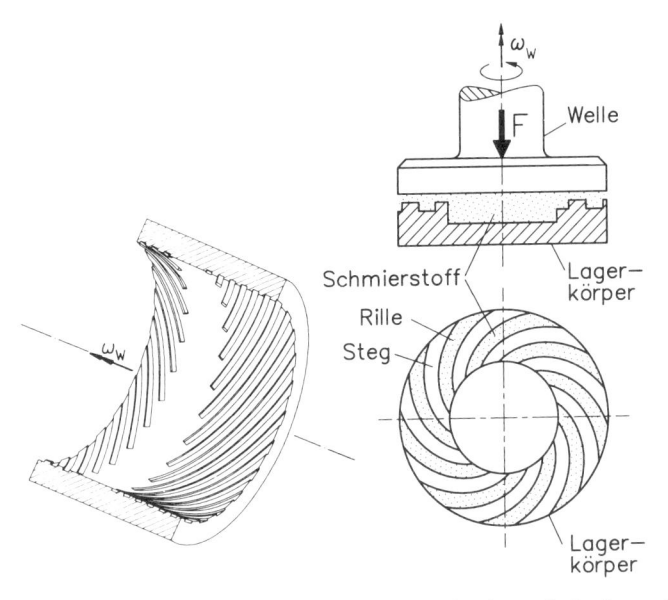

Bild 10.105. Spiralrillen-Radialgleitlagerschale mit einem fischgrätenartigen Rillenmuster (Längsschnitt!) und Spiralrillen-Axialgleitlager

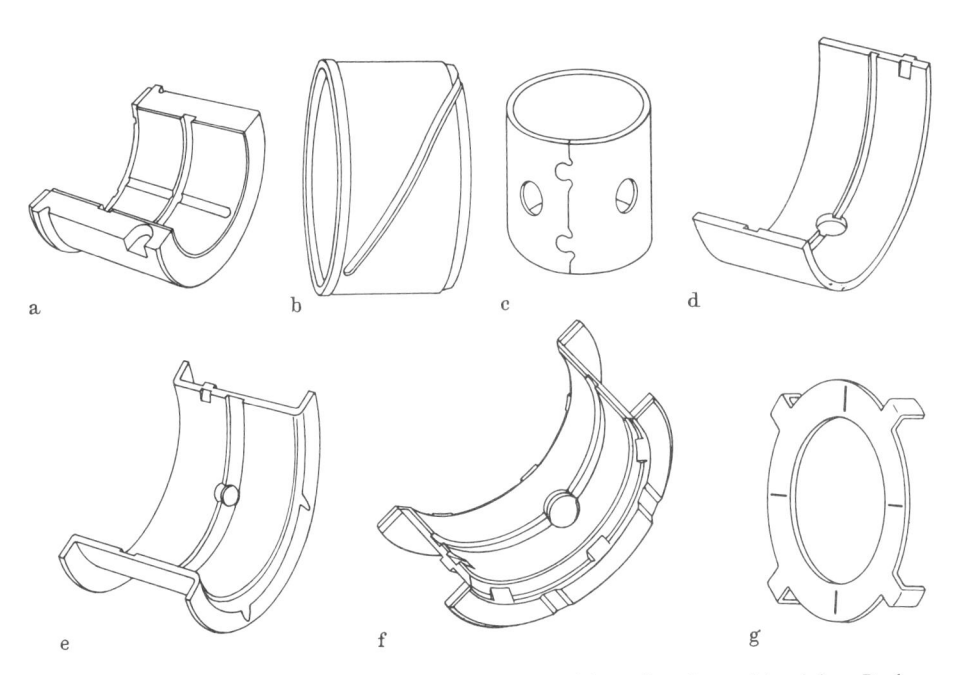

Bild 10.106. Ausführungsformen von Gleitlagerschalen; a) Dickwandiges Lager; b) nahtlose Buchse (Schwimmbuchse); c) Buchse in verklinkter Ausführung; d) dünnwandige Halbschale; e) Bundschale; f) Bundschale mit verklinkten Anlaufscheiben; g) Anlaufscheibe

In der Regel wird der Schmierstoff drucklos oder unter einem geringen Überdruck zugeführt. Dies sollte so erfolgen, daß der hydrodynamisch aufgebaute Druck im Lagerspalt nicht gestört wird. Daher eignet sich für die Zuführbohrung am besten der Bereich um den weitesten Schmierspalt (Bild 10.107).

Der Schmierstoff kann sowohl von der Lagerschale als auch von der Welle aus eingeleitet werden. Grundsätzlich sollte die Zufuhr, sofern dies möglich ist, über das Element erfolgen, das mit der Punktlast beaufschlagt wird. Dies ist meistens die Lagerschale. Bei „weichen", schnell laufenden Wellen, wie sie z.B. im Turbinenbau vorkommen, liegt die Punktlast allerdings eher auf der Welle, wenn die durch Wellenverformungen bedingten Unwuchten größer als die statischen Belastungen werden. Dennoch wird hier das Öl nicht über die rotierende Welle zugeführt. In solchen Fällen werden oft *Kippsegmentlager* verwendet, die sich durch ihr stabiles

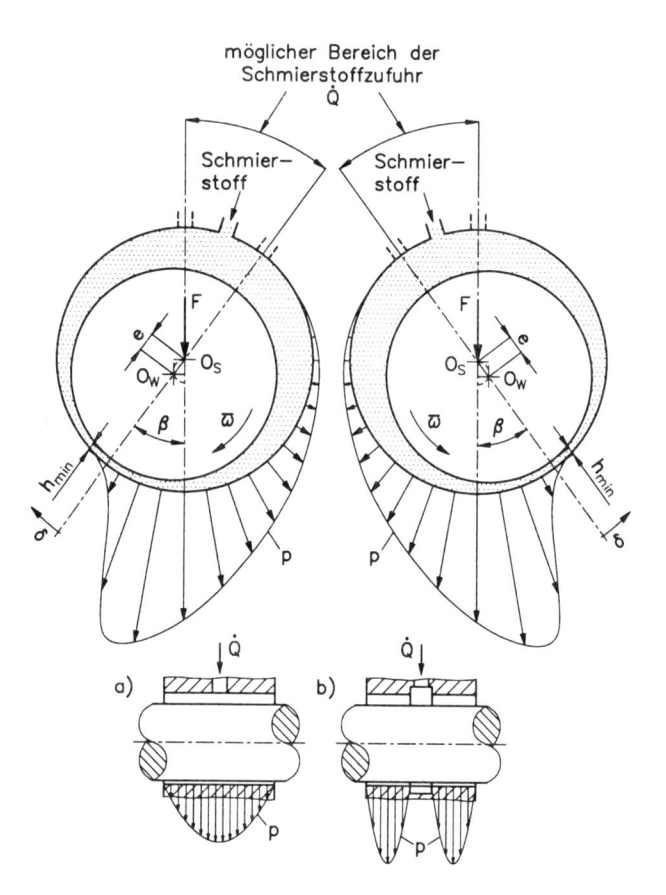

Bild 10.107. Druckverteilung in Breiten- und in Umfangsrichtung bei einem Radialgleitlager; a) ohne umlaufende Schmierstoffnut, b) mit umlaufender Schmierstoffnut

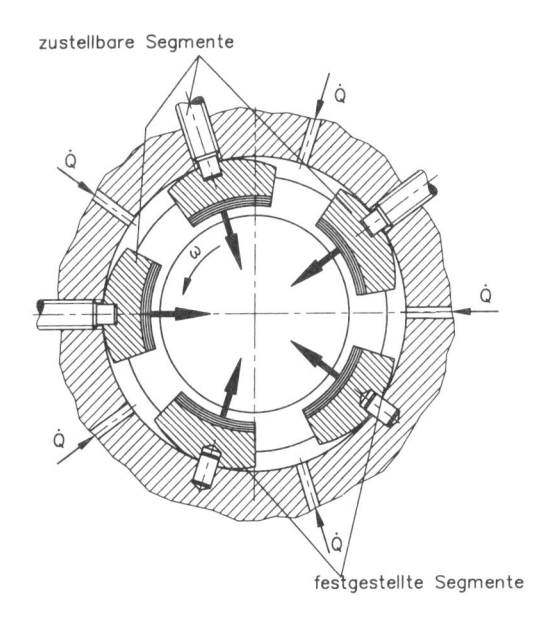

Bild 10.108. Kippsegmentlager mit fünf Lagersegmenten (zwei Segmente sind festgestellt und drei Segmente sind radial zustellbar!)

Laufverhalten und ihre schwingungsdämpfende Wirkung auszeichnen (Bild 10.108). Diese Lager werden unmittelbar vor den einzelnen Segmenten mit Öl versorgt.

Die Verteilung des Schmierstoffs über die Lagerfläche kann durch sinnvoll angebrachte Nuten verbessert werden, die in axialer oder in Umfangsrichtung verlaufen können (Bild 10.109). Dabei muß beachtet werden, daß sich in einer Nut aufgrund der im Vergleich zum Schmierspalt großen Tiefe kein hoher Druck aufbauen kann und hier nur etwa der Schmierstoffzuführdruck vorliegt. Aus diesem Grund sollte eine Schmierstoffverteilungsnut immer im drucklosen Lagerbereich liegen. Die ungünstige Wirkung einer in der Lagermitte angebrachten umlaufenden Nut auf den Druckverlauf in Breitenrichtung ist in Bild 10.107 deutlich zu sehen.

Das im Schmierspalt befindliche Öl muß kontinuierlich erneuert werden, damit es durch Reibung nicht übermäßig erhitzt wird, wodurch die Tragfähigkeit des Lagers abnehmen würde. Da der Schmierstoff an der Wellenoberfläche haftet, ist es besonders bei größeren Lagern zweckmäßig, Maßnahmen zur Ölfilmerneuerung zu treffen. Diese kann mit Hilfe eines Ölabstreifers oder durch eine Gegenstromspülung erreicht werden (Bild 10.110).

Das aus dem Lager austretende Öl muß stets drucklos in den Ölbehälter zurücklaufen können. Um einen Rückstau des Schmierstoffes zu vermeiden, sollten die Rücklaufleitungen mit großem Querschnitt ausgelegt werden.

Damit der Schmierstoff nicht aus der Gleitlagerung in die Umgebung gelangt, sind geeignete Dichtungen vorzusehen (Bild 10.111). Hier kommen gleitende (Filzringe, Radialwellendichtringe) oder berührungslos wirkende (Spaltdichtungen, Labyrinthdichtungen, Sperrluftdichtungen) Dichtungen in Frage. Welche Dichtungsart vorzuziehen ist, hängt von den jeweiligen Betriebsbedingungen ab.

$s \approx 3/4$ der Lauffläche

$s \approx 3/4$ der Lauffläche

Nur für große Durchmesser

Radius $r = \dfrac{h}{2} + \dfrac{s^2}{8h}$

h = Wanddicke - U

Einzelheit X

flacher Übergang

großer Radius

Schmierstoffnut

Schmierstoffeintritt

Schmierstofftaschen

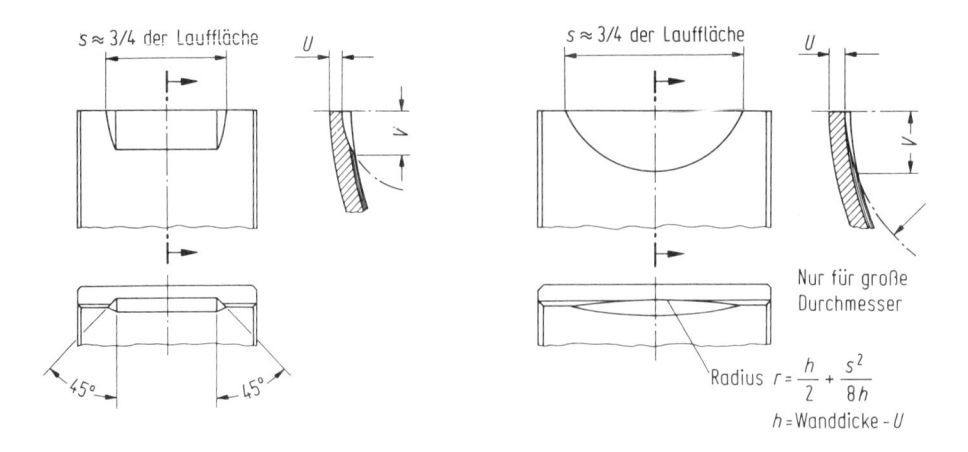

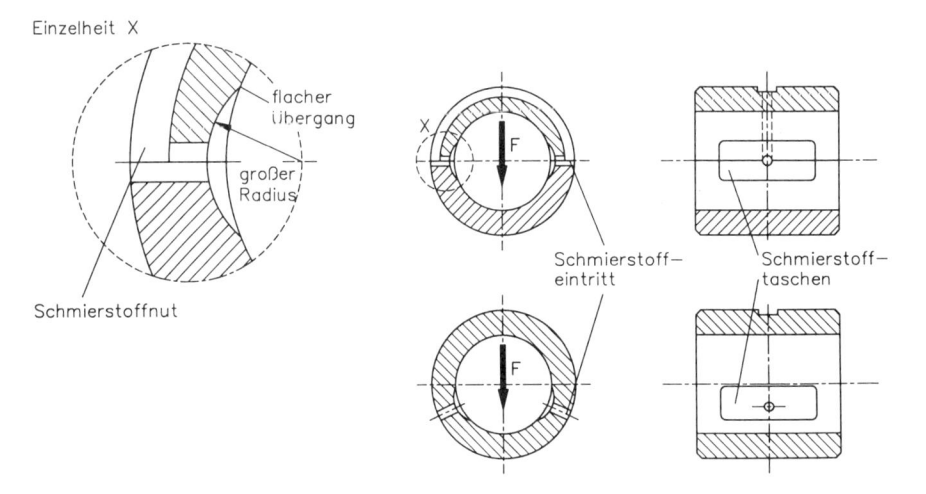

Bild 10.109. Gleitlagerschalen mit Schmierstoffverteilnuten in Umfangsrichtung und in axialer Richtung

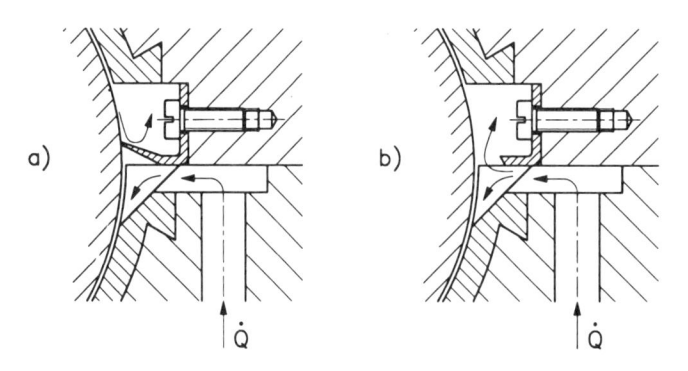

Bild 10.110. Maßnahmen zur Erneuerung des Schmierölfilms nach [56]; a) Ölabstreifer, b) Gegenstromspülung

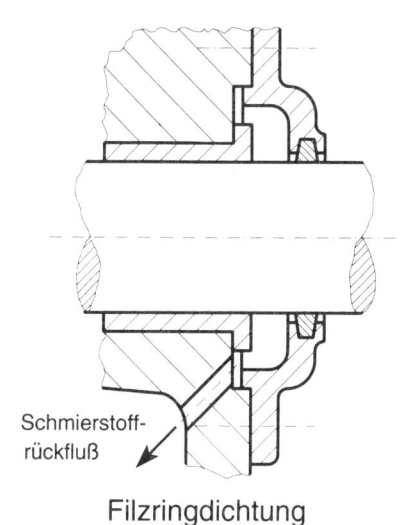

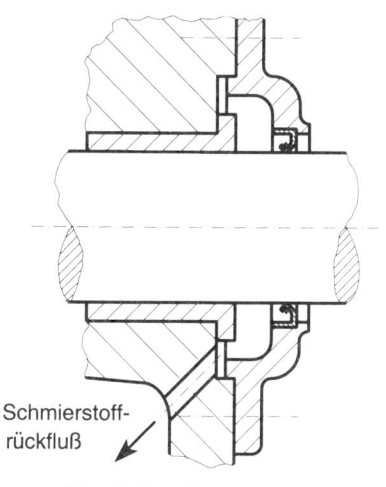

Bild 10.111. Möglichkeiten der Abdichtung von Gleitlagern;
oben links: Filzringdichtung,
oben rechts: Radial-Wellendichtring,
unten links: Spritzring mit Ölfangrinne,
unten rechts: Spritzring mit Ölfangrinne und nachgeschalteter Ringnut

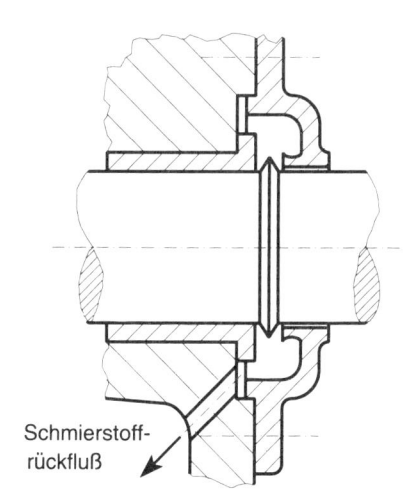

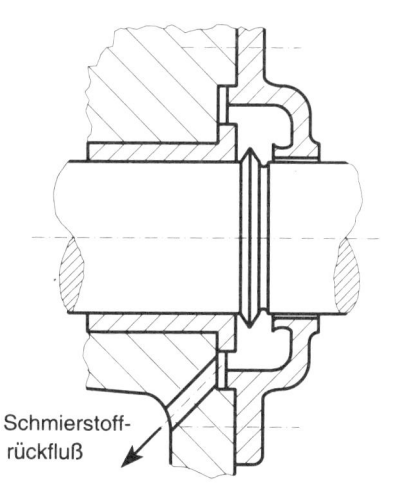

Zur Unterstützung der Dichtwirkung berührungslos wirkender Dichtungen werden häufig Spritzringe oder besondere Welleneinstiche vorgesehen. Solche Maßnahmen bewirken, daß der Schmierstoff leichter durch die Fliehkräfte von der Welle abgeschleudert wird. Er gelangt dann in eine Auffangrinne im Lagerdeckel und von dort in den Rücklauf. Um auch bei kleinen Drehzahlen (An- und Auslauf der Welle!) den Austritt des Schmierstoffes in die Umgebung zu verhindern, sieht man hinter dem Spritzring in der Welle einen Einstich vor, von dem das über die Spritzringkante gelangte Öl abtropft.

Anpassungsmöglichkeiten zwischen Welle und Gegenlauffläche

Fertigungs- und Montageungenauigkeiten sowie Wellendurchbiegungen können bei einem Gleitlager dazu führen, daß die Lagerschalen- und die Wellenachse nicht exakt parallel verlaufen. Solche Fluchtungsfehler bewirken eine unsymmetrische Druckverteilung in Breitenrichtung und zum Teil große Kantenpressungen mit der Folge, daß möglicherweise der Lagerwerkstoff überbeansprucht wird und die Schmierspalthöhe am Lagerrand einen zu kleinen Wert Annimmt (Bild 10.112). Dieses kann der Konstrukteur durch verschiedene Maßnahmen vermeiden.

Die einfachste Möglichkeit besteht darin, schmale Gleitlager zu verwenden ($B/D < 0{,}4$). Dies ist immer dann sinnvoll, wenn eine Anpassungsmöglichkeit an die Wellenverformungen fehlt und das Lager trotz geringer Breite eine ausreichende Tragfähigkeit besitzt (z.B. bei mehrfach gelagerten Kurbelwellen!).

Treten nur sehr kleine statische Verkantungen auf, so können diese durch elastische Gestaltung der Gleitlagerschale zu den seitlichen Rändern hin aufgefangen werden. Dies kann durch Materialabtrag an der äußeren Abstützfläche oder an der inneren Lauffläche erfolgen (Bild 10.113). Die Lagerschale gleicht sich in einem Einlaufvorgang dadurch besser der Welle an.

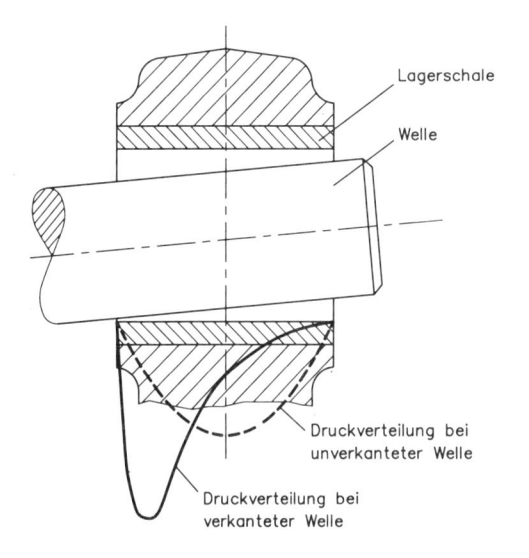

Bild 10.112. Druckverteilung bei Wellenverkantung

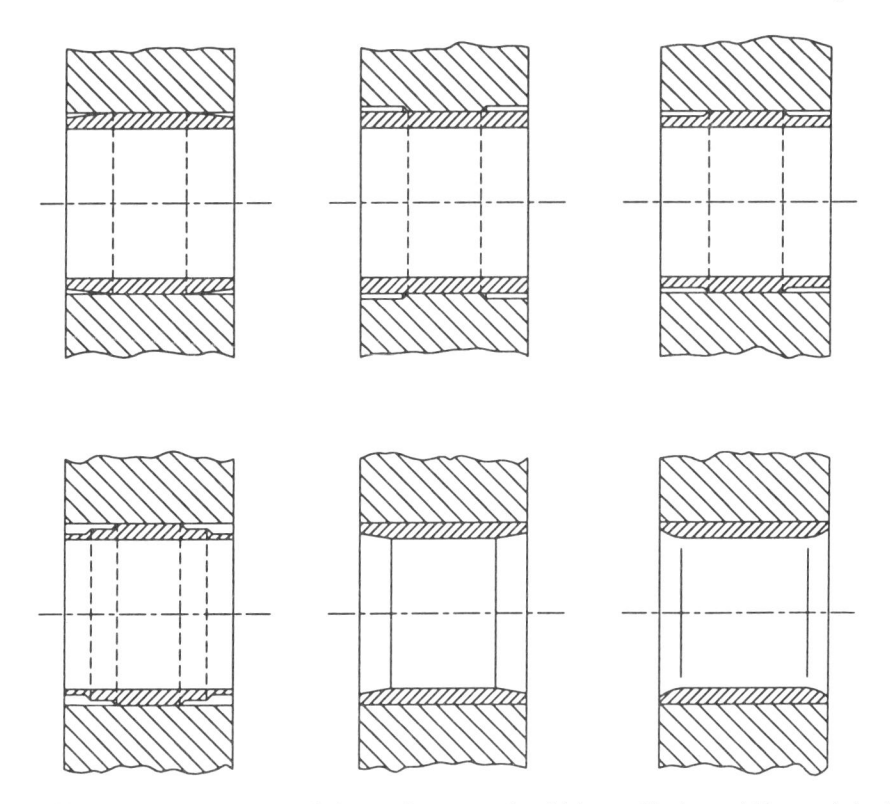

Bild 10.113. Geeignete Lagerschalengestaltung zum Ausgleich von Fluchtungsfehlern und damit zur Vermeidung von großen Kantenpressungen

Größere Fluchtungsfehler sollte der Konstrukteur durch eine geeignete Gleitlagergestaltung reduzieren. Dies kann über eine elastische Lagerabstützung (Bild 10.114) oder eine selbsttätige Lagereinstellung (Bild 10.115) geschehen.

Im Fall der selbsttätigen Lagereinstellung erfolgt die Anpassung des Lagers an die Welle durch eine Kippbewegung der Lagerschale. Um diesen Vorgang auszulösen, muß eine in Breitenrichtung des Lagers unsymmetrische Druckverteilung ein Drehmoment erzeugen, das größer als das durch Reibung bedingte Einstellmoment ist. Daher sollte der radiale Abstand der Einstellflächen von der Lagerachse möglichst klein sein.

Die Einstellflächen können bei kleinen Lagerlasten mit Fett geschmiert werden. Bei größeren Belastungen ist eine derartige Schmierung jedoch wenig wirksam, da das Fett aus dem zwischen den Flächen befindlichen Spalt herausgepreßt wird und somit die Reibung zunimmt. Dadurch würde die Lageranpassung erschwert werden. In diesem Fall sieht man eine hydrostatische Schmierung vor, wobei der erforderliche Öldruck entweder durch eine externe Pumpe oder durch die Wellenrotation im Schmierspalt des Lagers erzeugt werden kann. Im zweiten Fall wird jedoch das für

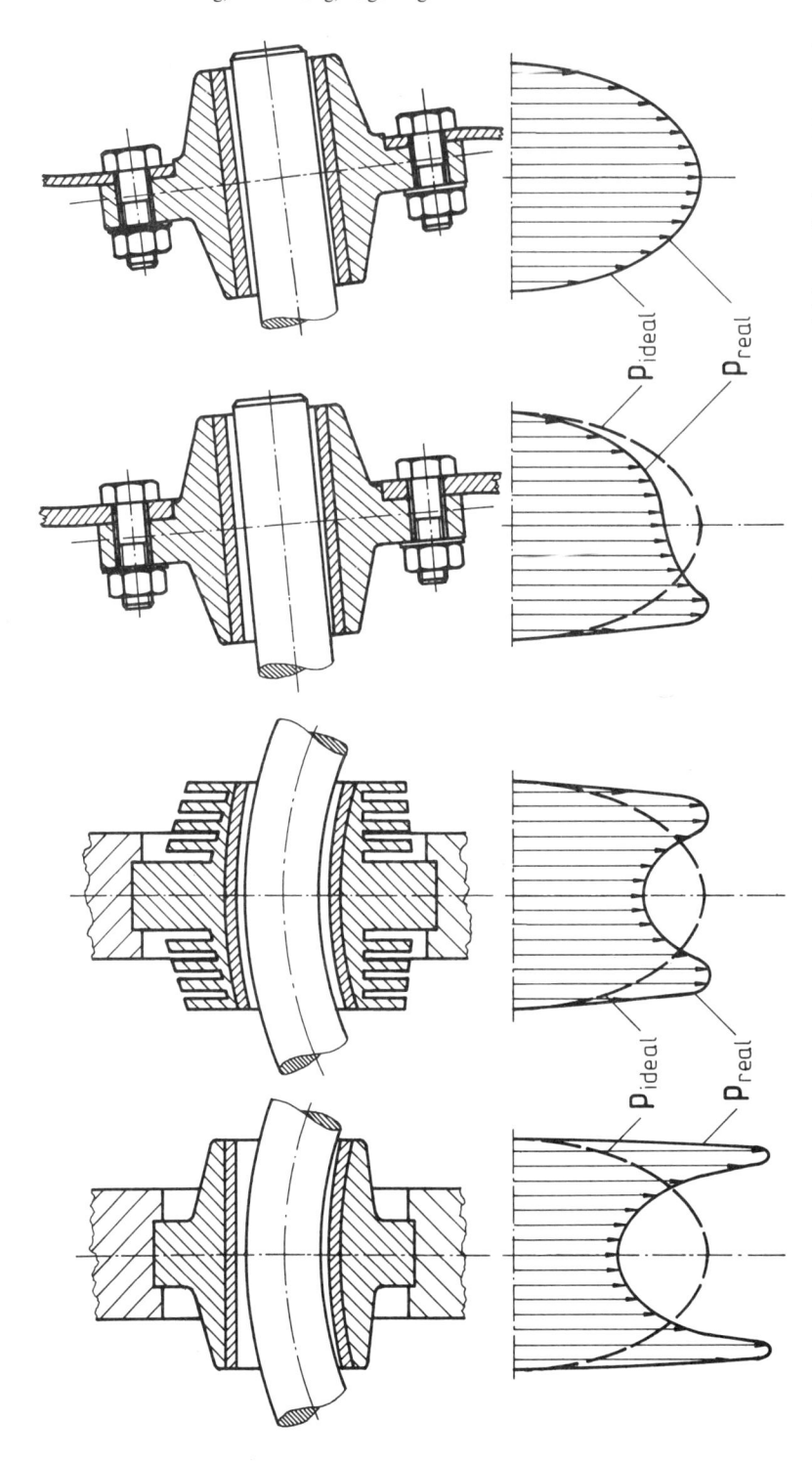

Bild 10.114. Geeignete elastische Gestaltung der Lagerstützschale bzw. deren geeignete elastische Abstützung zum besseren Ausgleich von Fluchtungsfehlern und zur Vermeidung großer Kantenpressungen

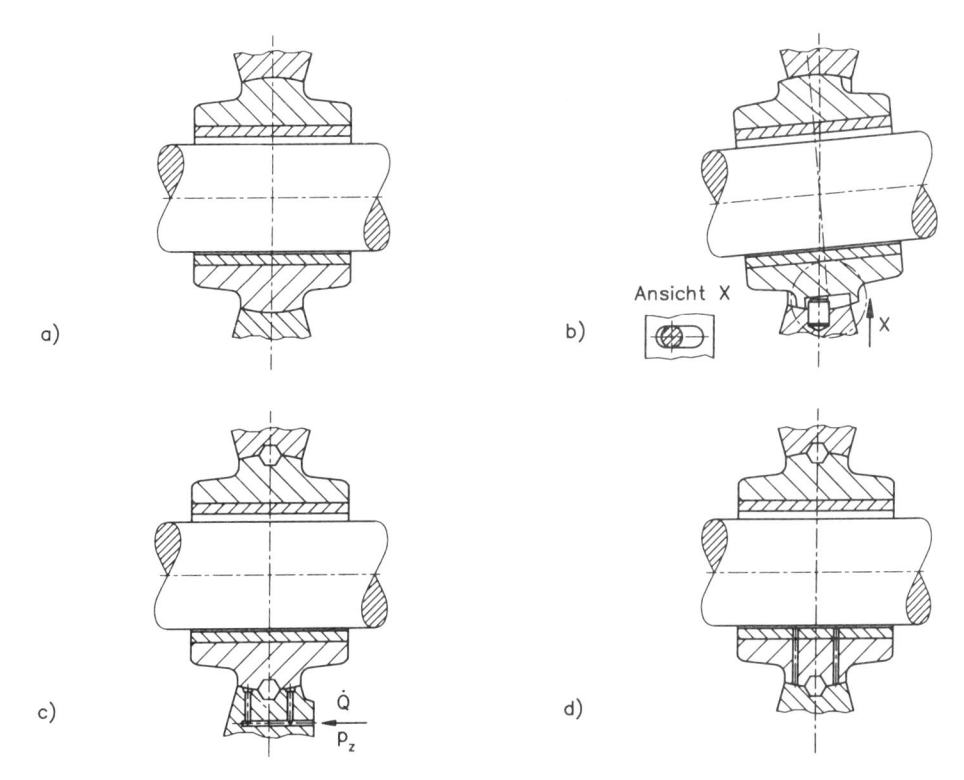

Bild 10.115. Gleitlagerschalen mit sphärischer Abstützung im Lagerstützkörper; a) Schwimmbuchsenlager, b) Lager mit sphärischer Abstützfläche (Öl-oder Fettschmierung!), c) Lager mit sphärischer Abstützfläche und hydrostatischer Schmierung, d) Lager mit sphärischer Abstützfläche und Schmierung aus dem Schmierspalt

die Tragfähigkeit des Gleitlagers verantwortliche hydrodynamisch aufgebaute Druckfeld gestört. Dies sollte möglichst vermieden werden!

Zusätzliche Informationen über konstruktive Details und Beispiele ausgeführter Radialgleitlager sind dem speziellen Schrifttum [5, 25, 49, 55, 56, 70, 76, 83, 92, 98] zu entnehmen.

10.5.4.2.2 Axialgleitlager (Längslager)

Bei Axiallagern müssen die Gleitflächen des Wellenbundes oder Spurringes und des Lagerringes oder der Lagersegmente (Gegenlauffläche!) möglichst glatt sein. Rauhtiefen (gemittelte Rauhtiefe R_z!) von 1 bis 6 µm sind durchaus keine Seltenheit, wenn man an kleinste Schmierspalthöhen von 2 bis 20 µm denkt. Je besser die Oberflächengüte der gepaarten Lagerteile ist, desto kleiner kann die kleinste Schmierspalthöhe und desto größer die Lagerbelastung sowie desto kleiner der Schmierstoffvolumenstrom sein. Die Rauhtiefen sind vom Konstrukteur daher unbedingt vorzugeben.

412   10 Reibung, Schmierung, Lagerungen

Geometrie und Neigung der Gleitflächen

Besonders zu beachten ist, daß bei Axiallagern die Keilform des Schmierspaltes sich nicht von selbst ergibt, wie dies bei den Radiallagern infolge der Differenz der Durchmesser von Lagerschale (Buchse!) und Welle der Fall ist. Da für den Aufbau der hydrodynamischen Drücke und damit auch für die Tragfähigkeit eines Lagers dieser Keilspalt aber unbedingt erforderlich ist, muß er in die Lagerflächen eingearbeitet werden. Aus diesem Grund wird bei Axiallagern die gesamte zwischen dem Wellenbund oder -spurkranz und dem Lagerring (feststehende Spurplatte!) zur Verfügung stehende axiale Fläche in Umfangsrichtung in mehrere Segmente, sog. Lagersegmente, unterteilt. An diesen Lagersegmenten können die keilförmigen Schmierspalte prinzipiell auf folgende zwei Arten verwirklicht werden:
1. Die dem Wellenbund oder -spurkranz zugewandten Flächen der Lagersegmente der feststehenden Spurplatte haben eine fest angearbeitete Neigung (z.B. 1:1000 bis 1:5000!).
2. Die Lagersegmente können sich selbsttätig in Abhängigkeit von der Druckverteilung im Schmierspalt schrägstellen.

Fest eingearbeitete Keilflächen

Bei der Ausführung mit fest eingearbeiteten Keilflächen (Bild 10.116) ist zu beachten, daß diese in dem weicheren der gepaarten Lagerteile gefertigt werden. Dies ist meistens der segmentierte Lagerring, d.h. die feststehende Spurplatte. Keilflächen

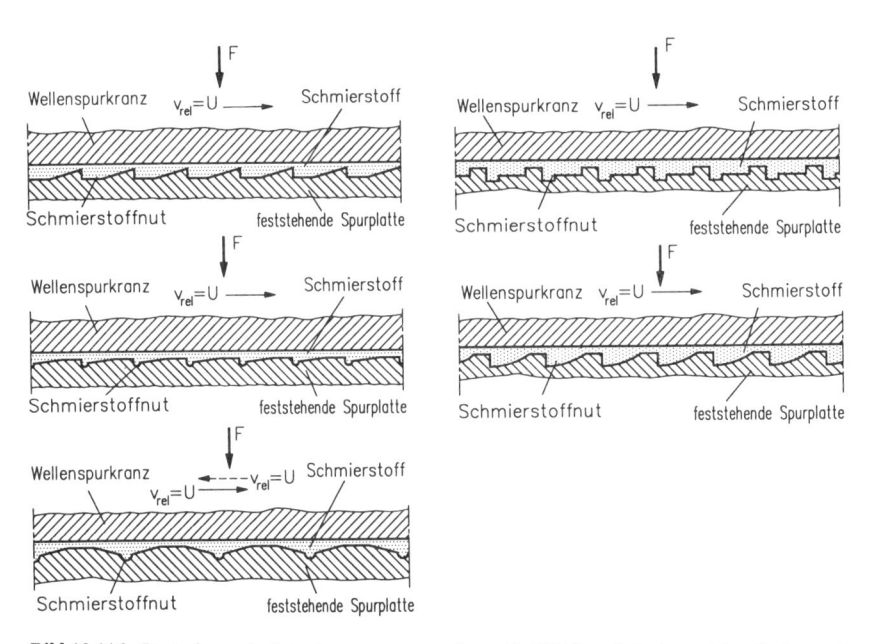

Bild 10.116. Fest eingearbeitete Lagersegmente bzw. Keilflächen bei einem Einscheiben – Spurlager (Axiallager) für eine Drehrichtung bzw. für beide Drehrichtungen nach [49]

mit festliegender Neigung können nur für einen Betriebszustand, d.h. eine Belastung und eine Relativgeschwindigkeit (Größe und Richtung!) richtig dimensioniert sein [25, 49]. Der Keilwinkel und die Länge der Keilfläche in Umfangsrichtung (Richtung der Relativgeschwindigkeit!) dürfen nicht zu groß sein, weil sonst die größte Schmierspalthöhe zu groß wird und in diesem Bereich dann der Schmierstoff zu stark quer zur Richtung der Relativgeschwindigkeit, d.h. in radialer Richtung, abströmt. Dies hätte eine Abnahme der Tragfähigkeit der einzelnen Segmente und damit des Lagers zur Folge. Das Längen-Breiten-Verhältnis eines Lagersegmentes sollte wegen der sonst zu großen seitlichen Abströmverluste für den Schmierstoff immer einen Wert L/B < 1 haben. Der Gleitschuh oder das Lagersegment sollte in radialer Richtung also breiter sein als er in Umfangsrichtung lang ist. Die Keiltiefe (Differenz der Schmierspalthöhen!) liegt je nach den Belastungsverhältnissen und der Viskosität des Schmierstoffes im Bereich zwischen 5 µm und 100 µm. Die Fertigung der Keilflächen ist daher sehr sorgfältig, d.h. sehr genau, vorzunehmen und erfolgt häufig durch Einpressen, Fräsen, Schaben oder im Feinkopierverfahren auf einer Drehmaschine. Es ist anzumerken, daß bei wechselnder Richtung der Relativgeschwindigkeit der gepaarten Laufflächen auch die Neigung der Keilfläche für beide Richtungen eingearbeitet sein muß. In Bild 10.116 werden Lagersegmente für konstante und wechselnde Richtung der Relativgeschwindigkeit, d.h. mit einseitiger und beidseitiger Neigung der Lagerflächen, gegenübergestellt. Die hier gezeigten Lagersegmente weisen eine kleine, zur Oberfläche des Wellenspurkranzes parallel verlaufende Lagerfläche auf, die häufig auch als Rastfläche bezeichnet wird. Sie ist erforderlich, um im Stillstand einer Maschine das in axialer Richtung wirkende Gewicht aufzunehmen.

In Bild 10.117 ist zusätzlich der Verlauf der Flächenpressung (Druckverteilung!) im Bereich der Rastfläche bei Stillstand und im Bereich des konvergierenden sowie des parallelen Spaltes bei einer Relativgeschwindigkeit U zwischen der Welle und der Spurplatte dargestellt. Bei den Lagersegmenten für wechselnde Richtung der Relativgeschwindigkeit sind die Druckverteilungen für die beiden Richtungen von v_{rel} symmetrisch zur Symmetrieachse des Segmentes, d.h. zur Mitte der Rastfläche.

Die Druckverläufe zeigen deutlich, daß immer nur die in Richtung der Relativgeschwindigkeit konvergierende Keilfläche und die sich anschließende Rastfläche einen hydrodynamischen Druck aufweisen. Der divergierende Spalt trägt also nicht! Die symmetrische Ausführung der beiden Keilflächen eines Lagersegmentes ist natürlich nur für gleiche Belastungs- und Geschwindigkeitsverhältnisse bei beiden Richtungen der Relativgeschwindigkeit richtig. In allen anderen Fällen sind die beidseitigen Keilflächen unterschiedlich auszuführen!

Bei Lagersegmenten für eine Richtung von v_{rel} sollte die Kante der Rastfläche, die der Schmierstoffzufuhrnut für die nächste Keilfläche zugewendet ist, abgerundet oder angefast sein, damit bei kurzzeitigem – eigentlich unvorhergesehenem – Lauf in der Gegendrehrichtung sich über der Rastfläche ein kleiner Schmierspaltdruck hydrodynamisch ausbilden kann.

Gersdorfer [25] hat für die konstruktive Gestaltung von fest eingearbeiteten Keilflächen einige Lösungsvorschläge unterbreitet, die in Bild 10.118 zusammenge-

414   10 Reibung, Schmierung, Lagerungen

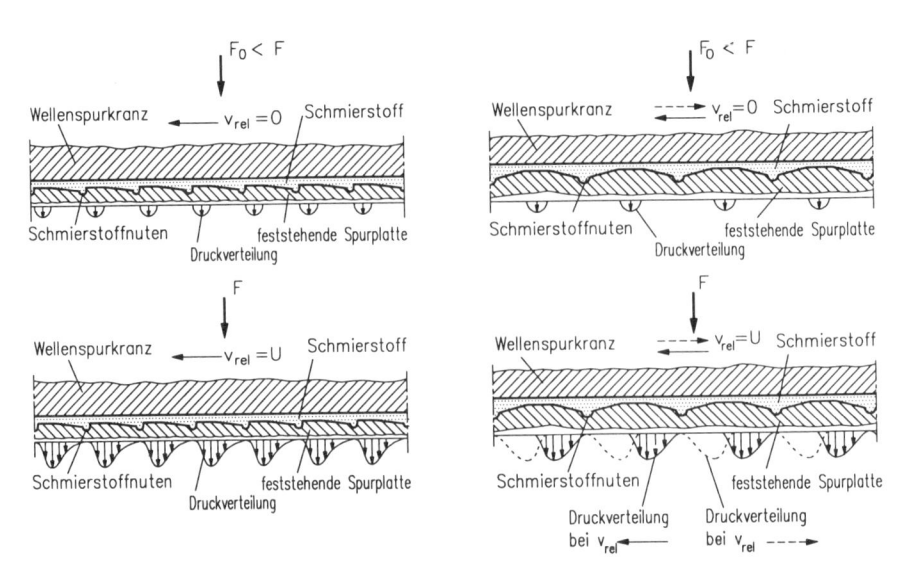

Bild 10.117. Lagersegmente mit konstantem Keilwinkel und einer Rastfläche bei konstanter und wechselnder Drehrichtung sowie Verlauf der Druckverteilung nach [49]

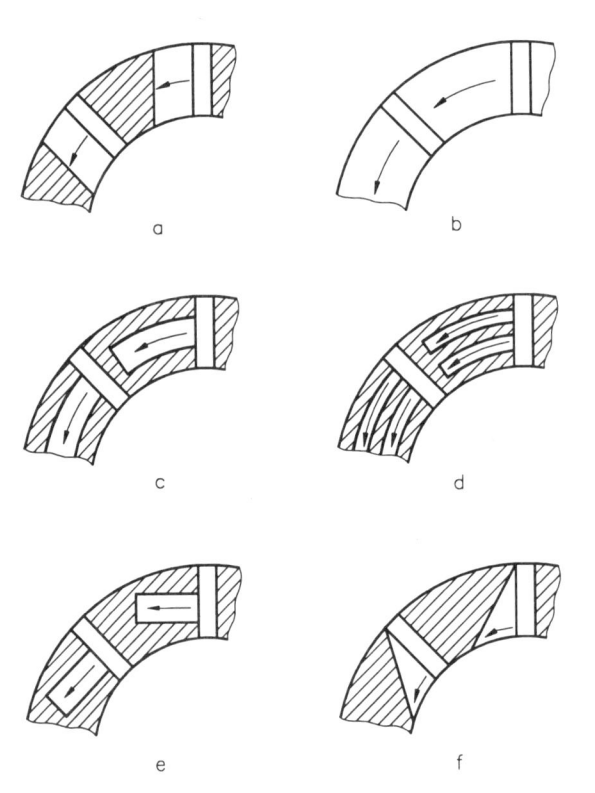

Bild 10.118. Unterschiedliche Ausführungsformen von fest eingearbeiteten Keilflächen nach [25]

stellt sind. Für große Schmierstoffvolumenströme sind die Lösungen a) und b) geeignet, und bei kleinen Schmierstoffvolumenströmen sind die Lösungen c), d) und e) zu empfehlen, weil durch sie der Schmierstoff an zwei bzw. drei Seiten durch Rastflächen, die einen größeren Strömungswiderstand bewirken, eingeschlossen wird. Lösungsvorschlag f) eignet sich für sehr hochtourige Maschinen, weil dem radial nach außen abströmenden Schmierstoff (Verstärkung durch Fliehkrafteinwirkung!) durch die radialen Rastflächen ein großer Strömungswiderstand entgegenwirkt.

Anstelle der ebenen Keilflächen mit konstanter Neigung können die Lagersegmente auch andere Spaltgeometrien aufweisen. Sie müssen nur die Funktion des „Stauens" des Schmierstoffstromes gewährleisten.

Selbsttätig sich einstellende Keilflächen

Bei diesen Lagerausführungen werden hinsichtlich der Lagersegmente folgende Varianten unterschieden:
1. Lagersegmente, die über Wälzkörper (Kugeln, Zylinder!), Kipplagerflächen (Schneiden!), Federn oder andere elastische Elemente kippbeweglich gegenüber der feststehenden Spurplatte abgestützt sind;
2. Lagersegmente, die geometrisch so aus der feststehenden Spurplatte herausgearbeitet sind, daß sie sich elastisch oder elastisch und plastisch in der Weise verformen können, daß ein Keilspalt gebildet wird.

Kippbewegliche Lagersegmente und ihre Abstützung gegenüber der feststehenden Spurplatte gibt es in unterschiedlichen Ausführungen. Einige charakteristische Konstruktionen sind in Bild 10.119 dargestellt. Die Ausführungen a) haben eine

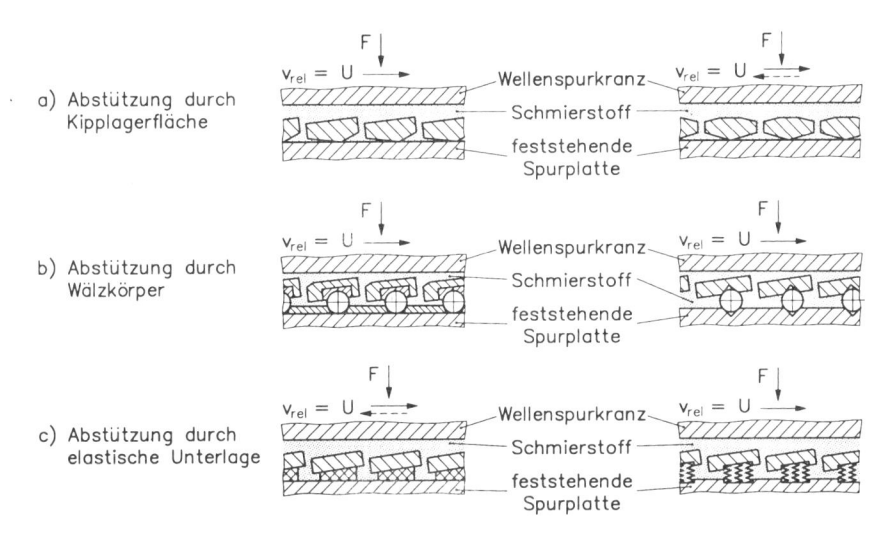

Bild 10.119. Ausführungsformen kippbeweglicher Lagersegmente nach [49]; a) Abstützung durch Kipplagerfläche, b) Abstützung durch Wälzkörper, c) Abstützung durch elastische Unterlage

Abstützung über Kipplagerflächen; die Ausführungen b) sind über Wälzkörper abgestützt; die Ausführungen c) sind elastisch gegenüber der festen Spurplatte gebettet. Durch diese bewegliche bzw. elastische Abstützung der Lagersegmente gegenüber der festen Spurplatte stellen sich die Gleit- oder Lagerflächen der Lagersegmente für jede Belastung, jede Relativgeschwindigkeit und jeden Schmierstoff von selbst in einem bestimmten Keilwinkel gegen den Wellenspurkranz an. Die konstruktive und fertigungstechnische Gestaltung der einzelnen Lagersegmente und Abstützelemente ist sehr genau vorzunehmen, weil die Lage der Kippachse oder der Kipplagerfläche sehr stark die Einstellung des Keilwinkels beeinflußt. Dabei ist zu beachten, daß sich zwischen der Abstützkraft eines Lagersegmentes von der festen Spurplatte, der Druckkraft auf die Lagerfläche des Segmentes und der Reibkraft zwischen dem Schmierstoff und dem Lagersegment in allen Belastungsfällen ein Gleichgewicht einstellt. Bei Lagern mit nur einer Richtung für die Relativgeschwindigkeit zwischen Welle und Spurplatte werden die Lagersegmente so ausgeführt, daß die Kippachse oder die Kipplagerfläche immer näher zur engsten Schmierspaltstelle liegt Dies bedeutet, daß die Lagersegmente unsymmetrisch gestaltet sind.

Die Wälzkörperabstützung ist von der Funktion und der Wirtschaftlichkeit her gesehen eine gute und sehr häufig anzutreffende Lösung, weil sehr genau gefertigte und handelsübliche Wälzkörper einsetzbar sind.

Die elastische Abstützung durch metallische Federn ist sehr teuer und daher auch selten und nur bei großen Lagersegmenten in Anwendung. Billiger ist die

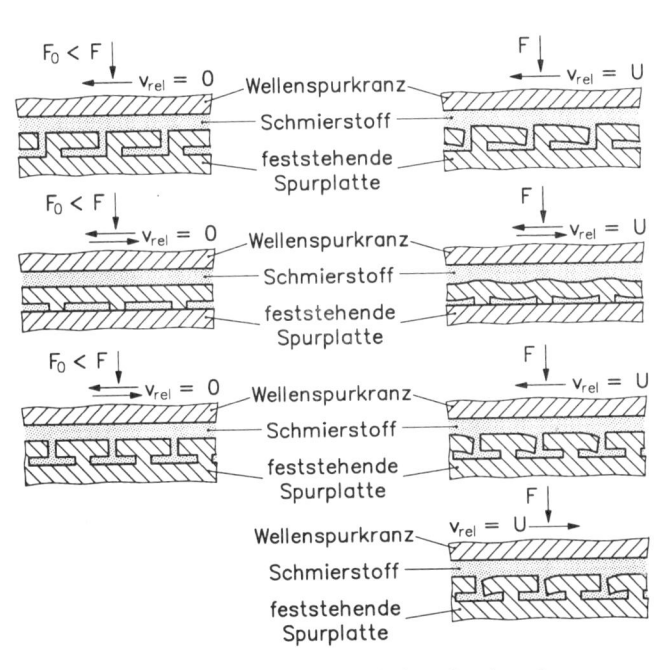

Bild 10.120. Elastisch und elastisch/plastisch verformbare Lagersegmente in der feststehenden Spurplatte im unbelasteten und belasteten Zustand

elastische Abstützung der Lagersegmente durch schmierstoffbeständige Elastomere oder Kunststoffe. Bei mittelgroßen und zum Teil auch großen Lagern ist diese Art der Abstützung schon in Anwendung.

Bei großen Lagern mit schweren Lasten und bei Maschinen, die häufig an- und abgefahren werden müssen, werden sehr oft seichte Mulden in die Rastflächen der einzelnen Lagersegmente eingearbeitet. Diese haben dann die Funktion von Schmiertaschen oder fest eingearbeiteten schwachgeneigten Keilflächen, in denen der Schmierstoff stehen bleibt und eine gewisse „Notschmierung" gewährleistet. Die Fertigung dieser flachen Mulden oder Schmierstofftaschen ist natürlich schwierig und teuer, weil fast nur manuelles Schaben in Frage kommt (Mikrohydrodynamik!).

Die biegeelastisch gestalteten Lagerflächen (Bild 10.120) passen sich bei richtiger Formgestaltung ebenfalls selbsttätig an die Belastungsverhältnisse an. Die ständige selbsttätige Anpassung ist umso besser, je kleiner der plastische Anteil an der Durchbiegung des als „Zunge" oder sehr elastischer Biegeträger ausgebildeten Lagersegmentoberteils ist. Bei der Fertigung derartiger Lagersegmente muß große Sorgfalt aufgewendet werden, weil die Abmessungen sehr stark die Durchbiegung bestimmen. Die freie Abstützlänge geht z.B. in dritter Potenz und die Dicke der „Biegezunge" in vierter Potenz in die Durchbiegung und damit auch in die Neigung der Keilfläche ein. Da der Anteil der Rastfläche an der gesamten Lagerfläche bei biegeelastisch ausgeführten Lagersegmenten groß ist, eignen sich derartig ausgeführte Lagerstellen besonders für große Lasten bei häufigem Stillstand.

Schrägstellung der Welle

Eine Schrägstellung der Wellenachse gegenüber der Achse der feststehenden Spurplatte sollte unbedingt vermieden werden, weil sonst eine Änderung der Schmierspalthöhe in Umfangsrichtung bewirkt wird. Diese hätte eine ungleichförmige Schmierstoffströmung über die gesamte Lagerfläche und damit auch einen ungleichmäßigen Druckaufbau über den einzelnen Lagersegmenten oder sogar ein Aufsitzen des Wellenbundes und damit ein Fressen zur Folge. Noch unkontrollierbarer werden die Verhältnisse, wenn die Lageroberfläche des Wellenspurringes oder -bundes gegenüber der Platte eine Taumelbewegung ausführt. Diese würde dann zusätzlich eine periodische Änderung der Schmierspalthöhe und der Druckverteilung bewirken.

Die Orthogonalität zwischen Wellenachse und Lagerebene ist nicht nur eine Frage der sorgfältigen Fertigung oder der Güte der Werkzeugmaschinen, sondern auch ein Problem der Montage oder Justierung der Einzelelemente und der Verformung der Elemente unter den statischen und dynamischen Lasten. Kleinste Fehler werden selbsttätig durch die weichen und sehr nachgiebigen Laufschichten ausgeglichen, aber bei Fehlern, die die Keiltiefe überschreiten, müssen konstruktive Maßnahmen getroffen werden, die ein Anpassen der Gleitflächen ermöglichen.

Im Prinzip können nach Leyer [55] drei konstruktive Maßnahmen unterschieden werden:
1. Sphärische Ausbildung der Laufflächen zwischen der Welle und dem Lagerstützkörper;

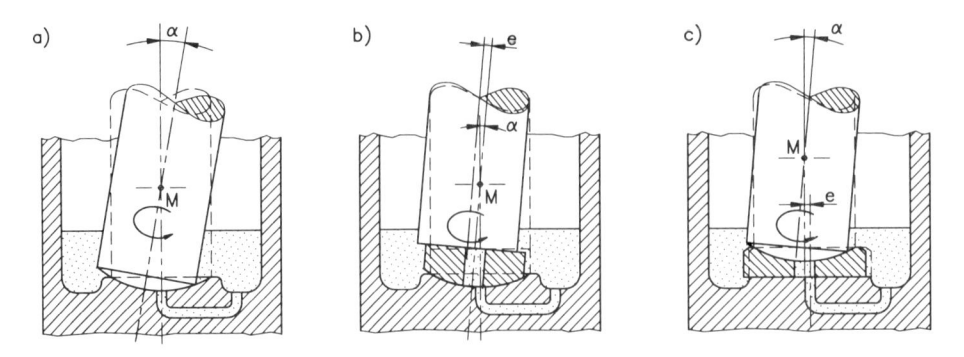

Bild 10.121. Konstruktive Varianten zur Gewährleistung einer Schrägstellung der Welle nach [55]; a) nur für Winkelversatz, b) für Winkel- und Querversatz, c) für Winkel- und Querversatz

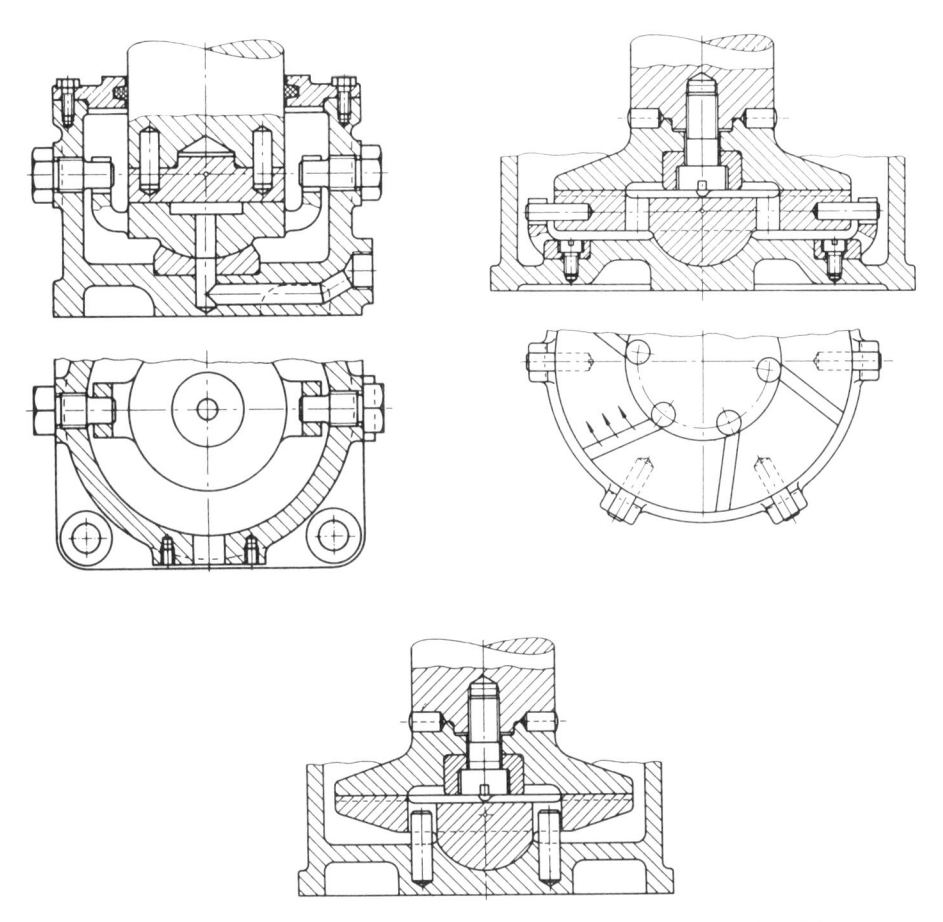

Bild 10.122. Möglichkeiten der konstruktiven Gestaltung von Axiallagern mit Winkel- und Querversatz der Welle nach [55]

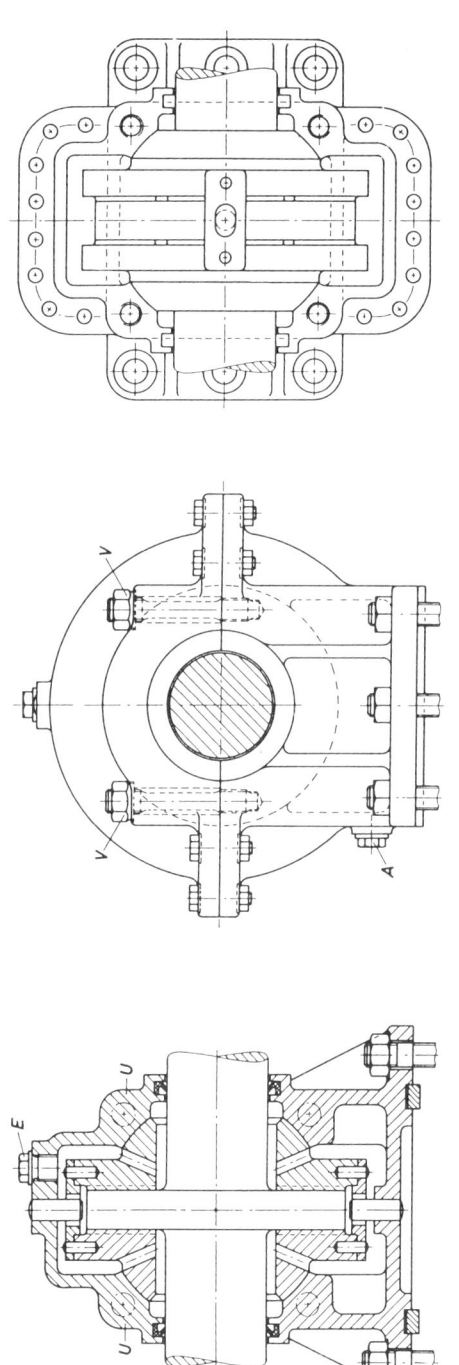

Bild 10.123. Axiallager für wechselnde Richtung der Axialkraft mit Lagersegmenten in den beidseitigen, einstellbaren Stützringen nach [55]; E Schmieröleinfüllschraube, A Schmierölablaßschraube, V Verspannschrauben für den Lagerober- und unterkörper, U Aufnahmeträger für den Axialschub

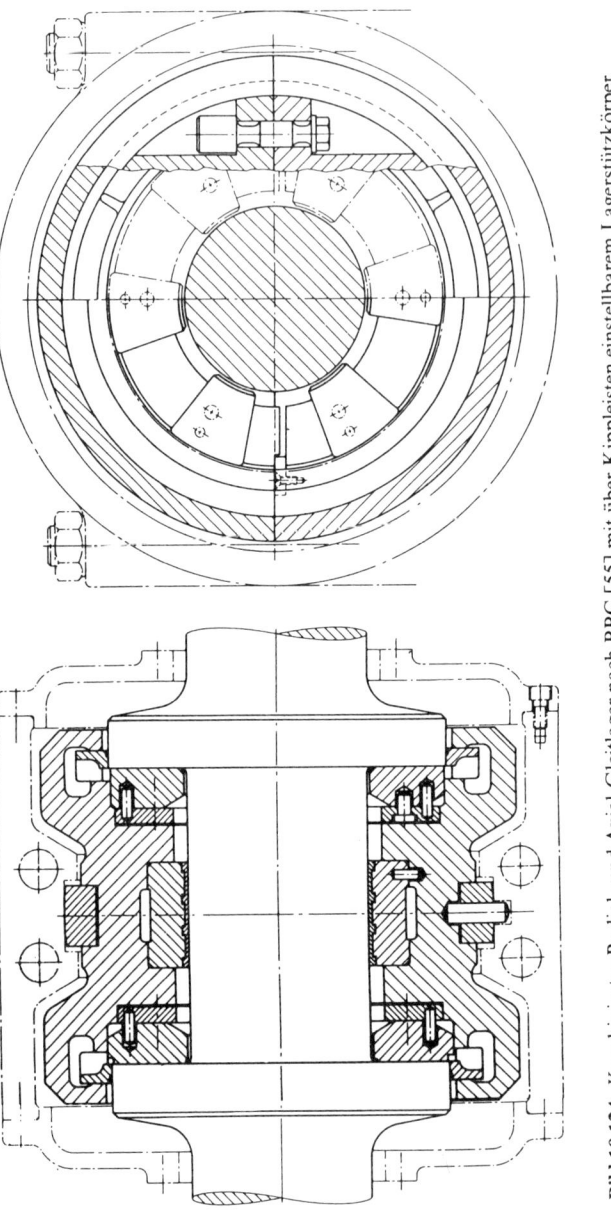

Bild 10.124. Kombiniertes Radial- und Axial-Gleitlager nach BBC [55] mit über Kippleisten einstellbarem Lagerstützkörper

2. Einbau eines sphärischen Gleitlagers zwischen die Spurplatte und den Lagerstützsattel des feststehenden Lagergehäuses;
3. Einbau eines sphärischen Gleitlagers zwischen den Wellenspurring oder -bund und die eigentliche Welle.

Die beiden letzten Lösungen sind kinematisch gleichwertig und können daher gemeinsam behandelt werden, unterscheiden sich aber kinematisch von der ersten Lösung, weil bei dieser nur ein Winkel-, aber kein Querversatz ausgeglichen werden kann. In Bild 10.121 sind die genannten Lösungsvarianten in prinzipieller Ausführung gegenübergestellt. Lösung a) ist nur für Winkelversatz, und Lösungen b) und c) sind für Winkel- und Querversatz einsetzbar. Bei Lösung b) muß der Lagerring mit der Kugelkalotte gegen Drehen um eine Achse parallel zur Wellenachse so gesichert werden, daß trotzdem noch seine Schwenkbarkeit in der Lagerpfanne des Gehäuses möglich ist. Die konstruktive Gestaltung einer derartigen Lagerung des Lagerrings ist in Bild 10.122 gezeigt. Die Welle ist zur Verringerung ihres Verschleißes an ihrem Ende mit einem gehärteten Stahlteller versehen.

Bei Axiallagern für Kräfte in beiden Richtungen ist ebenfalls darauf zu achten, daß die beidseitig am Wellenspurring anliegenden und die Lagersegmente tragenden Spurplatten einstellbar und gegen Verdrehen gesichert sind. Bei der in Bild 10.123 gezeigten Konstruktion sind die beidseitigen Spurplatten mit einem Zwischenring steif verbunden und durch diesen über Radialstifte verdrehfest im Gehäuse abgestützt.

Für weitere konstruktive Details und Beispiele ausgeführter Axialgleitlager wird auf das spezielle Schrifttum [25, 49, 55, 56] verwiesen.

10.5.4.2.3 Radial-Axial-Gleitlager

Ein kombiniertes Radial-Axial-Gleitlager der Bauart Brown Boveri für Dampfturbinen ist in Bild 10.124 im Längs- und im Querschnitt dargestellt. Der möglichen Durchbiegung der Turbinenwelle wird dabei durch die kippbewegliche Abstützung des Lagerstützkörpers im Lagergehäuse über Kippleisten Rechnung getragen.

10.6 Schrifttum

1. Ackermann, J.: Wälzlager. Bauarten, Eigenschaften, neue Entwicklungen. Landsberg/Lech: Verlag Moderne Industrie 1990. (Die Bibliothek der Technik; Band 55)
2. Blasius, H.: Lagerreibung; hydrodynamische Theorie nach Sommerfeld und Michell; eine Darstellung der Grundlagen. Hamburg: Boysen und Maasch 1961
3. Bootsma, J.: Liquid-Lubricated Spiral-Groove Bearings. Proefschrift Technische Hogeschool Delft 1975
4. Bowden, F. P. and Tabor, D.: The Friction and Lubrication of Solids. Oxford: University Press 1954 (Part 1), 1964 (Part 2)
5. Buske, A.: Der Einfluß der Lagergestaltung auf die Belastbarkeit und Betriebssicherheit. Stahl und Eisen 71 (1951), S. 1420–1433
6. Butenschön, H.-J.: Das hydrodynamische Radialgleitlager endlicher Breite unter instationärer Belastung. Diss. Univ. Karlsruhe 1976

7. Cameron, A.: Basic Lubrication Theory. 2nd edit. New York, London, Sydney, Toronto: Halsted Press, J. Wiley & Sons 1976
8. Cameron, A.: Principles of Lubrication. London: Longman Green 1966
9. Čičinadze, A. V. et al.: Polymere Gleitlager. Berlin: VEB Verlag Technik 1990
10. Czichos, H. und Habig, K.-H.: Tribologie-Handbuch. Reibung und Verschleiß. Braunschweig, Wiesbaden: Vieweg 1992
11. Dahlke, H.: Handbuch der Wälzlagertechnik. Hamburg: Deutsche Koyo Wälzlager-Verkaufsgesellschaft 1987
12. Dietz, R.: Verhalten von statisch belasteten kreiszylindrischen Gleitlagern im Betriebsbereich des Reibungsminimums. Diss. Univ. Karlsruhe 1968
13. Dillenkofer, H.: Einfluß der Lage der Ölzufuhrstelle auf das Betriebsverhalten stationär belasteter zylindrischer Gleitlager endlicher Breite. Diss. Univ. Stuttgart 1975
14. Dowson, D.: History of Tribology: London, New York: Longman 1979
15. Dowson, D.: Elastohydrodynamic lubrication, the fundamentals of roller and gear lubrication. 2nd edit. Oxford: Pergamon Press 1977
16. Drescher, H.: Zur Berechnung von Axial-Gleitlagern mit hydrodynamischer Schmierung. Konstruktion 8 (1956), H. 3, S. 94–104
17. Duffing, G.: Die Schmiermittelreibung bei Gleitflächen von endlicher Breite. Handbuch der phys. u. techn. Mechanik von Auerbach-Hort, Bd. 5, S. 839–850. Leipzig: Barth 1931
18. Erhard, G. und Strickle, E.: Maschinenelemente aus thermoplastischen Kunststoffen. Band 2: Lager- und Antriebselemente. Düsseldorf: VDI-Verlag 1978
19. Eschmann, P.; Hasbargen, L. und Weigand, K.: Die Wälzlagerpraxis. 2. Aufl. München, Wien: Oldenbourg 1978
20. Falz, E.: Grundzüge der Schmiertechnik. 2. Aufl. Berlin: Springer 1931
21. Franke, W.-D.: Schmierstoffe und ihre Anwendung. München: Hanser 1971
22. Fränkel, A.: Berechnung von zylindrischen Gleitlagern. Diss. ETH Zürich 1944
23. Frössel, W.: Berechnung der Reibung und Tragkraft eines endlich breiten Gleitschuhs auf einer ebenen Gleitbahn. Z. angew. Math. Mech. 21 (1941), S. 321–340
24. Fuller, D. D.: Theorie und Praxis der Schmierung. Stuttgart: Berliner Union 1960
25. Gersdorfer, O.: Das Gleitlager. Wien, Heidelberg: Industrie- und Fachverlag R. Bohmann 1954
26. Giese, P.: Untersuchungen zum hydrostatischen Käfig und zur Bordtragfähigkeit von Zylinderrollenlagern. Diss. Univ. Karlsruhe 1985
27. Glienicke, J.: Feder- und Dämpfungskonstanten von Gleitlagern für Turbomaschinen und deren Einfluß auf das Schwingungsverhalten eines einfachen Rotors. Forschungsvereinigung Verbrennungskraftmaschinen e.V., Frankfurt/Main; FVV-Forschungsheft 67 (1967)
28. Glienicke, J.: Äußere Lagerdämpfung. Forschungsvereinigung Verbrennungskraftmaschinen e.V., Frankfurt/Main; FVV-Forschungsheft R205 (1972)
29. Grobruschek, F.: Dauerfestigkeit von Gleitlagerwerkstoffen. MTZ 25 (1964), H. 5, S. 211–216
30. Gümbel, L. und Everling, E.: Reibung and Schmierung im Maschinenbau. Berlin: Krayn 1925
31. Hahn, H.: Das zylindrische Gleitlager endlicher Breite und zeitlich veränderlicher Belastung. Diss Univ. Karlsruhe 1957
32. Hampp, W.: Wälzlagerungen. Berechnung und Gestaltung. Berlin, Heidelberg, New York: Springer 1971. (Konstruktionsbücher, Band 23)
33. Hamrock, B. J. and Dowson, D.: Ball Bearing Lubrication. New York, Chichester, Brisbane, Toronto, Singapore: J. Wiley & Sons 1981
34. Harbordt, J.: Beitrag zur theoretischen Ermittlung der Spannungen in den Schalen von Gleitlagern. Diss. Univ. Karlsruhe 1975
35. Henning, F.: Wärmetechnische Richtwerte. Berlin: VDI-Verlag 1938
36. Hersey, M. D.: Theory and Research in Lubrication. Foundations for Future Developments. New York, London, Sydney: J. Wiley & Sons 1966
37. Hilgers, W.: Dynamische Festigkeit von Lagerwerkstoffen auf Blei-, Zinn- und Cadmium-Grundlage. Aus der Arbeit der Th. Goldschmitt AG, 3/78, Nr. 45, S. 2–5; Essen: 1978
38. Hilgers, W.: Lagerwerkstoffe für höhere Forderungen. Gleitlagerentwicklung aus der Sicht des Metallurgen. VDI-Nachrichten Nr. 38 (1975), 19. Sept. S. 9–11
39. Holland, J.: Beitrag zur Erfassung der Schmierverhältnisse in Verbrennungskraftmaschinen. VDI-Forsch. Heft 475. Düsseldorf: VDI-Verlag 1959
40. Jakobsson, B. and Floberg, L.: The rectangular plane pad bearing. Transactions of Chalmers University of Technology Gothenburg, Sweden Nr. 203, 1958
41. Jürgensmeyer, W.: Die Wälzlager. Berlin: Springer 1937

42. Kara, W. H.: Grundlagen der Lagerschmierung. Mainz, Heidelberg: Hüthig und Dreyer 1959. (Die Erdölbücherei, Band 10)
43. Klumpp, R.: Ein Beitrag zur Theorie von Kippsegmentlagern. Diss. Univ. Karlsruhe 1975
44. Knoll, G.: Tragfähigkeit zylindrischer Gleitlager unter elastohydrodynamischen Bedingungen. Diss. RWTH Aachen 1974
45. Kraussold, H.: Die spezifische Wärme von Mineralölen. Petroleum 28 (1932), S. 1–7
46. Kühnel, R.: Werkstoffe für Gleitlager. Berlin, Göttingen, Heidelberg: Springer 1952
47. Kunkel, H. und Arsenius, T.: Hydrostatische Lager. SKF Kugellagerfabriken GmbH, Schweinfurt: Sonderdruck aus „Kugellager-Zeitschrift" 171 und 173
48. Kunkel, H. und Hallstedt, G.: Hydrostatische Lager. SKF Kugellagerfabriken GmbH, Schweinfurt: Sonderdruck aus „Kugellager-Zeitschrift" 171 und 173
49. Lang, O. R. und Steinhilper, W.: Gleitlager. Berlin, Heidelberg, New York: Springer 1978. (Konstruktionsbücher, Band 31)
50. Lang, O. R.: Geringste zulässige Schmierspaltdicke oder Übergangsdrehzahl? Konstruktion 27 (1975), H. 7, S. 270–275
51. Lang, O. R.: Geschichte des Gleitlagers. Stuttgart: Daimler-Benz AG 1982
52. Leloup, L.: Die Berechnung von Gleitlagern. Schmierungstechnik 2 (1955), S. 47–55
53. Leloup, L.: Le frottement onctueux des paliers lisses. Revue générale de Mécanique. Paris, Jan. 1949, S. 34–38
54. Leloup, L.: Étude d'un régime de lubrification: Le frottement onctueux des paliers lisses. Revue universelle des mines 1947 9me Série-Tom III-No. 10, p. 373–419
55. Leyer, A.: Maschinenkonstruktionslehre, H6 (Spezielle Gestaltungslehre), Teil 4. Basel, Stuttgart: Birkhäuser 1971
56. Leyer, A.: Theorie des Gleitlagers bei Vollschmierung (Blaue TR-Reihe, H. 46). Bern: Hallwag-Verlag 1967
57. Mader, W.: Hinweise zur Anwendung von Schmierfetten. Hannover: C. R. Vincentz-Verlag 1979
58. Malcher, L.: Die Federungs- und Dämpfungseigenschaften von Gleitlagern für Turbomaschinen-Experimentelle Untersuchung von MGF- und Kippsegmentlagern. Diss. Univ. Karlsruhe 1975
59. Michell, A. G. M.: Progress of Fluid-Film Lubrication. Trans ASME 51 (1929), APM 51–15, p. 153–163
60. Molykote: Herausgeber Dow Corning GmbH. München 1990
61. Motosh, N.: Das konstant belastete zylindrische Gleitlager unter Berücksichtigung der Abhängigkeit der Viskosität von Temperatur und Druck. Diss. Univ. Karlsruhe 1962
62. Muijderman, E. A.: Spiral Groove Bearings. Eindhoven, The Netherlands: Philips Technical Library 1966
63. Ott, H. H.: Zylindrische Gleitlager bei instationärer Belastung. Diss. ETH Zürich 1948
64. Pahl, G. und Beitz, W.: Konstruktionslehre. 3. Aufl. Berlin, Heidelberg, New York: Springer 1993
65. Palmgren, A.: Grundlagen der Wälzlagertechnik. 3. Aufl. Stuttgart: Franck'sche Verlagshandlung 1964
66. Peeken, H.: Die Berechnung hydrostatischer Lager. VDI-Berichte Nr. 248, 1975, S. 85–94
67. Peeken, H.: Hydrostatische Querlager. Konstruktion 16 (1964), H. 7, S. 266–276
68. Peeken, H.: Tragfähigkeit und Steifigkeit von Radiallagern mit fremderzeugtem Tragdruck (Hydrostatische Radiallager). Teil 1: Flüssigkeitslager. Konstruktion 18 (1966), H.10, S. 414–420. Teil 2: Gaslager. Konstruktion 18 (1966), H. 11, S. 446–451
69. Petroff, N.: Neue Theorie der Reibung. Ostwald's Klassiker der exakten Wissenschaften Nr. 218. Leipzig: Akademische Verlagsgesellschaft 1927
70. Pinegin, S. V.; Orlov, A. V. und Tabačnikov, J. B.: Präzisionswälzlager und Lager mit Gasschmierung. Berlin: VEB Verlag Technik 1990
71. Pinkus, O. and Sternlicht, B.: Theory of Hydrodynamic Lubrication. New York, Toronto, London: McGraw Hill 1961
72. Radermacher, K. H.: Das instationär belastete zylindrische Gleitlager – experimentelle Untersuchung. Diss. Univ. Karlsruhe 1962
73. Reynolds, O.: Über die Theorie der Schmierung und ihre Anwendung. Phil. Trans. Roy. Soc. 177 (1886), S. 157–234. Deutsch: Ostwald's Klassiker Nr. 218, S. 39–107
74. Sassenfeld, H. und Walther, A.: Gleitlagerberechnungen. VDI-Forsch. Heft 441, Düsseldorf: VDI-Verlag 1954
75. Schaffrath, G.: Das Gleitlager mit beliebiger Schmierspaltform – Verlagerung des Wellenzapfens bei zeitlich veränderlicher Belastung. Diss. Univ. Karlsruhe 1967

76. Schiebel, A. und Körner, K.: Die Gleitlager (Längs- und Querlager), Berechnung und Konstruktion. Berlin: Springer 1933
77. Shaw, M. C. and Macks, F.: Analysis and Lubrication of Bearings. New York: McGraw Hill 1949
78. Slaymaker, R. R.: Bearing Lubrication Analysis. New York: J. Wiley & Sons 1955
79. Someya, T.: Schwingungs- und Stabilitätsverhalten einer in zylindrischen Gleitlagern laufenden Welle mit Unwucht. VDI-Forschungsheft 510. Düsseldorf: VDI-Verlag 1965
80. Someya, T.: Stabilität einer in zylindrischen Gleitlagern laufenden, unwuchtfreien Welle. Ing.-Archiv 33 (1963), H. 2, S. 85–108
81. Someya, T.: Stabilität einer in zylindrischen Gleitlagern laufenden, unwuchtfreien Welle. Beitrag zur Theorie des instationär belasteten Gleitlagers. Diss. Univ. Karlsruhe 1962
82. Sommerfeld, A.: Zur hydrodynamischen Theorie der Schmiermittelreibung. Z. Math. Phys. 50 (1904), S. 97–155
83. Spengler, G. und Wunsch, F.: Schmierung und Lagerung in der Feinwerktechnik. Düsseldorf: VDI-Verlag 1970
84. Stribeck, R.: Die wesentlichen Eigenschaften der Gleit- und Rollenlager. Z. VDI 46 (1902), S. 1341–1348, 1432–1438 und 1463–1470
85. Tipei, N.: Theory of Lubrication. Stanford, California: Stanford University Press 1962
86. Ubbelohde, L.: Zur Viskosimetrie. Stuttgart: Hirzel 1965
87. Varga, Z. E.: Wellenbewegung, Reibung und Öldurchsatz beim segmentierten Radialgleitlager von beliebiger Spaltform unter konstanter und zeitlich veränderlicher Belastung. Diss. ETH Zürich 1971
88. Vogel, H.: Das Temperaturabhängigkeitsgesetz der Viskosität von Flüssigkeiten. Phys. Z. 22 (1921), S. 645–646
89. Vogel, H.: Die Bedeutung der Temperaturabhängigkeit der Viskosität für die Beurteilung von Ölen. Z. angew. Chem. 35 (1922), S. 561–563
90. Vogelpohl, G.: Beiträge zur Kenntnis der Gleitlagerreibung. VDI-Forschungsheft 386. Berlin: VDI-Verlag 1937
91. Vogelpohl, G.: Bestimmung der Übergangsdrehzahl nach dem Auslaufverfahren. Konstruktion 16 (1964), H. 12, S. 491–496
92. Vogelpohl, G.: Betriebssichere Gleitlager. Berechnungsverfahren für Konstruktion und Betrieb. Berlin, Heidelberg, New York: Springer 1967
93. Vogelpohl, G.: Die rechnerische Behandlung des Schmierproblems beim Lager. Öl und Kohle 36 (1940), S. 9–13 und 34–38
94. Vogelpohl, G.: Geringste zulässige Schmierschichtdicke und Übergangsdrehzahl. Konstruktion 14 (1962), H. 12, S. 461–468
95. Vogelpohl, G.: Geschichte der Reibung. Eine vergleichende Betrachtung aus der Sicht der klassischen Mechanik. Düsseldorf: VDI-Verlag 1981. (Technikgeschichte in Einzeldarstellungen Nr. 35)
96. Vogelpohl, G.: Hydrodynamische Theorie und halbflüssige Reibung. Öl und Kohle 32 (1936), S. 943–946
97. Vogelpohl, G.: Zur Integration der Reynoldsschen Gleichung für das Zapfenlager endlicher Breite. Ingenieur Archiv XIV (1943), S. 192–212.
98. Wiemer, A.: Luftlagerung. Berlin: VEB Verlag Technik 1969
99. Wissussek, D.: Der Einfluß reversibler und irreversibler Viskositätsänderungen auf das Verhalten stationär belasteter Gleitlager. Diss. TU Hannover 1975
100. FAG Kugelfischer Georg Schäfer KGaA, Schweinfurt: FAG Spindeleinheiten für das Bohren-Drehen-Fräsen. Publ.-Nr. 02102/3 DA
101. FAG Kugelfischer Georg Schäfer KGaA, Schweinfurt: Getriebelagerungen, Antriebstechnik. Publ.-Nr. WL 04202 DA
102. FAG Kugelfischer Georg Schäfer KGaA, Schweinfurt: Getriebelagerungen, Dimensionierung. Publ.-Nr. WL 04201 DA
103. FAG Kugelfischer Georg Schäfer KGaA, Schweinfurt: Getriebelagerungen, Konstruktion. Publ.-Nr. WL 04200 DA
104. FAG Kugelfischer Georg Schäfer KGaA, Schweinfurt: Kugellager, Rillenlager, Nadellager. Lager-Katalog
105. FAG Kugelfischer Georg Schäfer KGaA, Schweinfurt: Montage von Wälzlagern. Publ.-Nr. WL 80100/2 DA
106. FAG Kugelfischer Georg Schäfer KGaA, Schweinfurt: Montagegeräte und Montageverfahren für Wälzlager. Publ.-Nr. WL 80200 DB
107. FAG Kugelfischer Georg Schäfer KGaA, Schweinfurt: Schmierung von Wälzlagern. Publ.-Nr. 81115 DA

108. FAG Kugelfischer Georg Schäfer KGaA, Schweinfurt: Wälzlager in Elektromaschinen und in der Bürotechnik. Publ.-Nr. WL 01201 DA
109. GMN Georg Müller Nürnberg AG: Spindelkugellager. Lagerkatalog
110. GRW Gebrüder Reinfurt, Würzburg: Klein-, Miniatur- und Instrumenten-Kugellager. Lagerkatalog
111. Hoesch Rothe Erde AG: Rothe Erde Großwälzlager. Dortmund 1992
112. INA Schaeffler Wälzlager, Homburg/Saar: Miniaturkugellager. Maßkatalog
113. NSK Nippon Seiko K. K., Tokyo: Miniature ball bearings. Cataloque
114. RMB Miniaturwälzlager GmbH, Biel-Bienne, Schweiz: Miniatur-Kugellager und Instrumenten-Kugellager. Lagerkatalog
115. SKF GmbH, Schweinfurt: Dünnringlager. Lagerkatalog
116. SKF GmbH, Schweinfurt: Genauigkeitslager. Lagerkatalog
117. SKF GmbH, Schweinfurt: Hauptkatalog
118. SKF GmbH, Schweinfurt: Lager für den Groß- und Schwermaschinenbau. Lagerkatalog
119. SKF GmbH, Schweinfurt: Leitfaden für Wartung und Austausch von Wälzlagern
120. SKF GmbH, Schweinfurt: Miniaturlager. Lagerkatalog
121. Timken Europa GmbH, Haan: Technisches Handbuch
122. Handbuch der Tribologie und Schmierungstechnik. Arbeitskreis Schrifttumsauswertung Schmierungstechnik. Herausgeber. W. J. Bartz, Technische Akademie Esslingen
123. DIN 38, Dezember 1983. Gleitlager; Lagermetallausguß in dickwandigen Verbundgleitlagern
124. DIN 611, Oktober 1990. Wälzlager; Übersicht
125. DIN 616, Entwurf, April 1993. Wälzlager; Maßpläne
126. DIN 623, T 1, Mai 1993. Wälzlager; Grundlagen, Bezeichnungen, Kennzeichnung
127. DIN 625, T 1, April 1989. Wälzlager; Rillenkugellager, einreihig
128. DIN 625, T 3, März 1990. Wälzlager; Rillenkugellager, zweireihig
129. DIN 625, T 4, August 1987. Wälzlager; Rillenkugellager mit Flansch am Außenring
130. DIN 636, Entwurf, Juni 1990. Wälzlager; Linear-Kugellager; Dynamische und statische Tragzahlen
131. DIN 636, T 2, Entwurf, Oktober 1991. Wälzlager; Linearlager; Dynamische und statische Tragzahlen für Profilschienen-Kugelführungen
132. DIN 1342, T 1, Oktober 1983. Viskosität; Rheologische Begriffe
133. DIN 1342, T 2, Februar 1986. Viskosität; Newtonsche Flüssigkeiten
134. DIN 1705, November 1981. Kupfer-Zinn- und Kupfer-Zinn-Zink-Gußlegierungen (Guß-Zinnbronze und Rotguß); Gußstücke
135. DIN 1705, A 1, Juni 1984. Kupfer-Zinn- und Kupfer-Zinn-Zink-Gußlegierungen; Änderungen 1
136. DIN 1705, Beiblatt, November 1981. Kupfer-Zinn- und Kupfer-Zinn-Zink-Gußlegierungen (Guß-Zinnbronze und Rotguß); Gußstücke; Anhaltsangaben über mechanische und physikalische Eigenschaften
137. DIN 1716, November 1981. Kupfer-Blei-Zinn-Gußlegierungen (Guß-Zinn-Blei-Bronze), Gußstücke
138. DIN 1716, Beiblatt 1, November 1981. Kupfer-Blei-Zinn-Gußlegierungen (Guß-Zinn-Blei-Bronze), Gußstücke; Anhaltsangaben über mechanische und physikalische Eigenschaften
139. DIN 5418, Februar 1993. Wälzlager; Maße für den Einbau
140. DIN 5425, T 1, November 1984. Wälzlager; Toleranzen für den Einbau; Allgemeine Richtlinien
141. DIN 7728, T 1, Januar 1988. Kunststoffe; Kennbuchstaben und Kurzzeichen für Polymere und ihre besonderen Eigenschaften
142. DIN 13342, Juni 1976. Nicht-newtonsche Flüssigkeiten; Begriffe, Stoffgesetze
143. DIN 17230, September 1980. Wälzlagerstähle; Technische Lieferbedingungen
144. DIN 17660, Dezember 1983. Kupfer-Knetlegierungen; Kupfer-Zink-Legierungen (Messing), (Sondermessing); Zusammensetzung
145. DIN 17662, Dezember 1983. Kupfer-Knetlegierungen; Kupfer-Zinn-Legierungen (Zinnbronze); Zusammensetzung
146. DIN 17665, Dezember 1983. Kupfer-Knetlegierungen; Kupfer-Aluminium-Legierungen (Aluminiumbronze); Zusammensetzung
147. DIN 31651, T 1, Januar 1991. Gleitlager; Formelzeichen, Systematik
148. DIN 31652, T 1, April 1983. Gleitlager; Hydrodynamische Radial-Gleitlager im stationären Betrieb; Berechnung von Kreiszylinderlagern
149. DIN 31652, T 2, Februar 1983. Gleitlager; Hydrodynamische Radial-Gleitlager im stationären Betrieb; Funktionen für die Berechnung von Kreissegmentlagern
150. DIN 31652, T 3, April 1983. Gleitlager; Hydrodynamische Radial-Gleitlager im stationären Betrieb; Betriebsrichtwerte für die Berechnung von Kreiszylinderlagern

151. DIN 31653, T 1, Mai 1991. Gleitlager; Hydrodynamische Axial-Gleitlager im stationären Betrieb; Berechnung von Axialsegmentlagern
152. DIN 31653, T 2, Mai 1991. Gleitlager; Hydrodynamische Axial-Gleitlager im stationären Betrieb; Funktionen für die Berechnung von Axialsegmentlagern
153. DIN 31653, T 3, Juni 1991. Gleitlager; Hydrodynamische Axial-Gleitlager im stationären Betrieb; Betriebsrichtwerte für die Berechnung von Axialsegmentlagern
154. DIN 31661, Dezember 1983. Gleitlager; Begriffe, Merkmale und Ursachen von Veränderungen und Schäden
155. DIN 50282, Februar 1979. Gleitlager; Das tribologische Verhalten von metallischen Gleitwerkstoffen, Kennzeichnende Begriffe
156. DIN 51501, November 1979. Schmierstoffe; Schmieröle L-AN, Mindestanforderungen
157. DIN 51506, September 1985. Schmierstoffe; Schmieröle VB und VC ohne Wirkstoffe und mit Wirkstoffen und Schmieröle VDL; Einteilung
158. DIN 51510, Februar 1986. Schmierstoffe; Schmieröle Z, Mindestanforderungen
159. DIN 51511, August 1985. Schmierstoffe; SAE-Viskositätsklassen für Motoren-Schmieröle
160. DIN 51512, Mai 1988. Schmierstoffe; SAE-Viskositätsklassen für Schmieröle für Kraftfahrzeuggetriebe
161. DIN 51513, Februar 1986. Schmierstoffe; Schmieröle B; Mindestanforderungen
162. DIN 51517, T 1, September 1989. Schmierstoffe; Schmieröle; Schmieröle C; Mindestanforderungen
163. DIN 51517, T 2, September 1989. Schmierstoffe; Schmieröle; Schmieröle CL; Mindestanforderungen
164. DIN 51517, T 3, September 1989. Schmierstoffe; Schmieröle; Schmieröle CLP; Mindestanforderungen
165. DIN 51519, Juli 1976. Schmierstoffe; ISO-Viskositätsklassifikation für flüssige Industrieschmierstoffe
166. DIN 51550, Dezember 1978. Viskosimetrie; Bestimmung der Viskosität; Allgemeine Grundlagen
167. DIN 51561, Dezember 1978. Prüfung von Mineralölen, flüssigen Brennstoffen und verwandten Flüssigkeiten; Messung der Viskosität mit dem Vogel-Ossag-Viskosimeter, Temperaturbereich: ungefähr 10–150 °C
168. DIN 51562, T 1, Januar 1983. Viskosimetrie; Messung der kinematischen Viskosität mit dem Ubbelohde-Viskosimeter; Normalausführung
169. DIN 51562, T 2, Dezember 1988. Viskosimetrie; Messung der kinematischen Viskosität mit dem Ubbelohde-Viskosimeter; Mikro-Ubbelohde-Viskosimeter
170. DIN 51563, Dezember 1976. Prüfung von Mineralölen und verwandten Stoffen; Bestimmung des Viskositäts-Temperatur-Verhaltens, Richtungskonstante m
171. DIN 51564, Januar 1972. Prüfung von Mineralölen; Berechnung des Viskositätsindex aus der kinematischen Viskosität. (Zurückgezogen; in der Übergangsphase noch verwendbar!)
172. DIN 51825, August 1990. Schmierstoffe; Schmierfette K, Einteilung und Anforderungen
173. DIN 53015, September 1978. Viskosimetrie; Messung der kinematischen Viskosität mit dem Kugelfall-Viskosimeter nach Höppler
174. DIN 53017, Dezember 1975. Viskosimetrie; Bestimmung des Temperaturkoeffizienten der Viskosität
175. DIN 53018, T 1, März 1976. Viskosimetrie; Messung der dynamischen Viskosität newtonscher Flüssigkeiten mit Rotationsviskosimetern, Grundlagen
176. DIN 53018, T 2, März 1976. Viskosimetrie; Messung der dynamischen Viskosität newtonscher Flüssigkeiten mit Rotationsviskosimetern, Fehlerquellen und Korrektionen bei Zylinder-Rotationsviskosimetern
177. DIN 53019, T 1, Mai 1980. Viskosimetrie; Messung von Viskositäten und Fließkurven mit Rotationsviskosimetern mit Standardgeometrie, Normalausführung
178. DIN 53222, November 1990. Bestimmung der Viskosität mit dem Fallstabviskosimeter
179. DIN ISO 76, Oktober 1988. Wälzlager; Statische Tragzahlen
180. DIN ISO 281, Januar 1993. Wälzlager; Dynamische Tragzahlen und nominelle Lebensdauer
181. DIN ISO 1132, Juni 1982. Wälzlager; Toleranzen, Definitionen
182. DIN ISO 2137, Dezember 1981. Mineralölerzeugnisse; Schmierfett; Bestimmung der Konuspenetration
183. DIN ISO 2909, Juli 1979. Mineralölerzeugnisse; Berechnung des Viskositätsindex aus der kinematischen Viskosität
184. DIN ISO 4381, November 1992. Gleitlager; Blei- und Zinn-Gußlegierungen für Verbundgleitlager
185. DIN ISO 4382, T 1, November 1992. Gleitlager; Kupferlegierungen; Kupfer-Gußlegierungen für dickwandige Massiv- und Verbundgleitlager

186. DIN ISO 4382, T 2, November 1992. Gleitlager; Kupferlegierungen; Kupfer-Knetlegierungen für Massivgleitlager
187. DIN ISO 4383, November 1992. Gleitlager; Verbundwerkstoffe für dünnwandige Gleitlager
188. DIN ISO 6279, September 1979. Gleitlager; Aluminiumlegierung für Einstofflager
189. DIN ISO 6280, Oktober 1982. Gleitlager; Anforderungen an Stützkörper für dickwandige Verbundgleitlager
190. DIN ISO 6282, Juni 1985. Gleitlager; Bestimmung der $\sigma_{0,01}$*-Grenze
191. DIN ISO 6743, T 0, Juni 1991. Schmierstoffe; Industrieöle und verwandte Erzeugnisse (Klasse L); Klassifikation; Allgemeines
192. DIN ISO 7148, T 1, Oktober 1987. Gleitlager; Prüfung des tribologischen Verhaltens von Lagerwerkstoffen; Prüfung des Reibungs- und Verschleißverhaltens von Lagerwerkstoff-Gegenkörperwerkstoff-Öl-Kombinationen unter Grenzreibungsbedingungen
193. VDI-Richtlinie 2202. Schmierstoffe und Schmiereinrichtungen für Gleit- und Wälzlager. Düsseldorf: VDI-Verlag 1970
194. VDI-Richtlinie 2204, Bl. 1. Auslegung von Gleitlagerungen; Grundlagen. Düsseldorf: VDI-Verlag 1992
195. VDI-Richtlinie 2204, Bl. 2. Auslegung von Gleitlagerungen; Berechnung; Düsseldorf: VDI-Verlag 1992
196. VDI-Richtlinie 2204, Bl. 3. Auslegung von Gleitlagerungen; Kennzahlen und Beispiele für Radiallager. Düsseldorf: VDI-Verlag 1992
197. VDI-Richtlinie 2204, Bl. 4. Auslegung von Gleitlagerungen; Kennzahlen und Beispiele für Axiallager. Düsseldorf: VDI-Verlag 1992
198. VDI-Richtlinie 2541. Gleitlager aus thermoplastischen Kunststoffen. Düsseldorf: VDI-Verlag 1975
199. VDI-Richtlinie 2543. Verbundlager mit Kunststoff-Laufschicht. Düsseldorf: VDI-Verlag 1977

Sachverzeichnis

Abdichtdruck 176
Abdichtgrenze 180
Abdichtgüte 169
Abdichtung 144
–, bewegte 146
–, dynamische 146, 176, 180, 199
–, metallische 159
– rotierender Gehäuse 210
–, ruhende 146
–, statische 146, 176, 180
Abdrückbohrung 216
Abschnittsgrenze 112
Abstreifer 145
Abstützstelle 95
Abstützung 263
– durch elastische Unterlage 415
– durch Kipplagerfläche 415
– durch Wälzkörper 415
–, elastische 416
–, kippbewegliche 421
–, sphärische, im Lagerstützkörper 411
Abtriebstrommel 56
Achsen 95
–, Ausführung 125
–, feststehende 95, 102
–, kurze 100
–, umlaufende 95, 102
Achskonstruktion 22
Additive 239, 244
Ähnlichkeitskennziffer 321
Alkane 241
Almen, Näherungsgleichung nach 60
Aluminium-Legierungen 388
Amplitudendämpfung 125
Anfahrhilfe, hydrostatische 331
Anhebevorrichtung, hydrostatische 330
Anordnung, Festlager-Loslager 283
Anpassungsfähigkeit 382
Anschlußelement 133
Anstellen von Lagern 285, 289
Anstrengungsverhältnis 105
Anzahl der federnden Windungen 26
Arbeitspunkt 3
Arbeitsvermögen 3
Aromaten 241
Asbest-Kautschuk 155

Ausgleichsgetriebe 128
Ausklinkpunkt 226, 230
Ausknicken von Schraubendruckfedern 29
Auspreßkraft 214
Axialbund 127
Axialdichtscheibe 218
Axialgleitlager 231, 411
Axiallager 269, 276, 277
– für wechselnde Richtung der Axialkraft 419
–, hydrostatisch arbeitende 318
Axiallast, dynamische äquivalente 299
Axialnadellager 277
Axialpendelrollenlager 277
Axialrillenkugellager 276
Axialzylinderrollenlager 277

Bälge 145
Basiszeichen zur Wälzlagerbezeichnung 279
Bauformen von Radialkugellagern 270
– von Wälzlagern 269
Bauteile, abzudichtende 146
Beanspruchung, Beanspruchungsarten 100
–, Biegebeanspruchung 23, 42
– durch Biegung 101
– durch Querkräfte 100
– durch Torsion 101
–, Kerbbeanspruchung 127
–, Normalbeanspruchung 23
–, Scher- oder Schubbeanspruchung 23
–, Schubbeanspruchung 4, 100
–, Torsionsbeanspruchung 4, 23
–, tribologische 261
– von Gummifedern 70
–, zulässige 66
Beiwert 62
–, kombinierter 306
Belastung 127
–, ruhende 35
–, schwingende 35
–, selten wechselnde 35
–, statische äquivalente axiale 299
–, statische äquivalente radiale 299
Belastungsfälle 45, 102, 267, 280
Belastungsverlauf 309
Bemessung auf Tragfähigkeit 100
– auf Verformung 106

–, festigkeitsgerechte 100
–, steifigkeitsgerechte 106
Berechnung der äquivalenten
  Lagerbelastung 299
– der modifizierten nominellen
  Lebensdauer 306
–, vollständige 117
– von Blattfedern 44
– von gewundenen Biegefedern 55
– von Gummifedern 74
– von Tellerfedern 60
Berechnungsbeispiel, Drehstabfeder 83
–, geschichtete Blattfeder 86
–, Gummifeder 90
–, Schraubendruckfeder 84
–, Tellerfeder 88
–, Welle 134
Bereich, ,,überkritischer'' 122
Berührungsdichtung 171
– bewegter Dichtflächen 183
–, lösbare 150
–, mehrflankige 171
– ohne Relativbewegung 148
Berührwinkel 280
Betriebsdrehzahl 124, 231
Betriebsdruck 155
Betriebsschraubenkraft 162
Betriebszustand 157
Bewegung, wirksame 260
Bezeichnungen für Wälzlager 269
Biegedauerbruch 127
Biegeeigenschwingung 121
Biegefeder 1
–, gewundene 54
–, gleicher Festigkeit 43
Biegefederkonstante 121, 122
Biegegleichung 114
Biegemoment 95, 110
Biegemomentverlauf 98
Biegeneigung 114
Biegeschwellfestigkeit 102
Biegeschwingung 120, 121
Biegesteifigkeit der Platte 52
Biegeträger, generalisierte Behandlung 44
Biegeverformung 117
– einer Getriebewelle 134
Biegewechselfestigkeit 102, 106
Biegewinkel 110, 111, 116
Biegung 131
Bindungsfähigkeit 68
Bindungsfestigkeit 68
Bingham-Pasten 254
Blattfedern 1, 41, 51
–, Berechnung 44
–, Berechnungsbeispiel 86
–, einfache 41, 52
–, geschichtete 41, 50, 52, 86
Blei-Zinn-Legierung 385
Blocklängen 27, 28
Breite, wirksame 159

Breiten-Durchmesser-Verhältnis 230
Breitenverhältnis 348
Bronze 383
Buchse in verklinkter Ausführung 403
Bundschale 403
– mit verklinkten Anlaufscheiben 403
Bürstenhypothese 229

Cameron, Viskositätsgleichung nach 252
Casson-Paste 255
Coulomb-Amontonssches Reibgesetz 224

Dachmanschette 194
Dämpfung 1
Dämpfungsarbeit 3, 14, 63
Dämpfungseigenschaft der Lager 107
Dämpfungseinfluß 124
Dämpfungsfähigkeit 1
Dämpfungsfaktor 3
Dämpfungskonstante 380
Dämpfungskräfte 380
Dauerfestigkeitsdiagramme für
  Gleitlagerwerkstoffe 383
Dauerfestigkeitsschaubild 39, 40
Dauerfestigkeitswert 67
– bei Schraubenfedern 37
Dauerhubfestigkeit bei Schraubenfedern 37
Deckelversatz 400
Deckelverschraubung 170
Decklage 133
Deltaring 149, 154, 172, 173
Demontage von Wellen 127
Dichtbreite 161
Dichtdruck, erforderlicher 161
Dichtdruckverhältnis 161
Dichtfähigkeit 175
Dichtfälle 145
Dichtflächen 146, 147
–, berührungsfreie 145
– mit Dichtkontakt 145
Dichtgrenze 158, 162
Dichtheitsgrenze 158
Dichthilfen, hydrodynamische 202
Dichtkitte 145, 148
Dichtkraft 157, 162, 167
–, minimal erforderliche 161
Dichtleiste 171
Dichtlinie 144
Dichtlinse 175
Dichtmasse 148
Dichtmaterial 146, 158
Dichtmechanismus 202
Dichtpasten 145
Dichtpressung 150
–, Erhöhung 169
Dichtrille 169
Dichtring, mehrteiliger 183
Dichtschweißung 148
Dichtungen 144, 401
–, Arbeitszylinderdichtung 189

–, axial wirkende 217
–, berührende 145
–, Berührungsdichtung 148, 150, 171, 182, 183
–, berührungsfreie 145
–, Betriebskraft 160
–, Dachmanschettendichtung 195
–, Deckeldichtung 171
–, dynamische 188
–, Einteilung 148
–, Flachdichtung 145, 149, 151, 164, 170
–, Flächendichtung 149
–, Flanschdichtung 157
–, Xüssigkeitsgesperrte 145
–, formbeständige 145
–, Formdichtung 145, 149, 151, 170, 188
–, Formteildichtungen, elastische 145
– für Hydraulik-Drehdurchführung 217
– für Hydraulikgelenke 217
–, Gewebedichtung 155
–, Gleitringdichtung 145, 219, 220
–, Grayloc-Dichtung 175
–, Hartdichtung 151, 153, 160, 170
–, Hartstoffdichtung 183
–, Hochdruck-O-Ring-Dichtung 181
–, Hochdruckdichtung 155
–, It-Dichtung 163
–, It-Flachdichtung 165
–, Kammerdichtung 145
–, Kegeldichtung 149, 171, 172
–, Kolbendichtung 193, 195
–, Kompaktdichtung 183, 195
–, Kompensationsringdichtung 181
–, Konstantspaltdichtung 196
–, Labyrinthdichtung 145, 405
–, Linsendichtung 174, 175
–, Lippendichtung 189, 193
–, lösbare 149
–, Lötdichtung 145, 149
–, manschettenartige 154
–, Manschettendichtung 183
–, Mehrstoffdichtung 151
–, Metall-Weichstoffdichtung 151, 152, 159
–, Metalldichtung 160
–, metallische 170
–, Mikro-Gewindewellendichtung 200
–, Muffendichtung 145, 149, 154, 182
–, Nilos-Ring-Dichtung 219
–, Nutringdichtung 192
–, O-Ring-Dichtung 176, 177
–, Opferdichtung 209
–, plastisch verformbare 145
–, Radial-Wellendichtring 198
–, Radial-Wellendichtung 198
–, Rillendichtung 151, 170
–, Ringdichtung 183, 196–198
–, Rollmuffendichtung 154
–, ruhende 149
–, Schneidendichtung 149, 170
–, Schraubmuffendichtung 154
–, Schweißdichtung 145, 149, 150

–, selbsttätige 151, 172
–, Spaltdichtung 145, 405
–, Sperrluftdichtung 405
–, Spitzdichtung 170
–, Stangendichtung 193, 195
–, Stemm-Muffendichtung 154
–, Stopfbuchsmuffendichtung 154
–, Uhde-Bredtschneider-Dichtung 149
–, unlösbare 148, 149
–, V-Ring-Dichtung 218
–, Verbunddichtung 160
–, Verformungsdichtung 149
–, Weichstoffdichtung 151, 152, 159, 160, 176, 183
–, Zylinderkopfdichtung 169
Dichtungsausführungen 146
Dichtungsbauart 144
Dichtungsbereich 147
Dichtungsbeständigkeit 151
Dichtungsdicke 165
Dichtungselement, Konstruktion 147
Dichtungsfunktion 156
Dichtungsgestaltung 166
Dichtungskitt 149
Dichtungskonstruktion 190
Dichtungspaste 149
Dichtungspressung 151
Dichtungsstärke 159
Dichtungsstoff 144
Dichtungstechnik 144
Dichtungswerkstoffe 147, 154, 185
Dichtverformung 159
Dichtwirkung 148, 199
– durch äußere Kräfte 183
– durch innere Kräfte 183
–, dynamische 201
Dichtzone 167, 170
Dickenänderung 167
Differenzenform 114
Differenzengleichung 360, 362
Differenzenverfahren 361
Dimensionierung von Achsen 102
– von Wälzlagern 297
– von Wellen 103
Dissipationsenergie 3
Dissipationsfunktion 334
Doppelkegelverschluß 172
Doppelkonusring 154, 172
Doppellagerung 127
Drahtkrümmung 23
Drallsteg 203, 204
Drehdurchführung 197
Drehfederkonstante 124, 125
Drehmasse 124
Drehmoment, dynamisches 3
Drehmomentübertragung 97
Drehschwingung 124
Drehstabfedereinspannung 21
Drehstabfeder 21
Drehungsdruck 353

Sachverzeichnis

Drehzahl, biegekritische 100, 122
–, mittlere 307, 308
–, torsionskritische 100
–, zulässige 309
Drehzahlgrenze 310
Drehzahlverlauf 309
Dreimassensystem 125
Druck, dimensionsloser 363
–, transformierter dimensionsloser 370
Druck- und Scherströmung, kombinierte 339
Druck-Kennzahl 348
Druckautoklav 180
Druckbeaufschlagung 209
Druckbelastung 208
Druckberg 367
Druckberganfang 372
Druckbergende 372
Druckfederdiagramm 27
Druckfilm 316
–, hydrostatischer 313
Druckkammer 394
Druckkraft 327
Druckmittelpunkt 284
Druckrichtung 280
Druckstandfestigkeit 163
Druckströmung 201
Drucktransformation 369
Druckunterschied 144
Druckverteilung 189, 319, 322, 325, 342, 345, 353, 367, 413
Durchbiegung 45, 98, 107, 110-112, 116, 117
Durchmesserübergang, wirksamer 110
Durchmesserverhältnis 62
Durchsenkung 110

Effekte, physikalische 1
EHD-Druckverteilung 262
Eigenfrequenz 123-125
Eigenkreisfrequenz 125
Eigenschaften, physikalisch-mechanische 381
Eigenschwingung 121, 124
Einbauschräge 178, 179
Einbauschraubenkraft 162
Einbauspiel, axiales 265
Einbauverhältnisse 167
Einbettfähigkeit 381
Einfach-Wellengelenk 134
Einflächen-Axiallager 318, 322
Einflächen-Radiallager 325
Einflußzahl 107
Einlaufvermögen 182
Einleitungsstelle 119
Einpreßkraft 214
Einsatzbedingungen 206
Einspannung der Federenden 29
Einzelverdrehung 119
Elastizität 1
Elastomere 69
Elemente, elastische 1
Emulsion 240

Energie, elastische 25
–, gespeicherte elastische 58
–, potentielle 2
Energiebilanz 122
Energieerhaltungssatz 334
Epilamenhypothese 229
Ergänzungszeichen zur Wälzlagerbezeichnung 278
Erlebenswahrscheinlichkeit 305
Ersatzdrehmasse 125
Exzentrizität 120, 336
–, relative 230, 348

Falz, Reibungszahl nach 237
Faserstoffe 156
Feder- und Dämpfungseigenschaften 378
Feder- und Dämpfungskonstanten, dimensionslose 379
Feder- und Dämpfungszahlen 380
Feder-Masse-System 122
Federarbeit 2, 16, 19, 42, 46, 61, 78, 81
Federcharakteristik 2
Federdämpfung 2
Federdiagramm 2
– einer Druckfeder 27
– einer Schraubenfeder 28
– einer Schraubenzugfeder 34
Federdrahtdurchmesser 22, 24, 34
Federdrehmoment 2
Federenden 27, 29
Federenergie, maximale 122
Federgehänge 53
Federkenngrößen 16
Federkennlinie 2, 62
–, Tellerfedern 65
Federkonstante 380
Federkraft 2, 16, 61, 77, 80
Federlänge 57
Federn 1
–, Beanspruchung 11
–, Berechnungsbeispiele 83
–, biegebeanspruchte 41
–, Biegefeder 1, 43, 54
–, Biegestabfeder 41
–, Blattfeder 1, 41, 44, 50–52, 86
–, Blattfederkonstruktionen 52
–, Drahtformfeder 53
–, Drehstabfeder 1, 18, 83
–, Dreieck-Einblattfeder 50
–, Dreieckfeder 50
–, druckbeanspruchte 12
–, Druckfeder 25
–, Einzeltellerfeder 62–64
–, Flachformfeder 53
–, Flüssigkeitsfeder 76, 79, 80
–, Gas-Flüssigkeitsfeder 81
–, Gasfeder 1, 76, 79, 82
–, Gummifeder 1, 3, 68, 70–72, 90
–, Hintereinanderschaltung 9
–, Holzfeder 1

–, Hülsenfeder 70
–, hydropneumatische 81
–, Kegelfeder 1
–, knicksichere 30
–, Luftfeder -Gasfeder
–, Mehrblatt-Drehstabfeder 20
–, metallische 1, 3
–, Mischschaltung 11
–, Moosgummi-Feder 70
–, nichtmetallische 1
–, Ölfeder 80, 82
–, Parallelschaltung 8
–, Plattenfeder 41
–, Ringfeder 1, 14, 17
–, Rollfeder 54–56
–, Rundstabfeder 6
–, Schaumgummi-Feder 70
–, Scheibenbiegefeder 41
–, Scheibenfeder 70
–, Schenkelfeder 1, 41, 54
–, Schraubenbiegefeder 54–56
–, Schraubendruckfeder 25–27, 29, 84
–, Schraubenfeder 1, 18, 22, 28, 37, 38
–, Schraubenzugfeder 31, 33, 34
–, Spiralfeder 1, 54
–, Stabfeder 12
–, Stickstoff-Ölfeder 82
–, Tellerfeder 1, 59, 60, 88
–, torsionsbeanspruchte 18
–, Torsionsfeder 6
–, Trapez-Einblattfeder 50
–, Trapezfeder 43, 50
–, Ventilfeder 67
–, zugbeanspruchte 12
–, Zugfeder 1, 25
–, Zusammenschaltung 8
–, Zylinderfeder 1
Federpaket 63
Federrate 2, 18, 25, 46, 47, 57, 61, 78, 81
–, dynamische 3
Federsäule 59, 62, 64
Federsteifigkeit 2, 107
Federung 2
Federungs- und Dämpfungsverhalten 379
Federvolumen 16, 19, 25
Federvorspannkraft 34, 35
Federweg 2, 16, 24, 25, 42, 45, 77, 78, 81
Federwerkstoffe 1, 6
Federwindung, anliegende 34
Fensterung 167
Fertigung 126
Fertigungskosten bei Wellen 127
Festigkeitsbedingung 106
Festlager-Loslager-Anordnung 263, 283
Fettkammer 206, 207
Fettmengenregler 238
Fettpresse 238
Fettschmierung 295
Filz 156
Filzring 145, 405

Flächenberührung 147
Flächenpressung 15, 146
–, zulässige 168
Flächenschwerpunkt 167
Flanschverschraubung 170
Fliehkraft 121
Fließkurve, typische 255
Fluchtungsfehler 409
Formänderung 1
–, elastische 144
–, plastische 144
Formänderungsarbeit 3
Formänderungswiderstand 159, 162
Formdichtung 145, 149, 151, 170
– für Längs- und Drehbewegungen 188
Formfaktor 70, 73
Formnachgiebigkeit 146
Frässpindel 129
Frequenz, kritische 121
Führung 263
–, Außenführung 59
–, Innenführung 59
Führungsgenauigkeit 106
Fuller, Viskositätsgleichung nach 252
Funktionsmechanismus 199
Funktionsprinzip 199

Gebrauchsdauer 297
Geflechtpackung 186
Gegenlauffläche 408
Gegenstromspülung 406
Gehäusebohrung 214
Gelenkwelle 134
Genauigkeitsanforderungen 224
Gesamtanstrengung 98, 105
Gesamtanzahl der Federwindungen 34
Gesamtdurchbiegung 130
Gesamtdurchsenkung 118
Gesamtenergie 122
Gesamtfederweg 15
Gesamtsystem, tribologisches 395
Gesamtverbiegung 116
Gesamtverdrehung 119
Gesamtwindungszahl 25–27
Geschwindigkeit, wirksame 229, 260
Gestaltung 53
– der Aufnahmebohrung 212
– der Federenden 54
– der Welle 210
–, elastische, der Lagerstützschale 410
–, konstruktive 418, 421
– von Federblattenden 53
– von Gummifedern 68
– von hydrodynamisch arbeitenden
  Gleitlagern 395
– von hydrostatisch arbeitenden
  Gleitlagern 394
Gestaltungsregeln, Wellen 127
Gitterpunkte 362
Gleichlaufgelenk 134

Gleichung, charakteristische 125
Gleiteigenschaften 381
Gleitflächen, Geometrie und Neigung 412
Gleitlack 239, 247
Gleitlager 313
–, Aufbau 382
–, Ausführungsformen 391
–, Axialgleitlager 231, 411
–, Feder- und Dämpfungszahlen 380
–, Gestaltung 393–395
–, hydrodynamisch arbeitende 333, 395
–, hydrostatisch arbeitende 313, 394
–, instationär belastete 369
–, kombiniertes Radial-Axial-Gleitlager 420, 421
–, Kunststoff-Gleitlager 389
–, Mehrflächengleitlager 396, 401, 402
–, Polymer-Gleitlager 389
–, Radial-Axial-Gleitlager 396
–, Radialgeitlager 230, 348, 351, 356, 359, 363, 367, 368, 380, 396, 404
–, Reibungszahlen 235–237
–, schmale 408
Gleitlagerschalen 403
Gleitlagerwerkstoffe 380, 384, 396
–, Dauerfestigkeitsdiagramme 383
–, thermoplastische Kunststoffe 389
Gleitreibungszahl 226
Gleitschuh, ebener, endlich breiter 344
–, ebener, unendlich breiter 340
Graphit 247
Grenze des Reibungszustandes, obere 229
–, untere 230
Großmaschine 98
Grundfall, einfacher 107
Grundfrequenz 124
Grundlösung 371, 376, 377
Grundöl 243, 244
Gümbelsche Halbkreise 367
Gummi 156
Gummi-Metall-Federelement 68
Gummifedern 1, 3, 68
–, Bauformen 71
–, Berechnung 74
–, Berechnungsbeispiel 90
–, Berechnungsgrundlagen 71
–, druckbeanspruchte 70
–, gebundene 68
–, gefügte 70
–, schubbeanspructe 72
–, ungebundene 68
–, zugbeanspruchte 72
Gummikissen 75
Gummipolster 70
GummipuVer 70
Gummiqualitäten 73

H-Anordnung 265
Hagen-Poiseuille-Gleichung 315, 318
Halbfrequenzwirbel 374

Halbschale, dünnwandige 403
Half-frequency-whirl 375
Hauptschluß 147
Hauptspindel 129
Hauptundichtheitsweg 184
Hebezeuggeschirr 17
Heißleitung 163
Hochdruckrohrverbindung 174
Hohlquerschnitt 132
Hutmanschette 193
Hybridlager 313
Hydraulik-Drehdurchführung 217
Hypoid-Verzahnung 128

Innenschleifspindel 129
It-Dichtungswerkstoffe 168

Käfiglager 273
Kantenpressung 395, 408, 409
Kapillarwirkung 201
Kardangelenk 100, 134
Kautschuk-Kork-Kompositionen 156
Kegelflächenpaarung 15
Kegelpackung 183
Kegelpackungsring 186
Kegelrollenlager 275
Keildichtungsring 173
Keilflächen, fest eingearbeitete 412
–, selbsttätig sich einstellende 415
Keilmanschettenring 186
Keilring 154
Kelvin-Köper 378
Kennlinie, dynamische 3
–, lineare dynamische 4
–, lineare statische 4
–, progressive statische 5
–, statische 3
Kerbeinfluß 102
Kerbempfindlichkeit 126
Kerbfreiheit an Wellen 127
Kerbwirkungszahl 127
Kesselformel 15
Kfz-Getriebe 129
Kinematik der Lagerkomponenten 369, 370
Kippleiste 421
Knicken der Schraubendruckfedern 27
Knickfederung, kritische 30
Knicksicherheit 31
Kohlenwasserstoffe, kettenförmige 241
–, ringförmige 241
Kolbenring 145, 183, 196
Kompressibilitätskoeffizient 81
–, isothermer 76
Konsistenz 240, 243, 244
Konsistenz-Klassen 259
Konstruktion des Dichtungselementes 147
Kontaktschweißung 227
Kontaktzone 199, 201
Kontinuitätsgleichung 334
Konusflächenpaarung 16

Kork 156
Korrekturfaktor 24, 30
Kraftbegrenzung 1
Kräfteaufteilung 1
Krafteinleitungsstelle 111, 116
Kraftfluß 280
Kraftmessung 1
Kraftschluß 1
Kranlaufrad 96
Kreiselmoment 124
Kreuzgelenk 100, 134
Kriechen 162, 166
Kunststoffe 156
–, thermoplastische 389, 390
Kupfer-Legierungen 386

Lager, Anordnung - Lageranordnung
–, Auflager 263
–, Axiallager 262, 269, 276, 418, 419
–, Axialnadellager 227
–, Axialpendelrollenlager 277, 278
–, Axialrillenkugellager 276
–, Axialzylinderrollenlager 277
–, Bundlager 398, 399
–, Dämpfungseigenschaften 107
–, Druckkammerlager 394
–, Festlager 262, 264
–, Flanschlager 396, 400
–, Gleitschuhlager 340
–, Käfiglager 273
–, Kegelrollenlager 275
–, Keillager 340
–, Kippsegmentlager 405
–, Kunststoff-Verbundlager 393
–, Längslager 262, 411
–, Massivlager 396
–, Motorenlager 400
–, Nadellager 273, 274
– ohne Schmierung 392
–, Pendelkugellager 271
–, Pendelrollenlager 275
–, Querlager 262, 324, 399
–, Radial-Axial-Lager, kombinierte 262
–, Radialkugellager 270
–, Radiallager 262, 269, 270
–, Schrägkugellager 271, 272
–, selbsthaltend 293
–, Sinterlager 392
–, Spiralrillenlager 401
–, Stehlager 396, 397
–, Stützlager 262, 267
–, Tragfähigkeit 319
–, Verbundlager 392, 396
–, Vierpunktlager 272
–, Vollager, kreiszylindrisches 396
–, vollrollige 173
–, Wälzlager 268
–, Wandlager 396, 400
–, Zylinderrollenlager 272, 273
Lageranordnung 272, 283, 285

–, angestellte Lagerung 264
–, Festlager-Loslager-Anordnung 263
–, Funktionentrennung 264
–, H-Anordnung 265
– mit elastisch verspannten Stützlagern 266
–, O-Anordnung 265
–, schwimmende 265, 266, 286
–, Stützlager-Anordnung 264
– von Wälzlagern 282
–, X-Anordnung 265
Lageranstellung 289
Lagerbefestigungen, axiale 288
–, radiale 286
Lagerbelastung 354
–, äquivalente Berechnung 299
–, dynamische äquivalente 307, 308
Lagerbuchse 396
Lagerdimensionierung nach der modiWzierten Lebensdauer 304
– nach der nominellen Lebensdauer 301
– nach der statischen Tragfähigkeit 300
Lagereinstellung, selbsttätige 409
Lagerelastizität 118, 130
Lagerfunktion 268
Lagergeometrie 337
Lagerkäfig 312
Lagerkraft 379
Lagerlebensdauer 305
Lagermittenebene 373
Lagerreaktion 100
Lagerreihe, Wälzlager 279
Lagerschale, dünnwandige 399, 400
Lagerschalengestaltung, geeignete 409
Lagerschalenstoß 400
Lagerschalenumfang, abgewickelter 327
Lagersitz 287
Lagerspiel 289
–, relatives 235, 336, 348
Lagerstützkörper, sphärische Abstützung 411
Lagerstützschale, elastische Gestaltung 410
Lagertyp 396
Lagerung, angestellte 264
– der gegenseitigen Führung 264
–, eindeutige 263
–, statisch bestimmte 263
–, statisch unbestimmte 109
– von Wellen 262
Lagerungen 224
Lagerungsart 30
Lagerungsbeiwert 29–31
Lagerungsfall 45
Lagervorspannung 118
Lagerwerkstoffe für Gleitlager
↑Gleitlagerwerkstoffe
–, metallische 382
Lastfaktor 236
Lastkollektiv 307
Lastspielzahl 35, 66
Lastwinkel 280, 355, 358, 375, 376
László, Näherungsgleichung nach 60

Sachverzeichnis

Lauffläche, sphärische Ausbildung 417
Laufschicht, ternäre 382
Lebensdauer 297, 298
–, modifizierte 298
–, modifizierte, nominelle 305
–, nominelle 301–304
Lebensdauerexponent 301
Lebensdauerschmierung 389
Leckage 190
Leckkanal 158
Leckmengenrate 144
Leckverluste 144
Leder 156
Leistungsübertragung 98
Leistungsverlust 225
Leiten 95
Leitung 1
Leloup, Reibungszahl nach 237
Linienberührung 147, 167, 170
Linsenring 149

Manschette 145, 193
Massenexzentrizität 124
Massivlager 382
Maßreihe, Wälzlager 279
Materialausnutzung 131
Medium, abzudichtendes 146, 147
Mehrbereichsöle 257
Mehrflächen-Axiallager 324
Mehrflächen-Radiallager 325
Mehrschicht-Gleitlagerschale 401
Membranen 145
Metall-O-Ring 171
Metall-Weichstoffpackung 183, 185
Metallasbest 155
Metalldichtring 171
Metalle 155
Metallhohlring 186
Metallinsendichtring 159
Mikrostruktur 202
Mindestabstand 27
Mindestanpressung 159
Mindestsicherheitsabstand 28
Mindestviskosität 306
Minimalschmierung 296
Mischreibungsgebiet 395
Molybdändisulfid 247
Moment 111
Momenteinleitungsstelle 111
Montage von Radial-Wellendichtringen 212
– von Wellen 127
Montagedorn 213
Montagehülse 213, 293, 294
Montierbarkeit von Wellen 127

Nachsetzzeichen zur
  Wälzlagerbezeichnung 278, 279
Nadelbüchse 273, 274
Nadelhülse 273, 274
Nadellager 273, 274

Nadelöler 238
Naphtene 241
Navier-Stokes-Gleichung 333, 335, 336
Nebenschluß 147
Neigungswinkel 42
–, zulässiger 119
Niederdruckhydraulik 193
Nilos-Ring 183
NLGI-Klassen 259
Normalspannung 4
Normung bei Achsen und Wellen 125
Notlaufeigenschaft 246, 382
Nutring 145, 191
Nutzungsgrad 4–6, 16, 19, 25, 42

O-Anordnung 265, 272
O-Ring 145, 149, 154, 176
Oberflächeneinfluß 102
Oberflächenstruktur, mikrogeometrische 226
Oil-whirl 375
Ölabstreifer 406
Öle, mineralische 239
–, pflanzliche 239
–, SAE-Öle 250
–, tierische 239
Olefine 241
Ölkohlebildung 207
Ölpolstergleichung 317
Ölschmierung 296

Packung 193
Packungsstopfbuchse 184
Papier 156
Pappe 156
Paraffine 241
Pendelkugellager 271
Pendellast 282
Pendelrollenlager 275
Penetration 244
Petroff-Gleichung 235
Planlage 61
Prellbock 17
Preßsitz 149
Pressungsverteilung 200
Profilring 149
PTFE-Dichtlippe 208
PTFE-Kammerungsring 184
Punktlast 281

Querkraft 95, 110, 111
Querkraftverlauf 98
Querlager, hydrostatisch arbeitende 324
– mit Bundscheiben 399
Querschnitt, Rechteckquerschnitt 59
–, Trapezquerschnitt 59
Querschnittsfläche 15
Querschnittsunstetigkeit 102
Querversatz 421
Quetschströmung 315

436 Sachverzeichnis

Radaufhängung 22
Radfederung 22
Radial-Wellendichtring 199, 200, 205, 405
–, Demontage 215
–, Laufspur 202
–, Standardbauformen 204, 207
Radialdichtring 145
Radialgleitlager 230, 396, 404
–, Feder- und Dämpfungszahlen 380
–, kreiszylindrisches 367, 380
–, sehr schmale 356
–, unendlich breite 351
– unter instationärer Belastung 368
– unter stationärer Belastung 348
–, vollumschlossene 359, 363
Radialkugellager 270
Radiallager 269, 270
–, endlich breite 358
–, hydrostatisch arbeitende 324
Radiallast, dynamische äquivalente 299
Radienänderung 16
Rammbock 17
Randbedingungen 342, 344, 349
– in axialer Richtung 349
– in Umfangsrichtung 349
– nach Gümbel 350
– nach Reynolds 350
– nach Sommerfeld 349
Rayleigh-Verfahren 124
Reibkraft 224, 344
Reibleistung 320, 323
Reibmoment 232, 320, 323
Reibschwingung 313
Reibung 190, 224
–, Bewegungsreibung 225
–, Bohrreibung 225
–, Fluid-Reibung 226
–, Flüssigkeitsreibung 225, 226
–, Gleitreibung 225
–, Grenzreibung 224, 226
–, Haftreibung 225
–, Mischreibung 226
–, Rollreibung 225
–, Ruhereibung 225
–, Trockenreibung 226
–, Wälzreibung 225
Reibungsarbeit 14
Reibungsarten 225
Reibungskennziffer 237
Reibungskoeffizient 224
Reibungsmaximum 226
Reibungsminderung 246
Reibungsminimum 226
Reibungszahl 224, 226, 227, 232, 236
–, bezogene 356
–, Gleichung nach Falz 237
–, Gleichung nach Leloup 237
–, Gleichung nach Petroff 235
–, Gleichung nach Vogelpohl 237
Reibungszahlen bei Gleitlagern 235

–, bei Wälzlagern 232
Reibungszustände 226, 228
Reparaturhülse 215
Reynolds-Gleichung 348
Reynolds-Zahl 334
Reynoldssche Differentialgleichung 339, 356, 360
– Gleichung 348, 351, 362, 368
– Randbedingung 352, 357
Richtungskonstante der V-T-Geraden 249
Riefungsbeschränkung 381
Ring, Außenring 15
–, Axialsicherungsring 127
–, doppelkonischer 15
–, Innenring 15
Ring-Joint-Element 171
Ringfedersäule 15
Ringflächenkraft 156, 158
Rohrdichtstelle 170
Rohrkraft 156, 158
Rollreibungszahl 226
Rückfördergewinde 145
Rückfördersteg 203
Rücklaufnut 325
Rückstellkraft 121
Runddichtring 176
Rundlaufabweichung 204
Rundstahl 126

Scherströmung, reine 338
Schlankheitsfaktor 29, 30
Schleifring, hydraulischer 197
Schleppströmung 200
Schleuderscheibe 145
Schmiegsamkeit 381
Schmierfett-Typen 245
Schmierfette 240, 243
–, Klassifikation 259
Schmierkeilwirkung 333
Schmierlaterne 184
Schmiernippel 238
Schmieröle auf Mineralölbasis 240
– auf Synthesebasis 241
–, Klassifikation 256
–, SAE-Motoren-Schmieröle 258
Schmierpasten 254
Schmierspalt, divergierender 350
–, konvergierender 350
Schmierspalthöhe 349, 369
–, kleinste zulässige 230, 231
–, relative 348
Schmierspaltverjüngung 261
Schmierstoff 224, 226, 396
–, Verteilung 405
Schmierstoffausquetschzeit 317
Schmierstoffbedarf 325
Schmierstoffbenetzbarkeit 381
Schmierstoffdruck, konstanter 332
Schmierstoffdruckkammer 260
Schmierstoffe 239

–, Dichte 254
–, dilatante 254
–, Festschmierstoffe 239, 240, 245
–, Grundschmierstoff 239
–, Haftschmierstoffe 240, 244
–, Newtonsche 254
–, nichtnewtonsche 254
–, pastöse 239
–, plastische 239
–, scherentzähende 254
–, scherverzähende 254
–, Sprühhaftschmierstoffe 244
–, strukturviskose 254
–, synthetische 241, 242
–, Wärmeleitkoeffizient 255
–, Zustandsgleichung 254
Schmierstoffklassifikation 256
Schmierstoffpolster-Effekt 318
Schmierstofftasche 260, 318, 394
–, kreisringförmige 322
Schmierstoffversorgung 401
Schmierstoffversorgungssysteme 331
Schmierstoffverteilungsnut 405, 406
Schmierstoffvolumenstrom 315, 319, 343, 358
–, belastungsabhängiger 333
–, konstanter 331
Schmiertasche, kreisringförmige 321
Schmiertaschenmitte 325
Schmierung 224, 238, 295
–, Druckumlaufschmierung 238
–, elastohydrodynamische 261
–, Grundlagen 238
–, hydrodynamische 260
–, hydrostatische 260
–, Mangelschmierung 224
– mit Frischöl 238
–, physikalisches Wirkprinzip 259
–, Tauchschmierung 239
–, Umlaufschmierung 238
Schmutzabdichtung 209
Schneidring-Rohrverschraubung 170
Schneidringverschraubung 149
Schnittgrößen 113
Schrägkugellager 271, 272
Schraubendruckfedern.
Berechnungsbeispiel 84
–, kaltgeformte 25
–, Knickung 27, 29
–, warmgeformte 26, 29
–, zylindrische 25
Schraubenfedern 1, 18, 22
–, Dauerfestigkeit 37
–, Dauerhubfestigkeit 37
–, Federdiagramm 28
–, Gewindestopfen, eingeschraubte 37
–, Haken 37
–, kegelige 38
–, Ösen 37
–, Sonderformen 37
Schraubenkraft 169

Schraubenzugfedern, Federdiagramm 34
–, Federenden 33
–, kaltgeformte 31
–, warmgeformte 33
–, Zugfederdiagramm 34
–, zylindrische 31
Schubmodul 72
Schubspannungsgesetz von Newton 247
Schubverformung 117
Schutzlippe 205
Schutzschlauch 133
Schwenkbewegung, oszillierende 302, 303
Schwimmbuchse 403
Schwingung, harmonische 122
Schwingungsanregung 124
Schwingungsberechnung 122, 123
Schwingungsgefährdung 127
Schwingungstilgung 125
Selbstanpressung 196
Selbstverstärkung 172, 175
Servowirkung 172
Setzen 166
Shore-A-Härte 72
Sicherheit 144
– gegen Dauerbruch 106
Sicherheitsfaktor 162
Silentblock 70
Silentbuchse 70
Sommerfeld-Substitution 351, 355
Sommerfeld-Zahl 230, 235, 237, 355, 357, 376
Spalt, divergierender 338, 339
–, konvergierender 260, 333, 338, 339
–, paralleler 338
Spaltströmung 313, 314
Spaltweitenkompensation 180
Spannring 197
Spannung, Biegespannung 45, 55, 101, 105
–, Hubspannung 66
–, Kerbspannung 102
–, Oberspannung 66
–, rechnerische 61
–, Tangentialspannung 15
–, Torsionsspannung 19, 23, 25, 36, 38, 101, 105
–, Unterspannung 66
–, Vergleichsspannung 105, 106
–, Wechselspannung, vorhandene 66
Speicher für elektrische Energie 10
– für mechanische Energie 10
Speicherung 1
Sperrmedium 207
Spießkantdichtring 159
Spießkantring 151, 170
Spindel, schnellaufende 128
Spiralrillen-Axialgleitlager 403
Spiralrillen-Radialgleitlager 403
Springseilbewegung 120, 121
Spritzring 408
– mit Ölfangrinne 407
Spritzringkante 408
Spurkranz 318

Spurlager 231, 318
Spurplatte 318
Staufferbüchse 238
Steifigkeitsfaktor 61
Steigung 22
Steigungswinkel 2, 22
Stemmuffe 154
Stick-slip-Gefahr 188
Stofftransport 144
Stopfbuchsbrille 184
Stopfbuchse 145, 185
Stopfbuchslänge 187
Stopfbuchspackung 186
Straßenbahndrehgestell 75
Streckenlast 110
Stribeck-Kurve 226
Stülphöhe 61
Stützen 95
Stützfunktion 98
Stützlager 262
–, elastisch verspanntes 267
Stützlager-Anordnung 264, 285
– mit Funktionentrennung 285
Stützring 180, 193
Stützung, dreifache 109

Tandem-Anordnung 272
TDUO-Manschette 194
Teildurchbiegung 115, 116
Teilverbiegung 114, 116
Teilverformung 111
Teilverformungswinkel 111
Tellerfeder, Federsäule 59
Tellerfedern 1
–, Berechnung 60
–, Einzeltellerfeder 62, 63
–, Federkennlinie 65
–, Federsäule 63, 64
–, Führung 59
–, Querschnittsform 59
Tellerfedersäule 63, 64
Temperaturfaktor 304
Theorie, hydrodynamische 333
Topfmanschette 193, 194
Torsion 131
Torsionseigenfrequenz 100
Torsionsschwellfestigkeit 105
Torsionsspannung 19, 25, 101, 105
–, theoretische maximale 23
–, wirkliche 23
–, zulässige 36, 38
Tragfähigkeit 297, 317, 323, 329, 330, 342
– des Lagers 319
–, statische 297
Tragsicherheit, statische 301, 302
Tragzahl 299
–, dynamische axiale 298
–, dynamische radiale 298
–, statische 301
–, statische axiale 298

–, statische radiale 297
Transport 1
Trennfläche, unnachgiebige 146
Trennstelle 116
Trennung zweier Flüssigkeiten 210
Tribologie 224
Tropföler 238

Ubbelohde, V-T-Gleichung nach 249
Übergangsdrehzahl 230
Übergangskonstante 230
Übergangskriterien 229
Überlagerungsverfahren 114, 115, 119
Überschlagsrechnung 102
Übertragungsmatrix 113
Uhde-Bredtschneider-Verschluß 173, 174
Umfangsgeschwindigkeiten, zulässige 208
Umfangslast 281
Umfeld, konstruktives 310
Umlaufbiegung 97, 121, 127
Universaldichtstoffe 147

V-Ring 183
V-T-Gleichung nach Ubbelohde 249
Ventilspindel-Abdichtung 185
Verbindung, dichtungslose 151
–, Preßverbindung 15
Verbund-Gleitlagerschale 392
Verbundlager 382
Verdicker 243, 244
Verdickertyp 245
Verdrängerbewegung 369
Verdrängerdruck 353
Verdrängerströmung 373
Verdrehsteifigkeit 100
Verdrehung 98, 119
Verdrehwinkel 2, 18, 24, 57, 115
–, maximaler 57
–, zulässiger 120
Verdrillung 18
Verformung 127
Verformungsgeschwindigkeit 73
Vergleichsmoment 106
Verhältnis, instationäres 307, 309
Verlagerungsbahn 368
Verlagerungsdiagramm 375
Verlagerungswinkel 354, 355, 358, 375
Verschiebungen 379
Verschiebungsgeschwindigkeit 379
Verschleiß 190, 224, 299
Verschleißminderung 246
Verschleißstruktur 200
Verschleißwiderstand 382
Verspannungsdiagramm 166
Verspannungsverhältnis 163
Verträglichkeit 382
Vierpunktlager 272
Viskosimeter 248
Viskosität 247
–, Druckabhängigkeit 252

–, dynamische 251
–, kinematische 256
–, Mittelpunktsviskosität 256
–, Temperaturabhängigkeit 249
Viskosität-Druck-Koeffizient 252
Viskosität-Temperatur-Verhalten 250
Viskositätsgleichung nach Cameron 252
– nach Fuller 252
Viskositätsindex 252
Vogel-Cameron-Gleichung 254
Vogelpohl, Grenzkurve 237
–, Parabelansatz 360
–, Reibungszahl nach 237
–, Transformation 360
Vogelsche Gleichung 249
Vollwellenquerschnitt 132
Volumennutzwert 6
Voranpressung 158
–, kritische 164
Vordimensionierung 103
– von Wellen 102
Vorschaltwiderstand, hydraulischer 323
Vorsetzzeichen zur Wälzlagerbezeichnung 278
Vorspannung von Lagern 290
Vorspannung, eingewundene 34
Vorspannungsverhältnis 169
Vorspannungsverlust 167
Vorspannweg 289
Vorverformung 157
Vorverformungskraft 158
Vorverformungszustand 157
VulkanWber 156

Waggonpuffer 17
Wälzkörperabstützung 416
Wälzlager 268
–, Abdichtung 290–292
–, Bezeichnungssystem 278, 279
–, Demontage 293, 294
–, Dimensionierung 297
–, Montage 293, 294
–, Reibungszahlen 232
–, Schmierung 293
–, Wartung 293
Wälzlagerabdichtung 290
– bei Fettschmierung 291, 292
– bei Ölschmierung 291
–, berührungslose 292
Wälzlagerdimensionierung 297
Wälzlagerstähle 311
Wälzlagerungen, Gestaltung 282
Wandlung 1
Wärme, spezifische 255
Wärmeleitgleichung 334
Wartung 295
Wasser als Schmierstoff 239
Wechseldrall 203, 204
Weichmetallpackung 185
Weichstoffdichtung 151, 152, 159, 160, 183
–, selbstverstärkend 176

Weichstoffe mit Metalleinlage 155
Weichstoffpackung 185
Weißmetall 383
Wellen 95, 97
–, Arbeitswelle 133
–, Ausführung 125
–, biegsame 100, 132
–, Dimensionierung 103
–, dreifach gelagerte 109, 130
–, dynamisches Verhalten 120
–, flexible 132
– für Landmaschinen 126
–, Gelenkwelle 100, 133
–, Gestaltung 127
–, Gewährleistung einer Schrägstellung 418
– gleichbleibenden Querschnitts 107
–, Hohlwelle 131, 132
–, kurze 100
–, Maschinenwellen, große 126
– mit überkragendem Ende 108
– mit veränderlichem Querschnitt 110
–, Profilwelle 102
–, Schrägstellung 417
–, Steuerwelle 133
–, Transmissionswellen 126
–, unterteilte 114
–, vertikal- oder schrägstehende 210
–, Vollwelle 131, 132
Wellenabsatz 111, 116, 119, 127
Wellenabschnitt 112, 113
Wellenbiegewinkel 116
Wellendrehzahl 207
Wellendurchbiegung 107, 408
Wellendurchmesser 106
Wellendurchsenkung 118
Wellengestaltung für gute Tragfähigkeit 127
– für kleine Verformungen 128
Wellenschulter 212
Wellenseele 133
Wellensitz 127
Wellenstück, elastisches 124
Wellenteilstück 111
Wellenverkantung 107
Wellenwinkelgeschwindigkeit, wirksame 375
Wellenzwischenstück 127
Werkstoffbeiwert 306
Werkstoffdämpfung 3
Werkstoffe 66, 311
– für Federn 1, 6
– für Lagerkäfige 312
– für Lagerringe 311
– für Wälzkörper 311
– für Wellen 126
–, makromolekulare 68
Werkstoffkennwerte 72
Werkzeugmaschinenspindel 129, 130
Wickelverhältnis 24, 26, 28, 58
Wickelzylinder, mittlerer 22
Windungen, federnde 24
Windungsdurchmesser 22

–, äußerer 28
Winkelabweichung 106
Winkelgeschwindigkeit, wirksame 348
Winkelversatz 134, 421
Wirk- und ZusatzstoVe 243
Wirkfläche 1
Wirkprinzip 325
–, physikalisches 1, 233, 313, 333, 394
Wirkstoffe 239
Wirkungsgrad 225
Wirtschaftlichkeit 144

X-Anordnung 265, 272

Zähigkeit, dynamische 247
–, kinematische 248
Zapfenlösung 98
Zeitfestigkeitswert 67
Zinn-Blei-Antimon-Legierung 383
Zusammenbruch der Tragfähigkeit 374
Zustandsänderung, isotherme 78
Zustandsgleichung 76
– des Schmierstoffes 334
Zustandsvektor 113
Zwischenstegmitte 325
Zylinderrollenlager 272
–, Bauformen 273

Springer-Lehrbuch

W. Steinhilper, R. Röper

Maschinen- und Konstruktionselemente 2

Verbindungselemente

3., überarb. Aufl. 1993. XII, 326 S. 190 Abb.
Brosch. DM 68,-; öS 530.40; sFr 75.00
ISBN 3-540-55863-2

Die Grundlagenvorlesungen über Maschinenelemente stellen für Maschinenbaustudenten den ersten und wichtigsten Bezug zur späteren beruflichen Konstruktionspraxis her. Andererseits werden hier die Ansätze für das methodische Konstruieren entwickelt. Der zweite Band befaßt sich mit den Verbindungselementen. Diese werden unterteilt in

- formschlüssige: Nieten, Stifte, Welle-Nabe-Verbindungen;
- kraftschlüssige: Keile, Kegel, Preß- und Klemmverbindungen;
- stoffschlüssige: Kleben, Löten, Schweißen.

Entsprechend ihrer Wichtigkeit im Maschinenbau wird den Schraubenverbindungen ein umfangreiches Kapitel gewidmet.

Springer

Preisänderungen vorbehalten

Springer-Lehrbuch

W. Steinhilper, R. Röper

Maschinen- und Konstruktionselemente

Band 1: Grundlagen der Berechnung und Gestaltung

4. Aufl.1993 Etwa 385 S. 236 Abb. 38 Tab. Brosch. DM 68,00; öS 530.40; sFr 75.00. ISBN 3-540-56214-1

Die Bände der "Maschinen- und Konstruktionselemente" haben sich als Standard-Lehrbücher an Technischen Hochschulen für die Konstruktionstechnischen Vorlesungen durchgesetzt, da sie folgende Vorteile bieten:

- der umfangreiche Prüfungsstoff wird vollständig abgedeckt, verständlich dargestellt und didaktisch gegliedert,

- gemäß dem Grundlagencharakter der Vorlesung wird der Schwerpunkt auf ableitbares, systematisiertes Wissen gelegt,

- das Gelernte wird an zahlreichen Berechnungsbeispielen eingeübt.

Der erste Band befaßt sich mit den Grundlagen der Berechnung und Gestaltung, mit einem Überblick über die physikalischen, methodischen und anforderungsbezogenen Randbedingungen des Konstruierens. Es folgt ein Kapitel über Normen, Toleranzen und Passungen sowie technische Oberflächen. Der weitaus größte Teil des Buchs wird jedoch von der Festigkeitsberechnung und der Gestaltung von Elementen und Systemen, z.B. in Hinblick auf die Fertigung, eingenommen.

Wegen der vollständigen und systematishen Darstellung und der zahlreichen Literaturverweise werden die Bände auch von Konstrukteuren als Nachschlagewerk eingesetzt.

Springer

Preisänderungen vorbehalten